수학 좀 한다면

디딤돌

디딤돌 초등수학 기본+유형 6-2

펴낸날 [개정판 1쇄] 2025년 4월 15일 | **펴낸이** 이기열 | **펴낸곳** (주)디딤돌 교육 | **주소** (03972) 서울특별시 마포구 월드컵북로 122 청원선와이즈타워 | **대표전화** 02-3142-9000 | **구입문의** 02-322-8451 | **내용문의** 02-323-9166 | **팩시밀리** 02-338-3231 | **홈페이지** www.didimdol.co.kr | **등록번호** 제10-718호 | 구입한 후에는 철회되지 않으며 잘못 인쇄된 책은 바꾸어 드립니다.

내 실력에 딱!
최상위로 가는 '맞춤 학습 플랜'

STEP 1 On-line

나에게 맞는 공부법은?
맞춤 학습 가이드를 만나요.

교재 선택부터 공부법까지! 디딤돌에서 제공하는 시기별
맞춤 학습 가이드를 통해 아이에게 맞는 학습 계획을 세워 주세요.
(학습 가이드는 디딤돌 학부모카페 '맘이가'를 통해 상시 공지합니다.
cafe.naver.com/didimdolmom)

STEP 2 Book

맞춤 학습 스케줄표
계획에 따라 공부해요.

교재에 첨부된 '맞춤 학습 스케줄표'에 맞춰 공부 목표를
달성합니다.

STEP 3 On-line

이럴 땐 이렇게!
'맞춤 Q&A'로 해결해요.

궁금하거나 모르는 문제가 있다면,
'맘이가' 카페를 통해 질문을 남겨 주세요.
디딤돌 수학쌤 및 선배맘님들이 친절히 답변해 드립니다.

STEP 4 Book

다음에는 뭐 풀지?
다음 교재를 추천받아요.

학습 결과에 따라 후속 학습에 사용할 교재를 제시해 드립니다.
(교재 마지막 페이지 수록)

★ 디딤돌 플래너 만나러 가기

디딤돌 초등수학 기본+유형 6-2

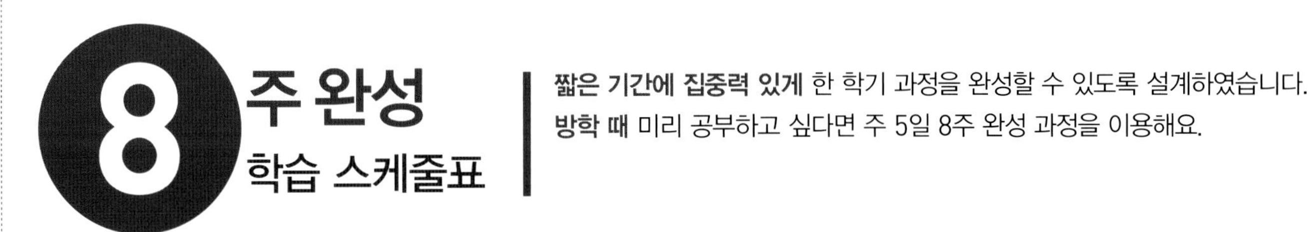

8주 완성 학습 스케줄표

짧은 기간에 집중력 있게 한 학기 과정을 완성할 수 있도록 설계하였습니다.
방학 때 미리 공부하고 싶다면 주 5일 8주 완성 과정을 이용해요.

공부한 날짜를 쓰고 하루 분량 학습을 마친 후, 부모님께 확인 check ☑를 받으세요.

1 분수의 나눗셈						
1주					2주	
월 일	월 일	월 일	월 일	월 일	월 일	월 일
6~11쪽	12~17쪽	18~20쪽	21~23쪽	24~26쪽	27~30쪽	31~33쪽

2 소수의 나눗셈						
3주					4주	
월 일	월 일	월 일	월 일	월 일	월 일	월 일
50~55쪽	56~58쪽	59~62쪽	63~65쪽	66~68쪽	70~75쪽	76~80쪽

3 공간과 입체	4 비례식과 비례배분					
5주					6주	
월 일	월 일	월 일	월 일	월 일	월 일	월 일
90~92쪽	94~99쪽	100~105쪽	106~110쪽	111~114쪽	115~118쪽	119~121쪽

5 원의 넓이				6 원기둥		
7주					8주	
월 일	월 일	월 일	월 일	월 일	월 일	월 일
138~141쪽	142~145쪽	146~149쪽	150~152쪽	154~159쪽	160~164쪽	165~169쪽

MEMO

자르는 선

	2 소수의 나눗셈	
월 일	월 일	월 일
34~36쪽	38~43쪽	44~49쪽

3 공간과 입체		
월 일	월 일	월 일
81~83쪽	84~86쪽	87~89쪽

	5 원의 넓이	
월 일	월 일	월 일
122~124쪽	126~131쪽	132~137쪽

, 원뿔, 구		
월 일	월 일	월 일
170~173쪽	174~177쪽	178~180쪽

효과적인 수학 공부 비법

X 시켜서 억지로 | O 내가 스스로

억지로 하는 일과 즐겁게 하는 일은 결과가 달라요.
목표를 가지고 스스로 즐기면 능률이 배가 돼요.

X 가끔 한꺼번에 | O 매일매일 꾸준히

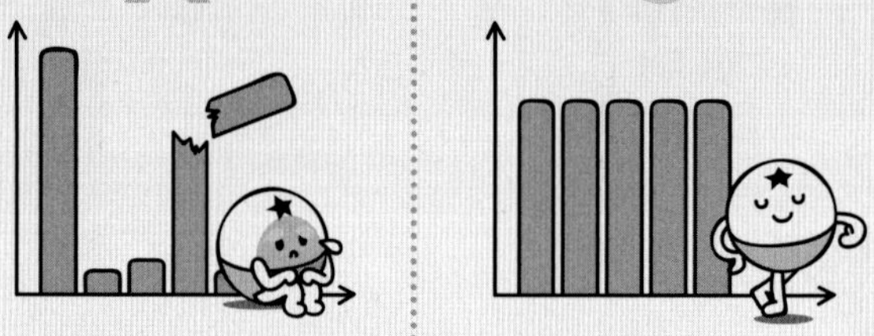

급하게 쌓은 실력은 무너지기 쉬워요.
조금씩이라도 매일매일 단단하게 실력을 쌓아가요.

X 정답을 몰래 | O 개념을 꼼꼼히

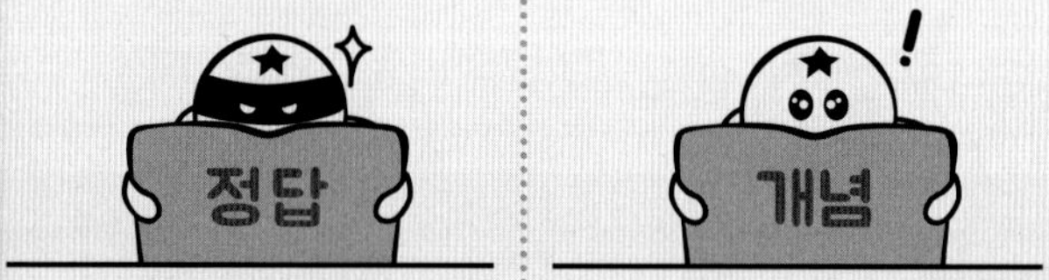

모든 문제는 개념을 바탕으로 출제돼요.
쉽게 풀리지 않을 땐, 개념을 펼쳐 봐요.

X 채점하면 끝 | O 틀린 문제는 다시

왜 틀렸는지 알아야 다시 틀리지 않겠죠?
틀린 문제와 어림짐작으로 맞힌 문제는 꼭 다시 풀어 봐요.

수학 좀 한다면

초등수학 기본+유형

상위권으로 가는 유형반복 학습서

6-2

1 단계

교과서 **핵심 개념**을
자세히 살펴보고

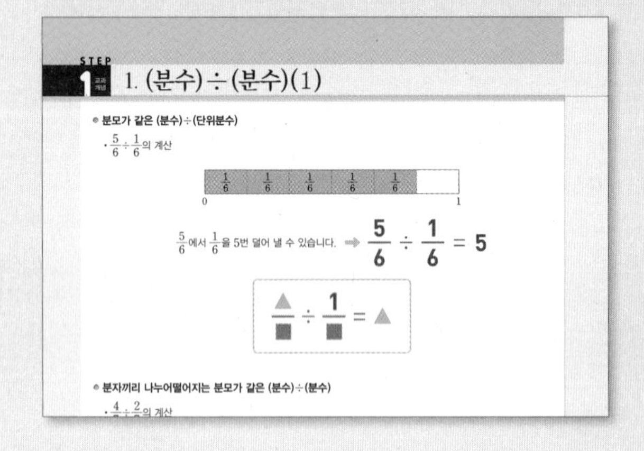

필수 문제를
반복 연습합니다.

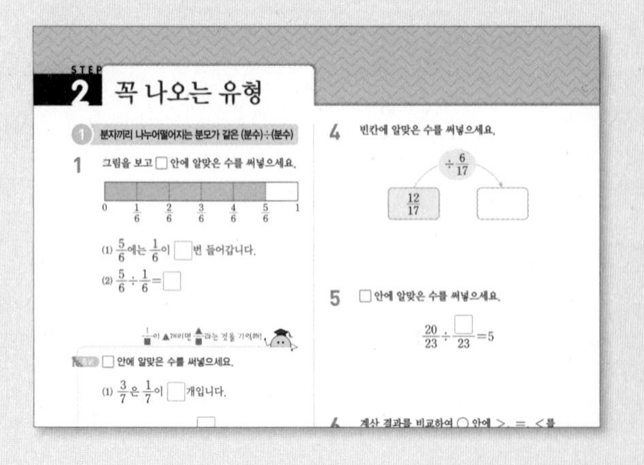

2 단계

문제를 이해하고
실수를 줄이는 연습을 통해

3 단계

문제해결력과 사고력을 높일 수 있습니다.

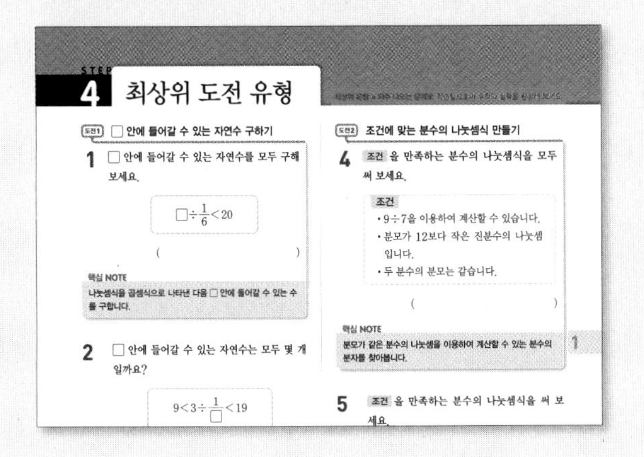

4 단계

수시평가를 완벽하게 대비합니다.

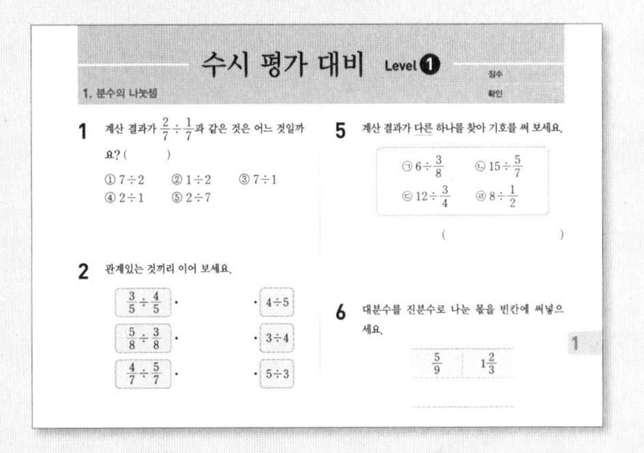

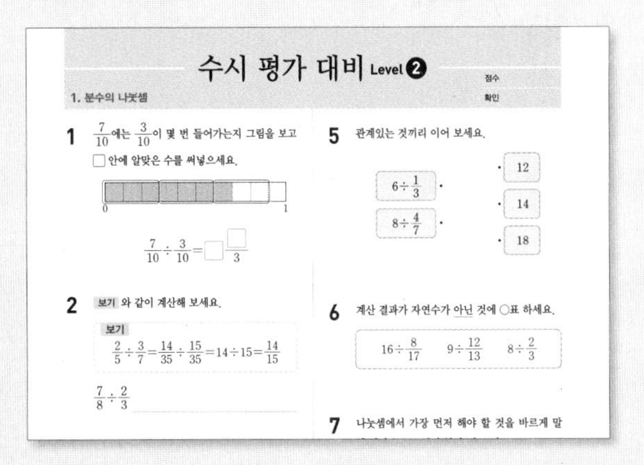

이 책의 **차례**

1 분수의 나눗셈

이번 단원에서 꼭 짚어야 할 **핵심 개념**을 알아보자.

핵심 1 분모가 같은 진분수끼리의 나눗셈

분자끼리의 나눗셈과 같다.

$$\frac{6}{7} \div \frac{2}{7} = \square \div \square = \square$$

$$\frac{5}{6} \div \frac{2}{6} = \square \div \square = \frac{\square}{\square} = \square\frac{\square}{\square}$$

핵심 2 분모가 다른 진분수끼리의 나눗셈

통분하여 계산한다.

$$\frac{1}{3} \div \frac{3}{5} = \frac{\square}{15} \div \frac{\square}{15}$$

$$= \square \div \square = \frac{\square}{\square}$$

핵심 3 (자연수)÷(분수)

자연수를 분자로 나누고 분모를 곱한다.

$$6 \div \frac{2}{5} = (6 \div \square) \times \square = \square$$

핵심 4 (분수)÷(분수)를 (분수)×(분수)로 나타내기

나누는 수의 분자와 분모를 바꾸어 곱한다.

$$\frac{3}{4} \div \frac{2}{5} = \frac{3}{4} \times \frac{\square}{\square}$$

$$= \frac{\square}{\square} = \square\frac{\square}{\square}$$

핵심 5 (분수)÷(분수)

대분수를 가분수로 고친 후 곱셈으로 바꾸어 계산한다.

$$1\frac{3}{4} \div 2\frac{1}{3} = \frac{\square}{4} \div \frac{\square}{3}$$

$$= \frac{\square}{4} \times \frac{3}{\square} = \frac{\square}{\square}$$

답 **1.** 6, 2, 3 / 5, 2, $\frac{5}{2}$, $2\frac{1}{2}$ **2.** 5, 9, 5, 9, $\frac{5}{9}$ **3.** 2, 5, 15 **4.** $\frac{5}{2}$, $\frac{15}{8}$, $1\frac{7}{8}$ **5.** 7, 7, $\overset{1}{\cancel{7}}$, $\underset{1}{\cancel{7}}$, $\frac{3}{4}$

STEP 1 교과 개념

1. (분수)÷(분수)(1)

● **분모가 같은 (분수)÷(단위분수)**

• $\frac{5}{6} \div \frac{1}{6}$의 계산

$\frac{1}{6}$	$\frac{1}{6}$	$\frac{1}{6}$	$\frac{1}{6}$	$\frac{1}{6}$	

0 1

$\frac{5}{6}$에서 $\frac{1}{6}$을 5번 덜어 낼 수 있습니다. ➡ $\frac{5}{6} \div \frac{1}{6} = 5$

$$\frac{▲}{■} \div \frac{1}{■} = ▲$$

● **분자끼리 나누어떨어지는 분모가 같은 (분수)÷(분수)**

• $\frac{4}{7} \div \frac{2}{7}$의 계산

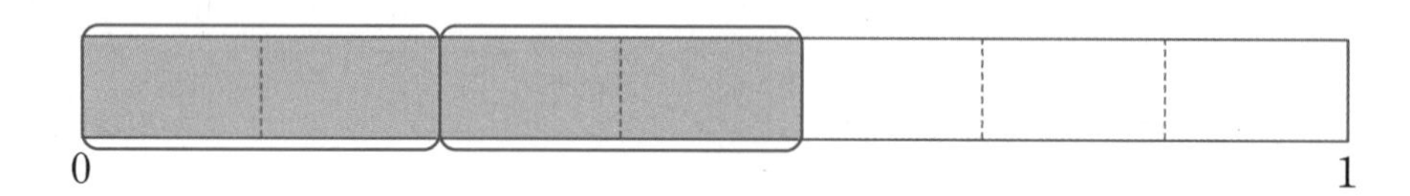

방법 1 $\frac{4}{7}$에서 $\frac{2}{7}$를 2번 덜어 낼 수 있습니다. ➡ $\frac{4}{7} \div \frac{2}{7} = 2$

방법 2 $\frac{4}{7}$는 $\frac{1}{7}$이 4개이고 $\frac{2}{7}$는 $\frac{1}{7}$이 2개이므로 4개를 2개로 나누는 것과 같습니다.

➡ $\frac{4}{7} \div \frac{2}{7} = 4 \div 2 = 2$

$$\frac{▲}{■} \div \frac{●}{■} = ▲ \div ●$$

정답과 풀이 1쪽

1 그림을 보고 □ 안에 알맞은 수를 써넣으세요.

덜어 내는 활동을 통해 (분수)÷(단위분수)의 몫을 구할 수 있어요.

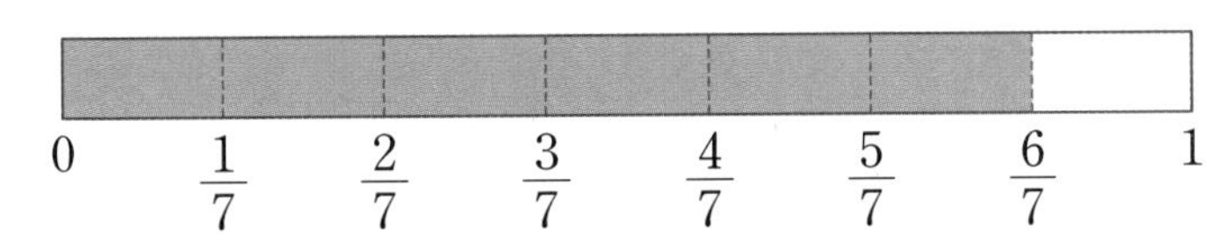

$\frac{6}{7}$에서 $\frac{1}{7}$을 □번 덜어 낼 수 있습니다. ➡ $\frac{6}{7} \div \frac{1}{7} =$ □

2 그림을 보고 □ 안에 알맞은 수를 써넣으세요.

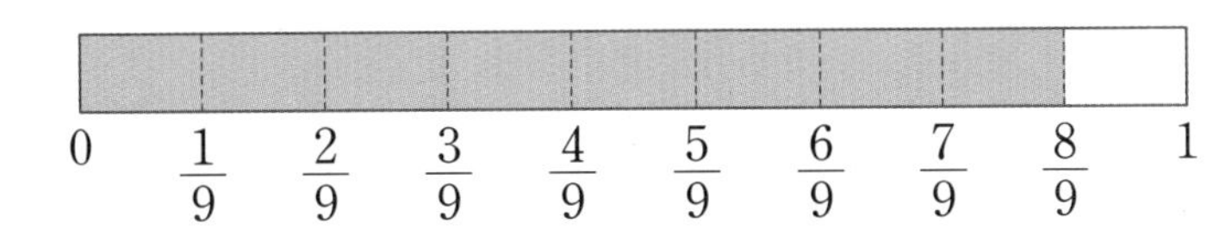

① $\frac{8}{9}$에서 $\frac{2}{9}$를 □번 덜어 낼 수 있습니다.

➡ $\frac{8}{9} \div \frac{2}{9} =$ □

② $\frac{8}{9}$은 $\frac{1}{9}$이 8개, $\frac{2}{9}$는 $\frac{1}{9}$이 2개이므로 8개를 □개로 나눈 것과 같습니다.

➡ $\frac{8}{9} \div \frac{2}{9} = 8 \div$ □ $=$ □

3 □ 안에 알맞은 수를 써넣으세요.

분모가 같은 진분수의 나눗셈은 분자끼리 나누어 계산해요.

① $\frac{4}{5} \div \frac{2}{5} =$ □ $\div 2 =$ □

② $\frac{10}{14} \div \frac{5}{14} =$ □ $\div 5 =$ □

4 계산해 보세요.

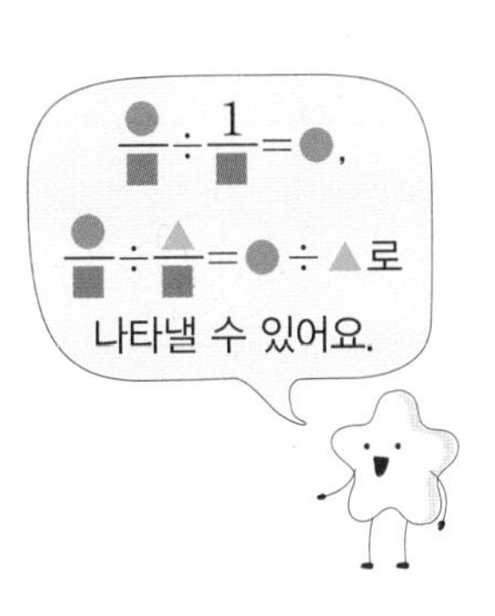

① $\frac{3}{8} \div \frac{1}{8}$

② $\frac{11}{13} \div \frac{1}{13}$

③ $\frac{10}{11} \div \frac{2}{11}$

④ $\frac{9}{16} \div \frac{3}{16}$

STEP 1 교과 개념

2. (분수) ÷ (분수)(2)

● 분자끼리 나누어떨어지지 않는 분모가 같은 (분수) ÷ (분수)

• $\frac{7}{11} \div \frac{2}{11}$의 계산

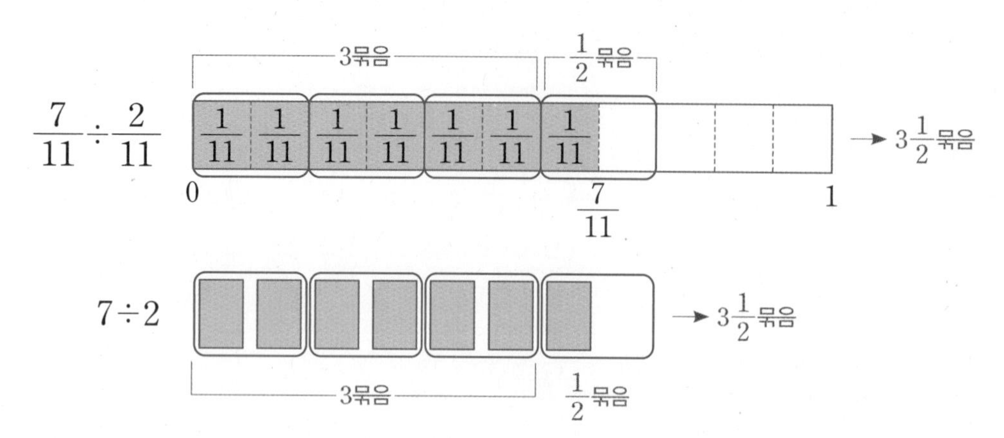

$\frac{7}{11}$은 $\frac{1}{11}$이 7개이고 $\frac{2}{11}$는 $\frac{1}{11}$이 2개이므로 7개를 2개로 나눈 것과 같습니다.

$$\Rightarrow \frac{7}{11} \div \frac{2}{11} = 7 \div 2 = \frac{7}{2} = 3\frac{1}{2}$$

• 분모가 같은 (분수) ÷ (분수)의 계산 방법

① 분자끼리 나누어 계산합니다.

② 분자끼리 나누어떨어지지 않을 때에는 몫이 분수로 나옵니다.

$$\frac{▲}{■} \div \frac{●}{■} = ▲ \div ● = \frac{▲}{●}$$

개념 자세히 보기

● **나누어지는 수에 나누는 수가 몇 번 들어가는지 알면 (분수) ÷ (분수)의 몫을 구할 수 있어요!**

0 1

$\frac{3}{7}$에는 $\frac{2}{7}$가 1번과 $\frac{1}{2}$번이 들어갑니다.

$\Rightarrow \frac{3}{7} \div \frac{2}{7} = 1\frac{1}{2}$

1

$\frac{5}{9} \div \frac{2}{9}$를 계산하려고 합니다. 물음에 답하세요.

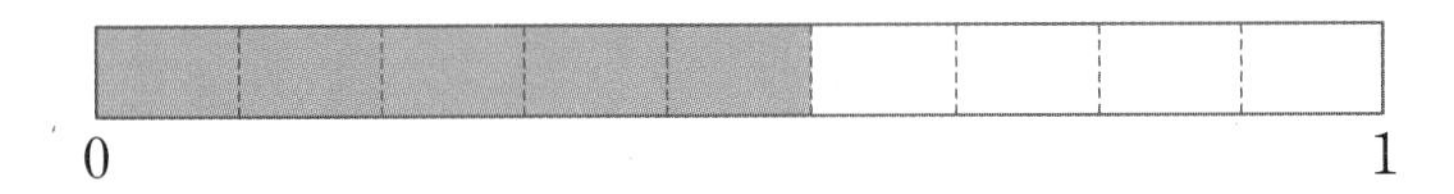

① $\frac{5}{9}$에는 $\frac{2}{9}$가 몇 번 들어가는지 그림에 나타내어 보세요.

② □ 안에 알맞은 수를 써넣으세요.

$$\frac{5}{9} \div \frac{2}{9} = \square$$

2

□ 안에 알맞은 수를 써넣으세요.

① $\frac{5}{9} \div \frac{4}{9} = \square \div \square = \frac{\square}{\square} = \square$

② $\frac{11}{13} \div \frac{4}{13} = \square \div \square = \frac{\square}{\square} = \square$

1

3

관계있는 것끼리 이어 보세요.

$\frac{13}{15} \div \frac{6}{15}$	$5 \div 14$	$2\frac{1}{6}$
$\frac{7}{8} \div \frac{3}{8}$	$7 \div 3$	$\frac{5}{14}$
$\frac{5}{17} \div \frac{14}{17}$	$13 \div 6$	$2\frac{1}{3}$

4

보기 와 같이 계산해 보세요.

보기

$$\frac{11}{16} \div \frac{7}{16} = 11 \div 7 = \frac{11}{7} = 1\frac{4}{7}$$

① $\frac{11}{12} \div \frac{5}{12}$

② $\frac{4}{7} \div \frac{5}{7}$

STEP 1 교과 개념

3. (분수) ÷ (분수)(3)

● 분자끼리 나누어떨어지는 분모가 다른 (분수)÷(분수)

• $\frac{3}{4} \div \frac{3}{16}$의 계산

방법 1 그림을 이용하여 구하기

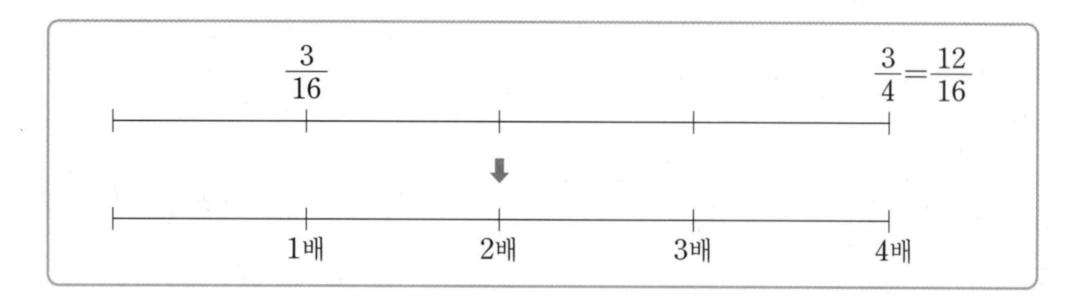

$\frac{3}{4}$은 $\frac{12}{16}$와 같습니다. $\frac{3}{4}$에 $\frac{3}{16}$이 4개입니다. ➡ $\frac{3}{4} \div \frac{3}{16} = 4$

방법 2 통분하여 계산하기

$$\frac{3}{4} \div \frac{3}{16} = \frac{12}{16} \div \frac{3}{16}$$ → 통분하기

$$= 12 \div 3$$ → 분자끼리 나누기

$$= 4$$

● 분자끼리 나누어떨어지지 않는 분모가 다른 (분수)÷(분수)

• $\frac{3}{5} \div \frac{2}{7}$의 계산

$$\frac{3}{5} \div \frac{2}{7} = \frac{21}{35} \div \frac{10}{35}$$ → 통분하기

$$= 21 \div 10$$ → 분자끼리 나누기

$$= \frac{21}{10} = 2\frac{1}{10}$$

➡ 분모가 다른 분수의 나눗셈은 통분하여 분자끼리 나누어 구합니다.

1 $\frac{5}{7} \div \frac{1}{14}$을 구하려고 합니다. 물음에 답하세요.

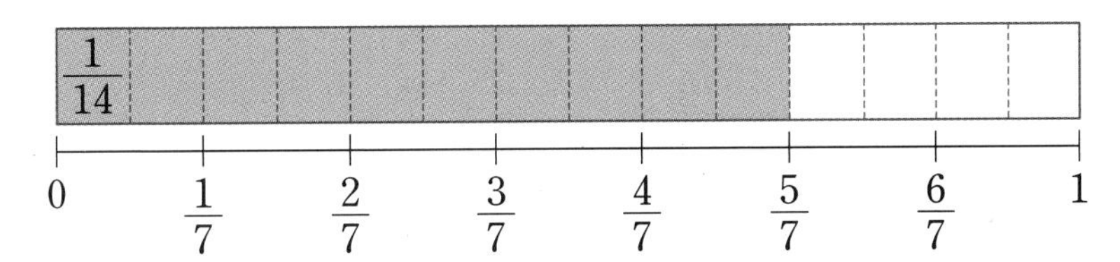

① $\frac{5}{7}$에는 $\frac{1}{14}$이 몇 번 들어갈까요?

( )

② □ 안에 알맞은 수를 써넣으세요.

$$\frac{5}{7} \div \frac{1}{14} = \square$$

2 □ 안에 알맞은 수를 써넣으세요.

① $\frac{8}{9} \div \frac{8}{27} = \frac{\square}{27} \div \frac{8}{27} = \square \div 8 = \square$

② $\frac{3}{8} \div \frac{5}{6} = \frac{\square}{24} \div \frac{\square}{24} = \square \div \square = \frac{\square}{\square}$

5학년 때 배웠어요

통분

분수를 통분할 때에는 두 분모의 곱이나 두 분모의 최소공배수를 공통분모로 하여 통분합니다.

예 $\left(\frac{1}{6}, \frac{3}{8}\right)$을 통분하기

$\left(\frac{1}{6}, \frac{3}{8}\right)$

➡ $\left(\frac{1\times4}{6\times4}, \frac{3\times3}{8\times3}\right)$

➡ $\left(\frac{4}{24}, \frac{9}{24}\right)$

3 보기 와 같이 계산해 보세요.

보기

$$\frac{3}{4} \div \frac{2}{3} = \frac{9}{12} \div \frac{8}{12} = 9 \div 8 = \frac{9}{8} = 1\frac{1}{8}$$

① $\frac{5}{12} \div \frac{1}{6}$

② $\frac{5}{6} \div \frac{7}{8}$

분수를 통분할 때는 두 분모의 곱이나 두 분모의 최소공배수를 공통분모로 하여 통분해요.

4 큰 수를 작은 수로 나눈 몫을 구해 보세요.

$\frac{2}{15}$ $\frac{2}{5}$

( )

STEP 1 교과 개념

4. (자연수) ÷ (분수)

고구마 10 kg을 캐는 데 $\frac{5}{6}$시간이 걸릴 때 1시간 동안 캘 수 있는 고구마의 무게 구하기

● **그림을 이용하여 구하기**

① $\frac{1}{6}$시간 동안 캘 수 있는 고구마의 무게 구하기

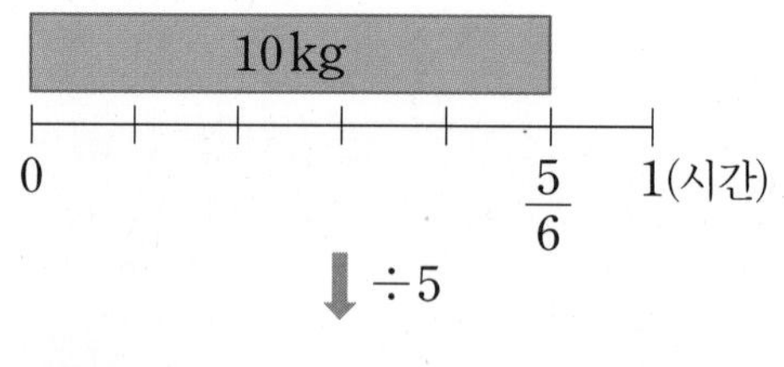

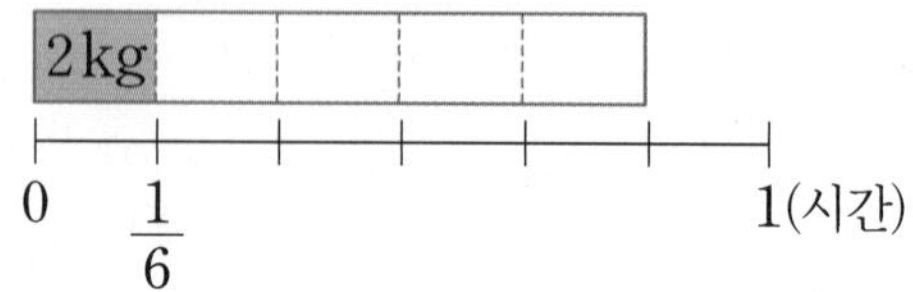

$$10 \div 5 = 2 \text{ (kg)}$$

② 1시간 동안 캘 수 있는 고구마의 무게 구하기

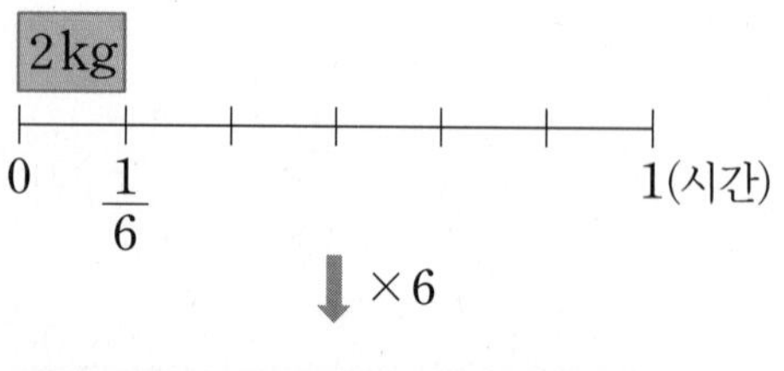

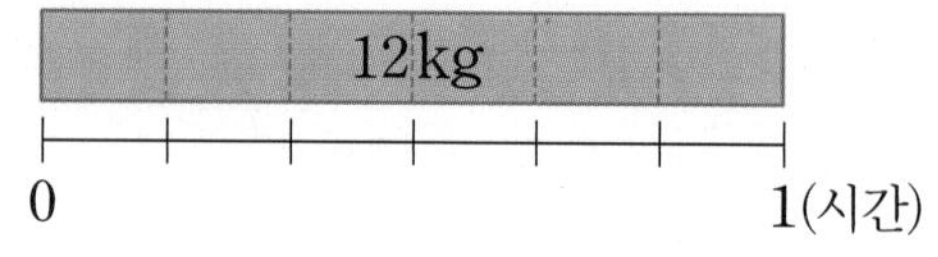

$$2 \times 6 = 12 \text{ (kg)}$$

● **(자연수)÷(분수)의 계산 알아보기**

$$10 \div \frac{5}{6} = (10 \div 5) \times 6 = 12$$

$$▲ \div \frac{●}{■} = (▲ \div ●) \times ■$$

개념 다르게 보기

● **단위분수를 이용하여 (자연수)÷(분수)의 몫을 구할 수 있어요!**

㉠ $3 \div \frac{3}{7}$의 계산

$3 = \frac{21}{7}$이므로 3은 $\frac{1}{7}$이 21개이고, $\frac{3}{7}$은 $\frac{1}{7}$이 3개입니다.

따라서 $3 \div \frac{3}{7} = 21 \div 3 = 7$입니다.

➲ 정답과 풀이 2쪽

1 멜론 $\frac{3}{5}$통의 무게가 6 kg입니다. 멜론 1통의 무게를 구해 보세요.

① 다음은 멜론 1통의 무게를 구하는 과정입니다. □ 안에 알맞은 수를 써넣으세요.

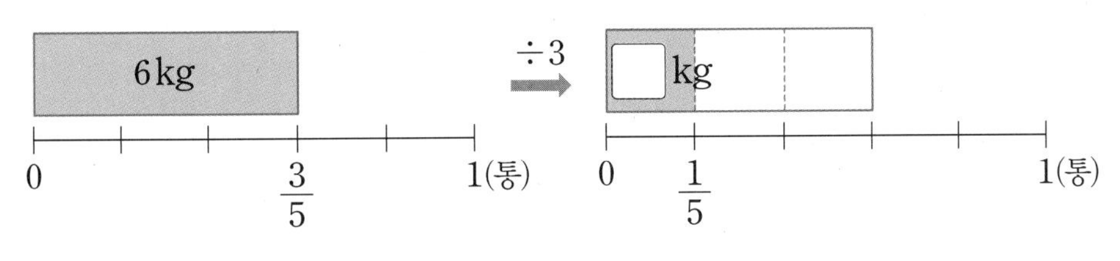

$\frac{1}{5}$통은 $\frac{3}{5}$통을 3으로 나눈 것과 같아요.

$6 \div \square = \square$ (kg)

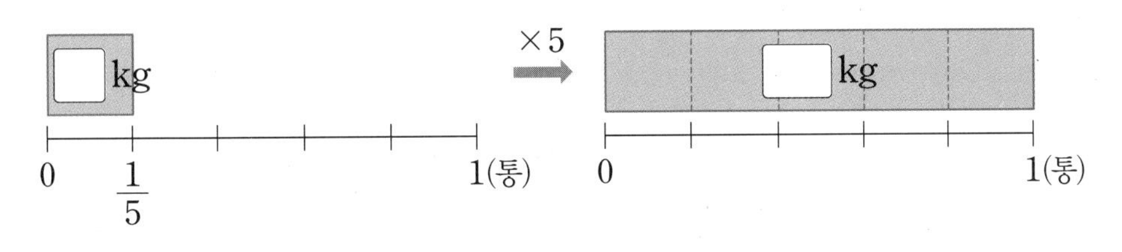

$\square \times \square = \square$ (kg)

② □ 안에 알맞은 수를 써넣으세요.

$$6 \div \frac{3}{5} = (6 \div \square) \times \square = \square \text{ (kg)}$$

2 □ 안에 알맞은 수를 써넣으세요.

(자연수)÷(분수)는 자연수를 나누는 수의 분자로 나눈 다음 분모를 곱해요.

① $9 \div \frac{3}{4} = (9 \div \square) \times \square = \square$

② $18 \div \frac{6}{7} = (18 \div \square) \times \square = \square$

3 보기 와 같이 계산해 보세요.

보기

$$4 \div \frac{2}{7} = (4 \div 2) \times 7 = 14$$

① $15 \div \frac{5}{9}$

② $24 \div \frac{3}{8}$

5. (분수)÷(분수)를 (분수)×(분수)로 나타내기

$\frac{4}{5}$ km를 걸어가는 데 $\frac{3}{4}$시간이 걸릴 때 1시간 동안 걸을 수 있는 거리 구하기

● 그림을 이용하여 구하기

① $\frac{1}{4}$시간 동안 걸을 수 있는 거리 구하기

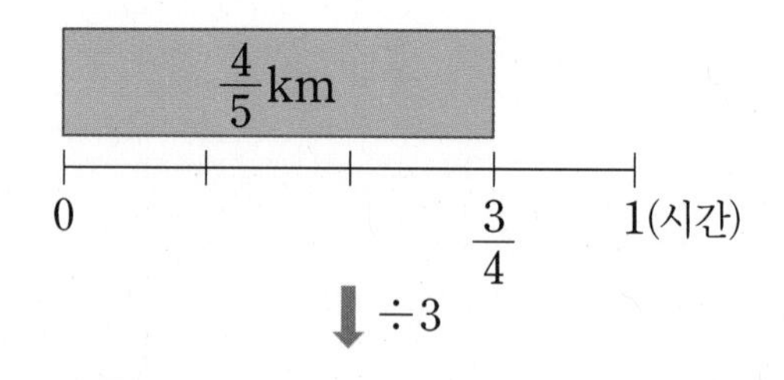

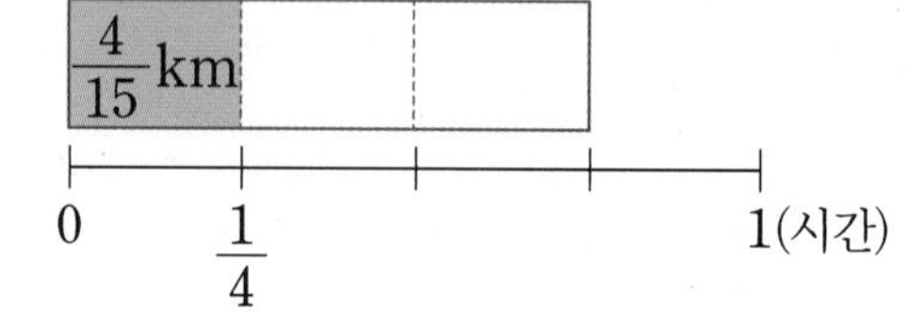

$$\frac{4}{5} \div 3 = \left(\frac{4}{5} \times \frac{1}{3}\right) \text{(km)}$$

② 1시간 동안 걸을 수 있는 거리 구하기

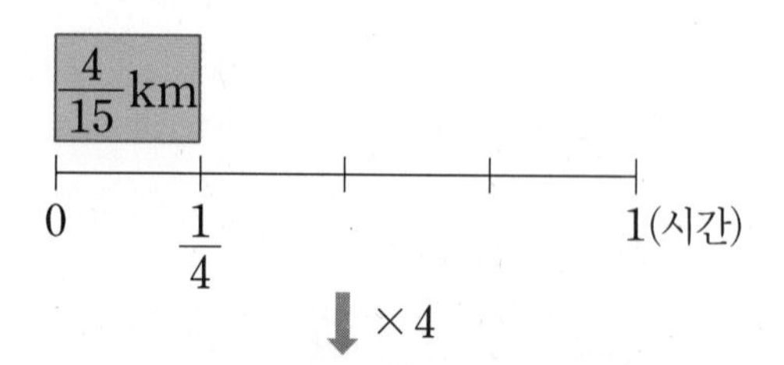

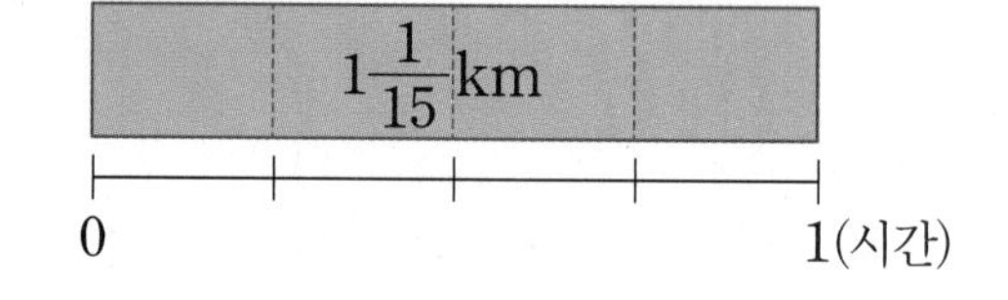

$$\frac{4}{5} \times \frac{1}{3} \times 4 = \frac{16}{15} = 1\frac{1}{15} \text{(km)}$$

● (분수)÷(분수)를 곱셈식으로 나타내기

나눗셈을 곱셈으로 나타냅니다.

$$\frac{4}{5} \div \frac{3}{4} = \frac{4}{5} \times \frac{1}{3} \times 4 = \frac{4}{5} \times \frac{4}{3}$$

분수의 분모와 분자를 바꿉니다.

➡ 나눗셈을 곱셈으로 나타내고 나누는 수의 분모와 분자를 바꾸어 줍니다.

$$\frac{▲}{■} \div \frac{●}{★} = \frac{▲}{■} \times \frac{★}{●}$$

1 철근 $\frac{2}{3}$ m의 무게가 $\frac{3}{4}$ kg입니다. 철근 1 m의 무게를 구해 보세요.

① □ 안에 알맞은 수를 써넣으세요.

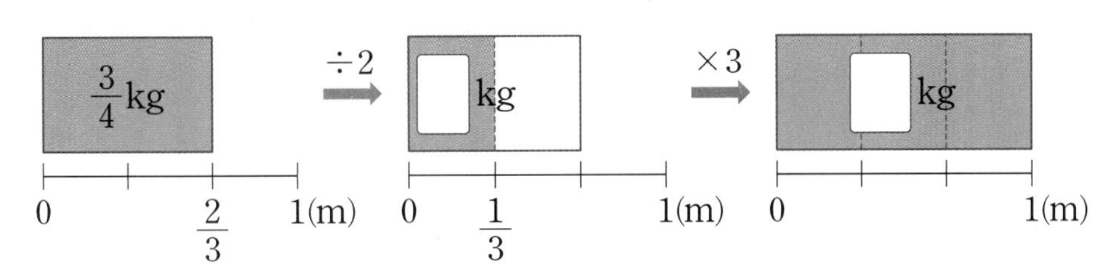

$\frac{1}{3}$ m는 $\frac{2}{3}$ m를 2로 나눈 것과 같아요.

- $\left(\text{철근 } \frac{1}{3}\text{ m의 무게}\right) = \frac{3}{4} \div 2 = \frac{3}{4} \times \frac{1}{\square} = \frac{\square}{\square}$(kg)
- $(\text{철근 } 1\text{ m의 무게}) = \frac{3}{4} \times \frac{1}{\square} \times \square = \frac{\square}{\square} = \square$(kg)

② □ 안에 알맞은 수를 써넣어 곱셈식으로 나타내어 보세요.

$$\frac{3}{4} \div \frac{2}{3} = \frac{3}{4} \times \frac{1}{\square} \times \square = \frac{3}{4} \times \frac{\square}{\square} = \frac{\square}{\square} = \square$$

2 □ 안에 알맞은 수를 써넣으세요.

6학년 1학기 때 배웠어요

(분수)÷(자연수)를 분수의 곱셈으로 나타내기

자연수를 $\frac{1}{(\text{자연수})}$로 바꾼 다음 곱하여 계산합니다.

> (분수)÷(자연수)
> $=(\text{분수}) \times \frac{1}{(\text{자연수})}$

① $\frac{2}{7} \div \frac{5}{6} = \frac{2}{7} \times \frac{\square}{\square} = \frac{\square}{\square}$

② $\frac{7}{10} \div \frac{2}{5} = \frac{7}{\cancel{10}_{\square}} \times \frac{\cancel{5}^{\square}}{\square} = \frac{\square}{\square} = \square$

3 나눗셈식을 곱셈식으로 나타내어 계산해 보세요.

나누는 분수의 분모와 분자를 바꾸어 분수의 곱셈으로 나타내어 계산해요.

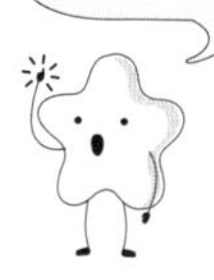

① $\frac{1}{7} \div \frac{2}{5}$

② $\frac{7}{8} \div \frac{4}{5}$

③ $\frac{5}{6} \div \frac{5}{8}$

④ $\frac{5}{9} \div \frac{7}{12}$

STEP 1 교과 개념

6. (분수) ÷ (분수) 계산하기

(자연수) ÷ (분수)의 계산 알아보기

• $3 \div \frac{8}{9}$의 계산

$$3 \div \frac{8}{9} = 3 \times \frac{9}{8} = \frac{27}{8} = 3\frac{3}{8}$$

➡ 나눗셈을 곱셈으로 나타내고 나누는 수의 분모와 분자를 바꾸어 줍니다.

(가분수) ÷ (분수)의 계산 알아보기

• $\frac{4}{3} \div \frac{5}{7}$의 계산

방법 1 통분하여 계산하기

$$\frac{4}{3} \div \frac{5}{7} = \frac{28}{21} \div \frac{15}{21}$$ → 통분하기

$$= 28 \div 15$$ → 분자끼리 나누기

$$= \frac{28}{15} = 1\frac{13}{15}$$

방법 2 분수의 곱셈으로 나타내어 계산하기

$$\frac{4}{3} \div \frac{5}{7} = \frac{4}{3} \times \frac{7}{5}$$

$$= \frac{28}{15} = 1\frac{13}{15}$$

(대분수) ÷ (분수)의 계산 알아보기

• $1\frac{1}{4} \div \frac{3}{5}$의 계산

방법 1 통분하여 계산하기

$$1\frac{1}{4} \div \frac{3}{5} = \frac{5}{4} \div \frac{3}{5}$$ → 가분수로 나타내기

$$= \frac{25}{20} \div \frac{12}{20}$$ → 통분하기

$$= 25 \div 12$$ → 분자끼리 나누기

$$= \frac{25}{12} = 2\frac{1}{12}$$

대분수로 나타내기

방법 2 분수의 곱셈으로 나타내어 계산하기

$$1\frac{1}{4} \div \frac{3}{5} = \frac{5}{4} \div \frac{3}{5}$$ → 가분수로 나타내기

$$= \frac{5}{4} \times \frac{5}{3}$$ → 곱셈으로 나타내기

$$= \frac{25}{12} = 2\frac{1}{12}$$

대분수로 나타내기

정답과 풀이 2쪽

1

$\frac{7}{5} \div \frac{3}{4}$을 두 가지 방법으로 계산하려고 합니다. □ 안에 알맞은 수를 써넣으세요.

① 분모를 같게 하여 계산해 보세요.

$$\frac{7}{5} \div \frac{3}{4} = \frac{\square}{20} \div \frac{\square}{20} = \square \div \square = \frac{\square}{\square} = \square$$

② 분수의 곱셈으로 나타내어 계산해 보세요.

$$\frac{7}{5} \div \frac{3}{4} = \frac{7}{5} \times \frac{\square}{\square} = \frac{\square}{\square} = \square$$

2

□ 안에 알맞은 수를 써넣어 $1\frac{1}{3} \div \frac{5}{6}$를 계산해 보세요.

방법 1 $1\frac{1}{3} \div \frac{5}{6} = \frac{4}{3} \div \frac{5}{6} = \frac{\square}{6} \div \frac{5}{6} = \square \div 5 = \frac{\square}{5} = \square$

방법 2 $1\frac{1}{3} \div \frac{5}{6} = \frac{4}{3} \div \frac{5}{6} = \frac{4}{\cancel{3}_{\square}} \times \frac{\cancel{6}^{\square}}{\square} = \frac{\square}{\square} = \square$

(대분수)÷(분수)는 대분수를 가분수로 나타내어 계산해요.

3

보기 와 같이 계산해 보세요.

보기

$$6 \div \frac{5}{8} = 6 \times \frac{8}{5} = \frac{48}{5} = 9\frac{3}{5}$$

나눗셈을 곱셈으로 나타내고 나누는 수의 분모와 분자를 바꾸어 계산해요.

① $9 \div \frac{2}{3}$

② $8 \div \frac{6}{7}$

4

계산해 보세요.

① $\frac{9}{7} \div \frac{2}{5}$

② $\frac{7}{3} \div \frac{5}{6}$

③ $1\frac{2}{9} \div \frac{3}{7}$

④ $4\frac{1}{2} \div \frac{3}{5}$

대분수를 가분수로 나타낸 후 나눗셈을 곱셈으로 나타내어 계산해요.

STEP 2 꼭 나오는 유형

1 분자끼리 나누어떨어지는 분모가 같은 (분수)÷(분수)

1 그림을 보고 □ 안에 알맞은 수를 써넣으세요.

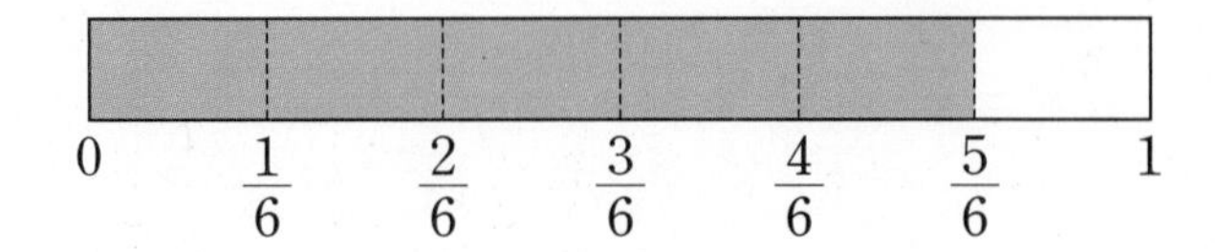

(1) $\frac{5}{6}$에는 $\frac{1}{6}$이 □번 들어갑니다.

(2) $\frac{5}{6} \div \frac{1}{6} =$ □

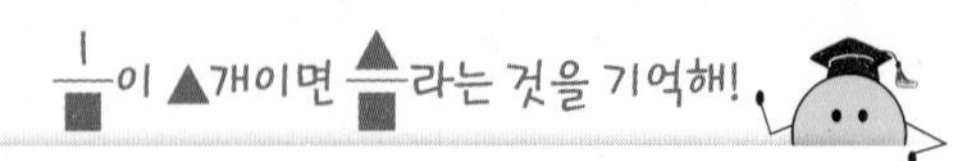

준비 □ 안에 알맞은 수를 써넣으세요.

(1) $\frac{3}{7}$은 $\frac{1}{7}$이 □개입니다.

(2) $\frac{1}{9}$이 5개인 수는 $\frac{□}{□}$입니다.

2 □ 안에 알맞은 수를 써넣으세요.

$\frac{14}{15}$는 $\frac{1}{15}$이 □개, $\frac{2}{15}$는 $\frac{1}{15}$이 □개

➡ $\frac{14}{15} \div \frac{2}{15} =$ □

3 계산해 보세요.

(1) $\frac{7}{12} \div \frac{1}{12}$

(2) $\frac{4}{11} \div \frac{2}{11}$

(3) $\frac{16}{21} \div \frac{2}{21}$

4 빈칸에 알맞은 수를 써넣으세요.

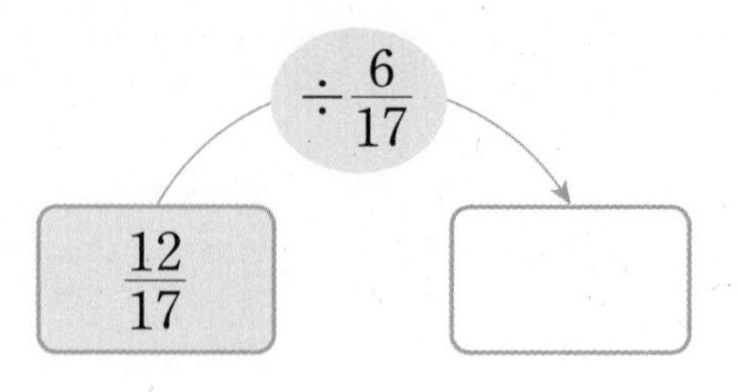

5 □ 안에 알맞은 수를 써넣으세요.

$\frac{20}{23} \div \frac{□}{23} = 5$

6 계산 결과를 비교하여 ○ 안에 >, =, <를 알맞게 써넣으세요.

$\frac{8}{13} \div \frac{2}{13}$ ○ $\frac{8}{13} \div \frac{4}{13}$

내가 만드는 문제

7 주스 2개를 자유롭게 고르고, 양이 많은 주스는 적은 주스의 몇 배인지 구해 보세요.

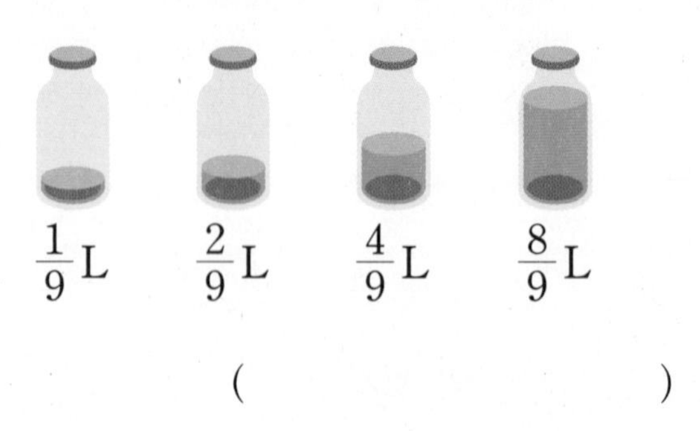

(　　　　　　　　)

2 분자끼리 나누어떨어지지 않는 분모가 같은 (분수)÷(분수)

8 계산해 보세요.

(1) $\frac{10}{17} \div \frac{8}{17}$

(2) $\frac{11}{7} \div \frac{4}{7}$

(3) $\frac{15}{19} \div \frac{10}{19}$

9 관계있는 것끼리 이어 보세요.

$\frac{3}{8} \div \frac{2}{8}$ •	• $8 \div 7$ •	• $1\frac{1}{2}$
$\frac{9}{13} \div \frac{11}{13}$ •	• $3 \div 2$ •	• $\frac{9}{11}$
$\frac{8}{15} \div \frac{7}{15}$ •	• $9 \div 11$ •	• $1\frac{1}{7}$

10 계산 결과를 비교하여 ◯ 안에 >, =, <를 알맞게 써넣으세요.

$$\frac{9}{14} \div \frac{5}{14} \bigcirc \frac{9}{17} \div \frac{5}{17}$$

11 보기 와 같이 계산해 보세요.

보기

$$\frac{7}{8} \div \frac{3}{8} = 7 \div 3 = \frac{7}{3} = 2\frac{1}{3}$$

$\frac{10}{11} \div \frac{3}{11}$ ....

서술형

12 □ 안에 들어갈 수 있는 자연수 중에서 가장 작은 수는 얼마인지 풀이 과정을 쓰고 답을 구해 보세요.

$$\frac{17}{18} \div \frac{5}{18} < \square$$

풀이 ....

....

....

답 ....

13 소은이와 준수는 방과 후 요리 수업에 참여했습니다. □ 안에 알맞은 수를 써넣으세요.

소은: 내가 만든 유자차 $\frac{12}{19}$ L를 한 병에 $\frac{4}{19}$ L씩 담으려면 병이 몇 개 필요할까?

준수: 분자끼리 계산하면 돼.
$12 \div 4 = \square$이니까 병이 □개 필요해.
나는 레몬차를 $\frac{7}{19}$ L 만들었어. 그러면 유자차는 레몬차의 몇 배나 되는 걸까?

소은: $\frac{12}{19} \div \frac{7}{19}$도 분자끼리 계산하면 돼.
$12 \div 7 = \square$이니까 □배네.

준수: 우리가 만든 차를 가족들과 맛있게 먹자!

3 분모가 다른 (분수)÷(분수)

14 그림을 보고 □ 안에 알맞은 수를 써넣으세요.

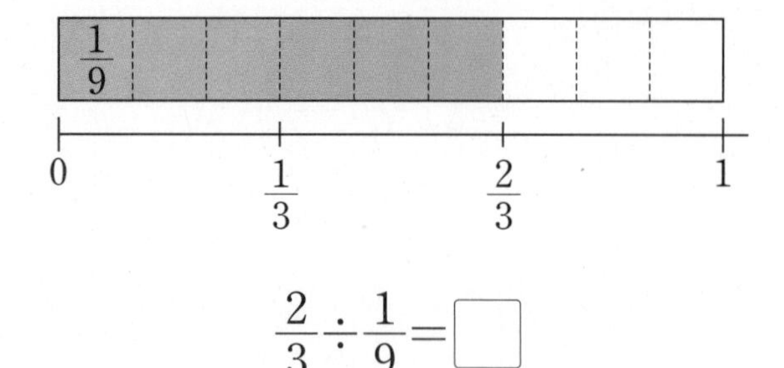

$\frac{2}{3} \div \frac{1}{9} = \square$

분모가 다른 분수의 덧셈과 뺄셈은 통분한 후 계산해야 해!

준비 □ 안에 알맞은 수를 써넣으세요.

(1) $\frac{2}{5}+\frac{3}{10}=\frac{\square}{10}+\frac{3}{10}=\frac{\square}{10}$

(2) $\frac{2}{5}-\frac{3}{10}=\frac{\square}{10}-\frac{3}{10}=\frac{\square}{10}$

15 □ 안에 알맞은 수를 써넣으세요.

$\frac{6}{7} \div \frac{13}{21} = \frac{\square}{21} \div \frac{\square}{21} = \square \div \square$

$= \frac{\square}{\square} = \square$

16 계산해 보세요.

(1) $\frac{5}{12} \div \frac{1}{4}$

(2) $\frac{7}{16} \div \frac{3}{8}$

(3) $\frac{5}{6} \div \frac{4}{7}$

서술형

17 계산이 잘못된 곳을 찾아 이유를 쓰고 바르게 계산해 보세요.

$\frac{14}{15} \div \frac{7}{30} = 14 \div 7 = 2$

이유 ....

....

바른 계산 ....

18 계산 결과가 가장 큰 것을 찾아 기호를 써 보세요.

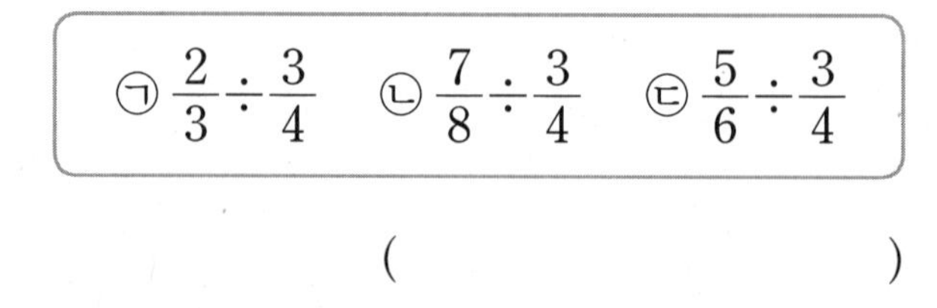

(   )

내가 만드는 문제

19 수 카드를 한 번씩만 사용하여 2개의 진분수를 만들고, 작은 수를 큰 수로 나눈 몫은 얼마인지 □ 안에 알맞은 수를 써넣으세요.

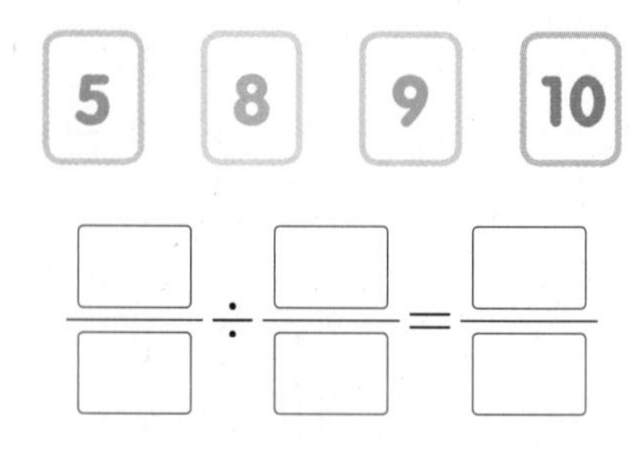

$\frac{\square}{\square} \div \frac{\square}{\square} = \frac{\square}{\square}$

20 어느 자동차는 $\frac{3}{4}$ km를 가는 데 $\frac{5}{7}$분이 걸립니다. 이 자동차가 같은 빠르기로 간다면 1분 동안 몇 km를 갈 수 있는지 구해 보세요.

(   )

4 (자연수)÷(분수)

21 $10\div\frac{2}{5}$와 계산 결과가 같은 식에 ○표 하세요.

$(10\div2)\times5$	$(10\div5)\times2$
(　　　)	(　　　)

22 보기 와 같이 계산해 보세요.

보기

$8\div\frac{4}{5}=(8\div4)\times5=10$

(1) $6\div\frac{3}{8}$ ……………………

(2) $12\div\frac{6}{11}$ ……………………

23 빈칸에 알맞은 수를 써넣으세요.

→ ÷, ↓ ÷

12	$\frac{3}{4}$	
$\frac{6}{7}$		

24 자연수는 분수의 몇 배인지 구해 보세요.

$\frac{7}{9}$	21

(　　　　　　　　)

25 계산 결과가 큰 것부터 차례로 기호를 써 보세요.

㉠ $8\div\frac{2}{9}$　㉡ $9\div\frac{3}{5}$　㉢ $12\div\frac{2}{3}$

(　　　　　　　　)

내가 만드는 문제

26 정육각형을 똑같이 여섯 부분으로 나눈 것 중의 몇 부분을 골라 색칠하고 색칠한 부분의 넓이가 60 cm^2일 때, 도형 전체의 넓이는 몇 cm^2인지 식을 쓰고 답을 구해 보세요.

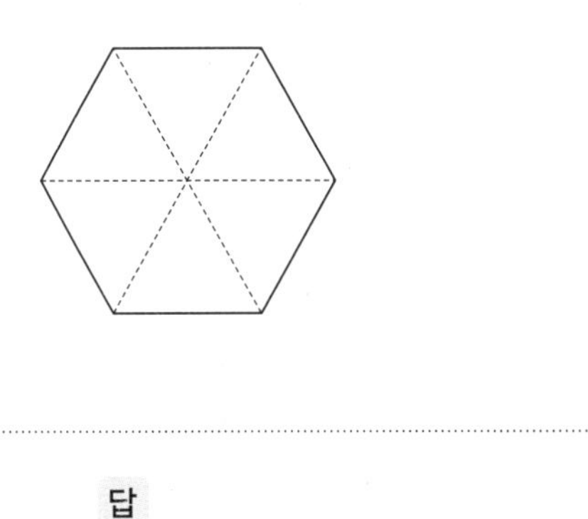

식 ……………………

답 ……………………

27 어느 전기 자동차는 배터리의 $\frac{3}{5}$만큼 충전하는 데 45분이 걸립니다. 매시간 충전되는 양이 일정할 때 배터리를 완전히 충전하려면 몇 분이 걸리는지 구해 보세요.

(　　　　　　　　)

5 (분수)÷(분수)를 (분수)×(분수)로 나타내기

28 철근 $\frac{3}{4}$ m의 무게가 $\frac{4}{7}$ kg입니다. 철근 1 m의 무게는 몇 kg인지 □ 안에 알맞은 수를 써넣으세요.

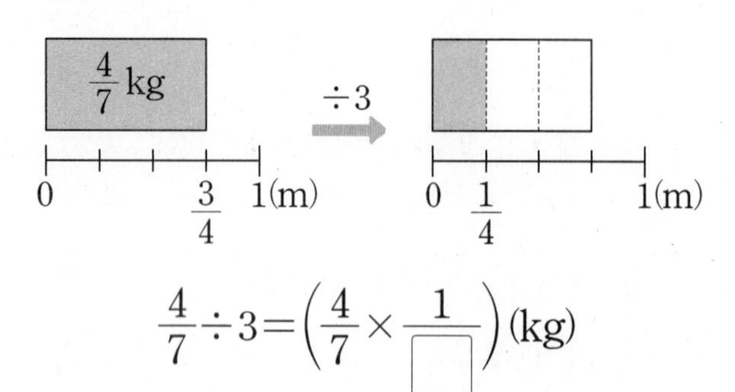

$$\frac{4}{7}\div 3=\left(\frac{4}{7}\times\frac{1}{\square}\right)(\text{kg})$$

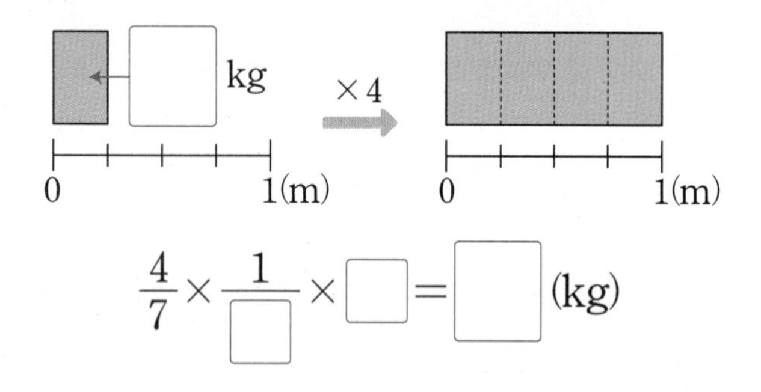

$$\frac{4}{7}\times\frac{1}{\square}\times\square=\square\,(\text{kg})$$

29 □ 안에 알맞은 수를 써넣으세요.

$$\frac{5}{8}\div\frac{6}{7}=\frac{5}{8}\times\frac{1}{\square}\times\square$$
$$=\frac{5}{8}\times\frac{\square}{\square}=\square$$

30 나눗셈식을 곱셈식으로 나타내어 계산해 보세요.

(1) $\frac{2}{7}\div\frac{4}{5}$ ....

(2) $\frac{7}{16}\div\frac{3}{4}$ ....

내가 만드는 문제

31 다음 분수 중에서 두 수를 자유롭게 골라 (분수)÷(분수)를 만들었을 때의 몫을 구해 보세요.

$\frac{5}{12}$	$\frac{7}{9}$	$\frac{7}{10}$

(　　　　　　　　)

32 계산 결과가 1보다 작은 것을 찾아 기호를 써 보세요.

㉠ $\frac{5}{9}\div\frac{4}{11}$　㉡ $\frac{5}{6}\div\frac{2}{9}$　㉢ $\frac{3}{5}\div\frac{5}{7}$

(　　　　　　　　)

서술형

33 밀가루가 $\frac{5}{14}$ kg, 쌀가루가 $\frac{2}{9}$ kg 있습니다. 밀가루의 무게는 쌀가루의 무게의 몇 배인지 풀이 과정을 쓰고 답을 구해 보세요.

풀이 ....

....

....

답 ....

34 우유 $\frac{3}{8}$ L의 무게가 $\frac{5}{13}$ kg입니다. 우유 1 L의 무게를 구해 보세요.

식 ....

답 ....

6 (분수)÷(분수)

35 바르게 통분하여 계산한 것의 기호를 써 보세요.

㉠ $\frac{6}{5} \div \frac{7}{10} = \frac{12}{10} \div \frac{7}{10}$
$= 12 \div 7 = \frac{12}{7} = 1\frac{5}{7}$

㉡ $\frac{10}{3} \div \frac{5}{9} = \frac{10}{3} \div \frac{10}{18}$
$= 3 \div 18 = \frac{3}{18} = \frac{1}{6}$

( )

36 $1\frac{3}{4} \div \frac{5}{9}$를 두 가지 방법으로 계산해 보세요.

방법 1 통분하여 계산하기

방법 2 분수의 곱셈으로 나타내어 계산하기

서술형
37 휘발유 $\frac{7}{9}$ L로 $5\frac{1}{4}$ km를 가는 자동차가 있습니다. 이 자동차는 휘발유 1 L로 몇 km를 갈 수 있는지 풀이 과정을 쓰고 답을 구해 보세요.

풀이

답

38 계산해 보세요.

(1) $3\frac{5}{6} \div \frac{2}{3}$

(2) $1\frac{7}{8} \div \frac{3}{10}$

39 계산이 잘못된 곳을 찾아 바르게 계산해 보세요.

$1\frac{2}{5} \div \frac{7}{9} = 1\frac{2}{5} \times \frac{9}{7} = 1\frac{18}{35}$

$1\frac{2}{5} \div \frac{7}{9}$

40 몫이 가장 크게 되도록 보기 의 분수 중 하나를 골라 □ 안에 써넣고, 몫을 구해 보세요.

보기
$\frac{1}{5}$ $\frac{3}{10}$ $\frac{3}{14}$

$2\frac{2}{5} \div$ □

( )

41 태양계 행성의 크기를 조사한 것입니다. 해왕성의 반지름은 금성의 반지름의 몇 배일까요?

행성	지구의 반지름을 1로 보았을 때 각 행성의 반지름
해왕성	$3\frac{9}{10}$
금성	$\frac{9}{10}$

( )

1

자주 틀리는 유형

어떤 수 구하기

1 □ 안에 알맞은 수를 써넣으세요.

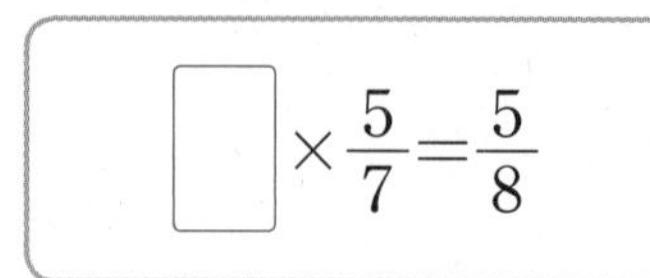

$\square \times \frac{5}{7} = \frac{5}{8}$

2 □ 안에 알맞은 수를 써넣으세요.

$\square \times \frac{3}{10} = 1\frac{4}{15}$

3 □ 안에 알맞은 수를 써넣으세요.

$\square \times \frac{5}{12} = 1\frac{1}{6} \div \frac{1}{4}$

잘못된 부분이 있는 나눗셈식

4 계산이 잘못된 곳을 찾아 이유를 쓰고 바르게 계산해 보세요.

$\frac{11}{16} \div \frac{3}{16} = 11 \div 16 = \frac{11}{16}$

이유 ....

바른 계산 ....

5 계산이 잘못된 곳을 찾아 바르게 계산해 보세요.

$\frac{4}{7} \div \frac{3}{4} = \frac{4}{28} \div \frac{3}{28} = 4 \div 3 = \frac{4}{3} = 1\frac{1}{3}$

$\frac{4}{7} \div \frac{3}{4}$ ....

6 계산이 잘못된 곳을 찾아 이유를 쓰고 바르게 계산해 보세요.

$12 \div \frac{2}{3} = (12 \div 3) \times 2 = 8$

이유 ....

바른 계산 ....

몫의 크기 비교

7 계산 결과가 더 큰 것의 기호를 써 보세요.

㉠ $\frac{5}{12} \div \frac{7}{18}$ ㉡ $\frac{9}{11} \div \frac{3}{5}$

( )

8 계산 결과를 비교하여 ○ 안에 >, =, <를 알맞게 써넣으세요.

$2\frac{2}{9} \div \frac{2}{3}$ ○ $2\frac{4}{5} \div \frac{7}{9}$

9 계산 결과가 가장 작은 것을 찾아 기호를 써 보세요.

㉠ $\frac{5}{8} \div \frac{3}{8}$ ㉡ $3 \div \frac{9}{10}$

㉢ $1\frac{3}{4} \div \frac{11}{12}$ ㉣ $3\frac{1}{8} \div \frac{5}{6}$

( )

나눗셈의 몫과 1의 크기 비교하기

10 몫이 1보다 작은 것을 찾아 기호를 써 보세요.

㉠ $4 \div \frac{5}{12}$ ㉡ $\frac{2}{5} \div \frac{7}{8}$

㉢ $1\frac{3}{4} \div \frac{1}{4}$ ㉣ $3\frac{1}{3} \div \frac{8}{9}$

( )

11 몫이 1보다 큰 것을 찾아 기호를 써 보세요.

㉠ $\frac{3}{7} \div \frac{5}{7}$ ㉡ $\frac{2}{9} \div \frac{5}{8}$

㉢ $\frac{11}{14} \div \frac{4}{5}$ ㉣ $\frac{9}{10} \div \frac{5}{7}$

( )

12 몫이 1보다 작은 것은 모두 몇 개인지 구해 보세요.

$\frac{3}{10} \div \frac{2}{3}$ $4\frac{2}{5} \div \frac{2}{3}$

$\frac{17}{6} \div \frac{2}{3}$ $\frac{5}{11} \div \frac{2}{3}$

( )

(큰 수)÷(작은 수), (작은 수)÷(큰 수)

13 다음 분수 중에서 가장 큰 수를 가장 작은 수로 나눈 몫을 구해 보세요.

$2\frac{1}{4}$ $\frac{2}{5}$ $\frac{7}{12}$ $4\frac{3}{8}$

(　　　　　　　　)

14 다음 분수 중에서 가장 작은 수를 가장 큰 수로 나눈 몫을 구해 보세요.

$\frac{2}{3}$ $\frac{1}{5}$ $\frac{1}{2}$ $\frac{1}{3}$ $\frac{5}{6}$

(　　　　　　　　)

15 다음 분수 중에서 두 수를 골라 몫이 가장 큰 나눗셈식을 만들려고 합니다. 이때 만든 나눗셈식의 몫을 구해 보세요.

$2\frac{1}{6}$ $\frac{5}{9}$ $2\frac{1}{2}$ $\frac{2}{3}$

(　　　　　　　　)

단위 길이의 무게와 단위 무게의 길이

16 굵기가 일정한 고무관 $\frac{3}{4}$ m의 무게는 $\frac{5}{8}$ kg입니다. 고무관 1 m의 무게는 몇 kg인지 구해 보세요.

(　　　　　　　　)

17 굵기가 일정한 철근 $\frac{1}{5}$ m의 무게는 $\frac{9}{10}$ kg입니다. 철근 1 kg의 길이는 몇 m인지 구해 보세요.

(　　　　　　　　)

18 통나무 $\frac{3}{11}$ m의 무게는 $\frac{9}{11}$ kg입니다. 이 통나무의 굵기가 일정할 때 통나무 3 m의 무게는 몇 kg인지 구해 보세요.

(　　　　　　　　)

STEP 4 최상위 도전 유형

최상위 유형에 자주 나오는 문제로 학습함으로써 수학의 실력을 완성해 보세요.

도전1 □ 안에 들어갈 수 있는 자연수 구하기

1 □ 안에 들어갈 수 있는 자연수를 모두 구해 보세요.

$$\square \div \frac{1}{6} < 20$$

(　　　　　　　　　　)

핵심 NOTE

나눗셈식을 곱셈식으로 나타낸 다음 □ 안에 들어갈 수 있는 수를 구합니다.

2 □ 안에 들어갈 수 있는 자연수는 모두 몇 개일까요?

$$9 < 3 \div \frac{1}{\square} < 19$$

(　　　　　　　　　　)

3 □ 안에 들어갈 수 있는 자연수는 모두 몇 개인지 구해 보세요.

$$5 < \square \div \frac{1}{5} < 34$$

(　　　　　　　　　　)

도전2 조건에 맞는 분수의 나눗셈식 만들기

4 조건 을 만족하는 분수의 나눗셈식을 모두 써 보세요.

조건
- $9 \div 7$을 이용하여 계산할 수 있습니다.
- 분모가 12보다 작은 진분수의 나눗셈입니다.
- 두 분수의 분모는 같습니다.

(　　　　　　　　　　)

핵심 NOTE

분모가 같은 분수의 나눗셈을 이용하여 계산할 수 있는 분수의 분자를 찾아봅니다.

5 조건 을 만족하는 분수의 나눗셈식을 써 보세요.

조건
- $7 \div 3$을 이용하여 계산할 수 있습니다.
- 분모가 9보다 작은 진분수의 나눗셈입니다.
- 두 분수의 분모는 같습니다.

(　　　　　　　　　　)

6 조건 을 만족하는 분수의 나눗셈식을 모두 써 보세요.

조건
- $5 \div 11$을 이용하여 계산할 수 있습니다.
- 분모가 14보다 작은 진분수의 나눗셈입니다.
- 두 분수의 분모는 같습니다.

(　　　　　　　　　　)

도전3 바르게 계산한 값 구하기

7 어떤 수를 $\frac{4}{5}$로 나누어야 할 것을 잘못하여 5로 나누었더니 4가 되었습니다. 바르게 계산한 값은 얼마인지 구해 보세요.

(　　　　　　　　　)

핵심 NOTE

잘못 계산한 식을 세워 어떤 수를 구한 후 바른 식을 세워 계산합니다.

8 어떤 수를 $\frac{2}{3}$로 나누어야 할 것을 잘못하여 곱하였더니 $\frac{2}{5}$가 되었습니다. 바르게 계산한 값은 얼마인지 구해 보세요.

(　　　　　　　　　)

9 어떤 수를 $\frac{4}{9}$로 나누어야 할 것을 잘못하여 곱하였더니 $1\frac{1}{7}$이 되었습니다. 바르게 계산한 값은 얼마인지 구해 보세요.

(　　　　　　　　　)

도전4 도형에서 변의 길이 구하기

10 넓이가 $1\frac{1}{8}$ m^{2}인 평행사변형이 있습니다. 높이가 $\frac{3}{5}$ m일 때 밑변의 길이는 몇 m인지 구해 보세요.

(　　　　　　　　　)

핵심 NOTE

(평행사변형의 넓이) = (밑변의 길이) × (높이)
→ (밑변의 길이) = (평행사변형의 넓이) ÷ (높이)

11 넓이가 $\frac{5}{16}$ m^{2}인 삼각형이 있습니다. 이 삼각형의 밑변의 길이가 $\frac{15}{32}$ m일 때 높이는 몇 m인지 구해 보세요.

(　　　　　　　　　)

12 넓이가 $\frac{2}{3}$ m^{2}인 마름모입니다. □ 안에 알맞은 수를 써넣으세요.

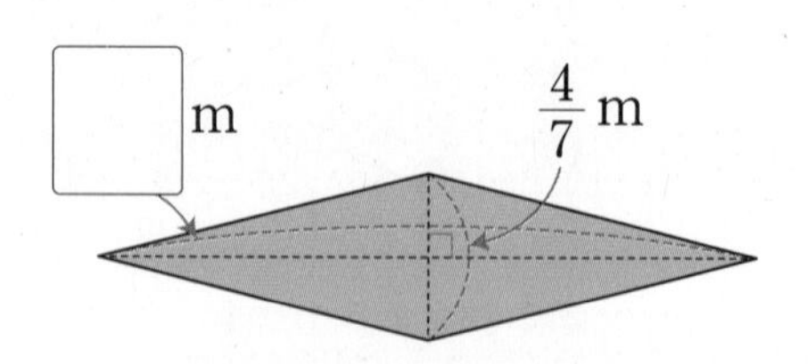

도전5 시간을 분수로 고쳐 계산하기

13 혜진이가 피아노 연습을 한 시간과 수학 공부를 한 시간입니다. 피아노 연습을 한 시간은 수학 공부를 한 시간의 몇 배인지 구해 보세요.

피아노 연습	$1\frac{1}{2}$시간
수학 공부	40분

(　　　　　　　　)

핵심 NOTE

1시간은 60분이므로 1분 $=\frac{1}{60}$시간입니다.

14 어느 자전거 선수가 자전거를 타고 $1\frac{19}{20}$ km를 가는 데 5분이 걸렸습니다. 같은 빠르기로 이 선수는 1시간 동안 몇 km를 가는지 구해 보세요.

(　　　　　　　　)

15 나무에서 $\frac{4}{7}$ L의 수액을 채취하는 데 40분이 걸립니다. 같은 나무에서 수액을 1 L 채취하는 데 걸리는 시간은 몇 시간 몇 분인지 구해 보세요.

(　　　　　　　　)

도전6 실생활 문제 해결하기

16 우진이가 자전거를 타고 집에서 출발하여 2 km 떨어진 은행까지 갔다가 다시 집으로 돌아오는 데 $\frac{4}{7}$시간이 걸렸습니다. 우진이는 같은 빠르기로 한 시간 동안 몇 km를 갈 수 있는지 구해 보세요. (단, 은행에 머무는 시간은 생각하지 않습니다.)

(　　　　　　　　)

핵심 NOTE

(한 시간 동안 갈 수 있는 거리)
=(간 거리)÷(걸린 시간)

1

17 빈 병에 400 mL의 물을 넣었더니 병의 들이의 $\frac{5}{6}$만큼 찼습니다. 이 병에 물을 가득 채우려면 물을 몇 mL 더 부어야 할까요?

(　　　　　　　　)

18 $\frac{4}{5}$ L의 휘발유로 $8\frac{2}{3}$ km를 가는 자동차가 있습니다. 이 자동차는 $5\frac{3}{5}$ L의 휘발유로 몇 km를 갈 수 있는지 구해 보세요.

(　　　　　　　　)

도전7 수 카드를 사용하여 분수의 나눗셈식 만들기

19 수 카드 1, 3, 5 를 한 번씩 모두 사용하여 대분수를 만들었습니다. 만들 수 있는 가장 큰 대분수를 가장 작은 대분수로 나눈 몫을 구해 보세요.

( )

핵심 NOTE

몫이 가장 작은 나눗셈식은 (가장 작은 수)÷(가장 큰 수)이고, 몫이 가장 큰 나눗셈식은 (가장 큰 수)÷(가장 작은 수)입니다.

20 수 카드 2, 4, 5 를 한 번씩 모두 사용하여 다음과 같이 나눗셈식을 만들려고 합니다. 만들 수 있는 나눗셈식 중에서 몫이 가장 작을 때의 몫을 구해 보세요.

$$\square\frac{\square}{\square}\div\frac{2}{7}$$

( )

21 은하는 1, 2, 3 을, 태호는 4, 5, 6 을 각각 한 번씩 사용하여 대분수를 만들었습니다. 두 사람이 만든 대분수로 몫이 가장 큰 나눗셈식을 만들 때 몫을 구해 보세요.

( )

도전8 약속에 따라 계산하기

22 ◆⊙♥$=4\frac{1}{2}\div$(◆÷♥)라고 약속할 때 다음을 계산해 보세요.

$$5\frac{1}{4}\odot\frac{2}{3}$$

( )

핵심 NOTE

가♥나=가÷(가−나)일 때 $\frac{3}{4}$♥$\frac{1}{3}$을 계산하려면 가에 $\frac{3}{4}$, 나에 $\frac{1}{3}$을 넣어 식을 쓰고 계산합니다.

→ $\frac{3}{4}$♥$\frac{1}{3}=\frac{3}{4}\div\left(\frac{3}{4}-\frac{1}{3}\right)$

23 ★◎■=★÷(★+■)라고 약속할 때 다음을 계산해 보세요.

$$\frac{3}{8}◎\frac{5}{12}$$

( )

24 ■⊙▲=■÷(■÷▲)라고 약속할 때 □ 안에 알맞은 수를 구해 보세요.

$$\square\times\left(2\frac{1}{4}\odot\frac{2}{3}\right)=2$$

( )

수시 평가 대비 Level 1

점수

확인

1 계산 결과가 $\frac{2}{7} \div \frac{1}{7}$과 같은 것은 어느 것일까요? (　　　　)

① $7 \div 2$　② $1 \div 2$　③ $7 \div 1$
④ $2 \div 1$　⑤ $2 \div 7$

2 관계있는 것끼리 이어 보세요.

$\frac{3}{5} \div \frac{4}{5}$ •　　• $4 \div 5$

$\frac{5}{8} \div \frac{3}{8}$ •　　• $3 \div 4$

$\frac{4}{7} \div \frac{5}{7}$ •　　• $5 \div 3$

3 보기 와 같이 계산해 보세요.

보기

$$\frac{1}{3} \div \frac{4}{9} = \frac{3}{9} \div \frac{4}{9} = 3 \div 4 = \frac{3}{4}$$

$\frac{3}{8} \div \frac{5}{6}$ ....

4 □ 안에 알맞은 수를 써넣어 곱셈식으로 나타내어 보세요.

$$\frac{5}{7} \div \frac{3}{4} = \frac{5}{7} \times \frac{1}{\square} \times \square = \frac{5}{7} \times \frac{\square}{\square}$$

5 계산 결과가 다른 하나를 찾아 기호를 써 보세요.

㉠ $6 \div \frac{3}{8}$　㉡ $15 \div \frac{5}{7}$
㉢ $12 \div \frac{3}{4}$　㉣ $8 \div \frac{1}{2}$

(　　　　　　　　)

6 대분수를 진분수로 나눈 몫을 빈칸에 써넣으세요.

$\frac{5}{9}$	$1\frac{2}{3}$

7 20을 진분수로 나눈 몫을 구해 빈칸에 써넣으세요.

÷	$\frac{4}{9}$	$\frac{5}{9}$	$\frac{7}{9}$
20			

8 □ 안에 알맞은 수를 써넣으세요.

(1) $\frac{4}{7} \div \frac{\square}{7} = 4$　(2) $8 \div \frac{2}{\square} = 12$

9 $\frac{9}{11}$ L의 주스를 한 컵에 $\frac{3}{11}$ L씩 나누어 담으려고 합니다. 컵은 모두 몇 개 필요한지 구해 보세요.

( )

10 파란색 테이프의 길이는 $\frac{5}{8}$ m, 초록색 테이프의 길이는 $\frac{3}{7}$ m입니다. 파란색 테이프의 길이는 초록색 테이프의 길이의 몇 배인지 구해 보세요.

( )

11 계산 결과가 가장 작은 것을 찾아 기호를 써 보세요.

㉠ $2\frac{1}{4} \div \frac{4}{5}$ ㉡ $2\frac{1}{4} \div \frac{3}{5}$

㉢ $2\frac{1}{4} \div \frac{1}{4}$ ㉣ $2\frac{1}{4} \div \frac{8}{9}$

( )

12 두 식을 만족하는 ㉠, ㉡의 값을 각각 구해 보세요.

$3 \div \frac{1}{5} =$ ㉠ ㉠ $\div \frac{5}{6} =$ ㉡

㉠ ( )

㉡ ( )

13 계산 결과가 1보다 작은 것을 모두 고르세요.

( )

① $\frac{5}{8} \div \frac{3}{4}$ ② $\frac{7}{5} \div \frac{4}{5}$ ③ $\frac{9}{14} \div \frac{5}{6}$

④ $\frac{7}{10} \div \frac{1}{3}$ ⑤ $\frac{8}{9} \div \frac{3}{8}$

14 □ 안에 들어갈 수 있는 자연수 중에서 가장 작은 수는 얼마인지 구해 보세요.

$\frac{17}{19} \div \frac{6}{19} < \square$

( )

15 $\frac{8}{15}$에 어떤 수를 곱했더니 $\frac{7}{10}$이 되었습니다. 어떤 수를 구해 보세요.

( )

정답과 풀이 8쪽

16 재민이는 동화책을 45쪽 읽었더니 전체 쪽수의 $\frac{5}{9}$만큼 읽었습니다. 동화책의 전체 쪽수는 몇 쪽인지 구해 보세요.

( )

17 한 대각선의 길이가 $\frac{6}{7}$ cm이고 넓이가 $\frac{9}{10}$ cm^{2}인 마름모가 있습니다. 이 마름모의 다른 대각선의 길이는 몇 cm인지 구해 보세요.

( )

18 휘발유 $\frac{3}{4}$ L로 $3\frac{1}{3}$ km를 가는 자동차가 있습니다. 이 자동차는 휘발유 3 L로 몇 km를 갈 수 있는지 구해 보세요.

( )

서술형

19 들이가 $\frac{15}{16}$ L인 빈 물통에 들이가 $\frac{3}{8}$ L인 그릇으로 물을 부어 물통을 가득 채우려고 합니다. 물을 적어도 몇 번 부어야 하는지 풀이 과정을 쓰고 답을 구해 보세요.

풀이

답

1

서술형

20 다음 분수 중에서 두 수를 골라 몫이 가장 큰 나눗셈식을 만들려고 합니다. 만든 나눗셈식의 몫은 얼마인지 풀이 과정을 쓰고 답을 구해 보세요.

$\frac{4}{9}$ $2\frac{2}{3}$ $\frac{14}{5}$ $\frac{6}{7}$

풀이

답

수시 평가 대비 Level 2

점수

확인

1 $\frac{7}{10}$에는 $\frac{3}{10}$이 몇 번 들어가는지 그림을 보고 □ 안에 알맞은 수를 써넣으세요.

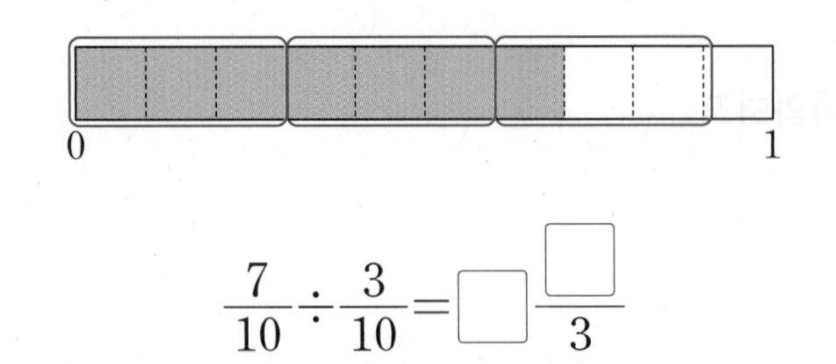

$$\frac{7}{10} \div \frac{3}{10} = \square \frac{\square}{3}$$

2 보기 와 같이 계산해 보세요.

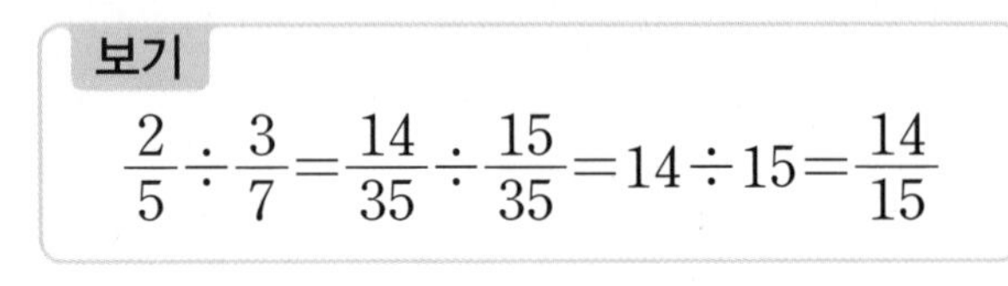
보기

$$\frac{2}{5} \div \frac{3}{7} = \frac{14}{35} \div \frac{15}{35} = 14 \div 15 = \frac{14}{15}$$

$\frac{7}{8} \div \frac{2}{3}$ ....

3 분수의 나눗셈을 계산하는 과정입니다. 잘못된 곳을 찾아 기호를 써 보세요.

$$4\frac{1}{5} \div \frac{3}{4} = \frac{21}{5} \div \frac{3}{4} = \frac{5}{21} \times \frac{4}{3}$$

㉠, ㉡, ㉢, ㉣

( )

4 ㉠과 ㉡에 알맞은 수의 합을 구해 보세요.

- $\frac{3}{4} \div \frac{1}{4} = 3 \div$ ㉠
- $\frac{㉡}{13} \div \frac{8}{13} = 9 \div 8$

( )

5 관계있는 것끼리 이어 보세요.

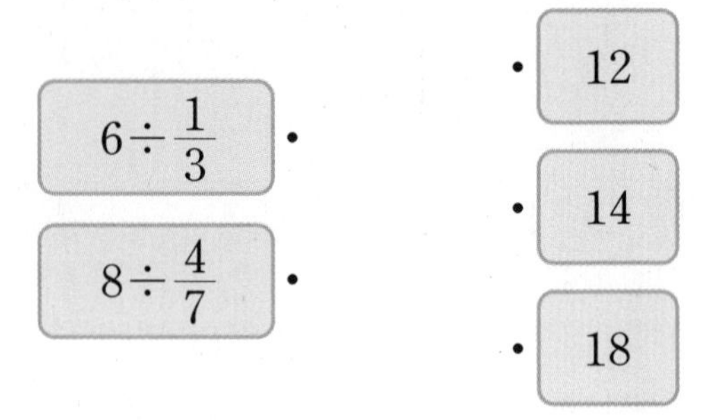

6 계산 결과가 자연수가 아닌 것에 ○표 하세요.

$16 \div \frac{8}{17}$ $\quad 9 \div \frac{12}{13}$ $\quad 8 \div \frac{2}{3}$

7 나눗셈에서 가장 먼저 해야 할 것을 바르게 말한 사람은 누구인지 찾아 써 보세요.

$$3\frac{2}{3} \div \frac{11}{18}$$

혜은: 분수를 통분합니다.
소율: 대분수를 가분수로 고칩니다.
도윤: 분자끼리 나누어 계산합니다.

( )

8 계산해 보세요.

(1) $\frac{8}{9} \div \frac{14}{15}$

(2) $2\frac{6}{13} \div \frac{8}{9}$

정답과 풀이 10쪽

9 □ 안에 들어갈 수가 다른 하나를 찾아 기호를 써 보세요.

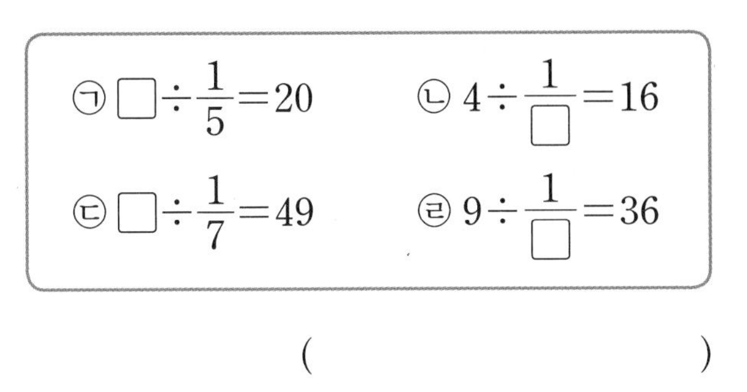

㉠ $\square \div \frac{1}{5}=20$　㉡ $4 \div \frac{1}{\square}=16$

㉢ $\square \div \frac{1}{7}=49$　㉣ $9 \div \frac{1}{\square}=36$

(　　　　　　)

10 빈칸에 알맞은 수를 써넣으세요.

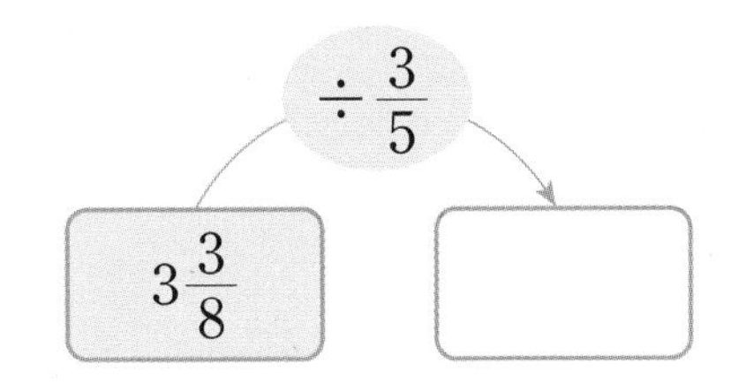

11 계산 결과를 비교하여 ◯ 안에 >, =, <를 알맞게 써넣으세요.

$$2\frac{1}{10} \div \frac{4}{5} \bigcirc \frac{7}{12} \div \frac{2}{9}$$

12 어느 음식점에서 설탕을 하루에 $\frac{5}{9}$ kg씩 사용한다고 합니다. 이 음식점에서 설탕 20 kg을 며칠 동안 사용할 수 있는지 구해 보세요.

(　　　　　　)

13 □ 안에 알맞은 수를 써넣으세요.

$$\frac{3}{5} \times \square = 2\frac{4}{7}$$

14 넓이가 $8\frac{8}{9}$ cm^2이고 밑변의 길이가 $1\frac{9}{11}$ cm인 평행사변형입니다. 이 평행사변형의 높이는 몇 cm인지 구해 보세요.

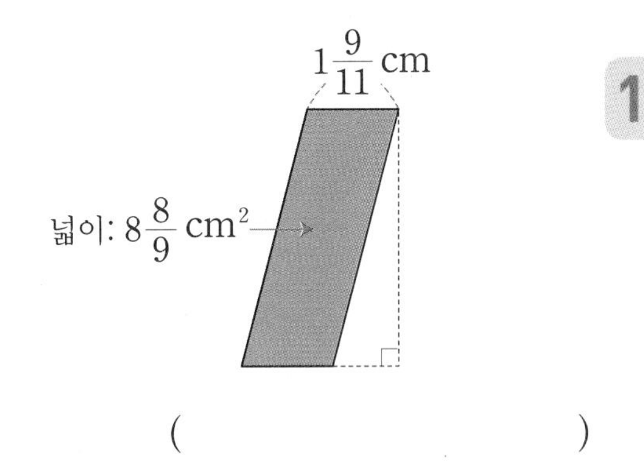

(　　　　　　)

15 빈칸에 알맞은 대분수를 써넣으세요.

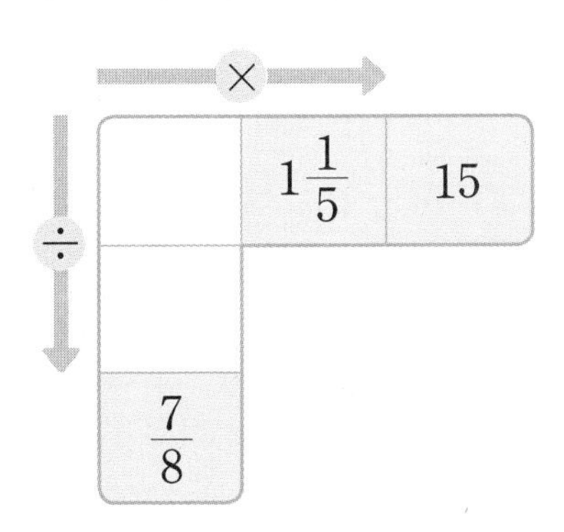

정답과 풀이 10쪽

16 재화와 소라의 대화를 보고 소라가 읽고 있는 동화책의 전체 쪽수를 구해 보세요.

(　　　　　　　　　　)

17 □ 안에 들어갈 수 있는 자연수 중에서 5보다 큰 수는 모두 몇 개인지 구해 보세요.

$$6 \div \frac{2}{\square} < 40$$

(　　　　　　　　　　)

18 길이가 $14\frac{1}{4}$ cm인 양초에 불을 붙인 다음 1시간 후 남은 양초의 길이를 재어 보니 $4\frac{3}{4}$ cm였습니다. 같은 빠르기로 처음부터 이 양초가 다 타는 데 걸리는 시간은 몇 시간일까요?

(　　　　　　　　　　)

서술형

19 수 카드 [3], [4], [6] 중에서 2장을 뽑아 ㉠과 ㉡에 한 번씩만 써넣어 다음과 같이 나눗셈식을 만들려고 합니다. 만들 수 있는 나눗셈식 중에서 몫이 가장 클 때의 몫은 얼마인지 풀이 과정을 쓰고 답을 구해 보세요.

$$㉠ \div \frac{㉡}{7}$$

풀이

답

서술형

20 길이가 0.13 km인 도로 양쪽에 $6\frac{1}{2}$ m 간격으로 처음부터 끝까지 화분을 놓았습니다. 놓은 화분은 모두 몇 개인지 풀이 과정을 쓰고 답을 구해 보세요. (단, 화분의 크기는 생각하지 않습니다.)

풀이

답

2 소수의 나눗셈

이번 단원에서
꼭 짚어야 할
핵심 개념을 알아보자.

핵심 1 자릿수가 같은 두 소수의 나눗셈

$$7.2 \div 0.8 = \frac{72}{10} \div \frac{8}{10}$$
$$= \square \div 8 = \square$$

핵심 2 자릿수가 다른 두 소수의 나눗셈

$$4.76 \div 1.4 = 476 \div \square$$
$$= \square$$

핵심 3 (자연수)÷(소수)

$$12 \div 2.4 = \frac{120}{10} \div \frac{24}{10}$$
$$= \square \div 24 = \square$$

핵심 4 몫을 반올림하여 나타내기

$22.32 \div 5.7 = 3.915\cdots$에서

- 몫을 반올림하여 소수 첫째 자리까지 나타내면 $3.91\cdots$ ➡ □이고,
- 몫을 반올림하여 소수 둘째 자리까지 나타내면 $3.915\cdots$ ➡ □이다.

핵심 5 나누어 주고 남는 양 구하기

```
    □        ← 몫은 자연수까지만 구한다.
6 ) 2 4.5
    2 4
   ─────
    □        ← 남는 양
```

답 **1.** 72, 9 **2.** 140, 3.4 **3.** 120, 5 **4.** 3.9, 3.92 **5.** 4, 0.5

STEP 1 교과 개념

1. (소수)÷(소수)(1)

● **단위를 변환하여 11.6÷0.4 계산하기**

색 테이프 11.6 cm를 0.4 cm씩 자르려고 합니다.

11.6 cm=116 mm, 0.4 cm=4 mm입니다. → 1 cm는 10 mm입니다.

색 테이프 11.6 cm를 0.4 cm씩 자르는 것은 색 테이프 116 mm를 4 mm씩 자르는 것과 같습니다.

$$11.6 \div 0.4$$

10배 ↓ ↓ 10배

$$116 \div 4 = 29 \rightarrow 11.6 \div 0.4 = 29$$

● **단위를 변환하여 1.16÷0.04 계산하기**

리본 1.16 m를 0.04 m씩 자르려고 합니다.

1.16 m=116 cm, 0.04 m=4 cm입니다. → 1 m는 100 cm입니다.

리본 1.16 m를 0.04 m씩 자르는 것은 리본 116 cm를 4 cm씩 자르는 것과 같습니다.

$$1.16 \div 0.04$$

100배 ↓ ↓ 100배

$$116 \div 4 = 29 \rightarrow 1.16 \div 0.04 = 29$$

● **자연수의 나눗셈을 이용하여 11.6÷0.4, 1.16÷0.04 계산하기**

$11.6 \div 0.4$ (10배, 10배) → $116 \div 4 = 29$ (10배)

$11.6 \div 0.4 = 29$

$1.16 \div 0.04$ (100배, 100배) → $116 \div 4 = 29$ (100배)

$1.16 \div 0.04 = 29$

(소수)÷(소수)에서 나누어지는 수와 나누는 수를 똑같이 10배 또는 100배 하여 (자연수)÷(자연수)로 계산할 수 있습니다.

1 $3.5 \div 0.7$은 얼마인지 알아보려고 합니다. 물음에 답하세요.

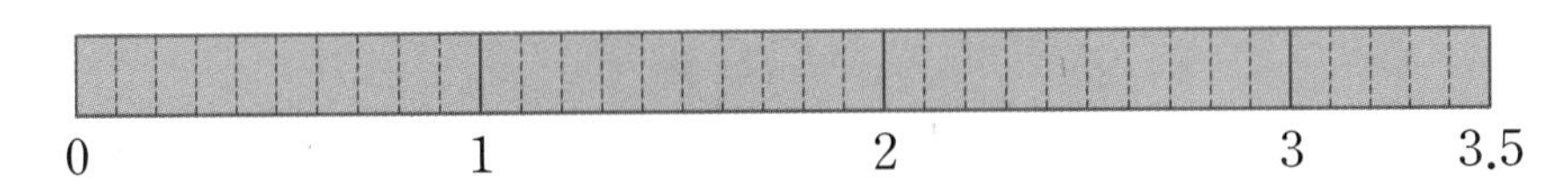

3.5에서 0.7을 몇 번 덜어 낼 수 있는지 알아보아요.

① 그림에 0.7씩 선을 그어 표시해 보세요.

② $3.5 \div 0.7$은 얼마일까요?

( )

2 설명을 읽고 □ 안에 알맞은 수를 써넣으세요.

띠 골판지 56.7 cm를 0.9 cm씩 자르려고 합니다.
56.7 cm=□ mm, 0.9 cm=9 mm입니다.
띠 골판지 56.7 cm를 0.9 cm씩 자르는 것은 띠 골판지 □ mm를 9 mm씩 자르는 것과 같습니다.

cm를 mm로 바꾸면 소수의 나눗셈을 자연수의 나눗셈으로 고칠 수 있어요.

$56.7 \div 0.9 = \square \div 9$

$\square \div 9 = \square$

$56.7 \div 0.9 = \square$

3 소수의 나눗셈을 자연수의 나눗셈을 이용하여 계산하려고 합니다. □ 안에 알맞은 수를 써넣으세요.

①

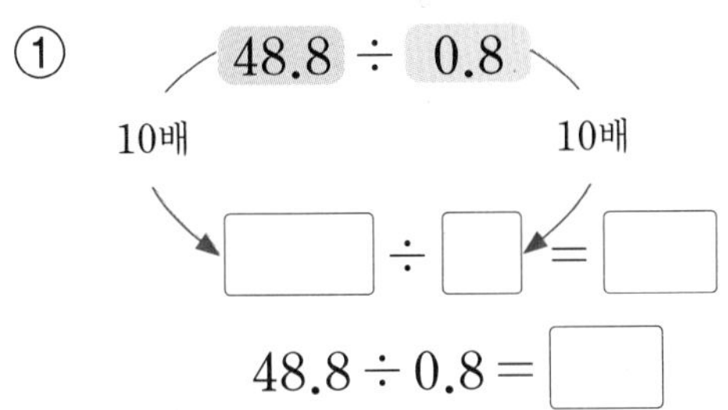

$48.8 \div 0.8 = \square$

②

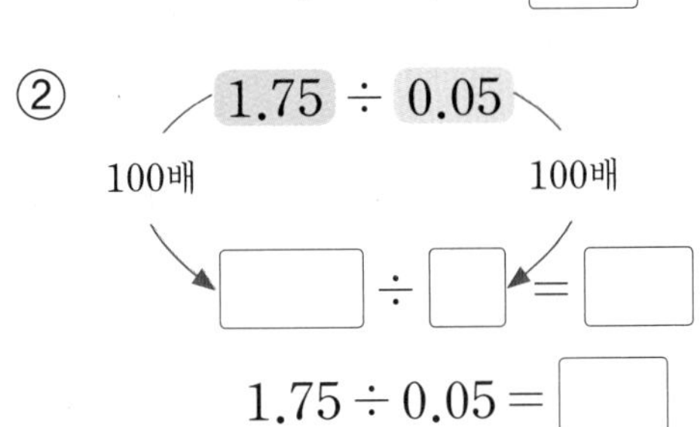

$1.75 \div 0.05 = \square$

나누어지는 수와 나누는 수를 똑같이 10배 또는 100배 하여도 몫은 변하지 않아요.

STEP 1 교과 개념

2. (소수) ÷ (소수)(2)

● 자릿수가 같은 (소수)÷(소수)

• $3.6 \div 0.3$의 계산

방법 1 분수의 나눗셈으로 계산하기

$$3.6 \div 0.3 = \frac{36}{10} \div \frac{3}{10}$$

→ 분모가 10인 분수로 나타내기

$$= 36 \div 3 = 12$$

방법 2 자연수의 나눗셈을 이용하여 계산하기

10배

$$3.6 \div 0.3 = 12 \rightarrow 36 \div 3 = 12$$

10배

→ 나누어지는 수와 나누는 수를 똑같이 10배 하여 계산합니다.

방법 3 세로로 계산하기

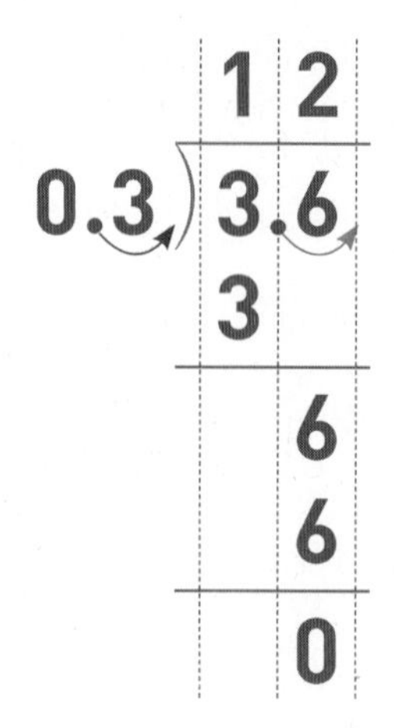

나누어지는 수와 나누는 수의 소수점을 똑같이 오른쪽으로 한 자리씩 옮겨 계산합니다.

• $1.82 \div 0.26$의 계산

방법 1 분수의 나눗셈으로 계산하기

$$1.82 \div 0.26 = \frac{182}{100} \div \frac{26}{100}$$

→ 분모가 100인 분수로 나타내기

$$= 182 \div 26 = 7$$

방법 2 자연수의 나눗셈을 이용하여 계산하기

100배

$$1.82 \div 0.26 = 7 \rightarrow 182 \div 26 = 7$$

100배

→ 나누어지는 수와 나누는 수를 똑같이 100배 하여 계산합니다.

방법 3 세로로 계산하기

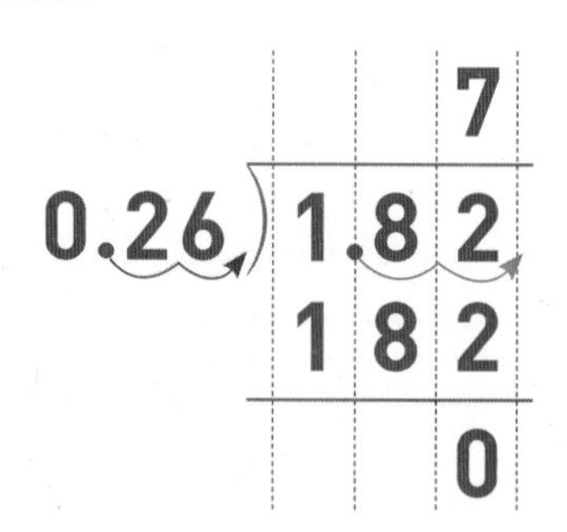

나누어지는 수와 나누는 수의 소수점을 똑같이 오른쪽으로 두 자리씩 옮겨 계산합니다.

1

소수의 나눗셈을 분수의 나눗셈으로 바꾸어 계산하려고 합니다. □ 안에 알맞은 수를 써넣으세요.

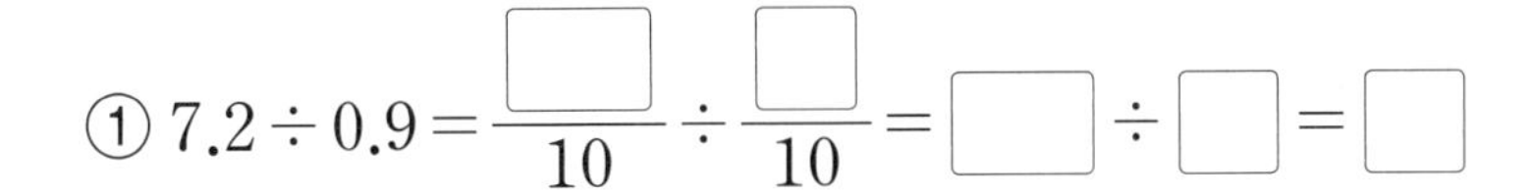

① $7.2 \div 0.9 = \frac{\square}{10} \div \frac{\square}{10} = \square \div \square = \square$

② $3.84 \div 0.32 = \frac{\square}{100} \div \frac{\square}{100} = \square \div \square = \square$

소수 한 자리 수는 분모가 10인 분수로, 소수 두 자리 수는 분모가 100인 분수로 바꾸어 계산할 수 있어요.

2

□ 안에 알맞은 수를 써넣으세요.

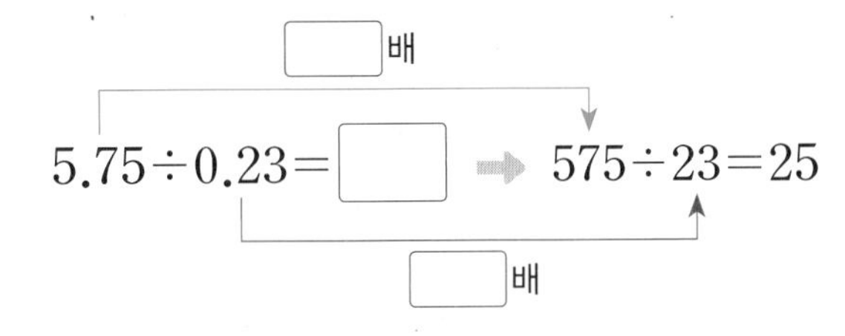

나누어지는 수와 나누는 수에 같은 수를 곱하면 몫은 변하지 않아요.

3

□ 안에 알맞은 수를 써넣으세요.

①

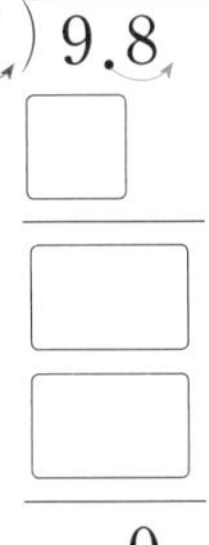

②

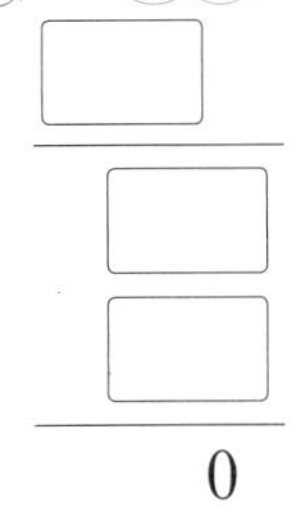

4

계산해 보세요.

① $4.2 \div 0.6$

② $1.17 \div 0.13$

③ $0.4 \overline{) 5.2}$

④ $0.74 \overline{) 23.68}$

나누어지는 수와 나누는 수가 소수 한 자리 수이면 소수점을 오른쪽으로 한 자리씩 옮기고, 두 자리 수이면 오른쪽으로 두 자리씩 옮겨요.

STEP 1 교과 개념

3. (소수)÷(소수)(3)

● 자릿수가 다른 (소수)÷(소수)

• 6.72÷2.4를 672÷240을 이용하여 계산하기

방법 1 자연수의 나눗셈을 이용하여 계산하기 → 나누어지는 수와 나누는 수를 똑같이 100배 하여 계산합니다.

$$6.72 \div 2.4 = 2.8$$

100배 ↓ 100배 ↓

$$672 \div 240 = 2.8$$

몫이 같습니다.

방법 2 세로로 계산하기

$2.4\overline{)6.72}$ → $2.40\overline{)6.72}$ → $240\overline{)672.0}$

나누어지는 수와 나누는 수의 소수점을 똑같이 오른쪽으로 두 자리씩 옮겨 계산합니다.

$$\begin{array}{r} 2.8 \\ 240\overline{)672.0} \\ 480 \\ \hline 1920 \\ 1920 \\ \hline 0 \end{array}$$

• 6.72÷2.4를 67.2÷24를 이용하여 계산하기

방법 1 (소수)÷(자연수)를 이용하여 계산하기 → 나누어지는 수와 나누는 수를 똑같이 10배 하여 계산합니다.

$$6.72 \div 2.4 = 2.8$$

10배 ↓ 10배 ↓

$$67.2 \div 24 = 2.8$$

몫이 같습니다.

방법 2 세로로 계산하기

$2.4\overline{)6.72}$ → $2.4\overline{)6.72}$ → $24\overline{)67.2}$

나누어지는 수와 나누는 수의 소수점을 똑같이 오른쪽으로 한 자리씩 옮겨 계산합니다.

$$\begin{array}{r} 2.8 \\ 24\overline{)67.2} \\ 48 \\ \hline 192 \\ 192 \\ \hline 0 \end{array}$$

1 $8.64 \div 5.4$를 계산하려고 합니다. □ 안에 알맞은 수를 써넣으세요.

$8.64 \div 5.4$는 8.64와 5.4를 100배씩 하여 계산하면

□ $\div$ □ $=$ □입니다.

나누어지는 수와 나누는 수를 똑같이 100배 하여도 몫은 변하지 않아요.

2 $5.75 \div 2.5$를 계산하려고 합니다. □ 안에 알맞은 수를 써넣으세요.

$5.75 \div 2.5$는 5.75와 2.5를 10배씩 하여 계산하면

□ $\div$ □ $=$ □입니다.

나누어지는 수와 나누는 수를 똑같이 10배 하여도 몫은 변하지 않아요.

2

3 $7.68 \div 3.2$를 두 가지 방법으로 계산하려고 합니다. □ 안에 알맞은 수를 써넣으세요.

방법 1

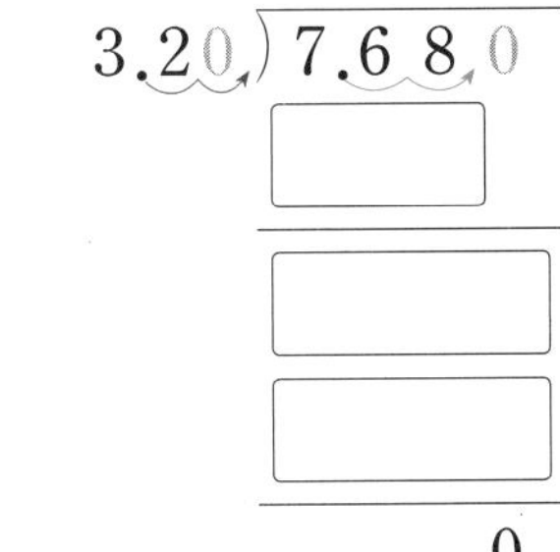

방법 2

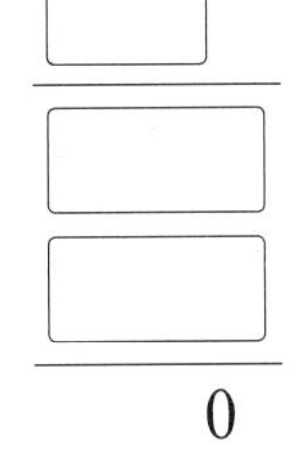

4 계산해 보세요.

① $1.95 \div 1.5$

② $2.38 \div 0.7$

③ $3.6 \overline{)\,9.3\,6}$

④ $1.3 \overline{)\,2.2\,1}$

나누어지는 수와 나누는 수의 소수점을 오른쪽으로 똑같이 옮겨서 계산해요.

STEP 1 교과 개념 4. (자연수) ÷ (소수)

● $9 \div 2.25$의 계산

방법 1 분수의 나눗셈으로 계산하기

$$9 \div 2.25 = \frac{900}{100} \div \frac{225}{100}$$ → 분모가 100인 분수로 나타내기

$$= 900 \div 225$$

$$= 4$$

방법 2 자연수의 나눗셈을 이용하여 계산하기

100배

$$9 \div 2.25 = 4 \rightarrow 900 \div 225 = 4$$

100배

나누어지는 수와 나누는 수를 100배씩 해도 몫은 변하지 않으므로 $9 \div 2.25$의 몫은 $900 \div 225$의 몫인 4와 같습니다.

방법 3 세로로 계산하기

$2.25\overline{)9}$ → $2.25\overline{)9.00}$ →

$$\begin{array}{r} 4 \\ 225\overline{)900} \\ \underline{900} \\ 0 \end{array}$$

나누는 수가 자연수가 되도록 나누어지는 수와 나누는 수의 소수점을 똑같이 옮겨 계산합니다.

개념 자세히 보기

• **소수점을 오른쪽으로 옮길 때에는 나누어지는 수와 나누는 수의 소수점을 똑같이 옮겨야 해요!**

예

$$\begin{array}{r} 50 \\ 0.34\overline{)17.00} \\ \underline{170} \\ 0 \end{array}$$

(○)

$$\begin{array}{r} 5 \\ 0.34\overline{)17.0} \\ \underline{170} \\ 0 \end{array}$$

(×)

➲ 정답과 풀이 13쪽

1 소수의 나눗셈을 분수의 나눗셈으로 바꾸어 계산하려고 합니다. □ 안에 알맞은 수를 써넣으세요.

나누는 수에 따라 분모가 10 또는 100인 분수로 바꾸어 계산해요.

① $65 \div 2.5 = \dfrac{650}{10} \div \dfrac{\square}{10} = 650 \div \square = \square$

② $53 \div 1.06 = \dfrac{5300}{100} \div \dfrac{\square}{100} = \square \div \square = \square$

2 □ 안에 알맞은 수를 써넣으세요.

$15 \div 2.5 = \square \Rightarrow 150 \div 25 = 6$

(15 → 150: □배, 2.5 → 25: □배)

3 □ 안에 알맞은 수를 써넣으세요.

① $1.5\overline{)9} \Rightarrow 1.5\overline{)9.0}$ (몫: □, 빼는 수: □, 나머지: □)

② $0.24\overline{)6} \Rightarrow 0.24\overline{)6.00}$ (몫: □, 48, □, □, 나머지: □)

나누어지는 수와 나누는 수에 똑같이 10 또는 100을 곱하여도 몫이 변하지 않으므로 나누어지는 수와 나누는 수의 소수점을 오른쪽으로 똑같이 옮겨서 계산해요.

4 계산해 보세요.

① $6.5\overline{)5\ 2}$

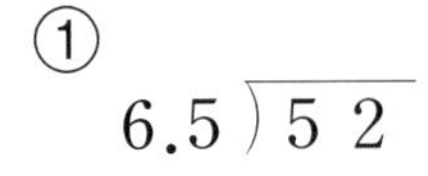

② $1.2\overline{)7\ 8}$

③ $1.25\overline{)4\ 5}$

나누는 수가 자연수가 되도록 나누어지는 수와 나누는 수의 소수점을 오른쪽으로 똑같이 옮겨서 계산해요.

STEP 1 교과 개념

5. 몫을 반올림하여 나타내기

● 16÷7의 계산

```
     2.2 8 5
7 ) 1 6.0 0 0
    1 4
    -------
      2 0
      1 4
    -------
        6 0
        5 6
    -------
          4 0
          3 5
    -------
            5
```

• 몫을 반올림하여 일의 자리까지 나타내기

$16 \div 7 = 2.\underline{2}\cdots \Rightarrow 2$

→ 몫의 소수 첫째 자리 숫자가 2이므로 버림합니다.

• 몫을 반올림하여 소수 첫째 자리까지 나타내기

$16 \div 7 = 2.2\underline{8}\cdots \Rightarrow 2.3$

→ 몫의 소수 둘째 자리 숫자가 8이므로 올림합니다.

• 몫을 반올림하여 소수 둘째 자리까지 나타내기

$16 \div 7 = 2.28\underline{5}\cdots \Rightarrow 2.29$

→ 몫의 소수 셋째 자리 숫자가 5이므로 올림합니다.

개념 자세히 보기

● **(소수)÷(소수)의 몫을 반올림하여 나타낼 때에는 두 소수의 소수점을 똑같이 오른쪽으로 옮겨 나누는 소수를 자연수로 나타낸 후 계산해요!**

```
                        5.6 6 6  → 몫의 소수점의 자리는 나누어지는 수의 옮긴 소수점의 자리와 같습니다.
0.3 ) 1.7  ⇒  0.3 ) 1.7 0 0 0
                    1 5
                    -----
                      2 0
                      1 8
                    -----
                        2 0
                        1 8
                    -----
                          2 0
                          1 8
                    -----
                            2
```

• 몫을 반올림하여 소수 첫째 자리까지 나타내기:
몫을 소수 둘째 자리까지 구한 다음 소수 둘째 자리에서 반올림합니다.
$5.6\underline{6}\cdots \Rightarrow 5.7$

• 몫을 반올림하여 소수 둘째 자리까지 나타내기:
몫을 소수 셋째 자리까지 구한 다음 소수 셋째 자리에서 반올림합니다.
$5.66\underline{6}\cdots \Rightarrow 5.67$

정답과 풀이 13쪽

1 나눗셈식의 몫을 보고 □ 안에 알맞은 수를 써넣으세요.

$$\begin{array}{r} 2.166 \\ 6\overline{)13.000} \\ 12 \\ \hline 10 \\ 6 \\ \hline 40 \\ 36 \\ \hline 40 \\ 36 \\ \hline 4 \end{array}$$

① 13 ÷ 6의 몫을 반올림하여 일의 자리까지 나타내면 □입니다.

② 13 ÷ 6의 몫을 반올림하여 소수 첫째 자리까지 나타내면 □입니다.

③ 13 ÷ 6의 몫을 반올림하여 소수 둘째 자리까지 나타내면 □입니다.

5학년 때 배웠어요

어림하기

반올림: 구하려는 자리 바로 아래 자리의 숫자가 0, 1, 2, 3, 4이면 버리고, 5, 6, 7, 8, 9이면 올리는 방법

예 반올림하여 소수 첫째 자리까지 나타내기
37.26 → 37.3

2 1.8÷0.7의 몫을 반올림하여 나타내어 보세요.

① 1.8 ÷ 0.7의 몫을 반올림하여 일의 자리까지 나타내어 보세요.

( )

② 1.8 ÷ 0.7의 몫을 반올림하여 소수 첫째 자리까지 나타내어 보세요.

( )

③ 1.8 ÷ 0.7의 몫을 반올림하여 소수 둘째 자리까지 나타내어 보세요.

( )

3 몫을 반올림하여 소수 첫째 자리까지 나타내어 보세요.

① $9\overline{)5.9}$

( )

② $0.7\overline{)1.2}$

( )

몫을 반올림하여 소수 첫째 자리까지 나타내려면 몫을 소수 둘째 자리까지 구해야 해요.

STEP 1 교과 개념

6. 나누어 주고 남는 양 알아보기

쌀 23.6 kg을 한 봉지에 4 kg씩 나누어 담을 때, 나누어 담을 수 있는 봉지 수와 남는 쌀의 양 구하기

● **덜어 내는 방법으로 알아보기**

$$23.6-4-4-4-4-4=3.6$$

5번 → 나누어 담을 수 있는 봉지 수

3.6 → 남는 쌀의 양

23.6에서 4를 5번 빼면 3.6이 남습니다.

➡ 나누어 담을 수 있는 봉지 수: 5봉지

남는 쌀의 양: 3.6 kg

● **세로로 계산하는 방법으로 알아보기**

```
      5      → 나누어 담을 수 있는 봉지 수
 4 ) 2 3.6   ← 4: 한 봉지에 담는 쌀의 양
     2 0     ← 나누어 담는 쌀의 양
     ----
       3.6   → 남는 쌀의 양
```

23.6÷4의 몫을 자연수까지 구하면 5이고, 3.6이 남습니다.

➡ 나누어 담을 수 있는 봉지 수: 5봉지

남는 쌀의 양: 3.6 kg

개념 자세히 보기

● **나누어 주고 남는 양의 소수점은 나누어지는 수의 소수점의 자리에 맞추어 찍어야 해요!**

예

```
      5                5
 4 ) 2 3.6        4 ) 2 3.6
     2 0              2 0
     ----             ----
       3.6              3 6
```

(○) (×)

➲ 정답과 풀이 14쪽

1 □ 안에 알맞은 수를 써넣으세요.

22.4에서 3을 몇 번 덜어 낼 수 있는지 확인해요.

① $22.4-3-3-3-3-3-3-3=$ □

② 22.4에서 3을 □번 덜어 내면 □가 남습니다.

[2~4] 철사 31.8 m를 한 사람당 5 m씩 나누어 주려고 합니다. 나누어 줄 수 있는 사람 수와 남는 철사는 몇 m인지 알아보기 위해 다음과 같이 계산했습니다. 물음에 답하세요.

$31.8-5-5-5-5-5-5=$ □

2 위의 □ 안에 알맞은 수를 구해 보세요.

( )

3 계산식을 보고 나누어 줄 수 있는 사람 수와 남는 철사의 길이를 구해 보세요.

나누어 줄 수 있는 사람 수 ( )

남는 철사의 길이 ( )

4 나누어 줄 수 있는 사람 수와 남는 철사의 길이를 알아보기 위해 다음과 같이 계산했습니다. □ 안에 알맞은 수를 써넣으세요.

$$\begin{array}{r} \square \\ 5\overline{)\,31.8} \\ 30 \\ \hline \square \end{array}$$

나누어 줄 수 있는 사람 수: □명

남는 철사의 길이: □ m

사람 수는 소수가 아닌 자연수이므로 나눗셈의 몫을 자연수까지만 구해야 해요.

STEP 2 꼭 나오는 유형

1 자연수의 나눗셈을 이용한 (소수)÷(소수)

1 딸기 1.5 kg을 0.3 kg씩 접시에 나누어 담으려고 합니다. 그림에 0.3씩 선을 그은 다음 접시가 몇 개 필요한지 구해 보세요.

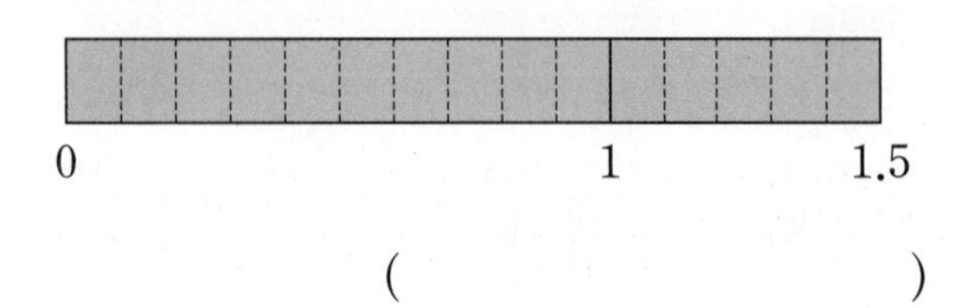

(　　　　　　　　)

나누는 수가 같을 때 나누어지는 수와 몫의 관계를 생각해 봐.

준비 □ 안에 알맞은 수를 써넣으세요.

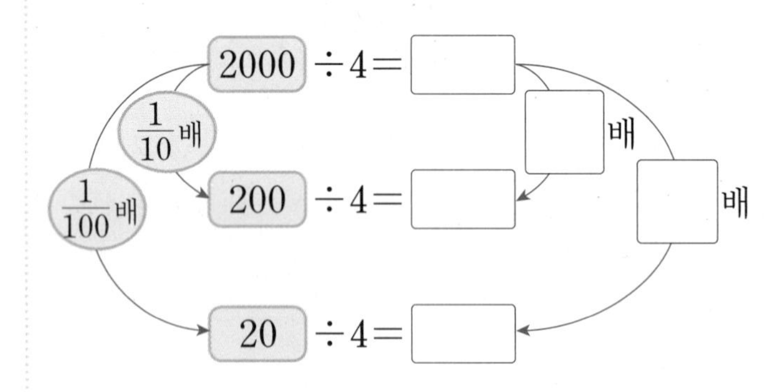

2 소수의 나눗셈을 자연수의 나눗셈을 이용하여 계산하려고 합니다. □ 안에 알맞은 수를 써넣으세요.

(1) 25.8 ÷ 0.6

□배　　□배

□ ÷ 6 = □

25.8÷0.6=□

(2)

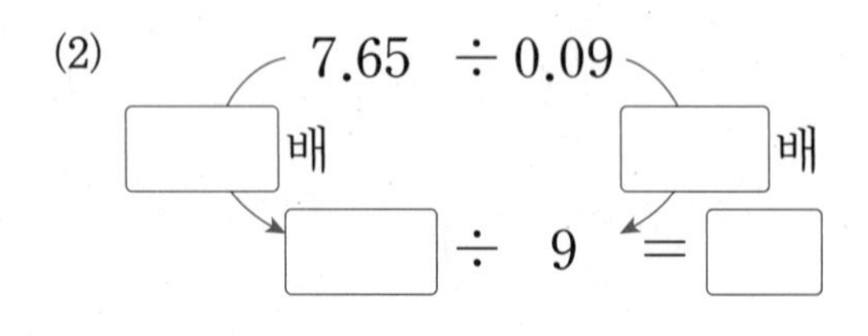

7.65÷0.09=□

3 936÷3=312를 이용하여 □ 안에 알맞은 수를 써넣으세요.

9.36÷0.03=□

4 끈 31.2 cm를 0.8 cm씩 자르면 몇 도막이 되는지 □ 안에 알맞은 수를 써넣으세요.

31.2 cm=□mm

0.8 cm=□mm

31.2÷0.8=□÷□=□(도막)

5 3.55÷0.05와 몫이 같은 것을 모두 찾아 기호를 써 보세요.

㉠ 35.5÷0.05　㉡ 35.5÷0.5
㉢ 355÷0.5　㉣ 355÷5

(　　　　　　　　)

서술형
6 조건 을 만족하는 나눗셈식을 찾아 계산하고, 그 이유를 써 보세요.

조건
- 846÷2를 이용하여 풀 수 있습니다.
- 나누어지는 수와 나누는 수를 각각 100배 하면 846÷2가 됩니다.

식 ....

이유 ....

2 자릿수가 같은 (소수)÷(소수)

7 관계있는 것끼리 이어 보세요.

$1.2 \div 0.6$ •	• $\frac{75}{10} \div \frac{5}{10}$
$7.5 \div 0.5$ •	• $\frac{12}{10} \div \frac{6}{10}$

8 보기 와 같이 분수의 나눗셈으로 계산해 보세요.

보기

$$4.75 \div 0.25 = \frac{475}{100} \div \frac{25}{100} = 475 \div 25 = 19$$

$5.88 \div 0.42$

9 □ 안에 알맞은 수를 써넣으세요.

81.2÷2.9에서 81.2와 2.9에 각각 □배씩 하여 계산하면

812÷□=□입니다.

➡ 81.2÷2.9=□

내가 만드는 문제

10 그림에 음료수의 양을 정해 색칠하고 컵 한 개에 0.2 L씩 담는다면 컵 몇 개가 필요한지 구해 보세요.

1.6(L)
1.4
1.2
1.0
0.8
0.6
0.4
0.2
0

(　　　　　　　)

11 계산 결과를 비교하여 ○ 안에 >, =, <를 알맞게 써넣으세요.

$3.84 \div 0.12$ ○ $6.88 \div 0.43$

12 계산해 보세요.

(1) $0.7 \overline{)39.2}$

(2) $1.4 \overline{)32.2}$

13 잘못 계산한 곳을 찾아 바르게 계산해 보세요.

```
         0.1 8
0.48 ) 8.6 4
       4 8
       3 8 4
       3 8 4
           0
```

➡ $0.48 \overline{)8.64}$

14 코끼리의 무게는 흰코뿔소의 무게의 몇 배인지 구해 보세요.

하루에 18~20시간 동안 먹이를 먹는 코끼리는 육상 동물 중에서 가장 무거운 동물입니다. 육상 동물 중 그 다음으로 무거운 동물은 흰코뿔소입니다.

▲코끼리(5.76 t)

▲흰코뿔소(1.92 t)

(　　　　　　　)

3 자릿수가 다른 (소수)÷(소수)

[15~16] 5.76÷1.8을 계산하려고 합니다. 물음에 답하세요.

15 5.76÷1.8의 몫을 어림해 보세요.

( )

16 보기 와 같이 계산해 보세요.

보기

$$\begin{array}{r} 2.7 \\ 2.40\overline{)6.480} \\ \underline{480} \\ 1680 \\ \underline{1680} \\ 0 \end{array}$$

$$1.8\overline{)5.76}$$

17 소수의 나눗셈을 할 때 소수점을 바르게 옮긴 것을 찾아 기호를 써 보세요.

㉠ $2.5\overline{)3.25}$ ㉡ $4.1\overline{)9.84}$

㉢ $3.2\overline{)43.04}$ ㉣ $3.2\overline{)15.36}$

( )

18 큰 수를 작은 수로 나눈 몫을 빈칸에 써넣으세요.

3.92	0.7

19 가장 큰 수를 가장 작은 수로 나눈 몫을 구해 보세요.

2.1 3.78 1.4 3.46

( )

20 집에서 백화점까지의 거리는 0.8 km이고, 집에서 놀이공원까지의 거리는 2.48 km입니다. 집에서 놀이공원까지의 거리는 집에서 백화점까지의 거리의 몇 배인지 구해 보세요.

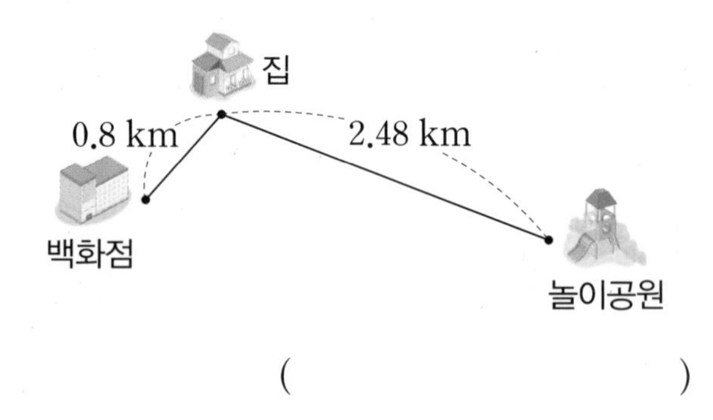

( )

서술형
21 가÷나의 몫은 얼마인지 풀이 과정을 쓰고 답을 구해 보세요.

가: 1.96을 10배 한 수
나: 0.01이 7개인 수

풀이

답

4 (자연수) ÷ (소수)

22 보기 와 같이 분수의 나눗셈으로 계산해 보세요.

보기

$27 \div 1.8 = \frac{270}{10} \div \frac{18}{10} = 270 \div 18 = 15$

$25 \div 1.25$

23 □ 안에 알맞은 수를 써넣으세요.

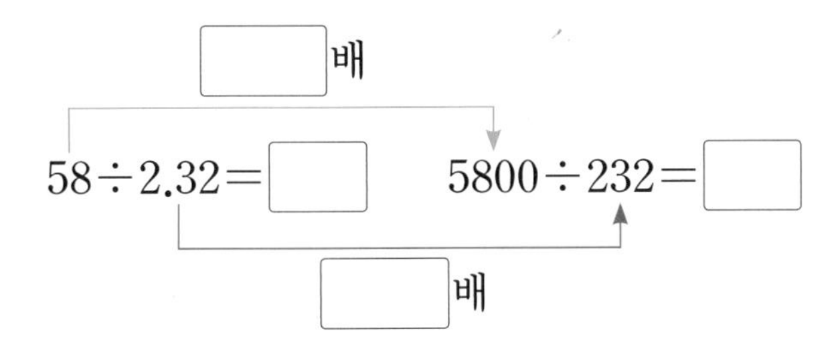

24 계산해 보세요.

(1) $1.5\overline{)21}$

(2) $6.4\overline{)96}$

(3) $0.32\overline{)16}$

(4) $0.54\overline{)189}$

25 □ 안에 알맞은 수를 써넣으세요.

$54 \div 3 = \square$

$54 \div 0.3 = \square$

$54 \div 0.03 = \square$

26 □ 안에 알맞은 수를 써넣으세요.

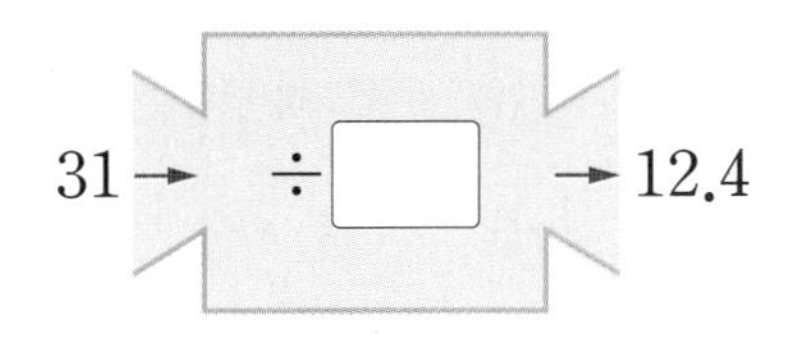

내가 만드는 문제

27  안에 10 이상의 자연수를 하나 써넣고 빈 곳에 계산 결과를 써넣으세요.

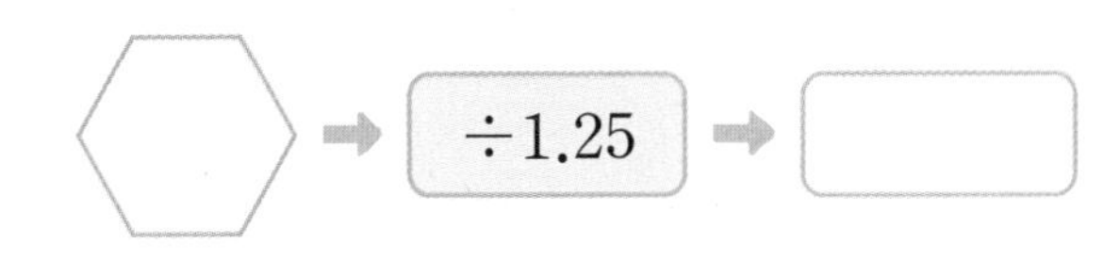

서술형

28 기름 15 L를 통 한 개에 2.5 L씩 나누어 담으려고 합니다. 필요한 통은 몇 개인지 두 가지 방법으로 구해 보세요.

방법 1	방법 2
답	답

5 몫을 반올림하여 나타내기

구하려는 자리 바로 아래 자리의 숫자를 확인해.

준비 소수를 반올림하여 주어진 자리까지 나타내어 보세요.

수	소수 첫째 자리	소수 둘째 자리
0.647		

29 몫을 반올림하여 소수 첫째 자리까지 나타내어 보세요.

$$7\overline{)44.3}$$

(　　　　　　　　)

30 $10 \div 7$의 몫을 반올림하여 주어진 자리까지 나타내어 보세요.

일의 자리	소수 첫째 자리	소수 둘째 자리

31 계산 결과를 비교하여 ◯ 안에 >, =, <를 알맞게 써넣으세요.

35.9÷7의 몫을 반올림하여 소수 첫째 자리까지 나타낸 수 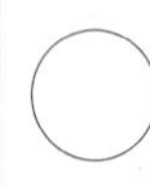 35.9÷7

내가 만드는 문제

32 구슬 2개를 자유롭게 고르고, 고른 구슬 중 더 무거운 구슬의 무게는 더 가벼운 구슬의 무게의 몇 배인지 반올림하여 소수 둘째 자리까지 나타내어 보세요.

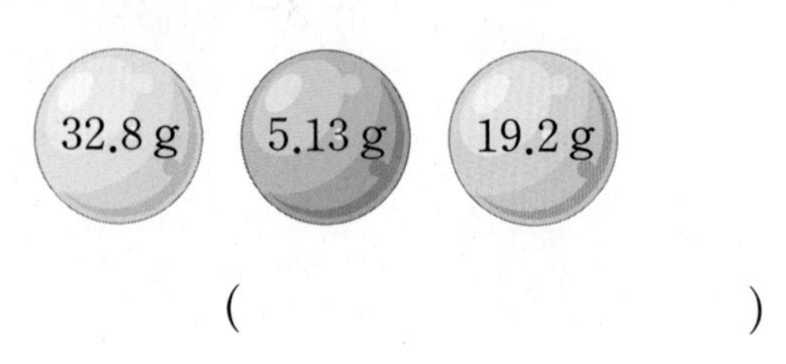

(　　　　　　　　)

33 준서가 키우는 토마토 줄기의 길이를 나타낸 표입니다. 6월 10일 토마토 줄기의 길이는 4월 10일 토마토 줄기의 길이의 몇 배인지 반올림하여 소수 첫째 자리까지 나타내어 보세요.

날짜	4월 10일	6월 10일
줄기의 길이(cm)	8.4	79.2

(　　　　　　　　)

서술형

34 몫을 반올림하여 소수 첫째 자리까지 나타낸 수와 몫을 반올림하여 소수 둘째 자리까지 나타낸 수의 차는 얼마인지 풀이 과정을 쓰고 답을 구해 보세요.

1.6÷7

풀이 ....

....

....

....

답 ....

6 나누어 주고 남는 양 알아보기

35 □ 안에 알맞은 수를 써넣으세요.

11.6−3−3−3=□

11.6에서 3을 3번 빼면 □이(가) 남습니다.

➡ 11.6÷3=□···□

[36~38] 사과 33.6 kg을 한 상자에 6 kg씩 나누어 담으려고 합니다. 나누어 담을 수 있는 상자 수와 남는 사과의 무게를 알아보려고 합니다. 물음에 답하세요.

36 □ 안에 알맞은 수를 써넣으세요.

33.6−6−6−6−6−6=□

37 나누어 담을 수 있는 상자 수와 남는 사과의 무게를 구해 보세요.

나누어 담을 수 있는 상자 수 (　　　)
남는 사과의 무게 (　　　)

38 다른 방법으로 나누어 담을 수 있는 상자 수와 남는 사과의 무게를 알아보려고 합니다. □ 안에 알맞은 수를 써넣으세요.

```
      □
6 ) 3 3.6
    3 0
    ────
      □
```

나누어 담을 수 있는 상자 수: □상자

남는 사과의 무게: □kg

39 물 24.8 L를 한 사람당 4 L씩 나누어 줄 때 나누어 줄 수 있는 사람 수와 남는 물의 양을 구하기 위해 다음과 같이 계산했습니다. 계산 방법이 옳은 사람은 누구일까요?

윤서의 방법

```
      6.2
4 ) 2 4.8
    2 4
    ────
        8
        8
    ────
        0
```

사람 수: 6명
남는 물의 양: 0.2 L

준호의 방법

```
        6
4 ) 2 4.8
    2 4
    ────
      0.8
```

사람 수: 6명
남는 물의 양: 0.8 L

(　　　)

2

40 꽃 한 송이를 수놓는 데 실이 3 m 필요하다고 합니다. 실 26.2 m로 꽃을 몇 송이까지 수놓을 수 있고, 남는 실은 몇 m일까요?

수놓을 수 있는 꽃의 수 (　　　)
남는 실의 길이 (　　　)

서술형
41 귤 14.9 kg을 한 봉지에 3 kg씩 나누어 담으려고 합니다. 나누어 담을 수 있는 봉지 수와 남는 귤의 무게를 두 가지 방법으로 구해 보세요.

방법 1

봉지 수: □봉지
남는 귤의 무게: □kg

방법 2

봉지 수: □봉지
남는 귤의 무게: □kg

STEP

3 자주 틀리는 유형

나누어지는 수, 나누는 수, 몫의 관계

1 몫이 가장 큰 것을 찾아 기호를 써 보세요.

㉠ $3.92 \div 2.8$	㉡ $3.92 \div 0.8$
㉢ $3.92 \div 1.12$	㉣ $3.92 \div 1.4$

( )

2 계산 결과를 비교하여 ○ 안에 $>$, $=$, $<$를 알맞게 써넣으세요.

(1) $5.4 \div 0.3$ ○ $2.7 \div 0.3$

(2) $6 \div 1.5$ ○ $6 \div 0.75$

3 몫이 큰 것부터 차례로 기호를 써 보세요.

㉠ $3.36 \div 1.68$	㉡ $3.36 \div 0.4$
㉢ $3.36 \div 1.2$	㉣ $3.36 \div 0.14$

( )

몫을 자연수까지 구하는 경우

4 리본 4 m로 선물 상자 한 개를 포장할 수 있습니다. 리본 29.6 m로 똑같은 모양의 상자를 몇 개까지 포장할 수 있을까요?

( )

5 페인트 5 L로 벽 한 면을 모두 칠할 수 있습니다. 페인트 16.7 L로 같은 크기의 벽을 몇 면까지 칠할 수 있고, 남는 페인트는 몇 L일까요?

칠할 수 있는 벽의 수 ( )

남는 페인트의 양 ( )

6 50 cm의 대나무로 단소 한 개를 만들 수 있습니다. 대나무 330.8 cm로 같은 길이의 단소를 몇 개까지 만들 수 있고, 남는 대나무는 몇 cm일까요?

만들 수 있는 단소의 수 ( )

남는 대나무의 길이 ( )

도형에서 변의 길이

7 넓이가 $54.6\,cm^2$인 평행사변형이 있습니다. 이 평행사변형의 밑변의 길이가 7.8 cm일 때 높이는 몇 cm일까요?

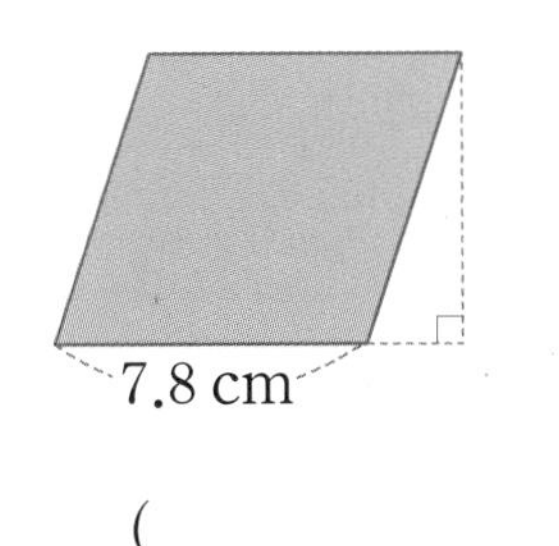

(　　　　　　　　　　)

8 오른쪽 직사각형의 넓이는 $17.5\,cm^2$입니다. 이 직사각형의 가로가 3.5 cm일 때 세로는 몇 cm일까요?

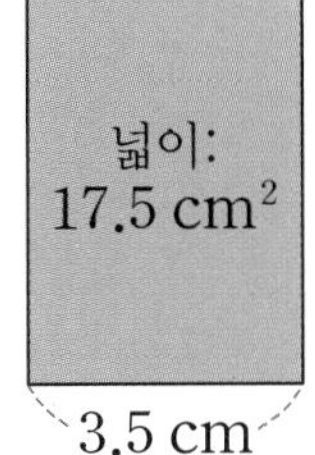

(　　　　　　　　　　)

9 넓이가 $15.66\,cm^2$인 삼각형이 있습니다. 이 삼각형의 높이가 5.4 cm일 때 밑변의 길이는 몇 cm일까요?

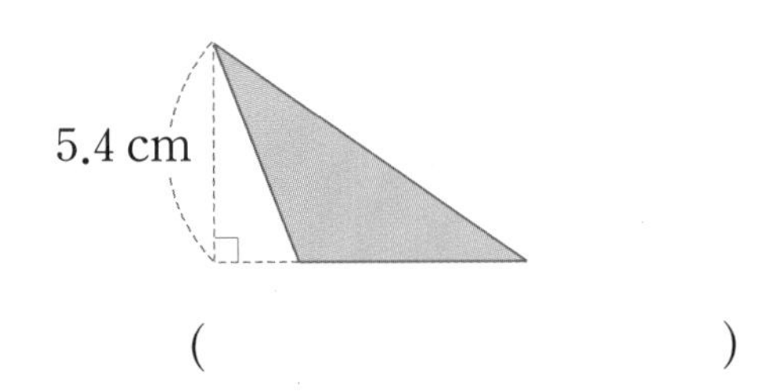

(　　　　　　　　　　)

어떤 수 구하기

10 □ 안에 알맞은 수를 구해 보세요.

$3.75 \times \square = 90$

(　　　　　　　　　　)

11 □ 안에 알맞은 수를 구해 보세요.

$\square \times 0.52 = 7.28$

(　　　　　　　　　　)

12 44.64를 어떤 수로 나누었더니 몫이 3.6이었습니다. 어떤 수를 3.1로 나눈 몫은 얼마인지 구해 보세요.

(　　　　　　　　　　)

바르게 계산한 값 구하기

13 어떤 수를 0.6으로 나누어야 할 것을 잘못하여 6으로 나누었더니 몫이 3, 나머지가 1.6이었습니다. 바르게 계산했을 때의 몫을 반올림하여 소수 첫째 자리까지 나타내어 보세요.

( )

14 어떤 수를 2.8로 나누어야 할 것을 잘못하여 28로 나누었더니 몫이 3, 나머지가 0.2였습니다. 바르게 계산했을 때의 몫을 반올림하여 소수 둘째 자리까지 나타내어 보세요.

( )

15 어떤 수를 0.3으로 나누어야 할 것을 잘못하여 0.5를 곱했더니 2.05가 되었습니다. 바르게 계산했을 때의 몫을 반올림하여 소수 첫째 자리까지 나타내어 보세요.

( )

몫의 소수 ■째 자리 숫자 구하기

16 몫의 소수 12째 자리 숫자를 구해 보세요.

$12.3 \div 9$

( )

17 몫의 소수 29째 자리 숫자를 구해 보세요.

$50 \div 22$

( )

18 몫을 반올림하여 소수 10째 자리까지 나타내면 몫의 소수 10째 자리 숫자는 얼마인지 구해 보세요.

$3.58 \div 9$

( )

STEP 4 최상위 도전 유형

최상위 유형에 자주 나오는 문제로 학습함으로써 수학의 실력을 완성해 보세요.

도전1 수 카드로 나눗셈식 만들기

1 수 카드 2, 3, 5 를 □ 안에 한 번씩 써넣어 몫이 가장 큰 나눗셈식을 만들고 몫을 구해 보세요.

□□.□÷0.4

(　　　　　　　　)

핵심 NOTE

몫이 가장 작은 나눗셈식은 (가장 작은 수)÷(가장 큰 수)이고,
몫이 가장 큰 나눗셈식은 (가장 큰 수)÷(가장 작은 수)입니다.

2 수 카드 0, 4, 8 을 □ 안에 한 번씩 써넣어 몫이 가장 작은 나눗셈식을 만들고 몫을 구해 보세요.

□.□□÷0.2

(　　　　　　　　)

3 수 카드 3, 5, 7, 8 을 □ 안에 한 번씩 써넣어 다음과 같이 나눗셈식을 만들려고 합니다. 몫이 가장 큰 나눗셈식을 만들고 몫을 반올림하여 소수 첫째 자리까지 나타내어 보세요.

□□.□÷□

(　　　　　　　　)

도전2 □ 안에 들어갈 수 있는 수 구하기

4 1부터 9까지의 자연수 중에서 □ 안에 들어갈 수 있는 수를 모두 구해 보세요.

8.4÷1.4>□

(　　　　　　　　)

핵심 NOTE

소수의 나눗셈을 먼저 계산한 후 □ 안에 들어갈 수 있는 수를 구합니다.

5 □ 안에 들어갈 수 있는 자연수는 모두 몇 개인지 구해 보세요.

144÷3.6<□<24÷0.48

(　　　　　　　　)

6 1부터 9까지의 자연수 중에서 □ 안에 들어갈 수 있는 수는 모두 몇 개인지 구해 보세요.

44.2÷26<1.□5

(　　　　　　　　)

2

도전3 **넓이가 같은 두 도형에서 변의 길이 구하기**

7 가로가 6.24 cm, 세로가 4 cm인 직사각형이 있습니다. 이 직사각형의 세로를 2 cm 늘인다면 가로는 몇 cm를 줄여야 처음 직사각형의 넓이와 같게 되는지 구해 보세요.

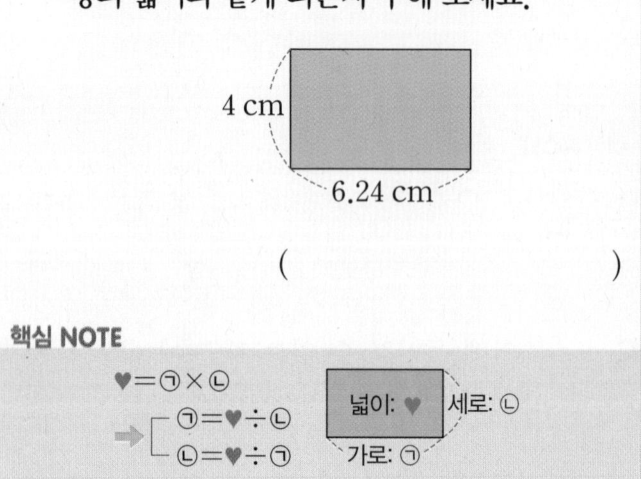

( )

핵심 NOTE

♥=㉠×㉡

→ ㉠=♥÷㉡, ㉡=♥÷㉠

넓이: ♥, 세로: ㉡, 가로: ㉠

8 두 대각선의 길이가 3 cm, 2.4 cm인 마름모가 있습니다. 이 마름모의 대각선 중 긴 대각선의 길이를 1.2 cm 줄인다면 다른 대각선의 길이는 몇 cm를 늘여야 처음 마름모의 넓이와 같게 되는지 구해 보세요.

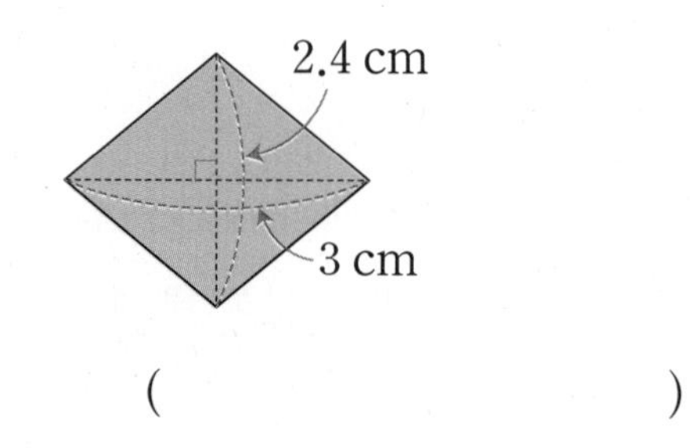

( )

도전4 **둘레에 놓는 것의 개수 구하기**

9 그림과 같이 둘레가 11.2 m인 원 모양의 울타리에 1.4 m 간격으로 기둥을 세우려고 합니다. 필요한 기둥은 모두 몇 개인지 구해 보세요. (단, 기둥의 두께는 생각하지 않습니다.)

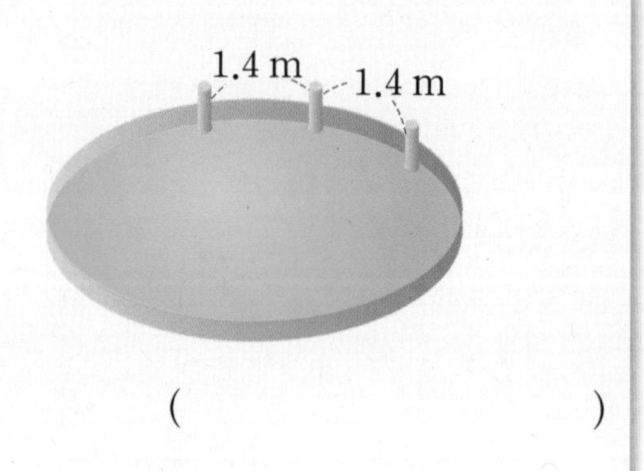

( )

핵심 NOTE

간격의 수가 □군데일 때 직선 모양 길의 한쪽에 처음부터 끝까지 세운 기둥의 수는 (□+1)개이고, 원 모양 길의 둘레에 세운 기둥의 수는 □개입니다.

10 호수 주변에 둘레가 240 m인 원 모양의 산책로를 만들었습니다. 이 산책로에 8.1 m 간격으로 긴 의자를 설치하려고 합니다. 의자의 길이가 1.5 m일 때 의자는 모두 몇 개 필요할까요?

( )

11 길이가 40 m인 직선 도로의 양쪽에 1.25 m 간격으로 도로의 처음부터 끝까지 깃발을 세우려고 합니다. 필요한 깃발은 모두 몇 개인지 구해 보세요.(단, 깃발의 두께는 생각하지 않습니다.)

( )

도전5 시간을 소수로 바꾸어 계산하기

12 1시간 15분 동안 35 cm를 기어가는 달팽이가 있습니다. 이 달팽이는 한 시간 동안 몇 cm를 기어가는 셈일까요?

( )

핵심 NOTE

□km를 가는데 ★분이 걸릴 때
1 km를 가는 데 걸리는 시간은 ★÷□(분)이고
1분 동안 가는 거리는 □÷★ (km)입니다.

13 혜진이와 성호가 줄넘기를 한 시간을 나타낸 것입니다. 혜진이가 줄넘기를 한 시간은 성호가 줄넘기를 한 시간의 몇 배인지 구해 보세요.

혜진	성호
1.68시간	1시간 12분

( )

14 어느 달리기 선수가 42.2 km를 2시간 36분 만에 완주했습니다. 이 선수가 일정한 빠르기로 1시간 동안 달린 거리는 몇 km인지 반올림하여 소수 첫째 자리까지 나타내어 보세요.

( )

도전6 길이를 소수로 바꾸어 계산하기

15 굵기가 일정한 통나무 2 m 10 cm의 무게가 78 kg이라고 합니다. 이 통나무 1 m의 무게는 몇 kg인지 반올림하여 소수 첫째 자리까지 나타내어 보세요.

( )

핵심 NOTE

통나무 1 m의 무게는 (통나무의 무게)÷(통나무의 길이)입니다.

16 굵기가 일정한 파이프 90 cm의 무게를 재어 보니 46.2 kg이었습니다. 이 파이프 1 m의 무게는 몇 kg인지 반올림하여 소수 둘째 자리까지 나타내어 보세요.

( )

17 굵기가 일정한 철근 2 m 70 cm를 담은 상자의 무게를 재어 보니 31.6 kg이었습니다. 철근 1.8 m를 잘라 낸 후 남은 철근을 담은 상자의 무게를 재어 보니 14.4 kg이었습니다. 철근 1 m의 무게는 몇 kg인지 반올림하여 일의 자리까지 나타내어 보세요.

( )

도전7 가격 비교하기

18 가 가게에서 파는 딸기 음료는 0.6 L당 1110원이고, 나 가게에서 파는 딸기 음료는 1.3 L당 2340원입니다. 같은 양의 딸기 음료를 산다면 어느 가게가 더 저렴할까요?

( )

핵심 NOTE

같은 양의 딸기 음료를 산다면 1 L당 가격이 싼 가게가 더 저렴합니다.

19 가 가게에서 파는 소금은 2.5 kg당 9000원이고, 나 가게에서 파는 소금은 1.5 kg당 5700원입니다. 같은 양의 소금을 산다면 어느 가게가 더 저렴할까요?

( )

20 어느 가게에서 파는 아이스크림의 가격입니다. 같은 양의 아이스크림을 산다면 어느 것이 가장 비싼지 기호를 써 보세요.

가: 0.4 kg ················ 3600원
나: 0.5 kg ················ 4600원
다: 0.75 kg ············· 7200원

( )

도전8 양초를 태운 시간 구하기

21 길이가 22 cm인 양초가 있습니다. 이 양초에 불을 붙이면 1분에 0.2 cm씩 일정하게 탑니다. 이 양초를 3.6 cm가 남을 때까지 태웠다면 양초를 태운 시간은 몇 시간 몇 분인지 구해 보세요.

( )

핵심 NOTE

탄 양초의 길이는 처음 양초의 길이에서 남은 양초의 길이를 뺀 길이입니다.

22 길이가 18.4 cm인 양초가 있습니다. 이 양초에 불을 붙이면 10분에 0.24 cm씩 일정하게 탑니다. 이 양초를 6.4 cm가 남을 때까지 태웠다면 양초를 태운 시간은 몇 시간 몇 분인지 구해 보세요.

( )

23 길이가 40 cm인 양초가 있습니다. 이 양초에 불을 붙이면 1분에 0.4 cm씩 일정하게 탑니다. 오후 3시에 이 양초에 불을 붙여 4 cm가 남았을 때 불을 껐습니다. 양초의 불을 끈 시각은 오후 몇 시 몇 분인지 구해 보세요.

( )

수시 평가 대비 Level 1

점수

확인

1 8.48÷0.04를 자연수의 나눗셈을 이용하여 계산해 보세요.

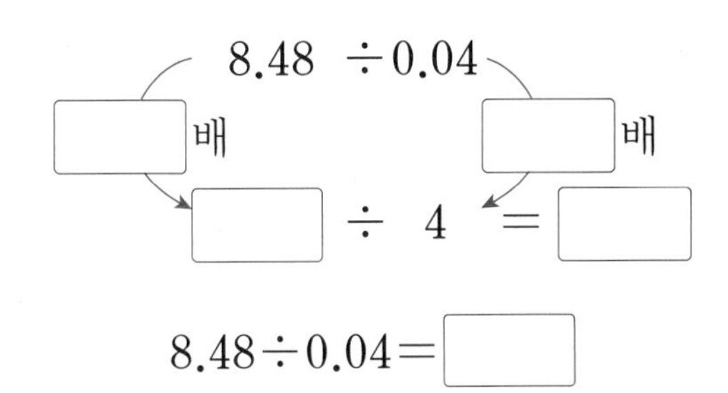

8.48÷0.04=□

2 22.4÷0.7과 몫이 같은 것을 찾아 기호를 써 보세요.

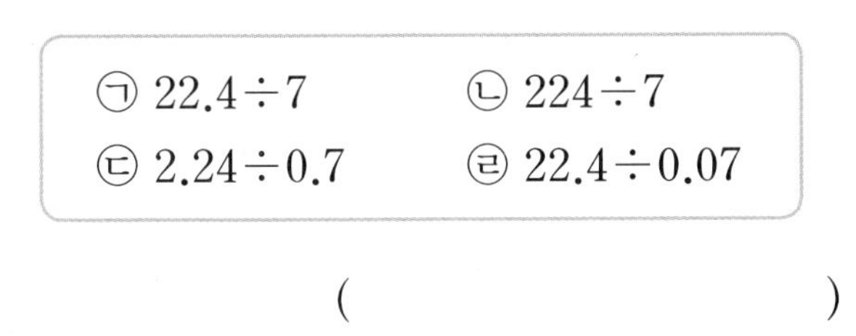

(　　　　　　　　　)

3 보기 와 같이 분수의 나눗셈으로 계산해 보세요.

보기

$3 \div 0.25 = \frac{300}{100} \div \frac{25}{100}$
$= 300 \div 25 = 12$

6÷0.75 ....

4 조건 을 만족하는 나눗셈식을 찾아 계산해 보세요.

조건

- 725÷5를 이용하여 풀 수 있습니다.
- 나누어지는 수와 나누는 수를 각각 100배 하면 725÷5가 됩니다.

식 ....

5 □ 안에 알맞은 수를 써넣으세요.

288÷48=□

288÷4.8=□

288÷0.48=□

6 계산 결과를 비교하여 ○ 안에 >, =, <를 알맞게 써넣으세요.

1.36÷0.04 ○ 83.7÷2.7

7 큰 수를 작은 수로 나눈 몫을 빈칸에 써넣으세요.

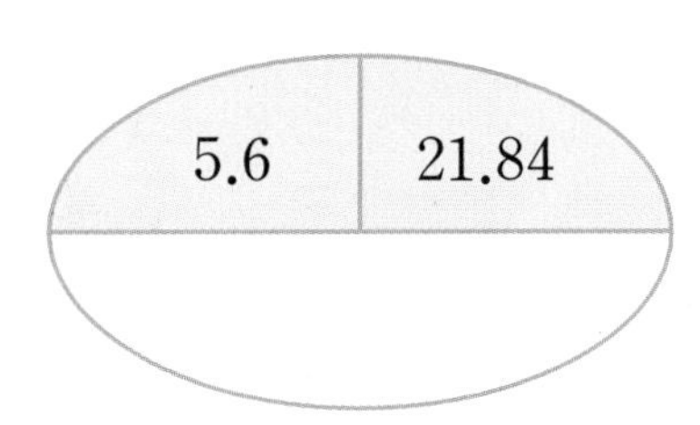

8 색 테이프 8.1 m를 0.3 m씩 나누어 자르려고 합니다. 몇 도막으로 자를 수 있는지 구해 보세요.

(　　　　　　　　　)

9 계산 결과를 비교하여 ◯ 안에 $>$, $=$, $<$를 알맞게 써넣으세요.

9.5÷7의 몫을 반올림하여 소수 첫째 자리까지 나타낸 수

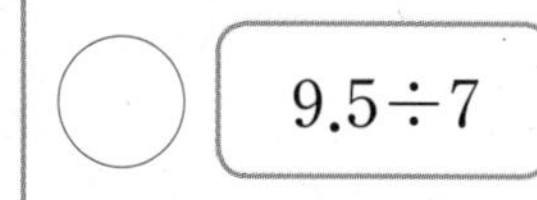

10 재현이의 몸무게는 32.76 kg이고 동생의 몸무게는 15.6 kg입니다. 재현이의 몸무게는 동생의 몸무게의 몇 배인지 구해 보세요.

( )

11 □ 안에 알맞은 수를 써넣으세요.

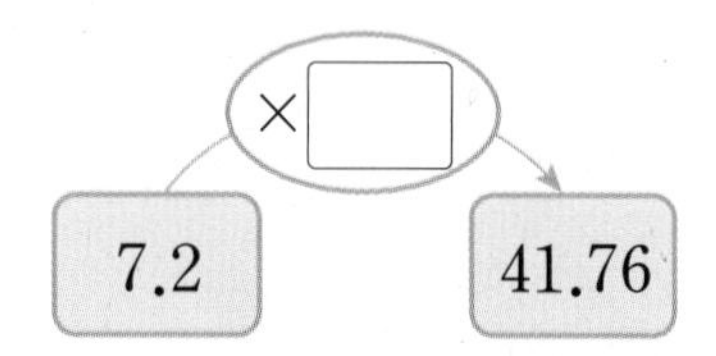

12 물 35.2 L를 2 L 들이 병에 가득 차게 나누어 담으려고 합니다. 몇 병까지 담을 수 있고, 남는 물은 몇 L인지 구해 보세요.

담을 수 있는 병의 수 ( )

남는 물의 양 ( )

13 몫의 소수 30째 자리 숫자를 구해 보세요.

4.2÷1.1

( )

14 가÷나의 값은 얼마인지 구해 보세요.

가: 0.567을 10배 한 수

나: 0.1이 9개인 수

( )

15 몫을 반올림하여 일의 자리까지 나타낸 수와 몫을 반올림하여 소수 둘째 자리까지 나타낸 수의 차를 구해 보세요.

9.7÷3.7

( )

정답과 풀이 19쪽

16 1시간 30분 동안 132 km를 달리는 자동차가 있습니다. 이 자동차는 한 시간에 몇 km를 달리는 셈인지 구해 보세요.

(　　　　　　　　　)

17 수 카드 2, 4, 8 을 □ 안에 한 번씩만 써넣어 몫이 가장 작은 나눗셈식을 만들고 몫을 구해 보세요.

$33.68 \div \square.\square\square$

(　　　　　　　　　)

18 둘레가 291 m인 원 모양의 광장이 있습니다. 이 광장의 둘레에 18.6 m 간격으로 안내판을 설치하려고 합니다. 안내판의 가로 길이가 0.8 m일 때 안내판은 몇 개 필요한지 구해 보세요.

(　　　　　　　　　)

서술형

19 밤 45.6 kg을 한 상자에 6 kg씩 나누어 담을 때 담을 수 있는 상자 수와 남는 밤은 몇 kg인지 알기 위해 다음과 같이 계산했습니다. 잘못 계산한 곳을 찾아 바르게 계산하고, 그 이유를 써 보세요.

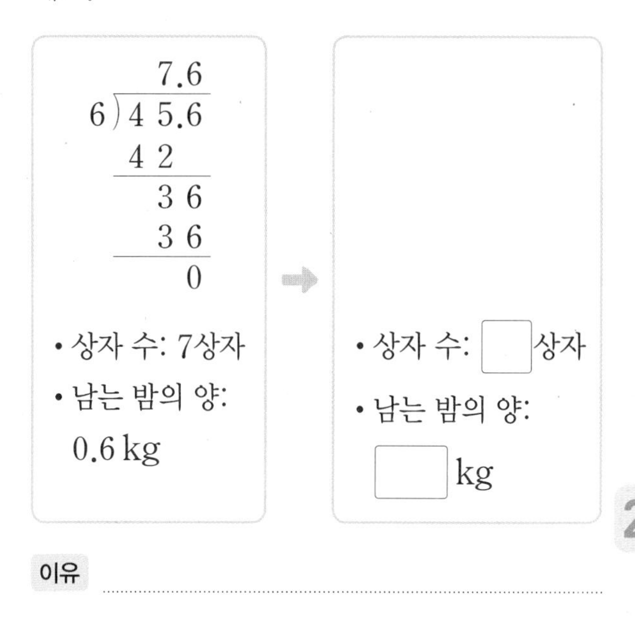

이유 ....

서술형

20 굵기가 일정한 철근 5.3 m의 무게는 25.97 kg입니다. 이 철근 2 m의 무게는 몇 kg인지 풀이 과정을 쓰고 답을 구해 보세요.

풀이 ....

답 ....

수시 평가 대비 Level 2

점수

확인

1 소수의 나눗셈을 자연수의 나눗셈을 이용하여 계산하려고 합니다. □ 안에 알맞은 수를 써넣으세요.

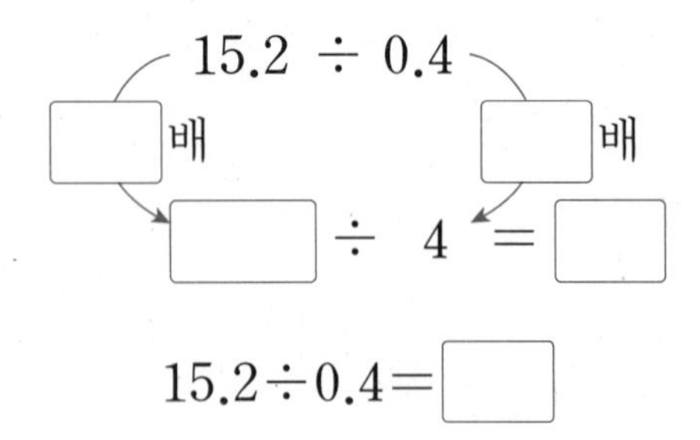

15.2÷0.4=□

2 필통의 길이는 22.5 cm이고 지우개의 길이는 4.5 cm입니다. 필통의 길이는 지우개의 길이의 몇 배인지 □ 안에 알맞은 수를 써넣으세요.

22.5 cm=□ mm

4.5 cm=□ mm

22.5÷4.5=□(배)

3 보기 와 같이 분수의 나눗셈으로 계산해 보세요.

보기

$7.42 \div 0.53 = \frac{742}{100} \div \frac{53}{100}$

$= 742 \div 53 = 14$

8.82÷0.09

4 계산해 보세요.

(1) $2.45\overline{)80.85}$ (2) $0.08\overline{)52}$

5 □ 안에 알맞은 수를 써넣으세요.

2.31÷0.03=□

23.1÷0.03=□

231÷0.03=□

6 잘못 계산한 곳을 찾아 바르게 계산해 보세요.

```
      1.8
6.5)1 1 7
      6 5
    5 2 0
    5 2 0
        0
```

➡ □

7 계산 결과를 비교하여 ○ 안에 >, =, <를 알맞게 써넣으세요.

34.5÷1.5 ○ 10.2÷0.68

정답과 풀이 20쪽

8 빈칸에 알맞은 수를 써넣으세요.

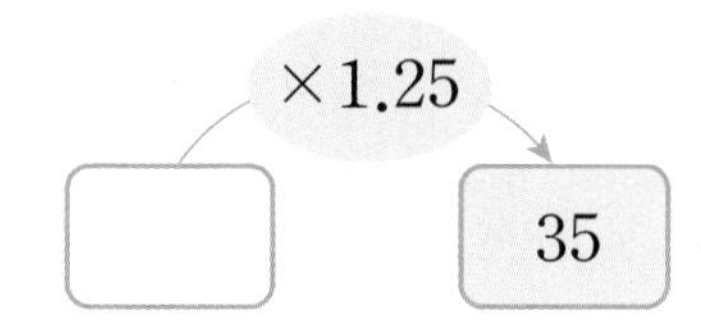

9 가◎나=(가÷나)÷나라고 약속할 때 다음을 계산해 보세요.

31.25◎1.25

(　　　　　　　　　　)

10 길이가 10.54 m인 통나무를 0.31 m씩 자르려고 합니다. 모두 몇 번 잘라야 하는지 구해 보세요.

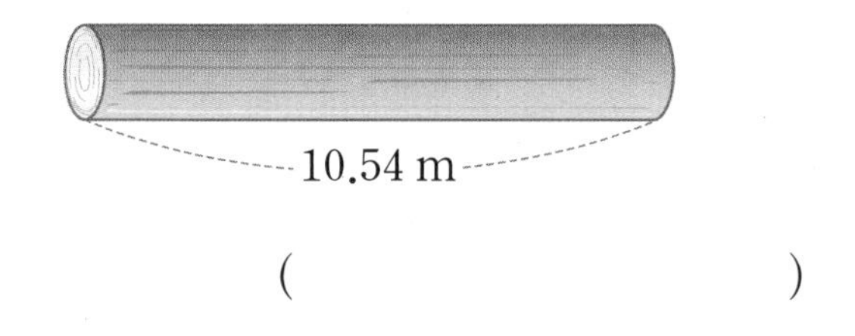

(　　　　　　　　　　)

11 다음 조건 을 만족하는 나눗셈식을 찾아 계산하고, 이유를 써 보세요.

조건
- 476÷14를 이용하여 계산할 수 있습니다.
- 나누는 수와 나누어지는 수를 각각 10배 한 식은 476÷14입니다.

식

이유

12 몫을 반올림하여 일의 자리까지 나타낸 수와 몫을 반올림하여 소수 첫째 자리까지 나타낸 수의 차를 구해 보세요.

6.3÷1.3

(　　　　　　　　　　)

13 우유 15.6 L를 한 병에 2 L씩 나누어 담으면 몇 병까지 담을 수 있고, 남는 우유는 몇 L일까요?

담을 수 있는 병의 수 (　　　　　　　　　　)
남는 우유의 양 (　　　　　　　　　　)

2

14 몫의 소수 25째 자리 숫자를 구해 보세요.

37÷2.7

(　　　　　　　　　　)

15 넓이가 29.64 cm^2인 사다리꼴이 있습니다. 사다리꼴의 높이가 4.8 cm일 때 윗변의 길이와 아랫변의 길이의 합은 몇 cm일까요?

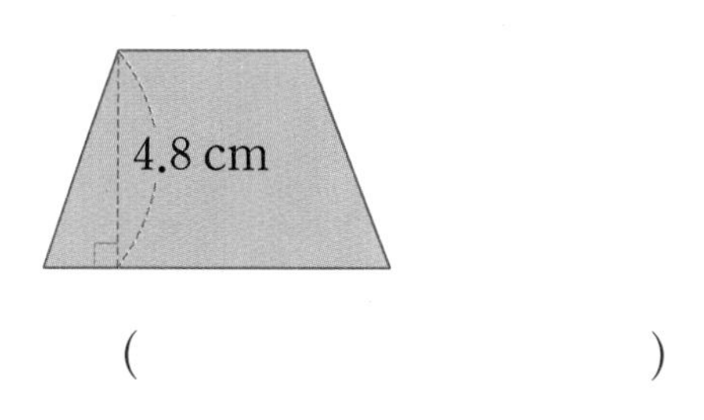

(　　　　　　　　　　)

정답과 풀이 20쪽

16 굵기가 일정한 철사 20.4 m가 들어 있는 상자의 무게를 재어 보니 7.2 kg이었습니다. 철사 11.7 m를 잘라 낸 후 남은 철사가 들어 있는 상자의 무게를 재어 보니 4.7 kg이었습니다. 철사 1 m의 무게는 몇 kg인지 반올림하여 소수 둘째 자리까지 나타내어 보세요.

( )

17 수 카드 1, 2, 4, 6, 8 을 □ 안에 한 번씩 써 넣어 다음과 같이 나눗셈식을 만들려고 합니다. 몫이 가장 큰 나눗셈식을 만들고 몫을 구해 보세요.

$\square.\square\square \div \square.\square$

( )

18 가 가게에서 파는 수정과는 0.6 L당 1800원이고, 나 가게에서 파는 수정과는 0.75 L당 1920원입니다. 1 L의 수정과를 산다면 어느 가게가 얼마나 더 저렴한지 구해 보세요.

( ), ( )

서술형

19 경한이는 1시 30분부터 2시 45분까지 4.35 km를 걸었습니다. 경한이가 일정한 빠르기로 걸었다면 한 시간 동안 걸은 거리는 몇 km인지 풀이 과정을 쓰고 답을 구해 보세요.

풀이

답

서술형

20 길이가 8.52 km인 터널이 있습니다. 길이가 160 m인 기차가 1분에 1.24 km를 가는 빠르기로 달릴 때 터널을 완전히 지나가는 데 걸리는 시간은 몇 분인지 풀이 과정을 쓰고 답을 구해 보세요.

풀이

답

3 공간과 입체

이번 단원에서 꼭 짚어야 할 **핵심 개념**을 알아보자.

핵심 1 쌓기나무의 개수 (1)

1층이 ☐개, 2층이 ☐개, 3층이 ☐개이므로 똑같이 쌓는 데 필요한 쌓기나무는 ☐개입니다.

핵심 2 쌓기나무의 개수 (2)

쌓기나무로 쌓은 모양을 위, 앞, 옆에서 본 모양 그리기

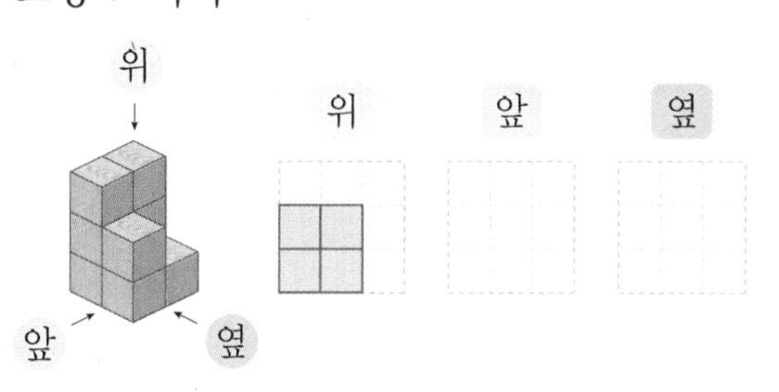

핵심 3 쌓기나무의 개수 (3)

쌓기나무로 쌓은 모양을 보고 위에서 본 모양에 수를 써서 나타내기

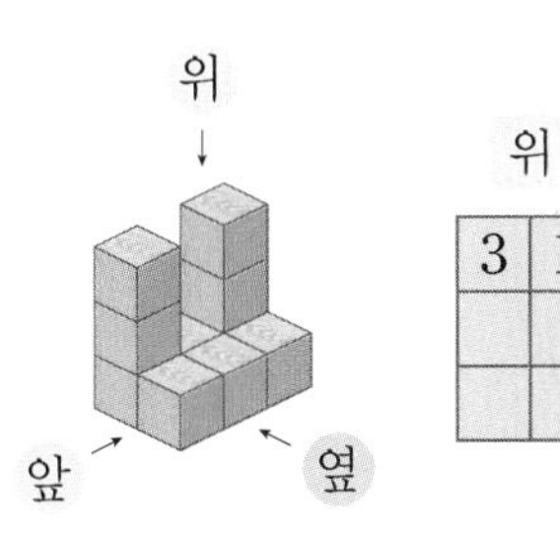

핵심 4 쌓기나무의 개수 (4)

쌓기나무로 쌓은 모양을 층별로 나타낸 모양으로 그리기

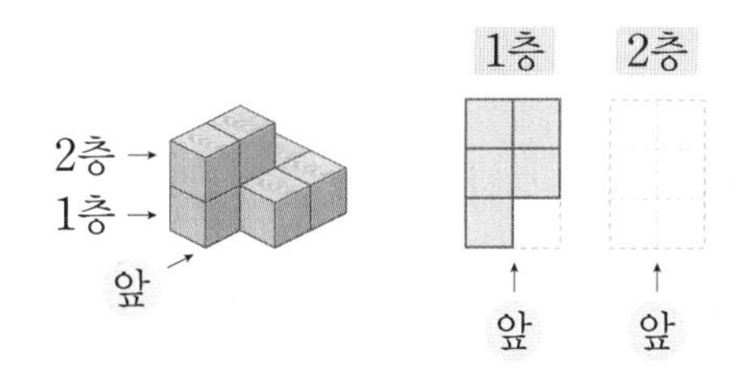

핵심 5 여러 가지 모양 만들기

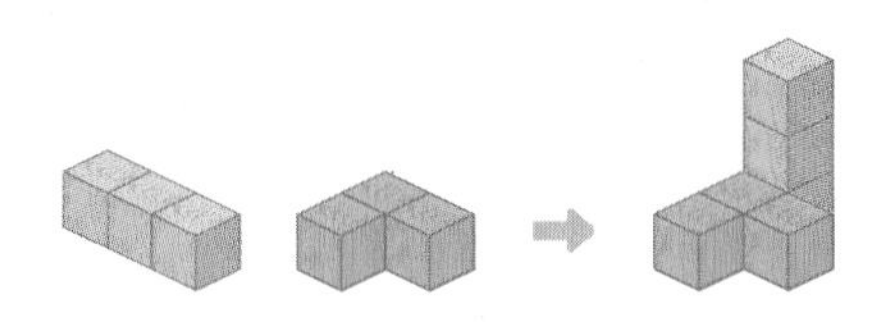

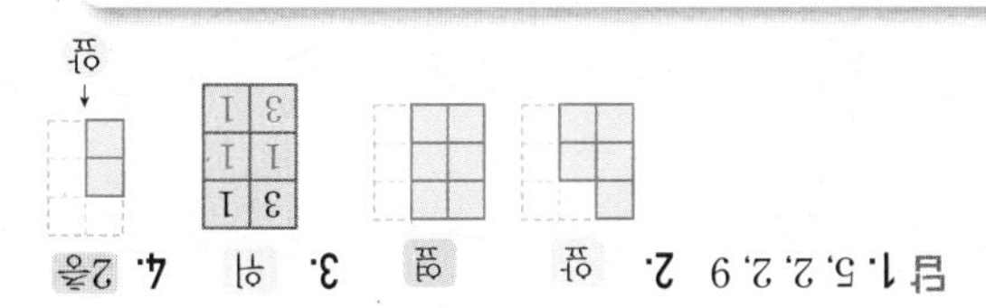

STEP 1 교과 개념

1. 어느 방향에서 보았는지 알아보기
쌓은 모양과 쌓기나무의 개수 알아보기(1)

● 여러 방향에서 본 모양 알아보기

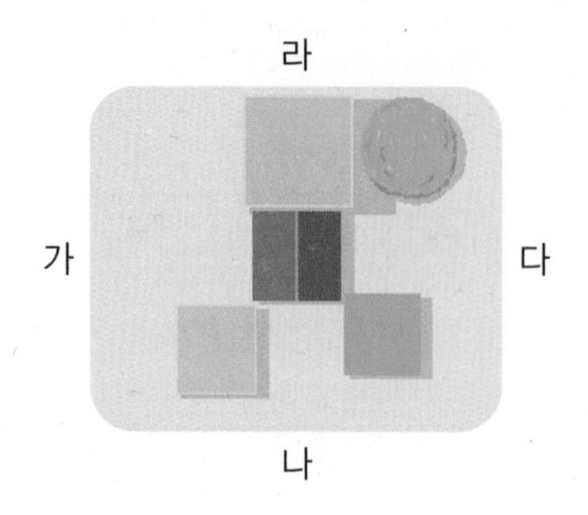

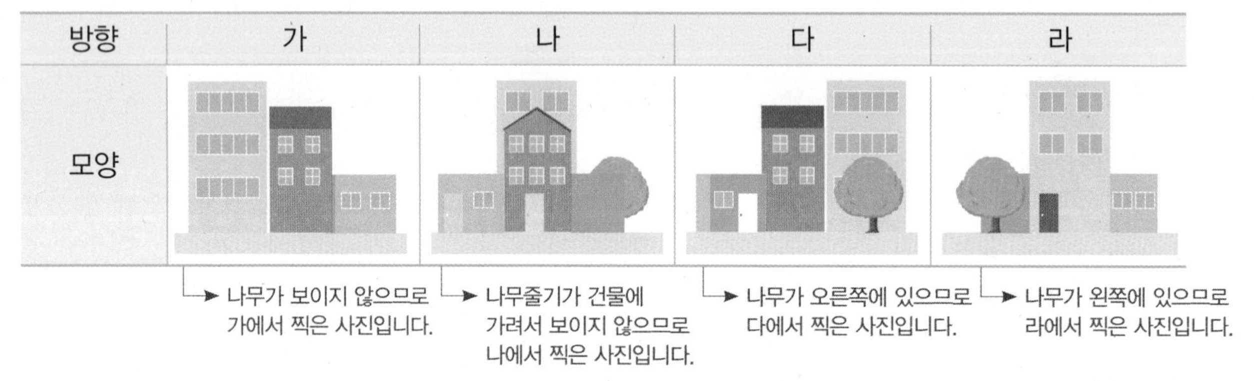

방향	가	나	다	라
모양				

→ 나무가 보이지 않으므로 가에서 찍은 사진입니다.
→ 나무줄기가 건물에 가려서 보이지 않으므로 나에서 찍은 사진입니다.
→ 나무가 오른쪽에 있으므로 다에서 찍은 사진입니다.
→ 나무가 왼쪽에 있으므로 라에서 찍은 사진입니다.

● 위에서 본 모양을 보고 쌓은 모양과 쌓기나무의 개수 알아보기

• 쌓기나무로 쌓은 모양에서 보이는 위의 면과 위에서 본 모양이 같은 경우

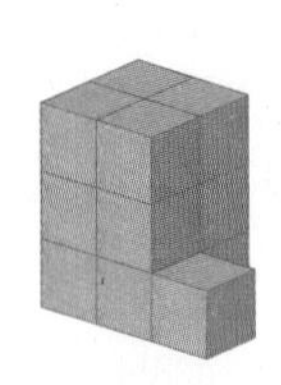

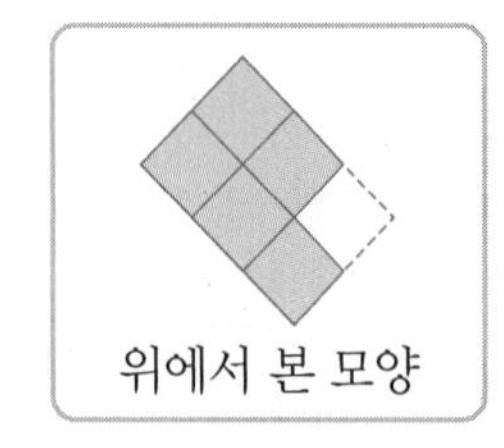

➡ 같은 모양이므로 뒤에서 보았을 때 쌓은 모양은 다음과 같습니다.

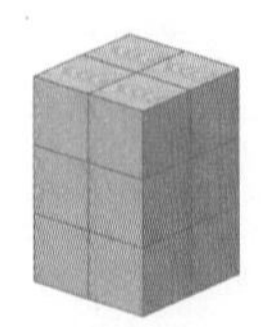

(쌓기나무의 개수)$=\underline{5}+\underline{4}+\underline{4}=13$(개)
1층 2층 3층

• 쌓기나무로 쌓은 모양에서 보이는 위의 면과 위에서 본 모양이 다른 경우

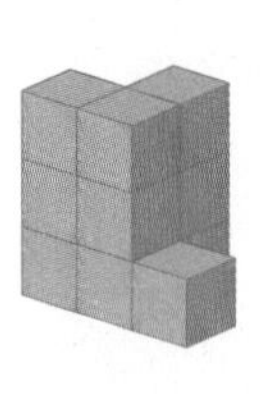

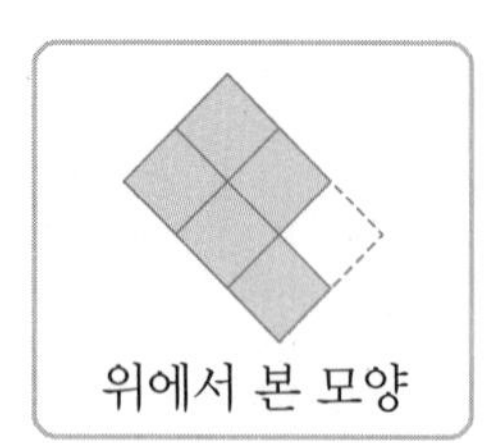

➡ 다른 모양이므로 뒤에서 보았을 때 쌓은 모양은 다음과 같이 2가지입니다.

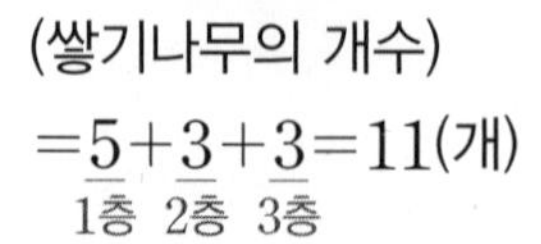

(쌓기나무의 개수)
$=\underline{5}+\underline{3}+\underline{3}=11$(개)
1층 2층 3층

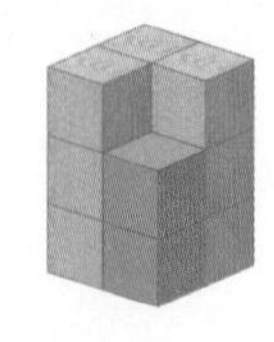

(쌓기나무의 개수)
$=\underline{5}+\underline{4}+\underline{3}=12$(개)
1층 2층 3층

정답과 풀이 21쪽

1 배를 타고 여러 방향에서 사진을 찍었습니다. 각 사진은 어느 배에서 찍은 것인지 찾아 번호를 써 보세요.

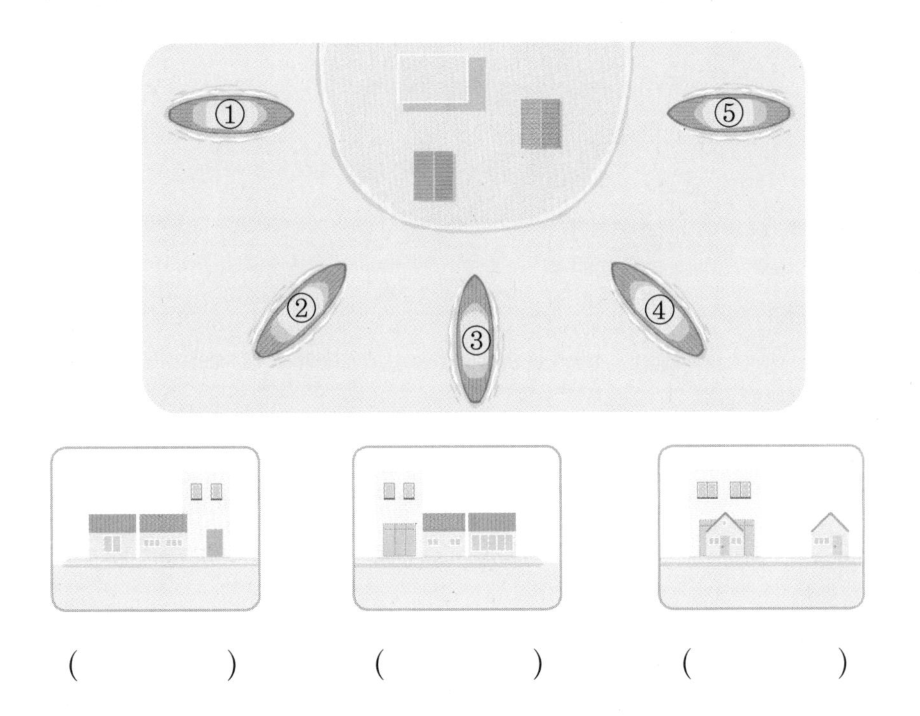

( ) ( ) ( )

2 쌓기나무를 왼쪽과 같은 모양으로 쌓았습니다. 돌렸을 때 왼쪽 그림과 같은 모양을 만들 수 없는 경우를 찾아 기호를 써 보세요.

수직 방향으로 안 보이는 부분들이 있기 때문에 쌓은 모양이 여러 가지가 나올 수 있어요.

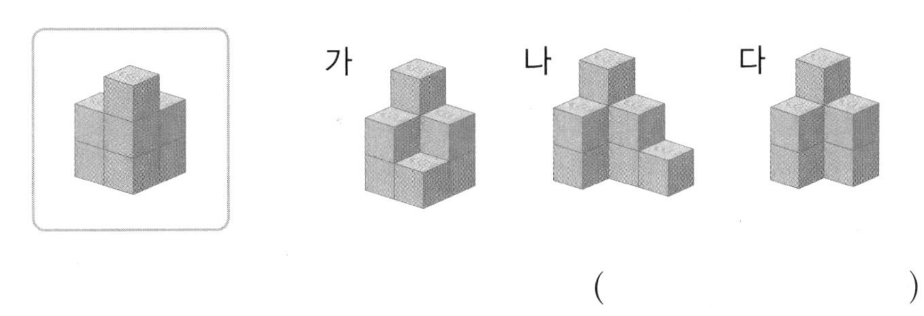

( )

3 쌓기나무로 쌓은 모양을 보고 위에서 본 모양을 그렸습니다. 관계있는 것끼리 이어 보세요.

1층에 놓인 쌓기나무의 개수를 위에서부터 차례로 세어 보아요.

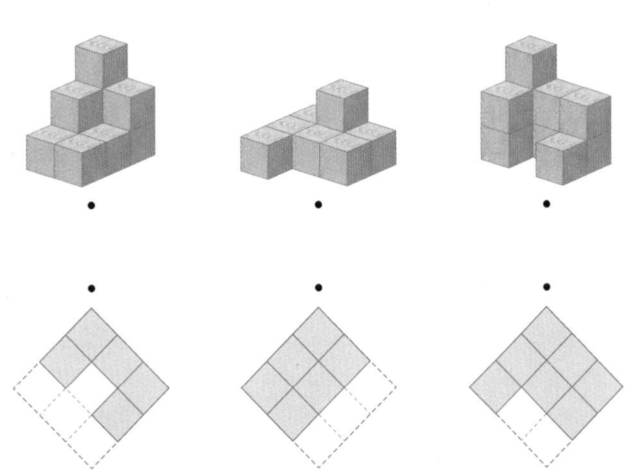

STEP 1 교과 개념

2. 쌓은 모양과 쌓기나무의 개수 알아보기(2)

● 위, 앞, 옆에서 본 모양으로 쌓은 모양과 쌓기나무의 개수 알아보기

• 쌓은 모양을 보고 위, 앞, 옆에서 본 모양을 각각 그려 보기

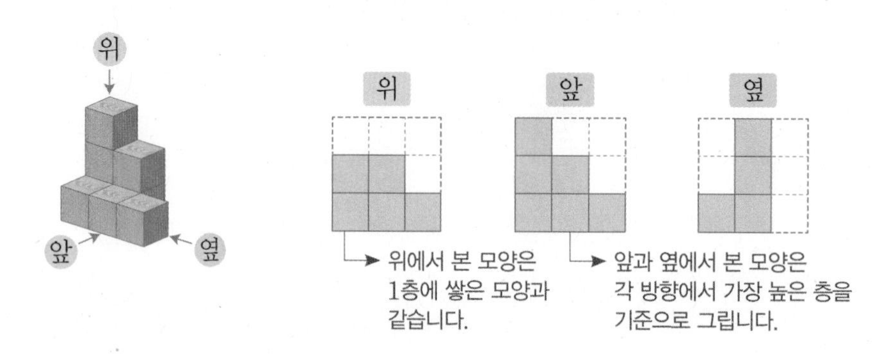

• 위, 앞, 옆에서 본 모양으로 쌓은 모양 추측하고 개수 구하기

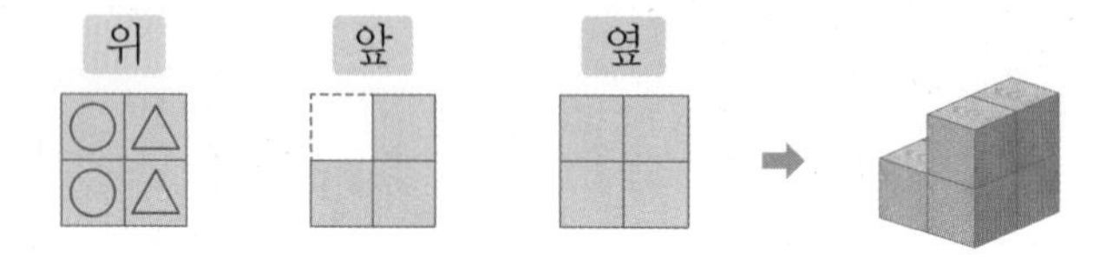

위에서 본 모양을 보면 1층의 쌓기나무는 4개입니다.

앞에서 본 모양을 보면 ○ 부분은 쌓기나무가 각각 1개이고, △ 부분은 2개 이하입니다.

옆에서 본 모양을 보면 △ 부분은 2개입니다.

➡ (똑같은 모양으로 쌓는 데 필요한 쌓기나무의 개수)$=\underset{1층}{\underline{4}}+\underset{2층}{\underline{2}}=6$(개)

● 위에서 본 모양에 수를 써서 쌓은 모양과 쌓기나무의 개수 알아보기

• 쌓기나무로 쌓은 모양을 보고 위에서 본 모양에 수를 써서 나타내기

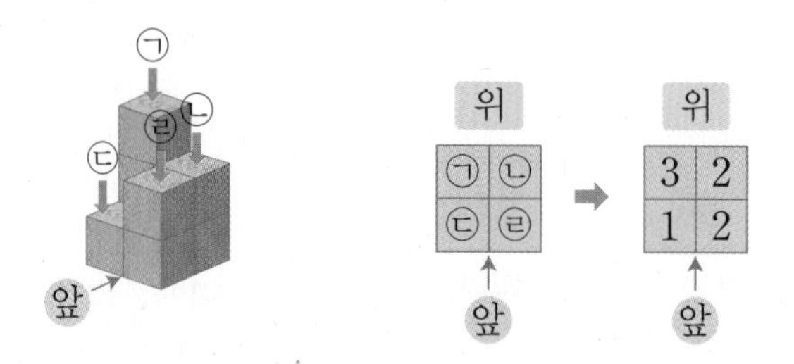

위에서 본 모양에 수를 쓰면 쌓은 모양을 정확하게 알 수 있습니다.

• 위에서 본 모양에 수를 쓴 것을 보고 쌓은 모양 알아보기

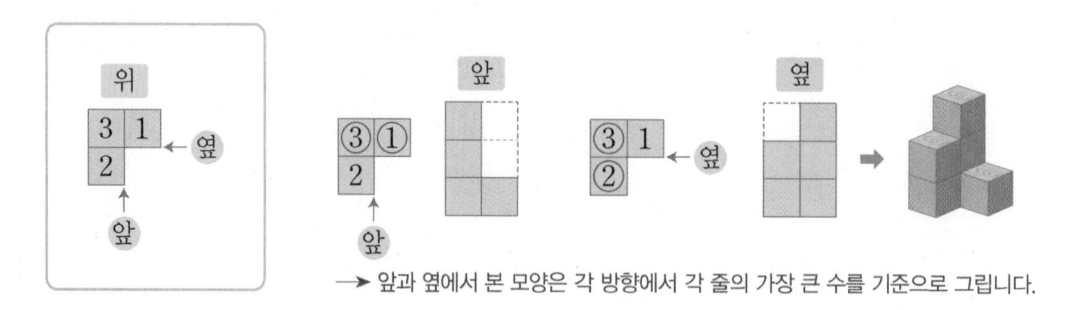

→ 앞과 옆에서 본 모양은 각 방향에서 각 줄의 가장 큰 수를 기준으로 그립니다.

정답과 풀이 22쪽

1 쌓기나무로 쌓은 모양과 위에서 본 모양입니다. 앞과 옆에서 본 모양을 각각 그려 보세요.

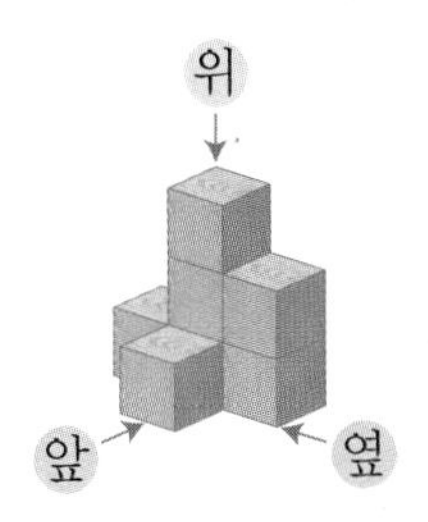

위

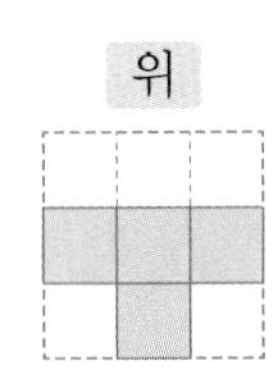

앞

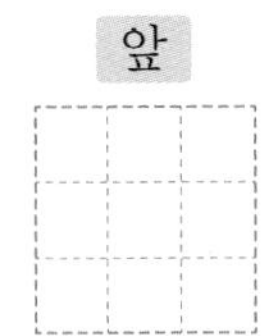

옆

앞과 옆에서 본 모양은 각 방향에서 각 줄의 가장 높은 층의 모양과 같아요.

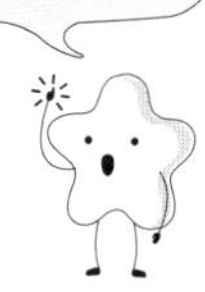

2 쌓기나무로 쌓은 모양을 위, 앞, 옆에서 본 모양입니다. 똑같은 모양으로 쌓는 데 필요한 쌓기나무의 개수를 구해 보세요.

위

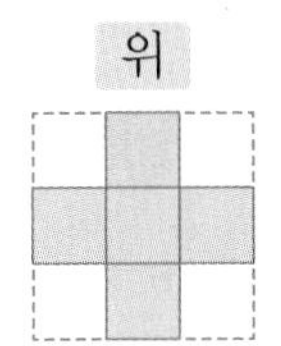

앞

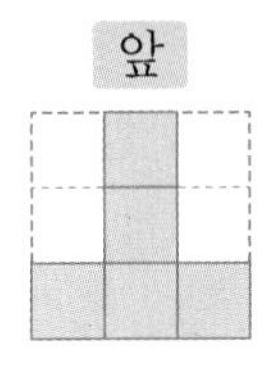

옆

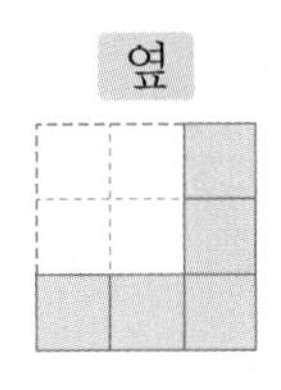

(　　　　　　　　)

3 쌓기나무로 쌓은 모양을 보고 위에서 본 모양에 수를 써 보세요.

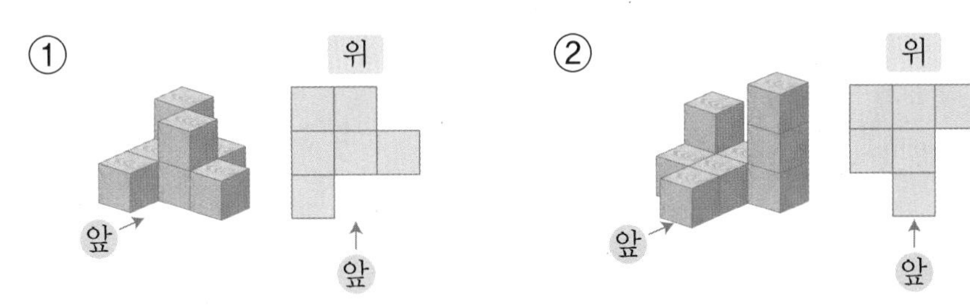

4 쌓기나무로 쌓은 모양을 보고 위에서 본 모양에 수를 썼습니다. 앞에서 본 모양을 찾아 기호를 써 보세요.

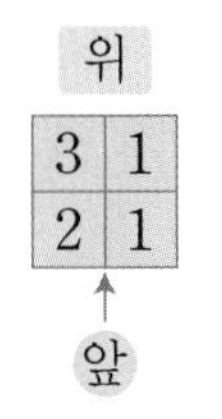

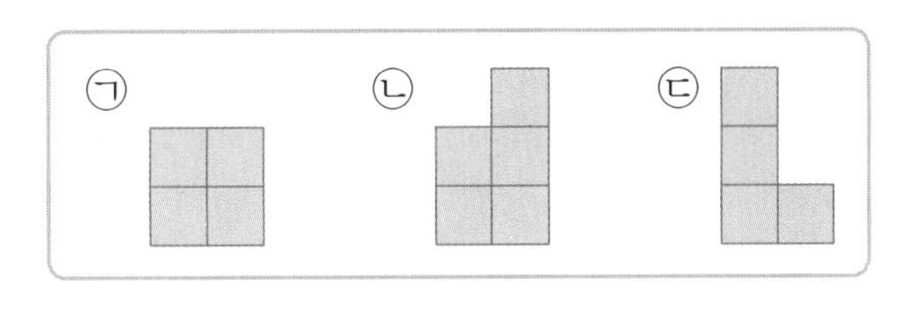

(　　　　　　　　)

앞에서 보았을 때 각 줄의 가장 높은 층의 모양을 찾아보아요.

STEP 1 교과 개념

3. 쌓은 모양과 쌓기나무의 개수 알아보기(3)

층별로 나타낸 모양을 보고 쌓은 모양과 쌓기나무의 개수 알아보기

• 쌓기나무로 쌓은 모양을 보고 층별로 나타낸 모양 그리기

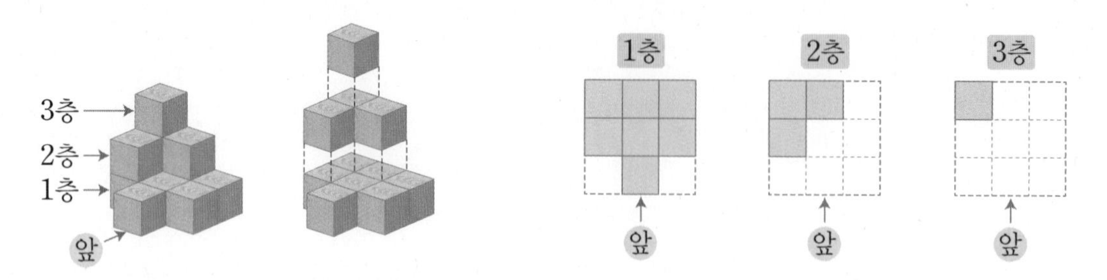

• 층별로 나타낸 모양을 보고 쌓기나무로 쌓은 모양과 개수를 알아보기

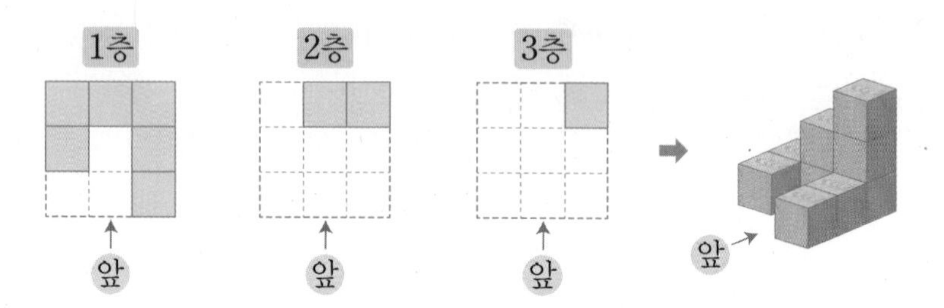

각 층에 사용된 쌓기나무의 개수는 층별로 나타낸 모양에서 색칠된 칸 수와 같습니다.

➡ (쌓기나무의 개수) $= \underset{1층}{\underline{6}} + \underset{2층}{\underline{2}} + \underset{3층}{\underline{1}} = 9$(개)

여러 가지 모양 만들기

• 쌓기나무 4개로 만들 수 있는 서로 다른 모양 알아보기

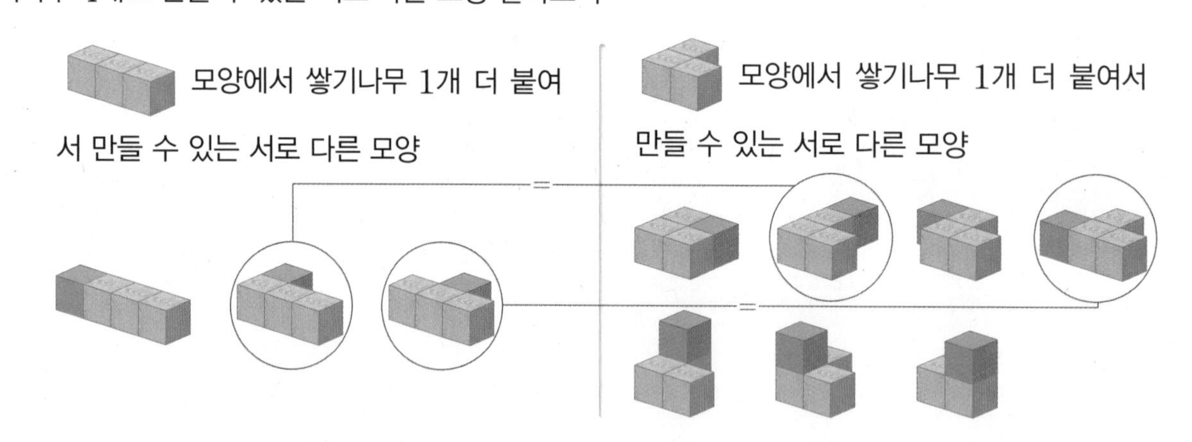

➡ 쌓기나무 4개로 만들 수 있는 서로 다른 모양은 8가지입니다.

개념 자세히 보기

• **여러 가지 모양을 만들 때 뒤집거나 돌려서 모양이 같으면 같은 모양이에요!**

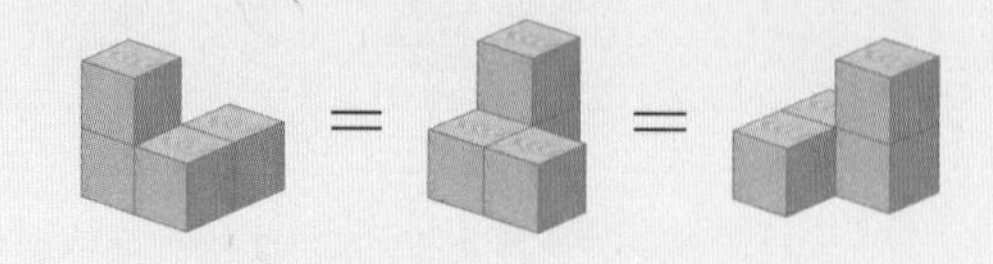

1 쌓기나무로 쌓은 모양을 보고 1층과 2층 모양을 각각 그려 보세요.

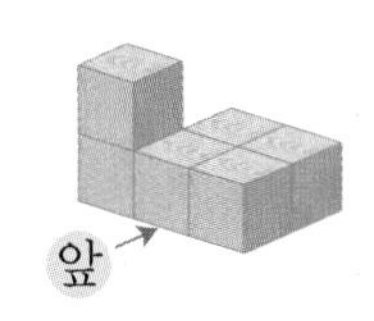

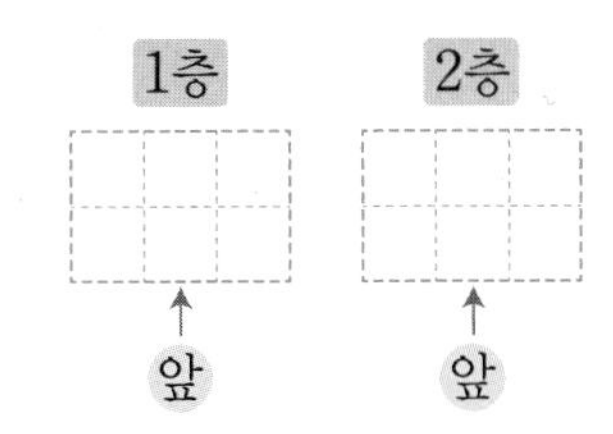

2 쌓기나무로 쌓은 모양과 1층 모양을 보고 2층 모양과 3층 모양을 각각 그려 보세요.

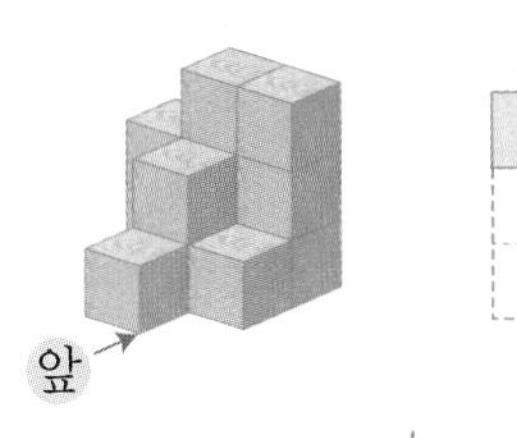

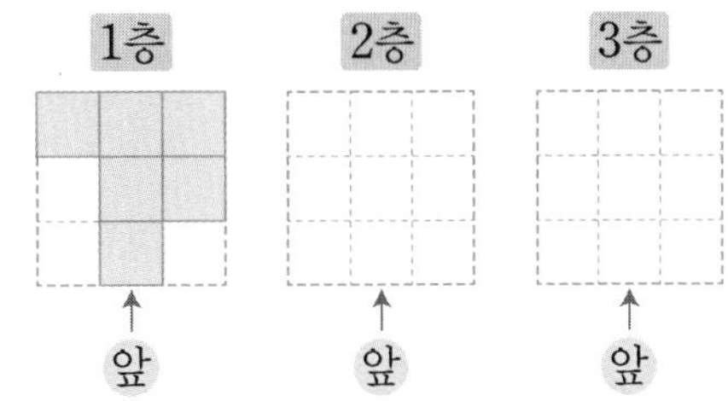

3  모양에 쌓기나무 1개를 더 붙여서 만들 수 있는 모양을 모두 고르세요. (　　　　　)

① 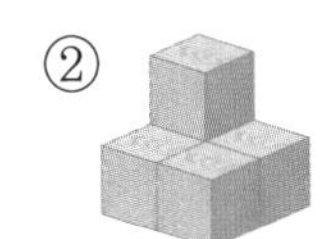 ② 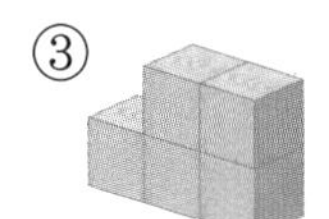 ③ 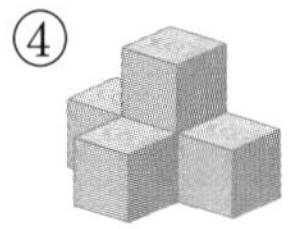 ④ 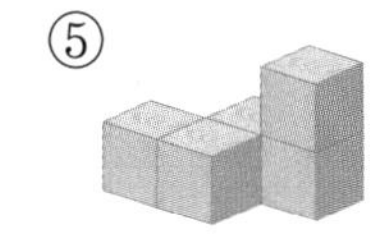 ⑤

주어진 모양에 쌓기나무 1개를 더 붙인 모양을 뒤집거나 돌려 보면서 같은 모양을 찾아보아요.

4 쌓기나무 6개로 만든 모양입니다. 보기 와 같은 모양을 찾아 기호를 써 보세요.

뒤집거나 돌렸을 때 같은 모양을 찾아보아요.

보기

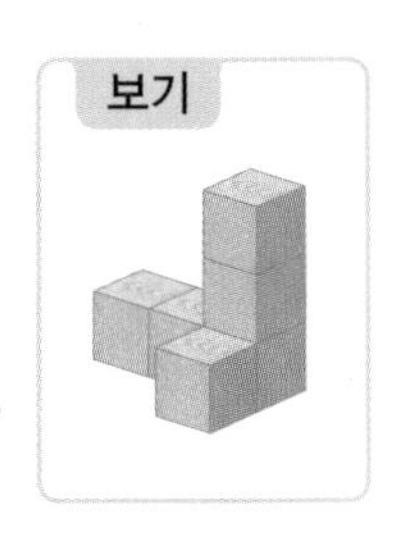

가 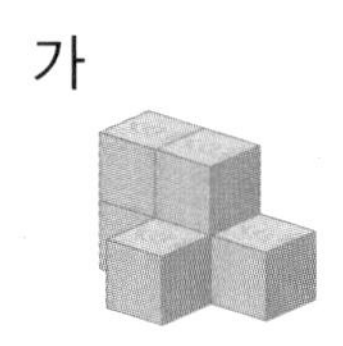 나 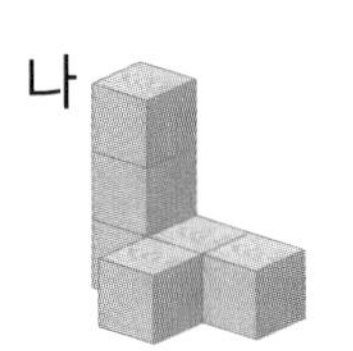 다 

(　　　　　　　　　　)

꼭 나오는 유형

1 여러 방향에서 본 모양 알아보기

1 어느 섬의 바위의 사진을 찍었습니다. 각 사진은 어느 방향에서 찍은 것인지 찾아 기호를 써 보세요.

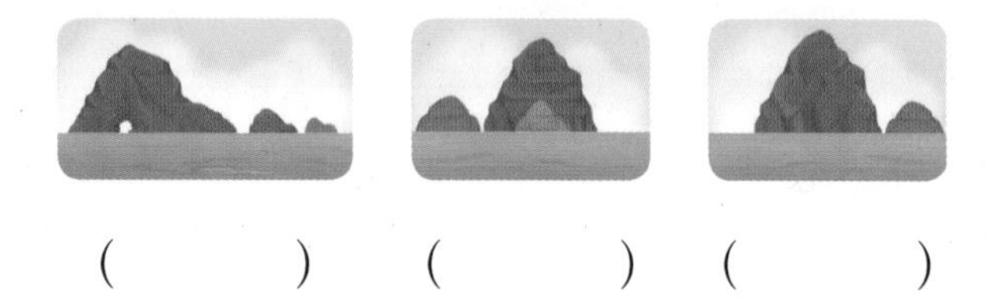

( ) ( ) ( )

2 보기 와 같이 물건을 놓았을 때 찍을 수 없는 사진을 찾아 기호를 써 보세요.

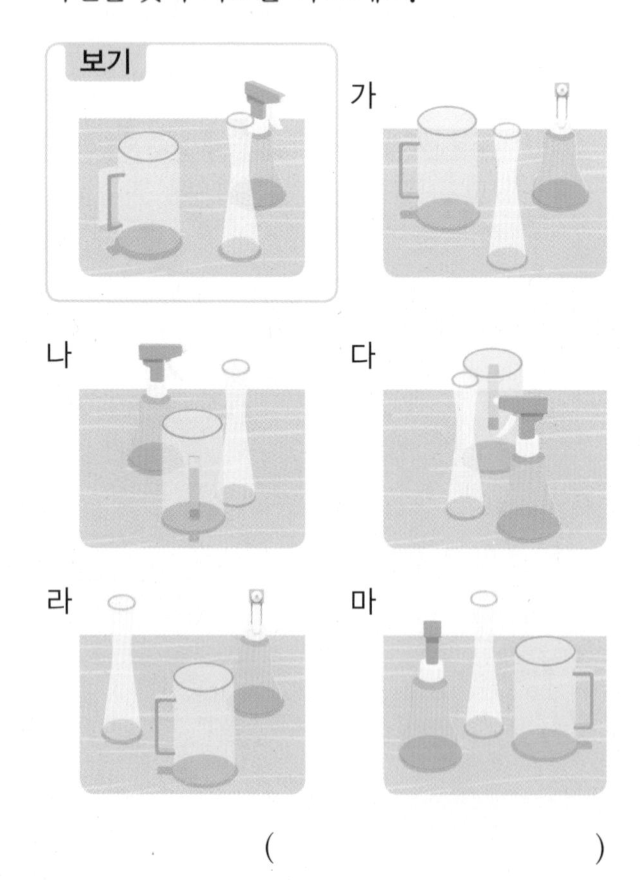

( )

2 쌓은 모양과 쌓기나무의 개수 알아보기(1)

3 쌓기나무를 오른쪽과 같은 모양으로 쌓았습니다. 돌렸을 때 오른쪽 그림과 같은 모양을 만들 수 없는 것을 찾아 기호를 써 보세요.

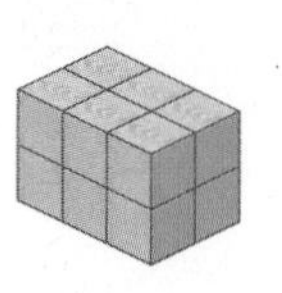

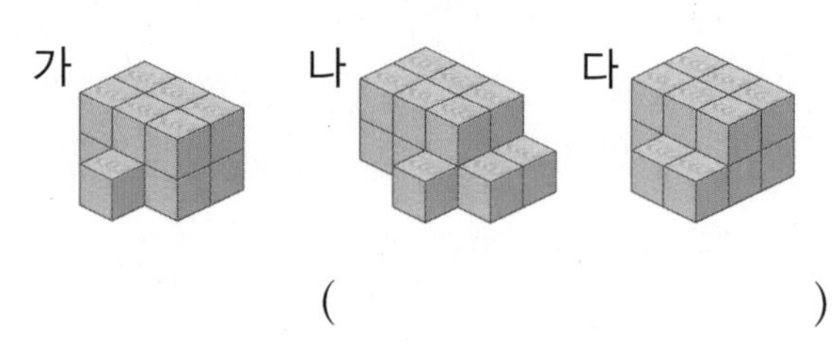

( )

4 다음 중 쌓기나무의 개수를 정확히 알 수 있는 것을 찾아 기호를 써 보세요.

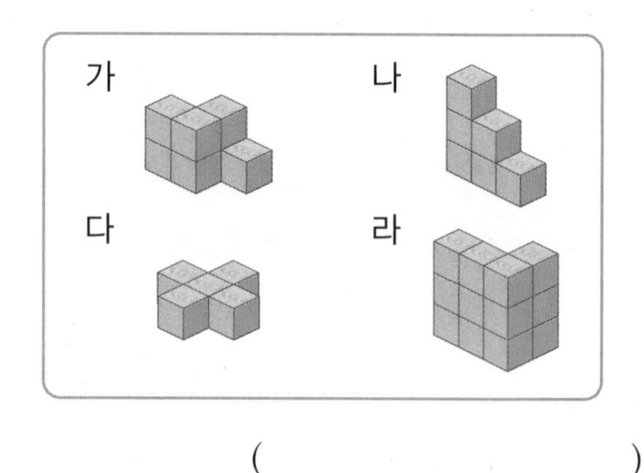

( )

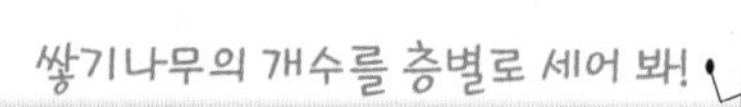

준비 오른쪽 모양과 똑같이 쌓는 데 필요한 쌓기나무의 개수를 구해 보세요.

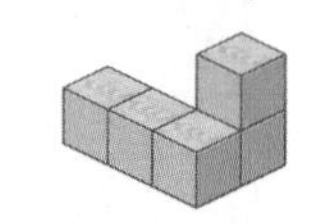

( )

5 주어진 모양과 똑같이 쌓는 데 필요한 쌓기나무의 개수를 구해 보세요.

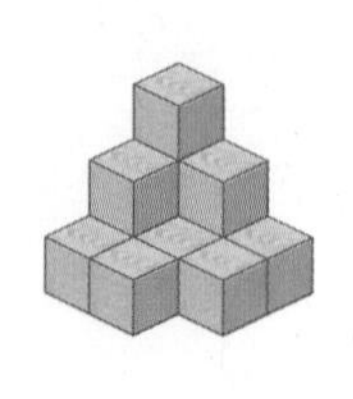

( )

내가 만드는 문제

6 쌓기나무로 쌓은 모양을 보고 위에서 본 모양을 자유롭게 그리고, 쌓기나무의 개수를 구해 보세요.

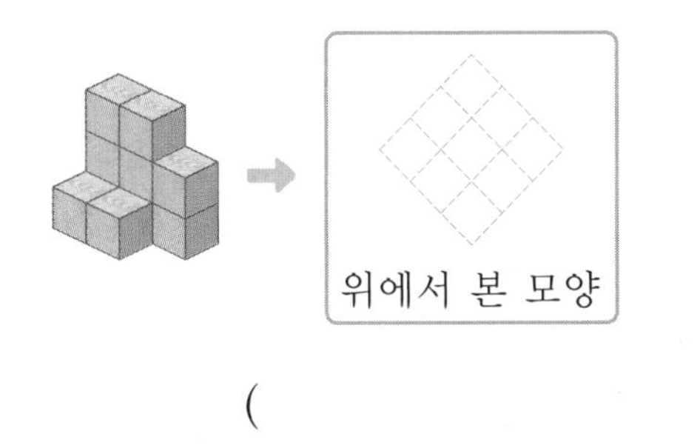

(　　　　　　　　　　)

서술형

7 각설탕 1개의 칼로리는 10 킬로칼로리입니다. 각설탕을 다음과 같이 쌓았을 때 쌓은 각설탕의 칼로리는 모두 몇 킬로칼로리인지 풀이 과정을 쓰고 답을 구해 보세요.

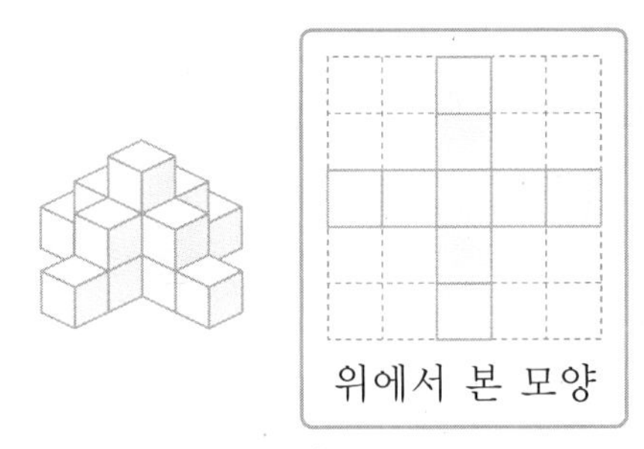

풀이

답

3 쌓은 모양과 쌓기나무의 개수 알아보기(2)

8 오른쪽과 같이 쌓기나무로 쌓은 모양과 위에서 본 모양을 보고 앞과 옆에서 본 모양을 각각 그려 보세요.

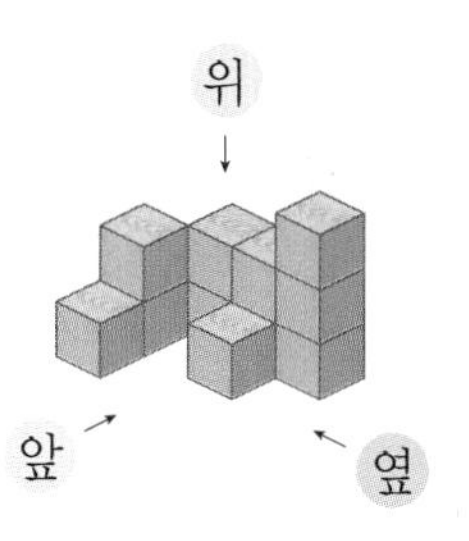

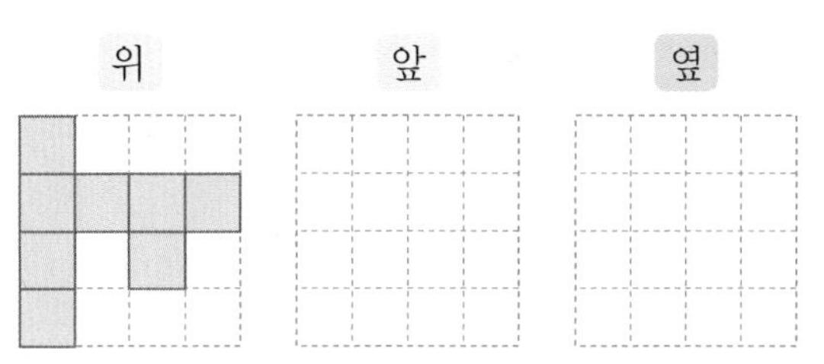

9 쌓기나무로 쌓은 모양을 위, 앞, 옆에서 본 모양입니다. 똑같은 모양으로 쌓는 데 필요한 쌓기나무의 개수를 구해 보세요.

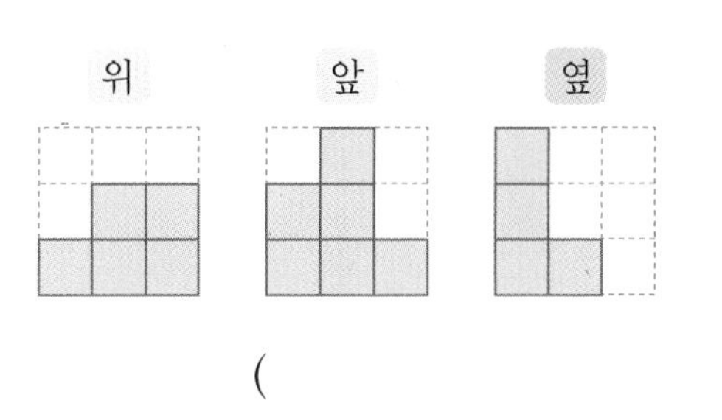

(　　　　　　　　　　)

10 쌓기나무 9개로 쌓은 모양을 위와 앞에서 본 모양입니다. 옆에서 본 모양을 그려 보세요.

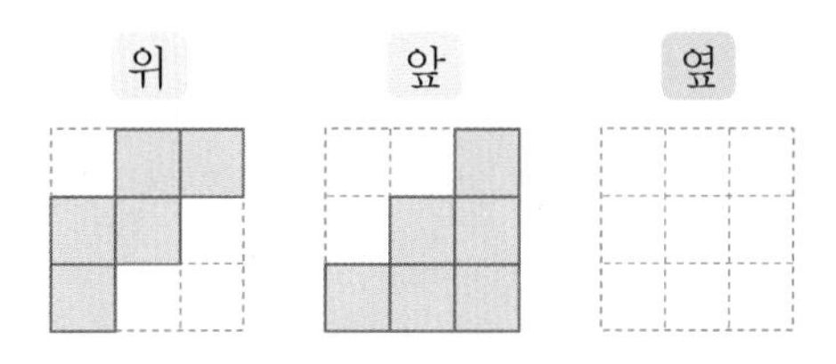

11 쌓기나무 11개로 쌓은 모양을 위, 앞, 옆에서 본 모양입니다. 가능한 모양을 모두 찾아 기호를 써 보세요.

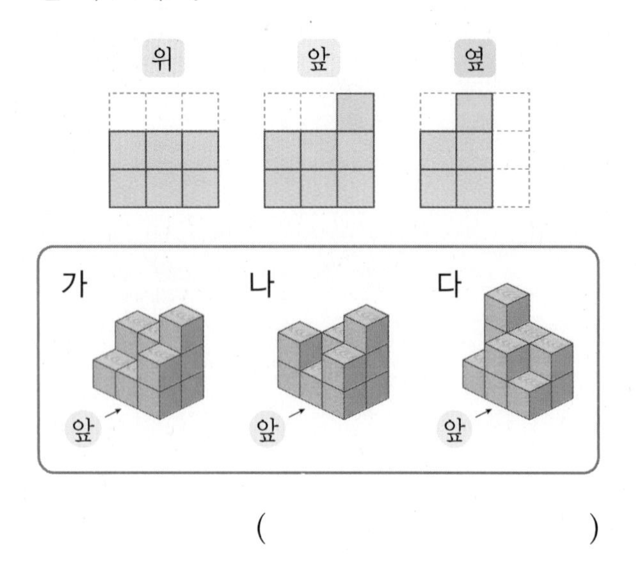

(　　　　　　　　　　)

뒤집거나 돌리면 모양은 변하지 않고 방향만 바뀌어!

준비 도형을 오른쪽으로 뒤집었을 때의 도형을 그려 보세요.

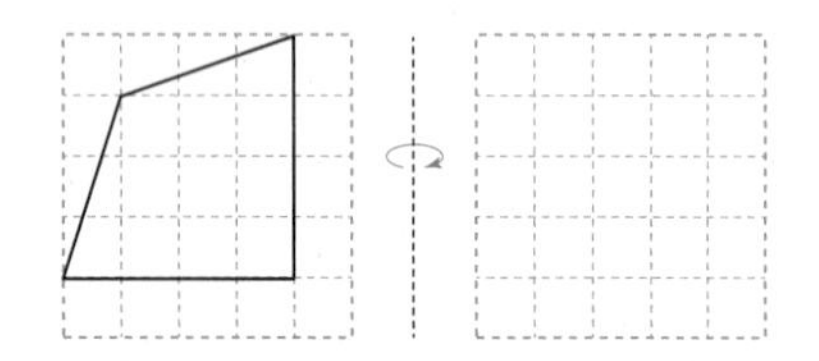

12 쌓기나무 7개를 붙여서 만든 모양을 구멍이 있는 오른쪽 상자에 넣으려고 합니다. 상자 안에 넣을 수 있는 모양을 모두 찾아 기호를 써 보세요.

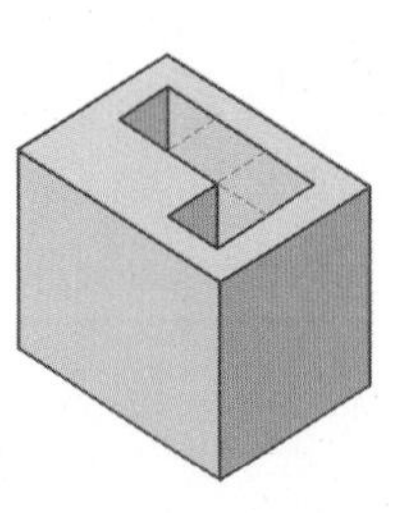

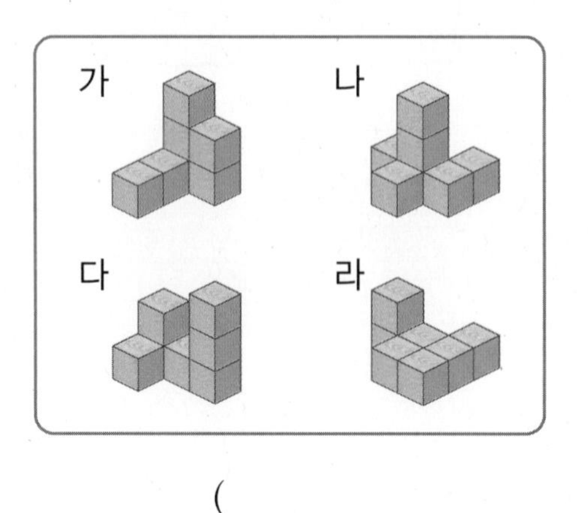

(　　　　　　　　　　)

4 쌓은 모양과 쌓기나무의 개수 알아보기(3)

13 쌓기나무로 쌓은 모양을 보고 위에서 본 모양에 수를 써 보세요.

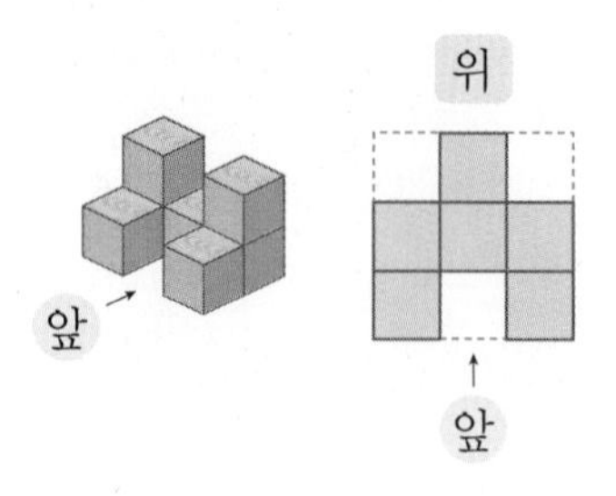

내가 만드는 문제

14 쌓기나무로 쌓은 모양을 위에서 본 모양에 1부터 3까지의 수를 자유롭게 써넣고 앞에서 본 모양을 그려 보세요.

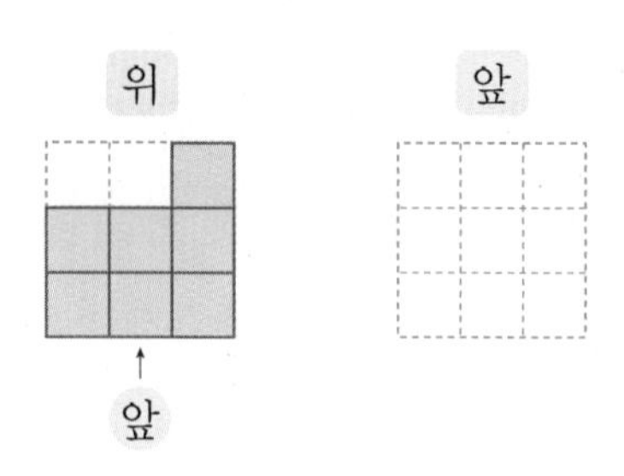

15 쌓기나무로 쌓은 모양을 보고 위에서 본 모양에 수를 썼습니다. 관계있는 것끼리 이어 보세요.

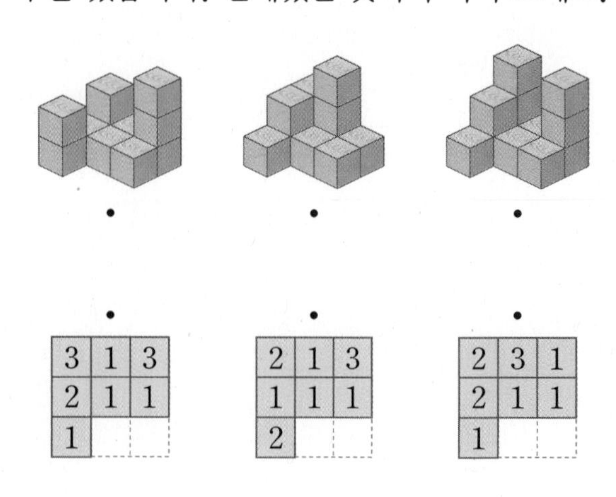

3	1	3
2	1	1
1		

2	1	3
1	1	1
2		

2	3	1
2	1	1
1		

16 쌓기나무로 쌓은 모양을 위, 앞, 옆에서 본 모양입니다. 물음에 답하세요.

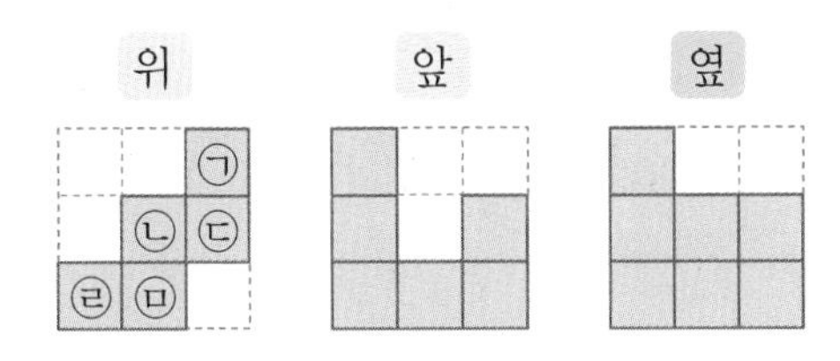

(1) ㉣에 쌓인 쌓기나무는 몇 개일까요?

( )

(2) ㉡과 ㉤에 쌓인 쌓기나무는 각각 몇 개일까요?

㉡ ( ), ㉤ ( )

(3) ㉠과 ㉢에 쌓인 쌓기나무는 각각 몇 개일까요?

㉠ ( ), ㉢ ( )

(4) 똑같은 모양으로 쌓는 데 필요한 쌓기나무는 몇 개일까요?

( )

17 쌓기나무를 11개씩 사용하여 조건 을 만족하도록 쌓았습니다. 쌓은 모양을 보고 위에서 본 모양에 수를 쓰는 방법으로 나타내어 보세요.

조건
- 가와 나의 쌓은 모양은 서로 다릅니다.
- 위에서 본 모양이 서로 같습니다.
- 앞에서 본 모양이 서로 같습니다.
- 옆에서 본 모양이 서로 같습니다.

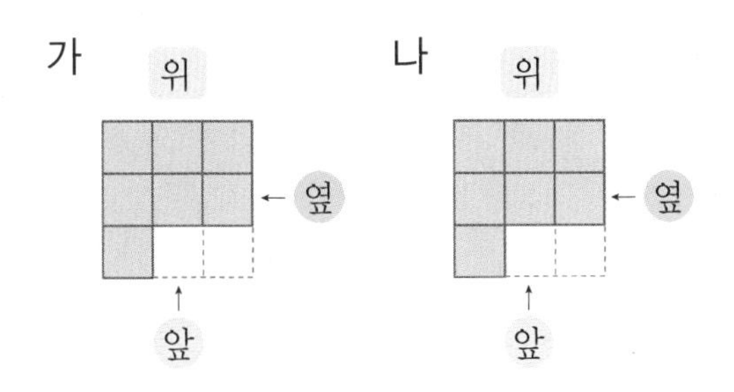

5 쌓은 모양과 쌓기나무의 개수 알아보기(4)

18 쌓기나무 7개로 쌓은 모양을 보고 1층과 2층 모양을 각각 그려 보세요.

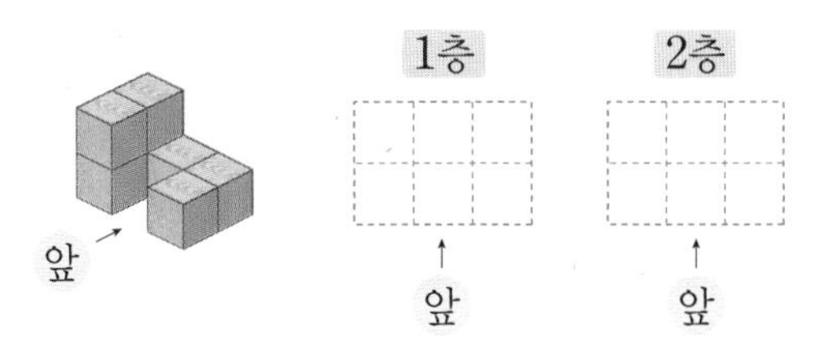

19 쌓기나무로 쌓은 모양과 1층 모양을 보고 2층과 3층 모양을 각각 그려 보세요.

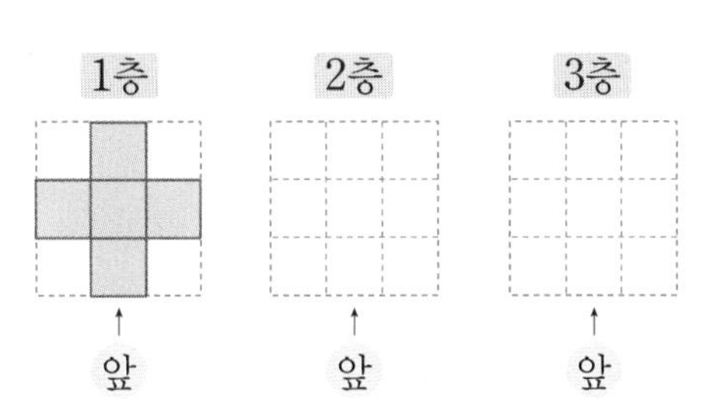

20 쌓기나무로 쌓은 모양을 층별로 나타낸 모양을 보고 쌓은 모양을 찾아 기호를 써 보세요.

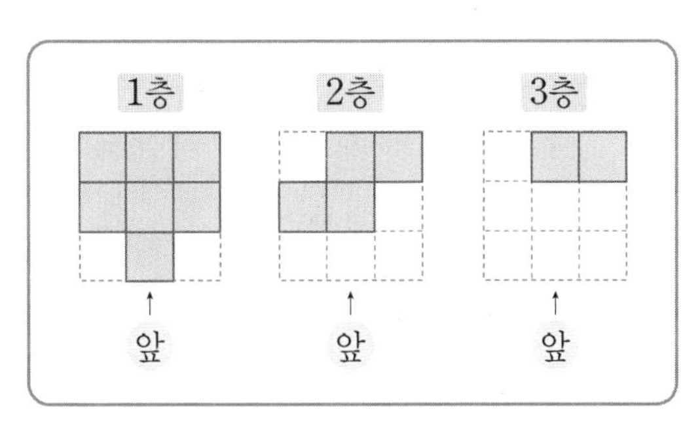

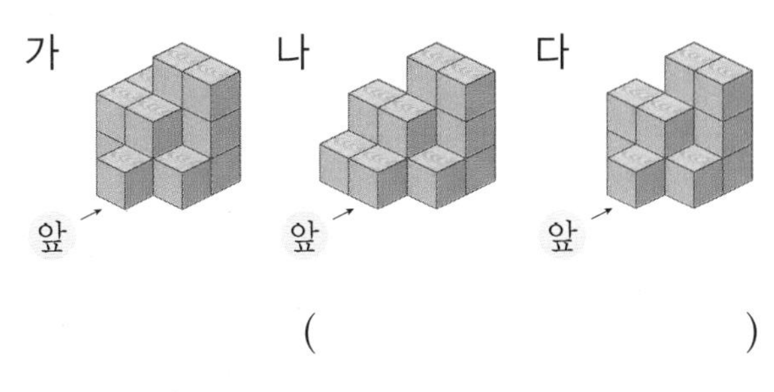

( )

21 쌓기나무로 쌓은 모양을 층별로 나타낸 모양입니다. 위에서 본 모양에 수를 쓰는 방법으로 나타내고, 똑같은 모양으로 쌓는 데 필요한 쌓기나무의 개수를 구해 보세요.

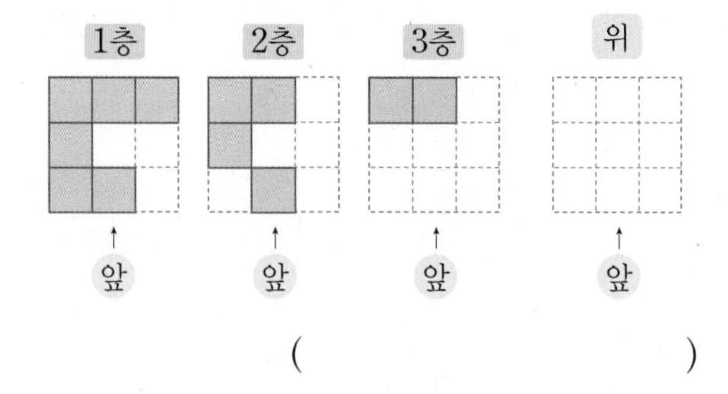

( )

22 쌓기나무로 쌓은 모양을 층별로 나타낸 모양입니다. 앞에서 본 모양을 그리고, 똑같은 모양으로 쌓는 데 필요한 쌓기나무의 개수를 구해 보세요.

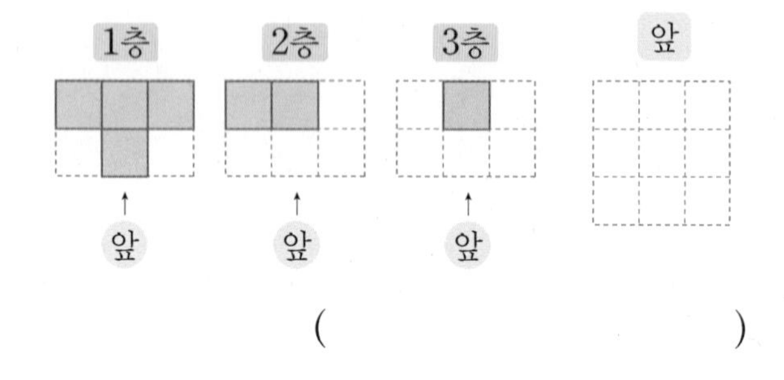

( )

23 쌓기나무로 1층 위에 2층과 3층을 쌓으려고 합니다. 1층 모양을 보고 쌓을 수 있는 2층과 3층으로 알맞은 모양을 각각 찾아 기호를 써 보세요.

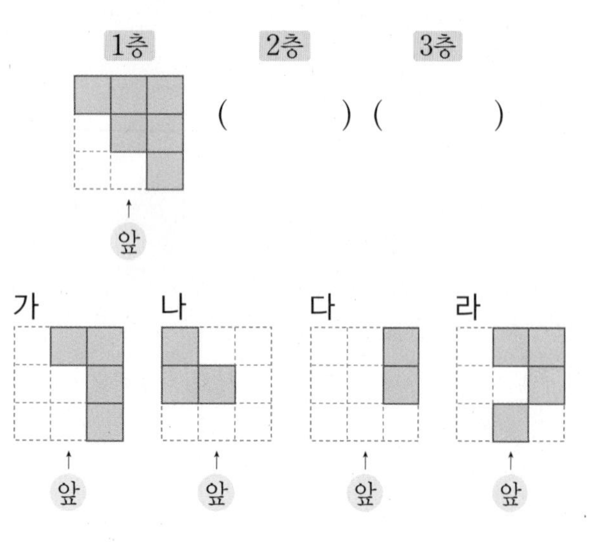

6 여러 가지 모양 만들기

24 모양에 쌓기나무 1개를 더 붙여서 만들 수 있는 모양이 아닌 것을 찾아 기호를 써 보세요.

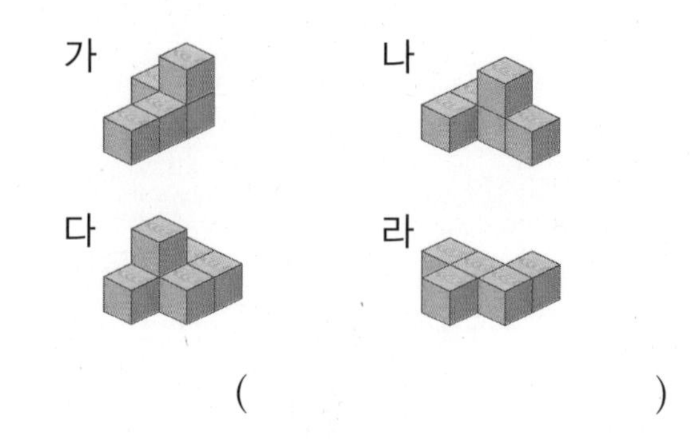

( )

25 쌓기나무 4개로 만든 모양입니다. 서로 같은 모양을 찾아 기호를 써 보세요.

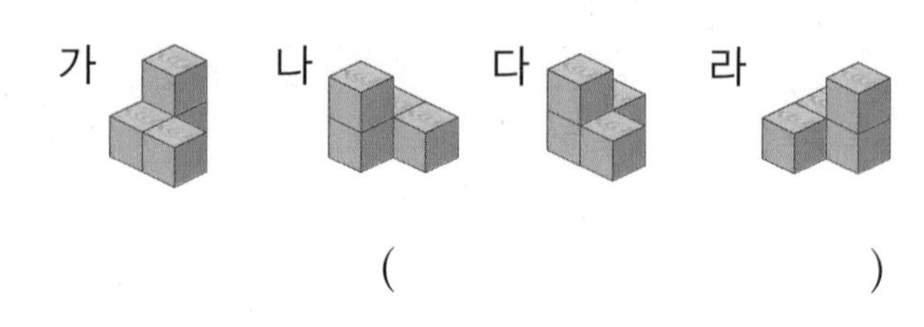

( )

26 가, 나, 다 모양 중에서 두 가지 모양을 사용하여 새로운 모양 2개를 만들었습니다. 사용한 두 가지 모양을 찾아 기호를 써 보세요.

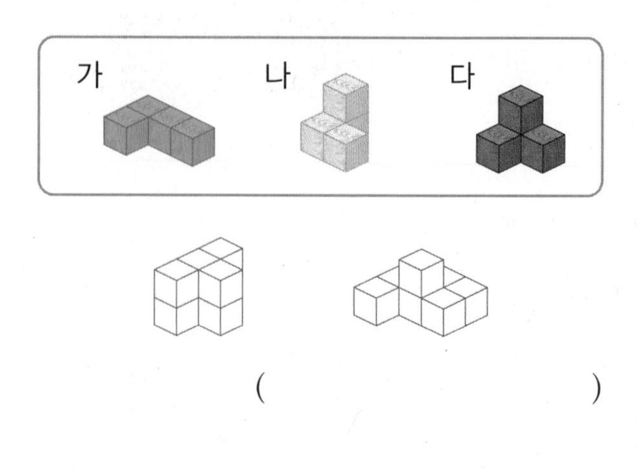

( )

응용 유형 중 자주 틀리는 유형을 집중학습함으로써 실력을 한 단계 높여 보세요.

위, 앞, 옆에서 본 모양

1 쌓기나무 9개로 쌓은 모양입니다. 앞과 옆에서 본 모양을 각각 그려 보세요.

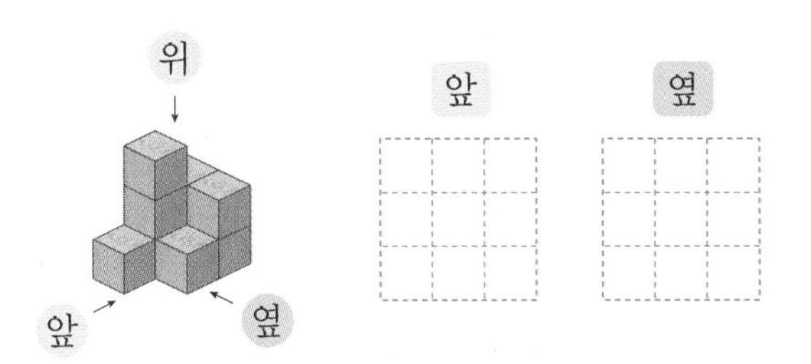

2 오른쪽은 쌓기나무 10개로 쌓은 모양입니다. 위, 앞, 옆에서 본 모양을 각각 그려 보세요.

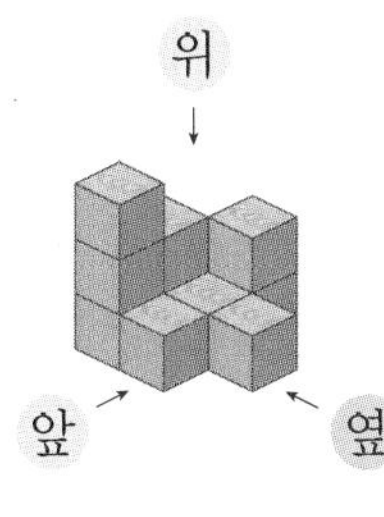

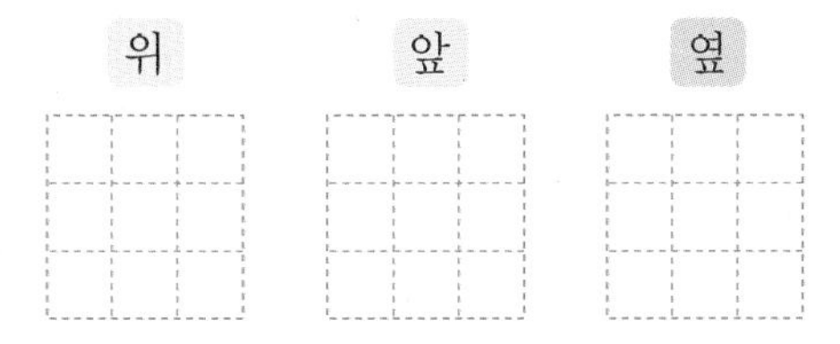

3 쌓기나무 8개로 쌓은 모양입니다. 옆에서 본 모양이 다른 하나를 찾아 기호를 써 보세요.

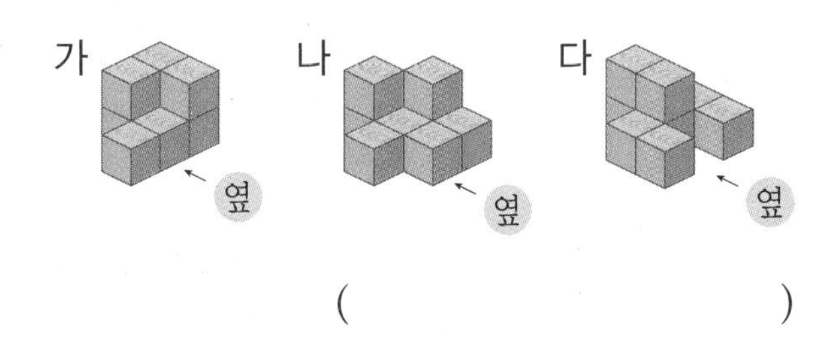

(　　　　　　　　)

위에서 본 모양에 수를 쓴 것을 보고 쌓은 모양 알아보기

4 쌓기나무로 쌓은 모양을 보고 위에서 본 모양에 수를 썼습니다. 앞에서 본 모양을 그려 보세요.

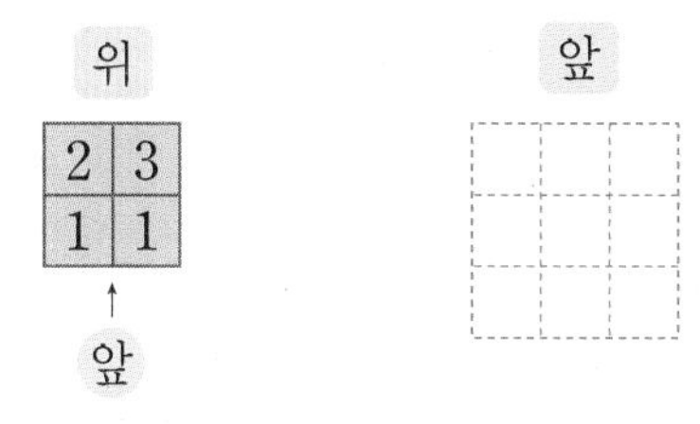

5 쌓기나무로 쌓은 모양을 보고 위에서 본 모양에 수를 썼습니다. 앞과 옆에서 본 모양을 각각 그려 보세요.

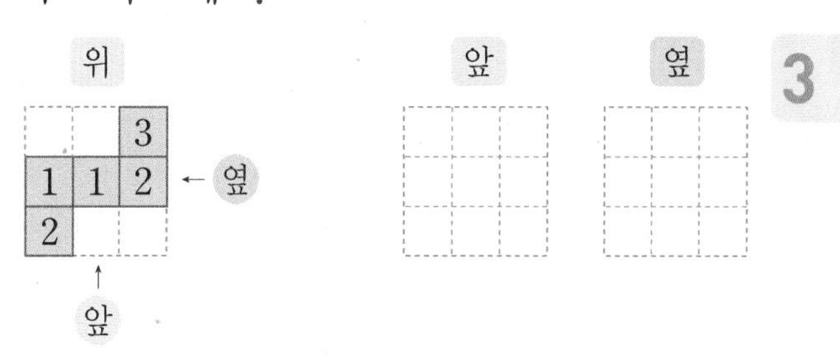

6 쌓기나무로 쌓은 세 모양을 보고 위에서 본 모양에 각각 수를 썼습니다. 쌓기나무로 쌓은 모양을 각각 옆에서 본 모양이 다른 하나를 찾아 기호를 써 보세요.

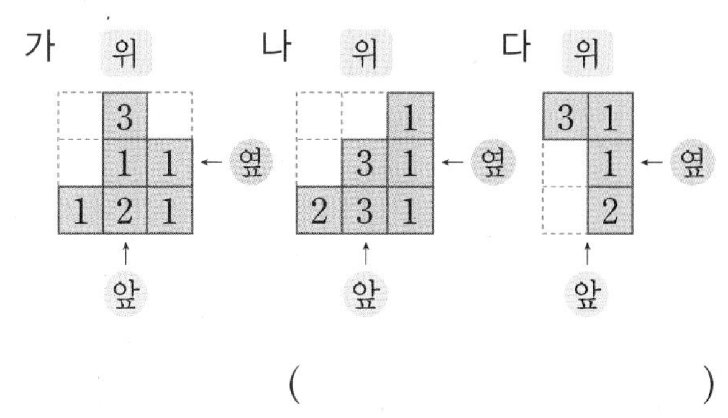

(　　　　　　　　)

층별로 나타낸 모양을 보고 쌓기나무의 개수 구하기

7 쌓기나무로 쌓은 모양을 층별로 나타낸 모양입니다. 위에서 본 모양에 수를 쓰는 방법으로 나타내어 보세요.

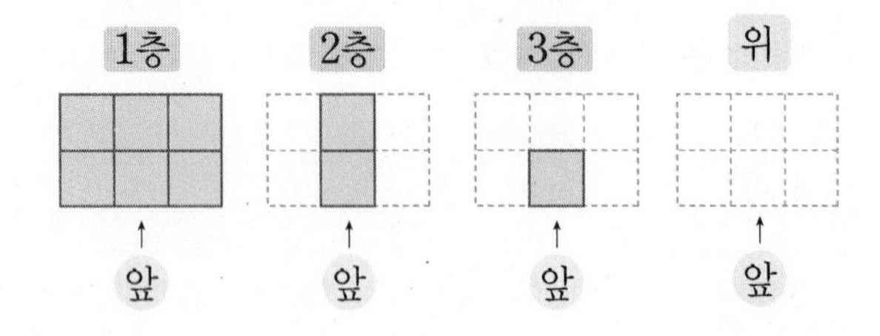

8 쌓기나무로 쌓은 모양을 층별로 나타낸 모양입니다. 위에서 본 모양에 수를 쓰는 방법으로 나타내어 보세요.

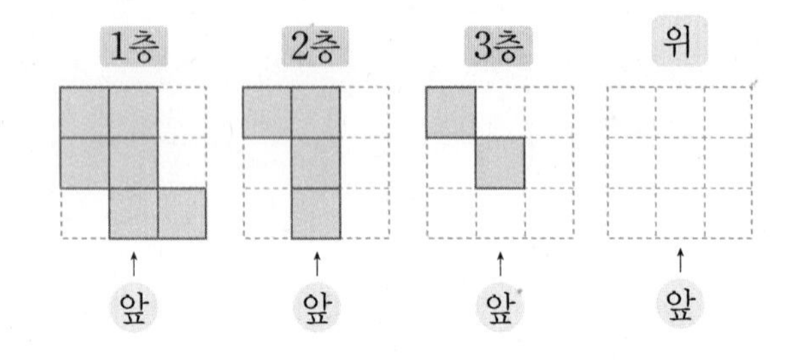

9 쌓기나무로 쌓은 모양을 층별로 나타낸 모양입니다. 위에서 본 모양에 수를 쓰는 방법으로 나타내고, 똑같은 모양으로 쌓는 데 필요한 쌓기나무의 개수를 구해 보세요.

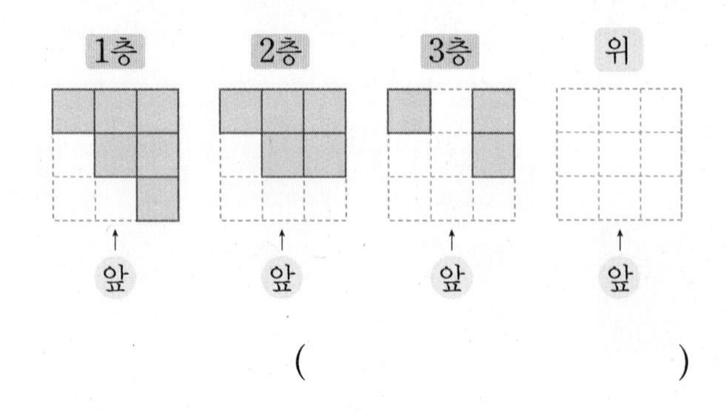

( )

조건에 맞는 모양 만들기

10 모양에 쌓기나무 1개를 더 붙여서 만들 수 있는 모양을 모두 찾아 기호를 써 보세요.

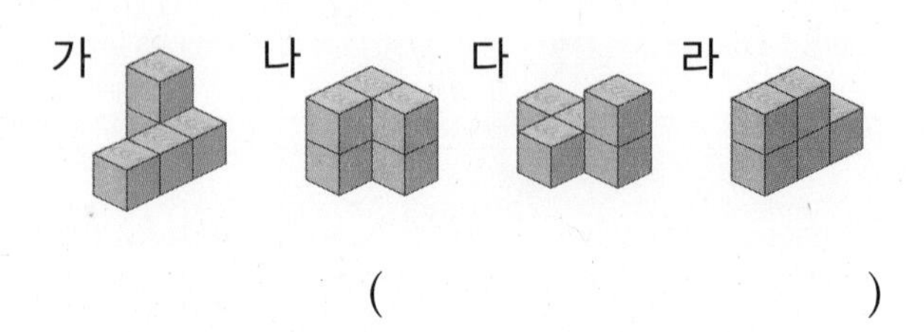

( )

11 모양에 쌓기나무 1개를 더 붙여서 만들 수 있는 모양이 아닌 것에 ×표 하세요.

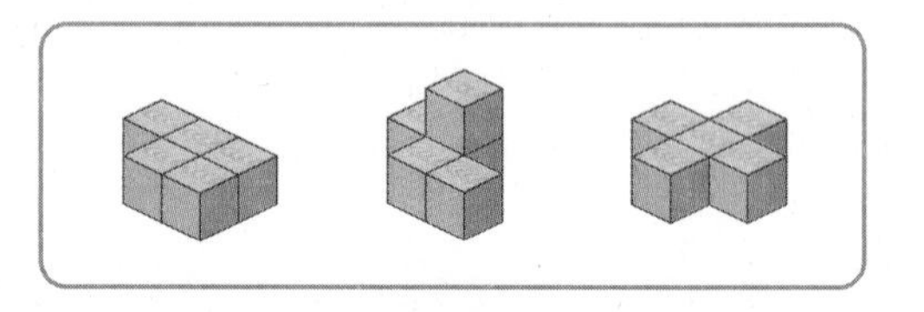

12 모양에 쌓기나무 1개를 더 붙여서 만들 수 있는 모양은 모두 몇 가지인지 구해 보세요.

( )

최상위 도전 유형

최상위 유형에 자주 나오는 문제로 학습함으로써 수학의 실력을 완성해 보세요.

도전1 쌓기나무의 개수 비교하기

1 세아와 지유가 쌓기나무로 쌓은 모양과 위에서 본 모양입니다. 쌓기나무를 더 많이 사용한 사람은 누구일까요?

[세아]

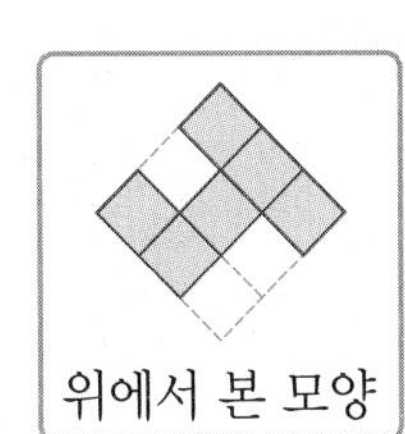

[지유]

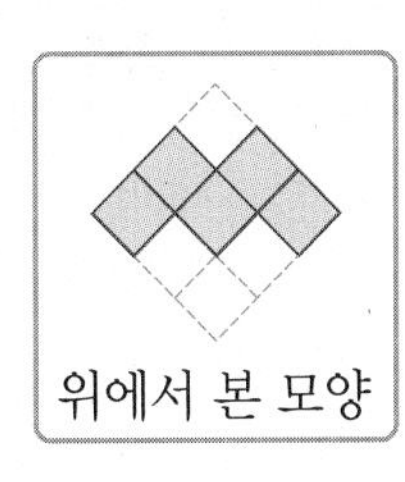

(　　　　　　　　)

핵심 NOTE

쌓기나무의 개수는 위에서 본 모양에 쌓기나무의 개수를 써서 구할 수도 있고, 층별로 쌓기나무의 개수를 세어 구할 수도 있습니다.

2 쌓기나무로 쌓은 모양과 위에서 본 모양입니다. 진아는 쌓기나무를 5개 가지고 있습니다. 진아가 똑같은 모양으로 쌓는 데 더 필요한 쌓기나무는 몇 개일까요?

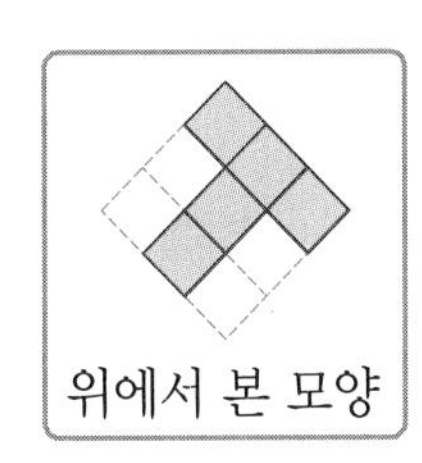

(　　　　　　　　)

3 쌓기나무로 쌓은 모양과 위에서 본 모양입니다. 쌓기나무 14개를 사용하여 똑같은 모양으로 쌓으면 남는 쌓기나무는 몇 개일까요?

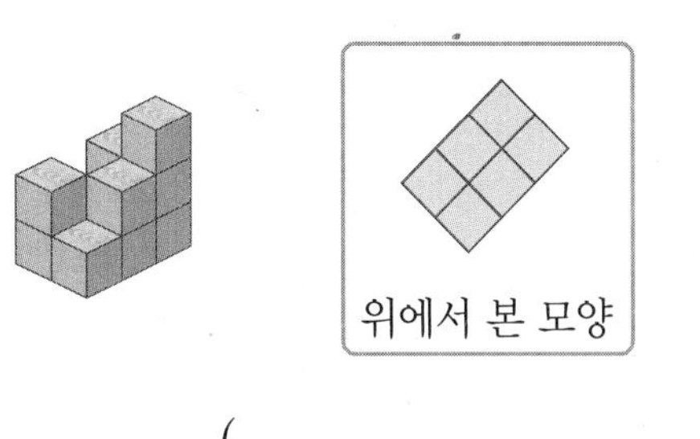

(　　　　　　　　)

4 쌓기나무로 쌓은 모양과 위에서 본 모양입니다. 똑같은 모양으로 쌓는 데 필요한 쌓기나무의 개수가 많은 것부터 차례로 기호를 써 보세요.

가

위에서 본 모양

나

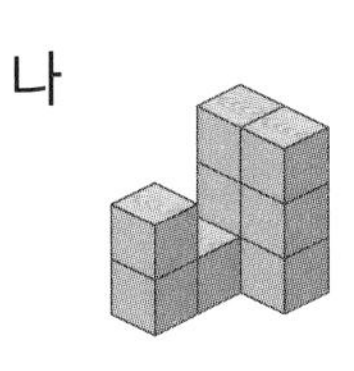

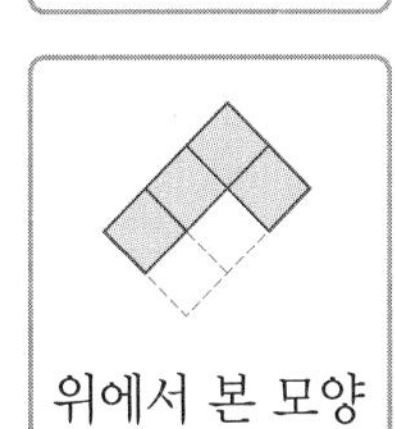

다

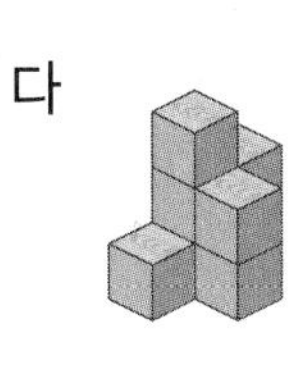

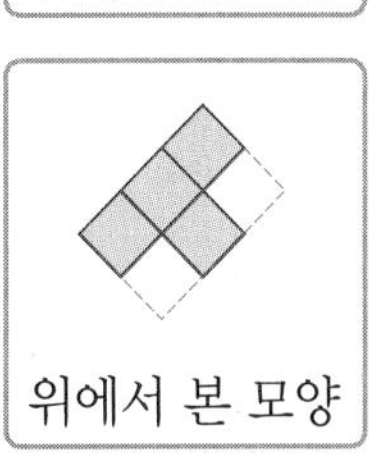

(　　　　　　　　)

도전2 보이지 않는 곳의 쌓기나무의 개수 구하기

5 쌓기나무 16개로 쌓은 모양과 위에서 본 모양입니다. ㉠에 쌓은 쌓기나무는 몇 개일까요?

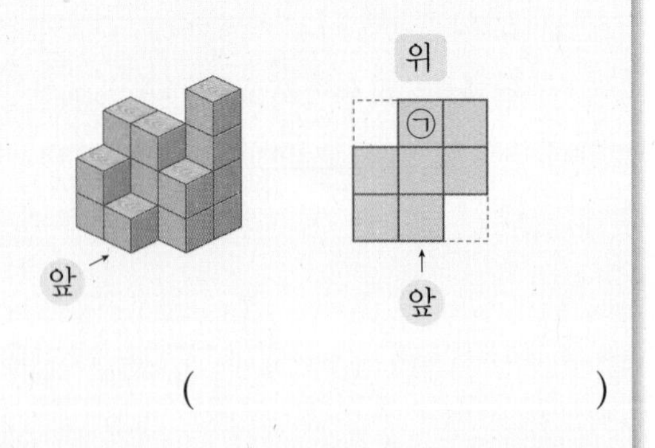

( )

핵심 NOTE

보이지 않는 부분을 제외한 나머지 부분에 쌓은 쌓기나무의 개수를 먼저 구합니다.

6 쌓기나무 16개로 쌓은 모양과 위에서 본 모양입니다. ㉠에 쌓은 쌓기나무는 몇 개일까요?

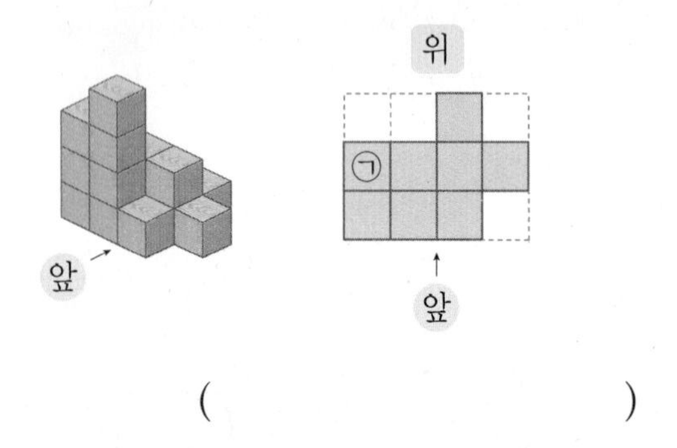

( )

7 쌓기나무 13개로 쌓은 모양과 위에서 본 모양입니다. ㉠에 쌓은 쌓기나무는 몇 개일까요?

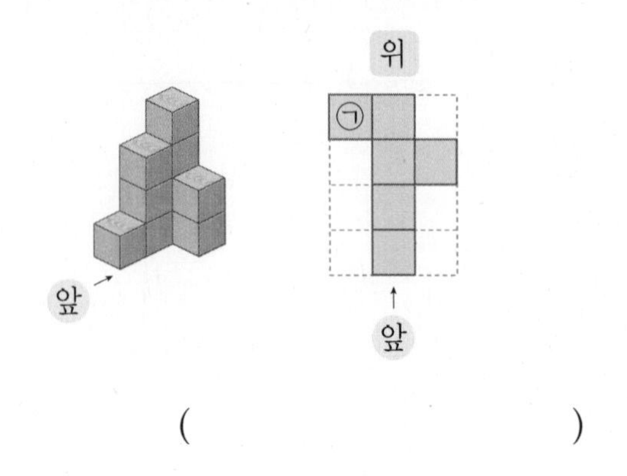

( )

도전3 위, 앞, 옆에서 본 모양을 보고 쌓기나무의 개수 구하기

8 쌓기나무로 쌓은 모양을 위, 앞, 옆에서 본 모양입니다. 똑같은 모양으로 쌓는 데 필요한 쌓기나무는 몇 개일까요?

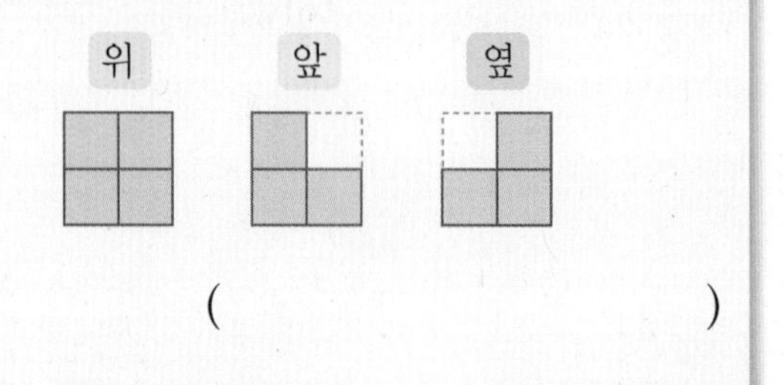

( )

핵심 NOTE

앞과 옆에서 본 모양을 이용하여 위에서 본 모양의 각 자리에 쌓은 쌓기나무의 개수를 구합니다.

9 쌓기나무로 쌓은 모양을 위, 앞, 옆에서 본 모양입니다. 똑같은 모양으로 쌓는 데 필요한 쌓기나무는 몇 개일까요?

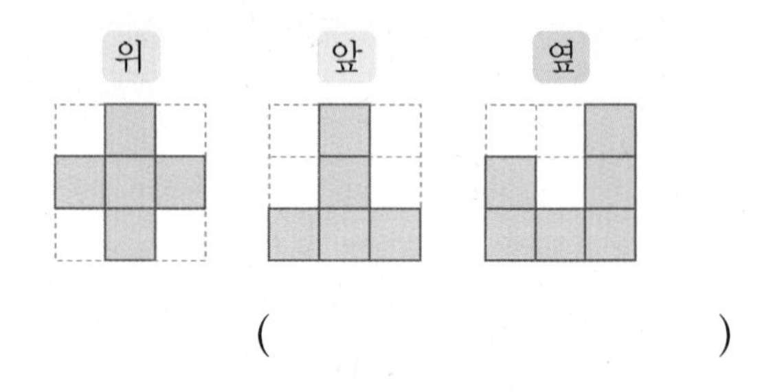

( )

10 쌓기나무로 쌓은 모양을 위, 앞, 옆에서 본 모양입니다. 2층에 쌓은 쌓기나무는 몇 개일까요?

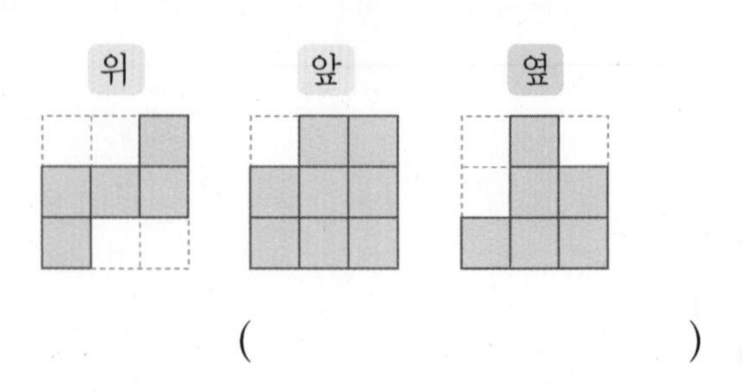

( )

도전4 빼낸 쌓기나무의 개수 구하기

11 오른쪽 정육면체 모양에서 쌓기나무 몇 개를 빼내고 남은 모양과 위에서 본 모양입니다. 빼낸 쌓기나무는 몇 개일까요?

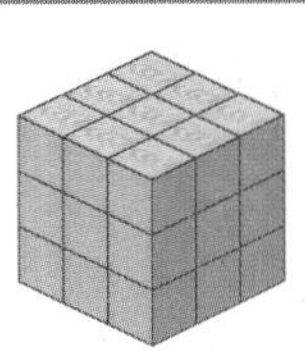

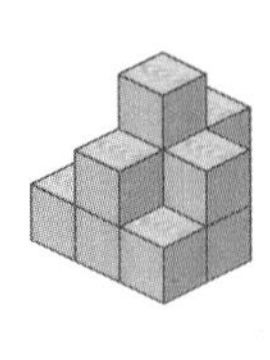

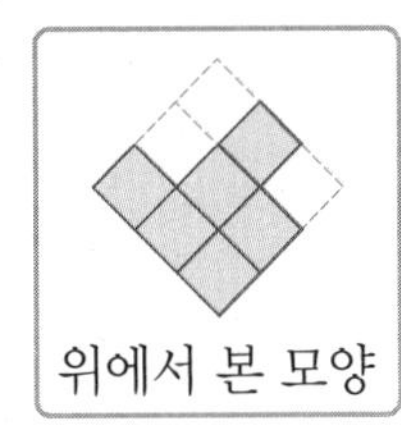
위에서 본 모양

( )

핵심 NOTE
빼낸 쌓기나무의 개수는 처음 쌓기나무의 개수에서 남은 쌓기나무의 개수를 빼면 알 수 있습니다.

12 오른쪽 정육면체 모양에서 쌓기나무 몇 개를 빼내고 남은 모양과 위에서 본 모양입니다. 빼낸 쌓기나무는 몇 개일까요?

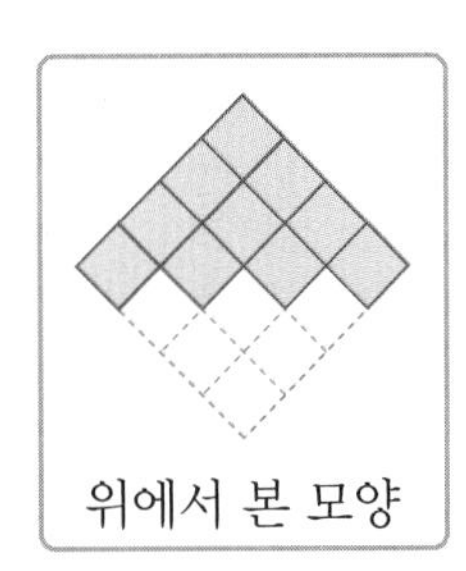
위에서 본 모양

( )

도전5 가장 작은 정육면체 만들기

13 쌓기나무로 쌓은 모양과 위에서 본 모양입니다. 이 모양에 쌓기나무를 더 쌓아 정육면체 모양을 만들려고 합니다. 쌓기나무는 적어도 몇 개 더 필요할까요?

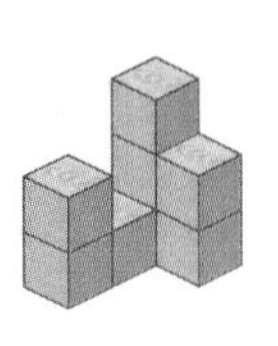

위에서 본 모양

( )

핵심 NOTE
정육면체는 가로, 세로, 높이가 같으므로 가장 긴 모서리에 쌓인 쌓기나무의 개수를 알면 정육면체를 만드는 데 필요한 쌓기나무의 개수를 알 수 있습니다.

14 쌓기나무로 쌓은 모양과 위에서 본 모양입니다. 이 모양에 쌓기나무를 더 쌓아 정육면체 모양을 만들려고 합니다. 쌓기나무는 적어도 몇 개 더 필요할까요?

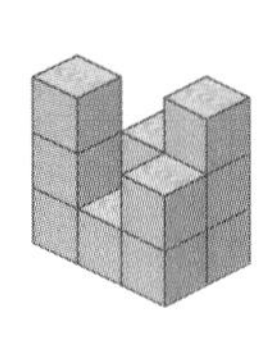

위에서 본 모양

( )

15 쌓기나무로 쌓은 모양과 위에서 본 모양입니다. 이 모양에 쌓기나무를 더 쌓아 정육면체 모양을 만들려고 합니다. 쌓기나무는 적어도 몇 개 더 필요할까요?

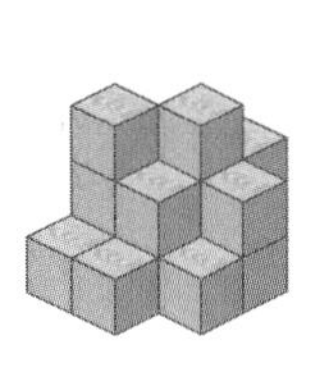

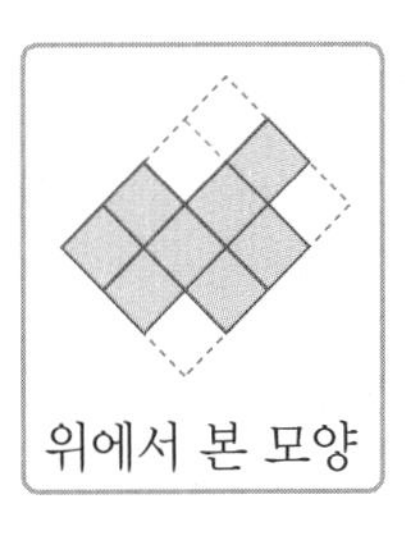
위에서 본 모양

( )

도전6 쌓기나무로 만든 두 가지 모양을 사용하여 새로운 모양 만들기

16 쌓기나무를 4개씩 붙여서 만든 두 가지 모양을 사용하여 아래의 모양 2개를 만들었습니다. 어떻게 만들었는지 구분하여 색칠해 보세요.

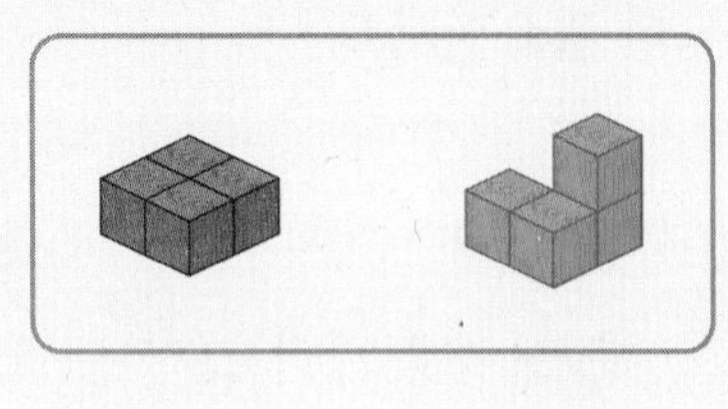

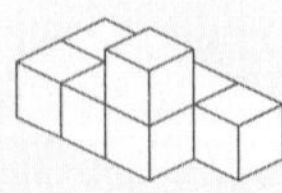 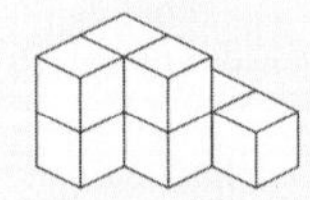

핵심 NOTE

두 가지 모양 중 하나를 기준으로 하여 그 모양이 들어갈 수 있는 곳에 놓고 나머지 하나가 들어갈 수 있는 위치를 찾아봅니다.

17 쌓기나무를 4개씩 붙여서 만든 두 가지 모양을 사용하여 아래의 모양 2개를 만들었습니다. 어떻게 만들었는지 구분하여 색칠해 보세요.

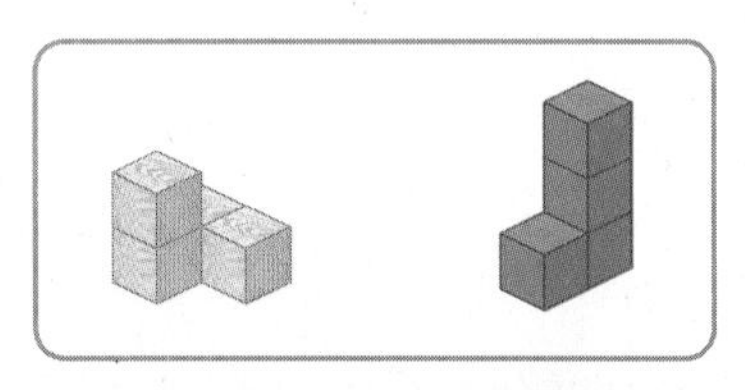

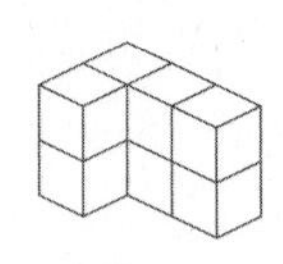 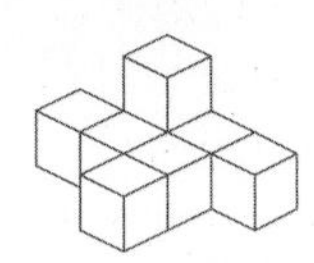

18 쌓기나무를 4개씩 붙여서 만든 두 가지 모양을 사용하여 아래의 모양 2개를 만들었습니다. 어떻게 만들었는지 구분하여 색칠해 보세요.

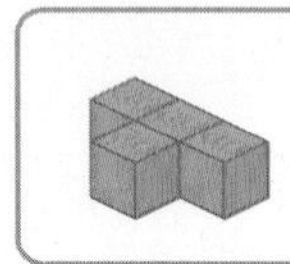 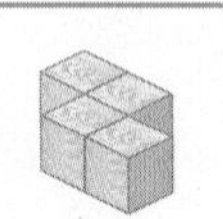

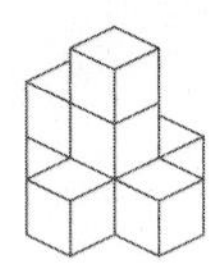 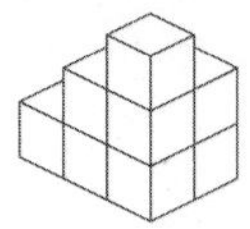

도전7 쌓기나무의 최소 · 최대 개수 구하기

19 오른쪽 그림과 같이 쌓았더니 앞쪽의 쌓기나무에 가려 뒤쪽의 쌓기나무가 보이지 않습니다. 가장 적게 사용한 경우와 가장 많이 사용한 경우의 쌓기나무는 각각 몇 개씩인지 구해 보세요.

가장 적게 사용한 경우 (　　　　　　)
가장 많이 사용한 경우 (　　　　　　)

핵심 NOTE

쌓기나무가 가장 적게 사용한 경우는 보이는 부분에만 쌓기나무가 있는 것으로 생각하는 경우이고, 쌓기나무를 가장 많이 사용한 경우는 보이지 않는 쪽에 쌓기나무가 1개씩 적은 경우입니다.

20 오른쪽 그림과 같이 쌓았더니 앞쪽의 쌓기나무에 가려 뒤쪽의 쌓기나무가 보이지 않습니다. 가장 적게 사용한 경우와 가장 많이 사용한 경우의 쌓기나무는 각각 몇 개씩인지 구해 보세요.

가장 적게 사용한 경우 (　　　　　　)
가장 많이 사용한 경우 (　　　　　　)

21 오른쪽 그림과 같이 쌓았더니 앞쪽의 쌓기나무에 가려 뒤쪽의 쌓기나무가 보이지 않습니다. 쌓기나무가 가장 많이 사용된 경우는 몇 개일까요?

(　　　　　　)

수시 평가 대비 Level 1

점수

확인

[1~2] 보기 의 집을 여러 방향에서 사진을 찍었습니다. 물음에 답하세요.

㉠
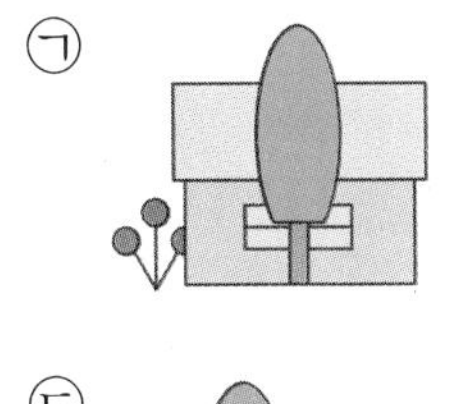

㉡
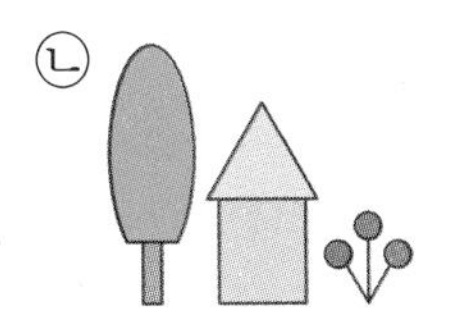

㉢
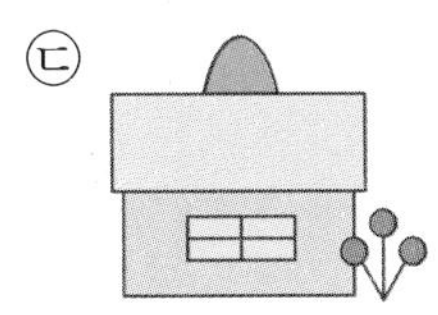

㉣

1 ㉮ 방향에서 찍은 사진을 찾아 기호를 써 보세요.

( )

2 ㉱ 방향에서 찍은 사진을 찾아 기호를 써 보세요.

( )

3 쌓기나무로 쌓은 모양을 보고 위에서 본 모양에 수를 썼습니다. 똑같은 모양으로 쌓는 데 필요한 쌓기나무는 몇 개일까요?

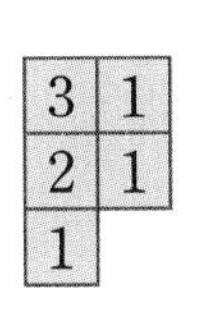

3	1
2	1
1	

( )

4 주어진 모양과 똑같이 쌓는 데 필요한 쌓기나무는 몇 개일까요?

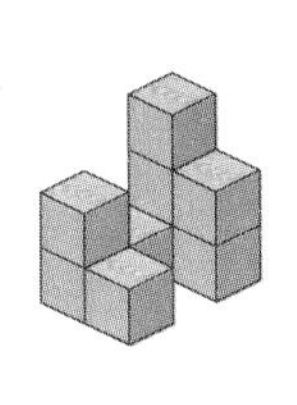

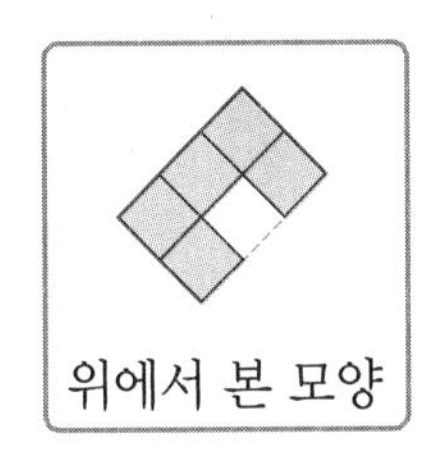

( )

[5~6] 쌓기나무로 쌓은 모양과 1층 모양을 보고 물음에 답하세요.

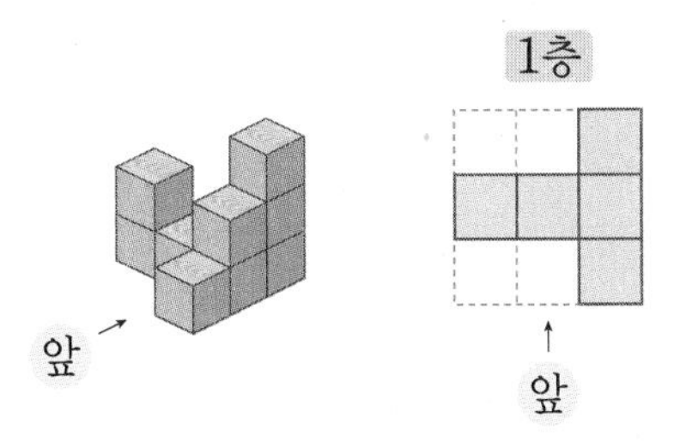

5 2층과 3층 모양을 각각 그려 보세요.

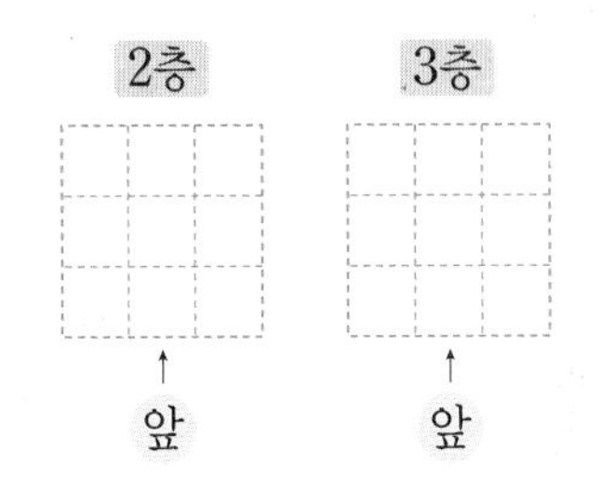

6 똑같은 모양으로 쌓는 데 필요한 쌓기나무는 몇 개일까요?

( )

7 쌓기나무 9개로 쌓은 모양입니다. 위, 앞, 옆 중 어느 방향에서 본 모양인지 써 보세요.

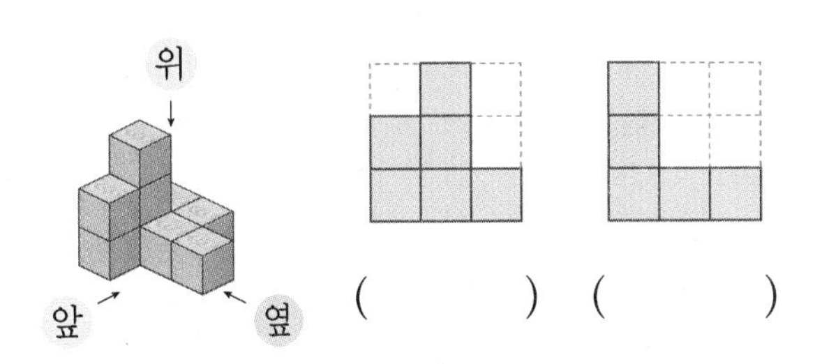

( ) ( )

8 모양에 쌓기나무 1개를 붙여서 만들 수 있는 모양은 모두 몇 가지일까요?

( )

9 쌓기나무로 쌓은 모양을 보고 위에서 본 모양에 수를 썼습니다. 앞과 옆에서 본 모양을 각각 그려 보세요.

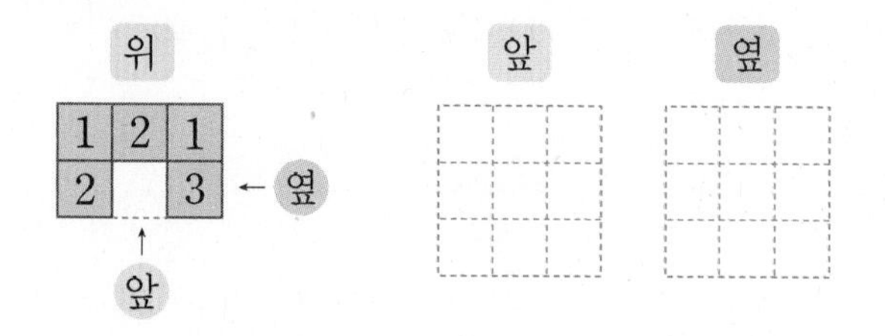

10 쌓기나무로 쌓은 모양을 보고 위에서 본 모양에 수를 썼습니다. 쌓은 모양의 3층에 쌓인 쌓기나무는 몇 개일까요?

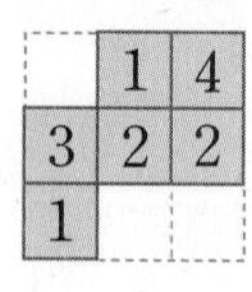

( )

11 쌓기나무 6개로 쌓은 모양입니다. 앞에서 본 모양이 다른 하나를 찾아 기호를 써 보세요.

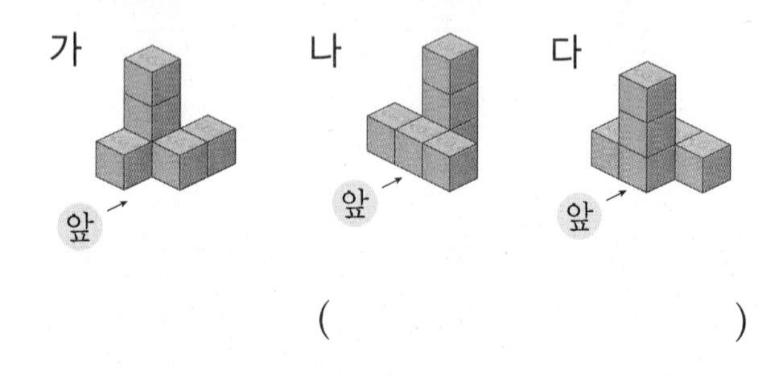

( )

12 쌓기나무 11개로 쌓은 모양을 보고 위, 앞, 옆에서 본 모양을 각각 그려 보세요.

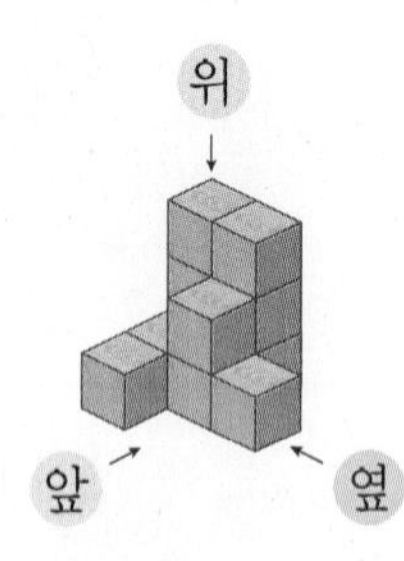

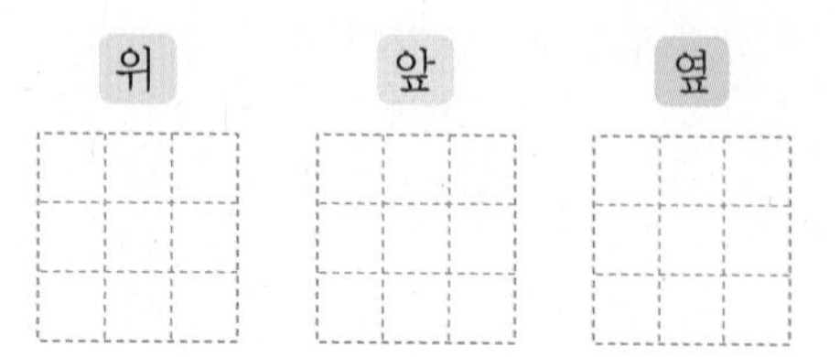

13 쌓기나무를 4개씩 붙여서 만든 두 가지 모양을 사용하여 만들 수 있는 모양을 모두 찾아 기호를 써 보세요.

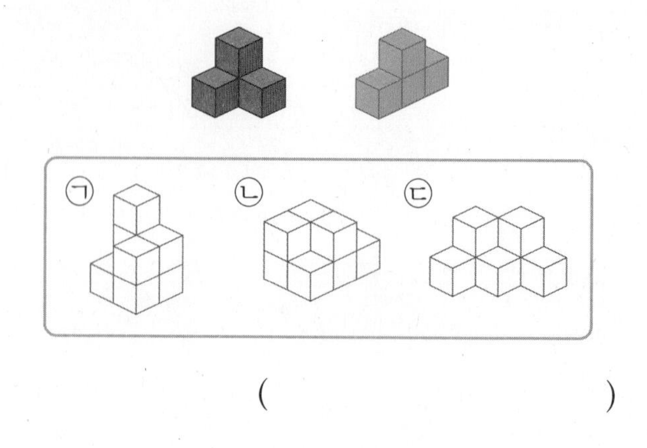

( )

14 쌓기나무로 쌓은 모양을 층별로 나타낸 모양입니다. 위에서 본 모양에 수를 쓰는 방법으로 나타내고, 똑같은 모양으로 쌓는 데 필요한 쌓기나무의 개수를 구해 보세요.

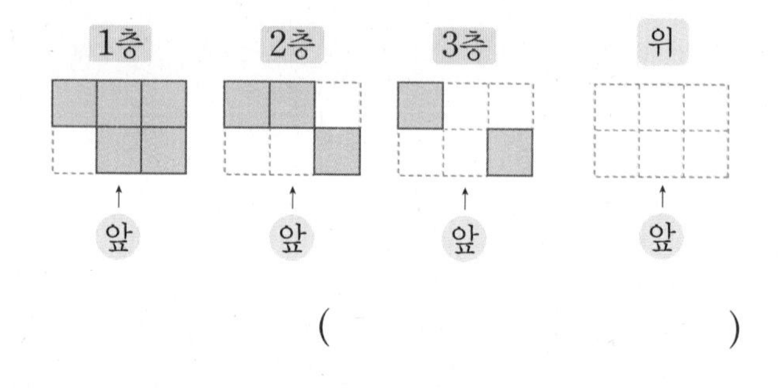

( )

15 쌓기나무 12개로 쌓은 모양입니다. 빨간색 쌓기나무 3개를 빼냈을 때 옆에서 보면 쌓기나무 몇 개가 보일까요?

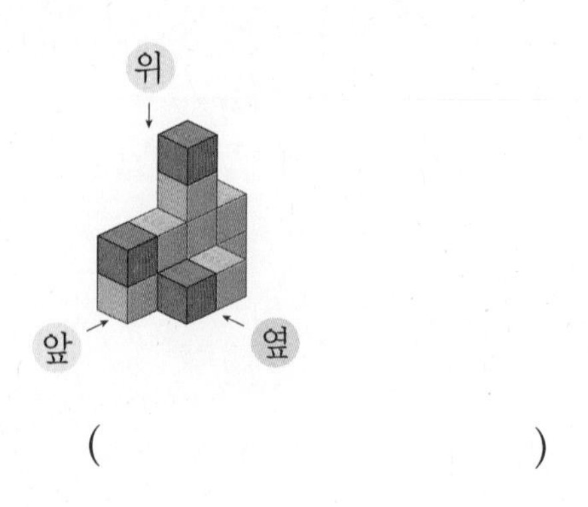

( )

정답과 풀이 27쪽

16 쌓기나무 14개로 쌓은 모양과 위에서 본 모양입니다. ㉠에 쌓인 쌓기나무는 몇 개일까요?

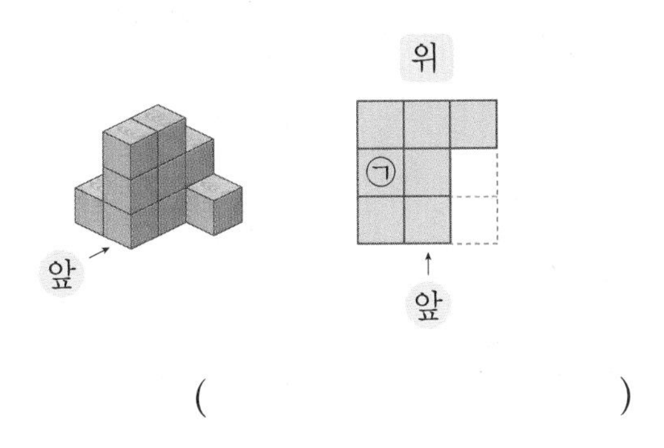

( )

17 쌓기나무로 쌓은 모양을 위, 앞, 옆에서 본 모양입니다. 2층에 쌓인 쌓기나무는 몇 개일까요?

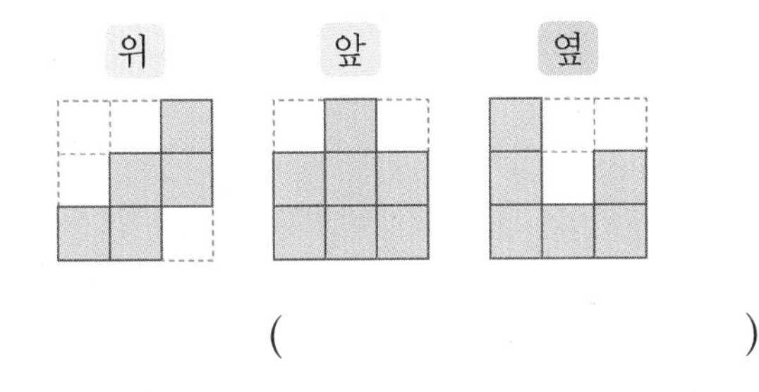

( )

18 쌓기나무로 쌓은 모양과 위에서 본 모양입니다. 쌓기나무로 쌓은 모양에 쌓기나무 몇 개를 더 쌓아서 정육면체 모양을 만들려면 필요한 쌓기나무는 적어도 몇 개일까요?

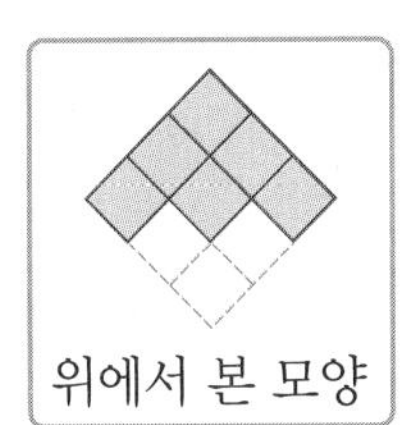

( )

서술형

19 쌓기나무로 쌓은 모양과 위에서 본 모양입니다. 승호는 쌓기나무 8개를 가지고 있습니다. 승호가 똑같은 모양으로 쌓으려면 쌓기나무가 몇 개 더 필요한지 풀이 과정을 쓰고 답을 구해 보세요.

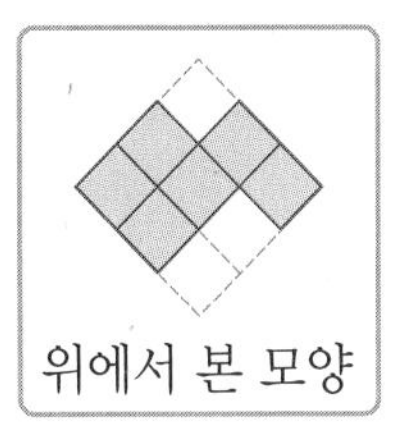

풀이

답

서술형

20 쌓기나무로 쌓은 모양을 위, 앞, 옆에서 본 모양입니다. 똑같은 모양으로 쌓는 데 필요한 쌓기나무는 적어도 몇 개인지 풀이 과정을 쓰고 답을 구해 보세요.

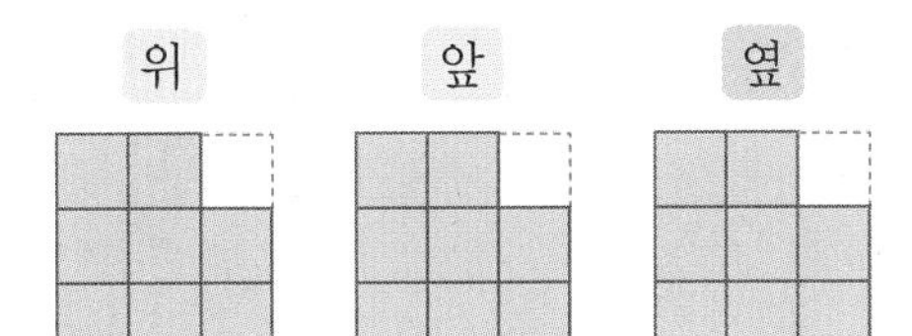

풀이

답

수시 평가 대비 Level 2

점수

확인

1 오른쪽과 같이 물건을 놓았을 때 찍을 수 없는 사진을 찾아 기호를 써 보세요.

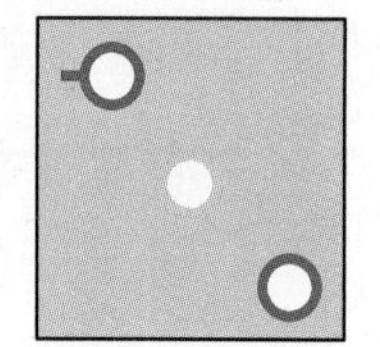

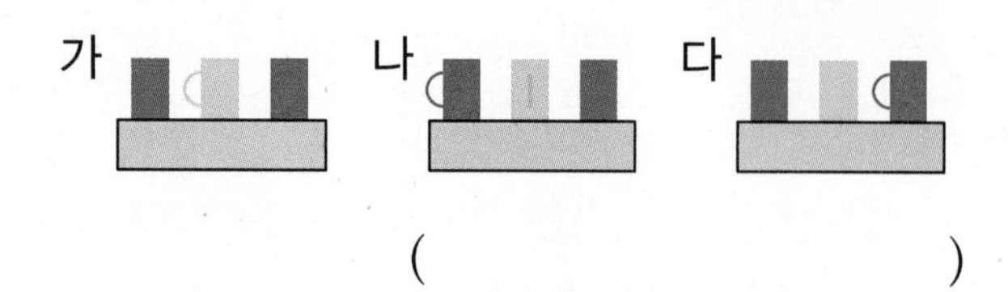

( )

2 쌓기나무로 쌓은 모양을 보고 위에서 본 모양에 수를 썼습니다. 쌓기나무는 모두 몇 개일까요?

위

	1	4
2	3	

( )

3 주어진 모양과 똑같이 쌓는 데 필요한 쌓기나무는 몇 개일까요?

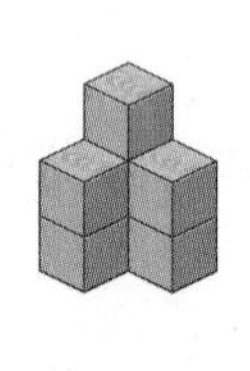

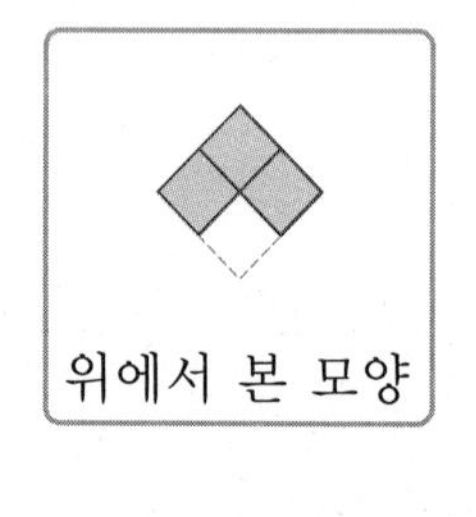

( )

4 쌓기나무로 쌓은 모양과 1층 모양을 보고 표를 완성해 보세요.

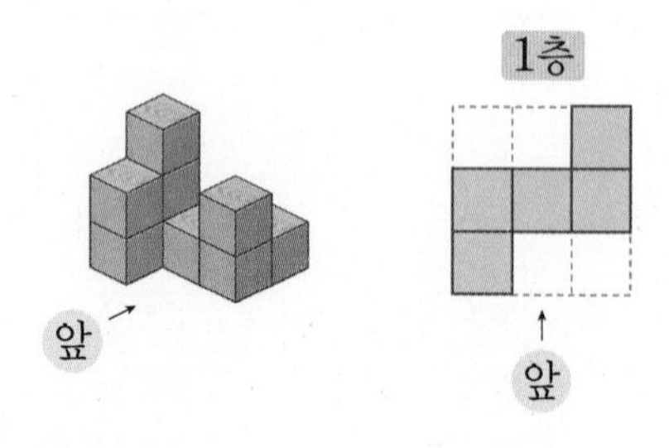

층	1층	2층	3층	합계
쌓기나무의 개수(개)				

5 모양에 쌓기나무 1개를 더 붙여서 만들 수 있는 모양을 찾아 ○표 하세요.

( ) ( )

6 쌓기나무로 쌓은 모양과 위에서 본 모양입니다. ㉠에 쌓은 쌓기나무는 몇 개일까요?

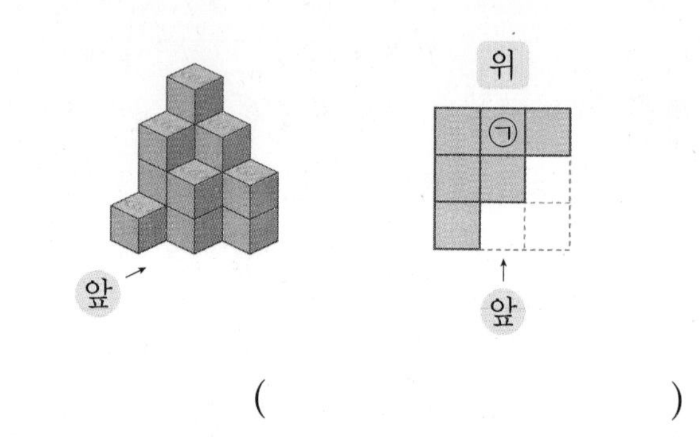

( )

7 쌓기나무로 쌓은 모양과 위에서 본 모양입니다. 앞과 옆에서 본 모양을 각각 그려 보세요.

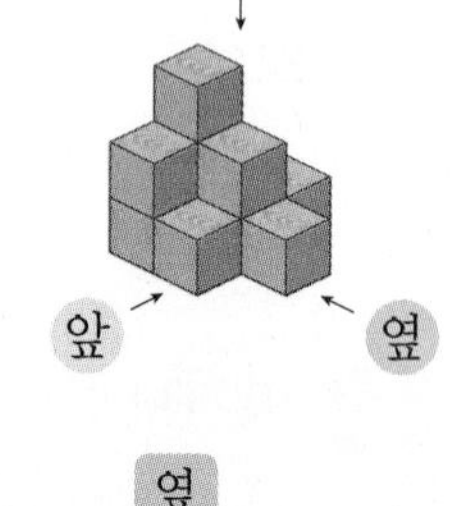

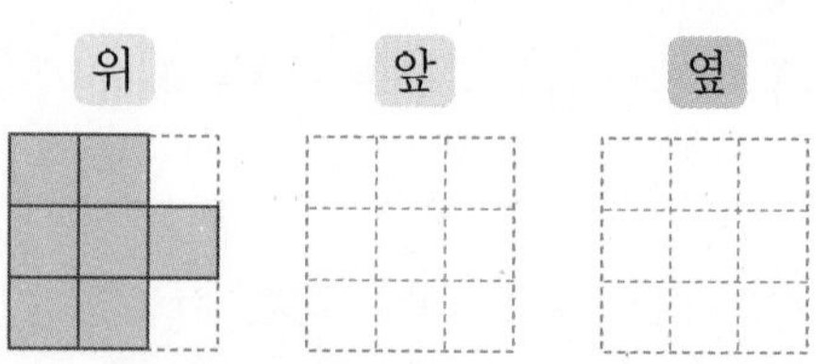

8 쌓기나무로 쌓은 모양을 위, 앞, 옆에서 본 모양입니다. 똑같은 모양으로 쌓는 데 필요한 쌓기나무는 몇 개일까요?

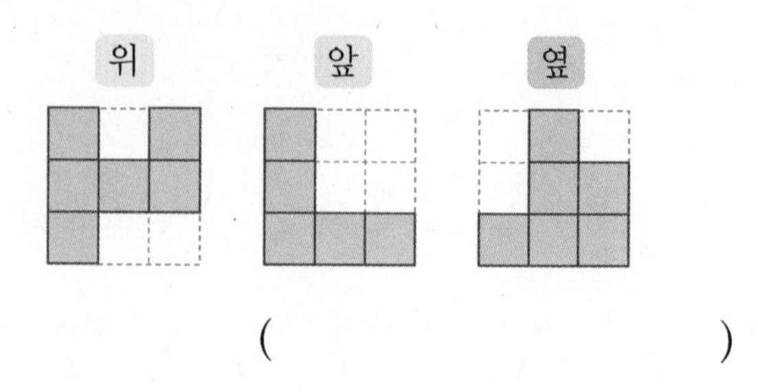

( )

정답과 풀이 28쪽

9 쌓기나무로 쌓은 모양입니다. 서로 같은 모양끼리 이어 보세요.

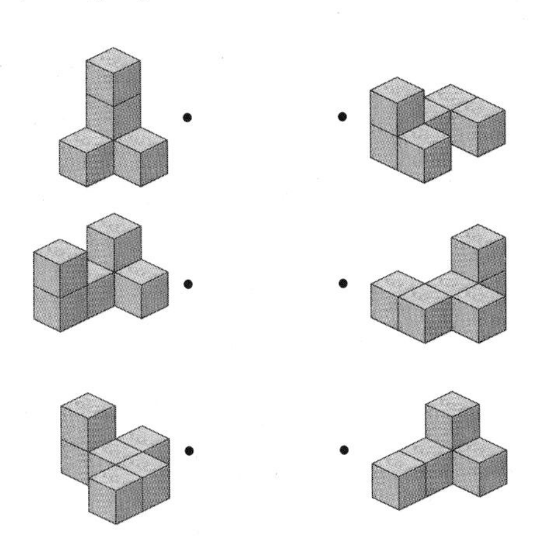

10 쌓기나무로 쌓은 모양을 보고 위에서 본 모양에 수를 썼습니다. 2층에 쌓은 쌓기나무는 몇 개일까요?

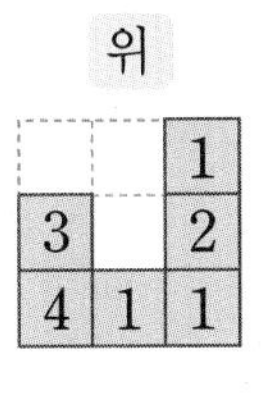

(　　　　　　　　　　　)

11 쌓기나무 11개로 쌓은 모양입니다. 앞에서 본 모양을 그려 보세요.

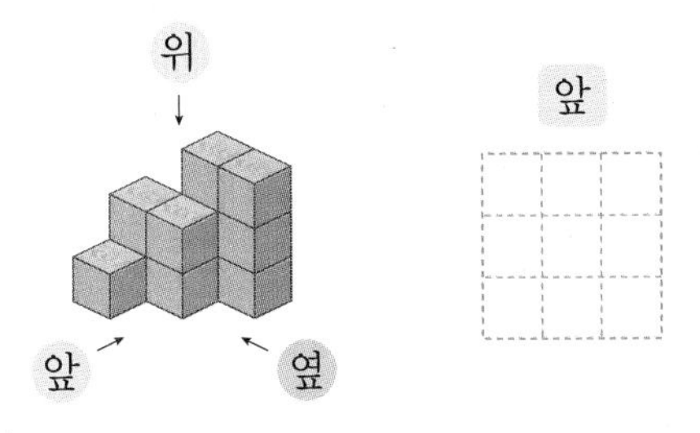

12 쌓기나무로 쌓은 모양을 보고 위에서 본 모양의 각 자리에 쌓은 쌓기나무의 개수를 써 보세요.

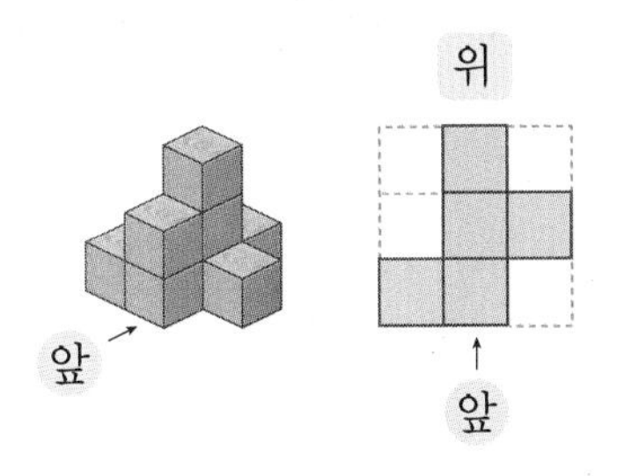

13 쌓기나무로 쌓은 모양을 보고 위에서 본 모양에 수를 썼습니다. 쌓기나무로 쌓은 모양을 옆에서 본 모양을 그려 보세요.

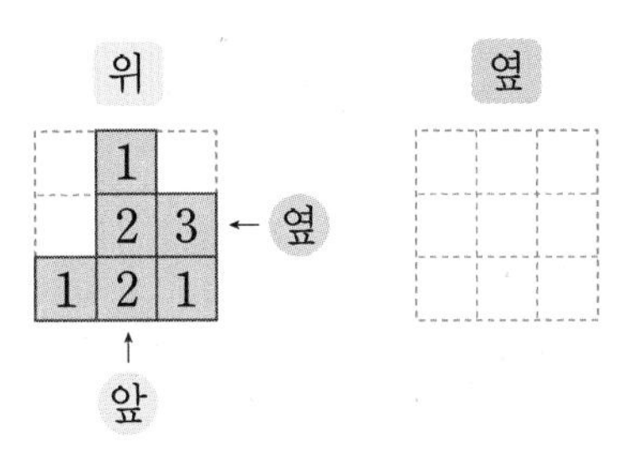

14 쌓기나무로 쌓은 모양을 층별로 나타낸 모양입니다. 쌓기나무로 쌓은 모양을 앞에서 본 모양을 그려 보세요.

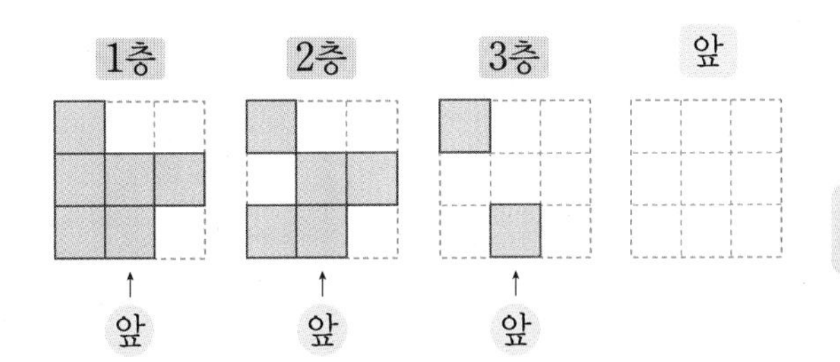

15 쌓기나무로 쌓은 모양과 위에서 본 모양입니다. 가, 나 모양과 똑같이 쌓는 데 필요한 쌓기나무는 모두 몇 개일까요?

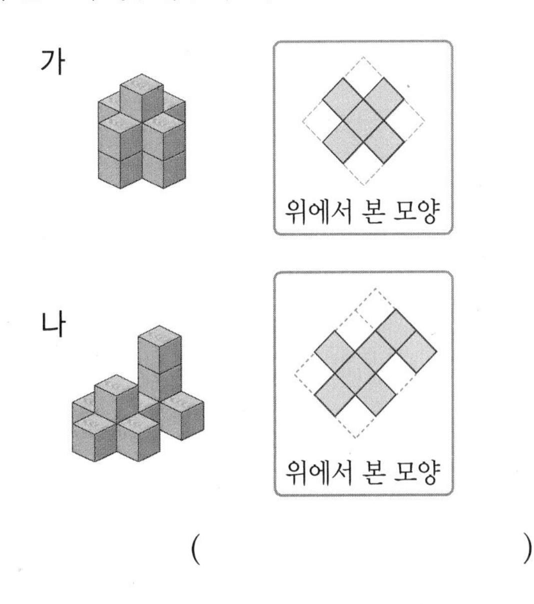

(　　　　　　　　　　　)

➲ 정답과 풀이 28쪽

16 쌓기나무 7개를 사용하여 **조건** 을 만족하는 모양을 모두 몇 가지 만들 수 있는지 구해 보세요. (단, 모양을 돌렸을 때 같은 모양은 한 가지로 생각합니다.)

> **조건**
> - 2층짜리 모양입니다.
> - 위에서 본 모양은 오른쪽과 같습니다.

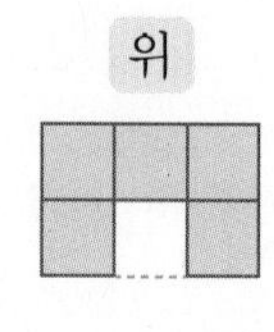

(　　　　　　　　)

17 쌓기나무로 쌓은 모양을 위, 앞, 옆에서 본 모양입니다. 똑같은 모양으로 쌓는 데 필요한 쌓기나무는 몇 개일까요?

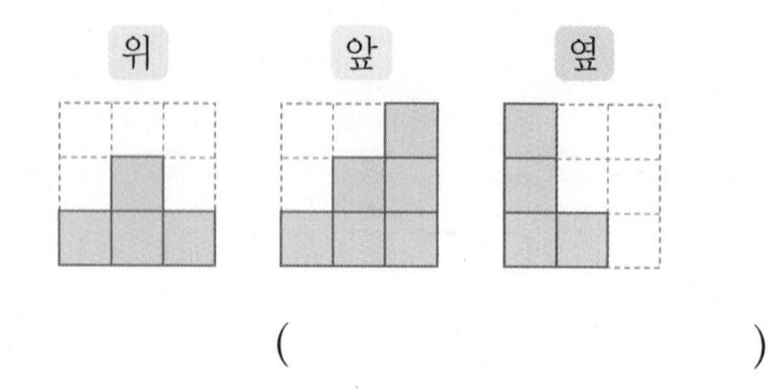

(　　　　　　　　)

18 쌓기나무 10개를 사용하여 **조건** 을 만족하는 모양을 모두 몇 가지 만들 수 있는지 구해 보세요. (단, 모양을 돌렸을 때 같은 모양은 한 가지로 생각합니다.)

> **조건**
> - 쌓기나무로 쌓은 모양은 4층입니다.
> - 각 층의 쌓기나무 수는 모두 다릅니다.
> - 위에서 본 모양은 입니다.

(　　　　　　　　)

서술형

19 쌓기나무로 쌓은 모양과 위에서 본 모양입니다. 쌓기나무의 한 모서리의 길이가 1 cm일 때 쌓은 모양의 겉넓이는 몇 cm^2인지 풀이 과정을 쓰고 답을 구해 보세요.

풀이 ....

답 ....

서술형

20 쌓기나무로 쌓은 모양과 위에서 본 모양입니다. 주어진 모양에 쌓기나무를 더 쌓아서 정육면체 모양을 만들려고 합니다. 쌓기나무는 적어도 몇 개 더 필요한지 풀이 과정을 쓰고 답을 구해 보세요.

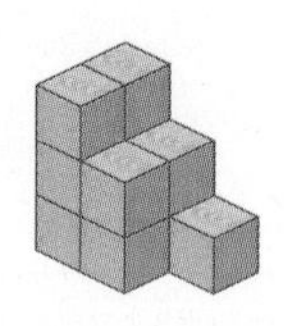

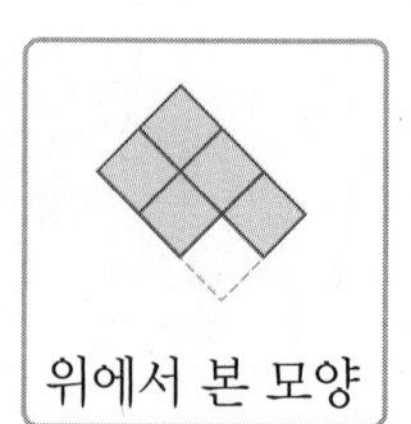

풀이 ....

답 ....

4 비례식과 비례배분

이번 단원에서
꼭 짚어야 할
핵심 개념을 알아보자.

핵심 1 비의 성질

비의 전항과 후항에 0이 아닌 같은 수를 곱하거나 나누어도 비율은 같다.

$2:5=(2\times2):(5\times2)=4:\square$

$4:6=(4\div2):(6\div2)=2:\square$

핵심 2 간단한 자연수의 비로 나타내기

$0.8:0.3=(0.8\times10):(0.3\times10)$
$=8:\square$

$\frac{3}{4}:\frac{1}{3}=\left(\frac{3}{4}\times12\right):\left(\frac{1}{3}\times12\right)$
$=9:\square$

핵심 3 비례식의 외항과 내항

비례식 $1:3=2:6$에서 바깥쪽에 있는 두 항 1과 6을 외항, 안쪽에 있는 두 항 3과 2를 $\square$이라고 한다.

핵심 4 비례식의 성질

비례식에서 외항의 곱과 내항의 곱은 같다.

$3:4=6:8$

외항의 곱: $3\times8=\square$

내항의 곱: $4\times6=\square$

핵심 5 비례배분

15를 $2:3$으로 비례배분

$15\times\frac{\square}{2+3}=15\times\frac{2}{5}=6$

$15\times\frac{\square}{2+3}=15\times\frac{3}{5}=9$

답 1. 10, 3 2. 3, 4 3. 내항 4. 24, 24 5. 2, 3

1. 비의 성질 알아보기

● **전항, 후항**

• 비 2 : 3 에서 기호 ' : ' 앞에 있는 2를 전항, 뒤에 있는 3을 후항이라고 합니다.

2 : 3

전항 ← 2, 3 → **후항**

● **비의 성질(1)**

• 비의 전항과 후항에 0이 아닌 같은 수를 곱하여도 비율은 같습니다.

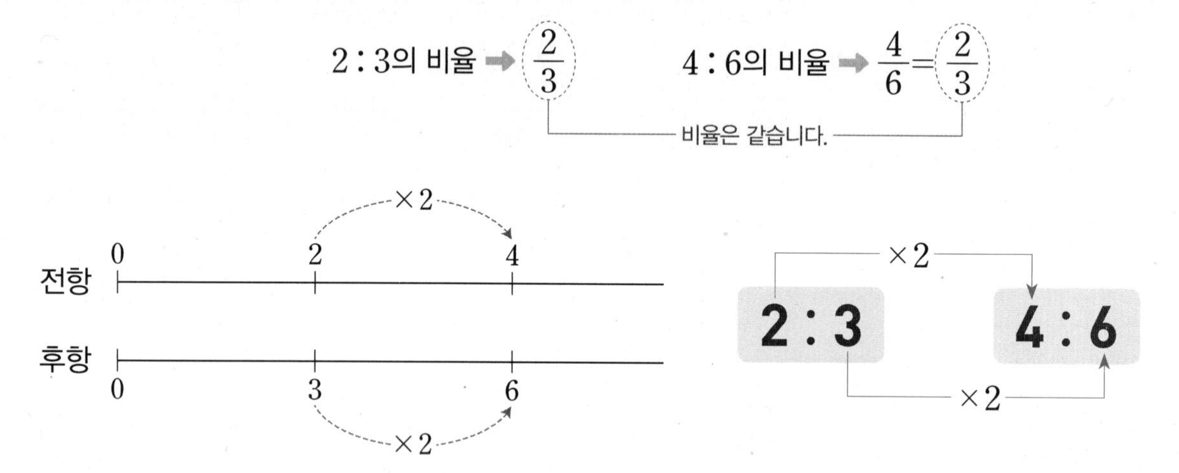

● **비의 성질(2)**

• 비의 전항과 후항을 0이 아닌 같은 수로 나누어도 비율은 같습니다.

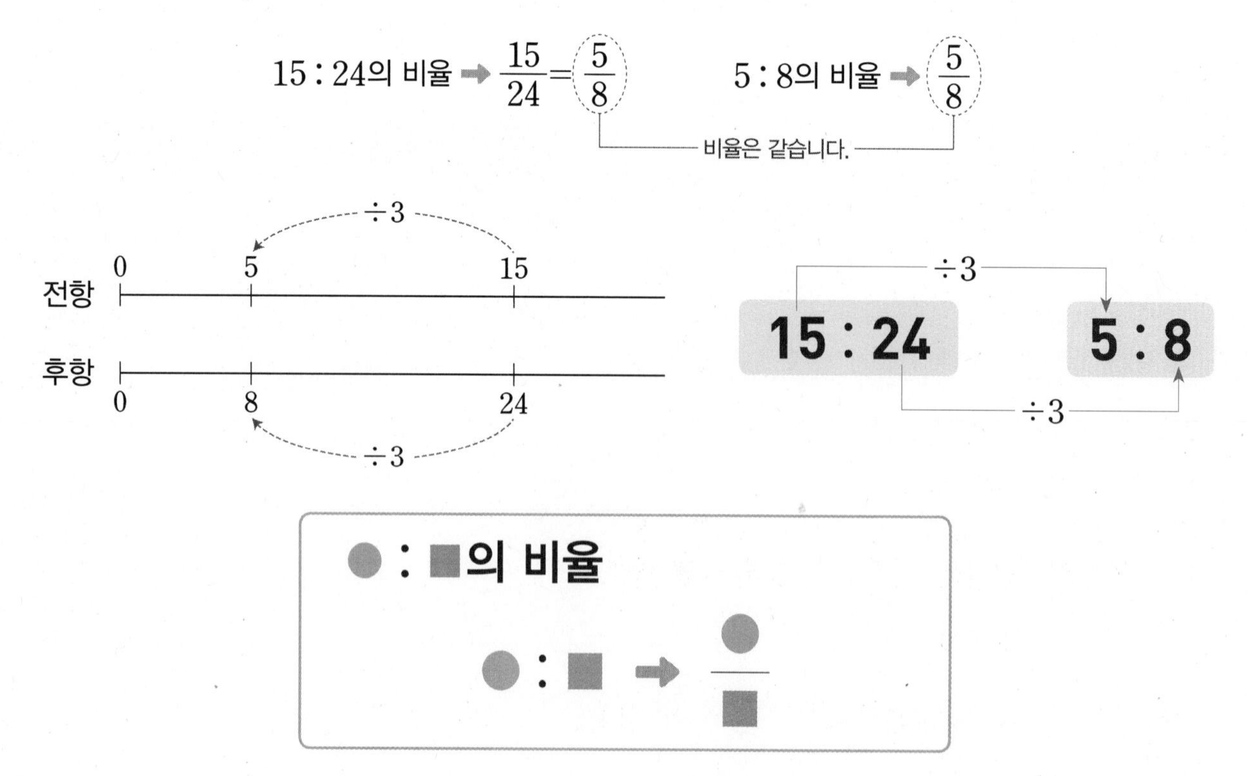

➡ 정답과 풀이 30쪽

1 전항에 △표, 후항에 ○표 하세요.

① 4 : 5

② 9 : 2

비에서 ':' 앞에 있는 수를 전항, 뒤에 있는 수를 후항이라고 해요.

2 □ 안에 알맞은 말을 써넣으세요.

6학년 때 배웠어요

비율 알아보기

기준량에 대한 비교하는 양의 크기를 비율이라고 합니다.

(비율)
$=$(비교하는 양)$\div$(기준량)
$=\frac{(\text{비교하는 양})}{(\text{기준량})}$

①

×3

2 : 5 → 6 : 15

×3

비의 전항과 후항에 0이 아닌 같은 수를 □ 비율은 같습니다.

② 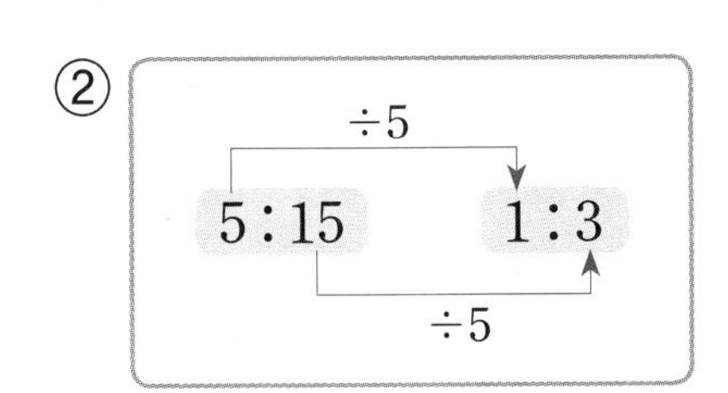

비의 전항과 후항을 0이 아닌 같은 수로 □ 비율은 같습니다.

3 비의 성질을 이용하여 비율이 같은 비를 찾아 이어 보세요.

20 : 15 •	• 6 : 21
2 : 7 •	• 2 : 18
1 : 9 •	• 4 : 3

비의 전항과 후항에 0이 아닌 같은 수를 곱하거나 0이 아닌 같은 수로 나누었을 때 같은 비를 찾아 보아요.

4 비의 성질을 이용하여 □ 안에 알맞은 수를 써넣으세요.

① 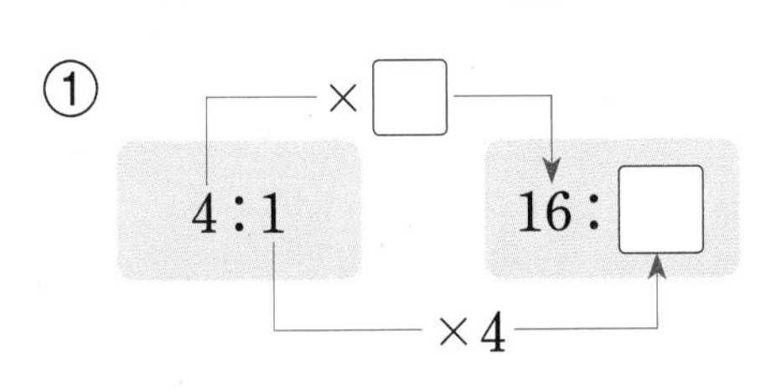

② 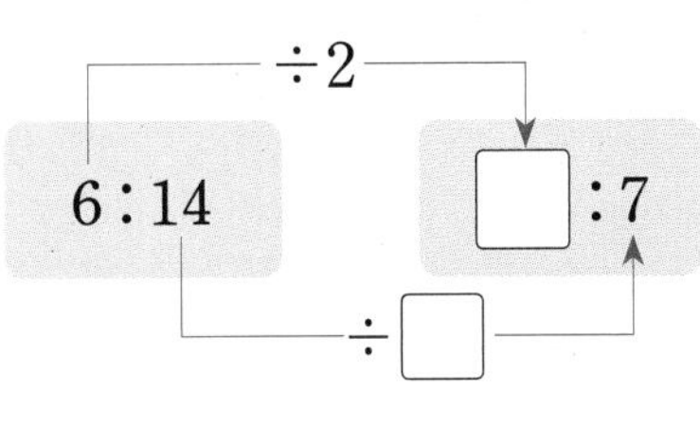

비의 전항과 후항에 0이 아닌 같은 수를 곱하거나 0이 아닌 같은 수로 나누어도 비율이 같아요.

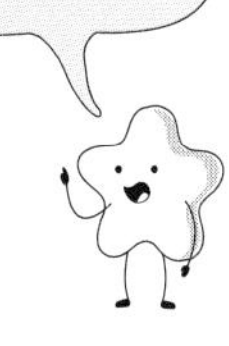

2. 간단한 자연수의 비로 나타내기

● 소수의 비를 간단한 자연수의 비로 나타내기

전항과 후항에 10, 100, 1000, ...을 곱합니다.

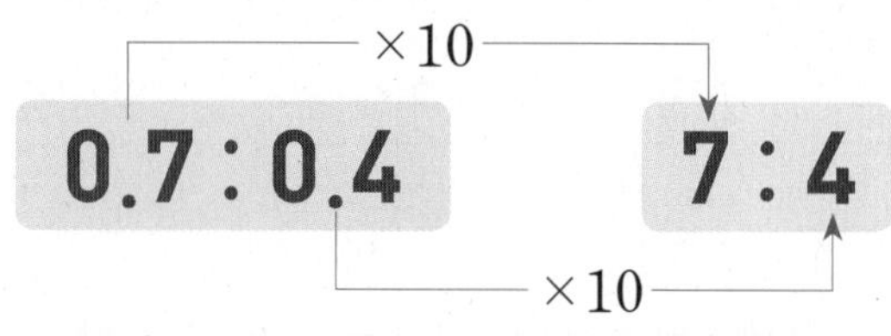

0.7과 0.4가 소수 한 자리 수이므로 10을 곱합니다.

● 분수의 비를 간단한 자연수의 비로 나타내기

전항과 후항에 두 분모의 공배수를 곱합니다.

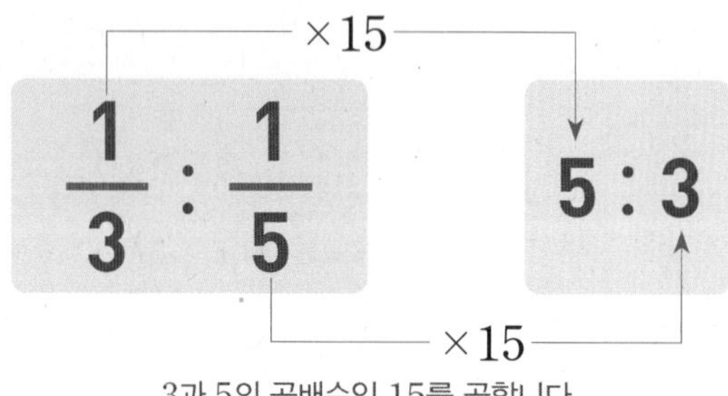

3과 5의 공배수인 15를 곱합니다.

● 자연수의 비를 간단한 자연수의 비로 나타내기

전항과 후항을 전항과 후항의 공약수로 나눕니다.

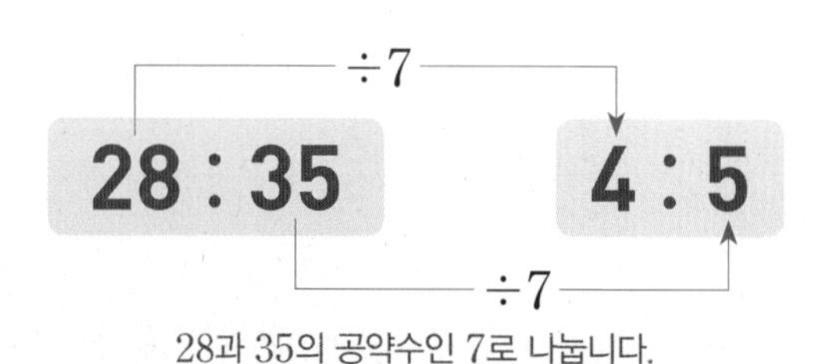

28과 35의 공약수인 7로 나눕니다.

● 소수와 분수의 비를 간단한 자연수의 비로 나타내기

• $0.4 : \frac{1}{2}$의 계산

방법 1 소수를 분수로 바꾸기

→ 전항 0.4를 분수로 바꾸면 $\frac{4}{10}$입니다.

$$\frac{4}{10} : \frac{1}{2} \xrightarrow{\times 10} 4 : 5$$

방법 2 분수를 소수로 바꾸기

→ 후항 $\frac{1}{2}$을 소수로 바꾸면 0.5입니다.

$$0.4 : 0.5 \xrightarrow{\times 10} 4 : 5$$

➲ 정답과 풀이 30쪽

1 $1.4:0.5$를 간단한 자연수의 비로 나타내려고 합니다. □ 안에 알맞은 수를 써넣으세요.

소수의 비의 전항과 후항에 10, 100, 1000, ...을 곱하여 간단한 자연수의 비로 나타내요.

① 비의 전항과 후항에 □ 을/를 곱합니다.

②

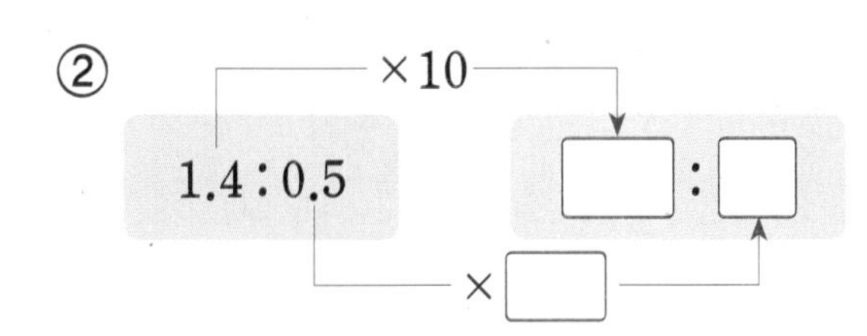

2 $\frac{3}{4}:\frac{5}{8}$를 간단한 자연수의 비로 나타내려고 합니다. □ 안에 알맞은 수를 써넣으세요.

분수의 비의 전항과 후항에 두 분모의 공배수를 곱하여 간단한 자연수의 비로 나타내요.

① 비의 전항과 후항에 두 분모의 공배수인 □ 을/를 곱합니다.

②

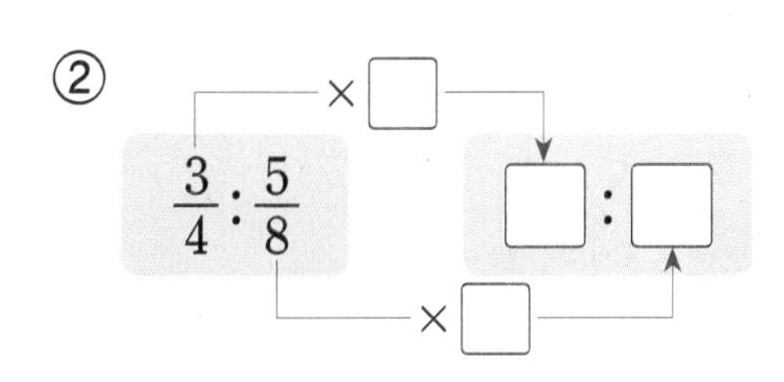

3 $48:36$을 간단한 자연수의 비로 나타내려고 합니다. □ 안에 알맞은 수를 써넣으세요.

① 비의 전항과 후항을 두 수의 공약수인 □ (으)로 나눕니다.

②

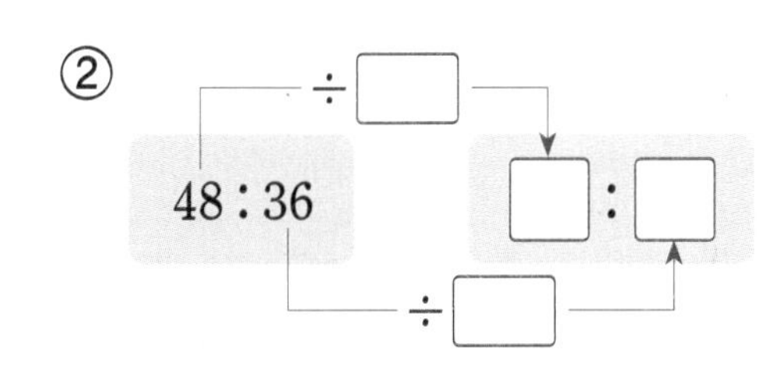

4 $\frac{8}{9}:0.3$을 간단한 자연수의 비로 나타내려고 합니다. □ 안에 알맞은 수를 써넣으세요.

분수와 소수의 비에서 소수를 분수로 바꾸어 간단한 자연수의 비로 나타내요.

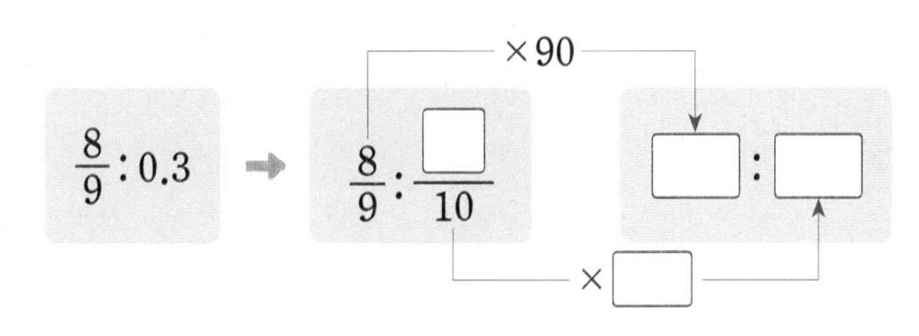

4

STEP 1 교과 개념

3. 비례식 알아보기

비례식 알아보기

• 비례식: 비율이 같은 두 비를 기호 '='를 사용하여 $3:4=6:8$과 같이 나타낸 식

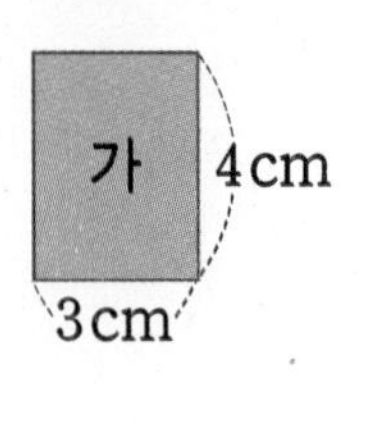

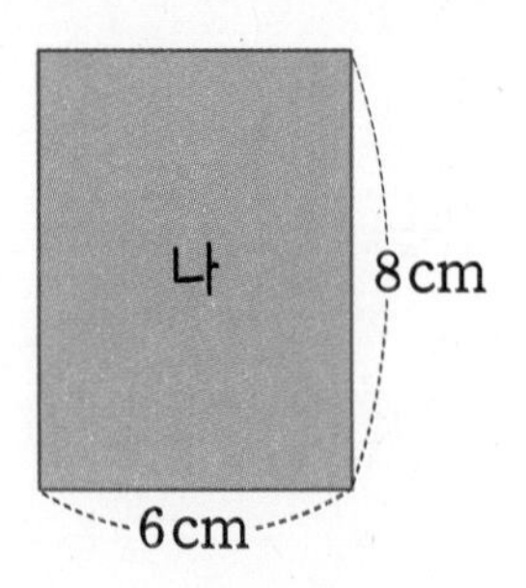

직사각형	(가로) : (세로)	비율
가	$3:4$	$\frac{3}{4}$
나	$6:8$	$\frac{6}{8}=\frac{3}{4}$

$$3:4=6:8$$

• 비의 외항과 내항

비례식 $9:6=27:18$에서 바깥쪽에 있는 9와 18을 외항, 안쪽에 있는 6과 27을 내항이라고 합니다.

외항

$$9:6=27:18$$

내항

비례식을 이용하여 비의 성질 나타내기

• $2:3$은 전항과 후항에 3을 곱한 $6:9$와 그 비율이 같습니다.

×3

$$2:3=6:9$$

×3

• $18:48$은 전항과 후항을 6으로 나눈 $3:8$과 그 비율이 같습니다.

÷6

$$18:48=3:8$$

÷6

정답과 풀이 30쪽

1 다음을 보고 □ 안에 알맞은 수나 말을 써넣으세요.

$1:2=3:6$

① $1:2$의 비율은 □입니다.

② $3:6$의 비율은 $\frac{\square}{6}=\frac{\square}{2}$입니다.

③ 두 비 $1:2$와 $3:6$의 비율은 □.

④ 위와 같이 비율이 같은 두 비를 기호 '='를 사용하여 나타낸 식을 □(이)라고 합니다.

2 □ 안에 알맞은 수를 써넣으세요.

① 외항 4, □

$4:3=16:12$

내항 □, □

② 외항 □, □

$3:5=9:15$

내항 □, □

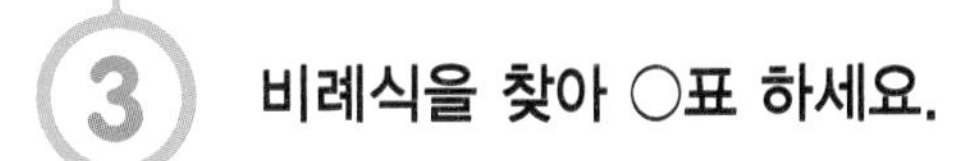

3 비례식을 찾아 ○표 하세요.

$6\times4=3\times8$	$36\div9=21\div7$	$8:3=24:9$
(　　　)	(　　　)	(　　　)

비례식은 비율이 같은 두 비를 기호 '='를 사용하여 나타낸 식이에요.

4 비율이 같은 비를 찾아 비례식으로 세우려고 합니다. □ 안에 알맞은 비를 찾아 기호를 써 보세요.

$2:3=$ □

㉠ $6:8$	㉡ $8:10$	㉢ $10:15$

(　　　　　　)

STEP 1 교과 개념

4. 비례식의 성질 알아보기, 비례식의 활용

● 비례식의 성질 알아보기

비례식에서 외항의 곱과 내항의 곱은 같습니다.

3×8

$3 : 4 = 6 : 8$

4×6

➡ (외항의 곱)$=3\times8=24$
(내항의 곱)$=4\times6=24$ 같습니다.

● 비례식에서 □의 값 구하기

$7:9=21:\square$

$7\times\square$

$7 : 9 = 21 : \square$

9×21

➡
$7\times\square=9\times21$
$7\times\square=189$
$\square=189\div7$
$\square=27$

● 비례식을 이용하여 문제 해결하기

쌀과 현미를 $5:2$로 섞어서 밥을 지을 때, 쌀 200 g을 넣는다면 현미는 몇 g을 넣어야 하는지 구하기

구하려는 것을 □라 하고 비례식 세우기		비례식의 성질을 이용하여 □의 값 구하기		단위를 사용하여 답으로 나타내기
$5:2=200:\square$	➡	$5\times\square=2\times200$ $5\times\square=400$ $\square=400\div5$ $\square=80$	➡	쌀 200 g을 넣는다면 현미는 80 g을 넣어야 합니다.

개념 다르게 보기

• 비의 성질을 이용하여 문제를 해결할 수 있어요!

$\times40$

$5 : 2 = 200 : \square$

$\times40$

➡ $\square=2\times40=80$

➲ 정답과 풀이 31쪽

1 □ 안에 알맞은 수를 써넣고 비례식이면 ○표, 비례식이 아니면 ×표 하세요.

외항의 곱과 내항의 곱이 같으면 비례식이에요.

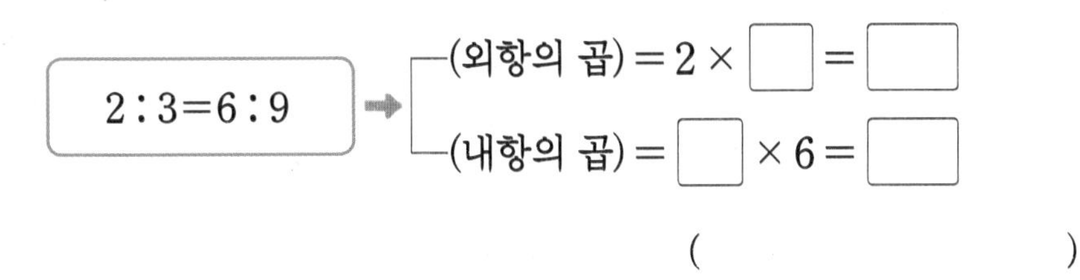

(　　　　　　　　　　)

2 옳은 비례식을 모두 찾아 ○표 하세요.

$3:5=35:21$	$0.9:0.5=18:10$
$4:7=\frac{1}{4}:\frac{1}{7}$	$50:16=25:8$

3 비례식의 성질을 이용하여 ■의 값을 구하려고 합니다. □ 안에 알맞은 수를 써넣으세요.

비례식의 성질을 이용하여 식을 만든 후, 곱셈과 나눗셈의 관계로 ■의 값을 구해요.

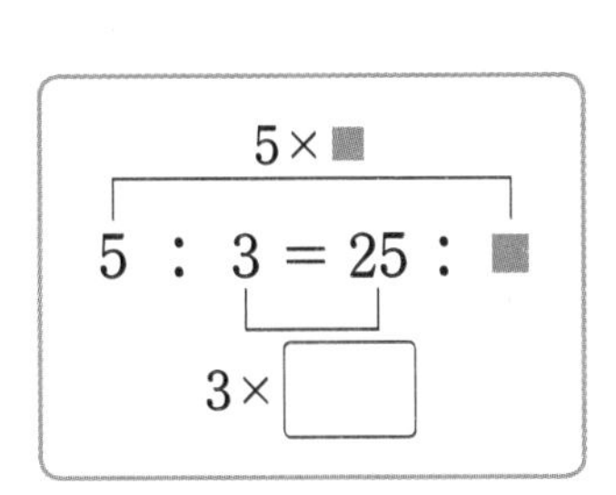

5 × ■ = 3 × □

5 × ■ = □

■ = □ ÷ 5

■ = □

4 가로와 세로의 비가 3 : 2인 직사각형 모양의 깃발을 만들 때 가로를 90 cm로 하면 세로는 몇 cm로 해야 하는지 구하려고 합니다. 물음에 답하세요.

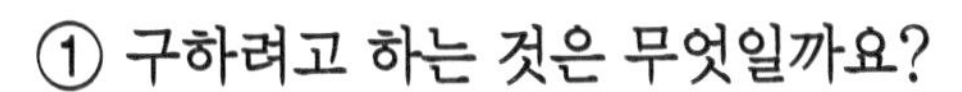

① 구하려고 하는 것은 무엇일까요?

(　　　　　　　　　　)

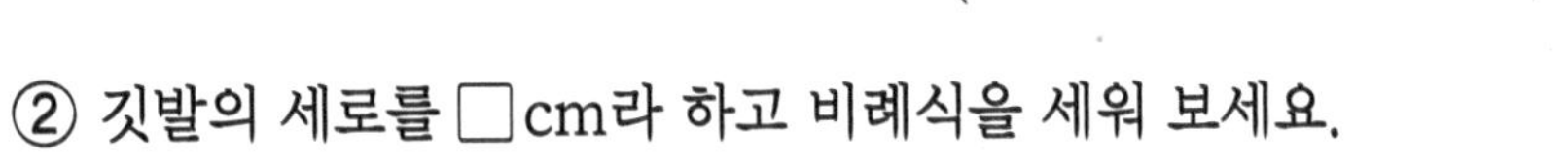

② 깃발의 세로를 □cm라 하고 비례식을 세워 보세요.

(　　　　　　　　　　)

③ 깃발의 세로는 몇 cm로 해야 하는지 구해 보세요.

(　　　　　　　　　　)

STEP 1 교과개념

5. 비례배분

● **비례배분 알아보기**

• 비례배분: 전체를 주어진 비로 배분하는 것

● **비례배분하기**

과자 14개를 은서와 지후가 4 : 3으로 나누어 가지려고 할 때,
과자를 어떻게 나누어야 하는지 구하기

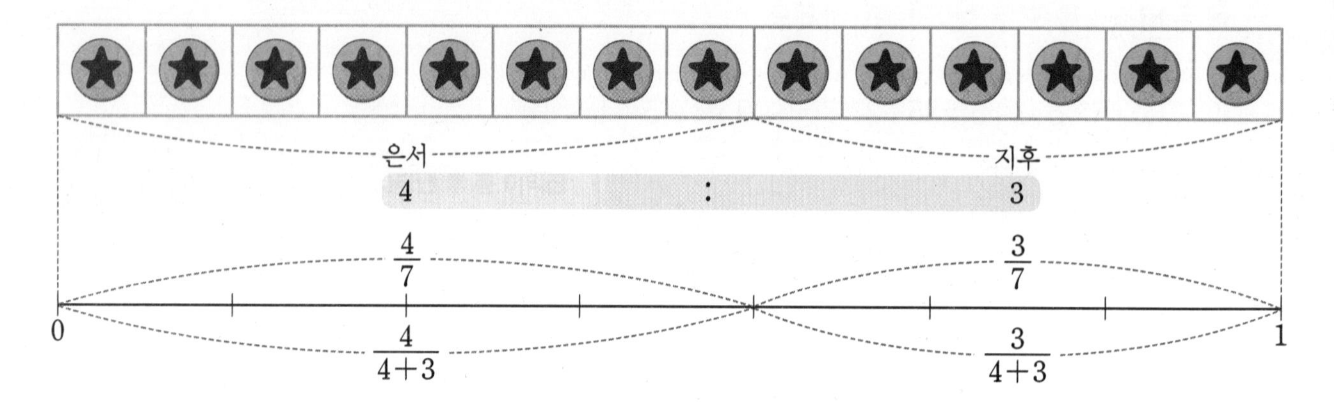

$$\text{은서: } 14 \times \frac{4}{4+3} = 8(\text{개})$$

$$\text{지후: } 14 \times \frac{3}{4+3} = 6(\text{개})$$

전체를 가 : 나 = ■ : ▲로 비례배분하기

가: (전체) × $\frac{■}{■+▲}$, 나: (전체) × $\frac{▲}{■+▲}$

개념 자세히 보기

• **비례배분한 결과를 더한 값은 전체와 같아야 해요!**

과자 14개를 은서와 지후가 4 : 3으로 나누어 가지면 은서는 8개, 지후는 6개를 가지게 됩니다.

➡ 8 + 6 = 14(개)

➲ 정답과 풀이 31쪽

1

연필 30자루를 형과 동생이 3 : 2로 나누어 가지려고 합니다. 형과 동생은 각각 몇 자루씩 가지게 되는지 알아보세요.

30을 3 : 2로 나누어요. 비례배분할 때에는 주어진 비의 전항과 후항의 합을 분모로 하는 분수의 비로 고쳐서 계산하면 편리해요.

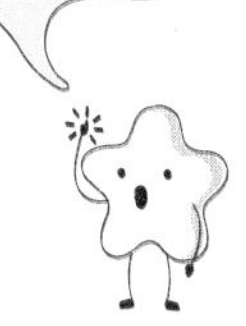

① 형과 동생은 각각 전체의 몇 분의 몇씩 가져야 하는지 다음과 같이 식을 세워 알아보세요.

$$형: \frac{\square}{3+\square}=\frac{\square}{\square},\ 동생: \frac{\square}{\square+2}=\frac{\square}{\square}$$

② 형과 동생은 각각 몇 자루씩 가지게 되는지 다음과 같이 식을 세워 알아보세요.

$$형: 30\times\frac{\square}{\square}=\square(자루),\ 동생: 30\times\frac{\square}{\square}=\square(자루)$$

2

선생님께서는 색종이 72장을 가 모둠과 나 모둠에 5 : 7로 나누어 주려고 합니다. 물음에 답하세요.

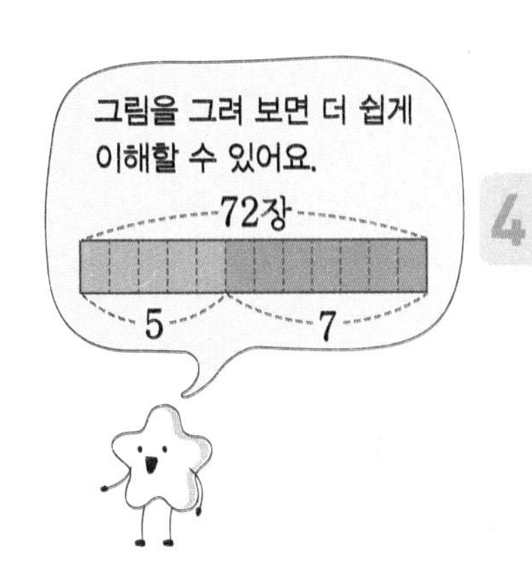

① 가 모둠에 주어야 할 색종이는 전체의 몇 분의 몇일까요?

( )

② 나 모둠에 주어야 할 색종이는 전체의 몇 분의 몇일까요?

( )

③ 가 모둠과 나 모둠에 색종이를 각각 몇 장씩 나누어 주어야 하는지 구해 보세요.

가 모둠 ( ), 나 모둠 ( )

4

3

52를 8 : 5로 나누려고 합니다. □ 안에 알맞은 수를 써넣으세요.

52를 각각 몇 등분해야 하는지 생각해 보아요.

$$52\times\frac{8}{8+\square}=52\times\frac{\square}{\square}=\square$$

$$52\times\frac{5}{8+\square}=52\times\frac{\square}{\square}=\square$$

STEP 2 꼭 나오는 유형

1 비의 성질

1 다음에서 설명하는 비를 써 보세요.

전항이 11, 후항이 8인 비

(　　　　　　　　)

2 비의 성질을 이용하여 □ 안에 알맞은 수를 써넣으세요.

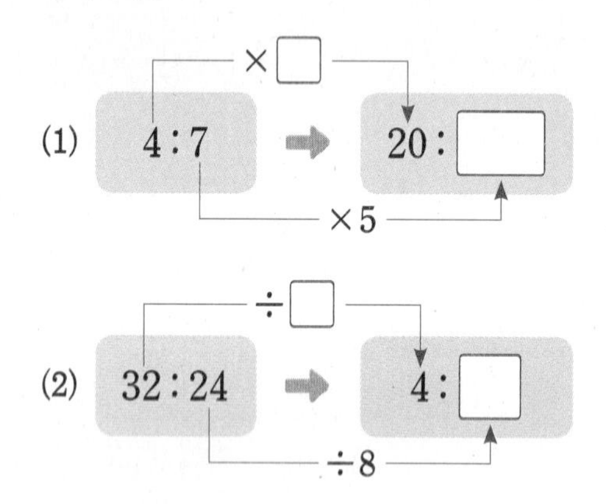

비교하는 양과 기준량을 먼저 찾아봐.

준비 비율을 분수로 나타내어 보세요.

3 : 7

(　　　　　　　　)

3 두 비의 비율이 같습니다. 비의 성질을 이용하여 □ 안에 알맞은 수를 구해 보세요.

63 : 42　　3 : □

(　　　　　　　　)

4 비의 성질을 이용하여 비율이 같은 비를 만들려고 합니다. □ 안에 공통으로 들어갈 수 없는 수를 구해 보세요.

5 : 9 ➡ (5 × □) : (9 × □)

(　　　　　　　　)

5 가 상자의 높이는 64 cm이고, 나 상자의 높이는 48 cm입니다. 가 상자와 나 상자의 높이의 비를 잘못 말한 사람은 누구일까요?

(　　　　　　　　)

6 가로와 세로의 비가 3 : 2인 직사각형을 모두 찾아 기호를 써 보세요.

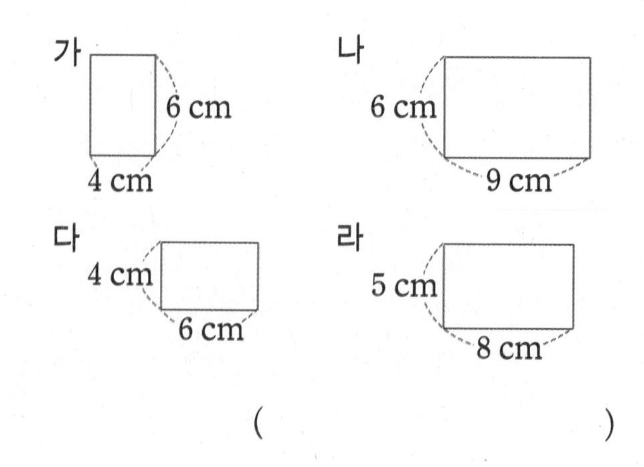

(　　　　　　　　)

2 간단한 자연수의 비로 나타내기

7 간단한 자연수의 비로 나타내려고 합니다. □ 안에 알맞은 수를 써넣으세요.

(1)

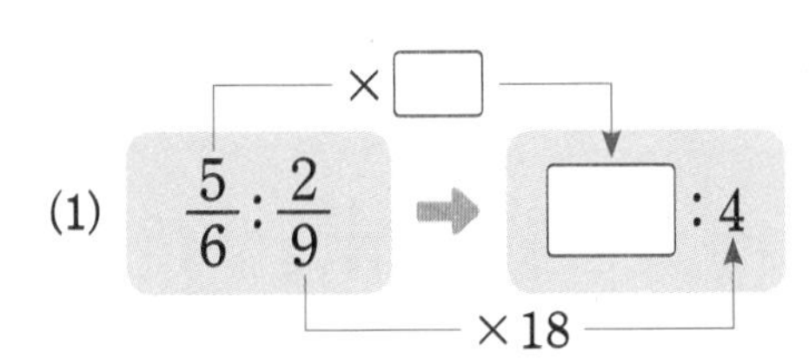

(2)

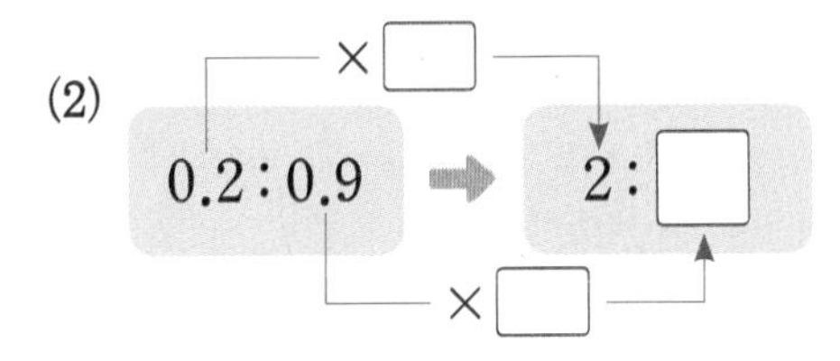

(3)

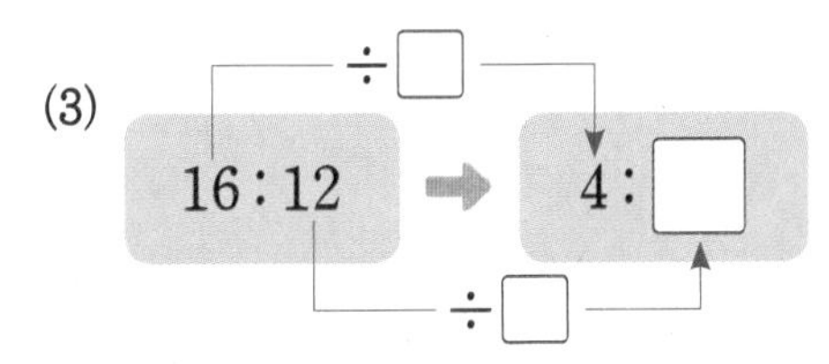

8 간단한 자연수의 비로 나타내어 보세요.

(1) 0.3 : 1.1 (　　　　　　)

(2) 32 : 16 (　　　　　　)

(3) $\frac{1}{4}:\frac{5}{9}$ (　　　　　　)

(4) $0.7:\frac{2}{3}$ (　　　　　　)

9 주희와 규민이가 같은 숙제를 한 시간 동안 했더니 주희는 전체의 $\frac{1}{3}$을, 규민이는 전체의 $\frac{1}{4}$을 했습니다. 주희와 규민이가 각각 한 시간 동안 한 숙제의 양을 간단한 자연수의 비로 나타내어 보세요.

(　　　　　　)

10 48 : 52를 간단한 자연수의 비로 나타내려고 합니다. 전항이 12일 때 후항은 얼마인지 구해 보세요.

(　　　　　　)

11 $1\frac{3}{5}:2.7$을 간단한 자연수의 비로 나타내려고 합니다. 바르게 설명한 사람의 이름을 써 보세요.

> 수정: 후항을 분수 $2\frac{7}{10}$로 바꾸어 전항과 후항에 10을 곱하여 16 : 27로 나타낼 수 있어.
>
> 민호: 전항을 소수 1.3으로 바꾸어 전항과 후항에 10을 곱하여 13 : 27로 나타낼 수 있어.

(　　　　　　)

서술형

12 민서와 주혁이는 포도주스를 만들었습니다. 민서는 포도 원액 0.3 L, 물 0.8 L를 넣었고, 주혁이는 포도 원액 $\frac{3}{10}$ L, 물 $\frac{4}{5}$ L를 넣었습니다. 두 사람이 사용한 포도 원액의 양과 물의 양의 비를 간단한 자연수의 비로 각각 나타내고, 두 포도주스의 진하기를 비교해 보세요.

민서 (　　　　　　)

주혁 (　　　　　　)

비교 ....

3 비례식

13 외항에 △표, 내항에 ○표 하세요.

(1) $2:7=6:21$

(2) $9:3=3:1$

14 비례식 $3:7=6:14$에 대해 잘못 설명한 것을 찾아 기호를 쓰고 바르게 고쳐 보세요.

㉠ 3 : 7의 비율과 6 : 14의 비율이 같습니다.
㉡ 내항은 3과 6입니다.
㉢ 외항은 3과 14입니다.

(　　　　　　　　　　)

바르게 고치기 ....

분모와 분자를 공약수로 나누어야 해!

준비 기약분수로 나타내어 보세요.

(1) $\frac{4}{8}$　　　　(2) $\frac{3}{9}$

15 두 비의 비율을 비교하여 옳은 비례식을 모두 찾아 기호를 써 보세요.

㉠ $6:8=3:4$　　㉡ $2:7=8:14$
㉢ $10:25=2:5$　　㉣ $24:30=4:3$

(　　　　　　　　　　)

16 주어진 식은 비례식입니다. □ 안에 알맞은 비를 모두 찾아 기호를 써 보세요.

$3:8=$□

㉠ $8:3$　　㉡ $6:10$
㉢ $9:24$　　㉣ $15:40$

(　　　　　　　　　　)

내가 만드는 문제

17 보기 에서 비를 하나 골라 왼쪽 □ 안에 써넣고 주어진 식이 비례식이 되도록 오른쪽 □ 안에 알맞은 비를 자유롭게 써 보세요.

보기
$2:7$　　$5:8$　　$9:4$

□ = □

18 외항이 6과 28, 내항이 7과 24인 비례식을 2개 세워 보세요.

(　　　　　　　　　　)

4 비례식의 성질

19 비례식을 보고 □ 안에 알맞은 수나 말을 써넣으세요.

$$4:9=8:18$$

(1) (외항의 곱)$=$□$\times$□$=$□

(2) (내항의 곱)$=$□$\times$□$=$□

(3) 비례식에서 외항의 곱과 내항의 곱은 □.

20 옳은 비례식을 모두 찾아 ○표 하세요.

$7:8=4:3$	$2:3=8:12$
$\frac{1}{3}:\frac{5}{8}=8:15$	$0.5:0.6=10:14$

21 비례식의 성질을 이용하여 ■를 구하려고 합니다. □ 안에 알맞은 수를 써넣으세요.

$$2:5=■:15$$

$2\times$□$=5\times$■

$5\times$■$=$□

■$=$□

22 비례식에서 $9\times$□의 값을 구해 보세요.

$$9:2=27:□$$

(　　　　　　　)

23 비례식의 성질을 이용하여 □ 안에 알맞은 수를 써넣으세요.

(1) $3:7=15:$□

(2) $9:4=$□$:24$

서술형

24 ㉠과 ㉡에 알맞은 수의 합은 얼마인지 풀이 과정을 쓰고 답을 구해 보세요.

$9:㉠=36:32$

$\frac{3}{5}:\frac{1}{4}=㉡:10$

풀이

답

5 비례식의 활용

25 수아가 가지고 있는 수첩의 가로와 세로의 비가 2 : 5라고 할 때, 실제 수첩의 가로가 6 cm라면 세로는 몇 cm인지 구해 보세요.

(1) 세로를 □cm라 하고 비례식을 세워 보세요.

비례식 ______________________

(2) 실제 수첩의 세로는 몇 cm일까요?

(　　　　　　　　)

26 쌀과 현미를 3 : 2로 섞어서 밥을 지으려고 합니다. 쌀을 15컵 넣었다면 현미는 몇 컵을 넣어야 하는지 비례식을 세워 구해 보세요.

비례식 ______________________

답 ______________________

27 일정한 빠르기로 8분 동안 28 L의 물이 나오는 수도로 물을 받아 들이가 105 L인 빈 욕조를 가득 채우려면 몇 분이 걸리는지 비례식을 세워 구해 보세요.

비례식 ______________________

답 ______________________

[28~29] 요구르트가 6개에 3000원이라고 합니다. 물음에 답하세요.

28 요구르트 18개는 얼마인지 비례식을 세워서 구해 보세요.

비례식 ______________________

답 ______________________

내가 만드는 문제

29 요구르트의 개수 또는 요구르트의 가격을 바꾸어 새로운 문제를 만들고 답을 구해 보세요.

문제 ______________________

____

____

(　　　　　　　　)

30 어떤 사람이 4일 동안 일하고 320000원을 받았습니다. 이 사람이 같은 일을 3일 동안 하면 얼마를 받을 수 있을까요? (단, 하루에 일하고 받는 금액은 같습니다.)

(　　　　　　　　)

31 일정한 빠르기로 4시간 동안 340 km를 가는 자동차가 있습니다. 같은 빠르기로 이 자동차가 425 km를 가려면 몇 시간이 걸릴까요?

(　　　　　　　　)

32 바닷물 2 L를 증발시켜 64 g의 소금을 얻었습니다. 바닷물 15 L를 증발시키면 몇 g의 소금을 얻을 수 있을까요? (단, 같은 시각에 증발시켰습니다.)

(　　　　　　　　)

서술형

33 서진이가 10분 동안 배드민턴을 칠 때 소모한 열량은 84 킬로칼로리입니다. 서진이가 친구들과 배드민턴을 치고 504 킬로칼로리의 열량을 소모했다면 서진이가 배드민턴을 친 시간은 몇 분인지 풀이 과정을 쓰고 답을 구해 보세요.

풀이 ....

....

....

....

답 ....

6 비례배분

34 18을 1 : 5로 나누려고 합니다. □ 안에 알맞은 수를 써넣으세요.

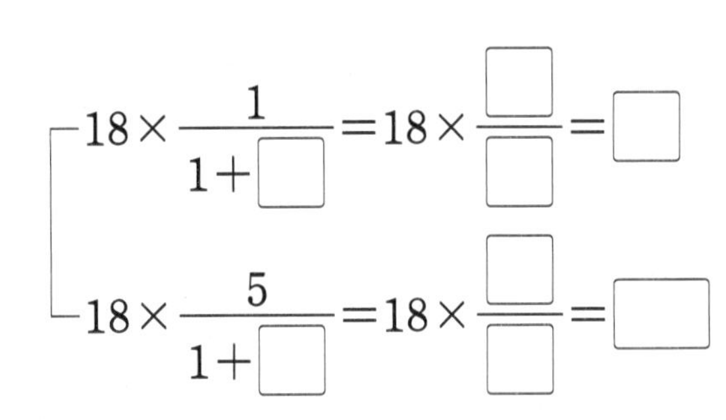

$18\times\frac{1}{1+\square}=18\times\frac{\square}{\square}=\square$

$18\times\frac{5}{1+\square}=18\times\frac{\square}{\square}=\square$

35 소윤이와 형준이가 철사 96 cm를 3 : 1로 나누어 가지려고 합니다. □ 안에 알맞은 수를 써넣으세요.

소윤: $96\times\frac{\square}{\square}=\square$(cm)

형준: $96\times\frac{\square}{\square}=\square$(cm)

36 빨간 색연필과 파란 색연필이 모두 77자루 있습니다. 빨간 색연필과 파란 색연필 수의 비가 3 : 8이라면 빨간 색연필은 몇 자루일까요?

(　　　　　　　　)

4

37 오늘 놀이공원에 입장한 사람은 720명이고 어린이 수와 어른 수의 비는 5 : 4입니다. 어린이가 몇 명인지 알아보기 위한 풀이 과정에서 잘못 계산한 부분을 찾아 바르게 계산해 보세요.

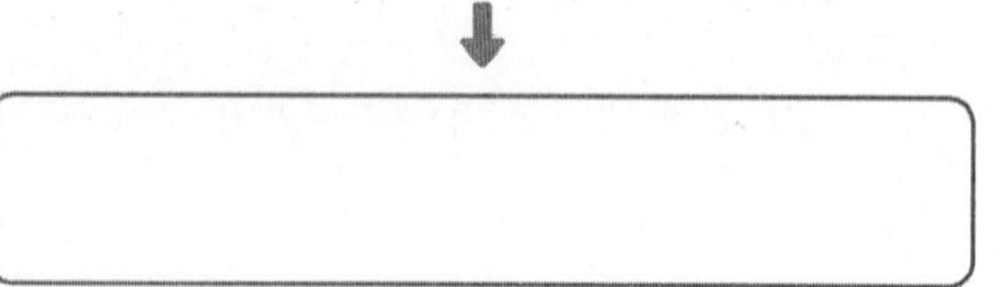

↓

38 구슬 60개를 나영이와 은표가 7 : 5로 나누어 가지려고 합니다. 두 사람은 구슬을 각각 몇 개씩 가져야 할까요?

나영 (　　　　　　　　)
은표 (　　　　　　　　)

39 전체를 7 : 2로 나누었더니 더 큰 쪽이 126이 되었습니다. 전체는 얼마일까요?

(　　　　　　　　)

40 사탕 100개를 학생 수에 따라 두 반에 나누어 주려고 합니다. 두 반에 사탕을 각각 몇 개씩 나누어 주어야 할까요?

반	1	2
학생 수(명)	27	23

1반 (　　　　　　　　)
2반 (　　　　　　　　)

서술형
41 가로와 세로의 비가 4 : 3이고 둘레가 84 cm인 직사각형이 있습니다. 직사각형의 가로가 몇 cm인지 주어진 방법으로 구해 보세요.

방법 1 비례배분하여 문제 해결하기

방법 2 비례식을 세운 다음, 비의 성질을 이용하여 문제 해결하기

42 평행사변형 ㄱㄴㄷㄹ의 넓이가 128 cm^2일 때 평행사변형 ㉮와 ㉯의 넓이의 차는 몇 cm^2인지 구해 보세요.

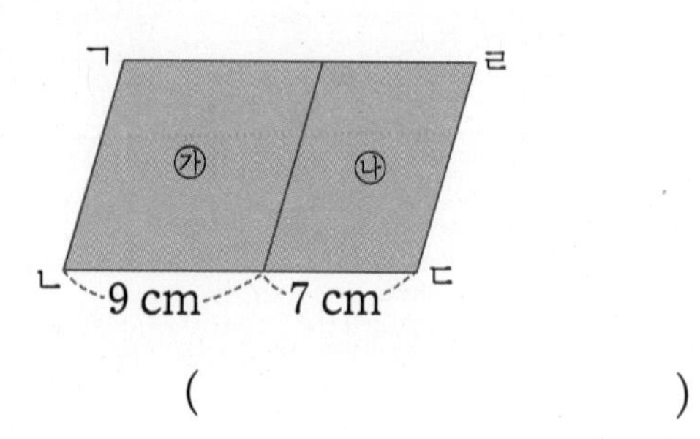

(　　　　　　　　)

응용 유형 중 자주 틀리는 유형을 집중학습함으로써 실력을 한 단계 높여 보세요.

간단한 자연수의 비

1 보기 와 같이 전항을 분수로 바꾸어 간단한 자연수의 비로 나타내어 보세요.

보기

$1.3 : 1\frac{2}{5} \Rightarrow \frac{13}{10} : \frac{7}{5} \Rightarrow 13 : 14$

$5.1 : 2\frac{4}{5}$ ....

2 간단한 자연수의 비로 바르게 나타낸 사람은 누구일까요?

성현 $3\frac{1}{2} : 4\frac{2}{3} \Rightarrow 4 : 3$

재영 $1.8 : 1.6 \Rightarrow 9 : 8$

( )

3 $1\frac{1}{4} : \frac{\square}{5}$를 간단한 자연수의 비로 나타내면 $25 : 12$입니다. □ 안에 알맞은 수를 구해 보세요.

( )

외항, 내항

4 비례식에 대한 설명이 맞으면 ○표, 틀리면 ×표 하세요.

$4 : 5 = 12 : 15$

(1) 내항은 4와 15입니다. ( )

(2) $4 : 5$와 $12 : 15$의 후항은 5와 15입니다. ( )

5 비례식 $3 : 8 = 6 : 16$에 대해 잘못 설명한 것을 찾아 기호를 써 보세요.

㉠ 외항은 6과 16입니다.
㉡ 내항은 8과 6입니다.
㉢ $3 : 8$과 $6 : 16$의 비율이 같습니다.

( )

6 비례식 $2 : 9 = 6 : 27$에 대해 잘못 설명한 것을 찾아 바르게 고쳐 보세요.

㉠ 두 비 $2 : 9$와 $6 : 27$의 비율이 같으므로 옳은 비례식입니다.
㉡ 비례식 $2 : 9 = 6 : 27$에서 내항은 2와 6이고, 외항은 9와 27입니다.

바르게 고치기 ....

....

비율이 같음을 이용한 비례식 찾기

7 옳은 비례식을 모두 고르세요. (　　　　　)

① 6 : 7=12 : 21　② 4 : 5=12 : 15
③ 70 : 20=7 : 2　④ 4 : 9=16 : 27
⑤ 15 : 8=5 : 3

8 옳은 비례식을 모두 고르세요. (　　　　　)

① 3 : 7=7 : 3　② 5 : 13=15 : 26
③ 4 : 30=2 : 15　④ 30 : 45=10 : 15
⑤ 6 : 18=2 : 9

9 옳은 비례식을 만든 사람을 찾아 이름을 써 보세요.

난 8 : 20=40 : 80을 만들었어.

아영

난 72 : 30=12 : 5를 만들었어.

수현

난 32 : 24=3 : 4를 만들었어.

윤하

(　　　　　　　　)

조건을 만족하는 비례식

10 비례식에서 내항의 곱이 88일 때 ㉠과 ㉡에 알맞은 수를 각각 구해 보세요.

2 : 11=㉠ : ㉡

㉠ (　　　　　　　　)
㉡ (　　　　　　　　)

11 비례식에서 외항의 곱이 168일 때 ㉠과 ㉡에 알맞은 수의 합을 구해 보세요.

8 : 7=㉠ : ㉡

(　　　　　　　　)

12 비율이 $\frac{4}{7}$가 되도록 □ 안에 알맞은 수를 써넣으세요.

12 : □=60 : □

비례식의 활용

13 연필이 20자루에 8000원이라고 합니다. 연필 9자루의 가격은 얼마인지 비례식을 세워 구해 보세요.

비례식 ____________

답 ____________

14 $4\,m^2$의 벽을 칠하는 데 0.7 L의 페인트가 필요합니다. 벽 $16\,m^2$를 칠하려면 몇 L의 페인트가 필요할까요?

( )

15 밑변의 길이가 12 cm인 삼각형의 밑변의 길이와 높이의 비가 4 : 7입니다. 이 삼각형의 넓이는 몇 cm^2인지 구해 보세요.

( )

비례배분

16 어느 날 낮과 밤의 길이의 비가 11 : 13이라면 낮의 길이는 몇 시간인지 구해 보세요.

( )

17 어느 해 6월의 날씨를 조사하였더니 맑은 날과 비 온 날의 날수의 비가 3 : 2였습니다. 6월 중 비 온 날의 날수는 며칠인지 구해 보세요. (단, 6월은 맑은 날과 비 온 날만 있습니다.)

( )

18 도형에서 ㉠과 ㉡의 각도의 비는 4 : 5입니다. ㉠과 ㉡의 각도는 각각 몇 도인지 구해 보세요.

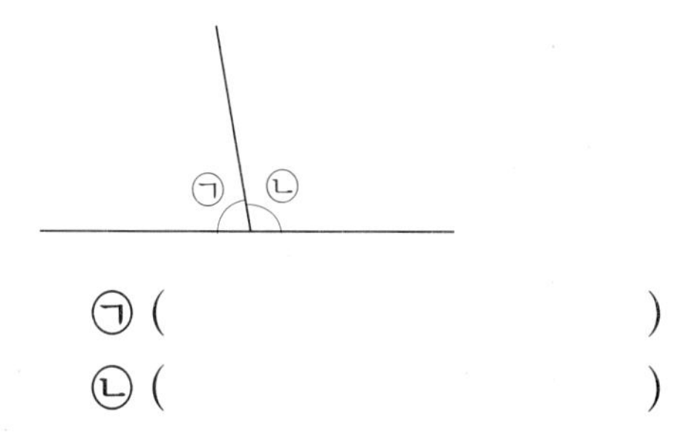

㉠ ( )
㉡ ( )

4

STEP 4 최상위 도전 유형

도전1 간단한 자연수의 비로 나타내기

1 똑같은 숙제를 하는 데 지훈이는 2시간, 연미는 3시간이 걸렸습니다. 지훈이와 연미가 한 시간 동안 하는 숙제의 양을 간단한 자연수의 비로 나타내어 보세요. (단, 한 시간 동안 하는 숙제의 양은 각각 일정합니다.)

( )

핵심 NOTE

어떤 일을 끝내는 데 걸린 시간을 □시간이라고 하면 1시간 동안 한 일의 양은 전체의 $\frac{1}{\square}$입니다.

2 똑같은 일을 끝내는 데 정수가 혼자 하면 15일, 윤아가 혼자 하면 20일이 걸립니다. 정수와 윤아가 하루에 하는 일의 양을 간단한 자연수의 비로 나타내어 보세요. (단, 하루에 하는 일의 양은 각각 일정합니다.)

( )

3 일정한 빠르기로 물이 나오는 수도꼭지 A, B로 물통을 가득 채우는 데 수도꼭지 A는 8분이 걸리고, 수도꼭지 B는 10분이 걸립니다. 수도꼭지 A와 B에서 1분 동안 나오는 물의 양을 간단한 자연수의 비로 나타내어 보세요.

( )

도전2 □ 안에 알맞은 수 구하기

4 비례식에서 □ 안에 알맞은 수를 구해 보세요.

$6:15=(\square-8):25$

( )

핵심 NOTE

내항 또는 외항이 수가 아닌 식으로 주어지면 식을 하나의 문자로 나타낸 후 □ 안에 알맞은 수를 구합니다.

5 비례식에서 ㉠에 알맞은 수를 구해 보세요.

$144:96=(6+㉠):8$

( )

6 비례식에서 ■와 ●에 알맞은 수의 합을 구해 보세요.

$(■-7):5=40:50$

$3:4=9:(●+1)$

( )

도전3 곱셈식을 간단한 자연수의 비로 나타내기

7 ㉮ : ㉯를 간단한 자연수의 비로 나타내어 보세요.

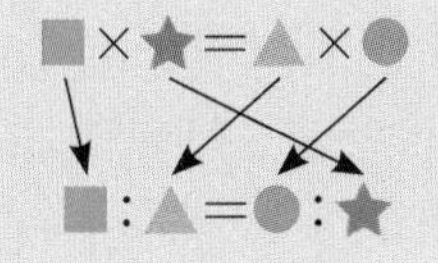

( )

핵심 NOTE

■×★=▲×●
■:▲=●:★

8 ㉮의 0.3배와 ㉯의 0.2배가 같습니다. ㉮ : ㉯를 간단한 자연수의 비로 나타내어 보세요.

( )

9 두 직사각형 ㉮, ㉯가 그림과 같이 겹쳐져 있습니다. 겹쳐진 부분의 넓이는 ㉮의 넓이의 0.6이고, ㉯의 넓이의 $\frac{3}{7}$입니다. ㉮와 ㉯의 넓이의 비를 간단한 자연수의 비로 나타내어 보세요.

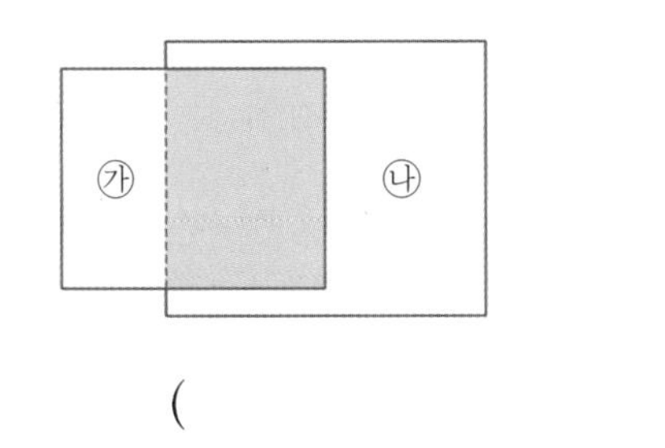

( )

도전4 간단한 자연수의 비로 나타내어 비례배분하기

10 넓이가 2800 m^2인 밭을 $\frac{2}{3} : \frac{1}{2}$로 나누어 오이밭과 가지밭을 만들었습니다. 가지밭의 넓이는 몇 m^2인지 구해 보세요.

( )

핵심 NOTE

주어진 비가 (분수) : (분수), (소수) : (소수), (소수) : (분수)일 때에는 비를 간단한 자연수의 비로 나타낸 후 비례배분합니다.

11 15000원짜리 선물을 사는 데 현태와 민영이가 $1\frac{3}{5} : 0.9$로 나누어 돈을 냈습니다. 현태와 민영이가 낸 돈은 각각 얼마인지 구해 보세요.

현태 ( )
민영 ( )

12 사탕을 우주와 지후가 0.2 : 0.5로 나누어 가졌습니다. 우주가 가진 사탕이 24개라면 처음에 있던 사탕은 모두 몇 개인지 구해 보세요.

( )

도전5 **비례식을 이용하는 빠르기 문제 해결하기**

13 일정한 빠르기로 6분 동안 9 km를 가는 자동차가 있습니다. 같은 빠르기로 이 자동차가 150 km를 가려면 몇 시간 몇 분이 걸리는지 구해 보세요.

(　　　　　　　　)

핵심 NOTE

일정한 빠르기로 움직이는 물체는 시간과 거리의 비율이 같습니다.

14 명선이는 자전거를 타고 25분 동안 8 km를 달렸습니다. 같은 빠르기로 1시간 20분 동안 몇 km를 갈 수 있을까요?

(　　　　　　　　)

15 윤슬이네 가족은 자동차를 타고 12분 동안 17 km를 가는 빠르기로 집에서 212.5 km 떨어진 할아버지 댁에 가려고 합니다. 할아버지 댁까지 가려면 몇 시간 몇 분이 걸릴까요?

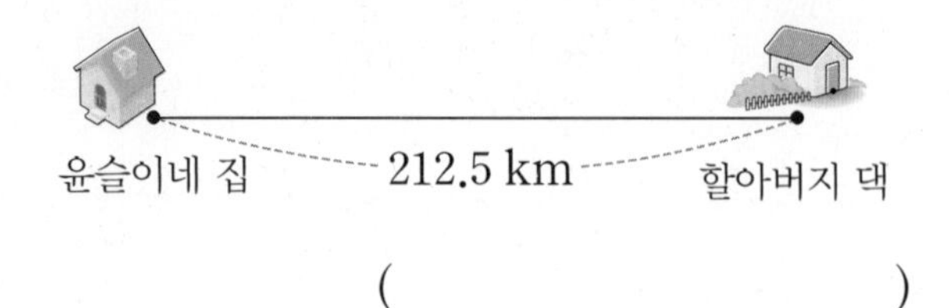

(　　　　　　　　)

도전6 **비례식을 이용하는 도형 문제 해결하기**

16 가로와 세로의 비가 7 : 5인 직사각형의 가로가 21 cm입니다. 이 직사각형의 넓이는 몇 cm^2일까요?

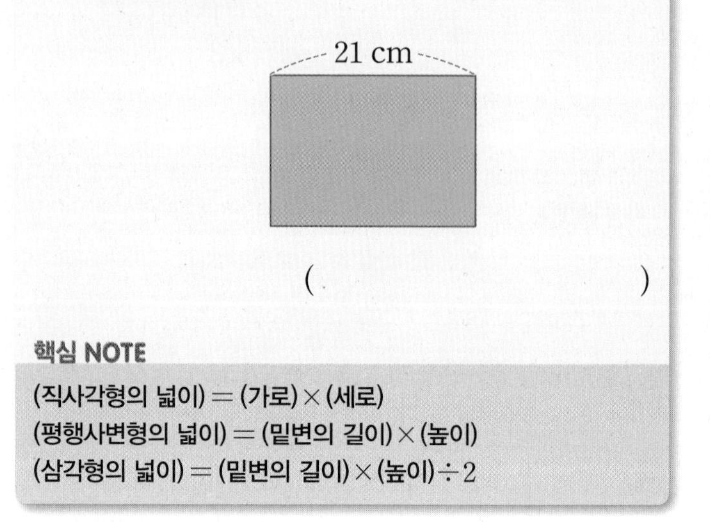

(　　　　　　　　)

핵심 NOTE

(직사각형의 넓이) = (가로) × (세로)
(평행사변형의 넓이) = (밑변의 길이) × (높이)
(삼각형의 넓이) = (밑변의 길이) × (높이) ÷ 2

17 오른쪽 삼각형의 밑변의 길이는 12 cm이고 밑변의 길이와 높이의 비는 4 : 3입니다. 삼각형의 넓이는 몇 cm^2일까요?

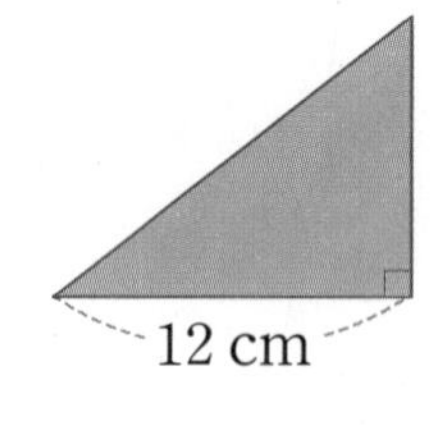

(　　　　　　　　)

18 두 직선 가와 나는 서로 평행합니다. 평행사변형과 직사각형의 넓이의 비가 4 : 5일 때 ㉠에 알맞은 수를 구해 보세요.

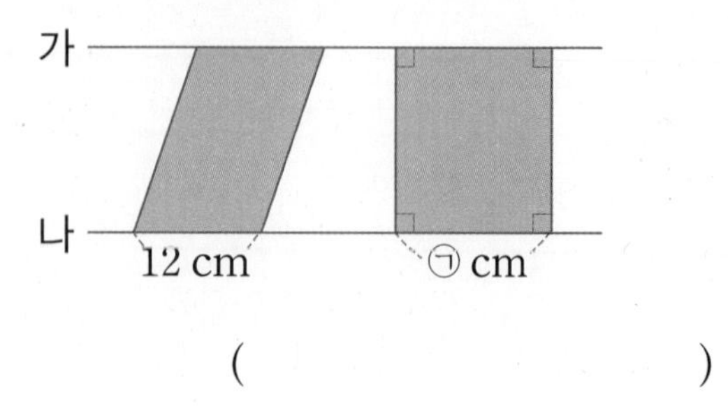

(　　　　　　　　)

도전7 비례식을 이용하는 비율 문제 해결하기

19 지영이네 반 학생의 25%는 안경을 쓰고 있습니다. 안경을 쓴 학생이 10명일 때 지영이네 반 전체 학생은 몇 명인지 구해 보세요.

( )

핵심 NOTE

백분율은 기준량을 100으로 할 때의 비율을 말합니다. 백분율의 기준량을 100으로 하여 알맞은 비례식을 세워 문제를 해결합니다.

20 사탕 한 봉지의 48%는 포도 맛 사탕입니다. 이 봉지에 들어 있는 포도 맛 사탕이 36개라면 전체 사탕은 몇 개인지 구해 보세요.

( )

21 사람 몸무게의 8%가 혈액의 무게라고 합니다. 몸무게가 75 kg인 사람의 혈액의 무게는 몇 kg인지 구해 보세요.

( )

도전8 비례식을 이용하여 톱니바퀴 문제 해결하기

22 서로 맞물려 돌아가는 두 톱니바퀴 ㉮, ㉯가 있습니다. ㉮의 톱니 수는 15개이고 ㉯의 톱니 수는 6개입니다. ㉮가 10번 도는 동안 ㉯는 몇 번 돌까요?

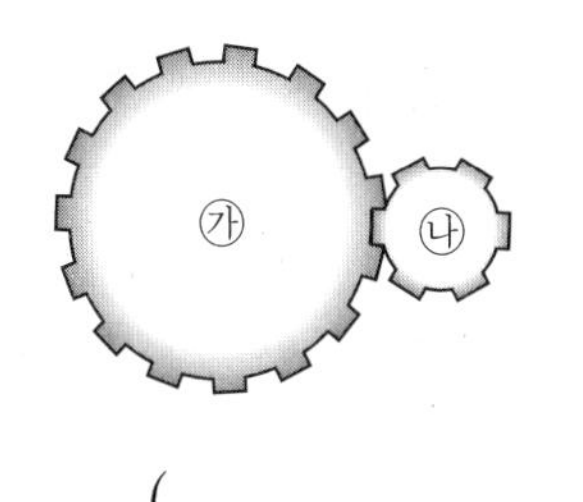

( )

핵심 NOTE

두 톱니바퀴의 톱니 수의 비가 ★ : ♥일 때 두 톱니바퀴의 회전수의 비는 ♥ : ★입니다.

23 서로 맞물려 돌아가는 두 톱니바퀴 A, B가 있습니다. A의 톱니 수가 36개, B의 톱니 수가 28개일 때 B가 72번 도는 동안 A는 몇 번 돌까요?

( )

24 서로 맞물려 돌아가는 두 톱니바퀴 ㉮, ㉯가 있습니다. ㉮가 4번 도는 동안 ㉯는 3번 돕니다. ㉮의 톱니 수가 108개라면 ㉯의 톱니 수는 몇 개일까요?

( )

도전9 투자한 금액의 비로 이익금 구하기

25 윤호와 성희가 각각 50만 원과 70만 원을 투자하여 얻은 이익금을 투자한 금액의 비로 나누어 가지기로 하였습니다. 이익금이 144만 원일 때 윤호와 성희가 받는 이익금은 각각 얼마인지 구해 보세요.

윤호 (　　　　　　　　)
성희 (　　　　　　　　)

핵심 NOTE
투자한 금액의 비를 간단한 자연수의 비로 나타낸 후 총 이익금을 비례배분하여 각각 받는 이익금이 얼마인지 구합니다.

26 수빈이와 승현이는 각각 5일, 3일 동안 일을 하고 96만 원을 받았습니다. 일을 한 날수의 비로 돈을 나누어 가진다면 돈을 적게 가지는 사람은 누구이고, 얼마를 가지는지 구해 보세요.

(　　　　　　　　), (　　　　　　　　)

27 민호와 은지는 각각 1시간 30분, $1\frac{7}{20}$시간을 일하고 39900원을 받았습니다. 일을 한 시간의 비로 돈을 나누어 가진다면 두 사람이 가지는 돈의 차는 얼마인지 구해 보세요.

(　　　　　　　　)

도전10 비례배분한 양으로 전체의 양 구하기

28 현준이네 가족 3명과 시우네 가족 4명이 가족 수에 따라 배를 나누어 가졌습니다. 현준이네 가족이 12개 가졌다면 처음 배의 수는 모두 몇 개일까요?

(　　　　　　　　)

핵심 NOTE
전체의 양을 □로 놓고 비례배분하는 식을 세운 후 □의 값을 구합니다.

29 직사각형 ㄱㄴㄹㅁ에서 선분 ㄴㄷ과 선분 ㄷㄹ의 길이의 비는 5 : 7입니다. 직사각형 ㄱㄴㄷㅂ의 넓이가 25 cm^2일 때 직사각형 ㄱㄴㄹㅁ의 넓이는 몇 cm^2일까요?

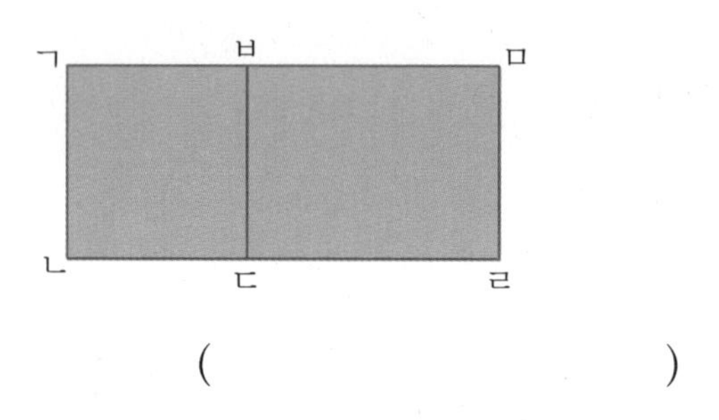

(　　　　　　　　)

30 세민이와 시원이는 각각 40만 원과 60만 원을 투자하여 얻은 이익금을 투자한 금액의 비로 나누어 가졌습니다. 세민이가 가진 이익금이 10만 원일 때, 총 이익금은 얼마인지 구해 보세요.

(　　　　　　　　)

수시 평가 대비 Level 1

점수

확인

1 다음 비에서 전항과 후항을 각각 써 보세요.

5 : 9

전항 (　　　　　　　　　)
후항 (　　　　　　　　　)

2 □ 안에 알맞은 수를 써넣어 간단한 자연수의 비로 나타내어 보세요.

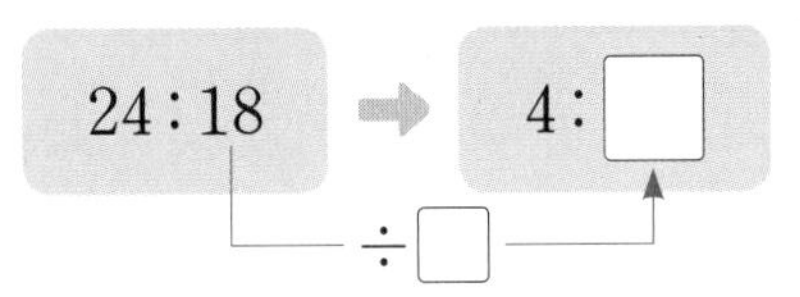

3 비례식에서 외항의 곱과 내항의 곱을 각각 구해 보세요.

2 : 7 = 4 : 14

외항의 곱 (　　　　　　　　　)
내항의 곱 (　　　　　　　　　)

4 전항과 후항을 0이 아닌 같은 수로 나누어 비율이 같은 비를 2개 써 보세요.

20 : 30

(　　　　　　　　　)

5 비례식 7 : 9 = 21 : 27에 대해 잘못 설명한 것을 찾아 기호를 써 보세요.

㉠ 7 : 9의 비율과 21 : 27의 비율이 같습니다.
㉡ 전항은 7과 21입니다.
㉢ 외항은 9와 21이고, 내항은 7과 27입니다.

(　　　　　　　　　)

6 재호와 유나가 같은 숙제를 한 시간 동안 했는데 재호는 전체의 $\frac{1}{5}$을, 유나는 전체의 $\frac{1}{3}$을 했습니다. 재호와 유나가 각각 한 시간 동안 한 숙제의 양을 간단한 자연수의 비로 나타내어 보세요.

(　　　　　　　　　)

7 후항이 18인 비가 있습니다. 이 비의 비율이 $\frac{5}{6}$일 때 전항은 얼마인지 구해 보세요.

(　　　　　　　　　)

8 주어진 식은 비례식입니다. □ 안에 들어갈 수 있는 비를 모두 찾아 기호를 써 보세요.

3 : 7 = □

㉠ 7 : 3	㉡ 12 : 28
㉢ 6 : 14	㉣ 15 : 21

(　　　　　　　　　)

9 비를 간단한 자연수의 비로 나타내어 보세요.

0.8 : 1

( )

10 비례식을 모두 찾아 기호를 써 보세요.

㉠ 4 : 5=16 : 20 ㉡ $\frac{1}{2}:\frac{3}{5}=2:3$

㉢ 1.5 : 0.3=5 : 1 ㉣ 12 : 18=3 : 4

( )

11 비례식의 성질을 이용하여 □ 안에 알맞은 수를 써넣으세요.

5 : 8=□ : 24

12 학교 체육관에 있는 축구공과 배구공 수의 비가 3 : 2입니다. 축구공이 24개일 때 배구공은 몇 개일까요?

( )

13 같은 구슬 4개가 640원입니다. 1120원으로 똑같은 구슬을 몇 개까지 살 수 있을까요?

( )

14 아리와 주승이가 길이가 21 cm인 철사를 4 : 3으로 나누어 가지려고 합니다. 아리와 주승이는 철사를 각각 몇 cm씩 가지면 될까요?

아리 ( )

주승 ( )

15 9월 한 달 동안 지민이가 책을 읽은 날수와 책을 읽지 않은 날수의 비가 4 : 1이라고 합니다. 지민이가 9월에 책을 읽지 않은 날은 며칠일까요?

( )

정답과 풀이 37쪽

16 외항이 6과 15, 내항이 5와 18인 비례식을 2개 세워 보세요.

( )

17 일정한 빠르기로 6분에 8 km를 가는 자동차가 있습니다. 같은 빠르기로 이 자동차가 180 km를 가는 데 걸리는 시간은 몇 시간 몇 분일까요?

( )

18 둘레가 88 cm인 직사각형의 가로와 세로의 비가 $\frac{3}{4}:\frac{5}{8}$입니다. 이 직사각형의 가로는 몇 cm일까요?

( )

서술형

19 비례식에서 내항의 곱이 200일 때 ㉡에 알맞은 수는 얼마인지 풀이 과정을 쓰고 답을 구해 보세요.

5 : 4 = ㉠ : ㉡

풀이

답

서술형

20 밤을 유라와 지성이가 4 : 5로 나누어 가졌더니 지성이가 가진 밤이 40개였습니다. 두 사람이 나누어 가진 밤은 모두 몇 개인지 풀이 과정을 쓰고 답을 구해 보세요.

풀이

답

수시 평가 대비 Level 2

점수

확인

1 비례식에서 외항과 내항을 각각 찾아 써 보세요.

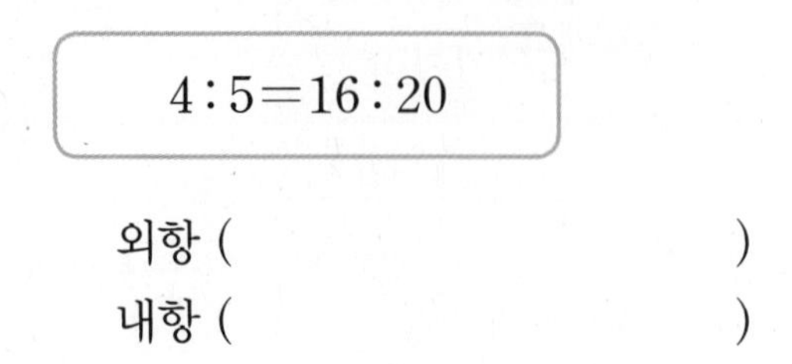

외항 (   )

내항 (   )

2 비의 성질을 이용하여 □ 안에 알맞은 수를 써넣으세요.

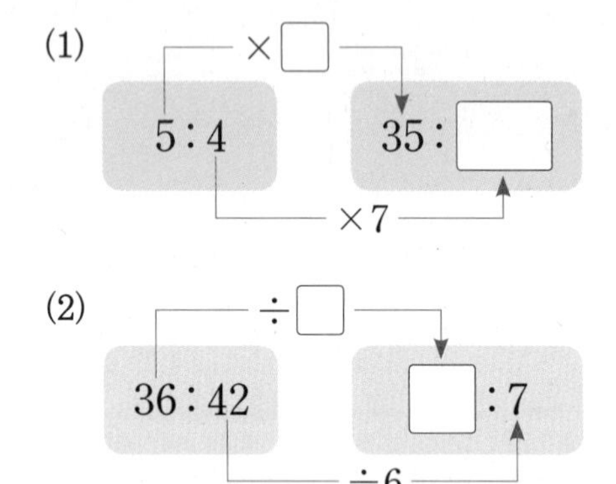

3 □ 안의 수를 주어진 비로 나누어 [,] 안에 써 보세요.

(1) 64 9 : 7 ➡ [,   ]

(2) 150 11 : 14 ➡ [,   ]

4 비의 성질을 이용하여 비율이 같은 비를 만들려고 합니다. □ 안에 공통으로 들어갈 수 없는 수는 어느 것일까요? (   )

54 : 36 ➡ (54 ÷ □) : (36 ÷ □)

① 0 ② 2 ③ 3
④ 6 ⑤ 9

5 비율이 같은 두 비를 찾아 비례식을 세워 보세요.

10 : 8 4 : 6 4 : 5 5 : 4

(   )

6 삼각형의 밑변의 길이가 $3\frac{3}{4}$ cm, 높이가 4.35 cm일 때 밑변의 길이와 높이의 비를 간단한 자연수의 비로 나타내어 보세요.

(   )

7 비례식의 성질을 이용하여 □ 안에 알맞은 수를 써넣으세요.

$\frac{2}{3}$: 5 = □ : 30

8 색 테이프 45 cm를 채은이와 범용이가 4 : 5로 나누어 가지려고 합니다. 채은이와 범용이는 색 테이프를 각각 몇 cm씩 가져야 할까요?

채은 (   )

범용 (   )

정답과 풀이 38쪽

9 □ 안에 알맞은 수가 가장 큰 비례식을 찾아 기호를 써 보세요.

㉠ $6:7=42:\square$

㉡ $\frac{1}{5}:0.4=\square:10$

㉢ $\square:2.8=7:4$

(　　　　　　　)

10 밀가루와 설탕을 $5:3$의 비로 섞어 쿠키를 만들려고 합니다. 밀가루를 150 g 넣는다면 설탕은 몇 g을 넣어야 할까요?

(　　　　　　　)

11 밑변의 길이와 높이의 비가 $5:9$인 평행사변형이 있습니다. 밑변의 길이와 높이의 합이 42 cm일 때 평행사변형의 넓이는 몇 cm^2일까요?

(　　　　　　　)

12 지환이와 영란이가 구슬 150개를 나누어 가졌습니다. 지환이가 영란이보다 20개 더 적게 가졌다면 지환이와 영란이가 가진 구슬 수의 비를 간단한 자연수의 비로 나타내어 보세요.

(　　　　　　　)

13 사탕 63개를 영진이와 용태가 $\frac{1}{4}:\frac{4}{5}$로 나누어 가지려고 합니다. 영진이와 용태는 사탕을 각각 몇 개씩 가져야 할까요?

영진 (　　　　　　　)

용태 (　　　　　　　)

14 연필 30자루를 각 모둠의 학생 수에 따라 나누어 주려고 합니다. 가 모둠은 4명, 나 모둠은 6명일 때 가와 나 모둠에 연필을 각각 몇 자루씩 나누어 주어야 할까요?

가 모둠 (　　　　　　　)

나 모둠 (　　　　　　　)

4

15 조건에 맞게 비례식을 완성해 보세요.

- 비율은 $\frac{3}{7}$입니다.
- 내항의 곱은 63입니다.

$\square:21=\square:\square$

정답과 풀이 38쪽

16 한 시간에 3분씩 일정하게 늦어지는 시계가 있습니다. 오전 8시에 이 시계를 정확히 맞추었다면 같은 날 오후 2시에 이 시계가 가리키는 시각은 오후 몇 시 몇 분일까요?

( )

17 두 원 ㉮, ㉯가 그림과 같이 겹쳐져 있습니다. 겹쳐진 부분의 넓이는 원 ㉮의 넓이의 $\frac{3}{8}$이고 원 ㉯의 넓이의 0.5입니다. 원 ㉮와 원 ㉯의 넓이의 비를 간단한 자연수의 비로 나타내어 보세요.

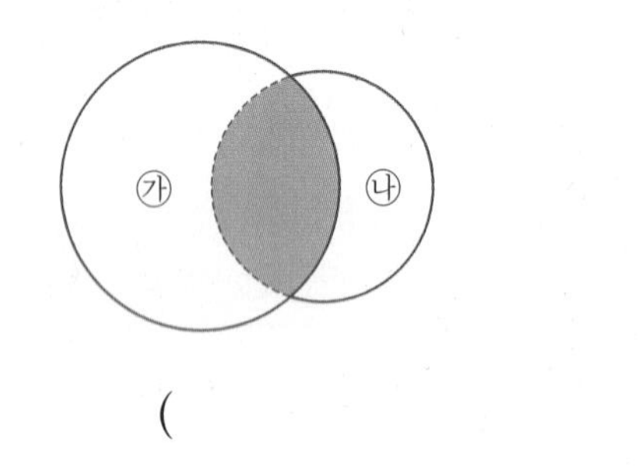

( )

18 높이가 65 cm인 빈 물통에 일정하게 물이 나오는 수도꼭지로 6분 동안 물을 받았더니 물의 높이가 20 cm가 되었습니다. 이 수도꼭지로 크기가 같은 빈 물통에 물을 가득 채우려면 몇 분 몇 초가 걸릴까요?

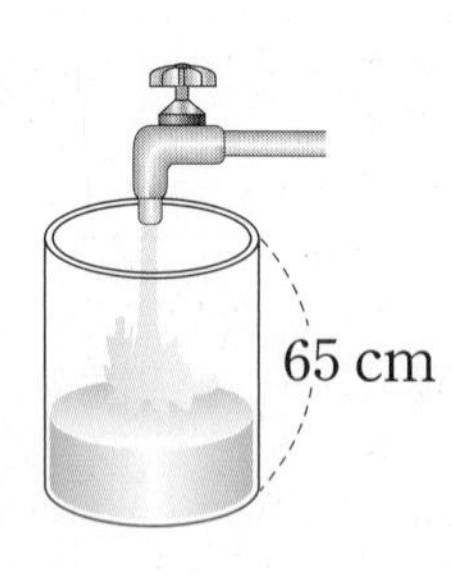

( )

서술형

19 희준이는 자전거를 타고 3분 동안 0.8 km를 달립니다. 같은 빠르기로 희준이가 1시간 30분 동안 달리면 몇 km를 갈 수 있는지 풀이 과정을 쓰고 답을 구해 보세요.

풀이

답

서술형

20 가로와 세로의 비가 11 : 4이고 둘레가 90 cm인 직사각형이 있습니다. 이 직사각형의 넓이는 몇 cm^2인지 풀이 과정을 쓰고 답을 구해 보세요.

둘레: 90 cm

풀이

답

5 원의 넓이

이번 단원에서
꼭 짚어야 할
핵심 개념을 알아보자.

핵심 1 원주와 원주율

- 원의 둘레를 □라고 한다.
- 원의 지름에 대한 원주의 비율을 □이라고 한다.

(원주율)=(원주)÷(□)

핵심 2 원주율을 이용하여 원주 구하기

(원주율)=(원주)÷(지름)

➡ (원주)=(□)×(원주율)

핵심 3 원주율을 이용하여 지름 구하기

(원주율)=(원주)÷(지름)

➡ (지름)=(원주)÷(□)

(반지름)=(원주)÷(□)÷2

핵심 4 원의 넓이 구하는 방법

(원의 넓이)

$=(\text{원주})\times\frac{1}{2}\times(\text{반지름})$

$=(\square)\times(\text{지름})\times\frac{1}{2}\times(\text{반지름})$

$=(\text{반지름})\times(\text{반지름})\times(\square)$

핵심 5 원의 넓이 구하기

- 원주율이 3.14일 때 원의 넓이 구하기

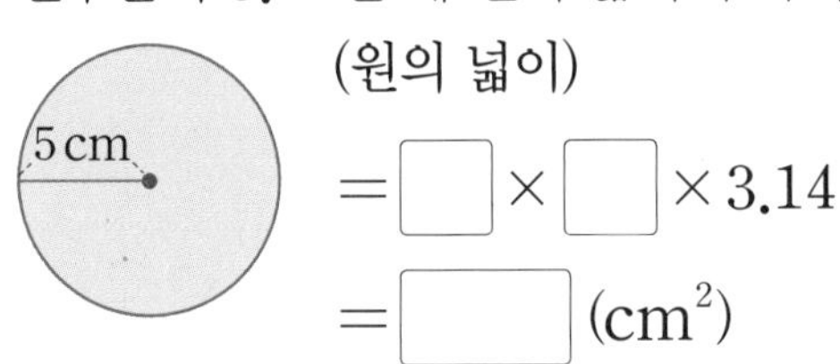

(원의 넓이)

$=\square\times\square\times3.14$

$=\square\ (\text{cm}^2)$

답 1. 원주, 원주율, 지름 2. 지름 3. 원주율, 원주율 4. 원주율, 원주율 5. 5, 5, 78.5

STEP 1 교과 개념

1. 원주와 지름의 관계, 원주율

원주 알아보기

- 원주: 원의 둘레

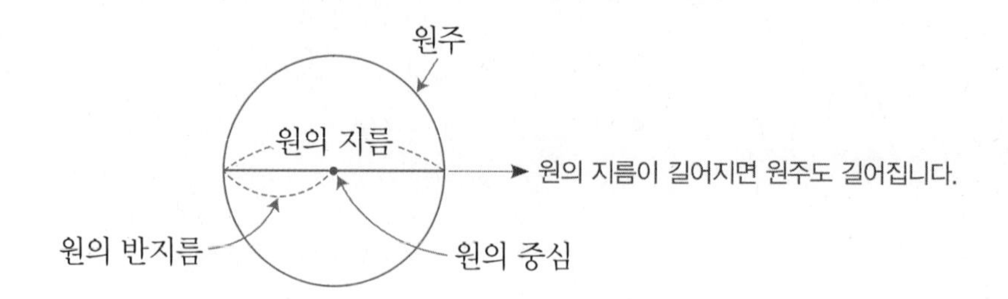

원주와 지름의 관계

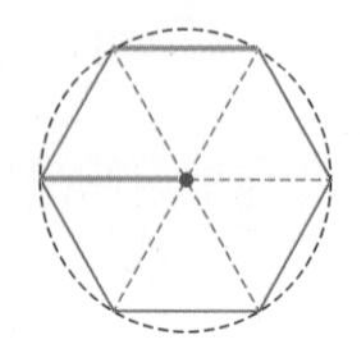

(정육각형의 둘레)
=(원의 반지름)×6
=(원의 지름)×3

(정육각형의 둘레)<(원주)

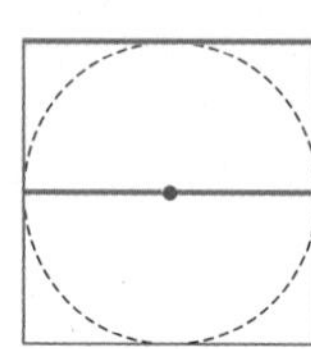

(정사각형의 둘레)
=(원의 지름)×4

(원주)<(정사각형의 둘레)

➡ **(원의 지름)×3<(원주), (원주)<(원의 지름)×4**

원주율 알아보기

- 원주와 지름의 관계

원의 지름	2 cm	3 cm	4 cm
원주	6.28 cm	9.42 cm	12.56 cm
(원주)÷(지름)	3.14	3.14	3.14

➡ 원의 크기와 상관없이 (원주)÷(지름)의 값은 일정합니다.

- 원주율: 원의 지름에 대한 원주의 비율

(원주율)=(원주)÷(지름)

- 원주율을 소수로 나타내면 3.1415926535897932…와 같이 끝없이 이어집니다. 따라서 필요에 따라 3, 3.1, 3.14 등으로 어림하여 사용하기도 합니다.

정답과 풀이 40쪽

1 원의 지름은 파란색, 원주는 빨간색으로 표시해 보세요.

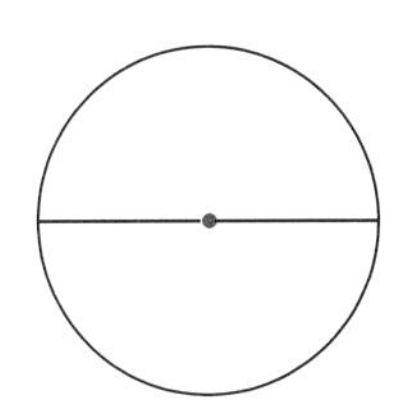

2 설명이 맞으면 ○표, 틀리면 ×표 하세요.

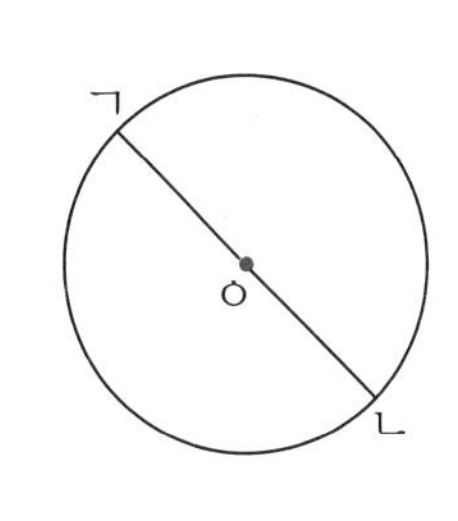

① 원의 중심 ㅇ을 지나는 선분 ㄱㄴ은 원주입니다.

( )

② 원의 지름이 길어지면 원주도 길어집니다.

( )

③ 원주는 원의 지름의 약 8배입니다.

( )

3 지름이 4 cm인 원을 만들고 자 위에서 한 바퀴 굴렸습니다. 원주가 얼마쯤 될지 자에 표시해 보세요.

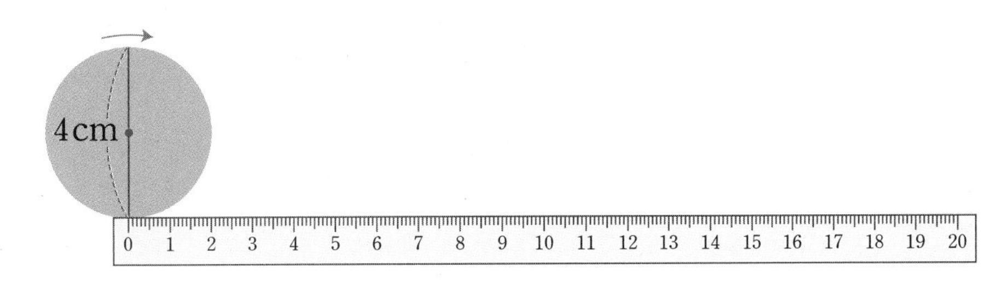

4 여러 가지 물건의 원주와 지름을 재어 보았습니다. 빈칸에 알맞은 수를 써넣고 알맞은 말에 ○표 하세요.

원주율은
3.1415926535897932…와
같이 끝없이 이어져요.

물건	원주(cm)	지름(cm)	(원주)÷(지름)
접시	53.38	17	
시계	78.5	25	
탬버린	62.8	20	

(원주)÷(지름)은 (반지름, 원주율)이고, 원의 지름이 길어질 때 원주율은 (일정합니다 , 커집니다).

STEP 1 교과 개념

2. 원주와 지름 구하기

● 원주 구하기

• 지름을 알 때 원주율을 이용하여 원주 구하는 방법

(원주율) = (원주) ÷ (지름)
➡ (원주) = (지름) × (원주율)

• 지름이 8 cm인 원의 원주 구하기 (원주율: 3)

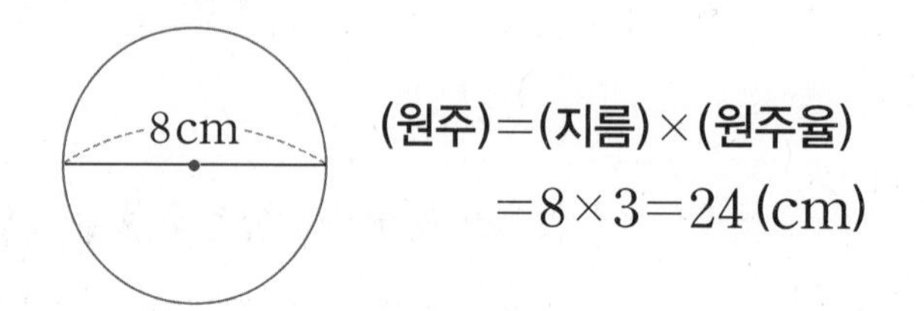

(원주)=(지름)×(원주율)
=8×3=24 (cm)

● 지름 구하기

• 원주를 알 때 원주율을 이용하여 지름 구하는 방법

(원주) = (지름) × (원주율)
➡ (지름) = (원주) ÷ (원주율)

• 원주가 18 cm인 원의 지름 구하기 (원주율: 3)

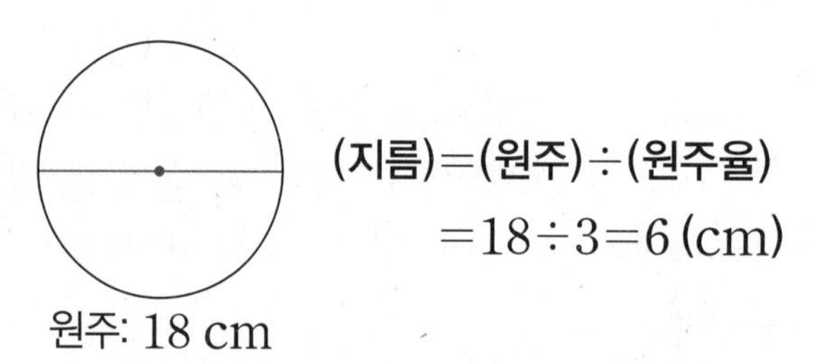

(지름)=(원주)÷(원주율)
=18÷3=6 (cm)

원주: 18 cm

개념 자세히 보기

• **반지름을 알면 원주율을 이용하여 원주를 구할 수 있어요! (원주율: 3.14)**

(원주) = (지름) × (원주율)
= (반지름) × 2 × (원주율)

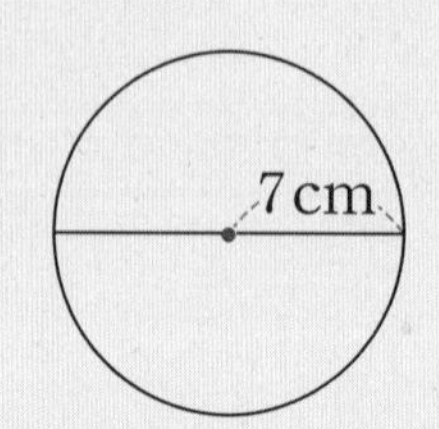

(원주) = (반지름) × 2 × (원주율)
= 7 × 2 × 3.14
= 43.96 (cm)

➔ 정답과 풀이 41쪽

1 원주를 구하려고 합니다. □ 안에 알맞은 수를 써넣으세요. (원주율: 3.14)

① 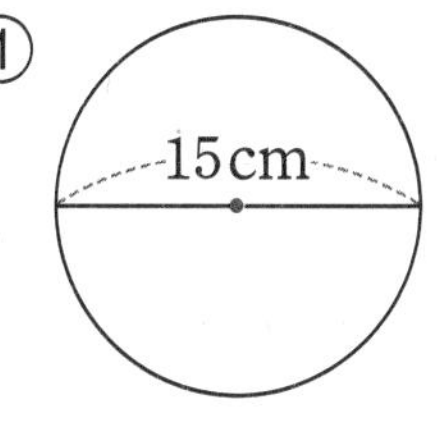

(원주) = (지름) × (원주율)
= □ × 3.14
= □ (cm)

② 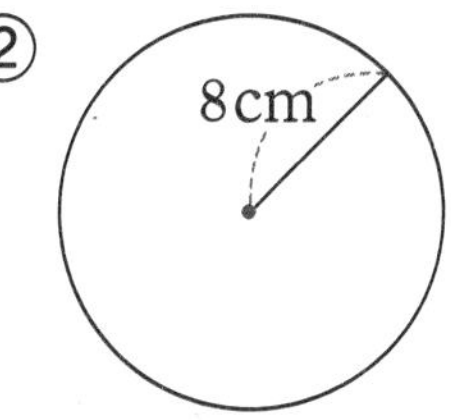

(원주) = (반지름) × 2 × (원주율)
= □ × 2 × 3.14
= □ (cm)

3학년 때 배웠어요

원의 지름과 반지름의 관계

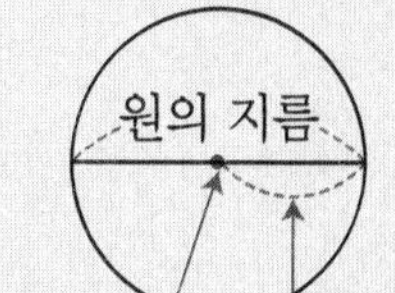

원의 지름은 원의 반지름의 2 배입니다.

2 원주가 다음과 같을 때 □ 안에 알맞은 수를 써넣으세요. (원주율: 3.14)

① 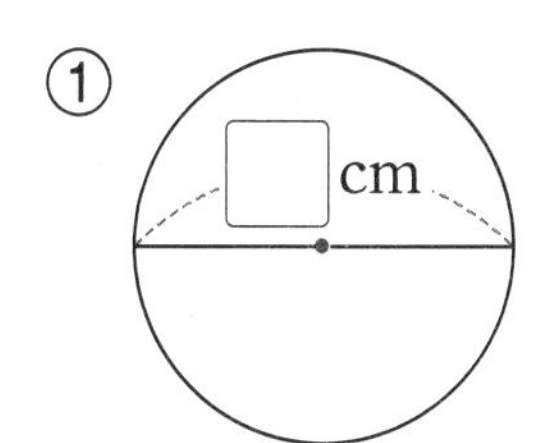

원주: 21.98 cm

② 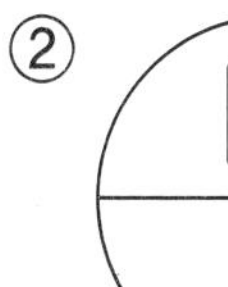

원주: 12.56 cm

원주율을 이용하여 지름, 반지름을 구할 수 있어요.
(원주) ÷ (지름) = (원주율)
➡ (지름) = (원주) ÷ (원주율)

3 원 모양의 호수의 중심을 지나는 다리의 길이는 35 m입니다. 호수의 둘레는 몇 m인지 구해 보세요. (원주율: 3.1)

(　　　　　　　　)

원 모양의 호수의 중심을 지나는 다리의 길이는 원의 지름을 나타내요.

4 원주가 141.3 cm인 원 모양의 피자가 있습니다. 이 피자의 지름은 몇 cm인지 구해 보세요. (원주율: 3.14)

(　　　　　　　　)

5

3. 원의 넓이 어림하기

● **원 안의 정사각형과 원 밖의 정사각형을 이용하여 원의 넓이 어림하기**

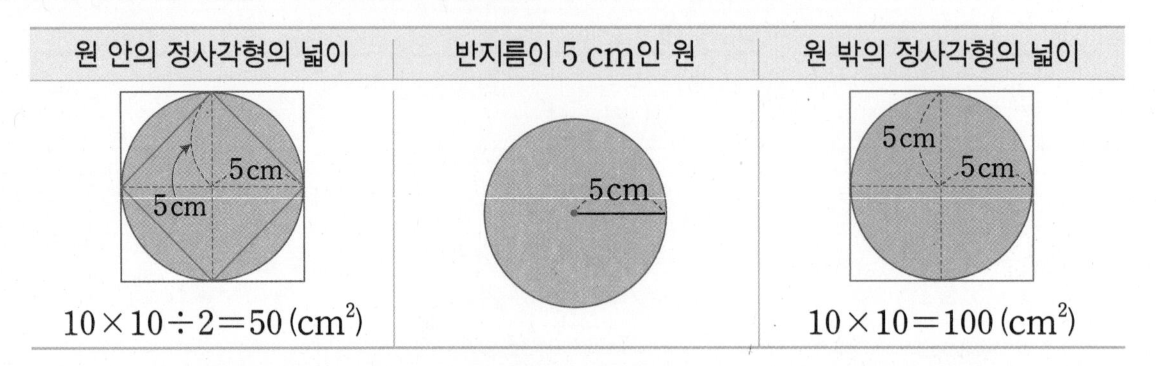

(원 안의 정사각형의 넓이)<(원의 넓이)

(원의 넓이)<(원 밖의 정사각형의 넓이)

➡ 50 cm^2<(원의 넓이)

(원의 넓이)<100 cm^2

● **모눈종이를 이용하여 원의 넓이 어림하기**

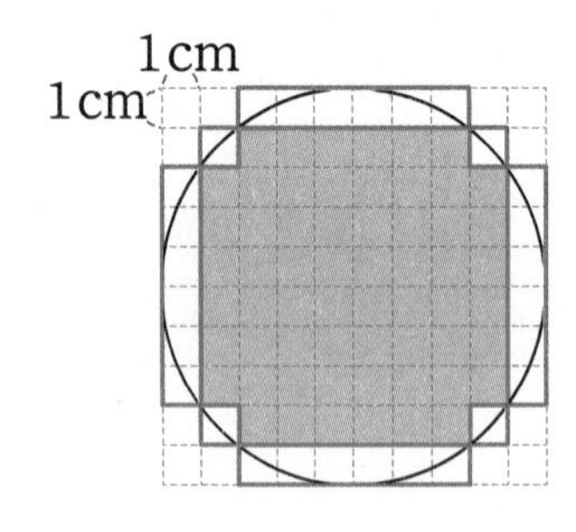

(주황색 모눈의 넓이)<(반지름이 5 cm인 원의 넓이)

→ 주황색 모눈의 수: 60개 → 60 cm^2

(반지름이 5 cm인 원의 넓이)<(빨간색 선 안쪽 모눈의 넓이)

→ 빨간색 선 안쪽 모눈의 수: 88개 → 88 cm^2

➡ 60 cm^2<(반지름이 5 cm인 원의 넓이), (반지름이 5 cm인 원의 넓이)<88 cm^2

개념 다르게 보기

• **정육각형을 이용하여 원의 넓이를 어림할 수 있어요!**

삼각형 ㄱㅇㄷ의 넓이가 40 cm^2, 삼각형 ㄹㅇㅂ의 넓이가 30 cm^2일 때 원의 넓이 어림하기

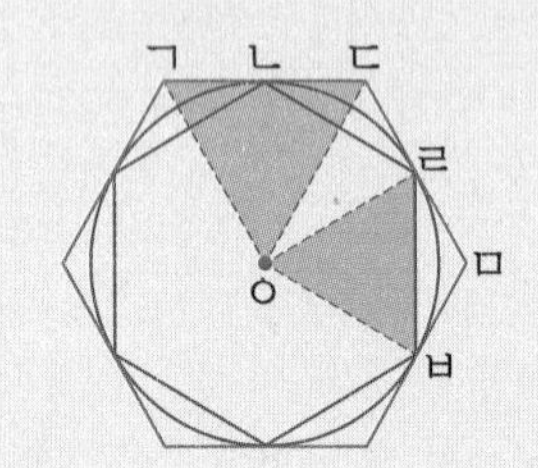

(원 안의 정육각형의 넓이)=(삼각형 ㄹㅇㅂ의 넓이)×6=30×6=180 (cm²)

(원 밖의 정육각형의 넓이)=(삼각형 ㄱㅇㄷ의 넓이)×6=40×6=240 (cm²)

(원 안의 정육각형의 넓이)<(원의 넓이), (원의 넓이)<(원 밖의 정육각형의 넓이)

180 cm^2<(원의 넓이), (원의 넓이)<240 cm^2

반지름이 20 cm인 원의 넓이는 얼마인지 어림하려고 합니다. 물음에 답하세요.

원의 넓이는 원 밖의 정사각형의 넓이보다 작고, 원 안의 정사각형의 넓이보다 커요.

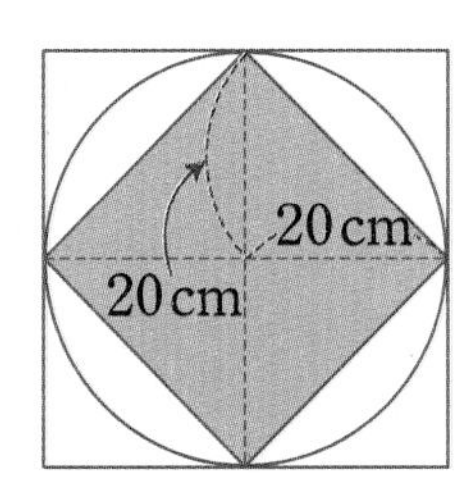

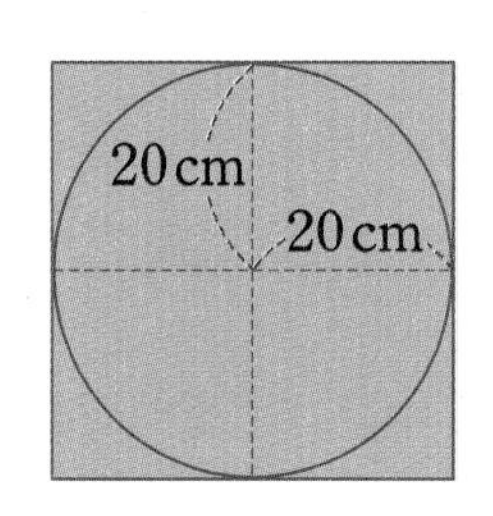

① □ 안에 알맞은 수를 써넣으세요.

- (원 안의 정사각형의 넓이) = 40 × □ ÷ 2 = □ (cm^2)
- (원 밖의 정사각형의 넓이) = 40 × □ = □ (cm^2)

② 원의 넓이를 어림해 보세요.

□ cm^2 < (원의 넓이), (원의 넓이) < □ cm^2

2

그림과 같이 한 변이 8 cm인 정사각형에 지름이 8 cm인 원을 그리고 1 cm 간격으로 점선을 그렸습니다. 모눈의 수를 세어 원의 넓이를 어림하려고 합니다. □ 안에 알맞은 수를 써넣으세요.

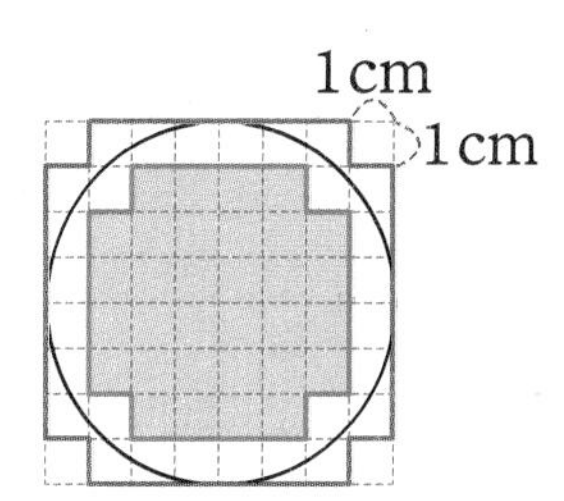

① 초록색 모눈은 □개입니다.

② 빨간색 선 안쪽 모눈은 □개입니다.

③ □ cm^2 < (원의 넓이), (원의 넓이) < □ cm^2

3

원 안의 정육각형과 원 밖의 정육각형의 넓이를 이용하여 원의 넓이를 어림하려고 합니다. □ 안에 알맞은 수를 써넣으세요.

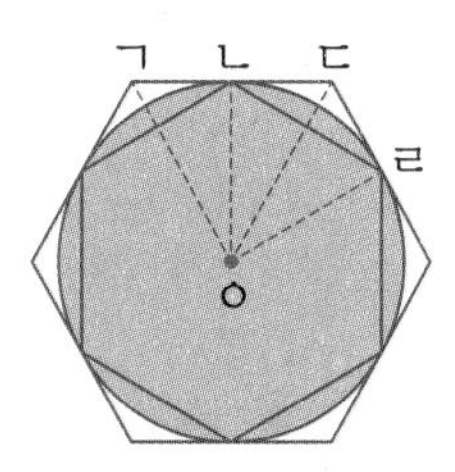

정육각형은 변의 길이가 모두 같고 각의 크기가 모두 같은 육각형으로 합동인 6개의 삼각형으로 나눌 수 있어요.

① 삼각형 ㄱㅇㄷ의 넓이가 12 cm^2라면 원 밖의 정육각형의 넓이는 □ cm^2입니다.

② 삼각형 ㄴㅇㄹ의 넓이가 9 cm^2라면 원 안의 정육각형의 넓이는 □ cm^2입니다.

③ 원의 넓이는 □ cm^2라고 어림할 수 있습니다.

5

STEP 1 교과 개념

4. 원의 넓이 구하는 방법 알아보기, 여러 가지 원의 넓이 구하기

원의 넓이 구하는 방법 알아보기

원을 한없이 잘라 이어 붙이면 점점 직사각형에 가까워집니다.

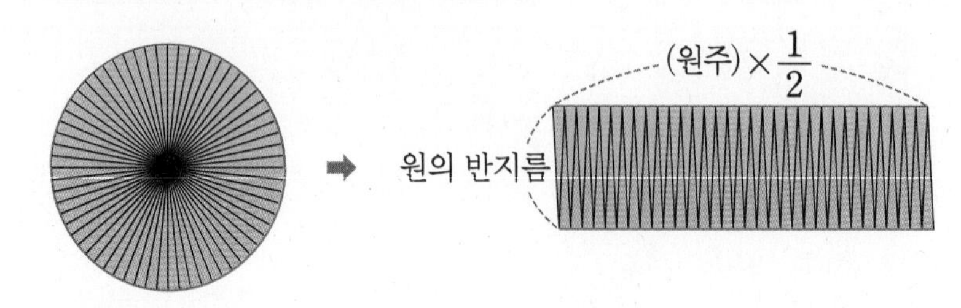

$$(\text{원의 넓이}) = (\text{원주}) \times \frac{1}{2} \times (\text{반지름})$$

$$= (\text{원주율}) \times (\text{지름}) \times \frac{1}{2} \times (\text{반지름})$$

$$= (\text{원주율}) \times (\text{반지름}) \times (\text{반지름})$$

(원주)=(원주율)×(지름)

(지름)=(반지름)×2

(원의 넓이) = (반지름) × (반지름) × (원주율)

반지름과 원의 넓이의 관계 (원주율: 3)

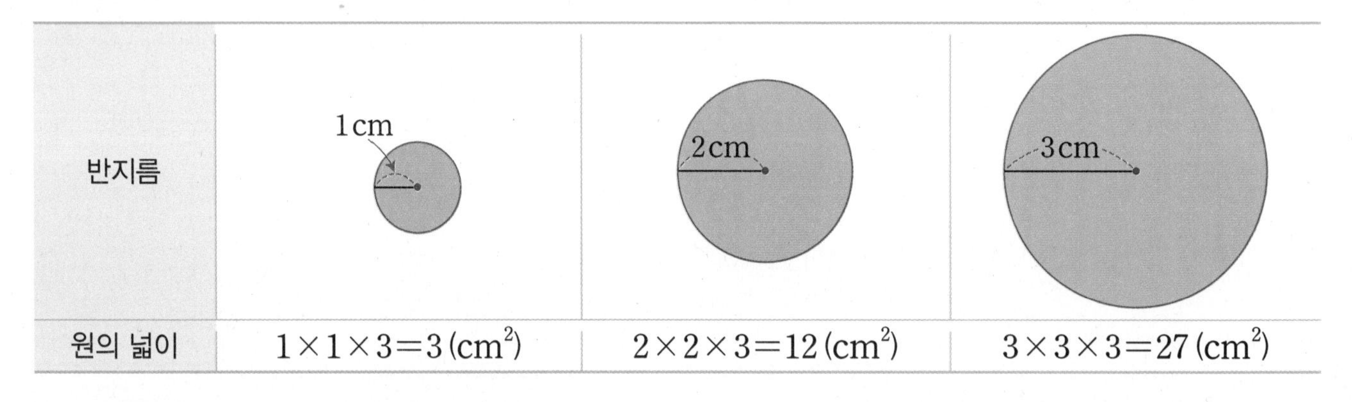

반지름	1 cm	2 cm	3 cm
원의 넓이	$1\times1\times3=3\,(\text{cm}^2)$	$2\times2\times3=12\,(\text{cm}^2)$	$3\times3\times3=27\,(\text{cm}^2)$

➡ 반지름이 길어지면 원의 넓이도 넓어집니다.
반지름이 2배, 3배가 되면 원의 넓이는 4배, 9배가 됩니다.

여러 가지 원의 넓이 구하기

- 색깔별 과녁판의 넓이 구하기 (원주율: 3.1)

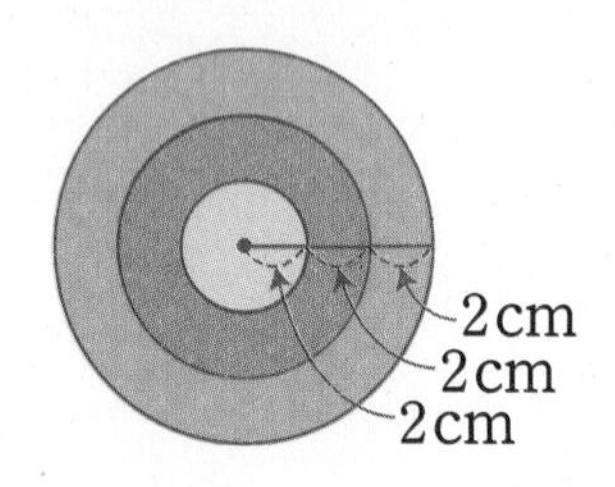

- (노란색 부분의 넓이)$=2\times2\times3.1=12.4\,(\text{cm}^2)$
- (빨간색 부분의 넓이)$=4\times4\times3.1-2\times2\times3.1=49.6-12.4=37.2\,(\text{cm}^2)$
  - → (반지름이 4 cm인 원의 넓이)−(노란색 부분의 넓이)
- (파란색 부분의 넓이)$=6\times6\times3.1-4\times4\times3.1=111.6-49.6=62\,(\text{cm}^2)$
  - → (반지름이 6 cm인 원의 넓이)−(반지름이 4 cm인 원의 넓이)

정답과 풀이 41쪽

1 원을 한없이 잘게 잘라 이어 붙여서 점점 직사각형에 가까워지는 도형을 만들었습니다. □ 안에 알맞은 말을 써넣으세요.

5학년 때 배웠어요
직사각형의 넓이 구하기
(직사각형의 넓이)
=(가로)×(세로)

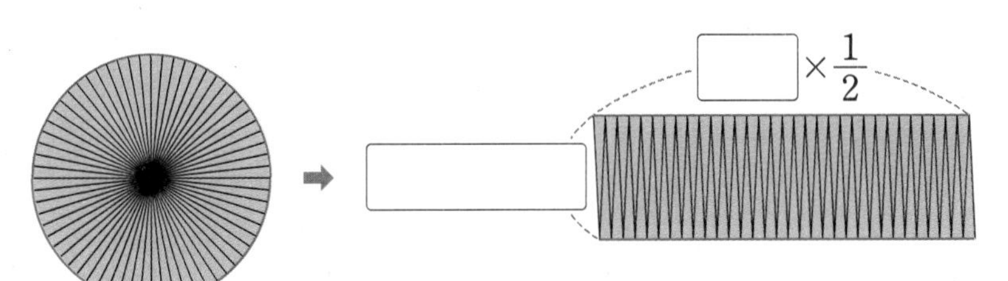

$$(\text{원의 넓이}) = (\square) \times \frac{1}{2} \times (\text{반지름})$$
$$= (\text{원주율}) \times (\text{지름}) \times \frac{1}{2} \times (\text{반지름})$$
$$= (\text{원주율}) \times (\square) \times (\text{반지름})$$

2 원의 지름을 이용하여 원의 넓이를 구해 보세요. (원주율: 3)

지름(cm)	반지름(cm)	원의 넓이 구하는 식	원의 넓이(cm^2)
20			
18			

3 원의 넓이를 구해 보세요. (원주율: 3.1)

지름이 주어졌을 때에는 (반지름)=(지름)÷2를 이용하여 반지름을 먼저 구한 후 원의 넓이를 구해 봐요.

①

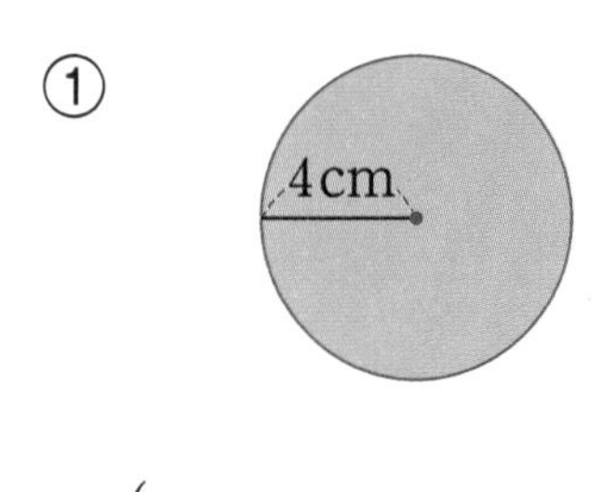

(　　　　　　　　)

②

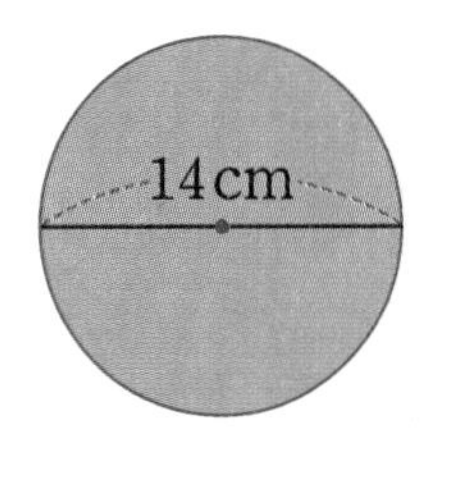

(　　　　　　　　)

4 색칠한 부분의 넓이를 구하려고 합니다. □ 안에 알맞은 수를 써넣으세요. (원주율: 3.14)

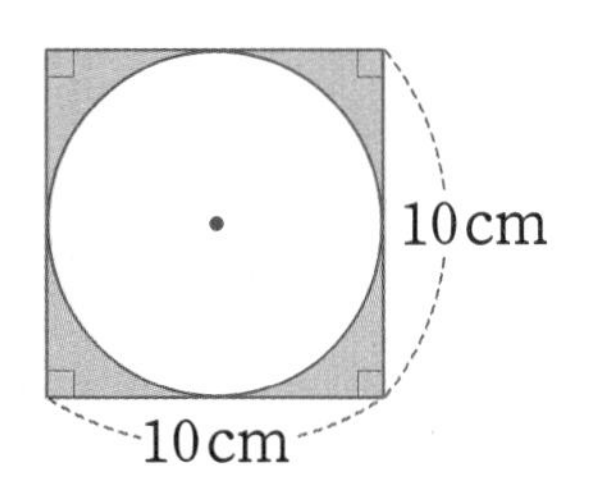

(색칠한 부분의 넓이)
=(정사각형의 넓이)−(원의 넓이)
$= 10 \times \square - \square \times \square \times 3.14$
$= \square - \square = \square \, (cm^2)$

STEP 2 꼭 나오는 유형

1 원주와 지름의 관계 알아보기

1 □ 안에 알맞은 말을 써넣으세요.

원의 둘레를 □(이)라고 합니다.

2 한 변의 길이가 1 cm인 정육각형, 지름이 2 cm인 원, 한 변의 길이가 2 cm인 정사각형을 보고 물음에 답하세요.

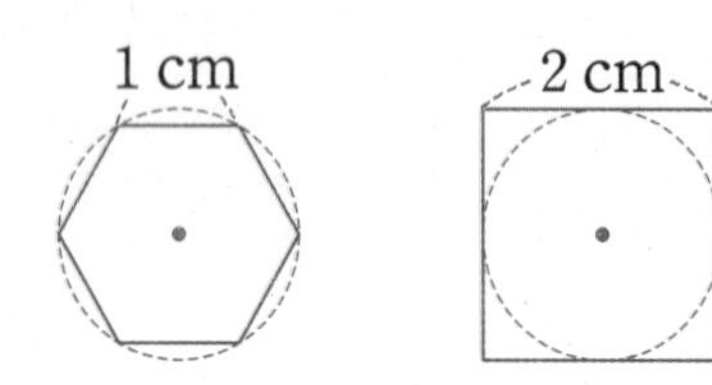

(1) 정육각형의 둘레, 정사각형의 둘레를 수직선에 나타내어 보세요.

정육각형의 둘레

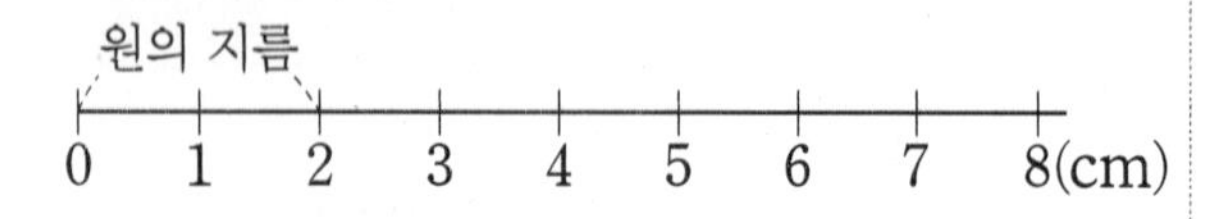

정사각형의 둘레

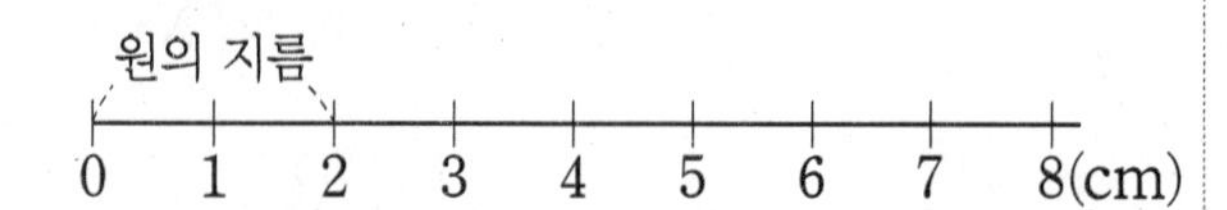

(2) 원주가 얼마쯤 될지 수직선에 나타내어 보세요.

원주

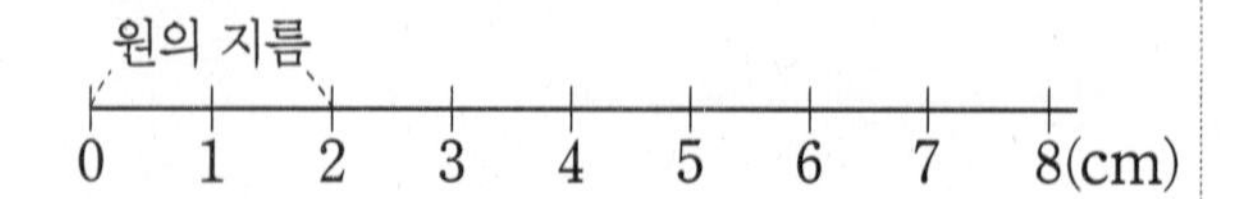

(3) □ 안에 알맞은 수를 써넣으세요.

(원의 지름) × □ < (원주)

(원주) < (원의 지름) × □

3 설명이 맞으면 ○표, 틀리면 ×표 하세요.

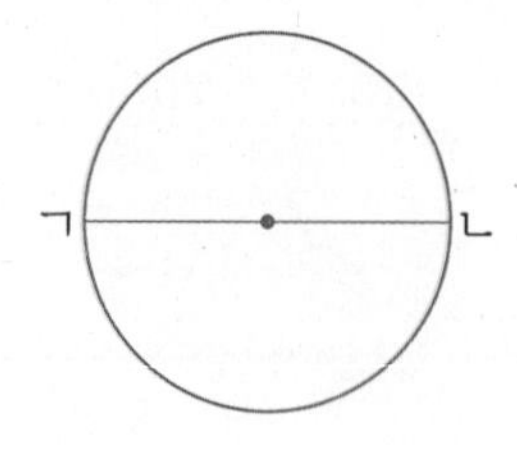

(1) 원의 중심을 지나는 선분 ㄱㄴ은 원의 지름입니다. (　　)

(2) 원의 지름이 길어져도 원주는 변하지 않습니다. (　　)

(3) 원주는 지름의 4배보다 깁니다. (　　)

4 지름이 3 cm인 원의 원주와 가장 비슷한 길이를 찾아 기호를 써 보세요.

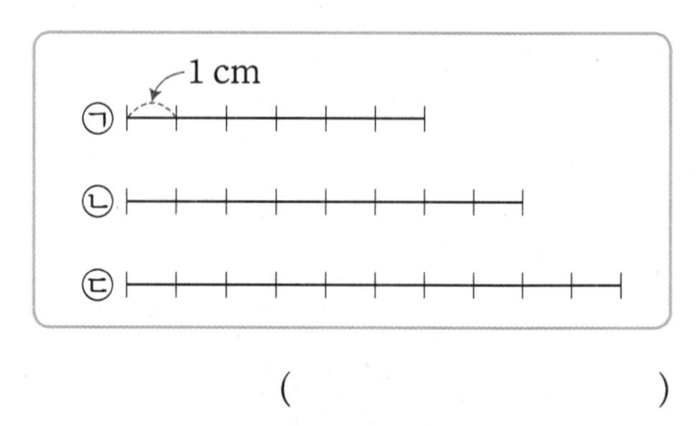

(　　　　　　)

내가 만드는 문제

5 원의 지름의 길이를 자유롭게 정하여 원의 원주와 비슷한 길이의 선분을 그려 보세요.

원의 지름: □ cm

2 원주율 알아보기

6 원주율을 구하는 방법으로 옳은 것은 어느 것일까요? (　　　　)

① (반지름)÷(원주)　② (원주)÷(반지름)
③ (지름)÷(원주)　④ (원주)÷(지름)
⑤ (반지름)×(원주)

7 크기가 다른 두 원 가와 나가 있습니다. 원주율을 비교하여 ○ 안에 >, =, <를 알맞게 써넣으세요.

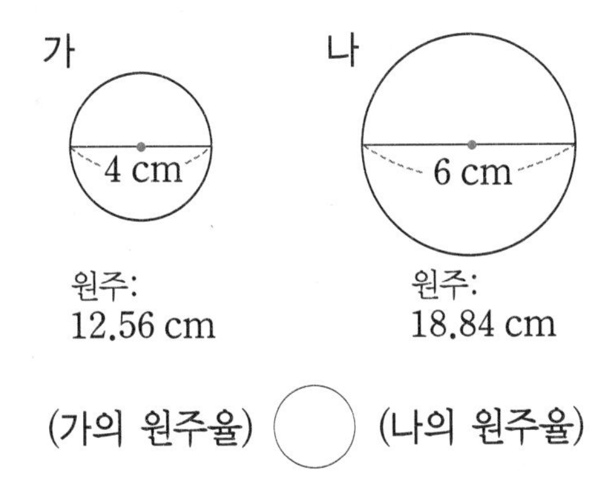

(가의 원주율) ○ (나의 원주율)

8 지름이 5 cm인 원을 만들고 자 위에서 한 바퀴 굴렸습니다. 원주가 얼마쯤 될지 자에 표시해 보세요.

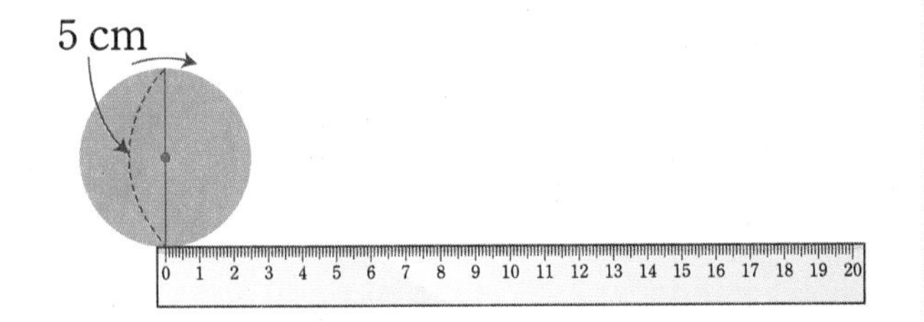

9 다음 중 바르게 말한 사람의 이름을 써 보세요.

지은: 원의 크기가 커지면 원주율도 커져.
서준: 원주율은 나누어떨어지지 않으므로 3, 3.1, 3.14 등으로 어림해서 사용해.

(　　　　　　　　)

10 지우는 시계의 원주와 지름을 재어 보았더니 원주가 109.96 cm이고 지름이 35 cm였습니다. (원주)÷(지름)을 반올림하여 주어진 자리까지 나타내어 보세요.

소수 첫째 자리	소수 둘째 자리

서술형
11 세계 여러 나라의 동전들이 있습니다. (원주)÷(지름)을 계산하여 표를 완성하고, 원주율에 대해 알 수 있는 것을 써 보세요.

한국 100원　호주 1달러　캐나다 2달러

지름: 24 mm　원주: 75.36 mm
지름: 25 mm　원주: 78.5 mm
지름: 28 mm　원주: 87.92 mm

동전	한국 100원	호주 1달러	캐나다 2달러
(원주)÷(지름)			

3 원주와 지름 구하기

12 원주를 구해 보세요. (원주율: 3)

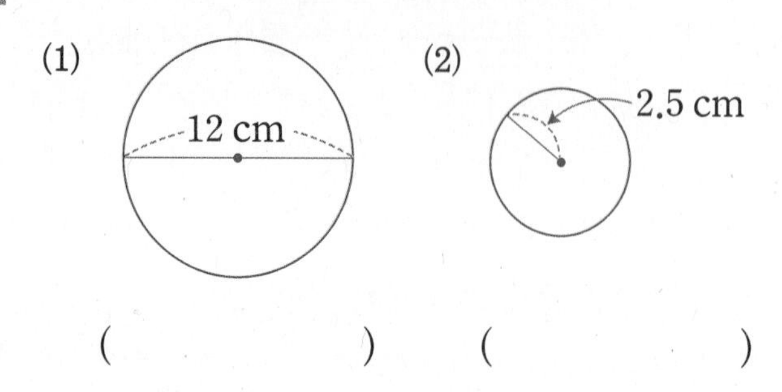

( ) ( )

13 지름과 원주의 관계를 이용하여 표를 완성해 보세요.

원주율	원주(cm)	지름(cm)
3	42	
3.1	55.8	
3.14	69.08	

서술형

14 두바이에 있는 아인 두바이는 지름이 250 m인 원 모양의 대관람차입니다. 이 대관람차를 타고 한 바퀴를 돌았다면 움직인 거리는 몇 m인지 풀이 과정을 쓰고 답을 구해 보세요. (원주율: 3.1)

풀이

답

15 원주가 157 cm인 원이 있습니다. 이 원의 반지름은 몇 cm일까요? (원주율: 3.14)

( )

내가 만드는 문제

16 실의 길이를 자유롭게 정해 실을 사용하여 그릴 수 있는 가장 큰 원의 원주를 구해 보세요. (원주율: 3.1)

실의 길이: □ cm

( )

17 은지와 수아는 원 모양의 접시를 가지고 있습니다. 은지의 접시는 지름이 20 cm이고, 수아의 접시는 원주가 74.4 cm입니다. 누구의 접시가 더 클까요? (원주율: 3.1)

( )

18 가장 큰 원은 어느 것일까요? (원주율: 3.14)

( )

① 반지름이 3 cm인 원
② 지름이 8 cm인 원
③ 원주가 28.26 cm인 원
④ 반지름이 5 cm인 원
⑤ 원주가 37.68 cm인 원

서술형

19 원주가 108.5 cm인 호두파이를 밑면이 정사각형 모양인 사각기둥 모양의 상자에 담으려고 합니다. 상자 밑면의 한 변의 길이는 몇 cm 이상이어야 하는지 풀이 과정을 쓰고 답을 구해 보세요. (원주율: 3.1)

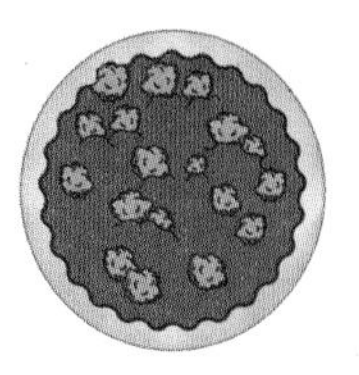

풀이

답

20 오른쪽 그림과 같은 모양의 항아리가 있습니다. 가 부분과 나 부분은 지름이 각각 38 cm, 30 cm인 원 모양일 때 두 부분의 원주의 차는 몇 cm일까요? (원주율: 3)

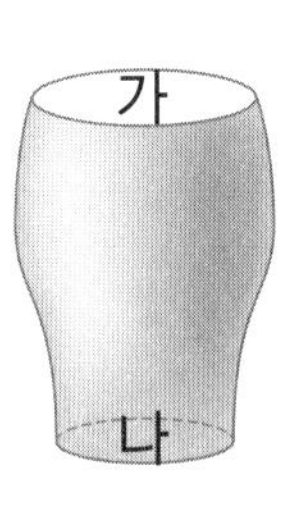

(　　　　　　　　)

21 왼쪽 시계의 원주는 50.24 cm이고 오른쪽 시계의 원주는 왼쪽 시계의 원주의 1.5배일 때 오른쪽 시계의 반지름은 몇 cm일까요?

(원주율: 3.14)

(　　　　　　　　)

22 지름이 34 m인 원 모양 호수의 둘레에 2 m 간격으로 나무를 심으려고 합니다. 나무를 모두 몇 그루 심을 수 있을까요? (단, 원주율은 3이고, 나무의 두께는 생각하지 않습니다.)

(　　　　　　　　)

서술형

23 빵집에서 파는 1호 케이크의 윗면은 지름이 15 cm인 원 모양이고 지름이 3 cm씩 커질 때마다 호수도 한 호씩 커집니다. 윗면의 둘레가 65.1 cm인 케이크는 몇 호인지 풀이 과정을 쓰고 답을 구해 보세요. (원주율: 3.1)

풀이

답

5

4 원의 넓이 어림하기

24 반지름이 15 cm인 원의 넓이를 어림하려고 합니다. □ 안에 알맞은 수를 써넣으세요.

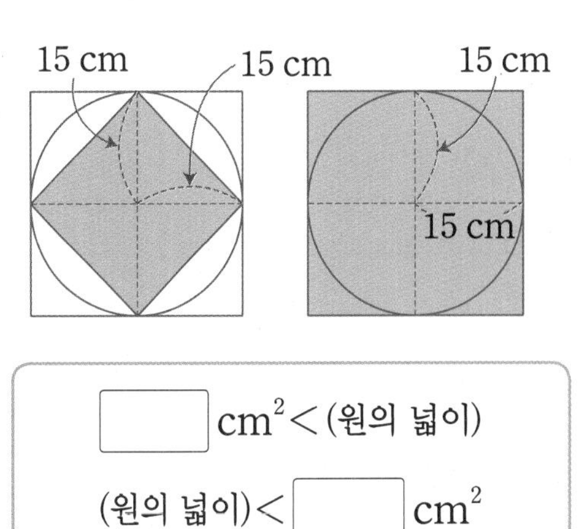

□ cm^2 < (원의 넓이)

(원의 넓이) < □ cm^2

25 한 변이 10 cm인 정사각형에 지름이 10 cm인 원을 그리고 1 cm 간격으로 점선을 그렸습니다. 모눈의 수를 세어 □ 안에 알맞은 수를 써넣고, 원의 넓이는 몇 cm^2쯤 될지 어림해 보세요.

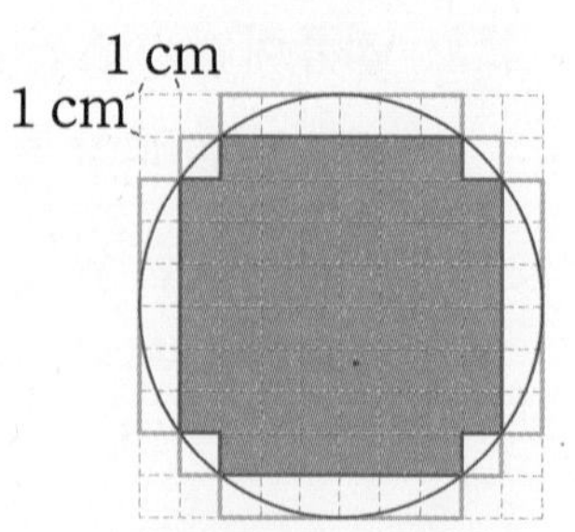

□ cm^2 < (원의 넓이)

(원의 넓이) < □ cm^2

( )

26 정육각형의 넓이를 이용하여 원의 넓이를 어림하려고 합니다. 삼각형 ㄱㅇㄷ의 넓이가 44 cm^2, 삼각형 ㄹㅇㅂ의 넓이가 33 cm^2일 때, 원의 넓이를 바르게 어림한 사람은 누구일까요?

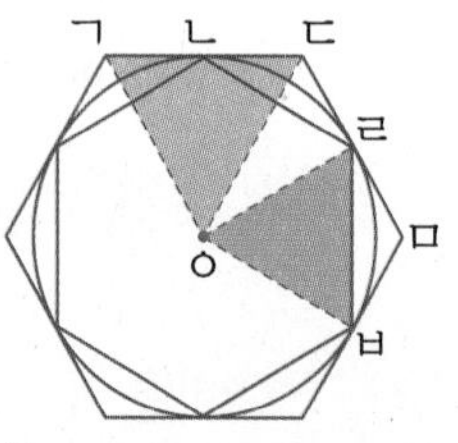

단비: 267 cm^2	수진: 179 cm^2
도현: 200 cm^2	성현: 273 cm^2

( )

5 원의 넓이 구하는 방법

직사각형의 넓이는 가로와 세로를 곱해서 구해.

준비 직사각형의 넓이를 구해 보세요.

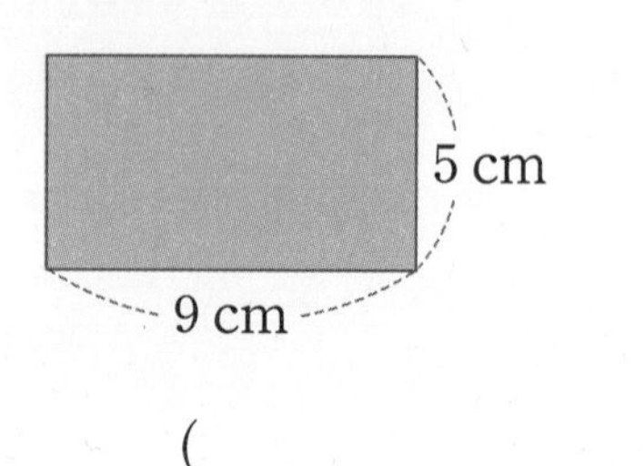

( )

27 반지름이 6 cm인 원을 한없이 잘게 잘라 이어 붙여 점점 직사각형에 가까워지는 도형을 만들었습니다. □ 안에 알맞은 수를 써넣으세요. (원주율: 3.14)

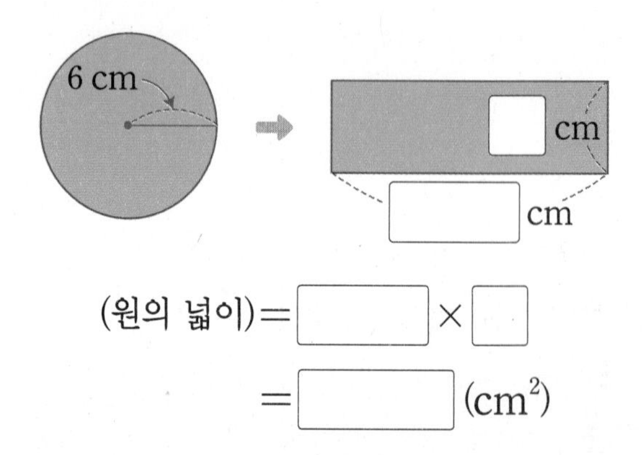

(원의 넓이) = □ × □

= □ (cm^2)

내가 만드는 문제

28 주변에서 원 모양의 물건을 2가지 골라 원의 넓이를 구해 보세요. (원주율: 3)

물건	지름 (cm)	반지름 (cm)	원의 넓이 (cm^2)

29 원의 넓이를 구해 보세요. (원주율: 3.1)

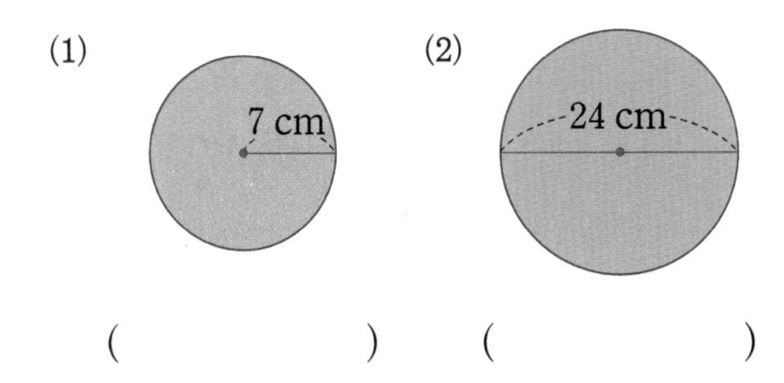

( ) ( )

서술형
30 오른쪽 그림과 같이 컴퍼스를 벌려 그린 원의 넓이는 몇 cm^2인지 풀이 과정을 쓰고 답을 구해 보세요. (원주율: 3.14)

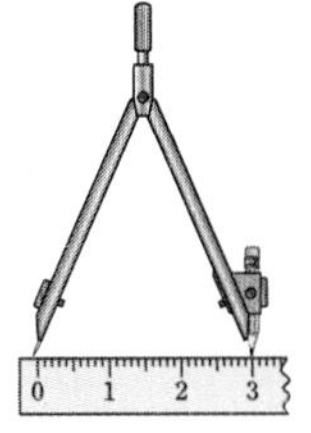

풀이

답

31 오른쪽 그림과 같이 한 변이 20 cm인 정사각형 안에 들어갈 수 있는 가장 큰 원의 넓이를 구해 보세요.

(원주율: 3.1)

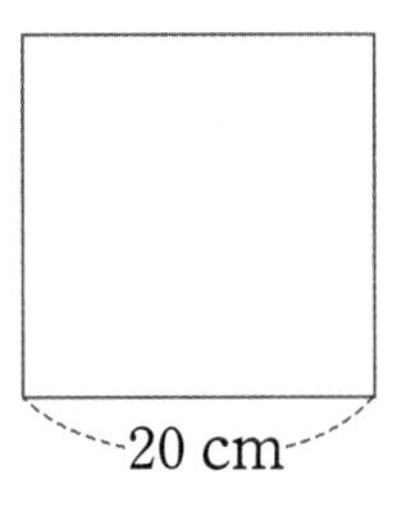

( )

32 □ 안에 알맞은 수를 써넣으세요. (원주율: 3.14)

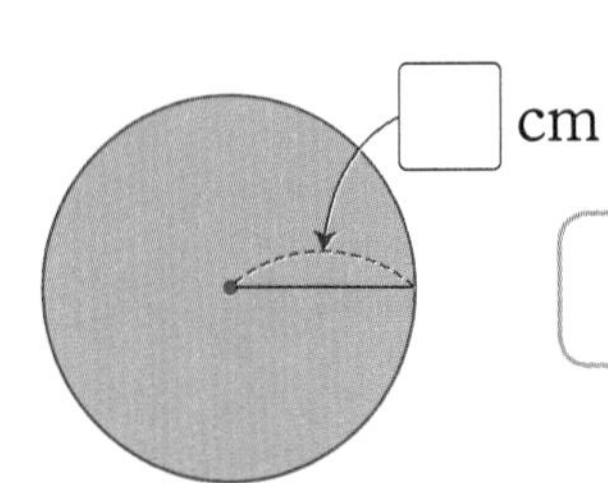

넓이: 254.34 cm^2

33 넓이가 697.5 cm^2인 원의 지름은 몇 cm일까요? (원주율: 3.1)

( )

34 원을 한없이 잘게 잘라 이어 붙여서 직사각형을 만들었습니다. 자르기 전 원의 넓이는 몇 cm^2일까요? (원주율: 3.1)

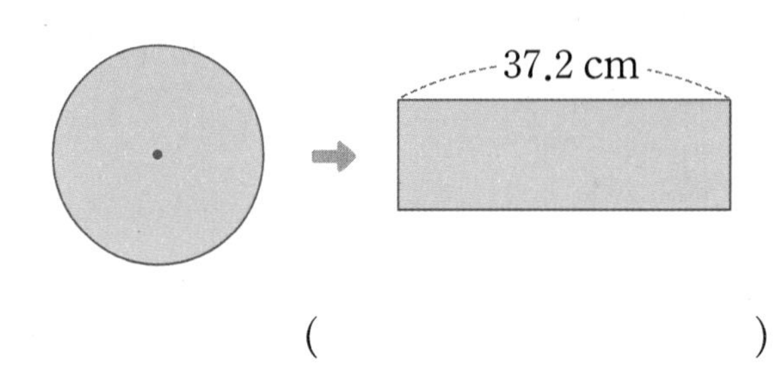

( )

서술형
35 반지름이 4 cm인 음료수 캔 바닥과 반지름이 8 cm인 통조림 캔 바닥입니다. 통조림 캔 바닥의 넓이는 음료수 캔 바닥의 넓이의 몇 배인지 풀이 과정을 쓰고 답을 구해 보세요.

(원주율: 3)

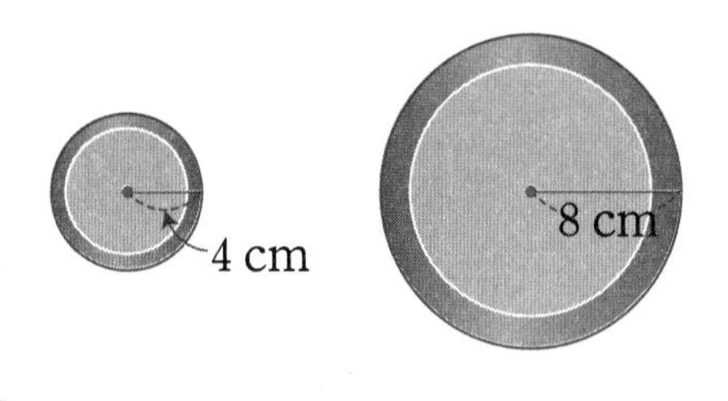

풀이

답

5

6 여러 가지 원의 넓이

36 색칠한 부분의 넓이를 구해 보세요.

(원주율: 3.1)

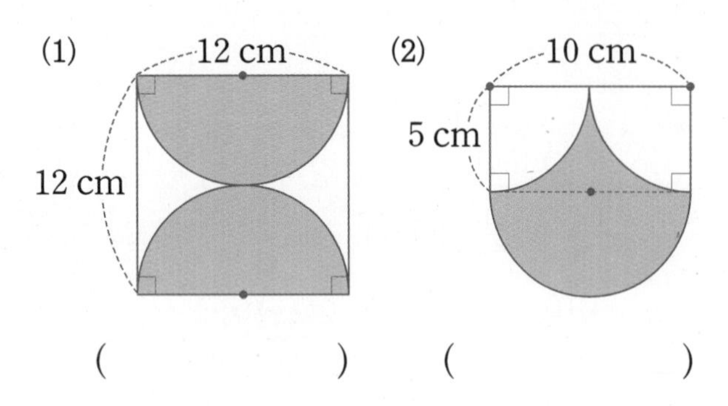

( ) ( )

내가 만드는 문제

37 지름이 18 cm인 원 안에 자유롭게 작은 원을 그리고 그린 원을 잘라 내었을 때 남는 부분의 넓이는 몇 cm^2인지 구해 보세요.

(원주율: 3.14)

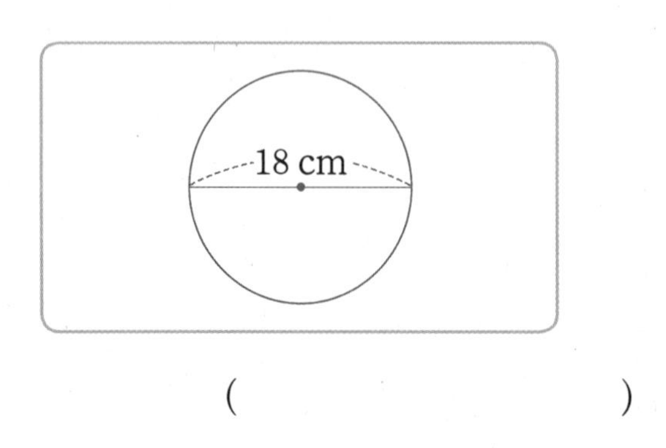

( )

38 전통 부채를 만들기 위해 화선지를 오른쪽과 같이 오렸습니다. 오린 화선지의 넓이를 구해 보세요. (원주율: 3)

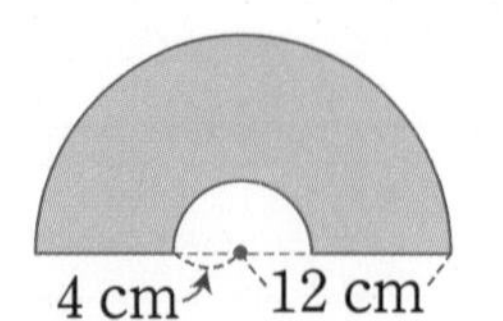

( )

39 색칠한 부분의 넓이를 구해 보세요. (원주율: 3)

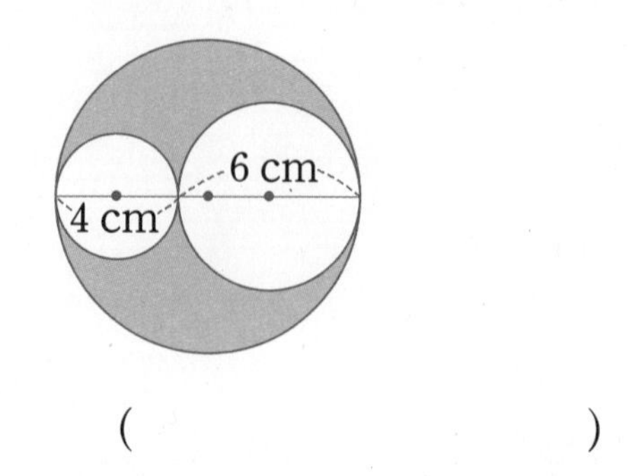

( )

40 가장 작은 원의 지름은 8 cm이고, 반지름이 2 cm씩 커지도록 과녁판을 만들었습니다. 화살을 던졌을 때 8점을 얻을 수 있는 부분의 넓이는 몇 cm^2일까요? (원주율: 3.1)

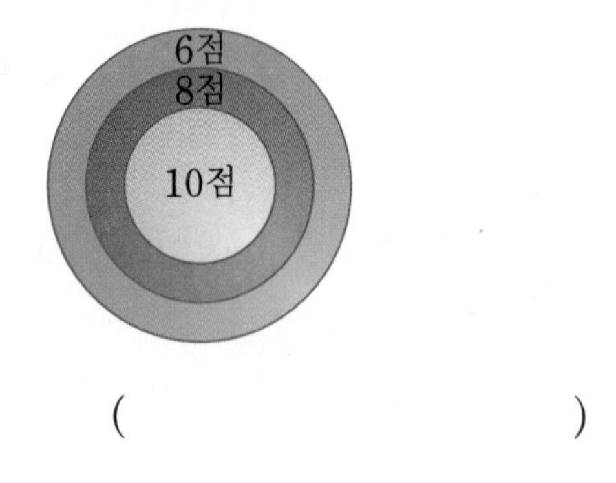

( )

서술형

41 라희는 그림과 같이 태극 문양을 그렸습니다. 파란색으로 색칠한 부분의 넓이는 몇 cm^2인지 풀이 과정을 쓰고 답을 구해 보세요.

(원주율: 3.14)

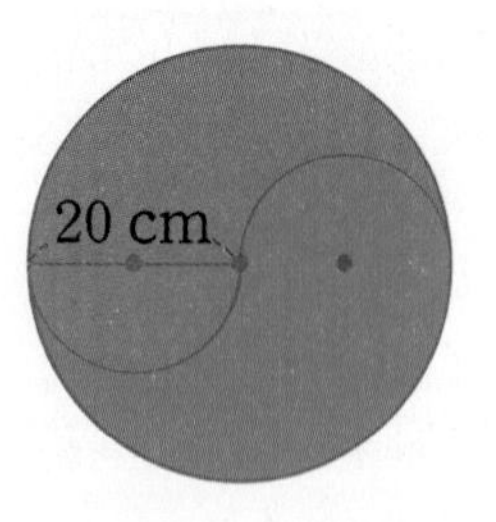

풀이

답

자주 틀리는 유형

응용 유형 중 자주 틀리는 유형을 집중학습함으로써 실력을 한 단계 높여 보세요.

지름과 반지름이 주어진 두 원

1 두 원의 원주의 합을 구해 보세요. (원주율: 3.14)

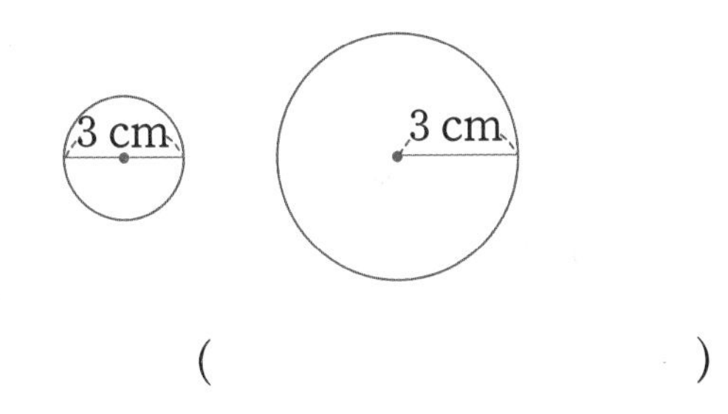

( )

2 두 원의 넓이의 차를 구해 보세요. (원주율: 3.1)

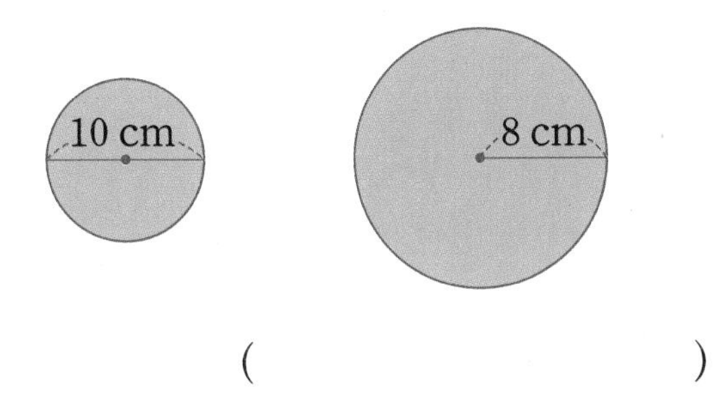

( )

3 예지가 철사를 사용하여 다음과 같은 2개의 원을 만들었습니다. 예지가 사용한 철사의 길이는 적어도 몇 cm일까요? (원주율: 3.1)

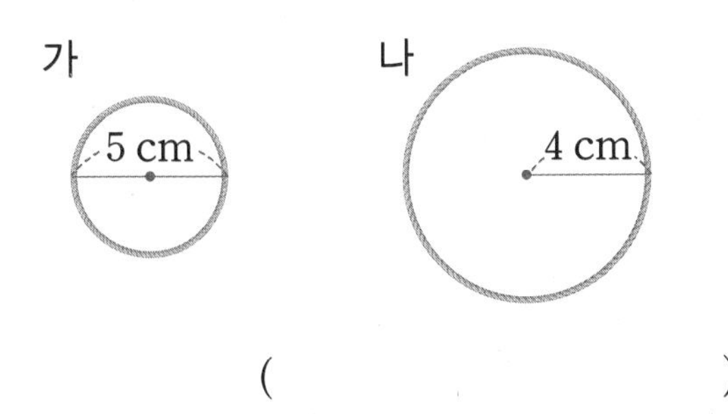

( )

원주가 주어진 원의 넓이

4 원주가 96 cm인 원의 넓이는 몇 cm^2일까요? (원주율: 3)

( )

5 굴렁쇠를 한 바퀴 굴렸더니 굴러간 거리가 37.2 cm였습니다. 이 굴렁쇠와 크기가 같은 원의 넓이는 몇 cm^2일까요? (원주율: 3.1)

( )

6 원주가 각각 31.4 cm, 62.8 cm인 두 원이 있습니다. 두 원의 넓이의 차를 구해 보세요. (원주율: 3.14)

( )

5

넓이가 주어진 원의 원주

7 넓이가 432 cm^2인 원의 원주는 몇 cm일까요? (원주율: 3)

(　　　　　　　　　　　)

8 넓이가 379.94 cm^2인 원의 원주를 구해 보세요. (원주율: 3.14)

(　　　　　　　　　　　)

9 넓이가 151.9 cm^2인 원 모양의 시계를 일직선으로 3바퀴 굴렸습니다. 시계가 굴러간 거리는 몇 cm인지 구해 보세요. (원주율: 3.1)

(　　　　　　　　　　　)

원주, 원의 넓이가 주어질 때 원의 크기 비교

10 넓이가 더 좁은 원의 기호를 써 보세요. (원주율: 3)

㉠ 넓이가 507 cm^2인 원
㉡ 원주가 72 cm인 원

(　　　　　　　　　　　)

11 넓이가 넓은 원부터 차례로 기호를 써 보세요. (원주율: 3.14)

㉠ 반지름이 10 cm인 원
㉡ 넓이가 379.94 cm^2인 원
㉢ 지름이 18 cm인 원

(　　　　　　　　　　　)

12 진호네 집에는 넓이가 서로 다른 원 모양의 접시가 있습니다. 넓이가 넓은 접시부터 차례로 기호를 써 보세요. (원주율: 3.14)

㉠ 반지름이 7 cm인 접시
㉡ 지름이 16 cm인 접시
㉢ 원주가 31.4 cm인 접시
㉣ 넓이가 254.34 cm^2인 접시

(　　　　　　　　　　　)

최상위 도전 유형

최상위 유형에 자주 나오는 문제로 학습함으로써 수학의 실력을 완성해 보세요.

도전1 바퀴가 굴러간 횟수 구하기

1 지름이 50 cm인 훌라후프를 몇 바퀴 굴렸더니 앞으로 628 cm만큼 나아갔습니다. 훌라후프를 몇 바퀴 굴린 것일까요?

(원주율: 3.14)

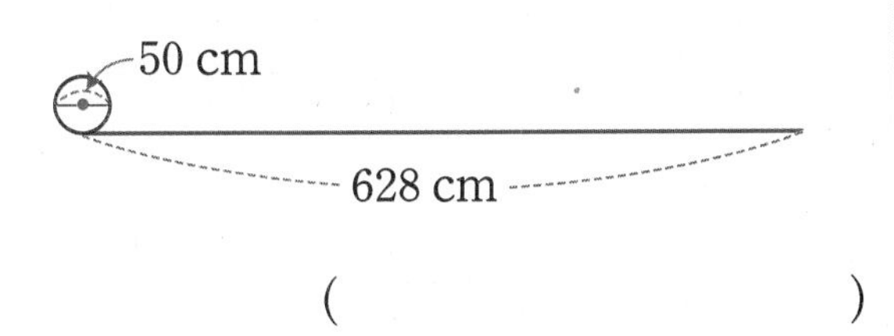

(　　　　　　　　)

핵심 NOTE

굴러간 바퀴의 수는 바퀴가 굴러간 전체 거리를 바퀴가 한 바퀴 돈 거리로 나누어 구합니다.

2 지름이 35 cm인 굴렁쇠를 몇 바퀴 굴렸더니 굴러간 거리가 1260 cm였습니다. 굴렁쇠를 몇 바퀴 굴린 것일까요? (원주율: 3)

(　　　　　　　　)

3 지훈이는 지름이 38 cm인 자전거 바퀴를 몇 바퀴 굴렸더니 앞으로 17 m 67 cm만큼 나아갔습니다. 지훈이는 자전거 바퀴를 몇 바퀴 굴린 것일까요? (원주율: 3.1)

(　　　　　　　　)

도전2 원의 넓이를 활용하여 더 이득인 것 고르기

4 두께가 같은 정사각형 모양 피자와 원 모양 피자가 있습니다. 가격이 같다면 어느 피자를 선택해야 더 이득일까요? (원주율: 3)

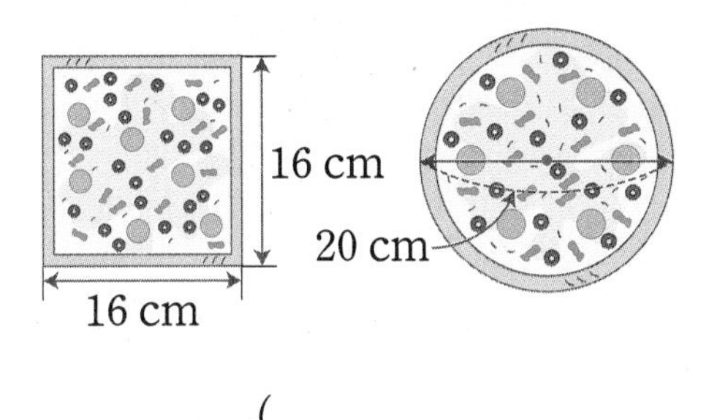

(　　　　　　　　)

핵심 NOTE

가격이 같다면 넓이가 더 넓은 것을 고르는 것이 더 이득입니다.

5 두께가 같은 정사각형 모양 케이크와 원 모양 케이크가 있습니다. 가격이 같다면 어느 케이크를 선택해야 더 이득일까요? (원주율: 3)

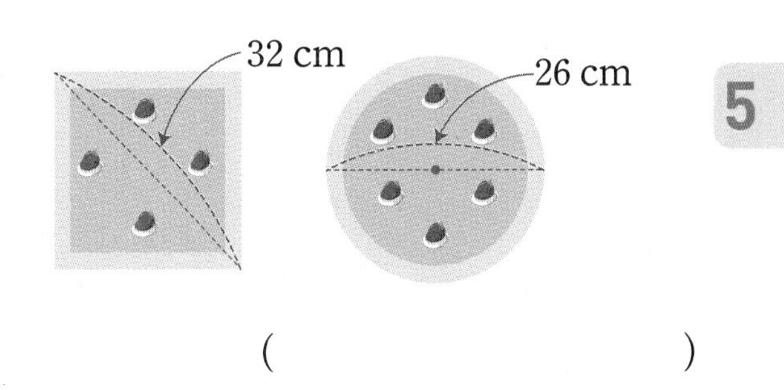

(　　　　　　　　)

6 두께는 같고 크기가 다른 원 모양의 와플이 있습니다. 가 와플은 반지름이 15 cm이고 가격이 5000원입니다. 나 와플은 지름이 20 cm이고 가격이 4000원입니다. 어느 와플을 사는 것이 더 이득일까요? (원주율: 3.14)

(　　　　　　　　)

도전3 색칠한 부분의 둘레 구하기

7 색칠한 부분의 둘레는 몇 cm일까요? (원주율: 3.1)

10 cm
4 cm

( )

핵심 NOTE

(색칠한 부분의 둘레) = (곡선 부분) + (직선 부분)

8 색칠한 부분의 둘레는 몇 cm일까요? (원주율: 3.1)

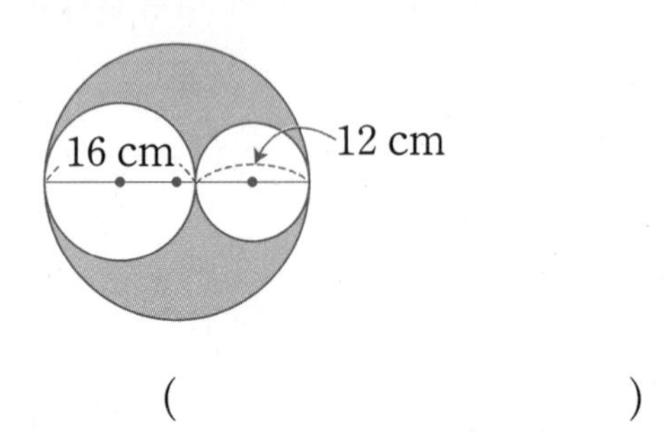

( )

9 오른쪽 도형에서 색칠한 부분의 둘레는 몇 cm일까요? (원주율: 3)

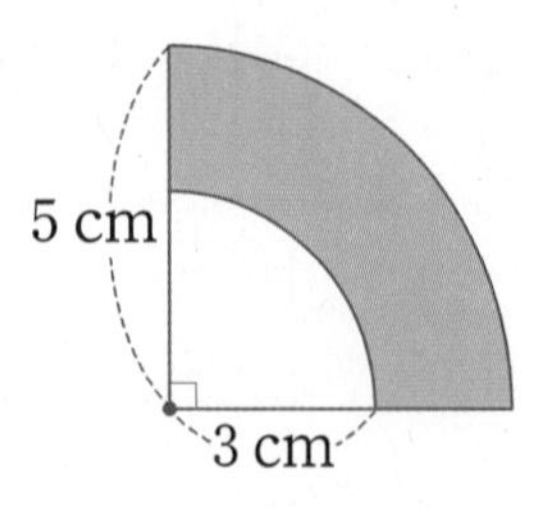

( )

10 색칠한 부분의 둘레는 몇 cm일까요? (원주율: 3.1)

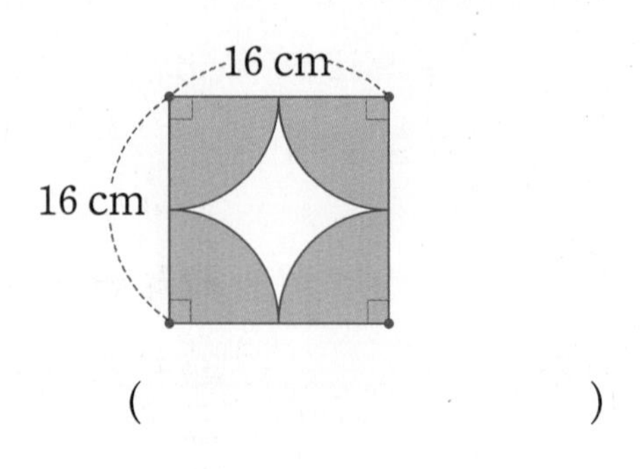

( )

11 오른쪽 도형에서 색칠한 부분의 둘레는 몇 cm일까요? (원주율: 3.1)

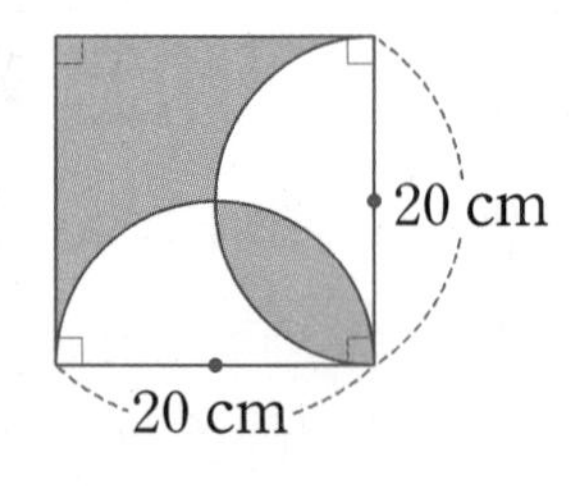

( )

12 색칠한 부분의 둘레는 몇 cm일까요? (원주율: 3)

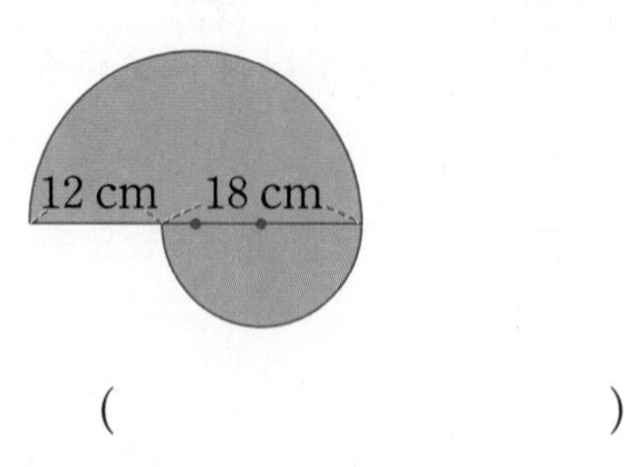

( )

도전4 **색칠한 부분의 넓이 구하기**

13 색칠한 부분의 넓이는 몇 cm^2일까요?

(원주율: 3.1)

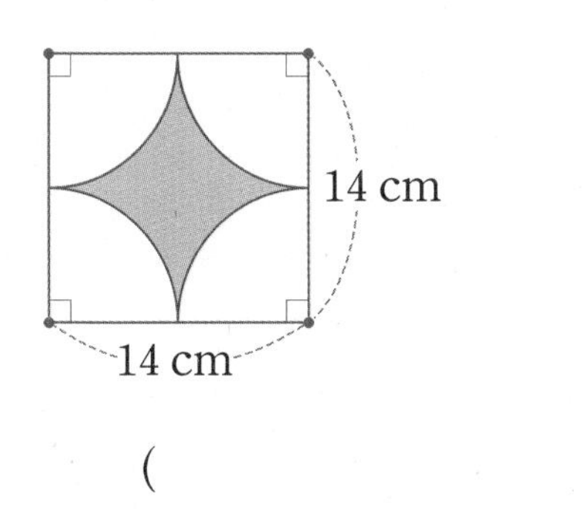

(　　　　　　　　)

핵심 NOTE

각 부분으로 나누어 색칠한 부분의 넓이를 구하거나 색칠한 부분을 옮겨서 색칠한 부분의 넓이를 구할 수 있습니다.

14 색칠한 부분의 넓이는 몇 cm^2일까요?

(원주율: 3)

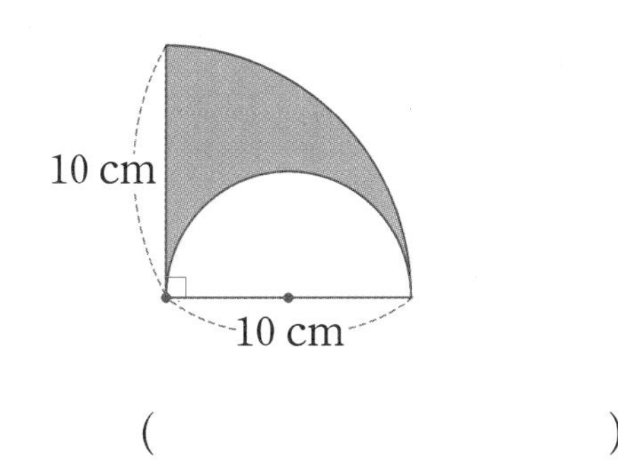

(　　　　　　　　)

15 정사각형 안에 원의 일부를 그렸습니다. 색칠한 부분의 넓이를 구해 보세요. (원주율: 3)

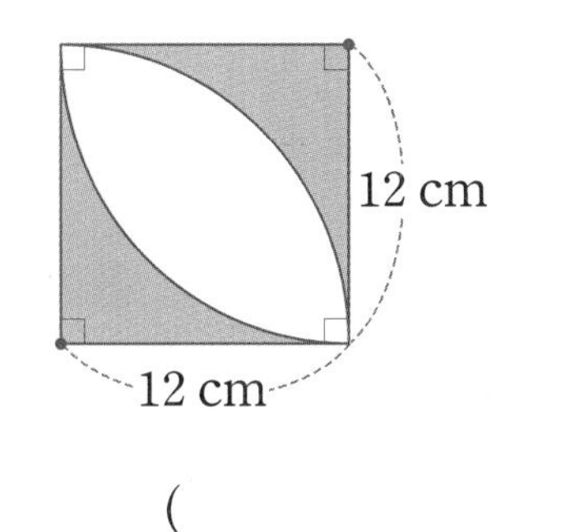

(　　　　　　　　)

16 주원이는 오른쪽과 같이 은행잎을 그렸습니다. 그린 은행잎의 넓이를 구해 보세요.

(원주율: 3.1)

16 cm
8 cm

(　　　　　　　　)

17 오른쪽과 같이 색종이로 크기가 같은 반원 2개와 이등변삼각형 1개를 잘라 붙였더니 하트 모양이 되었습니다. 하트 모양의 넓이를 구해 보세요. (원주율: 3.14)

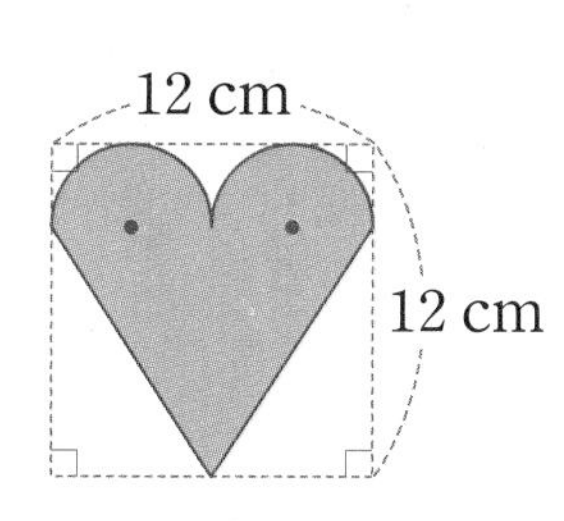

(　　　　　　　　)

18 오른쪽 도형에서 색칠한 반원의 반지름은 가장 큰 반원의 지름의 $\frac{1}{3}$입니다. 색칠한 부분의 넓이를 구해 보세요. (원주율: 3)

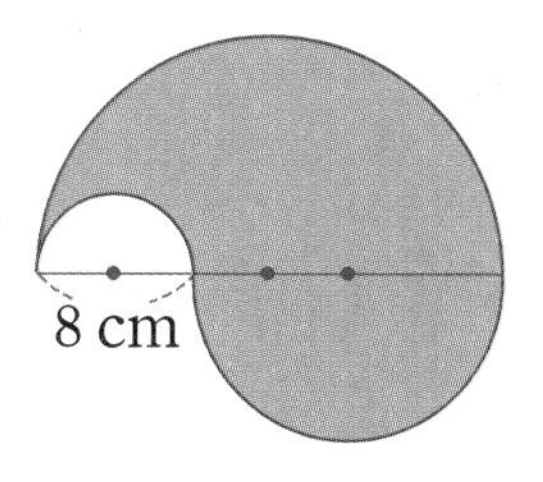

(　　　　　　　　)

5

도전5 사용한 끈의 길이 구하기

19 반지름이 12 cm인 원 3개를 끈으로 한 번 묶어 놓았습니다. 묶은 끈의 길이는 몇 cm일까요? (단, 원주율은 3이고, 매듭은 생각하지 않습니다.)

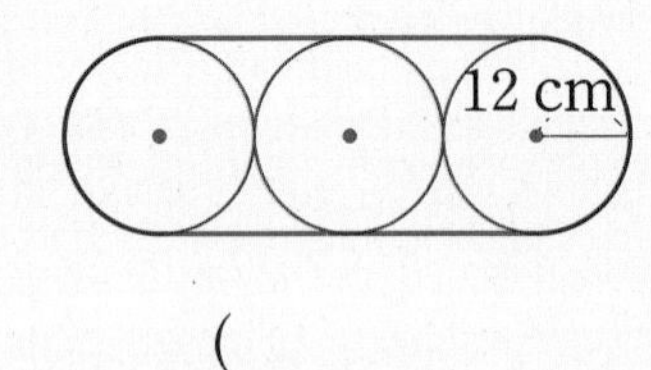

( )

핵심 NOTE

곡선 부분들을 합치면 원이 되므로 곡선 부분은 원주를 이용하여 구합니다.

20 밑면의 지름이 10 cm인 깡통 3개를 끈으로 한 번 묶어 놓았습니다. 매듭을 묶는 데 12 cm의 끈이 사용되었다면 깡통을 묶는 데 사용한 끈의 길이는 모두 몇 cm일까요? (원주율: 3.1)

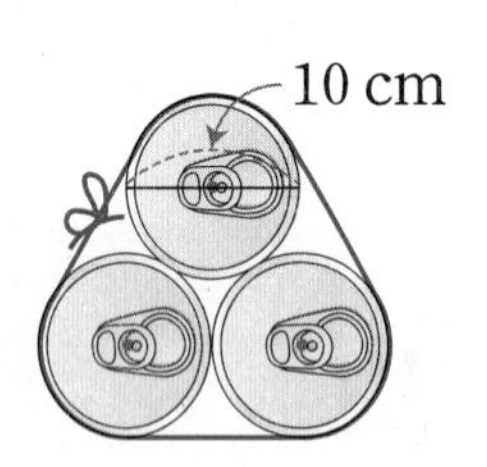

( )

21 그림과 같이 밑면의 반지름이 6 cm인 통나무 6개를 끈으로 한 번 묶어 놓았습니다. 매듭을 묶는 데 15 cm의 끈이 사용되었다면 통나무를 묶는 데 사용한 끈의 길이는 모두 몇 cm일까요? (원주율: 3)

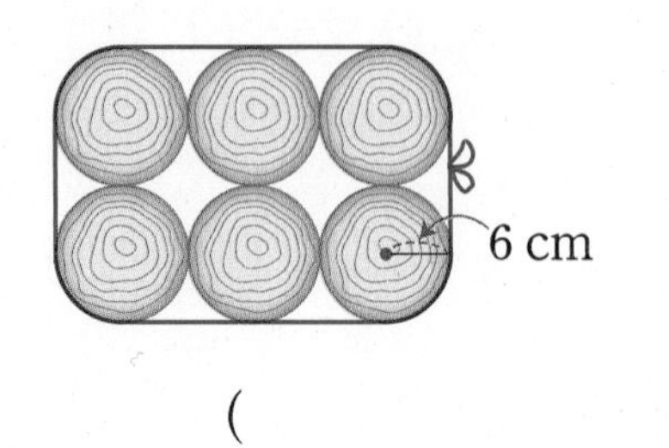

( )

도전6 트랙의 둘레와 넓이 구하기

22 그림과 같은 모양의 운동장의 둘레는 몇 m일까요? (원주율: 3.14)

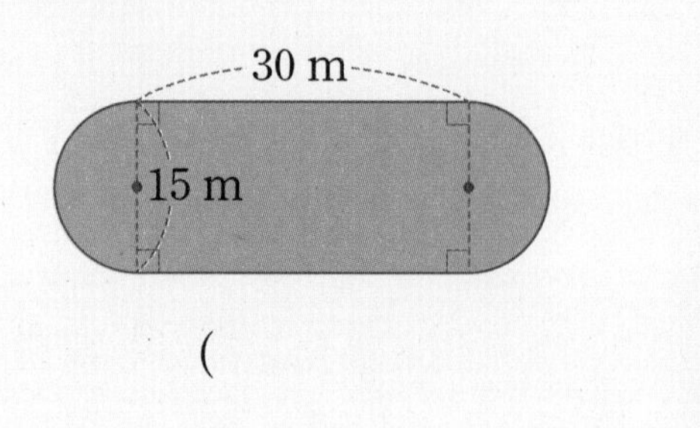

( )

핵심 NOTE

트랙의 둘레는 곡선 부분의 길이(원주)와 직선 부분의 길이를 더해서 구합니다.

23 그림과 같은 트랙의 넓이는 몇 m^2일까요? (원주율: 3)

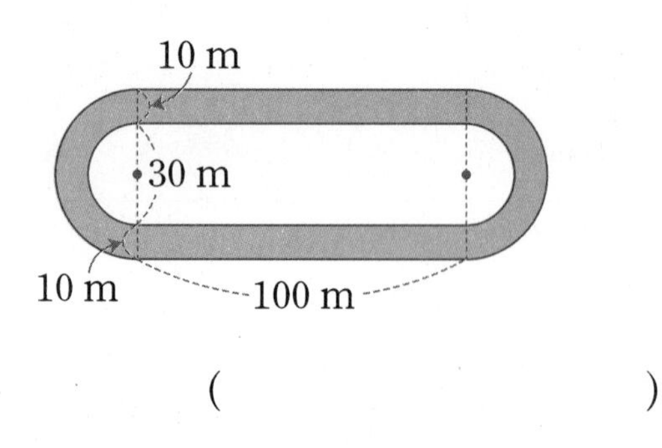

( )

24 그림과 같은 모양의 꽃밭의 둘레가 200 m라면 선분 ㄴㄷ의 길이는 몇 m일까요? (원주율: 3)

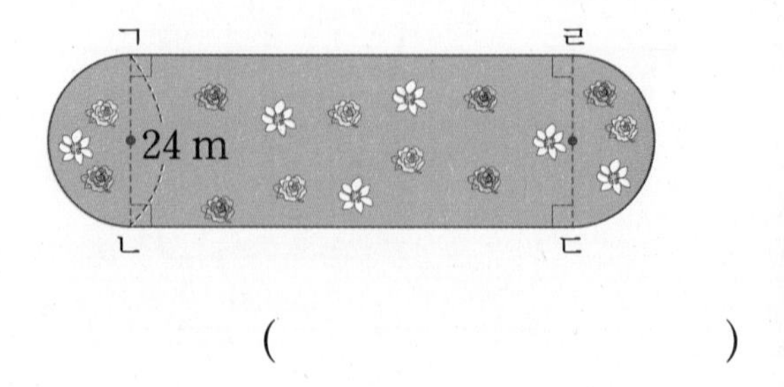

( )

수시 평가 대비 Level 1

5. 원의 넓이

점수

확인

1 지름이 10 cm, 둘레가 31.4 cm인 원 모양 시계가 있습니다. 시계의 둘레는 지름의 몇 배일까요?

( )

2 원의 넓이를 구해 보세요. (원주율: 3.1)

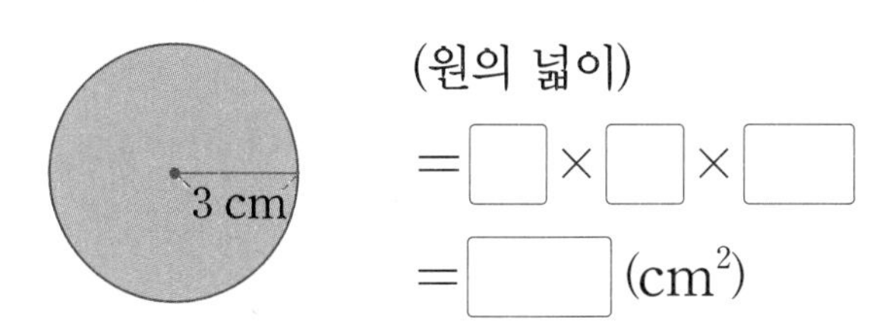

3 옳은 설명을 모두 찾아 기호를 써 보세요.

> ㉠ 원주는 원의 지름의 3배보다 길고 원의 지름의 4배보다 짧습니다.
> ㉡ 원의 지름이 길어지면 원주율도 커집니다.
> ㉢ 원의 반지름이 짧아지면 원주도 짧아집니다.
> ㉣ 원주율을 반올림하여 소수 첫째 자리까지 나타내면 3.4입니다.

( )

4 두 원에서 같은 것을 찾아 ○표 하세요.

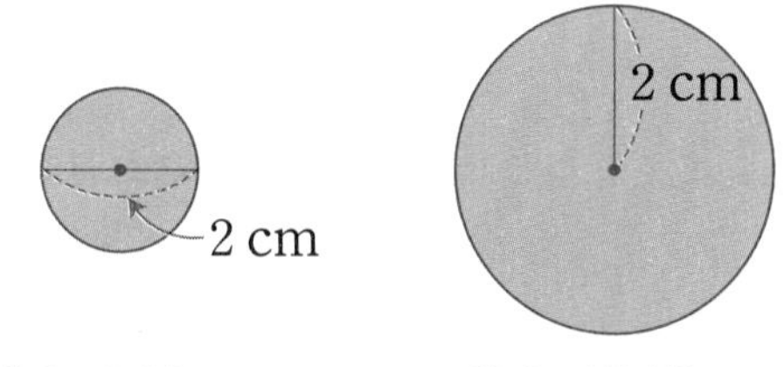

원주: 6.28 cm　　원주: 12.56 cm

지름	반지름	넓이	원주율

5 정육각형의 넓이를 이용하여 원의 넓이를 어림하려고 합니다. 삼각형 ㄱㅇㄷ의 넓이가 32 cm^2, 삼각형 ㄹㅇㅂ의 넓이가 24 cm^2일 때, 원의 넓이의 범위를 구해 보세요.

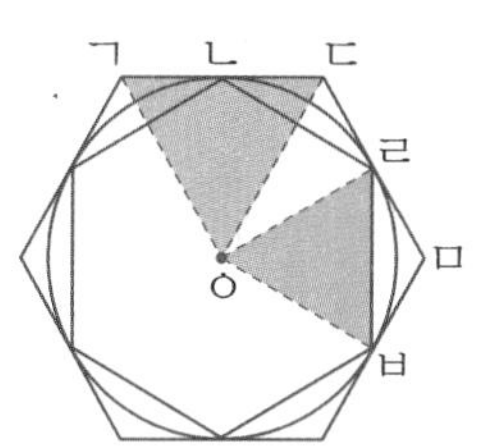

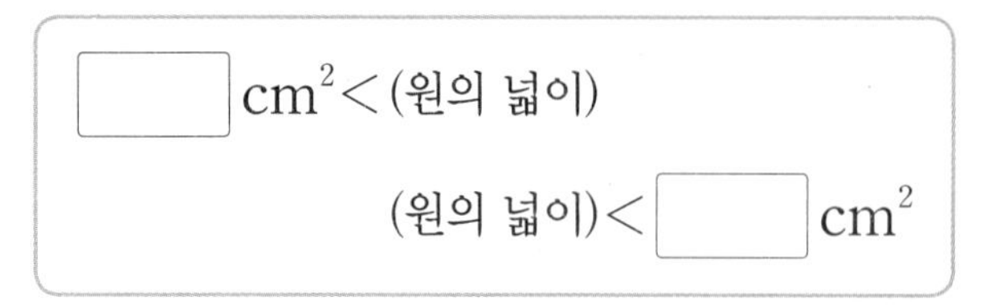

6 반지름이 4 cm인 원을 잘게 잘라 이어 붙여 직사각형 모양을 만들었습니다. ㉠, ㉡의 길이를 각각 구해 보세요. (원주율: 3.1)

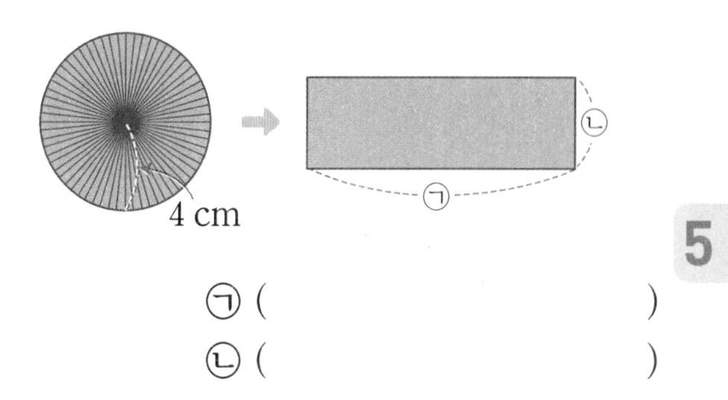

㉠ ( )
㉡ ( )

7 원주를 구해 보세요.
(원주율: 3)

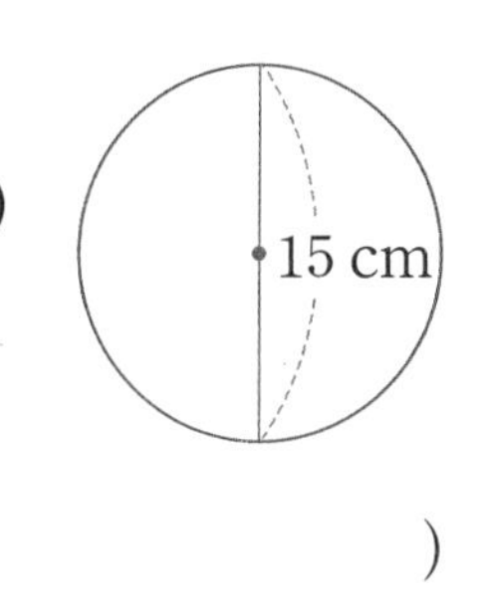

( )

8 지름이 10 cm인 원의 넓이를 구해 보세요.
(원주율: 3.14)

( )

9 세영이는 반지름이 30 m인 원 모양의 호수를 둘레를 따라 2바퀴 걸었습니다. 세영이가 걸은 거리는 몇 m일까요? (원주율: 3.14)

( )

10 원주가 68.2 cm인 원의 지름은 몇 cm일까요? (원주율: 3.1)

( )

11 두 원의 원주의 차를 구해 보세요. (원주율: 3)

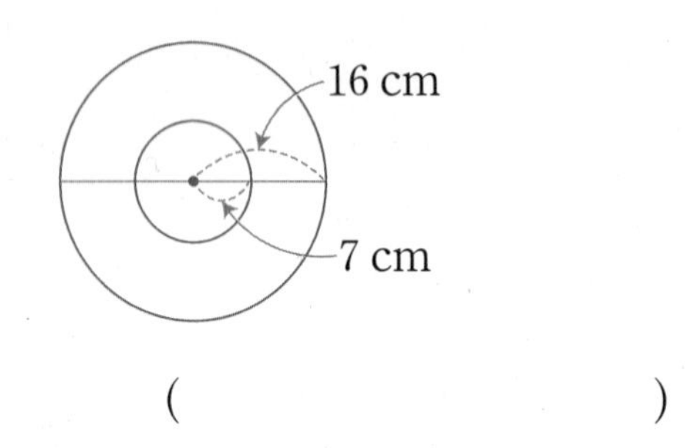

( )

12 원의 넓이는 192 cm^2입니다. □ 안에 알맞은 수를 써넣으세요. (원주율: 3)

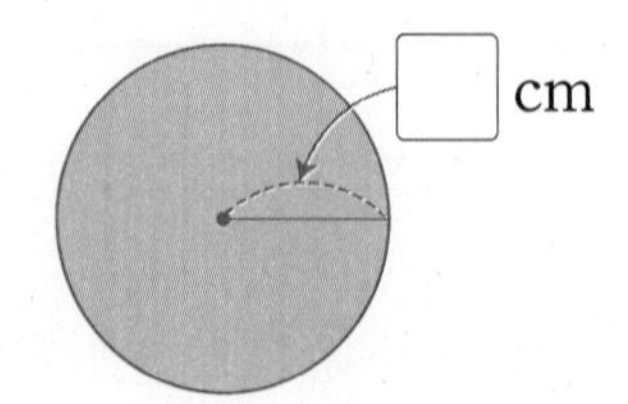

13 한 변이 18 cm인 정사각형 안에 들어갈 수 있는 가장 큰 원의 넓이를 구해 보세요.

(원주율: 3.1)

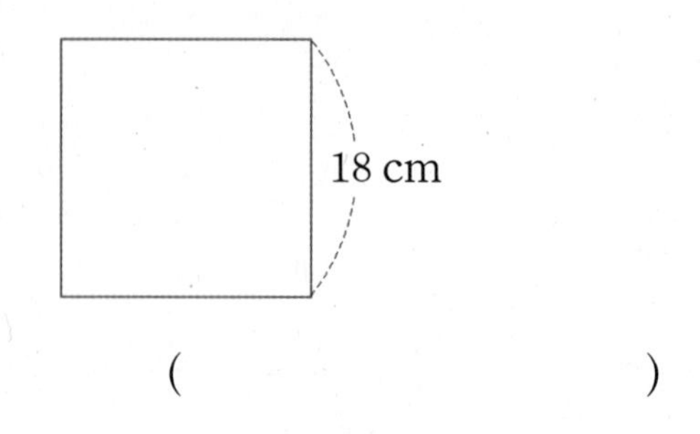

( )

14 넓이가 넓은 원부터 차례로 기호를 써 보세요.

(원주율: 3.14)

㉠ 지름이 6 cm인 원
㉡ 원주가 15.7 cm인 원
㉢ 반지름이 4 cm인 원
㉣ 넓이가 12.56 cm^2인 원

( )

15 그림과 같은 모양의 운동장의 둘레는 몇 m인지 구해 보세요. (원주율: 3)

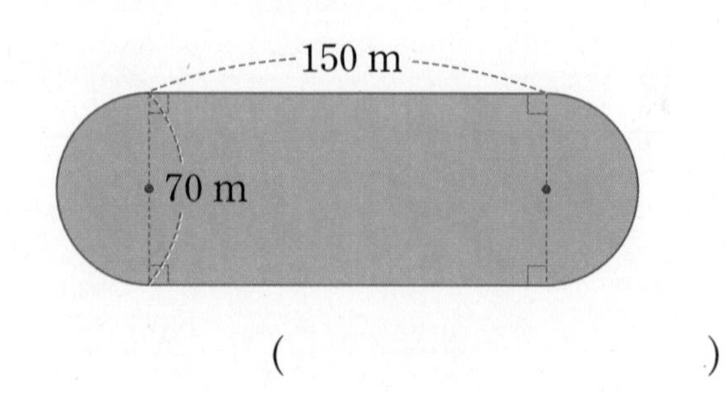

( )

정답과 풀이 47쪽

16 색칠한 부분의 둘레는 몇 cm인지 구해 보세요. (원주율: 3.1)

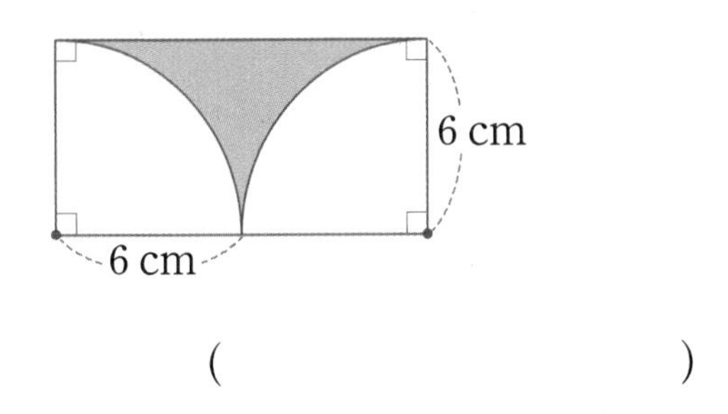

(　　　　　　　　　)

17 색칠한 부분의 넓이는 몇 cm^2인지 구해 보세요. (원주율: 3.14)

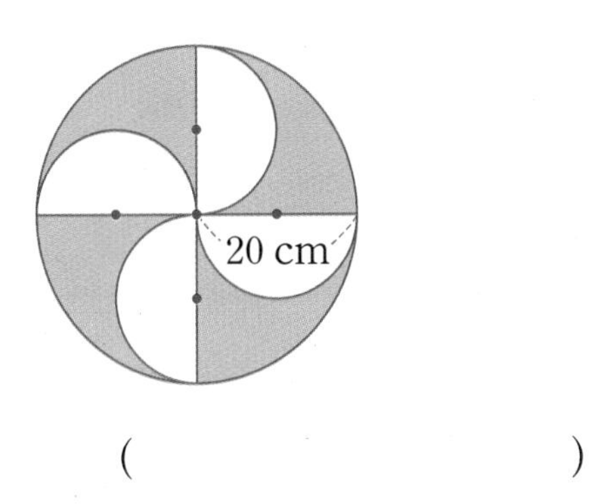

(　　　　　　　　　)

18 넓이가 615.44 cm^2인 원의 원주를 구해 보세요. (원주율: 3.14)

(　　　　　　　　　)

서술형

19 그림과 같은 두 굴렁쇠 가와 나를 같은 방향으로 5바퀴 굴렸습니다. 나 굴렁쇠는 가 굴렁쇠보다 몇 cm 더 갔는지 풀이 과정을 쓰고 답을 구해 보세요. (원주율: 3)

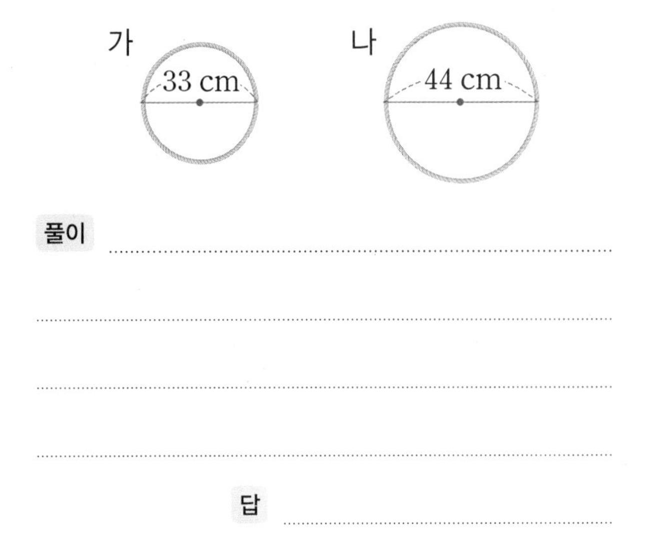

풀이

답

서술형

20 색칠한 부분의 넓이는 몇 cm^2인지 풀이 과정을 쓰고 답을 구해 보세요. (원주율: 3.1)

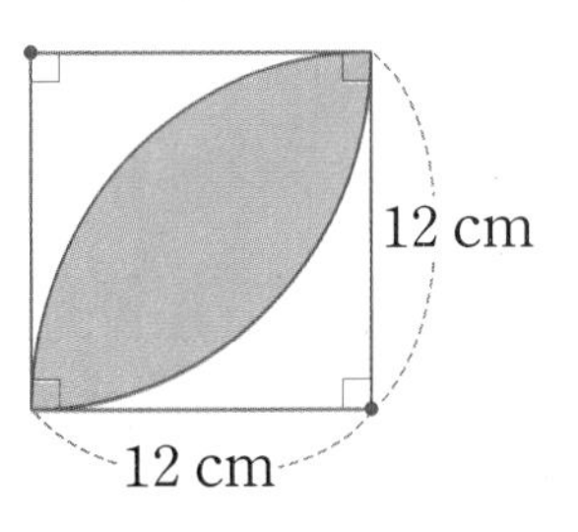

풀이

답

5

수시 평가 대비 Level 2

5. 원의 넓이

점수

확인

1 다음 중 설명이 잘못된 것은 어느 것일까요?

(　　　)

① 원의 둘레를 원주라고 합니다.

② 원주에 대한 원의 지름의 비율을 원주율이라고 합니다.

③ (원주)=(지름)×(원주율)

④ 원주율은 항상 일정합니다.

⑤ 원주율을 반올림하여 소수 둘째 자리까지 나타내면 3.14입니다.

2 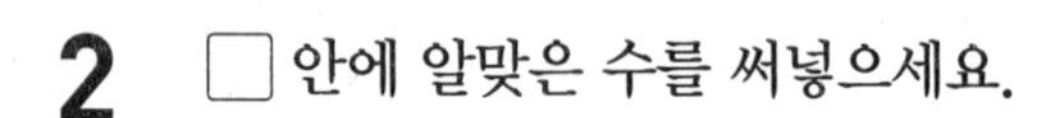 □ 안에 알맞은 수를 써넣으세요.

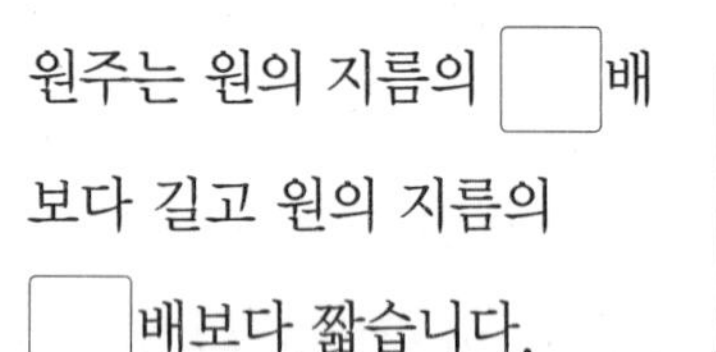

원주는 원의 지름의 □배보다 길고 원의 지름의 □배보다 짧습니다.

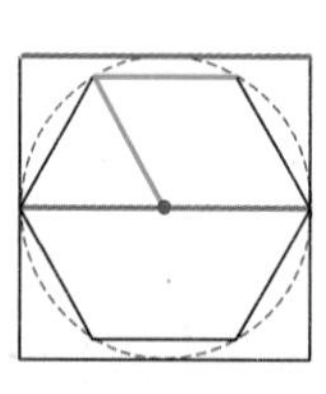

3 원주를 구해 보세요. (원주율: 3.1)

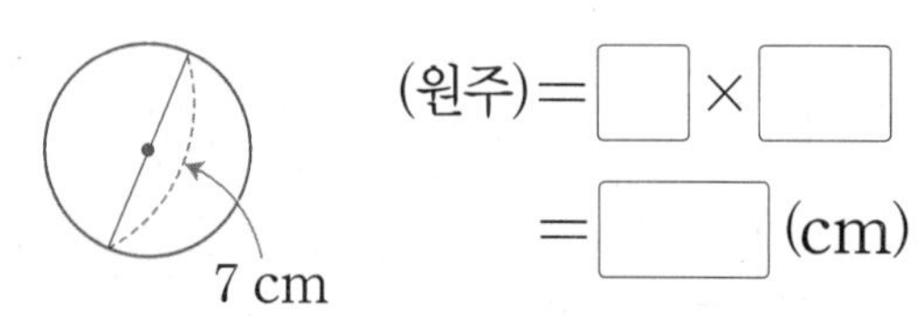

4 지름이 10 cm인 원의 넓이를 어림하려고 합니다. □ 안에 알맞은 수를 써넣으세요.

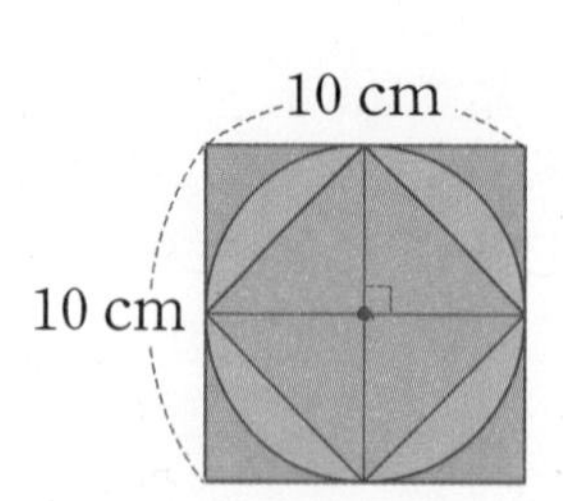

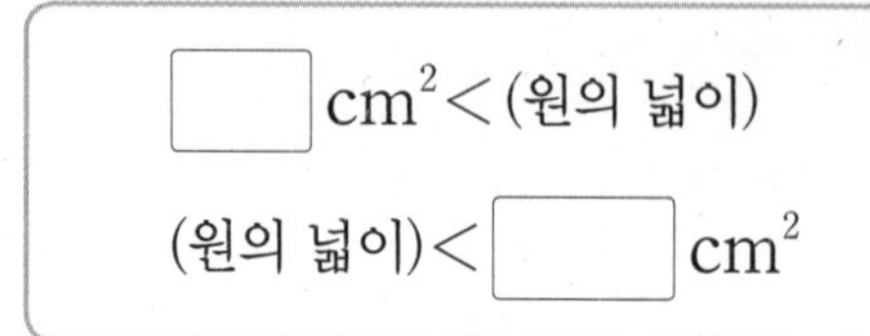

□ cm^2 <(원의 넓이)

(원의 넓이)< □ cm^2

5 반지름이 17 cm인 원을 한없이 잘게 잘라 이어 붙여 점점 직사각형에 가까워지는 도형을 만들었습니다. □ 안에 알맞은 수를 써넣으세요.

(원주율: 3.14)

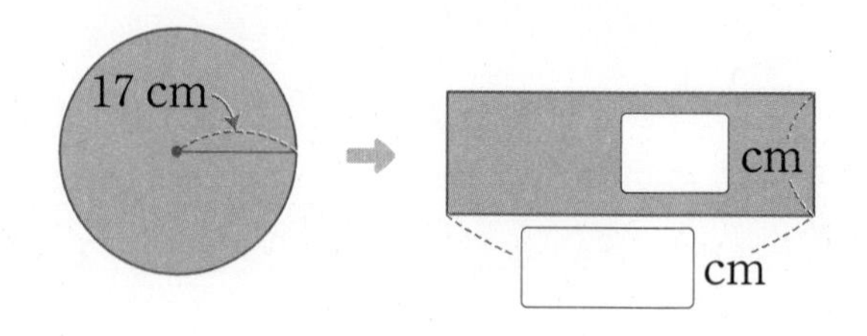

6 원의 넓이를 구해 보세요. (원주율: 3)

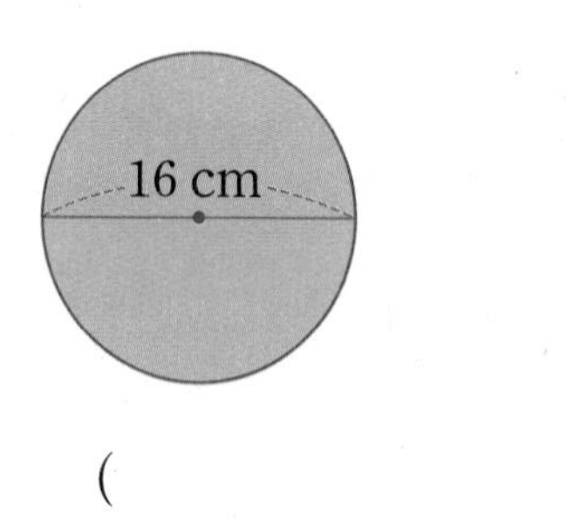

(　　　　　　　)

7 한쪽 날개의 길이가 14 cm인 바람개비가 있습니다. 날개가 돌 때 생기는 원의 원주를 구해 보세요.

(원주율: 3.14)

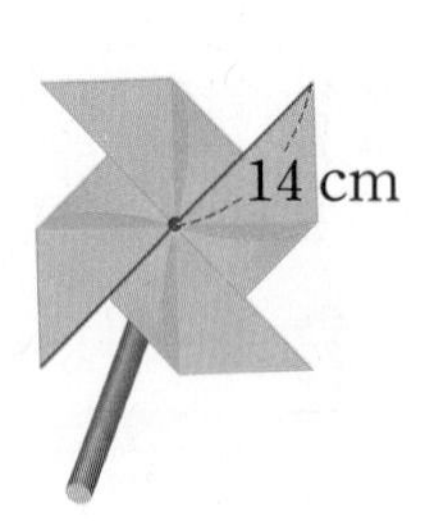

(　　　　　　　)

정답과 풀이 48쪽

8 원주가 186 cm인 원의 지름은 몇 cm일까요? (원주율: 3.1)

(　　　　　　　　)

9 반지름이 20 cm인 원 모양의 바퀴를 25번 굴렸습니다. 바퀴가 움직인 거리는 모두 몇 cm일까요? (원주율: 3.14)

(　　　　　　　　)

10 두 원의 넓이의 합을 구해 보세요. (원주율: 3)

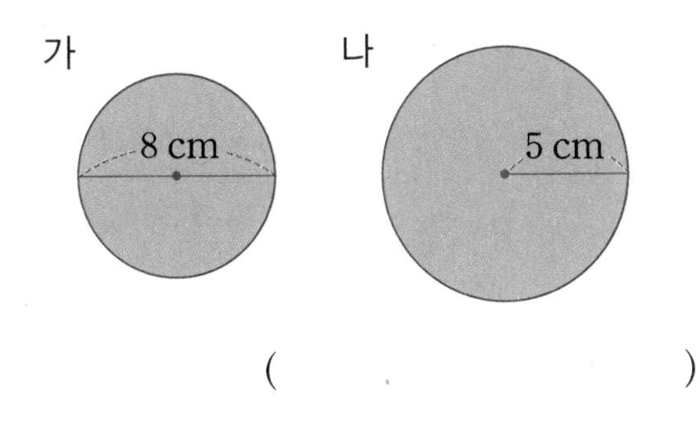

(　　　　　　　　)

11 원의 넓이가 363 cm^2일 때 원의 지름은 몇 cm일까요? (원주율: 3)

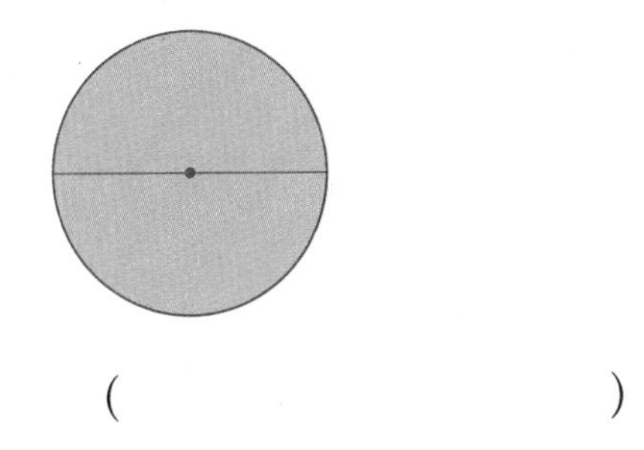

(　　　　　　　　)

12 원의 크기가 작은 것부터 차례로 기호를 써 보세요. (원주율: 3.1)

㉠ 원주가 62 cm인 원
㉡ 반지름이 14 cm인 원
㉢ 원주가 74.4 cm인 원

(　　　　　　　　)

13 원주가 62.8 cm인 원의 넓이는 몇 cm^2일까요? (원주율: 3.14)

(　　　　　　　　)

14 그림과 같은 직사각형 모양의 종이를 잘라 만들 수 있는 가장 큰 원의 넓이는 몇 cm^2일까요? (원주율: 3.1)

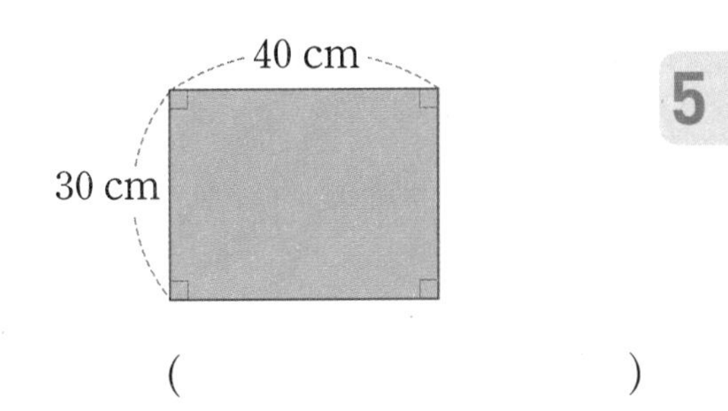

(　　　　　　　　)

15 직사각형에서 색칠한 부분의 둘레를 구해 보세요. (원주율: 3.14)

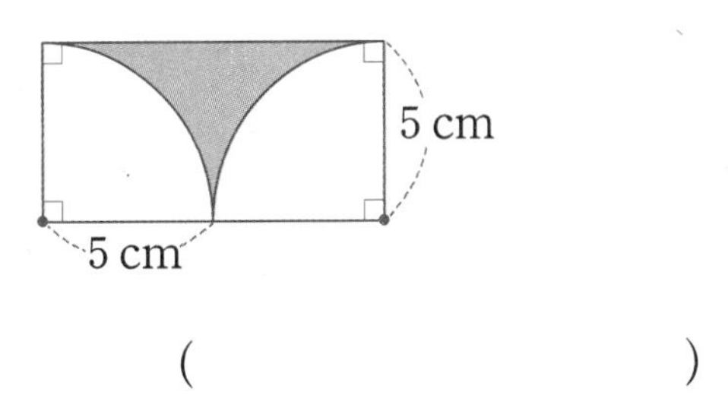

(　　　　　　　　)

정답과 풀이 48쪽

16 상미는 지름이 5 cm인 원을 그리고, 진수는 넓이가 27.9 cm^2인 원을 그렸습니다. 누가 그린 원의 원주가 몇 cm 더 길까요? (원주율: 3.1)

( ), ( )

17 반지름이 16 cm인 원 모양의 빈대떡을 똑같이 8조각으로 나누었습니다. 빈대떡 한 조각의 둘레를 구해 보세요. (원주율: 3.14)

( )

18 큰 원 안에 꼭 맞게 들어가는 두 원을 그렸습니다. 색칠한 부분의 넓이를 구해 보세요.

(원주율: 3.1)

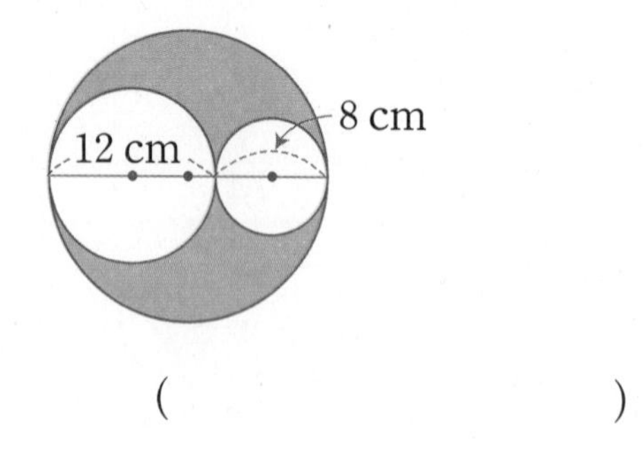

( )

서술형

19 큰 원의 원주는 75.36 cm입니다. 큰 원과 작은 원의 반지름의 합은 몇 cm인지 풀이 과정을 쓰고 답을 구해 보세요. (원주율: 3.14)

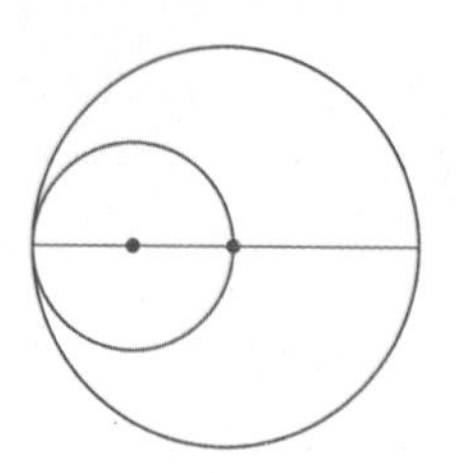

풀이

답

서술형

20 그림과 같은 모양의 공원의 넓이는 몇 m^2인지 풀이 과정을 쓰고 답을 구해 보세요.

(원주율: 3.1)

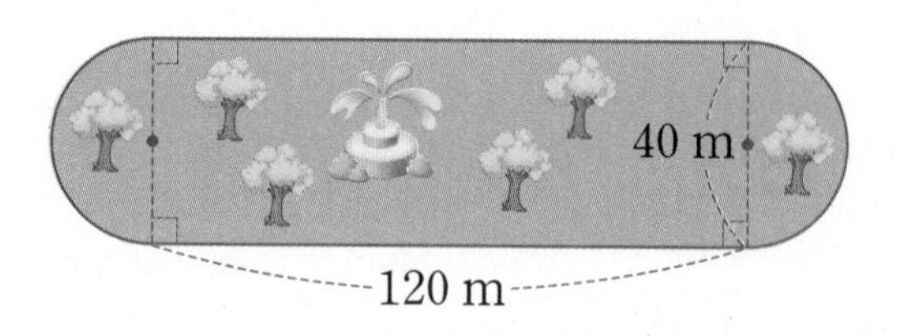

풀이

답

6 원기둥, 원뿔, 구

이번 단원에서
꼭 짚어야 할
핵심 개념을 알아보자.

핵심 1 원기둥 알아보기

둥근기둥 모양의 도형을 ☐이라고 한다.

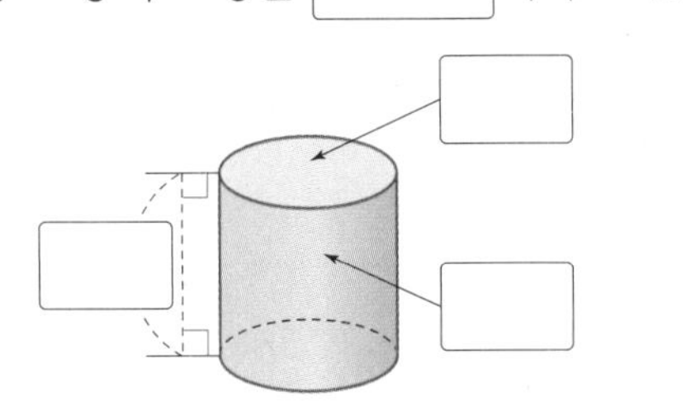

핵심 2 원기둥의 전개도

원기둥의 전개도에서

(밑면의 둘레)=(옆면의 ☐),

(원기둥의 높이)=(옆면의 ☐)이다.

핵심 3 원뿔 알아보기

둥근 뿔 모양의 도형을 ☐이라고 한다.

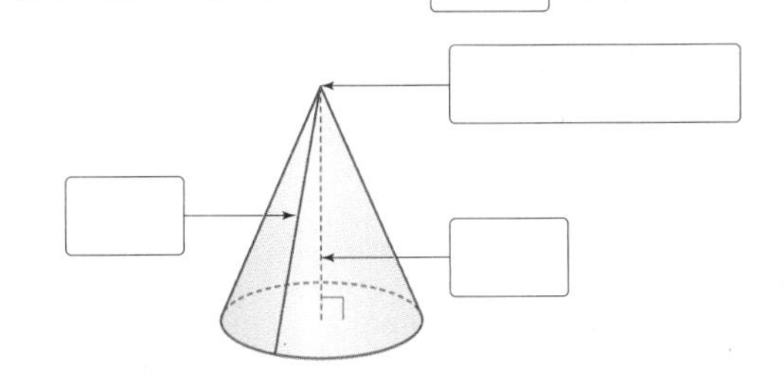

핵심 4 구 알아보기

공 모양의 도형을 ☐라고 한다.

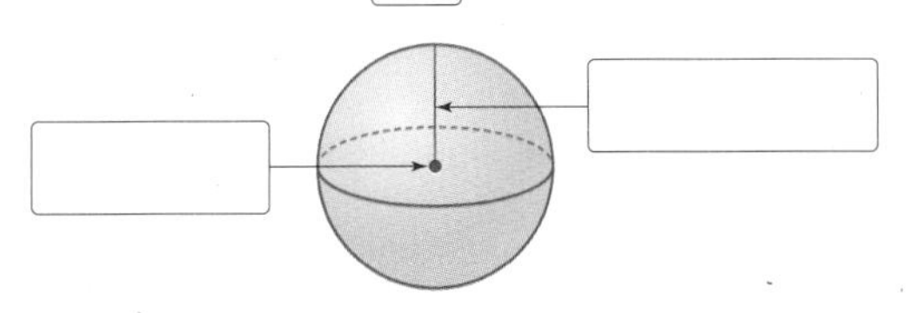

핵심 5 원기둥, 원뿔, 구의 공통점과 차이점

원기둥, 원뿔, 구를 위에서 본 모양은 모두 ☐이다.

원기둥을 앞에서 본 모양은 ☐,

원뿔을 앞에서 본 모양은 ☐,

구를 앞에서 본 모양은 ☐이다.

답 1. 원기둥/(위에서부터) 밑면, 높이, 옆면 2. 가로, 세로 3. 원뿔 / (위에서부터) 원뿔의 꼭짓점, 모선, 높이
4. 구 / (위에서부터) 구의 반지름, 구의 중심 5. 원, 직사각형, 삼각형, 원

STEP 1 교과 개념

1. 원기둥 알아보기

원기둥 알아보기

• 원기둥: , , 등과 같은 입체도형 → 위와 아래에 있는 면이 서로 평행하고 합동인 원으로 이루어진 입체도형입니다.

• 원기둥의 구성 요소

① 밑면: 서로 평행하고 합동인 두 면

② 옆면: 두 밑면과 만나는 면

③ 높이: 두 밑면에 수직인 선분의 길이

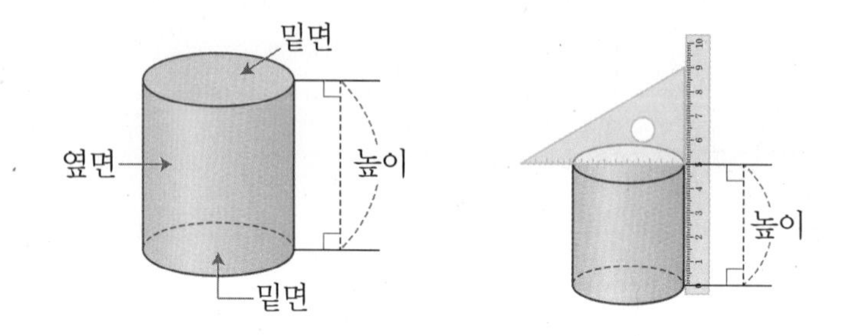

• 원기둥의 특징

① 두 면은 평평한 원입니다.

② 두 면은 서로 합동이고 평행합니다.

③ 옆면은 굽은 면입니다.

④ 굴리면 잘 굴러갑니다.

원기둥과 각기둥의 공통점과 차이점

도형		원기둥	각기둥
공통점		• 기둥 모양 • 밑면의 수: 2개	
차이점	밑면의 모양	원	다각형
	옆면의 모양	굽은 면	직사각형
	꼭짓점, 모서리	없음	있음

개념 자세히 보기

• **직사각형 모양의 종이를 한 변을 기준으로 돌리면 어떤 입체도형이 되는지 알아보아요!**

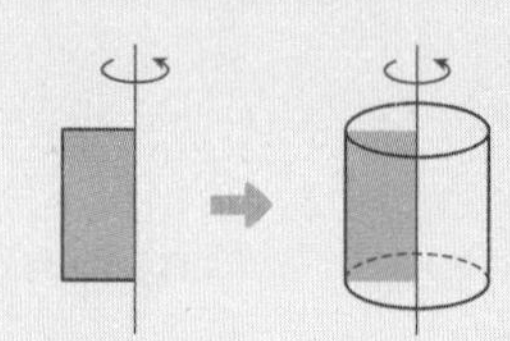

직사각형 모양의 종이를 한 변을 기준으로 돌리면 원기둥이 만들어집니다.

➡ 정답과 풀이 50쪽

1 원기둥은 어느 것일까요? (   )

① 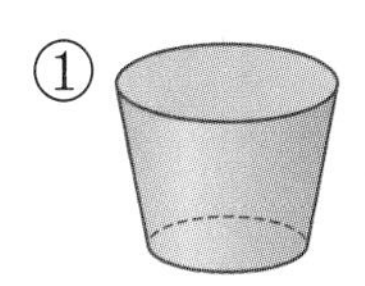 ② 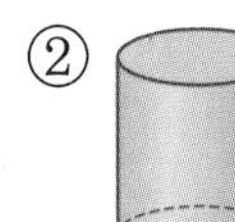 ③ 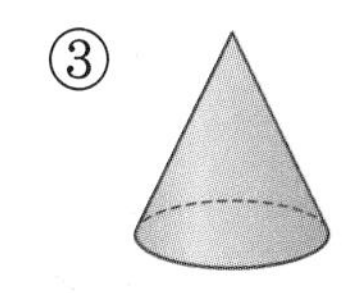 ④ 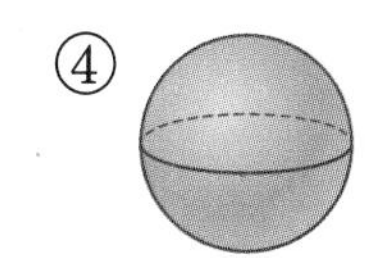 ⑤ 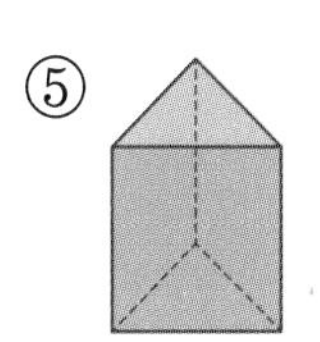

원기둥이나 각기둥처럼 기둥이란 말이 들어간 입체도형은 두 밑면이 합동이에요.

2 보기 에서 □ 안에 알맞은 말을 찾아 써넣으세요.

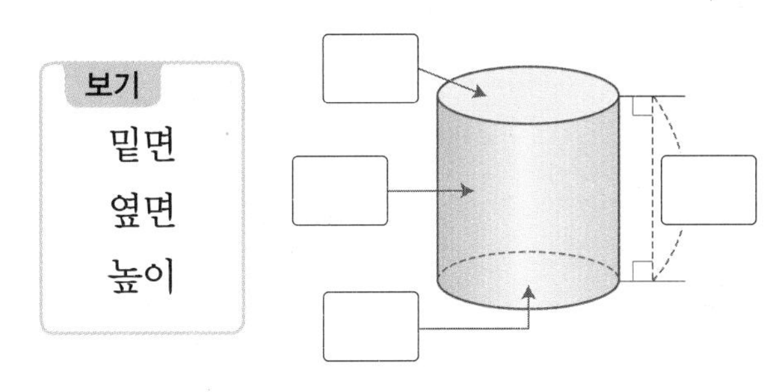

3 원기둥에서 밑면을 찾아 색칠해 보세요.

① 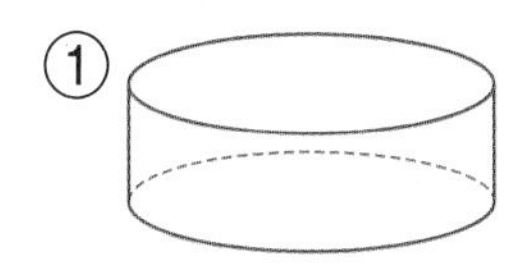

② 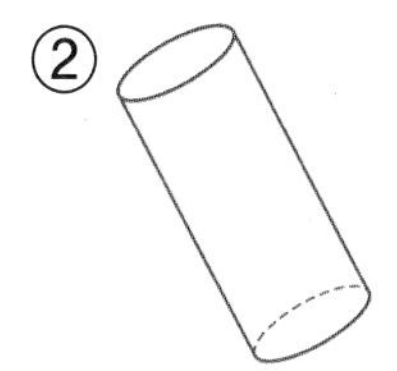

원기둥에서 두 밑면은 모양과 크기가 같은 원 모양이에요.

4 원기둥의 높이를 나타내어 보세요.

① 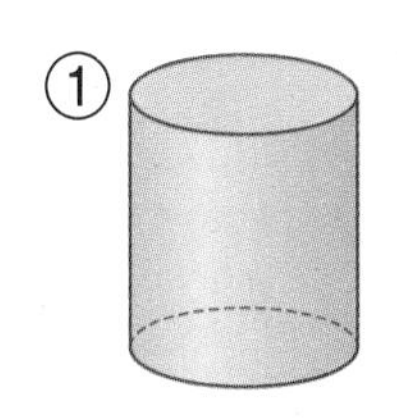

② 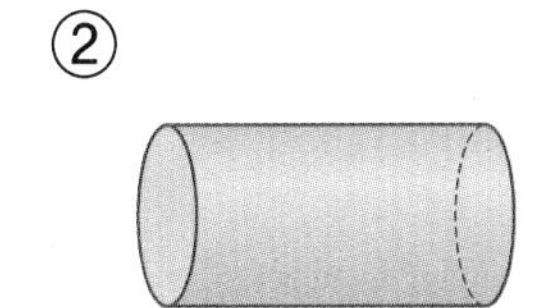

원기둥에서 두 밑면에 수직인 선분의 길이를 높이라고 해요.

6

STEP 1 교과 개념

2. 원기둥의 전개도 알아보기

원기둥의 전개도 알아보기

• 원기둥의 전개도: 원기둥을 잘라서 펼쳐 놓은 그림

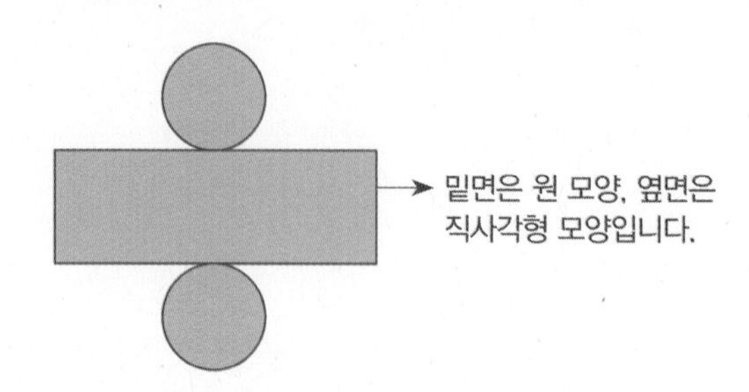

전개도의 각 부분의 길이 알아보기

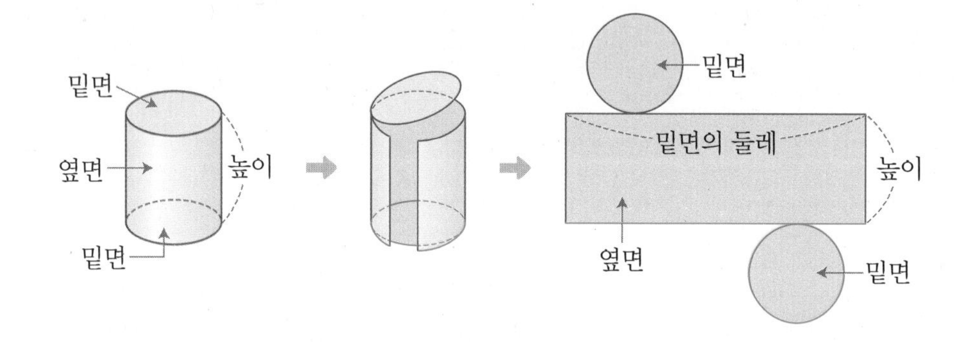

(옆면의 가로) = (밑면의 둘레)
= (밑면의 지름) × (원주율)
(옆면의 세로) = (원기둥의 높이)

개념 자세히 보기

• **원기둥의 전개도가 되려면 두 밑면은 합동인 원 모양이고 옆면은 직사각형이어야 해요!**

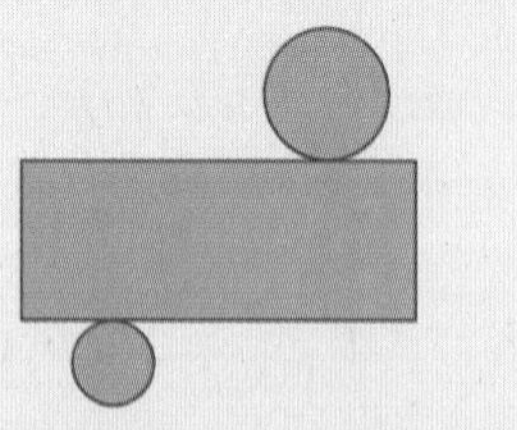

두 밑면이 합동이 아니므로 원기둥을 만들 수 없습니다.

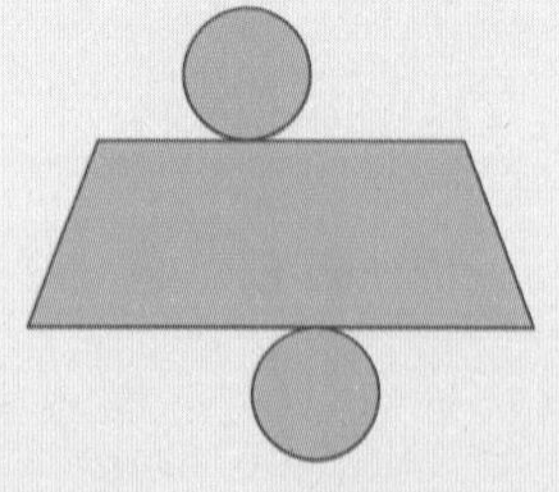

옆면의 모양이 직사각형이 아니므로 원기둥을 만들 수 없습니다.

➔ 정답과 풀이 51쪽

1 원기둥과 전개도를 보고 □ 안에 알맞은 말이나 수를 써넣으세요.

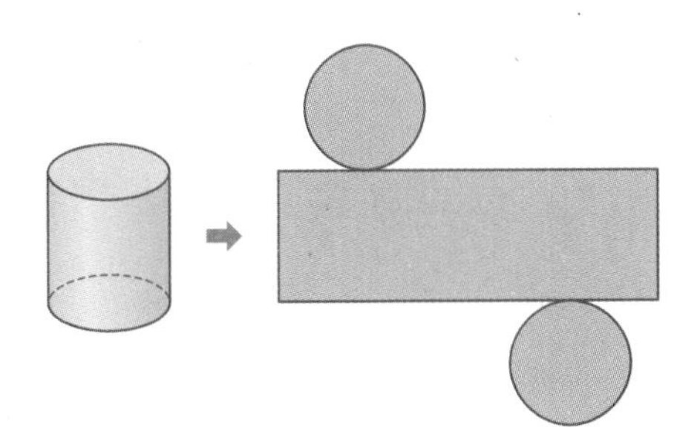

원기둥을 잘라서 펼쳐 놓은 그림을 원기둥의 전개도라고 해요.

① 전개도에서 밑면의 모양은 □이고 옆면의 모양은 □입니다.

② 전개도에서 밑면은 □개이고, 옆면은 □개입니다.

2 원기둥의 전개도를 보고 물음에 답하세요.

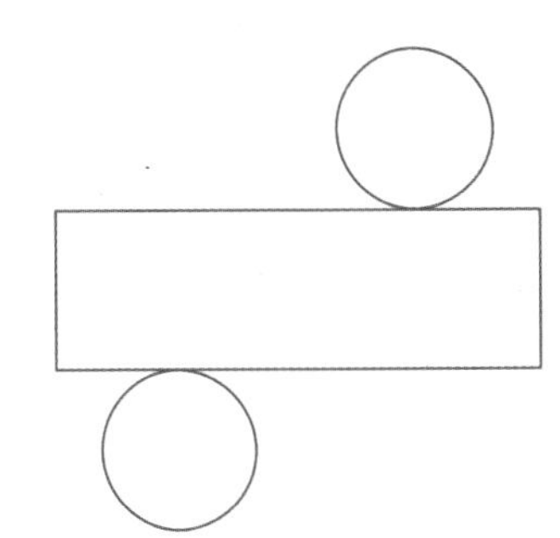

① 밑면을 모두 찾아 색칠해 보세요.

② 원기둥의 높이와 같은 길이의 선분을 모두 찾아 굵은 선으로 표시해 보세요.

옆면의 세로는 원기둥의 높이와 길이가 같아요.

3 원기둥의 전개도에서 밑면의 둘레와 같은 길이의 선분을 모두 찾아 굵은 선으로 표시해 보세요.

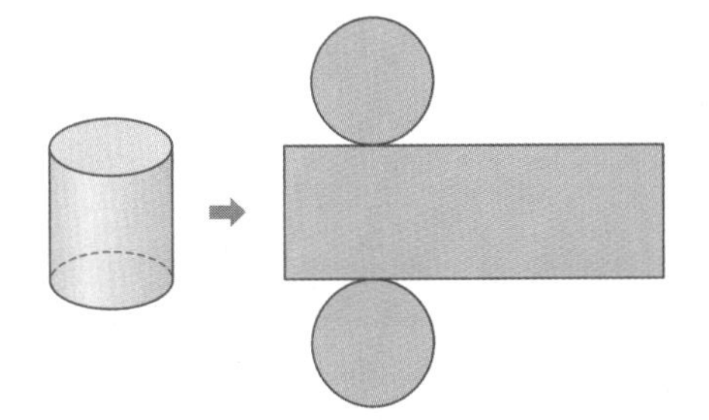

옆면의 가로는 밑면의 둘레와 길이가 같아요.

6

4 원기둥을 만들 수 있는 전개도를 찾아 ○표 하세요.

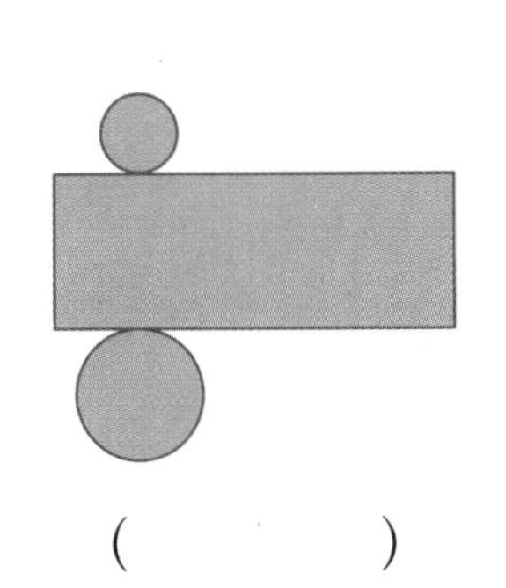

(　　　)

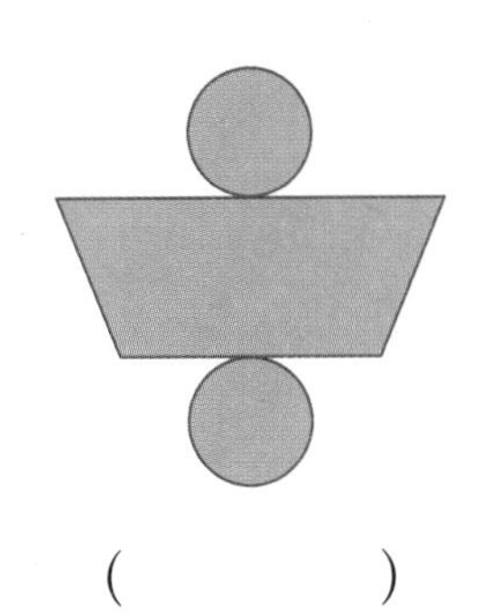

(　　　)

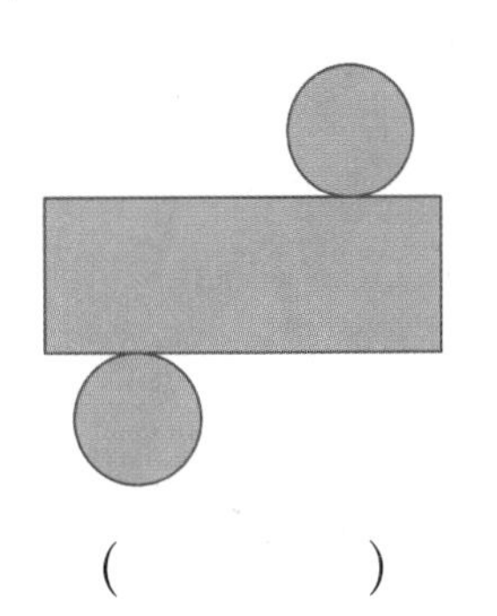

(　　　)

3. 원뿔 알아보기

원뿔 알아보기

• 원뿔: 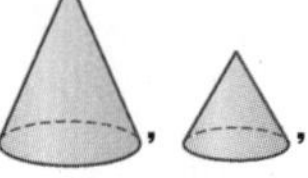 등과 같은 입체도형 → 평평한 면이 원이고 옆을 둘러싼 면이 굽은 뿔 모양의 입체도형입니다.

• 원뿔의 구성 요소

① 밑면: 평평한 면

② 옆면: 옆을 둘러싼 굽은 면

③ 원뿔의 꼭짓점: 뾰족한 부분의 점

④ 모선: 꼭짓점과 밑면인 원의 둘레의 한 점을 이은 선분

⑤ 높이: 꼭짓점에서 밑면에 수직인 선분의 길이

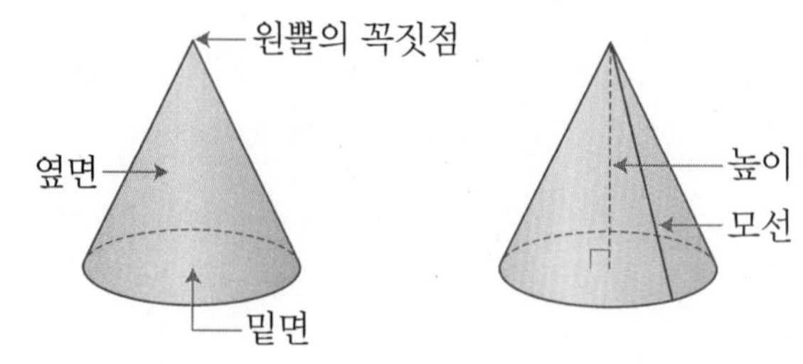

• 원뿔의 각 부분의 길이 재는 방법 알아보기

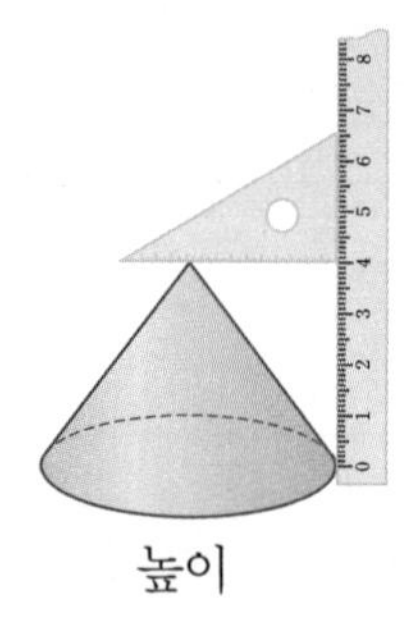
높이

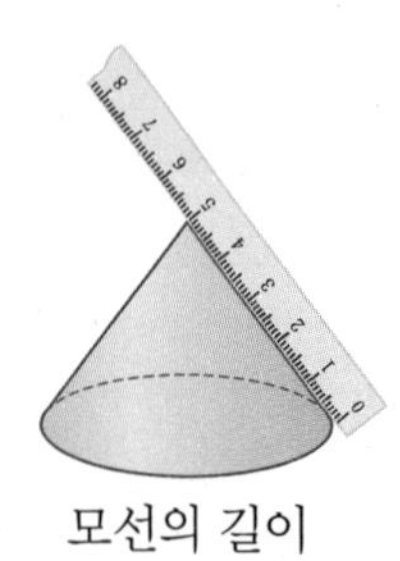
모선의 길이

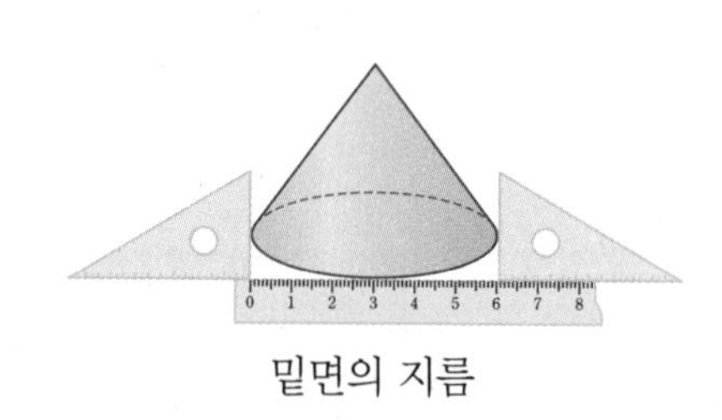
밑면의 지름

원뿔과 원기둥의 공통점과 차이점

도형		원뿔	원기둥
공통점		• 밑면의 모양: 원 • 옆면의 모양: 굽은 면	
차이점	밑면의 수	1개	2개
	꼭짓점	있음	없음

개념 자세히 보기

• **직각삼각형 모양의 종이를 한 변을 기준으로 돌리면 어떤 입체도형이 되는지 알아보아요!**

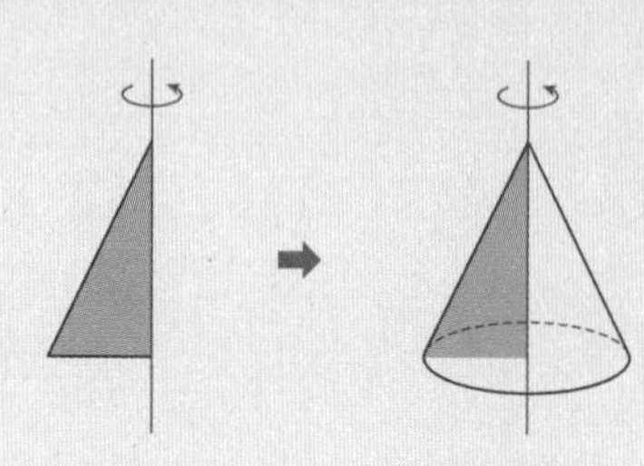

직각삼각형 모양의 종이를 한 변을 기준으로 돌리면 원뿔이 만들어집니다.

➲ 정답과 풀이 51쪽

1 원뿔을 모두 고르세요. (　　　　　)

① 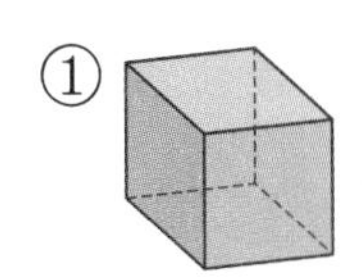 ② 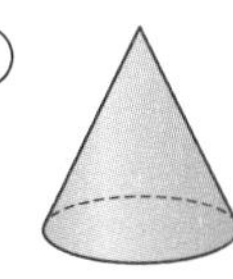 ③ ④ 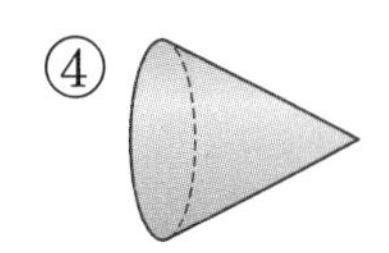 ⑤ 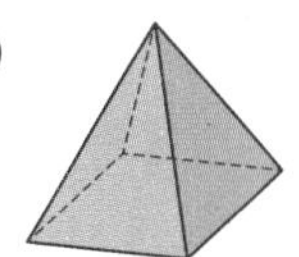

2 보기 에서 □ 안에 알맞은 말을 찾아 써넣으세요.

보기
밑면　　원뿔의 꼭짓점　　모선　　높이　　옆면

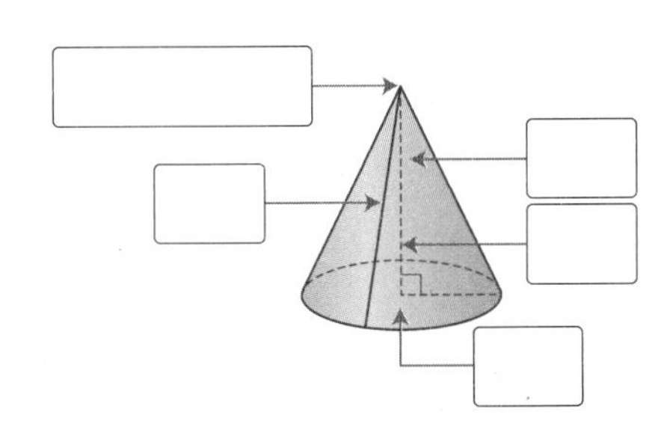

6학년 1학기 때 배웠어요
각뿔 알아보기
각뿔의 구성 요소
각뿔의 꼭짓점
모서리
높이
옆면
밑면
꼭짓점

3 원뿔을 보고 물음에 답하세요.

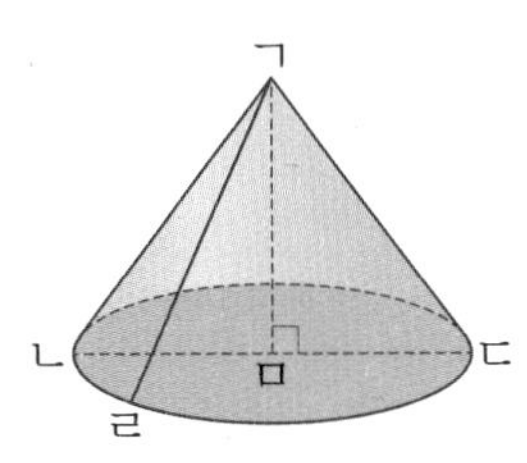

① 원뿔의 높이를 나타내는 선분을 찾아 써 보세요.

(　　　　　　　　　　)

② 원뿔의 모선을 나타내는 선분이 아닌 것을 모두 고르세요. (　　　　　)

① 선분 ㄱㄴ　　② 선분 ㄴㄷ
③ 선분 ㄱㄷ　　④ 선분 ㄱㄹ
⑤ 선분 ㄱㅁ

원뿔에서 모선은 셀 수 없이 많으므로 모선을 나타내는 선분은 여러 개 찾을 수 있어요.

4 알맞은 말에 ○표 하고 □ 안에 알맞은 수를 써넣으세요.

① 원뿔과 원기둥은 밑면의 모양이 (같습니다 , 다릅니다).

② 밑면의 수가 원뿔은 □개, 원기둥은 □개입니다.

STEP 1 교과 개념

4. 구 알아보기

구 알아보기

• 구: , , 등과 같은 입체도형

• 구의 구성 요소

① 구의 중심: 구에서 가장 안쪽에 있는 점

② 구의 반지름: 구의 중심에서 구의 겉면의 한 점을 이은 선분

→ 구의 반지름은 모두 같고 무수히 많습니다.

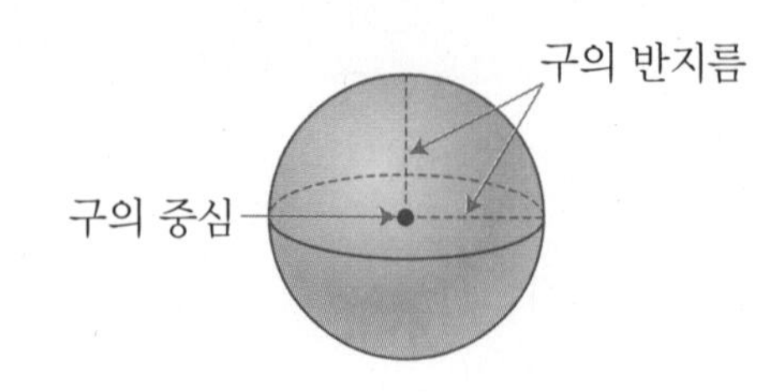

원기둥, 원뿔, 구의 공통점과 차이점

도형		원기둥	원뿔	구
공통점		• 굽은 면으로 둘러싸여 있음 • 위에서 본 모양은 원임		
차이점	모양	기둥 모양	뿔 모양	공 모양
	꼭짓점	없음	있음	없음
	앞에서 본 모양	직사각형	삼각형	원
	옆에서 본 모양	직사각형	삼각형	원

개념 자세히 보기

• **반원 모양의 종이를 지름을 기준으로 돌리면 어떤 입체도형이 되는지 알아보아요!**

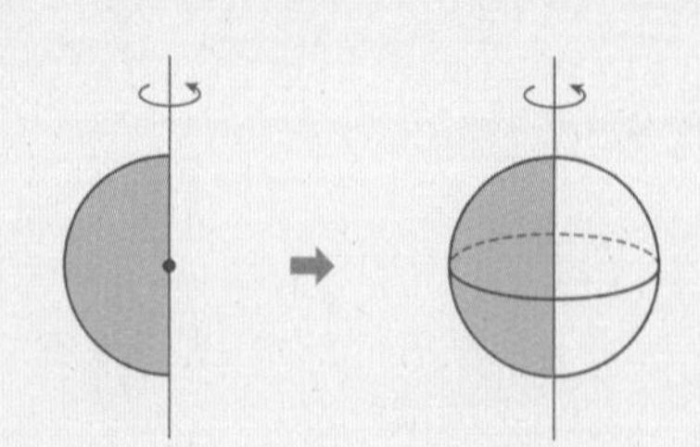

반원 모양의 종이를 지름을 기준으로 돌리면 구가 만들어집니다.

정답과 풀이 51쪽

1 구에서 각 부분의 이름을 □ 안에 써넣으세요.

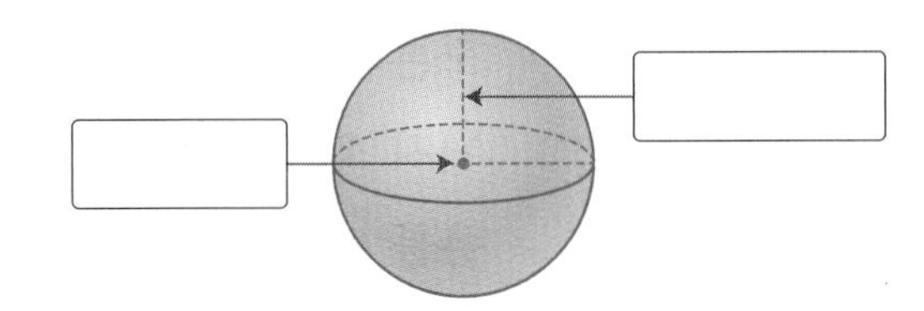

구에서 가장 안쪽에 있는 점은 구의 중심이고, 구의 중심에서 구의 겉면의 한 점을 이은 선분은 구의 반지름이에요.

2 반원 모양의 종이를 지름을 기준으로 돌려 만들 수 있는 입체도형을 찾아 ○표 하세요.

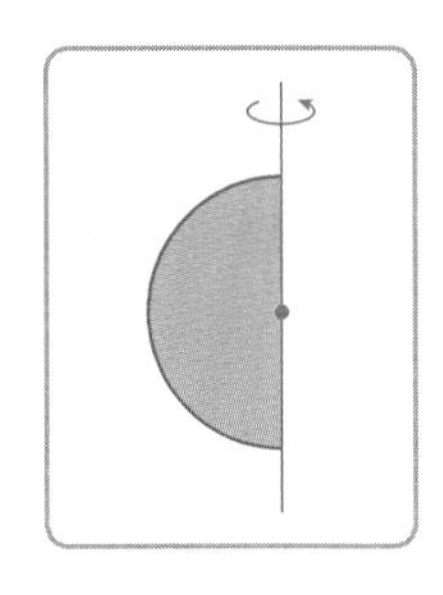

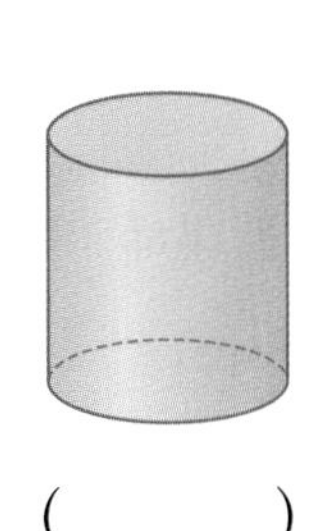

( )

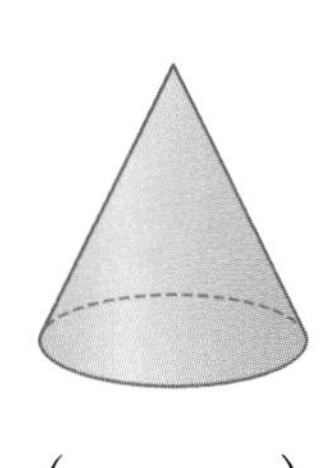

( )

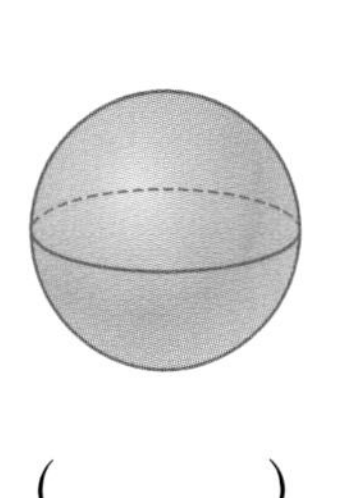

( )

3 구에 대한 설명이 맞으면 ○표, 틀리면 ×표 하세요.

① 구의 반지름은 1개입니다. ( )

② 구는 굽은 면으로 둘러싸여 있습니다. ( )

4 입체도형을 위, 앞, 옆에서 본 모양을 그려 보세요.

입체도형	위에서 본 모양	앞에서 본 모양	옆에서 본 모양
위 / 옆 / 앞			
위 / 옆 / 앞			
위 / 옆 / 앞			

원기둥, 원뿔, 구는 앞에서 본 모양과 옆에서 본 모양이 같아요.

꼭 나오는 유형

1 원기둥

1 원기둥을 모두 찾아 기호를 써 보세요.

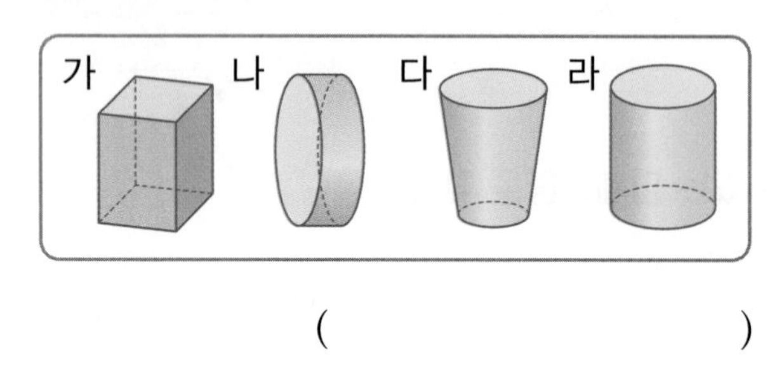

(　　　　　　　　　　)

2 보기 에서 □ 안에 알맞은 말을 찾아 써넣으세요.

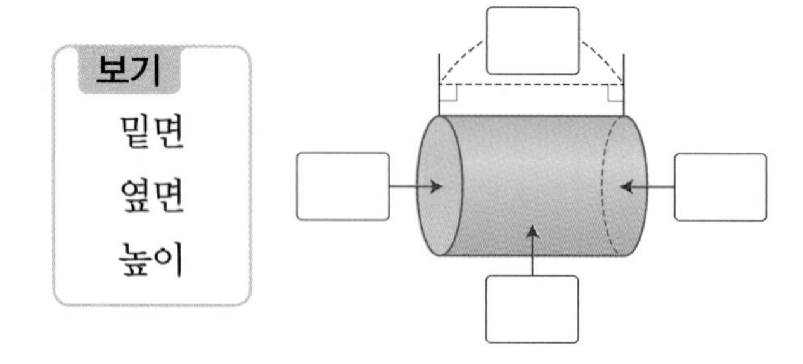

3 원기둥의 밑면의 지름과 높이는 각각 몇 cm인지 구해 보세요.

원기둥	12 cm, 8 cm	3 cm, 8 cm, 10 cm
밑면의 지름		
높이		

서술형

4 오른쪽 블록이 원기둥인지 아닌지 쓰고, 그렇게 생각한 이유를 써 보세요.

답 ……………………

이유 ……………………

5 원기둥에 대해 바르게 설명한 것을 찾아 기호를 써 보세요.

㉠ 두 밑면은 서로 수직입니다.
㉡ 꼭짓점이 있습니다.
㉢ 옆면은 굽은 면입니다.

(　　　　　　　　　　)

내가 만드는 문제

6 원기둥의 밑면의 지름과 높이를 자유롭게 정해 원기둥의 겨냥도를 그려 보세요.

밑면의 지름: □ cm, 높이: □ cm

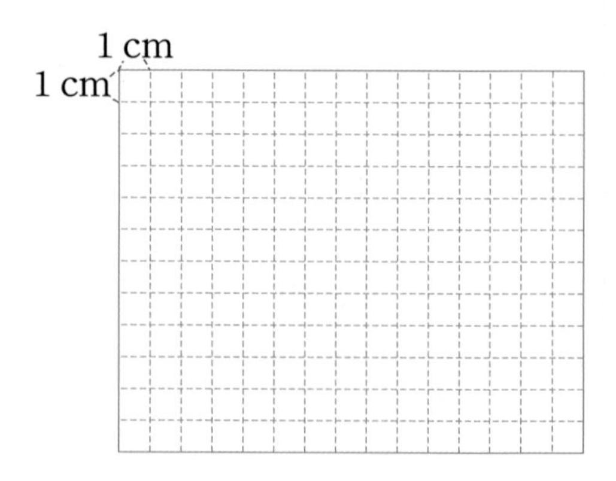

7 오른쪽 직사각형 모양의 종이를 한 변을 기준으로 돌렸습니다. 만든 입체도형의 높이는 몇 cm일까요?

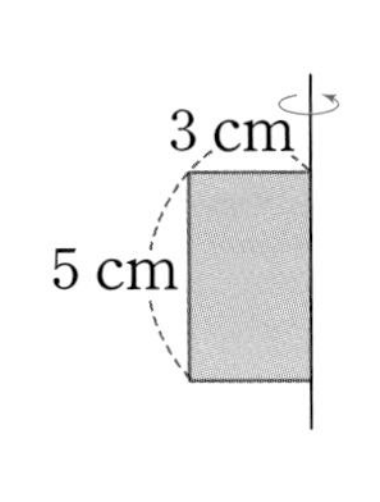

( )

8 오른쪽 원기둥을 앞에서 본 모양은 가로가 16 cm, 세로가 19 cm인 직사각형입니다. 원기둥의 밑면의 반지름과 높이는 각각 몇 cm일까요?

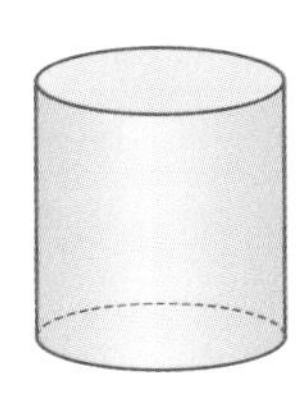

밑면의 반지름 ( )

높이 ( )

서술형

9 진우와 서윤이는 직사각형 모양의 종이를 한 변을 기준으로 돌려 입체도형을 만들었습니다. 두 사람이 만든 입체도형의 밑면의 지름의 차는 몇 cm인지 풀이 과정을 쓰고 답을 구해 보세요.

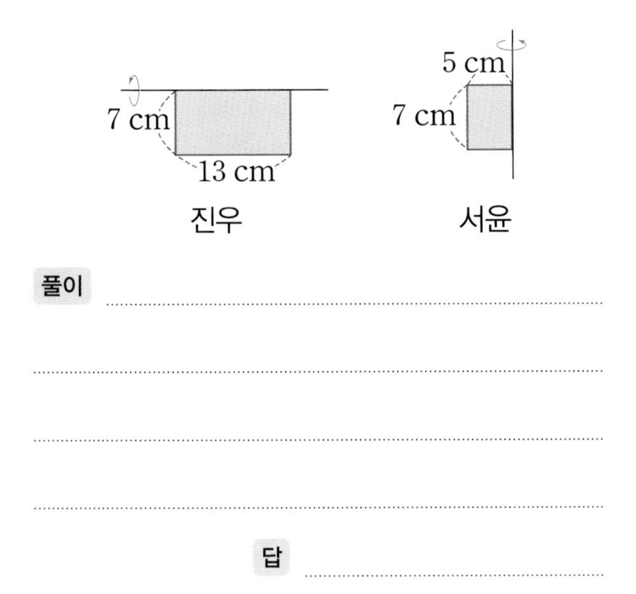

풀이

답

'다각형, 평행, 합동'을 생각하며 찾아봐.

준비 각기둥을 모두 찾아 기호를 써 보세요.

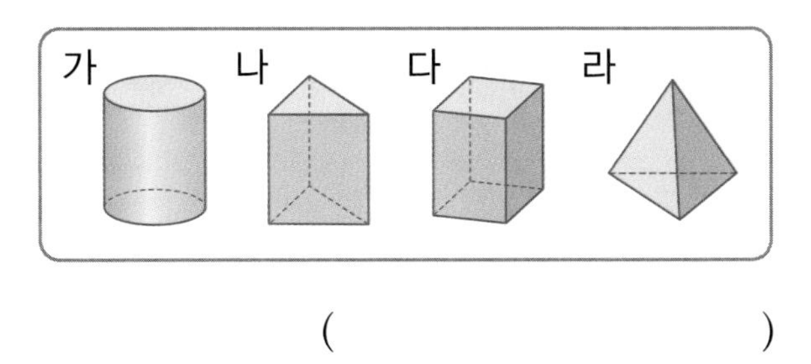

( )

10 원기둥과 사각기둥을 비교하여 빈칸에 알맞게 써넣으세요.

	원기둥	사각기둥
밑면의 모양		
밑면의 수(개)		

11 원기둥과 각기둥에 대해 잘못 설명한 사람의 이름을 써 보세요.

지수: 원기둥과 각기둥은 옆에서 본 모양이 모두 직사각형이야.

준호: 원기둥과 각기둥은 모두 옆면이 굽은 면이야.

( )

12 원기둥과 각기둥의 공통점을 모두 찾아 기호를 써 보세요.

㉠ 기둥 모양의 입체도형입니다.
㉡ 밑면은 합동인 다각형입니다.
㉢ 밑면은 2개입니다.
㉣ 꼭짓점이 있습니다.

( )

2 원기둥의 전개도

13 원기둥에 색칠된 부분을 원기둥의 전개도에서 모두 찾아 빗금으로 표시해 보세요.

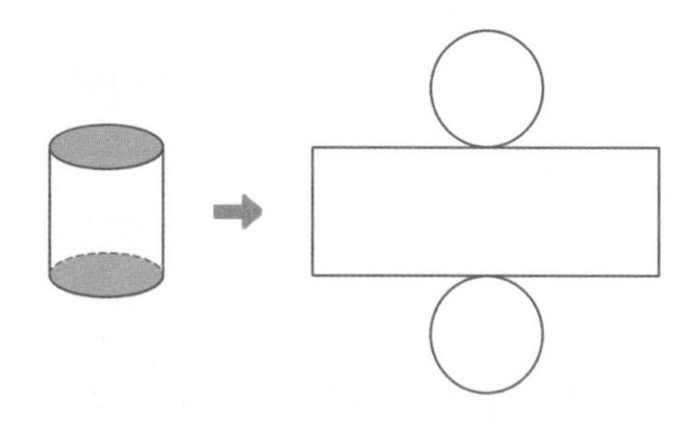

14 원기둥과 원기둥의 전개도입니다. 각 부분의 이름을 □ 안에 써넣으세요.

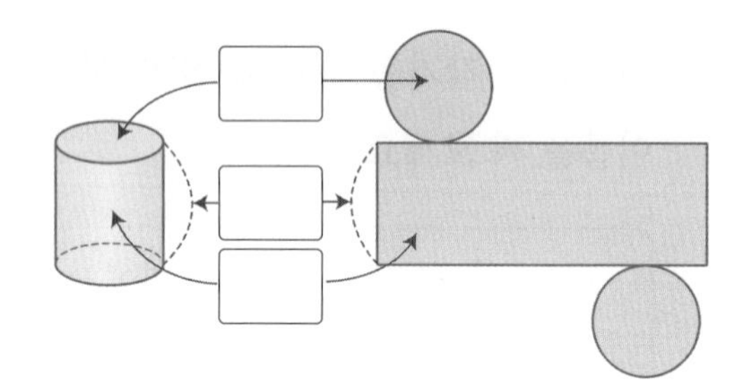

15 원기둥을 만들 수 있는 전개도를 모두 찾아 기호를 써 보세요.

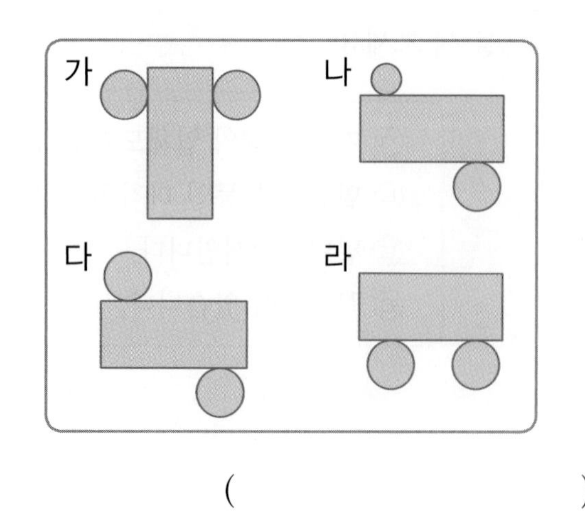

( )

접었을 때 서로 겹치는 부분의 길이를 같게 그려.

준비 사각기둥의 전개도를 완성해 보세요.

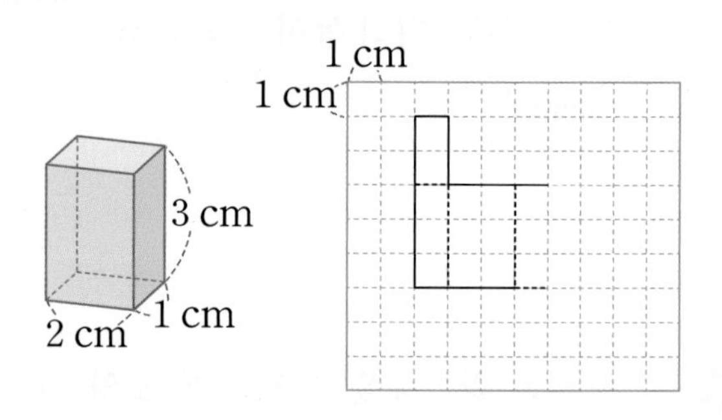

16 다음 원기둥의 전개도를 완성해 보세요.

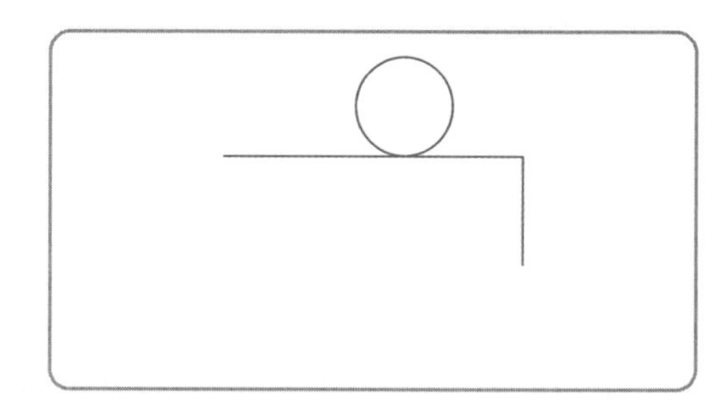

서술형

17 다음 그림이 원기둥의 전개도가 아닌 이유를 써 보세요.

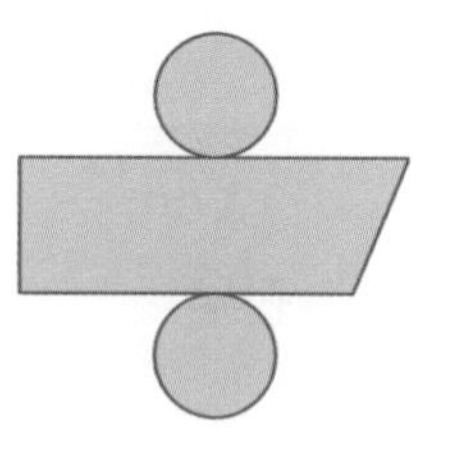

이유 ……………………………………

3 원기둥의 전개도에서 각 부분의 길이

18 원기둥에 빨간색으로 표시된 부분과 길이가 같은 부분을 원기둥의 전개도에서 모두 찾아 파란색 선으로 표시해 보세요.

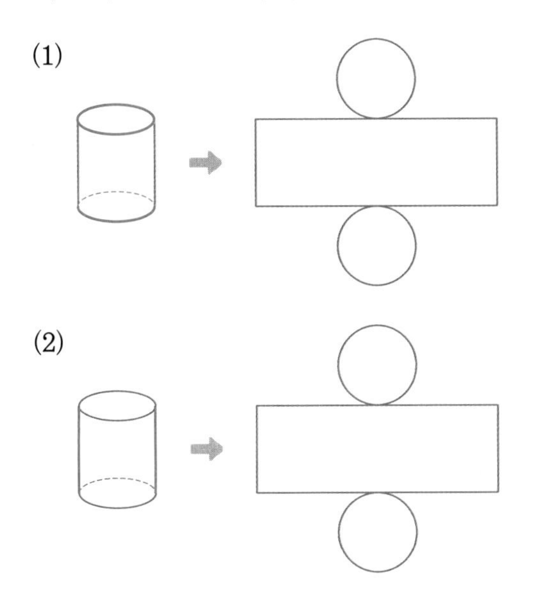

19 원기둥의 전개도에서 옆면의 가로와 세로는 각각 몇 cm일까요? (원주율: 3.14)

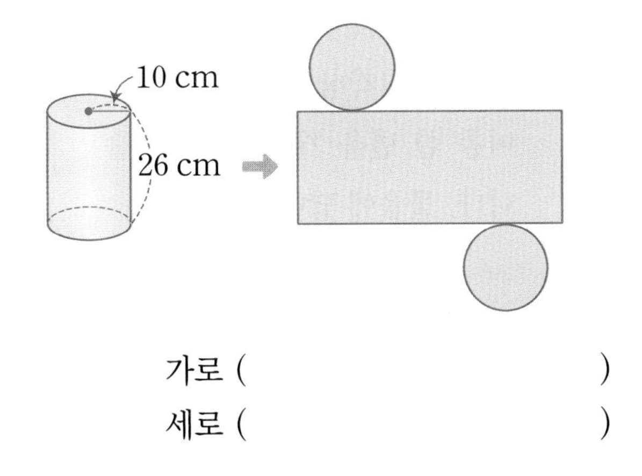

가로 (　　　　　　　　　　)

세로 (　　　　　　　　　　)

20 원기둥과 원기둥의 전개도를 보고 □ 안에 알맞은 수를 써넣으세요. (원주율: 3)

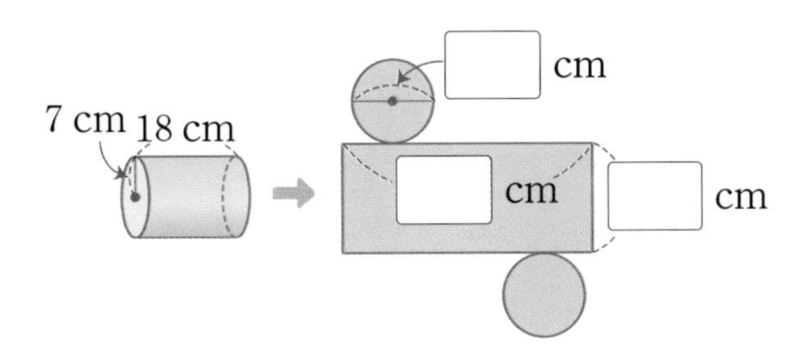

21 오른쪽 원기둥의 전개도를 그리고 밑면의 반지름과 옆면의 가로, 세로의 길이를 나타내어 보세요. (원주율: 3)

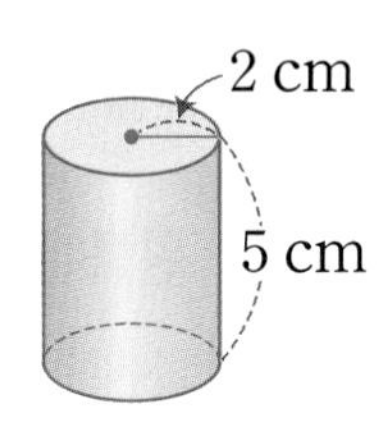

1 cm
1 cm

서술형
22 하연이는 직사각형 모양 종이로 과자 포장지를 만들었습니다. 만든 포장지에 밑면을 붙이려고 합니다. 밑면의 지름을 몇 cm로 해야 하는지 풀이 과정을 쓰고 답을 구해 보세요.

(원주율: 3)

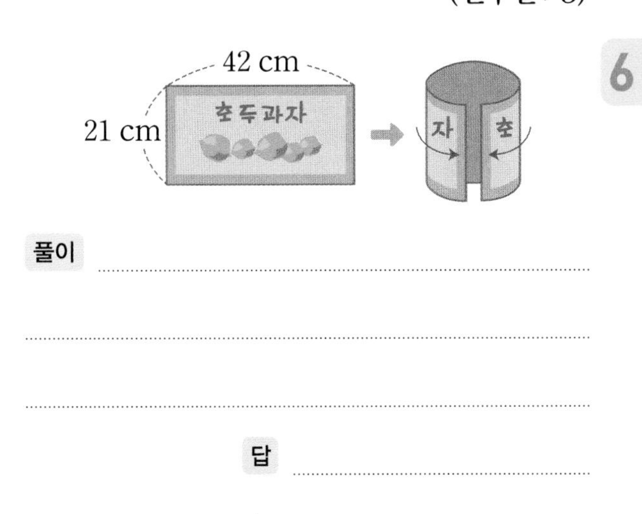

풀이

답

23 오른쪽 원기둥의 전개도를 만들었을 때 전개도의 둘레는 몇 cm인지 구해 보세요.

(원주율: 3.14)

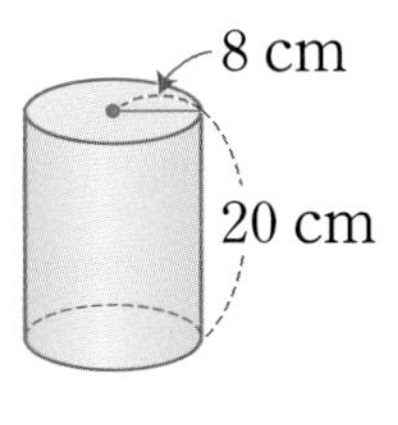

(　　　　　　　　　　)

4 원뿔

24 원뿔은 어느 것일까요? (　　　　)

① 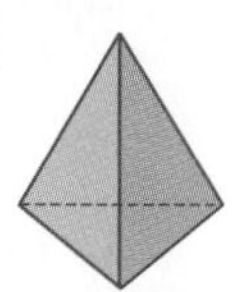 ② 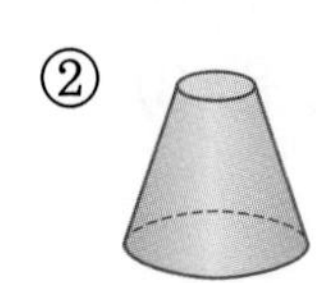 ③ 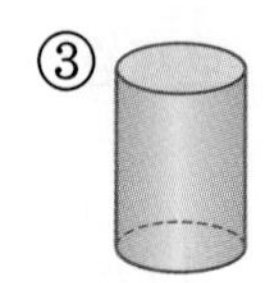

④ 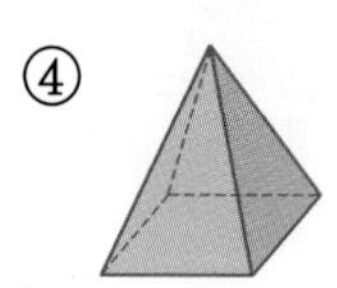 ⑤ 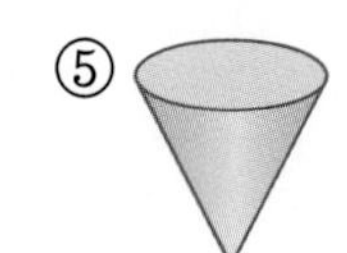

서술형
25 오른쪽 입체도형이 원뿔인지 아닌지 쓰고, 그렇게 생각한 이유를 써 보세요.

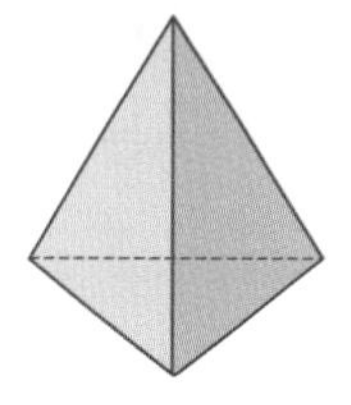

답 ....

이유 ....

26 원뿔의 무엇을 재는 것인지 보기 에서 찾아 기호를 써 보세요.

보기
㉠ 밑면의 지름　㉡ 높이　㉢ 모선의 길이

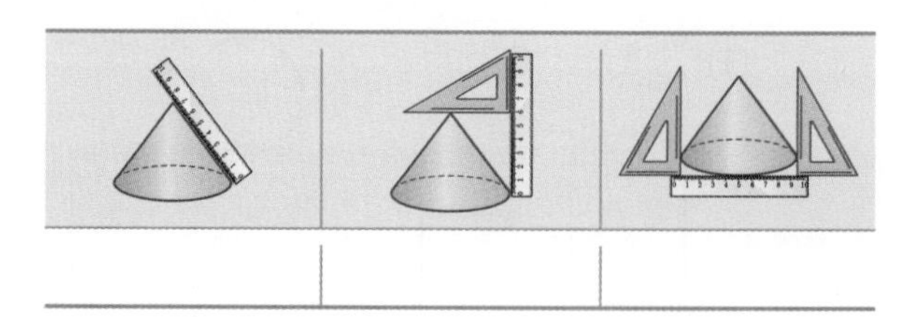

27 오른쪽 원뿔의 높이와 모선의 길이, 밑면의 지름은 몇 cm인지 각각 구해 보세요.

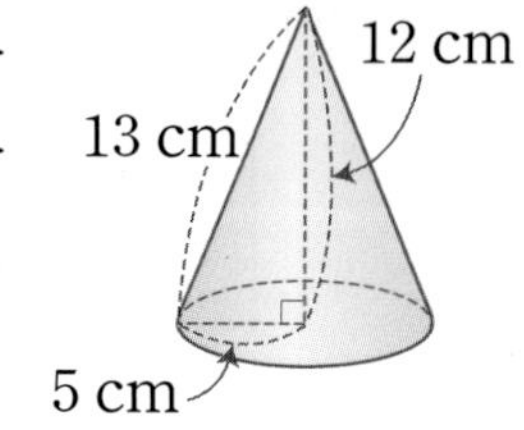

높이 (　　　　)
모선의 길이 (　　　　)
밑면의 지름 (　　　　)

28 오른쪽 직각삼각형 모양의 종이를 한 변을 기준으로 돌렸습니다. 물음에 답하세요.

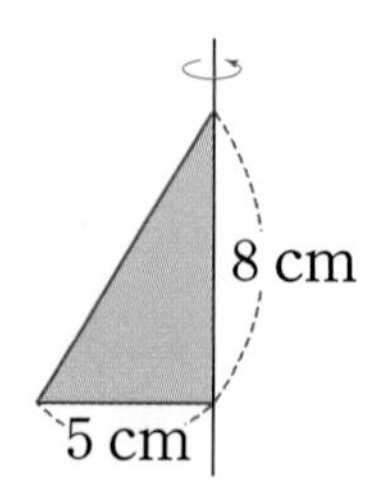

(1) 만든 입체도형의 이름을 써 보세요.

(　　　　)

(2) 만든 입체도형의 높이는 몇 cm일까요?

(　　　　)

(3) 만든 입체도형의 밑면의 지름은 몇 cm일까요?

(　　　　)

내가 만드는 문제

29 보기 에서 도형을 한 개 골라 ○표 하고 고른 도형과 원뿔의 <u>다른</u> 점을 써 보세요.

보기

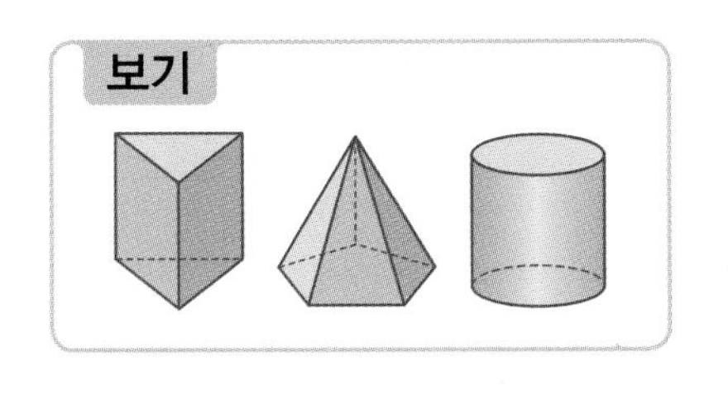

(　　　　　　　　　　　　　　　)

30 원뿔에 대한 설명으로 옳지 않은 것을 찾아 기호를 써 보세요.

㉠ 밑면이 원이고 1개입니다.
㉡ 옆면은 굽은 면이고 1개입니다.
㉢ 모선의 길이는 모두 같습니다.
㉣ 원뿔의 꼭짓점은 1개입니다.
㉤ 모선의 길이는 항상 높이보다 짧습니다.

(　　　　　　　)

서술형

31 오른쪽 고깔모자에서 삼각형 ㄱㄴㄷ의 둘레는 몇 cm인지 풀이 과정을 쓰고 답을 구해 보세요.

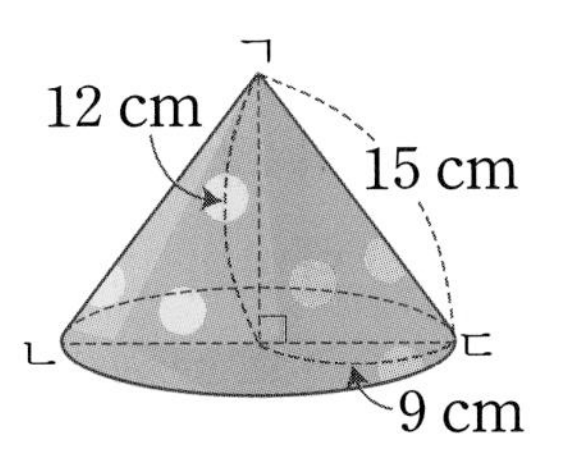

풀이 ....

....

....

답 ....

준비 각뿔의 이름을 써 보세요.

(1)

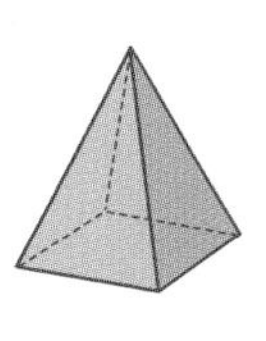

(　　　　　　)

(2)

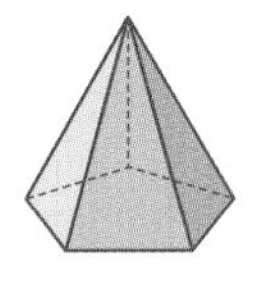

(　　　　　　)

32 입체도형을 보고 빈칸에 알맞은 말이나 수를 써넣으세요.

도형		
밑면의 모양		원
밑면의 수(개)		
위에서 본 모양	육각형	
앞에서 본 모양		삼각형

33 원뿔과 각뿔을 비교하여 잘못 말한 친구를 찾아 이름을 써 보세요.

주형: 원뿔과 각뿔은 모두 밑면이 1개야.
다민: 밑면의 모양이 원뿔은 원이고, 각뿔은 다각형이야.
민솔: 원뿔에는 굽은 면이 있지만 각뿔에는 굽은 면이 없어.
선재: 원뿔과 각뿔은 모두 옆면이 1개야.

(　　　　　　)

6

5 구

34 구 모양의 물건을 찾아 기호를 써 보세요.

( )

35 구의 반지름은 몇 cm일까요?

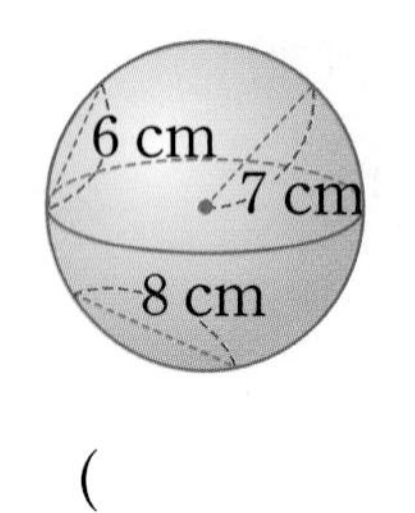

( )

36 반원 모양의 종이를 지름을 기준으로 돌려 만들 수 있는 입체도형을 찾아 기호를 써 보세요.

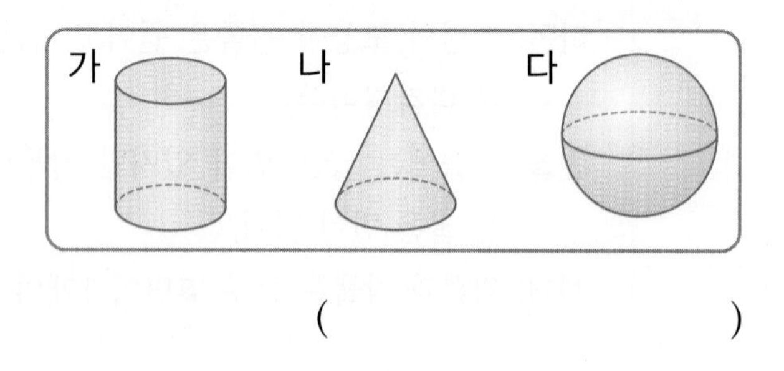

( )

37 반원 모양의 종이를 지름을 기준으로 돌려 만든 입체도형의 반지름은 몇 cm일까요?

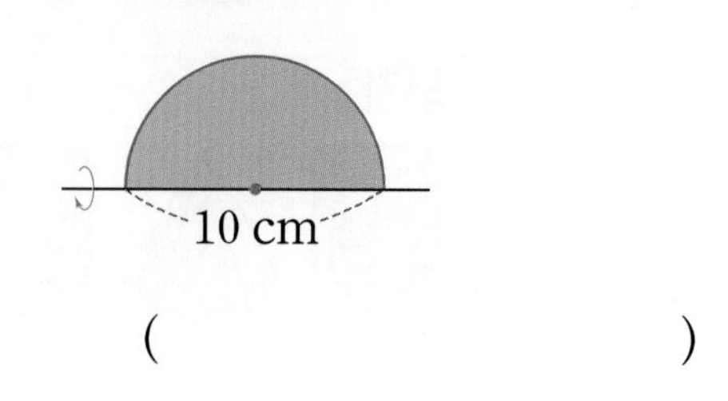

( )

38 구에 대해 바르게 설명한 것을 찾아 기호를 써 보세요.

> ㉠ 구의 중심은 셀 수 없이 많습니다.
> ㉡ 구의 반지름은 1개만 그릴 수 있습니다.
> ㉢ 구는 어느 방향에서 보아도 항상 원입니다.

( )

서술형

39 반지름이 9 cm인 구 모양의 빵이 있습니다. 이 빵을 평면으로 잘랐을 때 생기는 가장 큰 단면의 넓이는 몇 cm^2인지 풀이 과정을 쓰고 답을 구해 보세요. (원주율: 3)

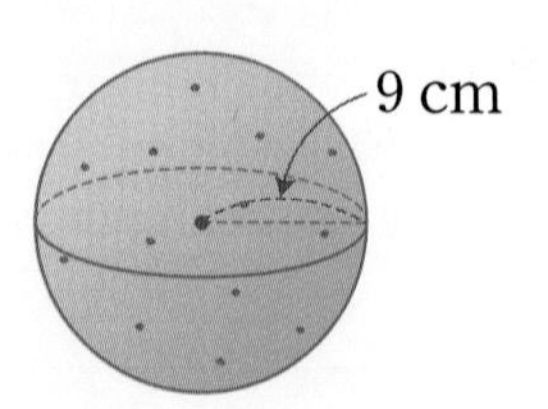

풀이

답

6 원기둥, 원뿔, 구의 비교

40 세 입체도형의 공통점과 차이점을 각각 한 가지씩 써 보세요.

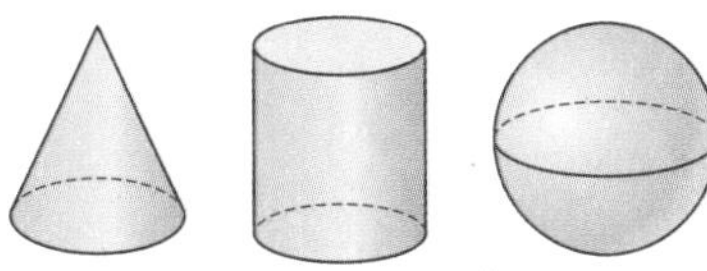

공통점 ....

차이점 ....

41 원기둥, 원뿔, 구의 공통점과 차이점에 대한 설명입니다. 잘못 설명한 사람의 이름을 써 보세요.

진우: 원기둥과 원뿔에는 평평한 부분이 있지만 구는 평평한 부분이 없어.
지윤: 원기둥, 원뿔, 구는 어느 방향에서 보아도 모양이 모두 같아.

( )

42 원기둥과 원뿔에는 있지만 구에는 없는 것을 모두 찾아 기호를 써 보세요.

㉠ 밑면	㉡ 꼭짓점
㉢ 높이	㉣ 모서리

( )

43 원기둥과 구의 공통점을 찾아 기호를 써 보세요.

㉠ 앞에서 본 모양	㉡ 위에서 본 모양
㉢ 옆면의 수	㉣ 밑면의 수

( )

내가 만드는 문제

44 원기둥, 원뿔, 구를 자유롭게 분류하여 빈 곳에 그려 넣고 분류한 기준은 무엇인지 써 보세요.

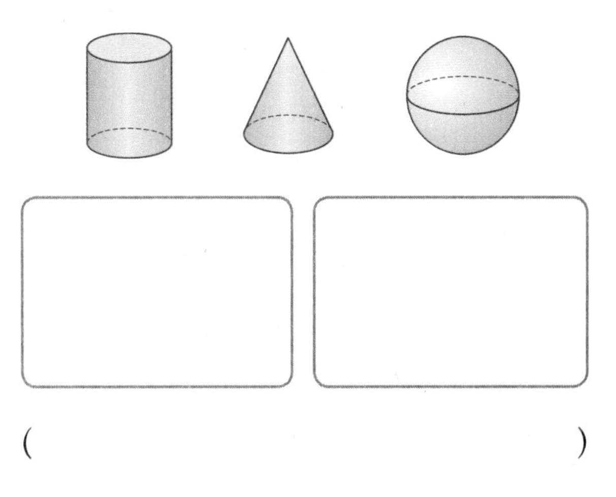

( )

STEP 3 자주 틀리는 유형

전개도가 주어진 원기둥의 밑면의 반지름

1 오른쪽 원기둥의 전개도를 보고 밑면의 반지름은 몇 cm인지 구해 보세요.

(원주율: 3.14)

37.68 cm

(　　　　　　　　　　)

2 원기둥의 전개도입니다. □ 안에 알맞은 수를 써넣으세요. (원주율: 3.14)

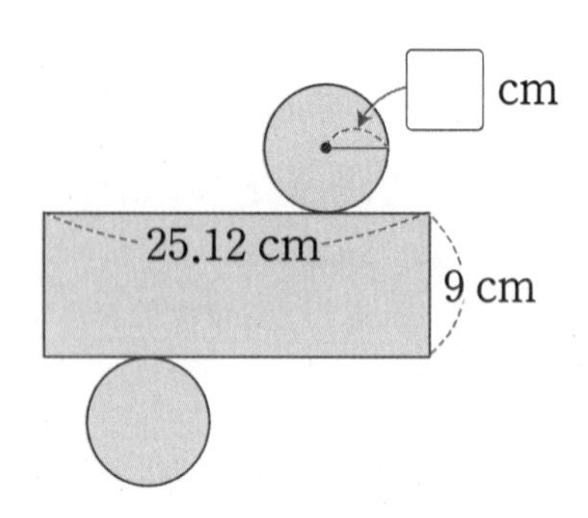

3 원기둥의 전개도에서 옆면의 가로가 36 cm, 세로가 10 cm일 때 원기둥의 한 밑면의 넓이는 몇 cm^2일까요? (원주율: 3)

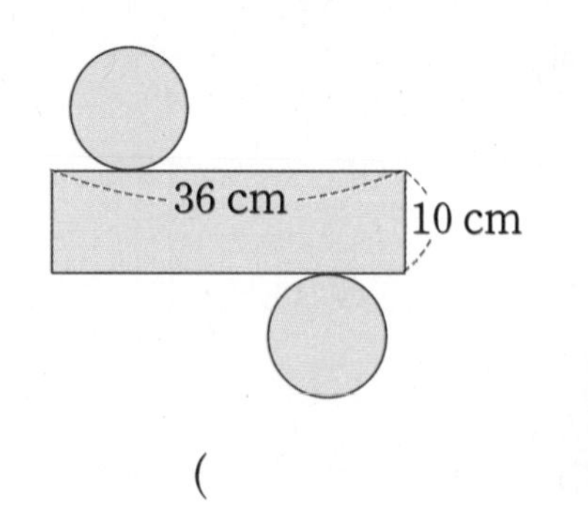

(　　　　　　　　　　)

원기둥의 옆면의 넓이

4 오른쪽 원기둥의 옆면의 넓이는 몇 cm^2일까요?

(원주율: 3.1)

7 cm

16 cm

(　　　　　　　　　　)

5 오른쪽과 같이 밑면의 지름이 10 cm인 원기둥 모양의 롤러를 이용하여 벽에 페인트 칠을 하려고 합니다. 롤러를 한 바퀴 굴려서 칠할 수 있는 벽의 넓이는 몇 cm^2인지 구해 보세요. (원주율: 3)

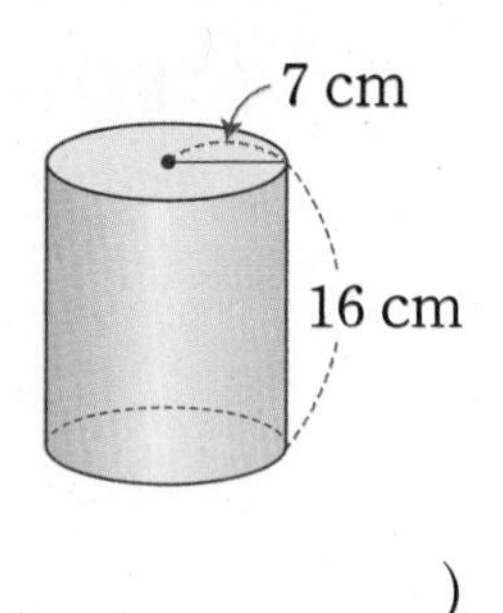

(　　　　　　　　　　)

6 원기둥과 원기둥의 전개도를 보고 전개도의 넓이를 구해 보세요. (원주율: 3.14)

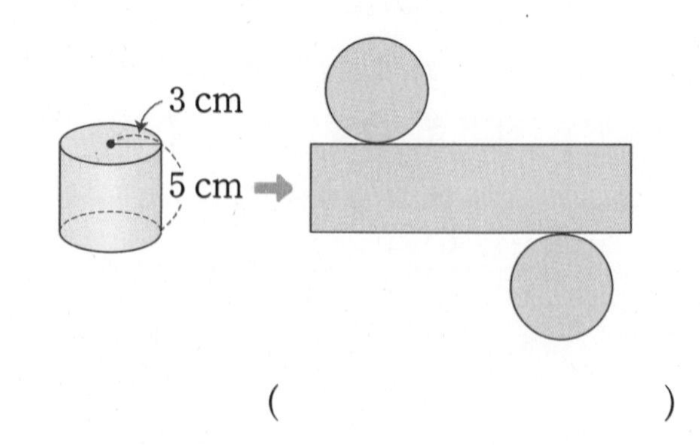

(　　　　　　　　　　)

원기둥과 원뿔

7 원기둥과 원뿔의 차이점을 모두 찾아 기호를 써 보세요.

㉠ 밑면의 수	㉡ 밑면의 모양
㉢ 위에서 본 모양	㉣ 옆에서 본 모양

( )

8 원기둥과 원뿔의 공통점을 모두 찾아 기호를 써 보세요.

㉠ 밑면이 1개입니다.
㉡ 옆면이 굽은 면입니다.
㉢ 밑면이 원입니다.
㉣ 꼭짓점이 있습니다.

( )

9 수가 많은 것부터 차례로 기호를 써 보세요.

㉠ 원기둥의 밑면의 수
㉡ 원뿔의 모선의 수
㉢ 원뿔의 꼭짓점의 수

( )

조건을 만족하는 입체도형의 각 부분의 길이

10 오른쪽 원기둥을 위와 앞에서 본 모양을 설명한 것입니다. 원기둥의 높이는 몇 cm일까요?

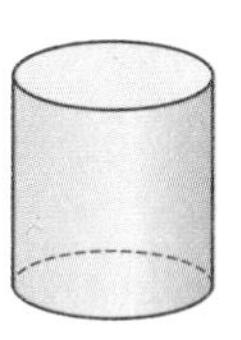

- 위에서 본 모양은 반지름이 5 cm인 원입니다.
- 앞에서 본 모양은 정사각형입니다.

( )

11 정수와 예하가 설명하는 원뿔의 밑면의 지름과 모선의 길이의 합은 몇 cm인지 구해 보세요.

정수: 위에서 본 모양은 반지름이 11 cm인 원이야.
예하: 옆에서 본 모양은 정삼각형이야.

( )

12 다음을 만족하는 원기둥의 높이를 구해 보세요. (원주율: 3)

- 전개도에서 옆면의 둘레는 72 cm입니다.
- 원기둥의 높이와 밑면의 지름은 같습니다.

( )

STEP 4 최상위 도전 유형

도전1 원기둥을 여러 방향에서 본 모양 알아보기

1 오른쪽 원기둥을 앞에서 본 모양의 둘레는 몇 cm일까요?

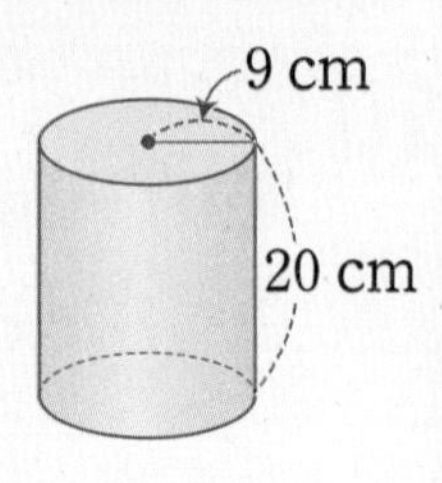

( )

핵심 NOTE

원기둥을 앞 또는 옆에서 본 모양은 직사각형이므로 직사각형의 둘레는 ((가로)+(세로))×2이고, 직사각형의 넓이는 (가로)×(세로)입니다.

2 오른쪽 직사각형 모양의 종이를 한 변을 기준으로 돌려 입체도형을 만들었습니다. 이 입체도형을 앞에서 본 모양의 넓이는 몇 cm^2일까요?

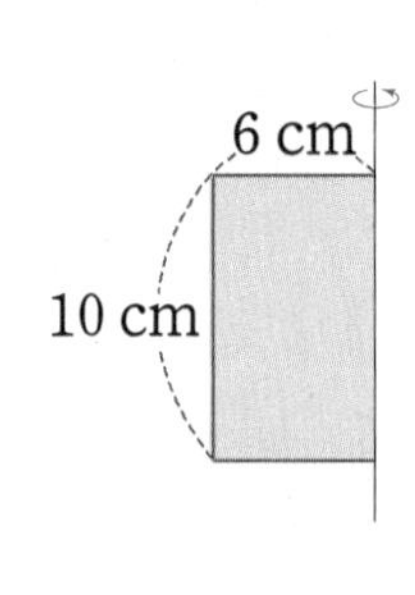

( )

3 오른쪽 원기둥을 위에서 본 모양의 넓이가 108 cm^2일 때 옆에서 본 모양의 넓이는 몇 cm^2일까요? (원주율: 3)

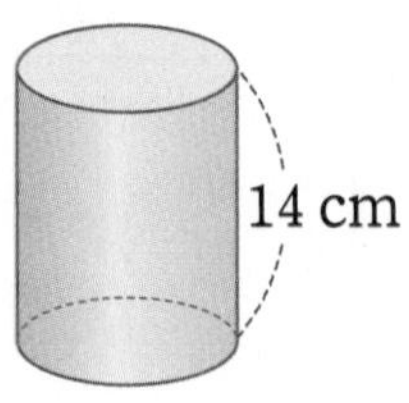

( )

도전2 원기둥의 옆면의 넓이로 높이, 밑면의 반지름 구하기

4 □ 안에 알맞은 수를 써넣으세요. (원주율: 3)

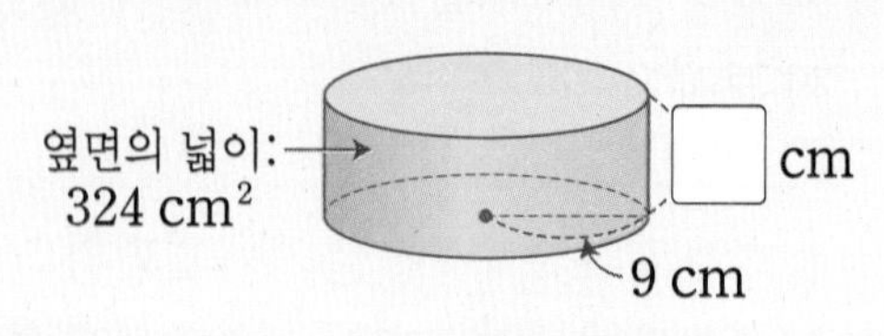

핵심 NOTE

- (원기둥의 높이) = (옆면의 세로)
  = (옆면의 넓이)÷(밑면의 둘레)
- (밑면의 둘레) = (옆면의 가로)
  = (밑면의 반지름)×2×(원주율)

5 오른쪽 원기둥의 옆면의 넓이가 434 cm^2일 때 원기둥의 밑면의 반지름을 구해 보세요. (원주율: 3.1)

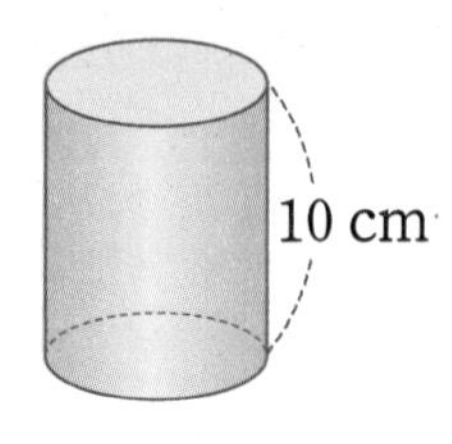

( )

6 원기둥의 전개도에서 옆면의 넓이가 94.2 cm^2일 때 전개도로 만든 원기둥의 높이는 몇 cm일까요? (원주율: 3.14)

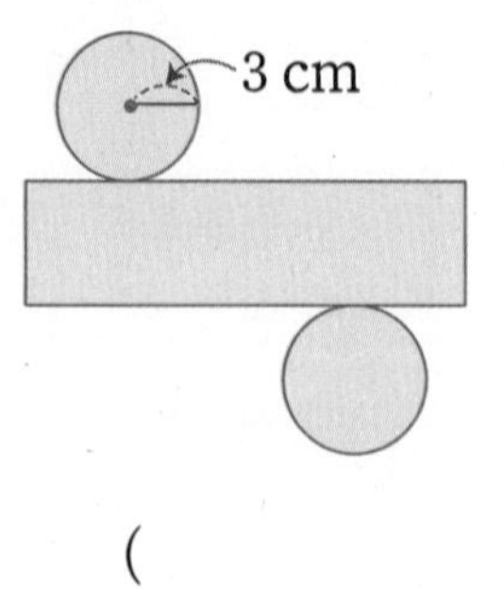

( )

도전3 원뿔을 여러 방향에서 본 모양 알아보기

7 오른쪽 원뿔을 앞에서 본 모양의 넓이는 몇 cm^2일까요?

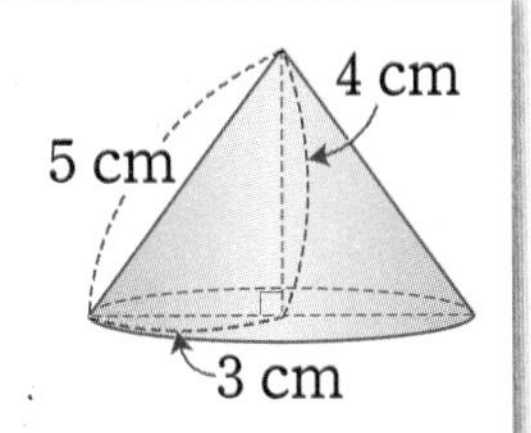

( )

핵심 NOTE
원뿔을 앞에서 본 모양은 삼각형이고, 위에서 본 모양은 원입니다.

8 오른쪽 원뿔을 앞에서 본 모양의 둘레가 72 cm일 때 위에서 본 모양의 넓이는 몇 cm^2일까요? (원주율: 3.1)

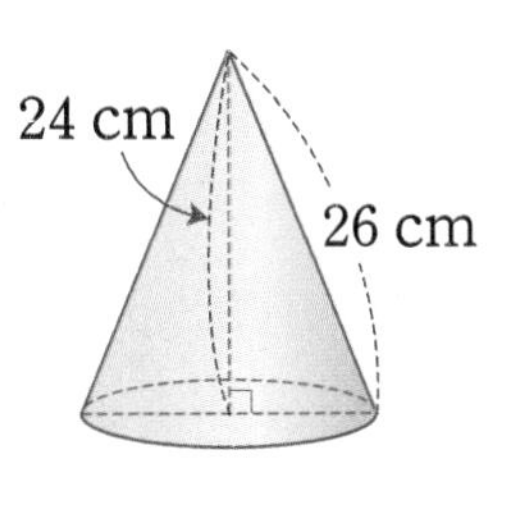

( )

9 원뿔을 위에서 본 모양의 넓이가 192 cm^2일 때 앞에서 본 모양의 넓이는 몇 cm^2일까요? (원주율: 3)

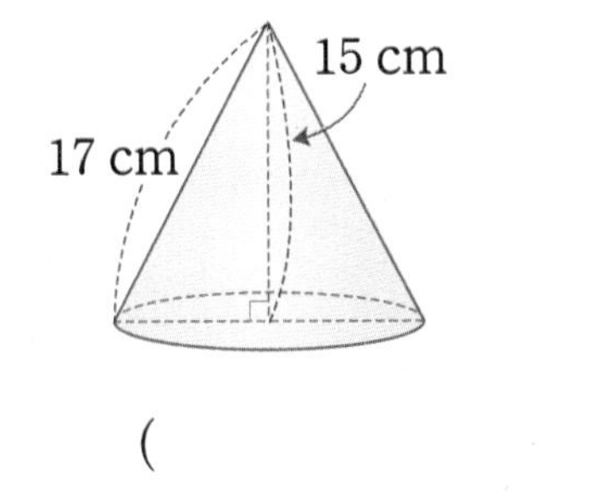

( )

도전4 돌리기 전의 평면도형의 넓이 구하기

10 오른쪽은 어떤 평면도형을 한 변을 기준으로 돌려 만든 입체도형입니다. 돌리기 전의 평면도형의 넓이는 몇 cm^2일까요?

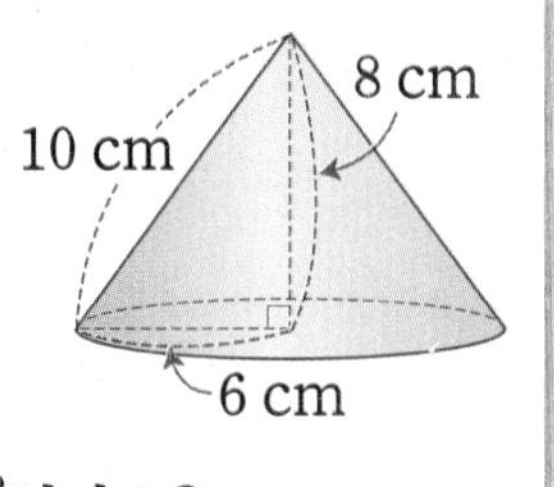

( )

핵심 NOTE
돌리기 전의 평면도형은 입체도형을 앞에서 본 모양을 반으로 잘랐을 때 생기는 평면도형과 같습니다.

11 직사각형 모양의 종이를 한 변을 기준으로 돌려 만든 입체도형입니다. 돌리기 전의 직사각형 모양 종이의 넓이는 몇 cm^2일까요?

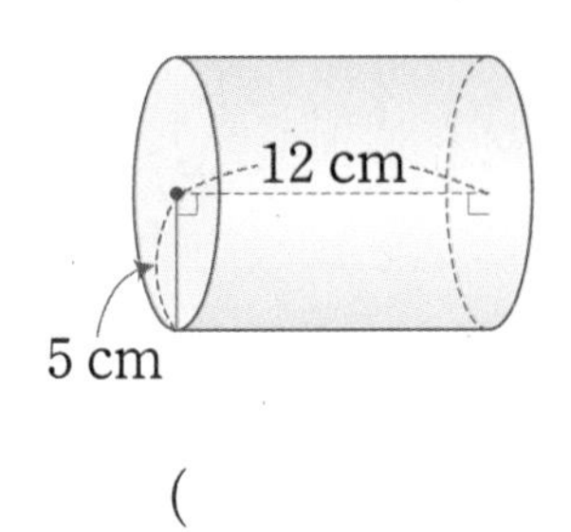

( )

12 오른쪽은 어떤 평면도형을 돌려 만든 입체도형입니다. 돌리기 전의 평면도형의 넓이는 몇 cm^2일까요? (원주율: 3.1)

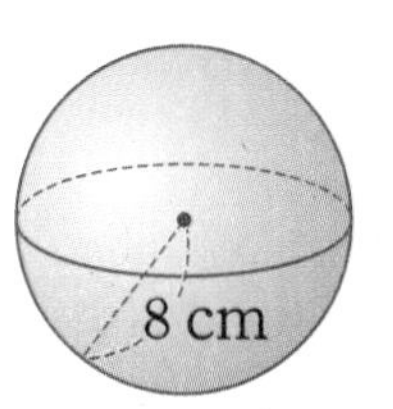

( )

도전5 원기둥의 최대 높이 구하기

13 서현이는 가로 40 cm, 세로 42 cm인 두꺼운 종이에 원기둥의 전개도를 그리고 오려 붙여 원기둥 모양의 상자를 만들려고 합니다. 밑면의 반지름을 7 cm로 하여 최대한 높은 상자를 만든다면 상자의 높이는 몇 cm가 되는지 구해 보세요. (원주율: 3)

( )

핵심 NOTE

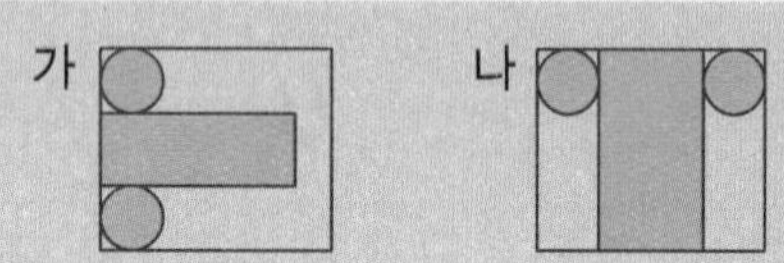

나 방법으로 만든 원기둥의 높이가 가 방법으로 만든 것보다 더 높습니다.

14 한 변의 길이가 52.7 cm인 정사각형 모양 종이에 그림과 같이 원기둥의 전개도를 그리고 오려 붙여 원기둥 모양의 저금통을 만들려고 합니다. 최대한 높은 저금통을 만든다면 저금통의 높이는 몇 cm가 되는지 구해 보세요. (원주율: 3.1)

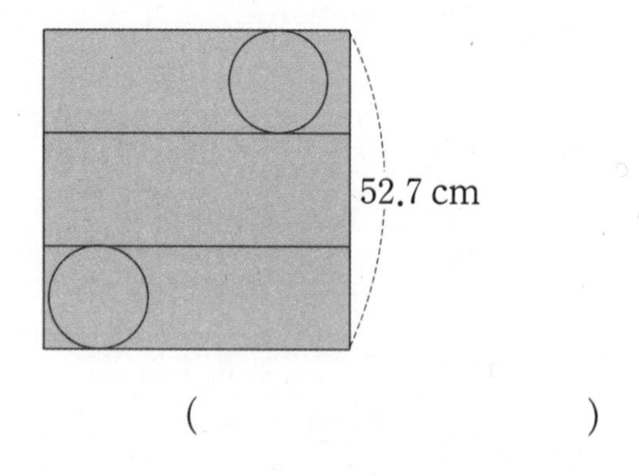

( )

도전6 원기둥의 옆면의 넓이 활용하기

15 높이가 12 cm인 원기둥 모양의 풀을 5바퀴 굴렸더니 풀이 지나간 부분의 넓이가 558 cm^2였습니다. 풀의 밑면의 지름은 몇 cm일까요? (원주율: 3.1)

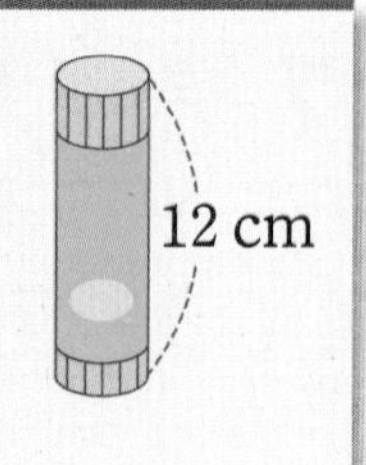

( )

핵심 NOTE

- (옆면의 넓이) = (밑면의 둘레) × (원기둥의 높이)
- (밑면의 둘레) = (밑면의 지름) × (원주율)

16 원기둥 모양의 롤러에 페인트를 묻힌 후 7바퀴 굴렸더니 색칠된 부분의 넓이가 8792 cm^2였습니다. 롤러의 밑면의 반지름은 몇 cm일까요? (원주율: 3.14)

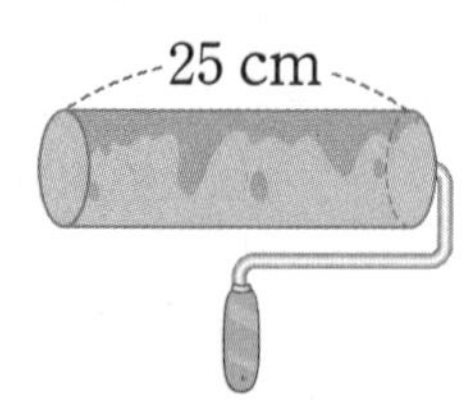

( )

17 크기가 같은 원기둥 모양의 음료수 캔 2개의 옆면을 그림과 같이 겹치는 부분 없이 포장지로 둘러싸려고 합니다. 필요한 포장지의 넓이는 몇 cm^2일까요? (원주율: 3)

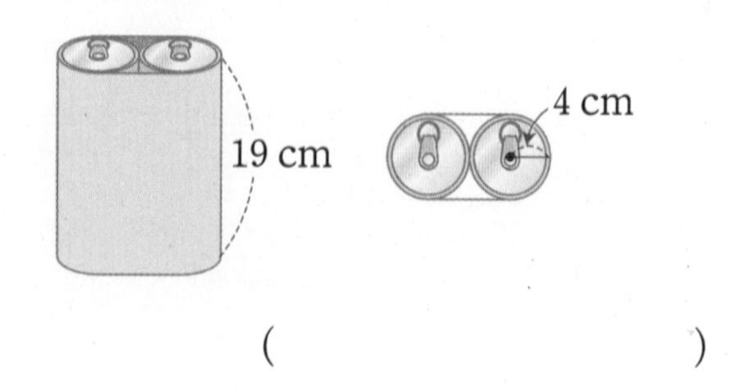

( )

수시 평가 대비 Level 1

점수

확인

[1~2] 입체도형을 보고 물음에 답하세요.

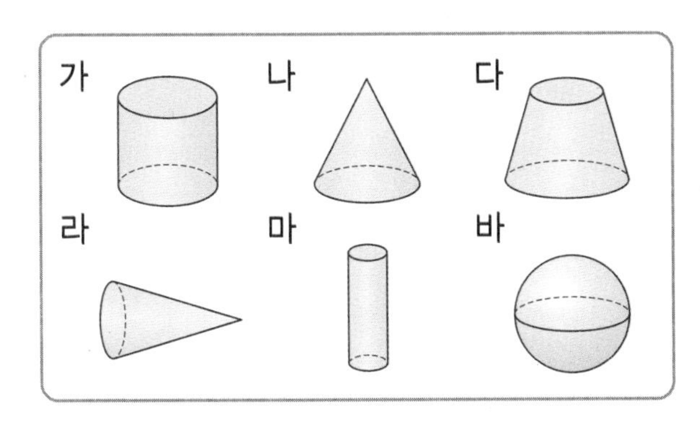

1 원기둥을 모두 찾아 기호를 써 보세요.

( )

2 원뿔을 모두 찾아 기호를 써 보세요.

( )

3 원뿔의 모선의 길이를 재는 그림을 찾아 ○표 하세요.

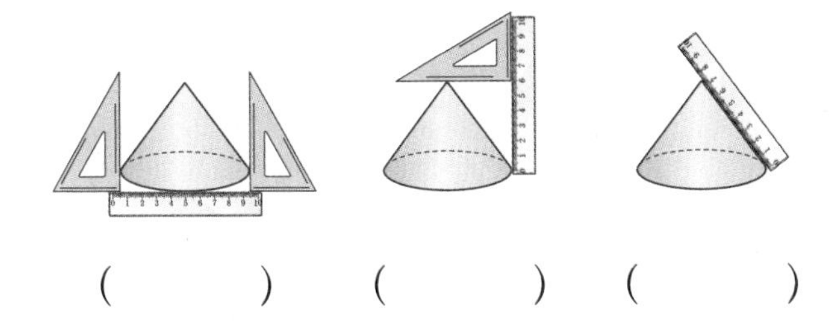

( ) ( ) ( )

4 구의 반지름은 몇 cm일까요?

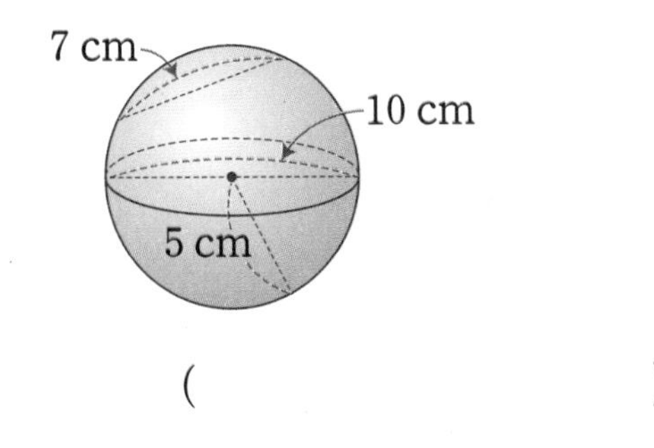

( )

5 원기둥의 전개도를 모두 찾아 기호를 써 보세요.

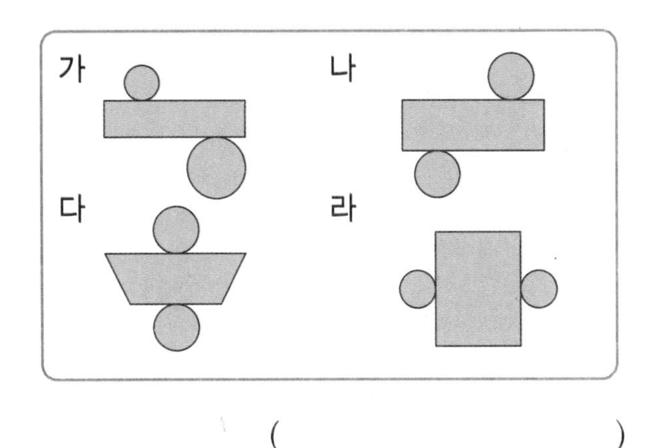

( )

6 직각삼각형 모양의 종이를 한 변을 기준으로 돌려 만든 입체도형의 높이는 몇 cm일까요?

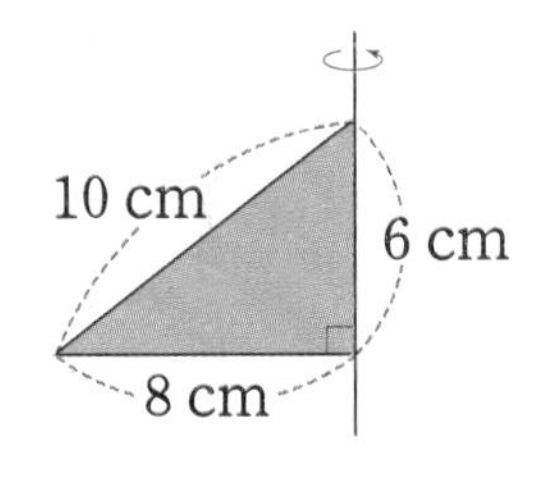

( )

7 오른쪽 원기둥을 앞에서 본 모양은 가로가 14 cm, 세로가 12 cm인 직사각형입니다. 원기둥의 밑면의 반지름과 높이를 구해 보세요.

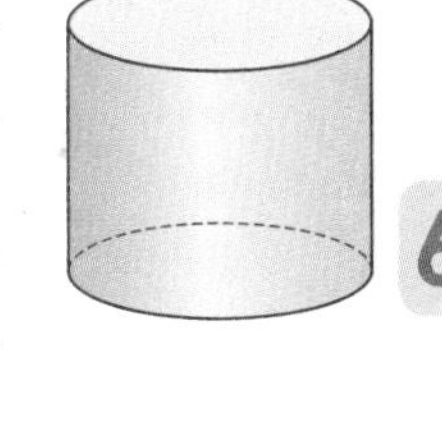

밑면의 반지름 ( )

높이 ( )

8 각기둥과 원기둥에서 수가 같은 것을 찾아 기호를 써 보세요.

㉠ 밑면의 수 ㉡ 옆면의 수

㉢ 모서리의 수 ㉣ 꼭짓점의 수

( )

9 원기둥과 원기둥의 전개도를 보고 □ 안에 알맞은 수를 써넣으세요. (원주율: 3)

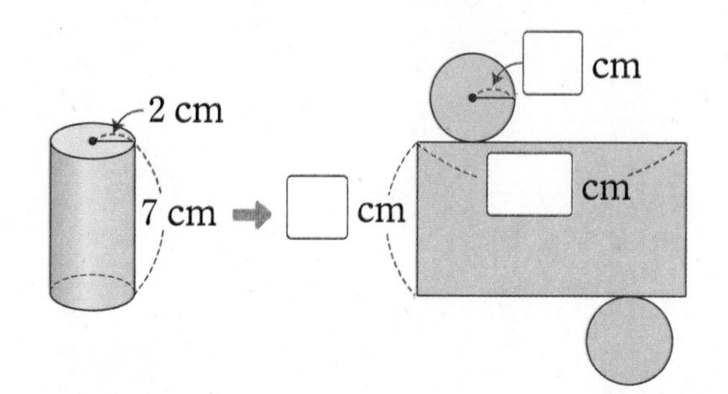

10 원기둥과 원뿔의 높이의 합은 몇 cm일까요?

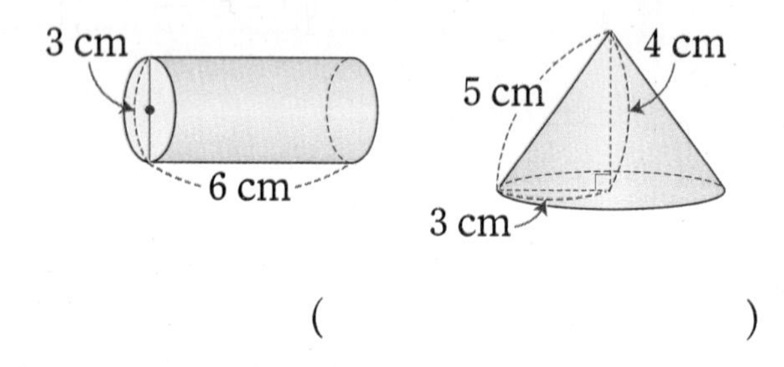

(　　　　　　　　　　)

11 어느 방향에서 보아도 모양이 같은 입체도형을 찾아 써 보세요.

원기둥	각기둥	구	원뿔

(　　　　　　　　　　)

12 원기둥, 원뿔, 구에 대해 옳게 설명한 것을 찾아 기호를 써 보세요.

㉠ 원기둥에는 밑면이 있지만 원뿔, 구에는 밑면이 없습니다.
㉡ 원기둥, 원뿔에는 모서리가 있지만 구에는 모서리가 없습니다.
㉢ 원뿔에는 꼭짓점이 있지만 원기둥, 구에는 꼭짓점이 없습니다.

(　　　　　　　　　　)

13 원뿔에서 삼각형 ㄱㄴㄷ의 둘레는 몇 cm인지 구해 보세요.

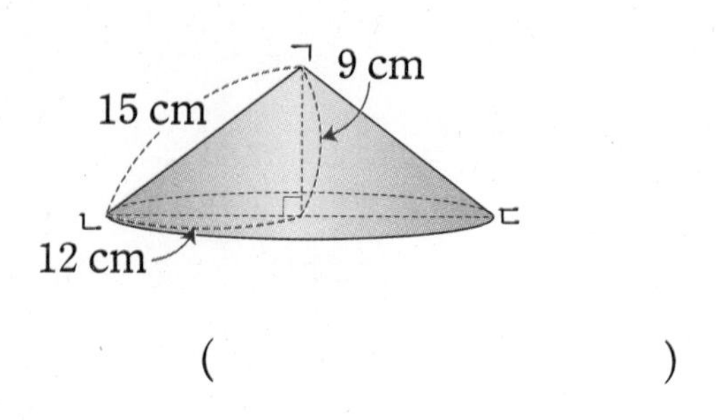

(　　　　　　　　　　)

14 반지름이 6 cm인 구를 평면으로 잘랐을 때 가장 큰 단면의 넓이는 몇 cm^2인지 구해 보세요.
(원주율: 3.14)

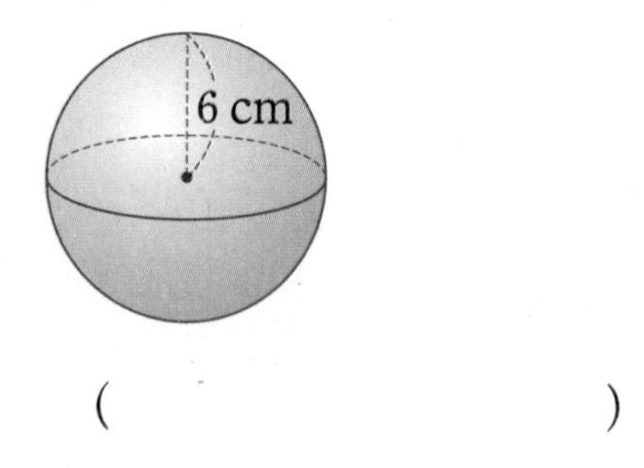

(　　　　　　　　　　)

15 직사각형 모양의 종이를 한 변을 기준으로 한 바퀴 돌려 만든 입체도형입니다. 직사각형 모양 종이의 둘레는 몇 cm인지 구해 보세요.

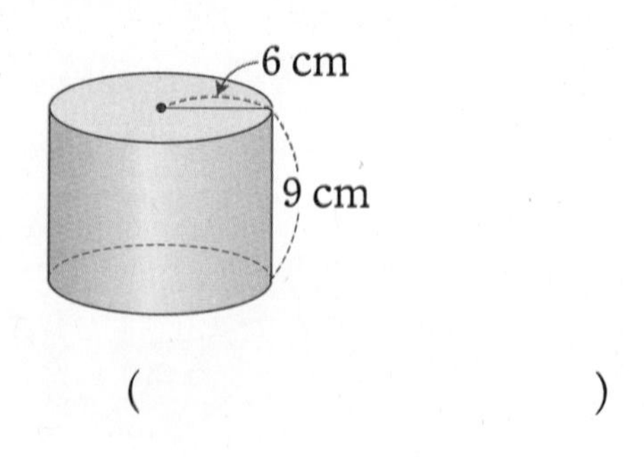

(　　　　　　　　　　)

정답과 풀이 56쪽

16 원기둥 모양의 페인트 통 옆면의 넓이가 다음과 같을 때 페인트 통의 높이는 몇 cm인지 구해 보세요. (원주율: 3.14)

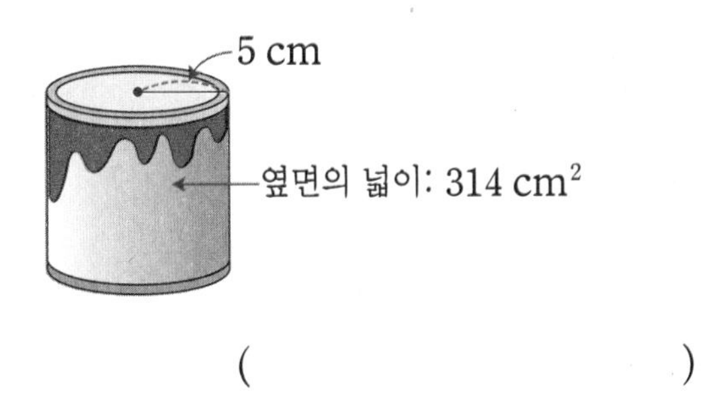

( )

17 다음을 만족하는 원기둥의 높이는 몇 cm인지 구해 보세요. (원주율: 3)

- 위에서 본 모양의 넓이는 48 cm^2입니다.
- 앞에서 본 모양은 정사각형입니다.

( )

18 원기둥을 펼쳐 전개도를 만들었을 때 전개도의 둘레는 몇 cm인지 구해 보세요. (원주율: 3.1)

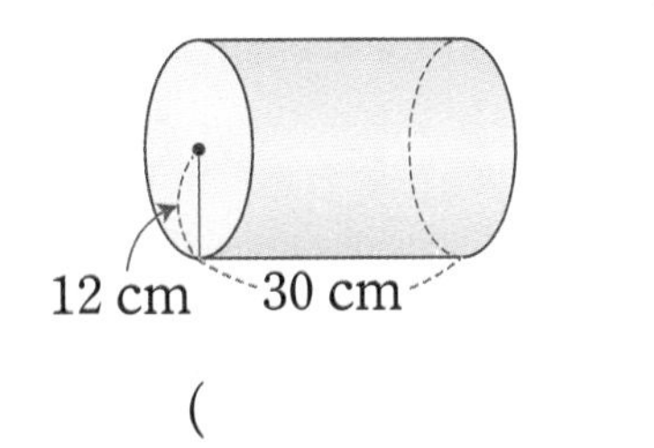

( )

서술형

19 원기둥과 원뿔의 공통점과 차이점을 2가지씩 써 보세요.

공통점

차이점

서술형

20 원기둥의 전개도의 넓이는 몇 cm^2인지 풀이 과정을 쓰고 답을 구해 보세요. (원주율: 3.1)

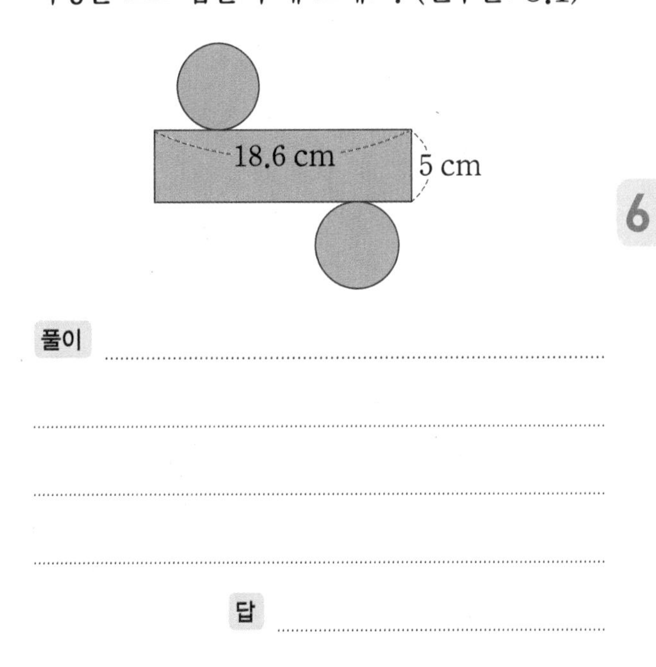

풀이

답

6

수시 평가 대비 Level 2

6. 원기둥, 원뿔, 구

점수

확인

1 서로 평행하고 합동인 두 원을 면으로 하는 입체도형을 찾아 기호를 쓰고, 이 입체도형의 이름을 써 보세요.

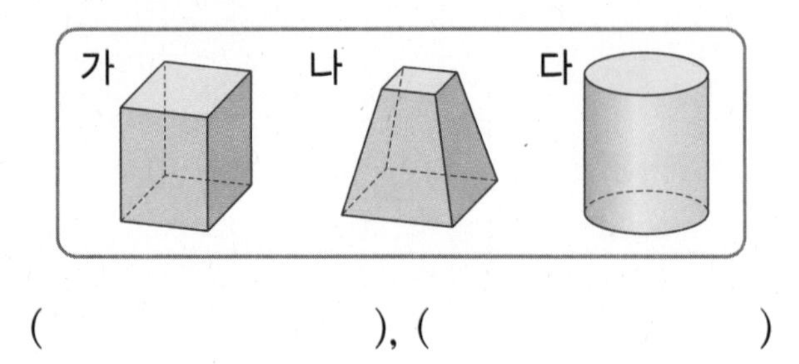

( ), ( )

2 원기둥을 만들 수 있는 전개도를 그린 사람의 이름을 써 보세요.

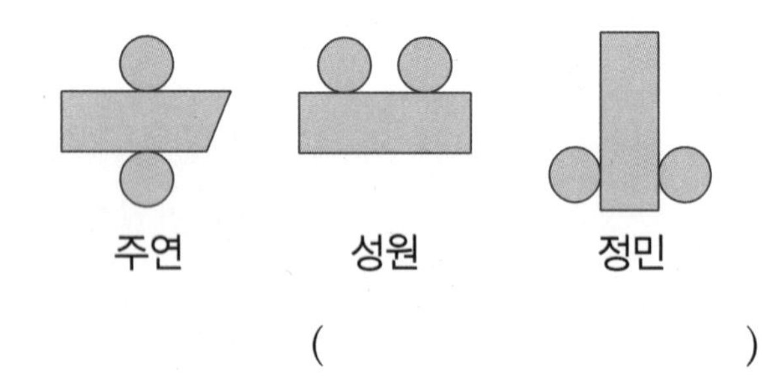

( )

3 오른쪽 직각삼각형 모양의 종이를 한 변을 기준으로 돌려 만들 수 있는 입체도형의 이름을 써 보세요.

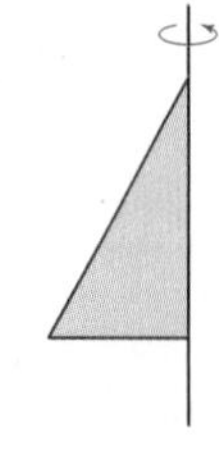

( )

4 오른쪽은 원뿔의 무엇의 길이를 재는 그림일까요?

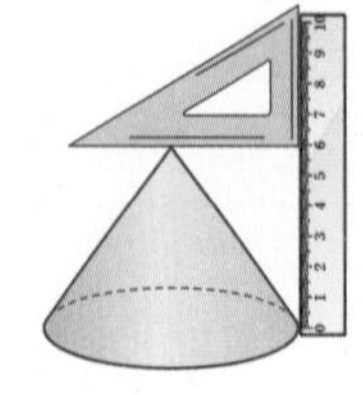

( )

5 어느 방향에서 보아도 모양이 모두 원인 입체도형을 찾아 기호를 써 보세요.

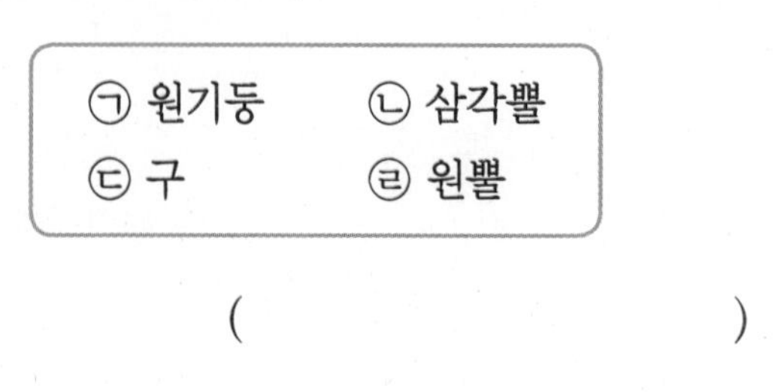

㉠ 원기둥	㉡ 삼각뿔
㉢ 구	㉣ 원뿔

( )

6 □ 안에 알맞은 수를 써넣으세요.

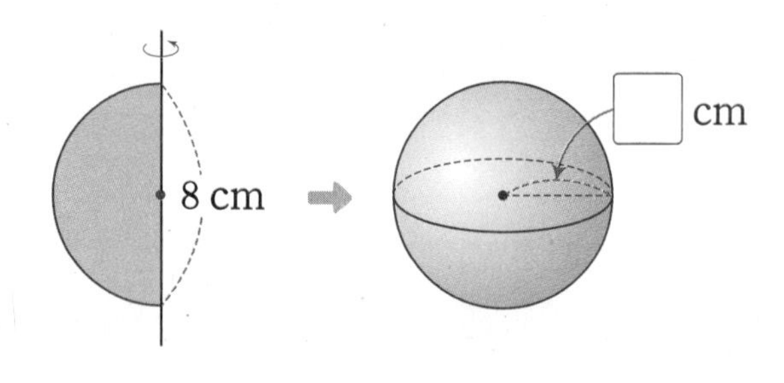

7 원기둥과 원기둥의 전개도를 보고 □ 안에 알맞은 수를 써넣으세요. (원주율: 3)

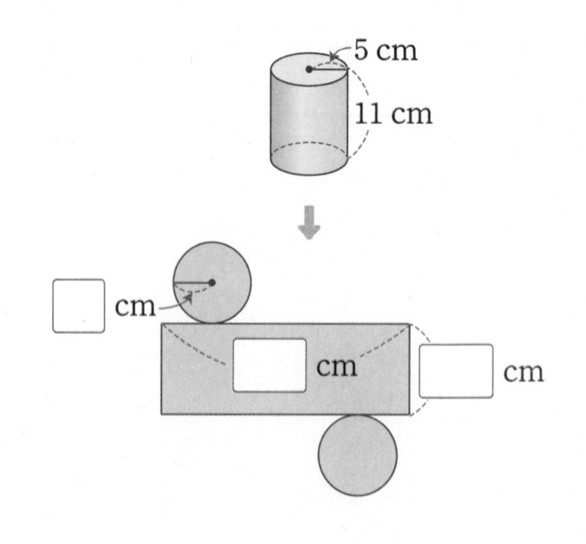

8 오른쪽 구에 대해 바르게 설명한 사람의 이름을 써 보세요.

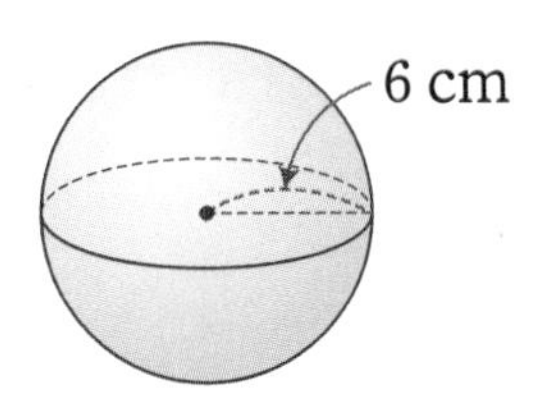

예지: 구의 지름은 6 cm입니다.
연우: 구의 중심은 셀 수 없이 많아.
주하: 위에서 본 모양은 지름이 12 cm인 원이야.

( )

9 직각삼각형 모양의 종이를 한 변을 기준으로 돌려 만든 입체도형을 보고 밑면의 지름과 높이를 각각 구해 보세요.

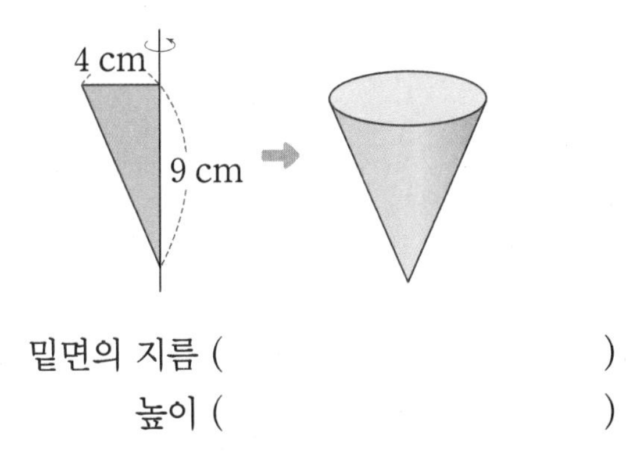

밑면의 지름 ( )
높이 ( )

10 원기둥에는 없고 각기둥에는 있는 것을 모두 고르세요. ( )

① 밑면 ② 옆면 ③ 높이
④ 꼭짓점 ⑤ 모서리

11 원뿔과 원기둥의 높이의 차는 몇 cm일까요?

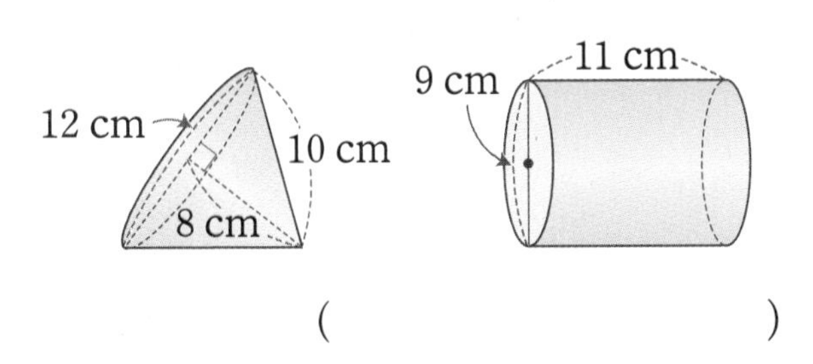

( )

12 원뿔과 각뿔에 대한 설명으로 옳은 것을 모두 찾아 기호를 써 보세요.

㉠ 뿔 모양의 입체도형입니다.
㉡ 꼭짓점이 1개입니다.
㉢ 밑면이 원입니다.
㉣ 밑면의 수가 같습니다.

( )

13 원뿔을 앞에서 본 모양의 둘레는 몇 cm일까요?

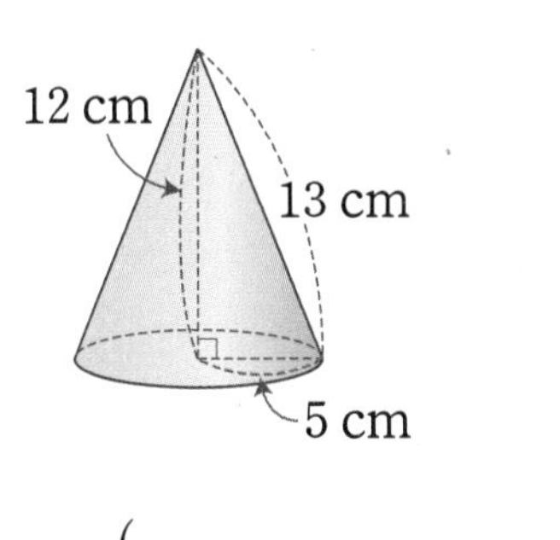

( )

14 원기둥, 원뿔, 구를 '원기둥과 원뿔', '구'로 분류했습니다. 분류한 기준으로 알맞은 것을 찾아 기호를 써 보세요.

㉠ 앞에서 본 모양이 직사각형인 것과 아닌 것
㉡ 꼭짓점이 있는 것과 없는 것
㉢ 평평한 면이 있는 것과 없는 것

( )

15 오른쪽 원기둥의 전개도에서 색칠한 부분은 정사각형입니다. 이 원기둥의 밑면의 반지름은 몇 cm일까요? (원주율: 3.1)

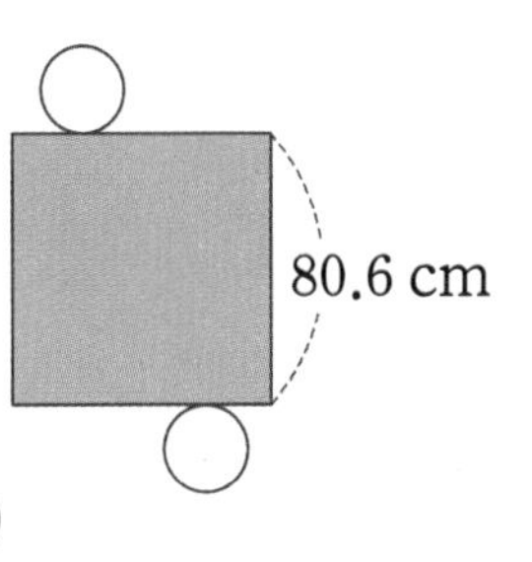

( )

정답과 풀이 57쪽

16 직사각형 모양의 종이를 한 변을 기준으로 돌려 만든 입체도형입니다. 돌리기 전의 직사각형 모양 종이의 넓이는 몇 cm^2일까요?

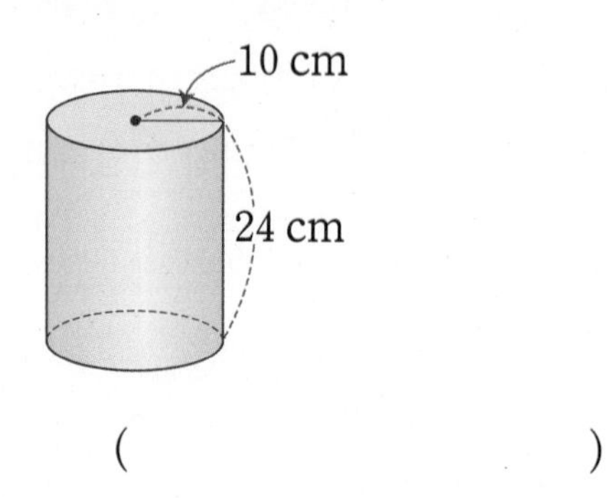

(   )

17 오른쪽 그림과 같은 원기둥 모양의 롤러에 페인트를 묻혀 벽에 4바퀴 굴렸습니다. 페인트가 묻은 벽의 넓이는 몇 cm^2일까요? (원주율: 3)

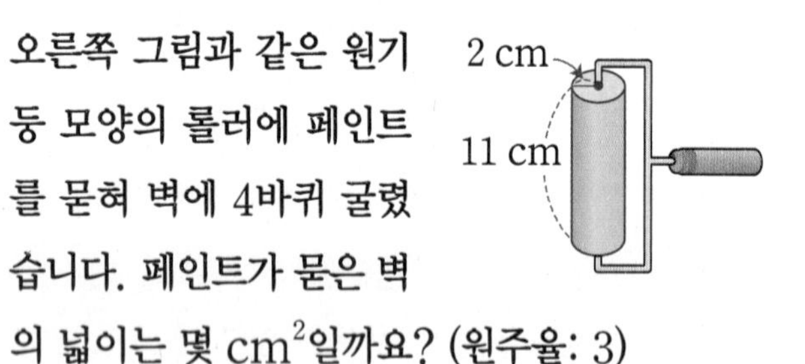

(   )

18 원기둥의 전개도입니다. 전개도의 옆면의 둘레는 몇 cm일까요? (원주율: 3.1)

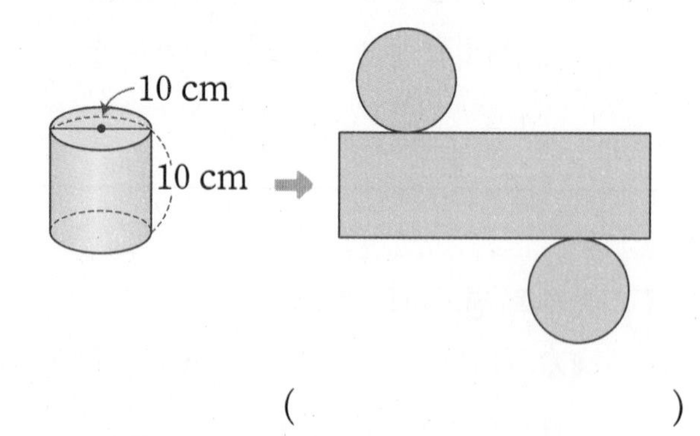

(   )

서술형

19 원기둥, 원뿔, 구의 공통점과 차이점을 써 보세요.

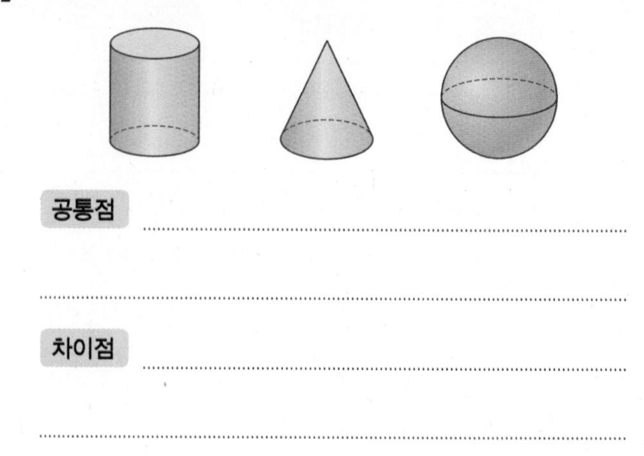

공통점 ....

....

차이점 ....

....

서술형

20 옆면의 넓이가 175.84 cm^2일 때 이 전개도로 만든 원기둥의 밑면의 반지름은 몇 cm인지 풀이 과정을 쓰고 답을 구해 보세요.

(원주율: 3.14)

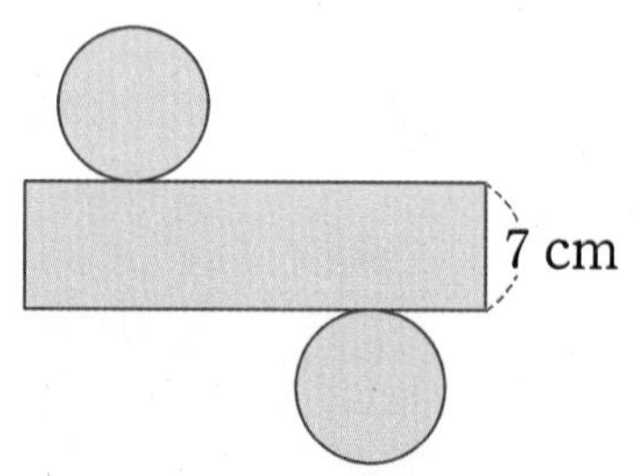

풀이 ....

....

....

....

답 ....

상위권의 기준

상위권의 기준

최상위
사고력

수학 좀 한다면

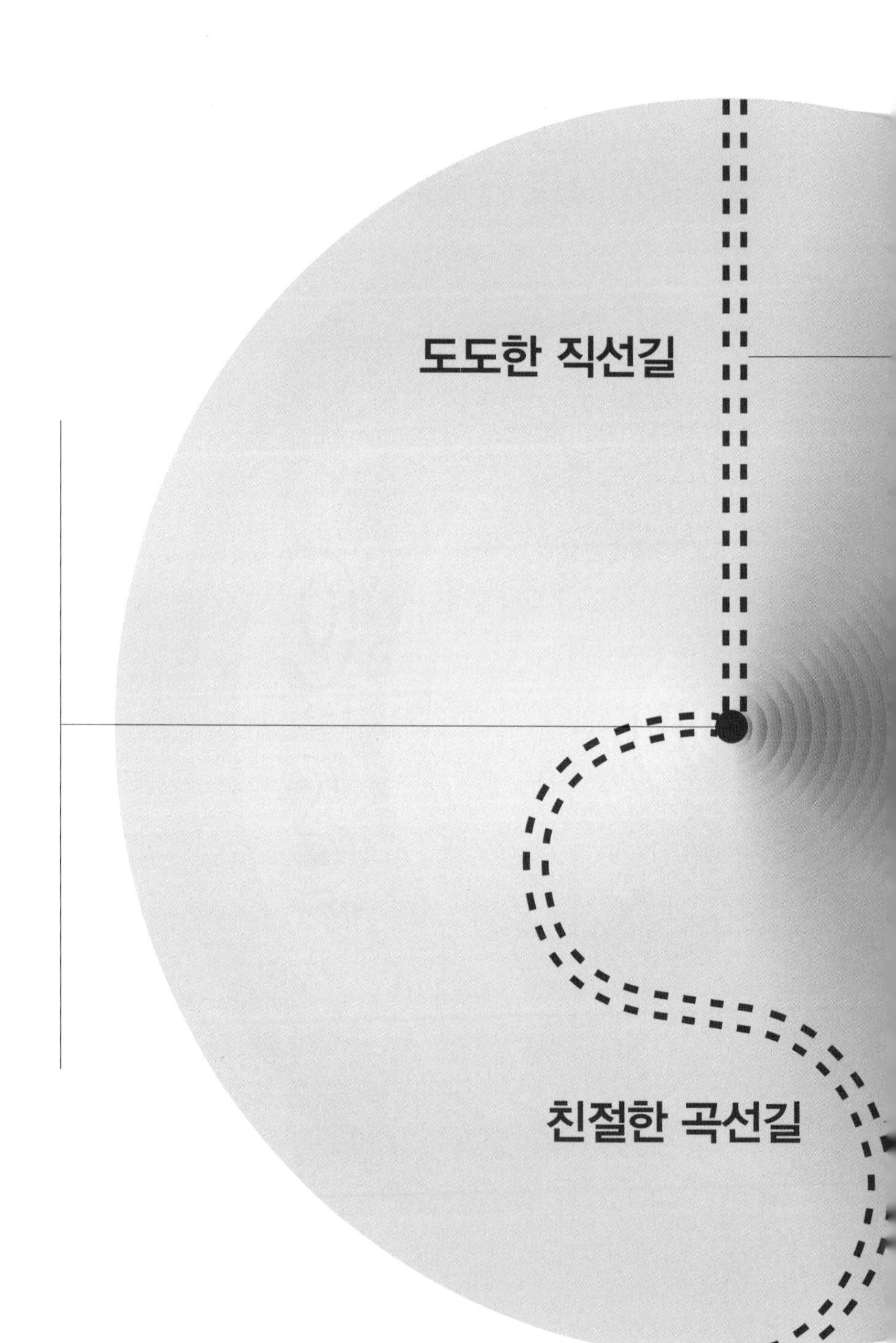

수학 좀 한다면 디딤돌

수시 평가 자료집

6-2

수학 좀 한다면

디딤돌

초등수학 기본+유형

수시평가 자료집

6-2

다시 점검하는 수시 평가 대비 Level 1

1. 분수의 나눗셈

1 $\frac{7}{10}$에는 $\frac{3}{10}$이 몇 번 들어가는지 그림에 나타내고 □ 안에 알맞은 수를 써넣으세요.

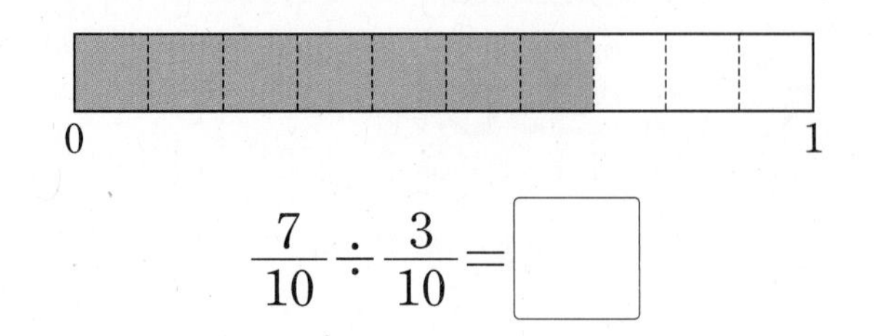

$\frac{7}{10} \div \frac{3}{10} = \square$

2 보기 와 같이 계산해 보세요.

보기
$\frac{5}{8} \div \frac{1}{4} = \frac{5}{8} \div \frac{2}{8} = 5 \div 2 = \frac{5}{2} = 2\frac{1}{2}$

$\frac{2}{3} \div \frac{4}{5}$ ....

3 나눗셈의 몫을 구해 보세요.

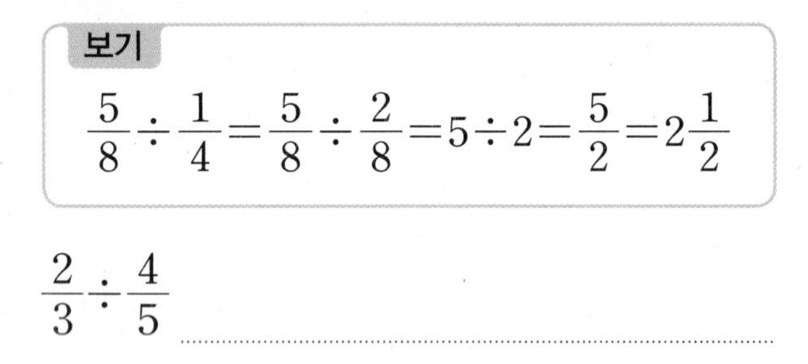

(　　　　　　)

4 □ 안에 알맞은 수를 써넣어 곱셈식으로 나타내어 보세요.

$\frac{3}{5} \div \frac{2}{7} = \frac{3}{5} \times \frac{1}{\square} \times \square = \frac{3}{5} \times \frac{\square}{\square}$

5 관계있는 것끼리 이어 보세요.

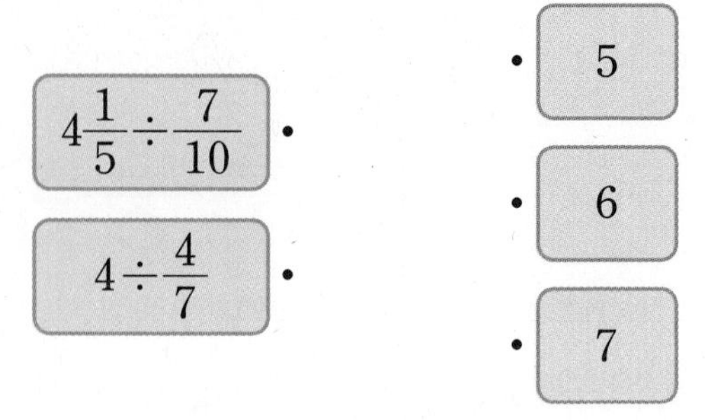

6 대분수를 진분수로 나눈 몫을 빈칸에 써넣으세요.

$\frac{5}{6}$	$2\frac{2}{9}$

7 빈칸에 알맞은 수를 써넣으세요.

÷	$\frac{3}{7}$	$\frac{4}{7}$	$\frac{5}{7}$
15	35		

8 □ 안에 알맞은 수를 써넣으세요.

$3\frac{3}{4} \div \square = \frac{3}{7}$

9 계산 결과가 1보다 작은 것은 어느 것일까요?

( )

① $\frac{2}{3} \div \frac{1}{2}$ ② $\frac{7}{12} \div \frac{3}{10}$

③ $2\frac{1}{4} \div 1\frac{3}{4}$ ④ $2\frac{1}{8} \div 1\frac{1}{4}$

⑤ $1\frac{5}{6} \div 3\frac{2}{3}$

10 수박의 무게는 배의 무게의 몇 배일까요?

$8\frac{2}{5}$ kg

$\frac{7}{12}$ kg

( )

11 다음 분수 중에서 가장 큰 수를 가장 작은 수로 나눈 몫을 구해 보세요.

$\frac{3}{4}$	$2\frac{2}{3}$	$\frac{2}{7}$	$2\frac{4}{5}$	$3\frac{1}{3}$

( )

12 계산 결과가 큰 것부터 차례로 기호를 써 보세요.

㉠ $5 \div \frac{1}{3}$ ㉡ $\frac{5}{7} \div \frac{3}{8}$

㉢ $2 \div \frac{4}{5}$ ㉣ $1\frac{1}{6} \div \frac{7}{13}$

( )

13 길이가 $\frac{6}{13}$ m인 나무를 $\frac{1}{26}$ m씩 자르면 나무는 모두 몇 도막이 될까요?

( )

14 상자 한 개를 묶는 데 필요한 색 테이프는 $\frac{8}{9}$ m입니다. 색 테이프 $5\frac{1}{3}$ m로 상자를 몇 개 묶을 수 있을까요?

( )

15 $\frac{5}{12}$와 어떤 수의 곱은 $\frac{15}{16}$입니다. 어떤 수는 얼마인지 구해 보세요.

( )

1

서술형 문제

정답과 풀이 59쪽

16 현주는 자전거를 타고 8 km를 가는 데 $\frac{6}{11}$시간이 걸렸습니다. 같은 빠르기로 자전거를 타고 한 시간 동안 몇 km를 갈 수 있을까요?

(　　　　　　　)

17 넓이가 $1\frac{1}{5}$ m^2인 삼각형 모양의 밭이 있습니다. 이 밭의 높이가 $\frac{9}{10}$ m라면 밑변의 길이는 몇 m일까요?

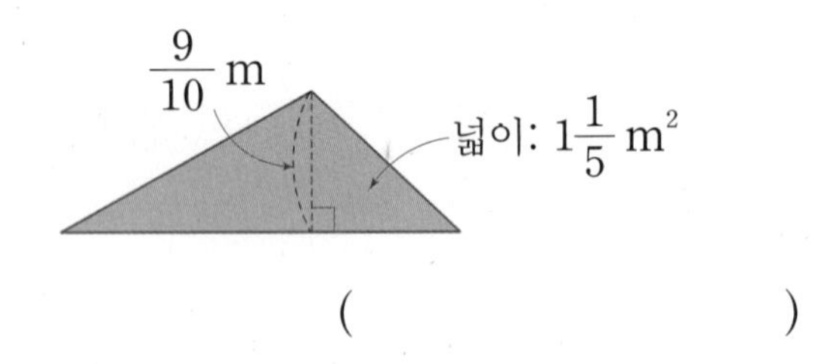

(　　　　　　　)

18 굵기가 일정한 철근 $\frac{4}{5}$ m의 무게는 $\frac{12}{25}$ kg입니다. 이 철근 3 m의 무게는 몇 kg일까요?

(　　　　　　　)

19 밑변의 길이가 $\frac{4}{5}$ m이고 넓이가 $\frac{14}{15}$ m^2인 평행사변형이 있습니다. 이 평행사변형의 높이는 몇 m인지 풀이 과정을 쓰고 답을 구해 보세요.

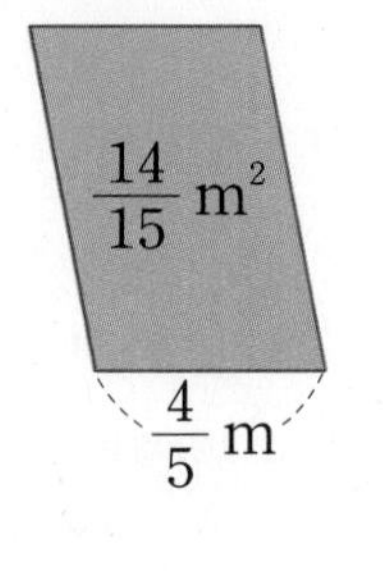

풀이 ……………………………………

……………………………………

……………………………………

……………………………………

답 ……………………

20 쌀 $21\frac{2}{3}$ kg을 5봉지에 똑같이 나누어 담은 후 그중 한 봉지에 담긴 쌀을 한 그릇에 $\frac{13}{15}$ kg씩 똑같이 나누어 담았습니다. 한 봉지에 담긴 쌀을 나누어 담은 그릇은 몇 개인지 풀이 과정을 쓰고 답을 구해 보세요.

풀이 ……………………………………

……………………………………

……………………………………

……………………………………

답 ……………………

다시 점검하는 수시 평가 대비 Level 2

점수

확인

1. 분수의 나눗셈

1 계산 결과가 $\frac{8}{9}\div\frac{4}{9}$와 같은 것은 어느 것일까요? (　　　)

① $9\div8$　② $8\div4$　③ $9\div4$　④ $4\div8$　⑤ $8\div9$

2 $\frac{5}{7}\div\frac{3}{4}$을 곱셈식으로 바르게 나타낸 것을 찾아 기호를 써 보세요.

㉠ $\frac{7}{5}\times\frac{3}{4}$　㉡ $\frac{5}{7}\times\frac{3}{4}$

㉢ $\frac{7}{5}\times\frac{4}{3}$　㉣ $\frac{5}{7}\times\frac{4}{3}$

(　　　　　)

3 계산해 보세요.

(1) $\frac{3}{4}\div\frac{6}{7}$

(2) $\frac{6}{7}\div\frac{3}{4}$

4 □ 안에 알맞은 수를 써넣으세요.

(1) $\frac{5}{8}\div\frac{\square}{8}=5$　(2) $4\div\frac{2}{\square}=14$

5 계산 결과가 다른 하나를 찾아 기호를 써 보세요.

㉠ $6\div\frac{1}{4}$　㉡ $3\div\frac{1}{8}$

㉢ $9\div\frac{1}{2}$　㉣ $4\div\frac{1}{6}$

(　　　　　)

6 계산이 잘못된 것을 찾아 기호를 써 보세요.

㉠ $\frac{7}{8}\div\frac{5}{8}=7\div5=\frac{7}{5}=1\frac{2}{5}$

㉡ $6\div\frac{5}{9}=\overset{2}{\cancel{6}}\times\frac{5}{\underset{3}{\cancel{9}}}=\frac{10}{3}=3\frac{1}{3}$

㉢ $4\frac{1}{2}\div\frac{3}{8}=\frac{\overset{3}{\cancel{9}}}{\underset{1}{\cancel{2}}}\times\frac{\overset{4}{\cancel{8}}}{\underset{1}{\cancel{3}}}=12$

(　　　　　)

7 계산해 보세요.

(1) $3\frac{3}{7}\div\frac{6}{11}$

(2) $2\frac{2}{9}\div\frac{2}{3}$

8 □ 안에 알맞은 대분수를 써넣으세요.

$\square\times\frac{2}{5}=3\frac{1}{7}$

1

9 계산 결과가 자연수인 것을 모두 고르세요.

( )

① $4 \div \frac{1}{8}$ ② $\frac{8}{9} \div \frac{2}{3}$

③ $1\frac{4}{15} \div 1\frac{3}{10}$ ④ $2\frac{4}{5} \div \frac{7}{15}$

⑤ $5 \div \frac{2}{5}$

10 계산 결과가 가장 작은 것을 찾아 기호를 써 보세요.

㉠ $1\frac{5}{6} \div \frac{1}{2}$	㉡ $1\frac{5}{6} \div 3\frac{1}{3}$
㉢ $1\frac{5}{6} \div \frac{5}{6}$	㉣ $1\frac{5}{6} \div 2\frac{3}{4}$

( )

11 두 식을 만족하는 ㉠, ㉡의 값을 각각 구해 보세요.

$2 \div \frac{1}{4} =$ ㉠ ㉠ $\div \frac{4}{5} =$ ㉡

㉠ ( )

㉡ ( )

12 $\frac{16}{17}$ L의 주스를 한 컵에 $\frac{2}{17}$ L씩 나누어 담으려면 컵은 몇 개가 필요할까요?

( )

13 길이가 15 m인 철사를 한 도막이 $\frac{5}{7}$ m가 되도록 자르면 철사는 모두 몇 도막이 될까요?

( )

14 윤지와 성철이가 수학 공부를 한 시간입니다. 윤지가 공부한 시간은 성철이가 공부한 시간의 몇 배일까요?

윤지: 1시간 45분 성철: $\frac{5}{6}$시간

( )

15 □ 안에 들어갈 수 있는 자연수 중에서 가장 큰 수를 구해 보세요.

$3 \div \frac{1}{\square} < 10$

( )

서술형 문제

정답과 풀이 60쪽

16 유정이는 동화책을 56쪽 읽었더니 전체 쪽수의 $\frac{4}{9}$만큼 읽었습니다. 동화책의 전체 쪽수는 몇 쪽일까요?

( )

17 한 대각선의 길이가 $\frac{3}{4}$ m이고 넓이가 $\frac{6}{5}$ m^2인 마름모가 있습니다. 이 마름모의 다른 대각선의 길이는 몇 m일까요?

( )

18 휘발유 $\frac{4}{5}$ L로 $4\frac{2}{3}$ km를 가는 자동차가 있습니다. 이 자동차는 휘발유 4 L로 몇 km를 갈 수 있을까요?

( )

19 길이가 $\frac{7}{9}$ m인 색 테이프를 한 도막이 $\frac{2}{9}$ m가 되도록 자르면 몇 도막이 되고, 몇 m가 남는지 풀이 과정을 쓰고 답을 구해 보세요.

풀이

답 ,

20 들이가 $6\frac{2}{3}$ L인 빈 물통에 들이가 $\frac{4}{5}$ L인 그릇으로 물을 부어 물통을 가득 채우려고 합니다. 물을 적어도 몇 번 부어야 하는지 풀이 과정을 쓰고 답을 구해 보세요.

풀이

답

1

점수

확인

1 8.75÷0.07을 자연수의 나눗셈을 이용하여 계산해 보세요.

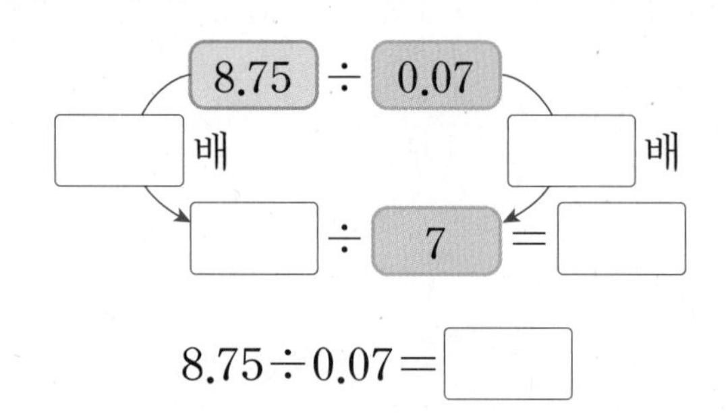

8.75÷0.07=□

2 □ 안에 알맞은 수를 써넣으세요.

$22.5 \div 4.5 = \frac{\square}{10} \div \frac{45}{10}$

$= \square \div \square = \square$

3 ⌣표는 소수점을 옮긴 자리를 나타낸 것입니다. ⌣표를 잘못 나타낸 것은 어느 것일까요?

( )

① 1.5)3.0　② 0.18)4.0 0

③ 0.63)9.4 5　④ 5.6)2 2.4

⑤ 1.09)8.7 2

4 다음 나눗셈과 몫이 같은 것을 모두 고르세요.

( )

19.32÷8.4

① 1932÷84　② 193.2÷8.4

③ 19.32÷0.84　④ 193.2÷84

⑤ 1932÷840

5 관계있는 것끼리 이어 보세요.

2.52÷0.28 •	• 5
39÷2.6 •	• 9
	• 15

6 계산해 보세요.

(1) 1.82)2 1.8 4　(2) 1.5)6

7 □ 안에 알맞은 수를 써넣으세요.

4.05÷0.27=□

4.05÷ 2.7 =□

4.05÷ 27 =□

8 큰 수를 작은 수로 나눈 몫을 빈칸에 써넣으세요.

4.6	12.88

9 계산 결과를 비교하여 ○ 안에 >, =, <를 알맞게 써넣으세요.

$55.2 \div 2.4$ ○ $45.18 \div 1.8$

10 나눗셈의 몫을 반올림하여 주어진 자리까지 나타내어 보세요.

(1) $7.1 \div 0.6$ (소수 첫째 자리까지)

( )

(2) $11 \div 1.9$ (소수 둘째 자리까지)

( )

11 주스 7.2 L를 한 병에 0.8 L씩 나누어 담으려고 합니다. 병은 몇 개 필요할까요?

( )

12 예은이의 몸무게는 33 kg이고 동생의 몸무게는 16.5 kg입니다. 예은이의 몸무게는 동생의 몸무게의 몇 배일까요?

식 ....

답 ....

13 삼각형 모양 한 개를 만드는 데 철사 6 m가 필요합니다. 철사 104.3 m로 같은 모양의 삼각형을 몇 개까지 만들 수 있고, 남는 철사는 몇 m일까요?

만들 수 있는 삼각형의 수 ( )

남는 철사의 길이 ( )

14 어떤 수에 4.5를 곱했더니 8.1이 되었습니다. 어떤 수는 얼마일까요?

( )

15 몫의 소수 19째 자리 숫자를 구해 보세요.

$5.2 \div 2.4$

( )

서술형 문제

정답과 풀이 62쪽

16 넓이가 $16.12\,\mathrm{cm}^2$인 삼각형이 있습니다. 이 삼각형의 높이가 5.2 cm일 때 밑변의 길이는 몇 cm일까요?

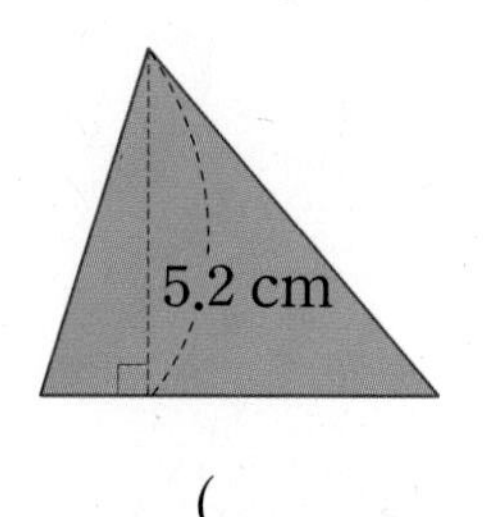

(　　　　　　　　)

17 1시간 30분 동안 120 km를 달리는 자동차가 있습니다. 이 자동차는 한 시간에 몇 km를 달리는 셈일까요?

(　　　　　　　　)

18 둘레가 924 m인 원 모양의 광장이 있습니다. 이 광장의 둘레에 24.3 m 간격으로 안내판을 설치하려고 합니다. 안내판의 길이가 2.1 m일 때 안내판은 몇 개 필요할까요?

(　　　　　　　　)

19 잘못 계산한 곳을 찾아 바르게 계산하고, 이유를 써 보세요.

```
       1.8
7.5 ) 1 3 5
        7 5
      -----
      6 0 0
      6 0 0
      -----
          0
```
➡

이유

20 굵기가 일정한 철근 8.5 m의 무게는 63.75 kg입니다. 이 철근 5 m의 무게는 몇 kg인지 풀이 과정을 쓰고 답을 구해 보세요.

풀이

답

점수

확인

1 설명을 읽고 □ 안에 알맞은 수를 써넣으세요.

리본 2.61 m를 0.09 m씩 자르려고 합니다.

2.61 m=□ cm,

0.09 m=□ cm입니다.

리본 2.61 m를 0.09 m씩 자르는 것은 리본 261 cm를 9 cm씩 자르는 것과 같습니다.

➡ 2.61÷0.09=□÷9

□÷9=□

2.61÷0.09=□

2 □ 안에 알맞은 수를 써넣으세요.

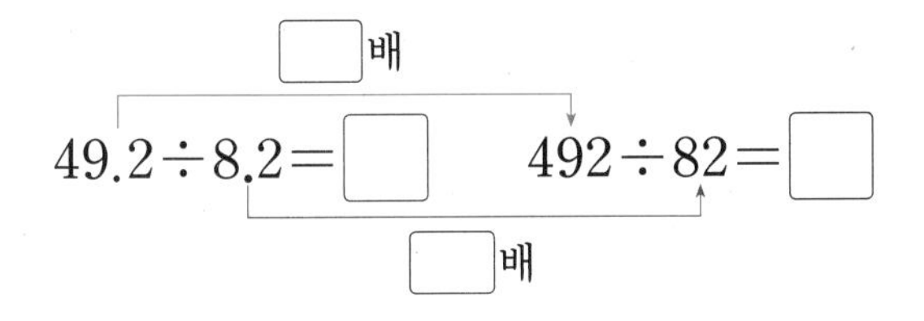

3 보기 와 같이 분수의 나눗셈으로 계산해 보세요.

보기

$7 \div 0.25 = \frac{700}{100} \div \frac{25}{100} = 700 \div 25 = 28$

12÷0.75 ....

4 계산해 보세요.

$1.4 \overline{)2.52}$

5 가장 큰 수를 가장 작은 수로 나눈 몫을 구해 보세요.

8.4　　2.1　　10.5

(　　　　　)

6 잘못 계산한 곳을 찾아 바르게 계산해 보세요.

$$\begin{array}{r} 0.07 \\ 3.42\overline{)23.94} \\ 2394 \\ \hline 0 \end{array}$$

➡ □

7 ㉠의 몫은 ㉡의 몫의 몇 배일까요?

㉠ 20.8÷0.8　　㉡ 2.08÷0.8

(　　　　　)

8 나눗셈의 몫을 반올림하여 소수 첫째 자리까지 나타낸 수와 몫을 반올림하여 소수 둘째 자리까지 나타낸 수의 차를 구해 보세요.

8.43÷1.3=6.484⋯

(　　　　　)

9 □ 안에 알맞은 수를 써넣으세요.

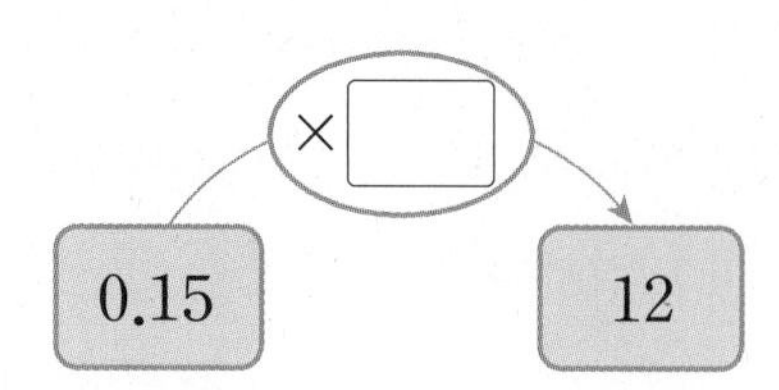

10 필통의 무게는 414.7 g이고, 연필의 무게는 14.3 g입니다. 필통의 무게는 연필의 무게의 몇 배일까요?

( )

11 계산 결과가 가장 큰 것은 어느 것일까요?

( )

① 3.38÷1.3 ② 3.38÷0.13
③ 3.38÷2.6 ④ 3.38÷0.2
⑤ 3.38÷1.69

12 □ 안에 알맞은 수를 써넣으세요.

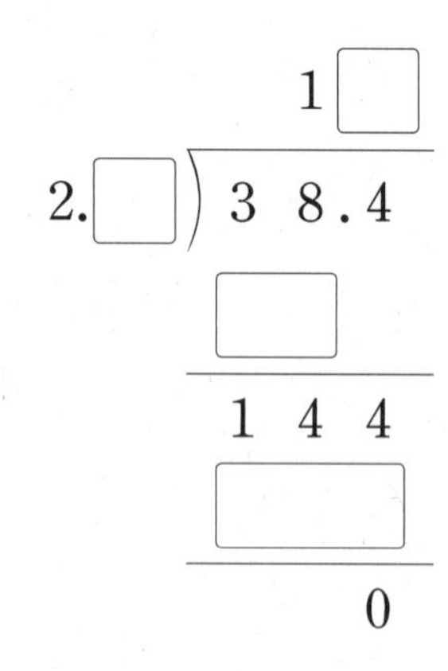

13 물 7.35 L를 2 L들이 병에 나누어 담으면 몇 개까지 담을 수 있고, 남는 물은 몇 L일까요?

담을 수 있는 병의 수 ( )
남는 물의 양 ( )

14 넓이가 9.54 cm²인 마름모가 있습니다. 한 대각선이 3.6 cm일 때 다른 대각선은 몇 cm일까요?

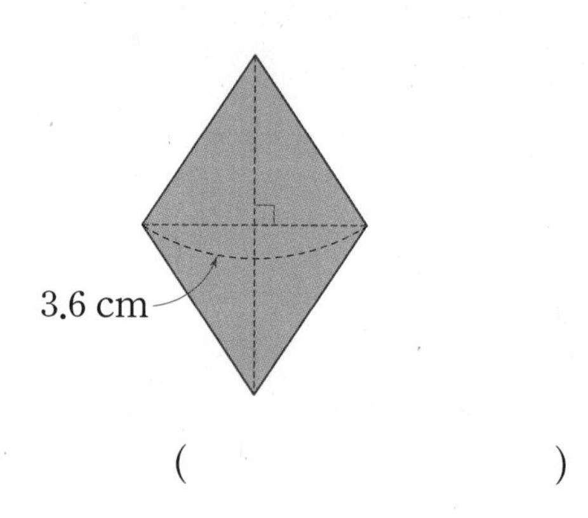

( )

15 집에서 우체국을 지나 도서관까지의 거리는 집에서 우체국까지의 거리의 몇 배일까요?

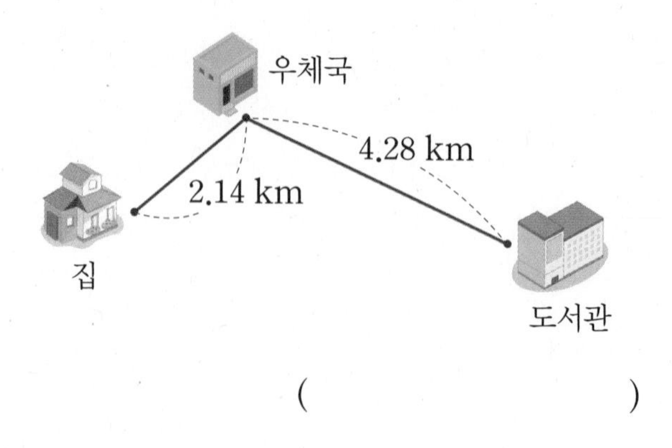

( )

서술형 문제

정답과 풀이 63쪽

16 가로가 3.4 cm이고 넓이가 19.04 cm^2인 직사각형이 있습니다. 이 직사각형의 세로는 가로의 몇 배인지 반올림하여 소수 첫째 자리까지 나타내어 보세요.

( )

17 수 카드 3, 4, 6 을 □ 안에 한 번씩만 써넣어 몫이 가장 작은 나눗셈식을 만들고 몫을 구해 보세요.

32.15÷□.□□

( )

18 몫을 반올림하여 소수 아홉째 자리까지 나타낼 때 몫의 소수 아홉째 자리 숫자는 얼마일까요?

20.4÷3.7

( )

19 배 26.7 kg을 한 상자에 3 kg씩 담을 때 담을 수 있는 상자 수와 남는 배는 몇 kg인지 알기 위해 다음과 같이 계산했습니다. 잘못 계산한 곳을 찾아 바르게 계산하고, 이유를 써 보세요.

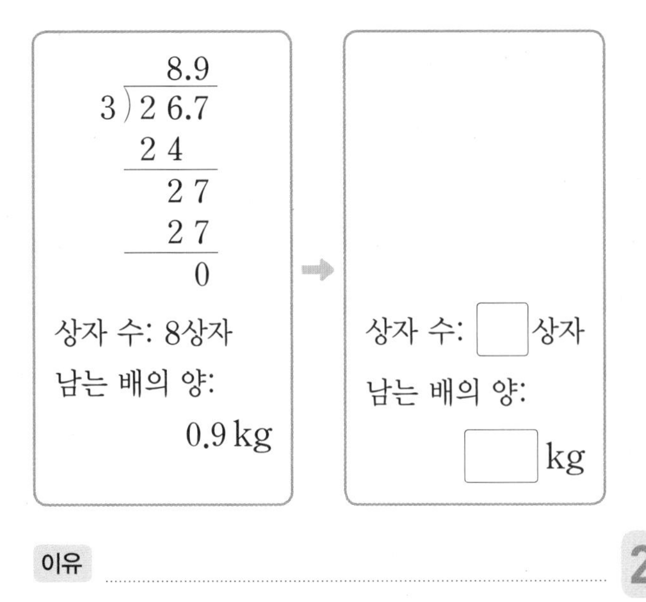

이유 ......

20 어떤 수를 3으로 나누어야 하는데 잘못하여 곱했더니 554.7이 되었습니다. 바르게 계산했을 때의 몫을 반올림하여 소수 첫째 자리까지 나타내면 얼마인지 풀이 과정을 쓰고 답을 구해 보세요.

풀이 ......

답 ......

1 로봇을 ㉮ 방향에서 사진을 찍었을 때 알맞은 사진에 ○표 하세요.

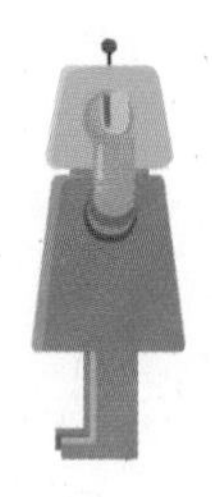

2 쌓기나무로 쌓은 모양을 보고 위에서 본 모양에 수를 썼습니다. 똑같은 모양으로 쌓는 데 필요한 쌓기나무는 몇 개일까요?

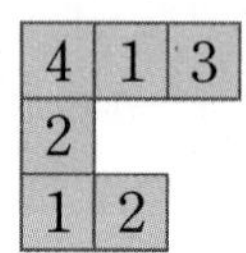

4	1	3
2		
1	2	

( )

3 주어진 모양과 똑같이 쌓는 데 필요한 쌓기나무는 몇 개일까요?

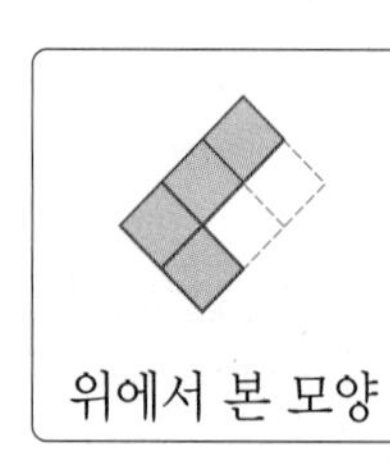
위에서 본 모양

( )

[4~5] 쌓기나무로 쌓은 모양과 1층 모양을 보고 물음에 답하세요.

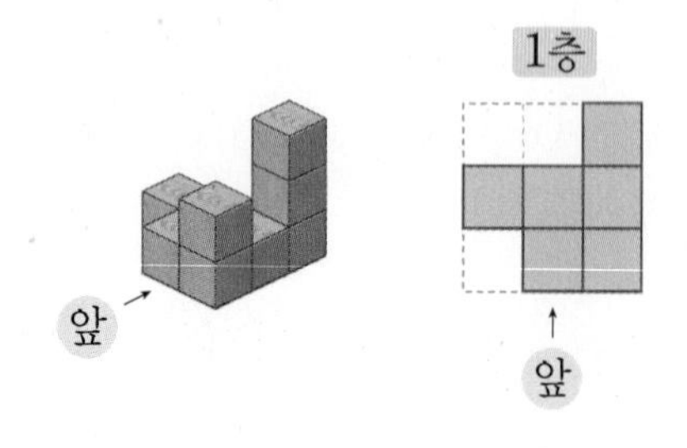

4 2층과 3층 모양을 각각 그려 보세요.

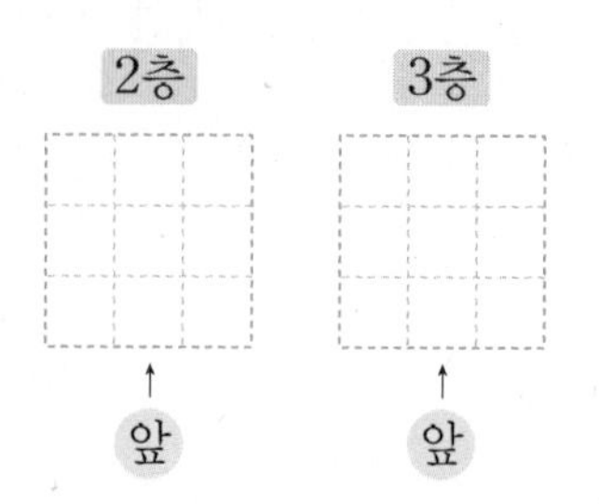

5 똑같은 모양으로 쌓는 데 필요한 쌓기나무는 몇 개일까요?

( )

6 쌓기나무 7개로 쌓은 모양입니다. 앞에서 본 모양을 찾아 이어 보세요.

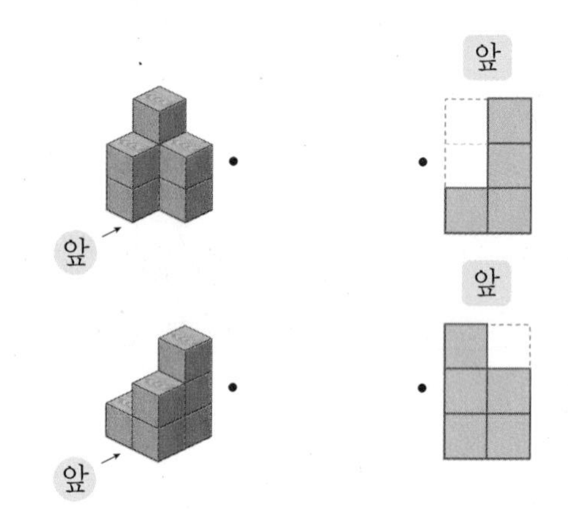

7 모양에 쌓기나무 1개를 붙여서 만들 수 있는 서로 다른 모양은 모두 몇 가지일까요?

( )

8 쌓기나무로 쌓은 모양을 보고 위에서 본 모양에 수를 썼습니다. 쌓은 모양에서 보이지 않는 쌓기나무는 몇 개일까요?

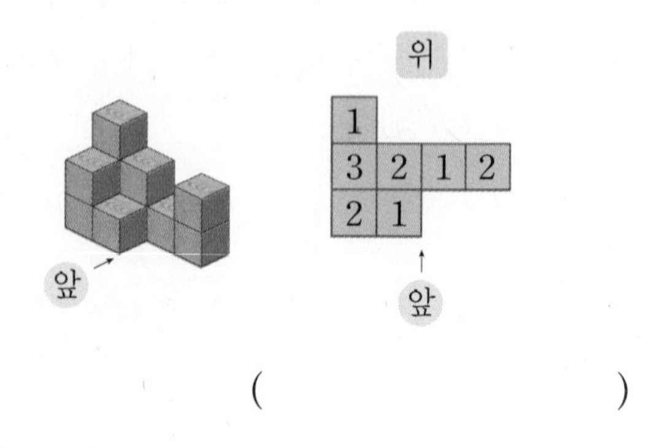

1			
3	2	1	2
2	1		

( )

9 모양에 쌓기나무 1개를 붙여서 만들 수 있는 모양이 아닌 것을 찾아 기호를 써 보세요.

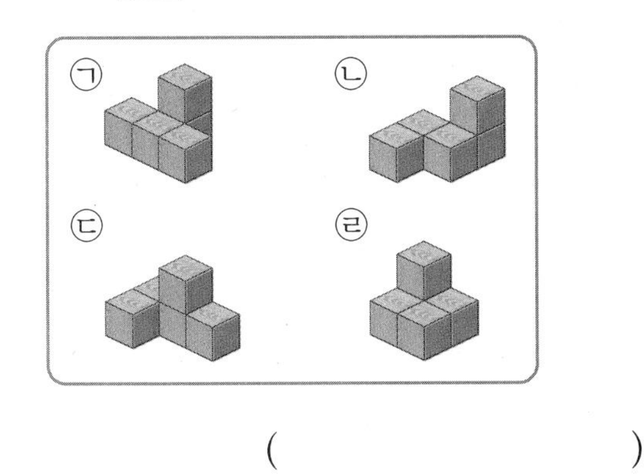

( )

10 쌓기나무로 쌓은 모양을 보고 위에서 본 모양에 수를 썼습니다. 쌓은 모양의 3층에 쌓인 쌓기나무는 몇 개일까요?

3	5	2
1		4

( )

11 쌓기나무 10개로 쌓은 모양을 보고 위, 앞, 옆에서 본 모양을 각각 그려 보세요.

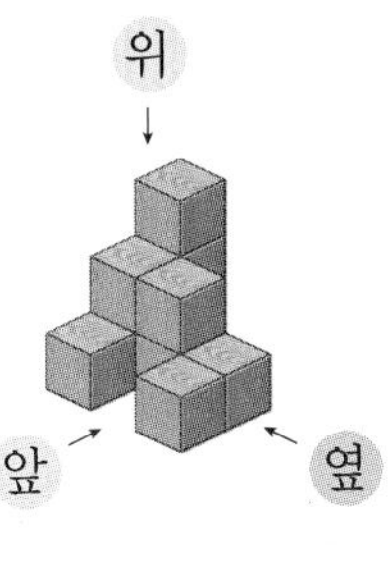

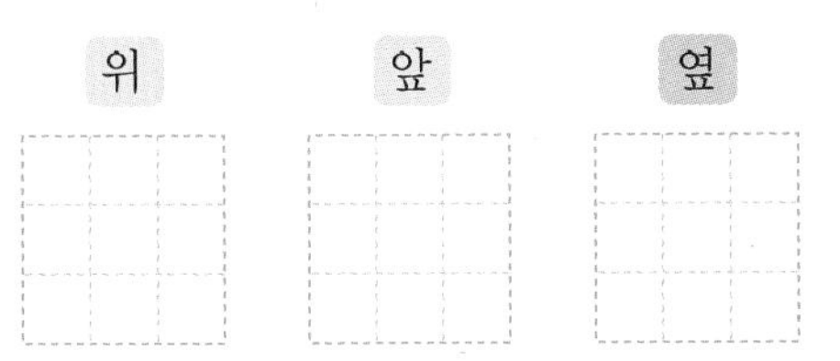

12 쌓기나무를 4개씩 붙여서 만든 두 가지 모양을 사용하여 새로운 모양을 만든 것입니다. 사용한 모양은 어떤 모양인지 2가지 색으로 구분하여 색칠해 보세요.

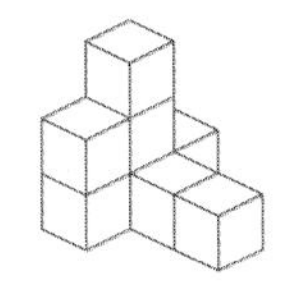

13 쌓기나무로 쌓은 모양을 보고 위에서 본 모양에 수를 썼습니다. 쌓은 모양을 앞과 옆에서 본 모양을 각각 그려 보세요.

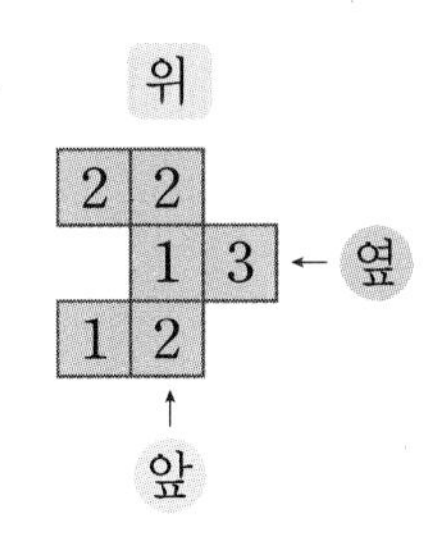

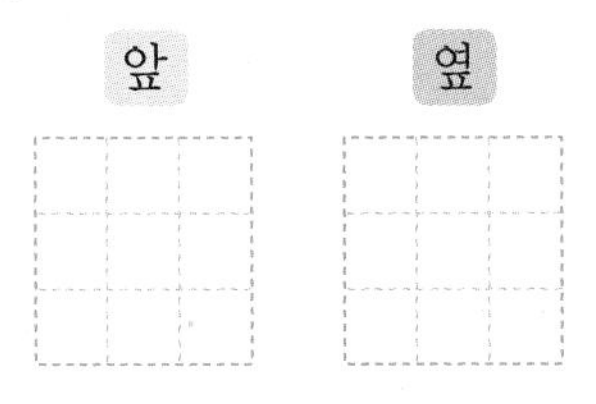

14 쌓기나무로 쌓은 모양과 위에서 본 모양입니다. 똑같은 모양으로 쌓는 데 필요한 쌓기나무가 가장 적은 것을 찾아 기호를 써 보세요.

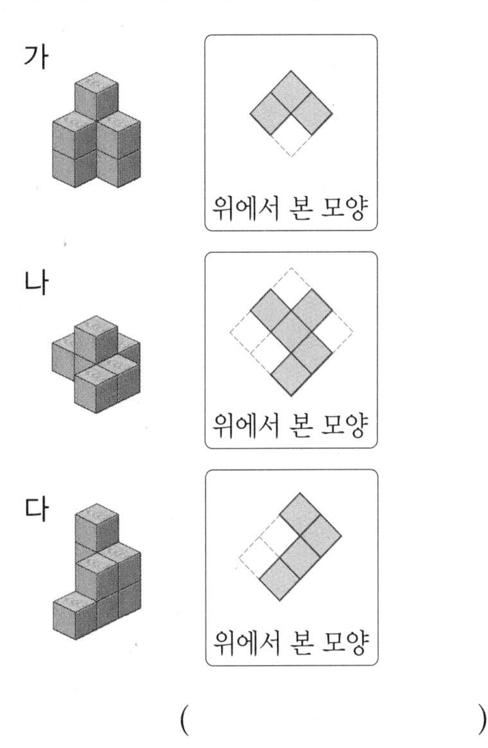

( )

15 쌓기나무로 쌓은 모양과 위에서 본 모양입니다. 빨간색 쌓기나무 3개를 빼내면 남는 쌓기나무는 몇 개일까요?

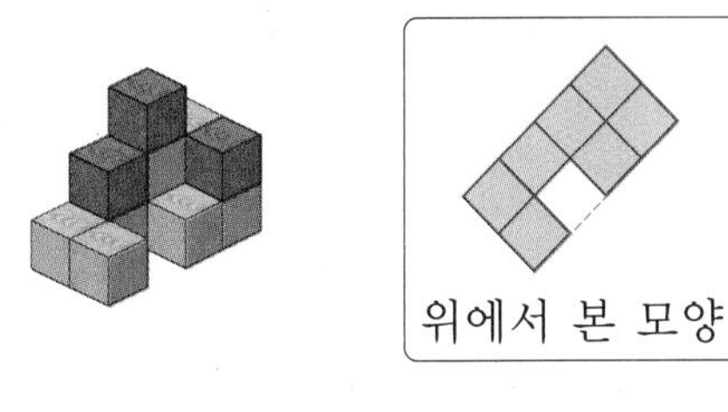

( )

16 쌓기나무로 쌓은 모양을 층별로 나타낸 모양입니다. 위에서 본 모양에 수를 쓰는 방법으로 나타내고, 똑같은 모양으로 쌓는 데 필요한 쌓기나무의 개수를 구해 보세요.

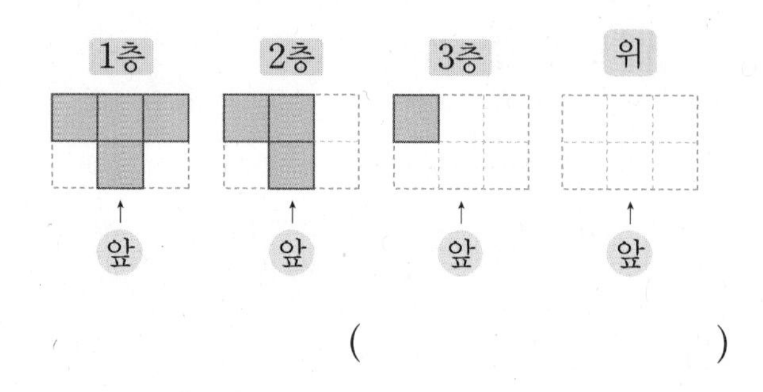

( )

17 쌓기나무로 쌓은 모양을 위, 앞, 옆에서 본 모양입니다. 2층에 쌓인 쌓기나무는 몇 개일까요?

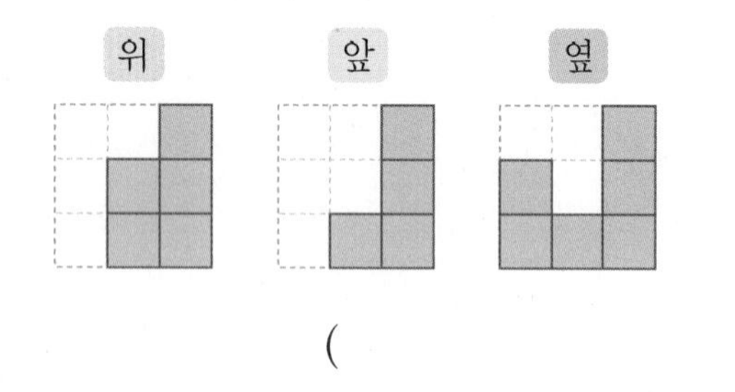

( )

18 쌓기나무로 쌓은 모양과 위에서 본 모양입니다. 쌓기나무로 쌓은 모양에 쌓기나무 몇 개를 더 쌓아서 정육면체 모양을 만들려면 필요한 쌓기나무는 적어도 몇 개일까요?

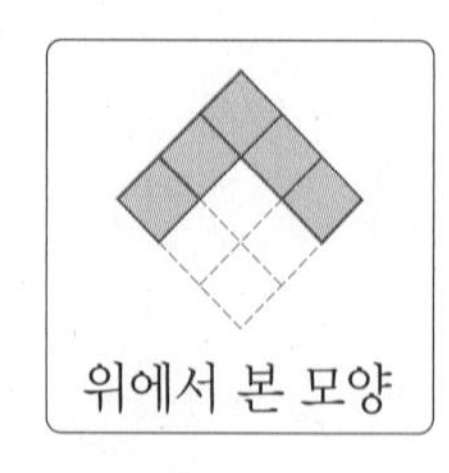

( )

서술형 문제

정답과 풀이 65쪽

19 쌓기나무 15개로 쌓은 모양과 위에서 본 모양입니다. ㉠에 쌓인 쌓기나무는 몇 개인지 풀이 과정을 쓰고 답을 구해 보세요.

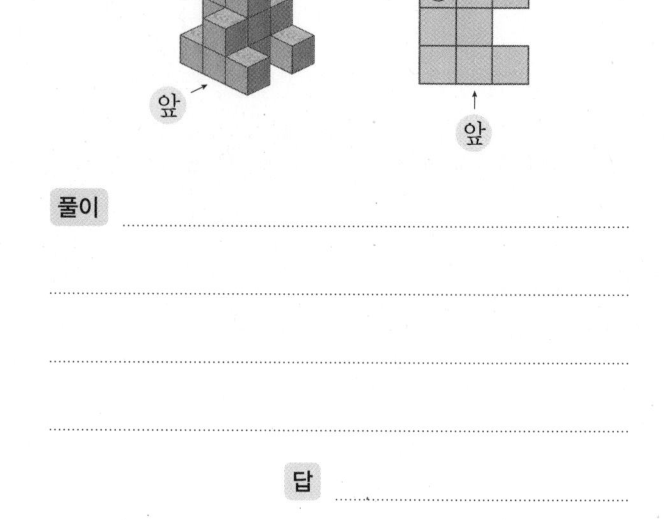

풀이

답

20 쌓기나무로 쌓은 모양을 위, 앞, 옆에서 본 모양입니다. 똑같은 모양으로 쌓는 데 필요한 쌓기나무는 적어도 몇 개인지 풀이 과정을 쓰고 답을 구해 보세요.

위	앞	옆

풀이

답

점수

확인

1 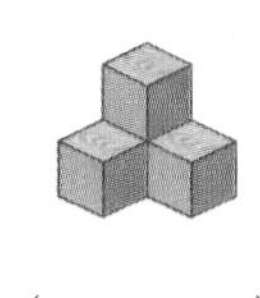 모양과 쌓기나무 개수가 같은 모양을 찾아 ○표 하세요.

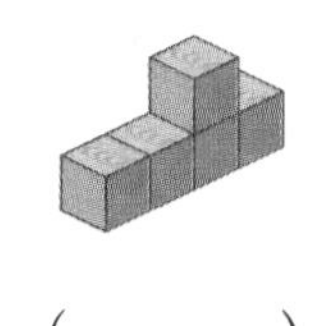

( ) ( )

2 쌓기나무로 쌓은 모양을 보고 위에서 본 모양에 수를 써 보세요.

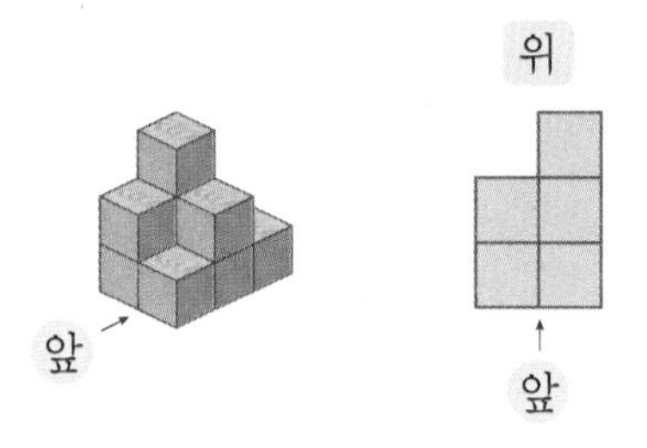

3 쌓기나무로 쌓은 모양과 1층의 모양입니다. □ 안에 알맞은 수를 써넣으세요.

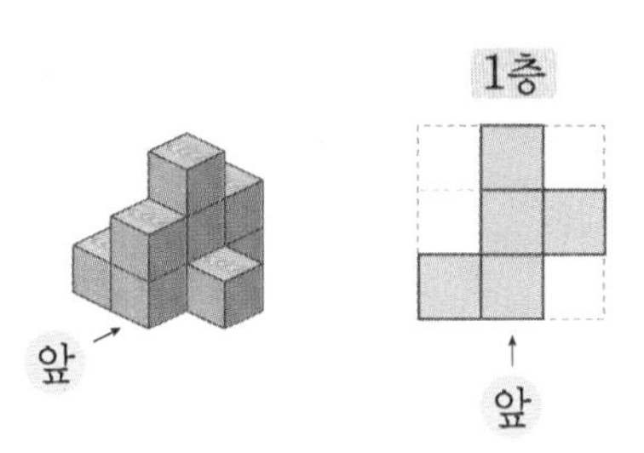

1층에 □개, 2층에 □개, 3층에 □개를 쌓아 만든 모양이므로 모두 □개의 쌓기나무를 사용하였습니다.

4 쌓기나무로 만든 모양입니다. 서로 같은 모양끼리 이어 보세요.

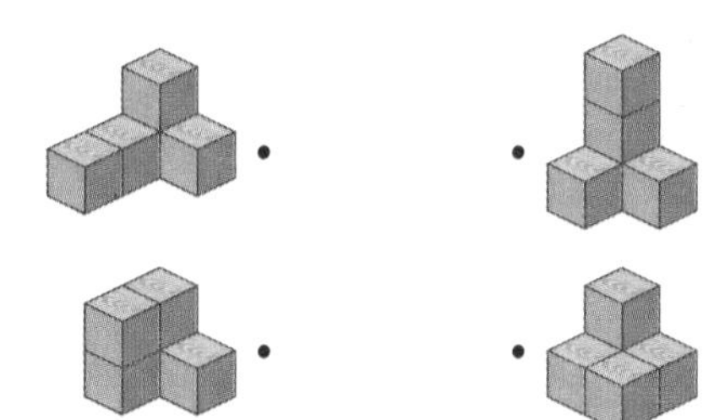

[5~6] 주어진 모양과 똑같이 쌓는 데 필요한 쌓기나무의 개수를 구해 보세요.

5

( )

6

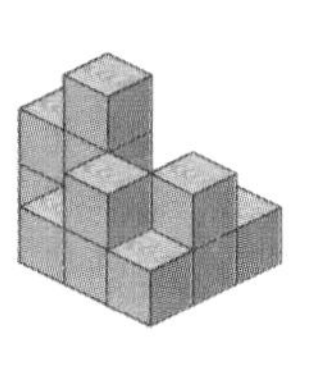

( )

7 쌓기나무를 4개씩 붙여서 만든 두 가지 모양을 사용하여 만들 수 있는 모양을 모두 찾아 기호를 써 보세요.

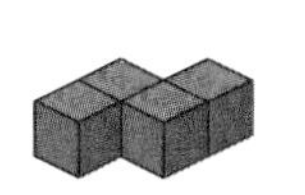
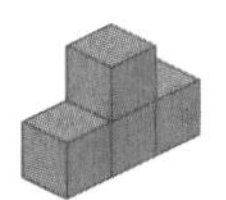

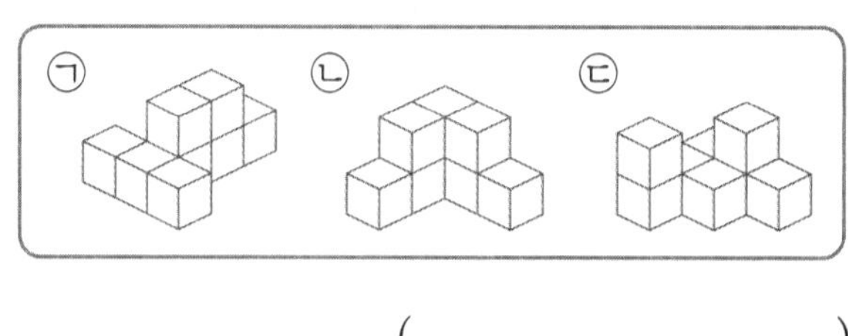

( )

8 쌓기나무 8개로 쌓은 모양입니다. 위, 앞, 옆 중 어느 방향에서 본 모양인지 써 보세요.

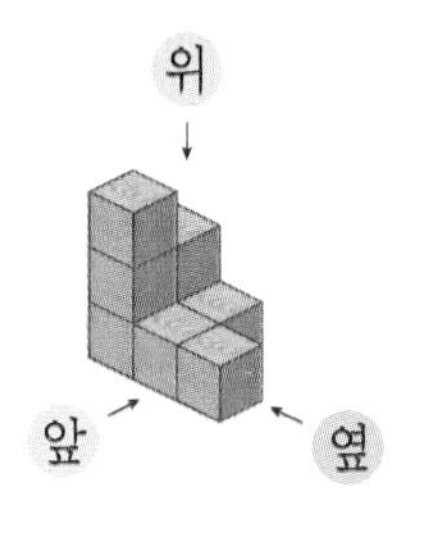

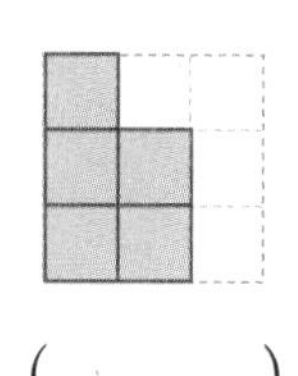

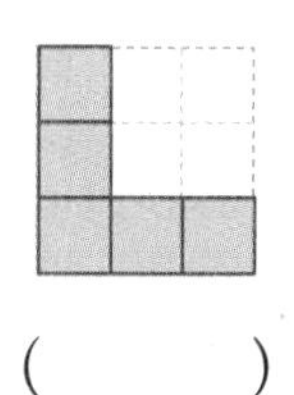

( ) ( )

9 쌓기나무 10개로 쌓은 모양입니다. 위에서 본 모양을 그려 보세요.

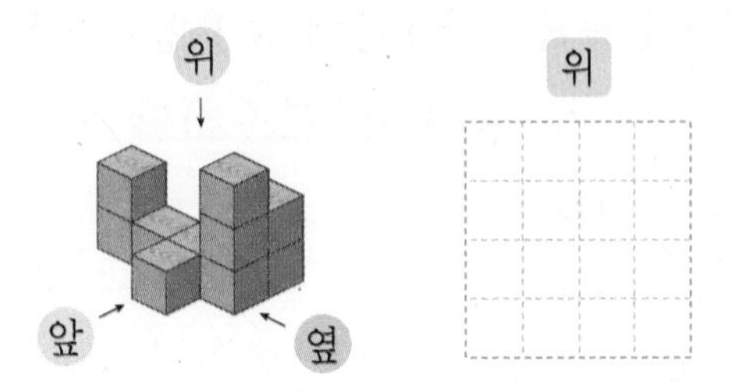

10 쌓기나무로 쌓은 모양을 보고 위에서 본 모양에 수를 썼습니다. 앞과 옆에서 본 모양을 각각 그려 보세요.

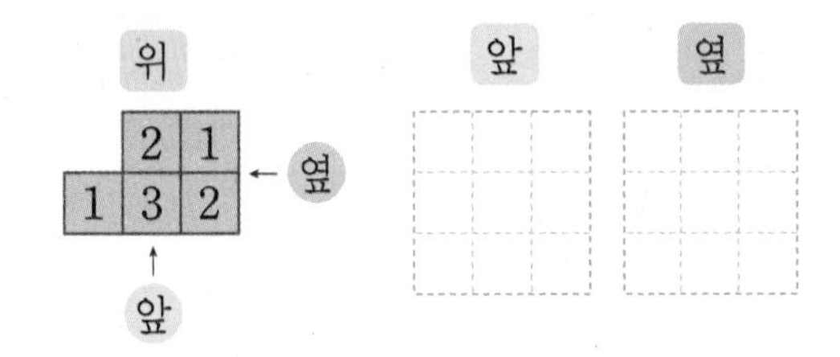

11 쌓기나무 7개로 쌓은 모양입니다. 앞에서 본 모양이 <u>다른</u> 하나를 찾아 기호를 써 보세요.

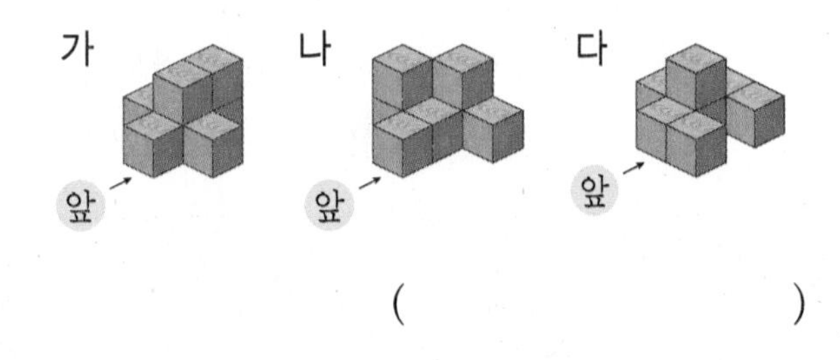

( )

12 쌓기나무 11개로 쌓은 모양입니다. 빨간색 쌓기나무 2개를 빼냈을 때 옆에서 본 모양을 그려 보세요.

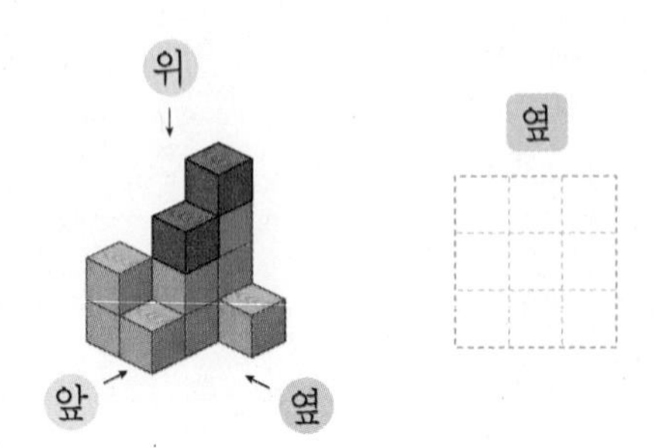

13 쌓기나무 16개로 쌓은 모양과 위에서 본 모양입니다. ㉠에 쌓인 쌓기나무는 몇 개일까요?

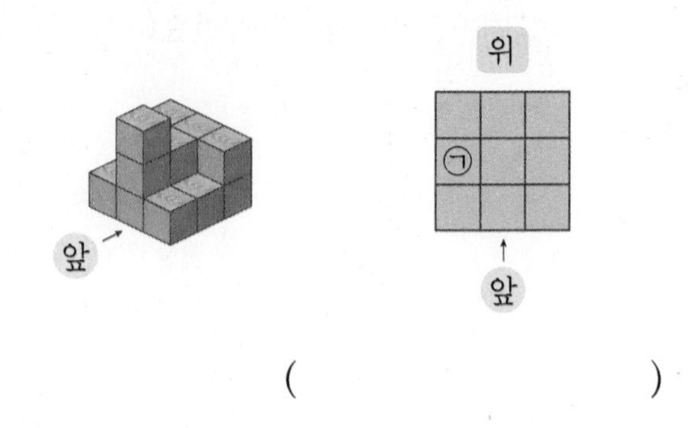

( )

14 쌓기나무로 쌓은 모양을 위, 앞, 옆에서 본 모양입니다. 똑같은 모양으로 쌓는 데 필요한 쌓기나무는 몇 개일까요?

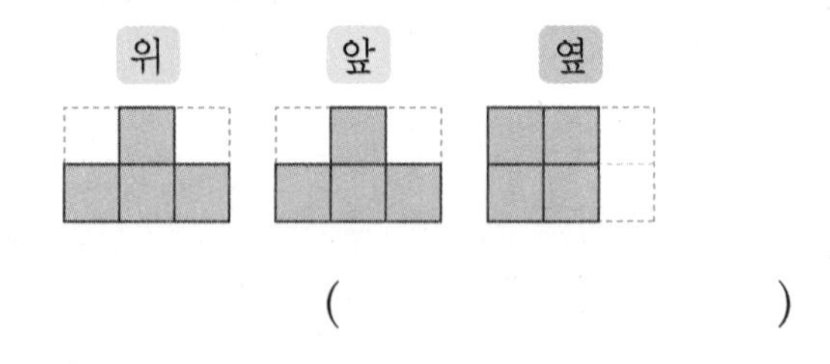

( )

15 쌓기나무로 쌓은 모양을 층별로 나타낸 모양을 보고 쌓은 모양을 찾아 기호를 써 보세요.

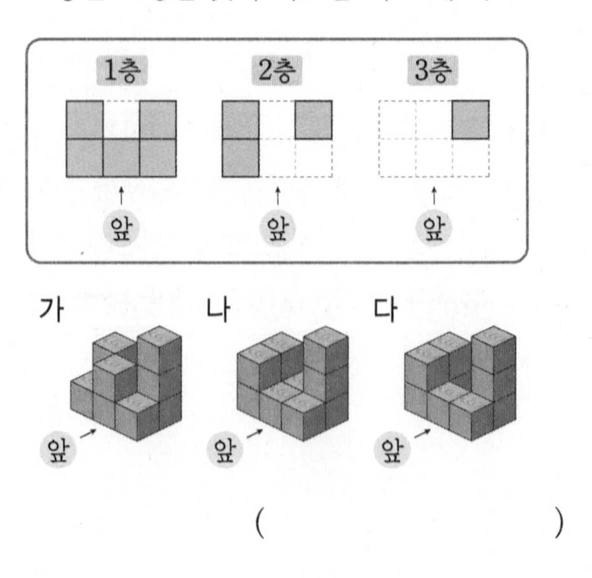

( )

서술형 문제

정답과 풀이 66쪽

16 쌓기나무로 쌓은 모양을 위, 앞, 옆에서 본 모양입니다. 쌓기나무를 가장 적게 사용하여 똑같은 모양으로 쌓으려면 필요한 쌓기나무는 몇 개일까요?

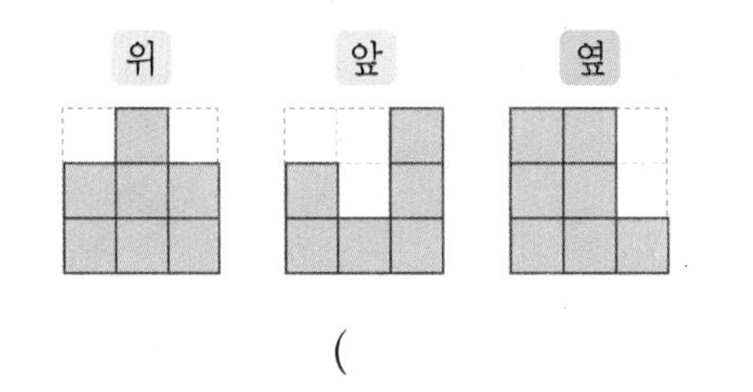

(　　　　　　)

17 오른쪽 정육면체 모양에서 쌓기나무 몇 개를 빼낸 모양과 위에서 본 모양입니다. 빼낸 쌓기나무는 몇 개일까요?

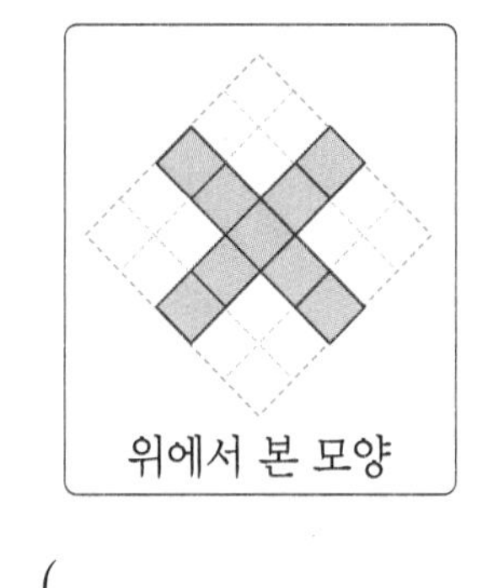

(　　　　　　)

18 쌓기나무로 다음과 같이 쌓았더니 앞쪽의 쌓기나무에 가려 뒤쪽의 쌓기나무가 보이지 않습니다. 똑같은 모양으로 쌓을 때 쌓기나무가 가장 많이 사용되는 경우의 쌓기나무의 개수를 구해 보세요.

(　　　　　　)

19 쌓기나무로 쌓은 모양과 위에서 본 모양입니다. 민정이는 쌓기나무 7개를 가지고 있습니다. 민정이가 똑같은 모양으로 쌓으려면 쌓기나무가 몇 개 더 필요한지 풀이 과정을 쓰고 답을 구해 보세요.

풀이

답

20 쌓기나무로 쌓은 모양과 위에서 본 모양입니다. 이 모양에 쌓기나무를 더 쌓아 정육면체 모양을 만들려고 합니다. 쌓기나무는 적어도 몇 개 더 필요한지 풀이 과정을 쓰고 답을 구해 보세요.

풀이

답

서술형 50% 중간 단원 평가

1. 분수의 나눗셈 ~ 3. 공간과 입체

점수

확인

1 그림을 보고 □ 안에 알맞은 수를 써넣으세요.

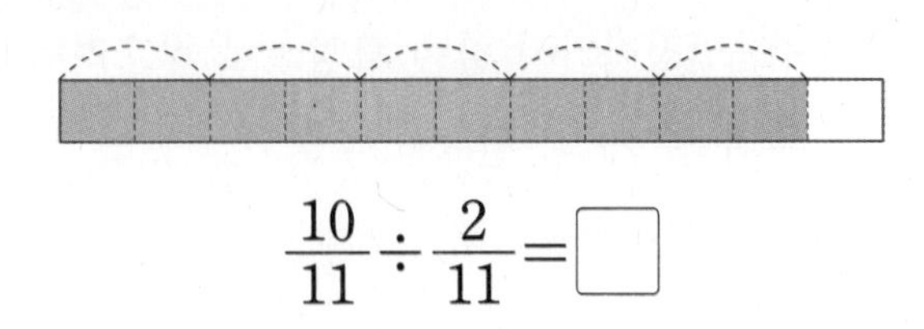

$\frac{10}{11} \div \frac{2}{11} = \square$

2 □ 안에 알맞은 수를 써넣으세요.

$20.16 \div 0.42 = \square \div 42 = \square$

3 책상 위에 여러 가지 컵을 놓고 사진을 여러 방향에서 찍었습니다. 오른쪽 사진을 찍은 방향을 찾아 기호를 써 보세요.

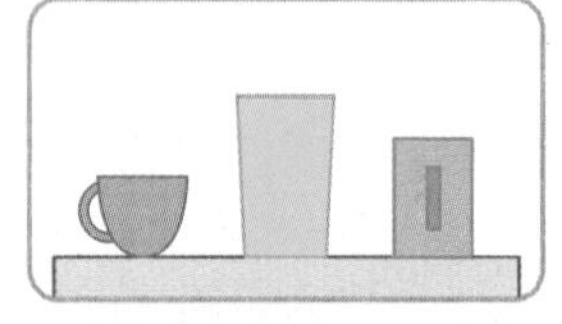

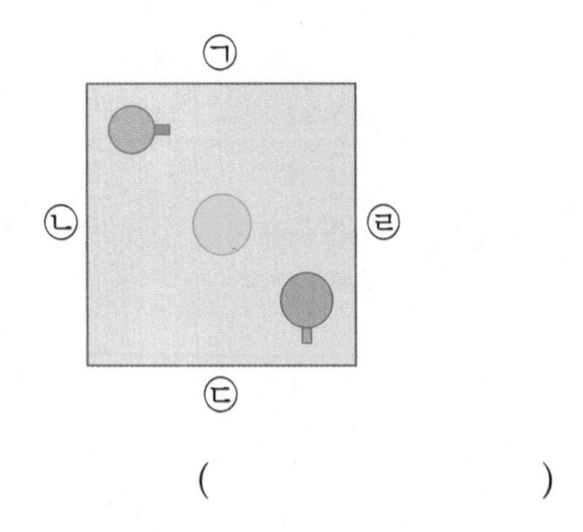

(　　　　　　　　)

4 빈칸에 알맞은 수를 써넣으세요.

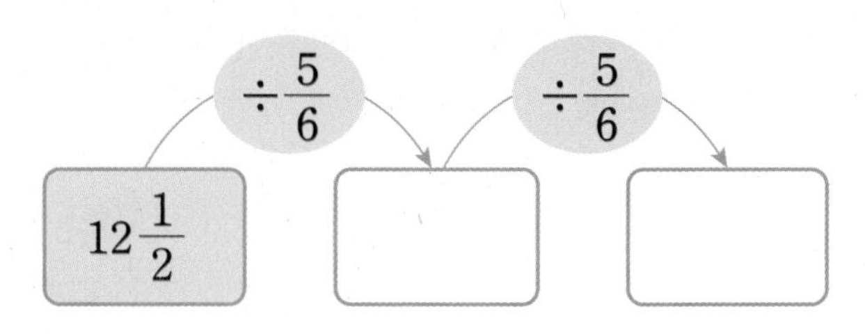

5 주어진 모양과 똑같이 쌓는 데 필요한 쌓기나무는 몇 개인지 구해 보세요.

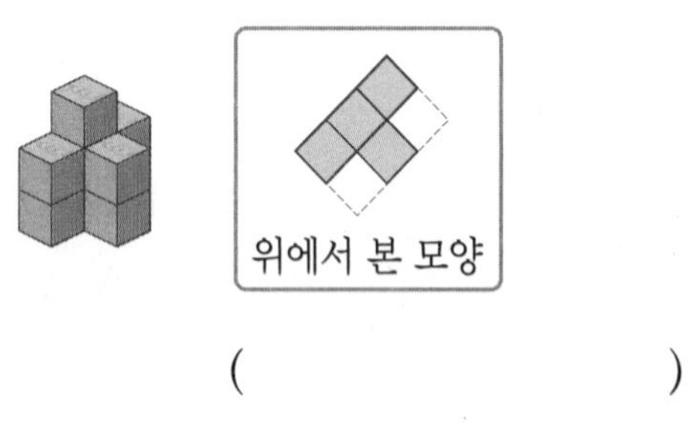

(　　　　　　　　)

6 $5.63 \div 3$의 몫을 반올림하여 주어진 자리까지 나타내어 보세요.

일의 자리	소수 첫째 자리	소수 둘째 자리

정답과 풀이 68쪽

7 다음은 분수의 나눗셈을 잘못 계산한 것입니다. 계산이 잘못된 곳을 찾아 이유를 쓰고 바르게 계산해 보세요.

$$\frac{7}{8} \div \frac{2}{5} = 7 \div 2 = \frac{7}{2} = 3\frac{1}{2}$$

이유 ....

$\frac{7}{8} \div \frac{2}{5}$ ....

8 빵 한 개를 만드는 데 버터가 7 g 사용된다면 버터 43.8 g으로 똑같은 크기의 빵 몇 개를 만들 수 있고, 남는 버터는 몇 g일까요?

만들 수 있는 빵의 수 (　　　　　　　)
남는 버터의 무게 (　　　　　　　)

9 다음 중 보기 의 쌓기나무를 사용하여 만들 수 없는 모양을 찾아 기호를 써 보세요.

보기

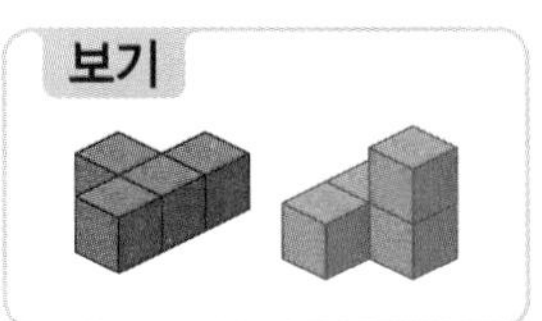

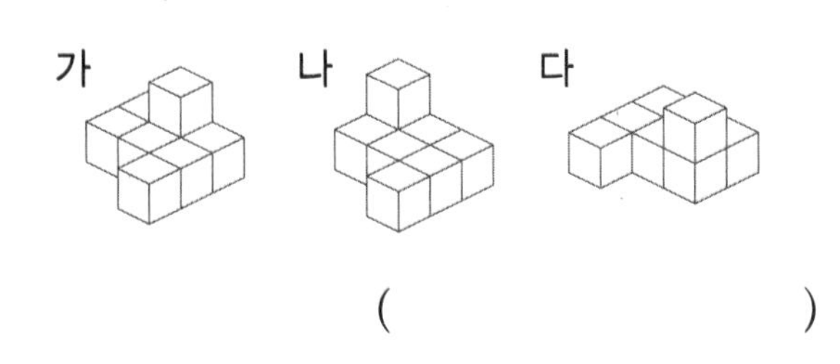

(　　　　　　　)

10 쌓기나무로 쌓은 모양을 층별로 나타낸 모양입니다. 똑같은 모양으로 쌓는 데 필요한 쌓기나무는 몇 개인지 풀이 과정을 쓰고 답을 구해 보세요.

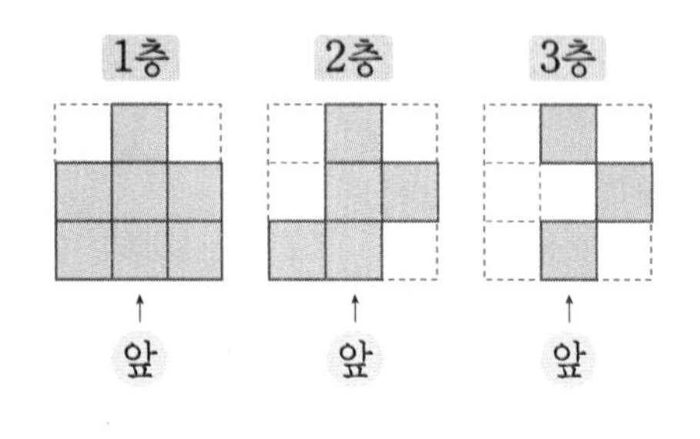

풀이 ....

답 ....

11 ㉮의 몫보다 크고 ㉯의 몫보다 작은 자연수는 모두 몇 개인지 풀이 과정을 쓰고 답을 구해 보세요.

㉮ $15.6 \div 1.3$
㉯ $56.26 \div 2.9$

풀이 ....

답 ....

12 두께가 일정한 나무 막대 $\frac{5}{12}$ m의 무게가 $5\frac{2}{3}$ kg일 때 나무 막대 1 m는 몇 kg일까요?

(　　　　　　　　　)

13 몫의 소수 14째 자리 숫자는 얼마인지 풀이 과정을 쓰고 답을 구해 보세요.

$7 \div 2.7$

풀이

답

14 쌓기나무로 오른쪽과 같이 쌓은 모양을 위에서 본 모양입니다. 앞과 옆에서 본 모양을 각각 그려 보세요.

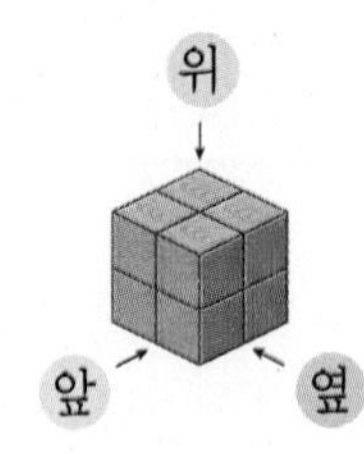

위　　앞　　옆

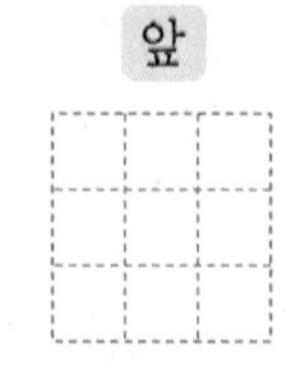

15 자동차가 2시간 24분 동안 197.2 km를 달렸습니다. 이 자동차가 일정한 빠르기로 갔다면 한 시간 동안 달린 거리는 몇 km인지 반올림하여 일의 자리까지 나타내려고 합니다. 풀이 과정을 쓰고 답을 구해 보세요.

풀이

답

16 밑변의 길이가 $5\frac{4}{7}$ cm이고 넓이가 $5\frac{5}{14}$ cm^2인 삼각형이 있습니다. 이 삼각형의 높이는 몇 cm인지 풀이 과정을 쓰고 답을 구해 보세요.

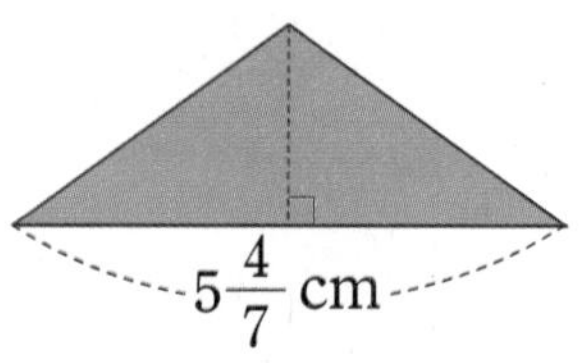

풀이

답

➔ 정답과 풀이 68쪽

17 어느 수도에서 1분 동안 물 $\frac{5}{7}$ L가 나옵니다. 물이 일정한 빠르기로 나온다면 이 수도에서 물 $6\frac{2}{3}$ L를 받는 데 몇 분 몇 초가 걸리는지 풀이 과정을 쓰고 답을 구해 보세요.

풀이

답

18 쌓기나무로 쌓은 모양을 위, 앞, 옆에서 본 모양입니다. 쌓기나무를 가장 많이 사용할 때 쌓기나무는 몇 개인지 풀이 과정을 쓰고 답을 구해 보세요.

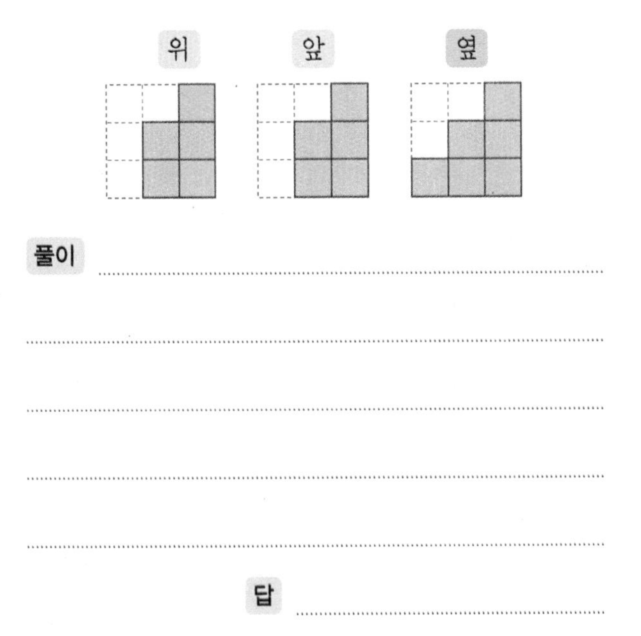

19 수 카드 2, 5, 7, 9를 한 번씩만 사용하여 다음 나눗셈식을 만들려고 합니다. 몫이 가장 크게 될 때의 몫은 얼마인지 풀이 과정을 쓰고 답을 구해 보세요.

□□ ÷ □.□

풀이

답

20 길이가 $\frac{6}{7}$ km인 도로가 있습니다. 도로의 양쪽에 처음부터 끝까지 $\frac{2}{35}$ km 간격으로 나무를 똑같이 심으려고 합니다. 나무는 모두 몇 그루가 필요한지 풀이 과정을 쓰고 답을 구해 보세요. (단, 나무의 두께는 생각하지 않습니다.)

풀이

답

1 다음 비에서 전항과 후항을 각각 써 보세요.

11 : 15

전항 (　　　　　)
후항 (　　　　　)

2 비례식에서 외항의 곱과 내항의 곱을 각각 구해 보세요.

7 : 12=14 : 24

외항의 곱 (　　　　　)
내항의 곱 (　　　　　)

3 □ 안에 알맞은 수를 써넣어 간단한 자연수의 비로 나타내어 보세요.

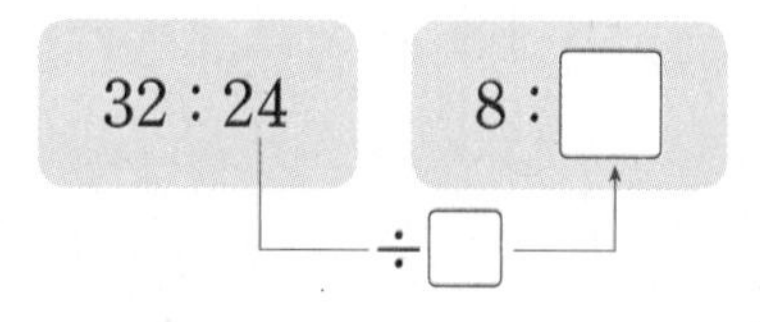

4 전항과 후항에 0이 아닌 같은 수를 곱하여 비율이 같은 비를 2개 써 보세요.

4 : 7

(　　　　　)

5 옳은 비례식은 어느 것일까요? (　　　)

① 7 : 8=16 : 14　② $3:4=\frac{1}{3}:\frac{1}{4}$
③ 0.5 : 0.6=2 : 5　④ 2 : 6=4 : 12
⑤ 45 : 36=4 : 5

6 비례식의 성질을 이용하여 ■를 구하려고 합니다. □ 안에 알맞은 수를 써넣으세요.

3 : 8=9 : ■
3×■=8×□
3×■=□
■=□

7 비례식의 성질을 이용하여 □ 안에 알맞은 수를 써넣으세요.

6 : 7=□ : 14

8 ■ 안의 수를 주어진 비로 나누어 [,] 안에 나타내어 보세요.

(1) 54　5 : 4 ➡ [　　　,　　　]

(2) 70　9 : 5 ➡ [　　　,　　　]

9 후항이 15인 비가 있습니다. 이 비의 비율이 $\frac{3}{5}$일 때 전항은 얼마일까요? (　　　)

① 6　　② 7　　③ 8
④ 9　　⑤ 10

10 똑같은 연필 3자루가 1050원입니다. 이 연필 5자루의 값은 얼마일까요?

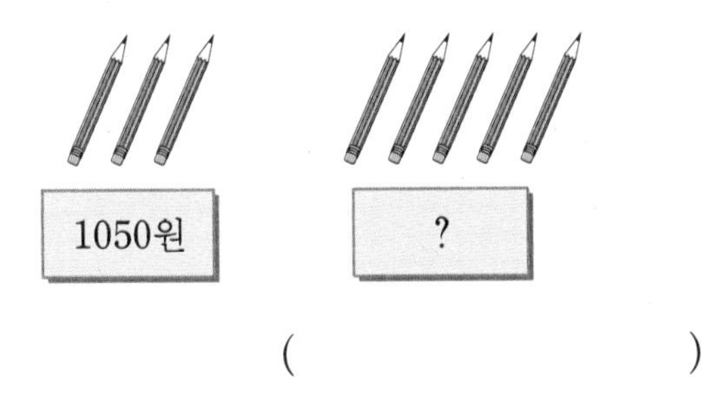

(　　　　　　)

11 동수와 명희가 48 cm인 철사를 3 : 5로 나누어 가지려고 합니다. 동수와 명희는 철사를 각각 몇 cm씩 가지면 될까요?

동수 (　　　　　　)
명희 (　　　　　　)

12 구슬 84개를 희철이와 희주가 $\frac{1}{4}:\frac{1}{3}$로 나누어 가지려고 합니다. 희철이는 구슬을 몇 개 가지게 될까요?

(　　　　　　)

13 귤 120개를 남규네와 주찬이네 가족 수에 따라 나누어 주려고 합니다. 남규네는 가족이 4명, 주찬이네는 가족이 6명입니다. 주찬이네는 귤을 몇 개 받아야 할까요?

(　　　　　　)

14 6월 한 달 동안 동민이가 운동을 한 날수와 운동을 하지 않은 날수의 비가 7 : 3이라고 합니다. 동민이가 6월에 운동을 하지 않은 날은 며칠일까요?

(　　　　　　)

15 서로 맞물려 돌아가는 두 톱니바퀴 ㉮, ㉯가 있습니다. ㉮ 톱니바퀴가 5번 도는 동안 ㉯ 톱니바퀴는 6번 돈다고 합니다. ㉯ 톱니바퀴가 42번 돌 때 ㉮ 톱니바퀴는 몇 번 도는지 구해 보세요.

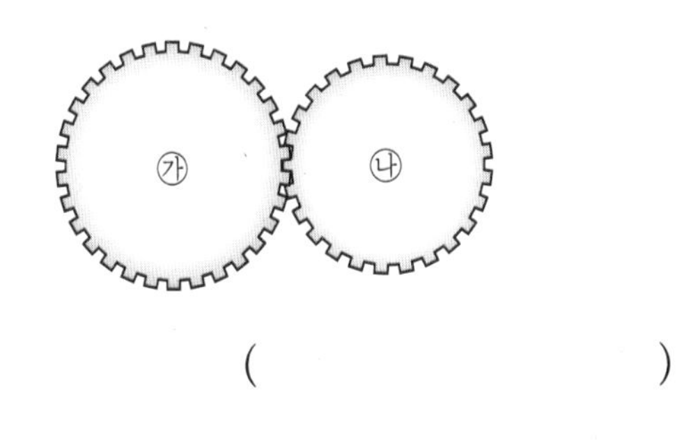

(　　　　　　)

16 둘레가 92 cm인 직사각형의 가로와 세로의 비가 $\frac{2}{5}:\frac{3}{4}$입니다. 이 직사각형의 가로는 몇 cm일까요?

( )

17 동건이가 농구를 하는 데 7번 던지면 4번 공이 들어간다고 합니다. 이와 같은 비율로 공이 들어간다고 할 때 56번을 던진다면 공이 몇 번 들어갈까요?

( )

18 그림과 같이 두 사각형 ㉮, ㉯가 겹쳐져 있습니다. 겹쳐진 부분의 넓이는 ㉮의 $\frac{1}{2}$이고, ㉯의 $\frac{2}{5}$입니다. 두 사각형 ㉮와 ㉯의 넓이의 비를 간단한 자연수의 비로 나타내어 보세요.

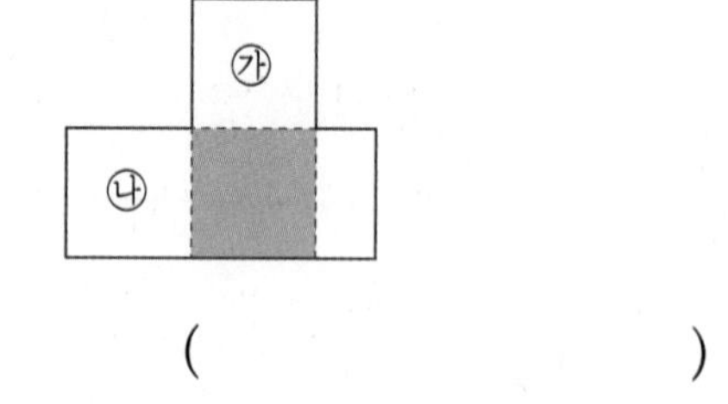

( )

서술형 문제

정답과 풀이 70쪽

19 현미와 명재가 만두를 빚고 있습니다. 만두를 현미가 7개 빚는 동안 명재는 9개 빚습니다. 각각 일정한 빠르기로 만두를 빚는다고 할 때, 만두를 현미가 63개 빚었다면 명재가 빚은 만두는 몇 개인지 풀이 과정을 쓰고 답을 구해 보세요.

풀이

답

20 구슬을 수영이와 진호가 3 : 2로 나누어 가졌더니 수영이가 가진 구슬이 18개였습니다. 두 사람이 나누어 가진 구슬은 모두 몇 개인지 풀이 과정을 쓰고 답을 구해 보세요.

풀이

답

1 비례식에서 외항의 곱을 구해 보세요.

$8 : 11 = 40 : 55$

(　　　　　　　)

2 비와 비례식에 대해 잘못 설명한 것을 찾아 기호를 써 보세요.

㉠ 5 : 18에서 5는 전항, 18은 후항입니다.
㉡ 1 : 6=2 : 12에서 내항은 6과 2입니다.
㉢ 4 : 6=16 : 24에서 외항은 16과 24입니다.
㉣ 2 : 5=4 : 10은 2 : 5의 비율과 4 : 10의 비율이 같으므로 비례식입니다.

(　　　　　　　)

3 비율이 같은 두 비를 찾아 비례식을 세워 보세요.

4 : 16　　12 : 48　　5 : 17　　2 : 9

□ : □ = □ : □

4 비를 간단한 자연수의 비로 나타내어 보세요.

$0.6 : 2$

(　　　　　　　)

5 $1\frac{1}{2} : 2.5$를 간단한 자연수의 비로 나타내면 3 : □입니다. □ 안에 알맞은 수를 구해 보세요.

(　　　　　　　)

6 송미와 이모의 나이의 비는 3 : 7입니다. 송미의 나이가 12살일 때 이모의 나이는 몇 살인지 알아보는 비례식은 어느 것일까요? (　　　)

① 3 : 7=□ : 12　② 3 : 7=12 : □
③ 3 : □=7 : 12　④ 3 : 12=□ : 7
⑤ □ : 3=7 : 12

7 비례식에서 □ 안에 알맞은 대분수를 써넣으세요.

$20 : 18 = 1\frac{2}{3} :$ □

8 도토리 84개를 다람쥐와 청설모에게 4 : 3으로 나누어 주려고 합니다. 다람쥐와 청설모에게 도토리를 각각 몇 개씩 주어야 할까요?

다람쥐 (　　　　　　　)
청설모 (　　　　　　　)

9 ㉮ : ㉯를 간단한 자연수의 비로 나타내어 보세요.

㉮ $\times$ 12 = ㉯ $\times$ 18

( )

10 학교 체육관에 있는 축구공 수와 농구공 수의 비가 7 : 4입니다. 농구공이 20개일 때 축구공은 몇 개일까요?

( )

11 물과 포도 원액의 양을 4 : 3으로 섞어서 포도 주스를 만들려고 합니다. 포도 원액을 480 mL 사용한다면 물은 몇 mL 사용해야 할까요?

( )

12 사탕 52개를 은하와 정남이가 1.5 : $1\frac{3}{4}$으로 나누어 가지려고 합니다. 은하는 사탕을 몇 개 가지게 될까요?

( )

13 비례식에서 내항의 곱이 60일 때 ㉠, ㉡에 알맞은 수를 각각 구해 보세요.

25 : 6 = ㉠ : ㉡

㉠ ( )
㉡ ( )

14 공책 32권을 정국이네 모둠과 예리네 모둠에게 나누어 주려고 합니다. 각 모둠 학생 수에 따라 나누어 주려고 할 때 각 모둠에 공책을 몇 권씩 주어야 할까요?

- 정국이네 모둠: 3명
- 예리네 모둠: 5명

정국이네 모둠 ( )
예리네 모둠 ( )

15 어느 날 낮과 밤의 길이의 비가 $\frac{1}{5}$: $\frac{1}{7}$이라고 합니다. 이날 낮과 밤의 길이는 각각 몇 시간일까요?

낮 ( )
밤 ( )

16 직선 가와 나는 서로 평행합니다. 평행사변형 ㄱㄴㄷㄹ과 사다리꼴 ㅁㅂㅅㅇ의 넓이의 비를 간단한 자연수의 비로 나타내어 보세요.

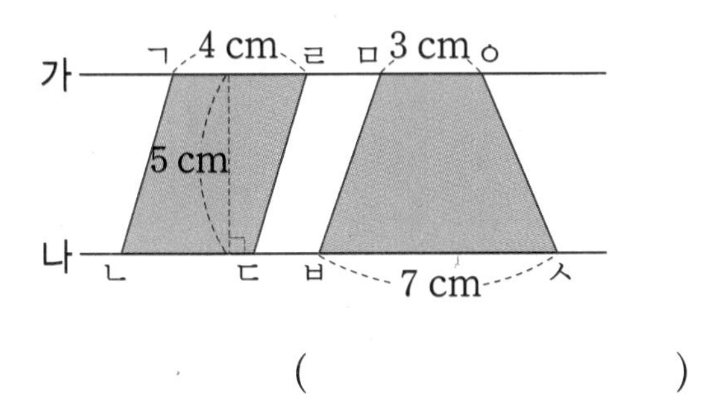

(　　　　　　　　)

17 서현이네 반 학생의 25 %는 동생이 있습니다. 동생이 있는 학생이 8명일 때 서현이네 반 학생은 모두 몇 명일까요?

(　　　　　　　　)

18 8분에 12 km를 가는 자동차가 있습니다. 같은 빠르기로 이 자동차가 315 km를 가는 데 걸리는 시간은 몇 시간 몇 분일까요?

(　　　　　　　　)

서술형 문제

정답과 풀이 71쪽

19 어떤 직사각형의 가로와 세로의 비는 7 : 5입니다. 이 직사각형의 가로가 35 cm라면 둘레는 몇 cm인지 풀이 과정을 쓰고 답을 구해 보세요.

풀이

답

20 밀가루 5400 t을 가, 나 두 마을에 나누어 주려고 합니다. 가 마을과 나 마을에 0.7 : 1.1로 나누어 줄 때 가, 나 두 마을이 받는 밀가루의 양의 차는 몇 t인지 풀이 과정을 쓰고 답을 구해 보세요.

풀이

답

1 지름이 20 cm인 굴렁쇠가 있습니다. 이 굴렁쇠의 둘레는 62.8 cm입니다. 굴렁쇠의 둘레는 지름의 몇 배일까요?

( )

2 원의 넓이를 구하는 식을 보고 원의 넓이를 구해 보세요. (원주율: 3.14)

(원의 넓이)=(반지름)×(반지름)×(원주율)

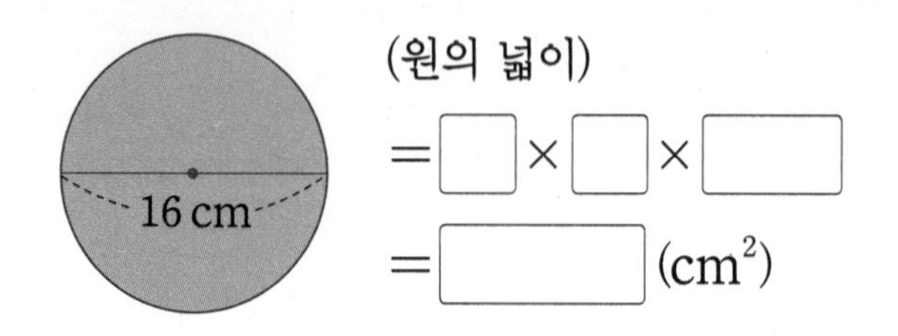

3 오른쪽 원의 원주를 구하려고 합니다. 식을 쓰고 답을 구해 보세요. (원주율: 3.1)

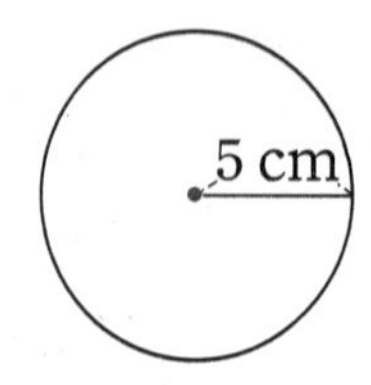

식

답

4 반지름이 6 cm인 원을 한없이 잘라 이어 붙였습니다. ㉠, ㉡의 길이를 각각 구해 보세요.

(원주율: 3)

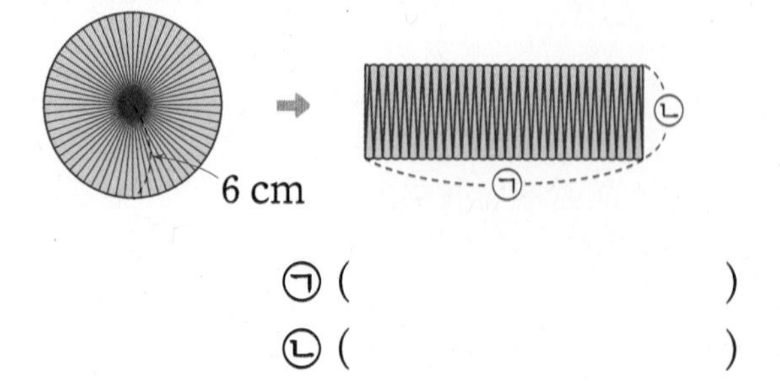

㉠ ( )

㉡ ( )

5 원주를 구해 보세요. (원주율: 3.1)

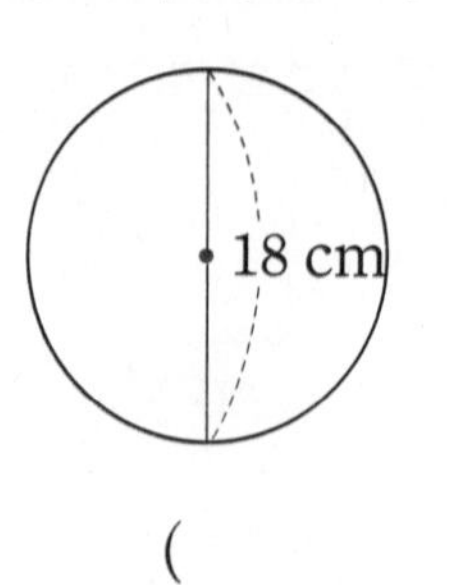

( )

6 원 안의 정사각형과 원 밖의 정사각형의 넓이를 이용하여 원의 넓이를 어림하려고 합니다. 원의 넓이의 범위를 구해 보세요.

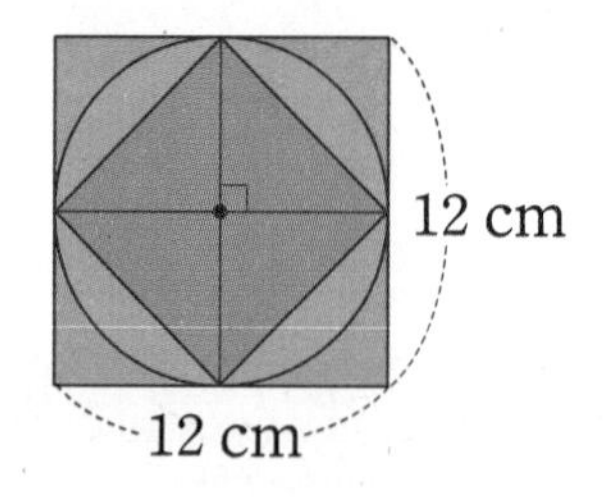

□ cm^2 < (원의 넓이)

(원의 넓이) < □ cm^2

7 반지름이 11 cm인 원 모양의 접시가 있습니다. 이 접시의 둘레는 몇 cm일까요?

(원주율: 3)

( )

8 지름이 20 cm인 원의 넓이는 몇 cm^2일까요?

(원주율: 3.14)

( )

9 원주가 74.4 cm인 원의 지름은 몇 cm일까요? (원주율: 3.1)

( )

10 다음 원의 넓이는 243 cm^2입니다. □ 안에 알맞은 수를 써넣으세요. (원주율: 3)

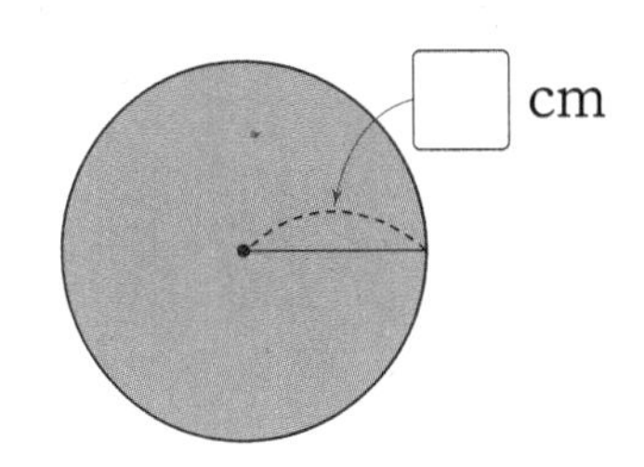

11 지름이 4 cm인 동전을 굴렸더니 동전이 굴러간 거리가 120 cm였습니다. 동전을 몇 바퀴 굴렸을까요? (원주율: 3)

( )

12 한 변이 8 cm인 정사각형 안에 들어갈 수 있는 가장 큰 원의 넓이는 몇 cm^2일까요?

(원주율: 3.1)

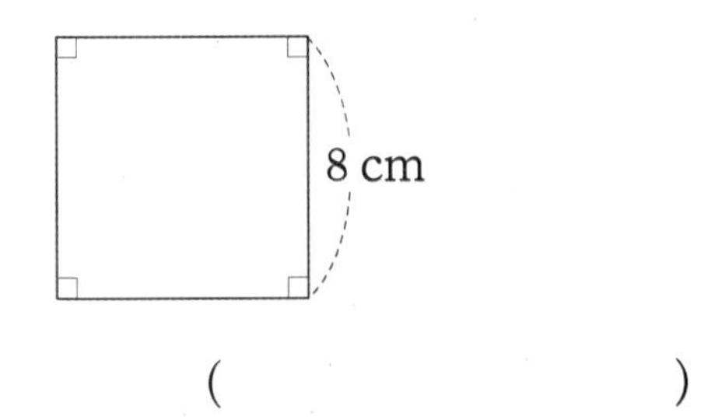

( )

13 둘레가 186 m인 원 모양의 연못이 있습니다. 이 연못의 넓이는 몇 m^2일까요? (원주율: 3.1)

( )

14 넓이가 넓은 원부터 차례로 기호를 써 보세요.

(원주율: 3)

㉠ 반지름이 8 cm인 원
㉡ 지름이 12 cm인 원
㉢ 원주가 45 cm인 원
㉣ 넓이가 147 cm^2인 원

( )

15 지름이 32 cm인 원 모양의 피자가 있습니다. 이 피자의 $\frac{3}{8}$을 먹었다면 남은 피자의 넓이는 몇 cm^2일까요? (단, 피자의 두께는 생각하지 않고, 원주율은 3입니다.)

( )

5

서술형 문제

정답과 풀이 73쪽

16 색칠한 부분의 둘레를 구해 보세요.

(원주율: 3.14)

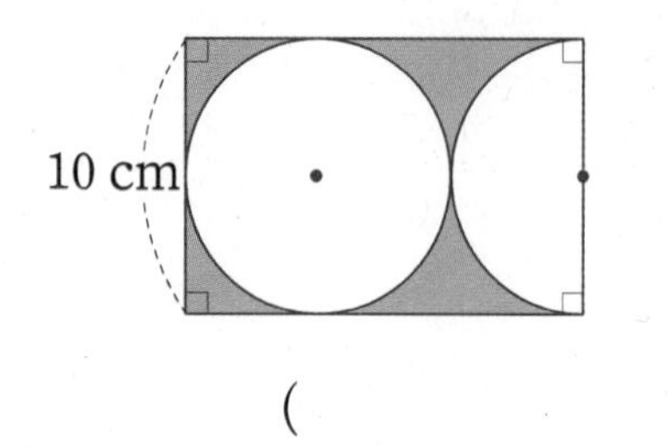

(　　　　　　　　)

17 색칠한 부분의 넓이를 구해 보세요.

(원주율: 3.1)

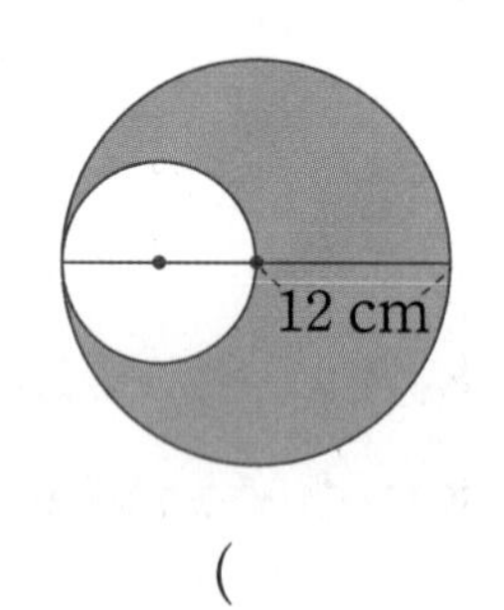

(　　　　　　　　)

18 지윤이와 유천이가 다음과 같이 원을 그렸습니다. 더 큰 원을 그린 사람은 누구일까요?

(원주율: 3)

- 지윤: 내가 그린 원의 원주는 48 cm야.
- 유천: 난 넓이가 243 cm^2인 원을 그렸어.

(　　　　　　　　)

19 희경이네 반에서 게시판을 꾸미기 위해 넓이가 111.6 cm^2인 원 모양의 해를 만들었습니다. 만든 해의 둘레는 몇 cm인지 풀이 과정을 쓰고 답을 구해 보세요. (원주율: 3.1)

풀이

답

20 색칠한 부분의 넓이는 몇 cm^2인지 풀이 과정을 쓰고 답을 구해 보세요. (원주율: 3.14)

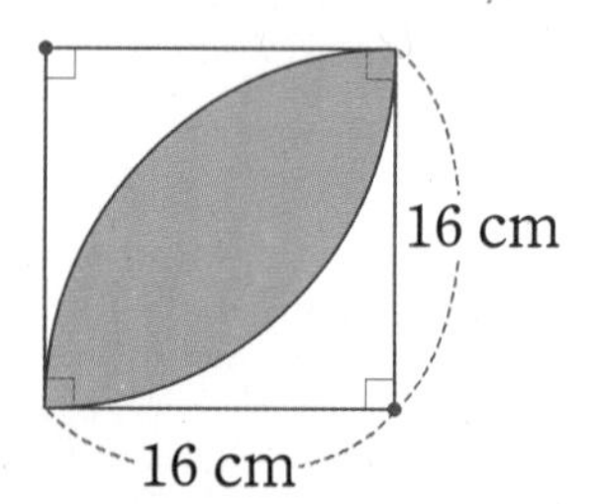

풀이

답

1 다음 설명 중 옳은 것은 어느 것일까요?

(　　　)

① (원주)=(반지름)×(반지름)×(원주율)
② 반지름이 커지면 원주율도 커집니다.
③ 지름이 작아지면 원주율도 작아집니다.
④ (원주)=(반지름)×(원주율)
⑤ 원의 크기와 관계없이 원주율은 일정합니다.

2 빈칸에 알맞은 수를 써넣으세요. (원주율: 3.1)

지름(cm)	원주(cm)
4	
	37.2

3 그림을 보고 □ 안에 알맞은 말을 써넣으세요.

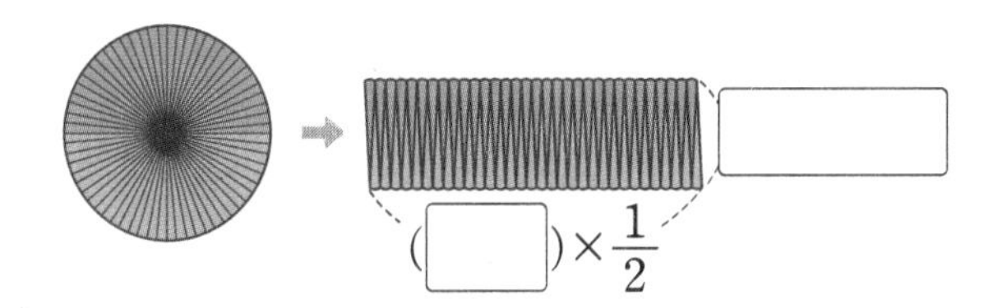

4 원주를 구해 보세요. (원주율: 3.14)

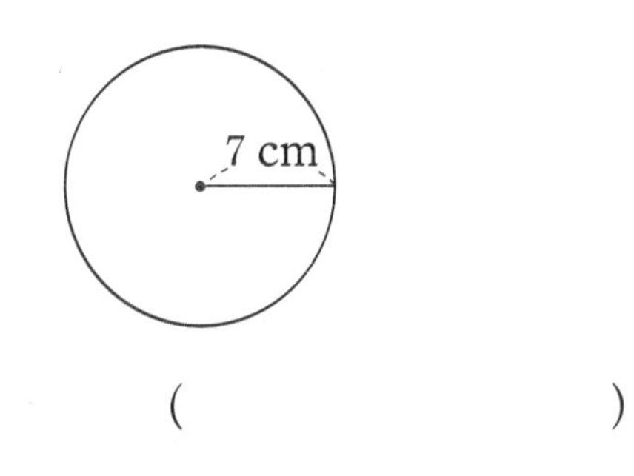

(　　　)

5 원의 넓이를 구해 보세요. (원주율: 3)

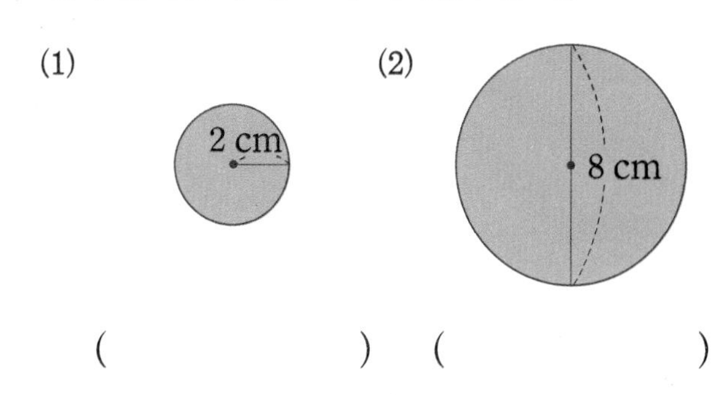

(　　　) (　　　)

6 정육각형의 넓이를 이용하여 원의 넓이를 어림하려고 합니다. 삼각형 ㄱㅇㄷ의 넓이가 $28\ \mathrm{cm}^2$, 삼각형 ㄹㅇㅂ의 넓이가 $21\ \mathrm{cm}^2$일 때 원의 넓이의 범위를 구해 보세요.

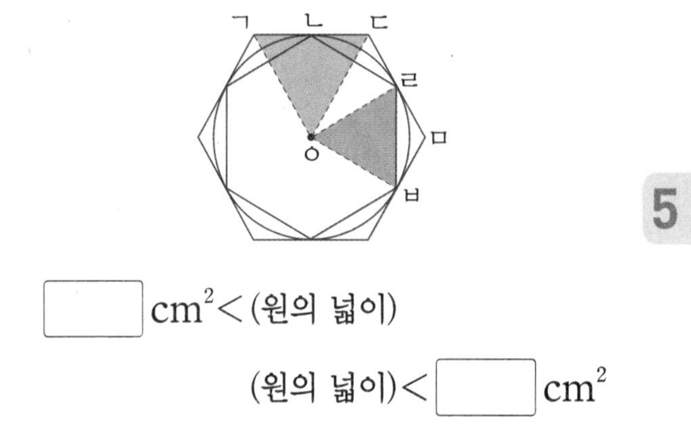

□ cm^2<(원의 넓이)

(원의 넓이)<□ cm^2

7 준하는 지름이 25 m인 원 모양의 호수를 둘레를 따라 2바퀴 걸었습니다. 준하가 걸은 거리는 몇 m일까요? (원주율: 3.1)

(　　　)

8 원의 넓이가 192 cm^2일 때, □ 안에 알맞은 수를 써넣으세요. (원주율: 3)

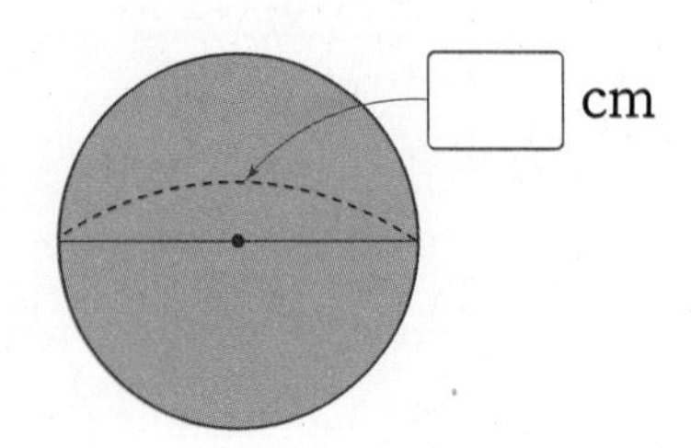

9 원주가 45 cm인 원이 있습니다. 원의 반지름은 몇 cm일까요? (원주율: 3) (　　　　)

① 6 cm　② 7.5 cm　③ 8 cm
④ 9 cm　⑤ 15 cm

10 지름이 60 cm인 훌라후프를 몇 바퀴 굴렸더니 움직인 거리가 1302 cm였습니다. 훌라후프를 몇 바퀴 굴렸을까요? (원주율: 3.1)

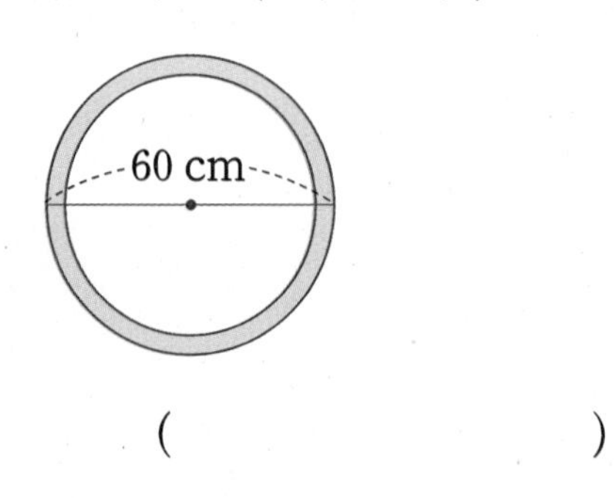

(　　　　　　　　)

11 원주가 68.2 cm인 원의 넓이는 몇 cm^2일까요? (원주율: 3.1)

(　　　　　　　　)

12 그림과 같은 CD를 일직선으로 5바퀴 굴렸더니 움직인 거리가 210 cm였습니다. CD의 반지름은 몇 cm일까요? (원주율: 3)

(　　　　　　　　)

13 두 원의 원주의 차를 구해 보세요. (원주율: 3.1)

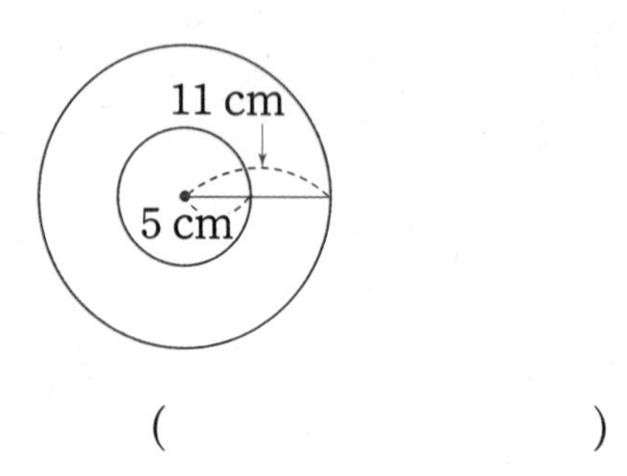

(　　　　　　　　)

14 넓이가 가장 넓은 원의 기호를 써 보세요. (원주율: 3)

- ㉠ 반지름이 8 cm인 원
- ㉡ 지름이 12 cm인 원
- ㉢ 넓이가 243 cm^2인 원

(　　　　　　　　)

15 가와 나 중에서 어느 도형의 둘레가 몇 cm 더 길까요? (원주율: 3.1)

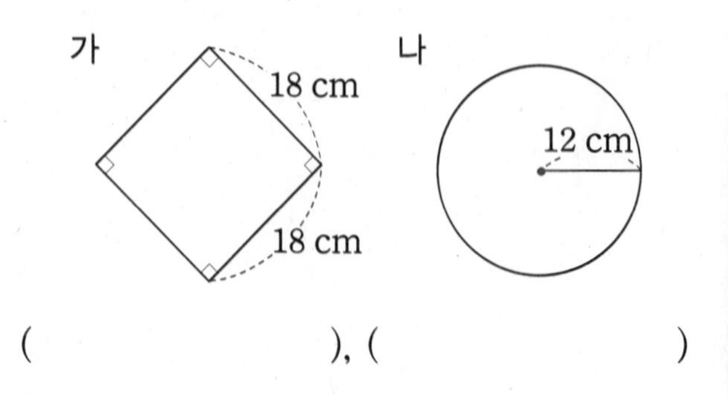

(　　　　　　　　), (　　　　　　　　)

➔ 정답과 풀이 74쪽

16 그림과 같은 모양의 운동장의 둘레는 몇 m일까요? (원주율: 3)

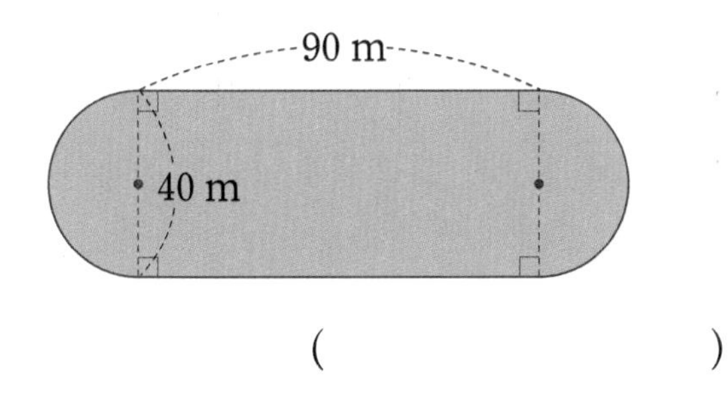

( )

17 색칠한 부분의 둘레를 구해 보세요. (원주율: 3.1)

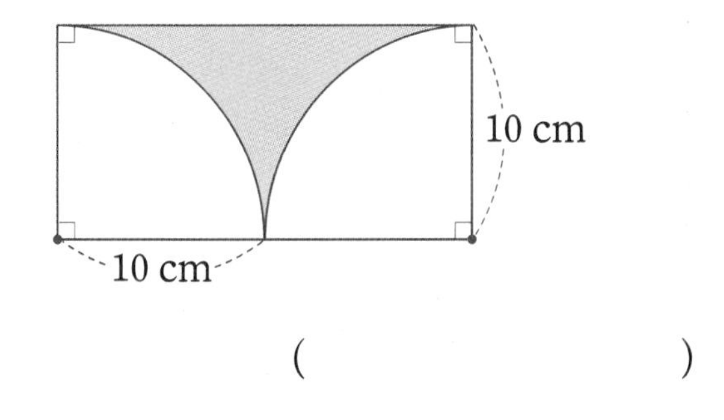

( )

18 색칠한 부분의 넓이를 구해 보세요. (원주율: 3.1)

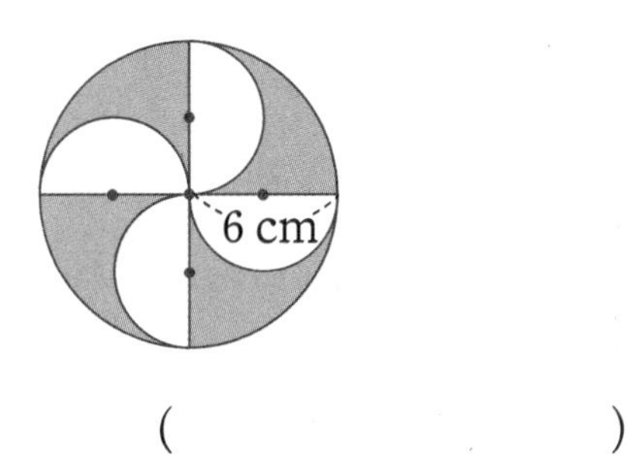

( )

서술형 문제

19 그림과 같은 두 굴렁쇠 가와 나를 같은 방향으로 20바퀴 굴렸습니다. 나 굴렁쇠는 가 굴렁쇠보다 몇 cm 더 갔는지 풀이 과정을 쓰고 답을 구해 보세요. (원주율: 3.14)

가 30 cm

나 40 cm

풀이

답

20 색칠한 부분의 넓이는 몇 cm^2인지 풀이 과정을 쓰고 답을 구해 보세요. (원주율: 3)

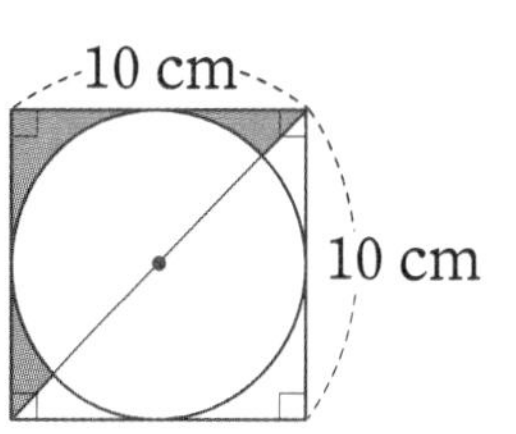

풀이

답

[1~2] 입체도형을 보고 물음에 답하세요.

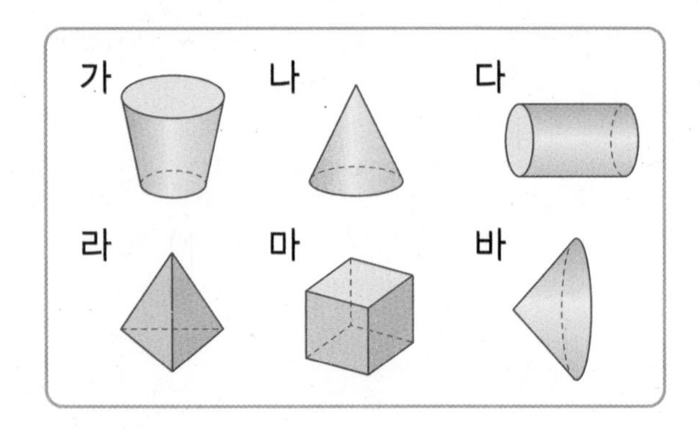

1 원기둥을 찾아 기호를 써 보세요.

( )

2 원뿔을 모두 찾아 기호를 써 보세요.

( )

3 오른쪽 원기둥에서 높이를 나타내는 선분을 모두 고르세요.

( )

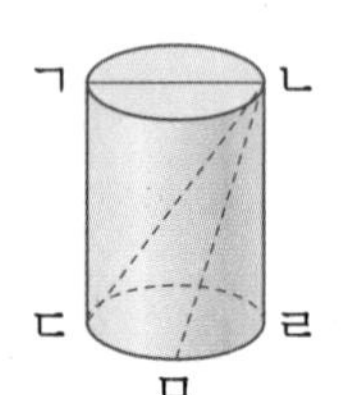

① 선분 ㄱㄴ ② 선분 ㄱㄷ
③ 선분 ㄴㄷ ④ 선분 ㄴㄹ
⑤ 선분 ㄴㅁ

4 원뿔의 밑면의 지름을 재는 그림을 찾아 ○표 하세요.

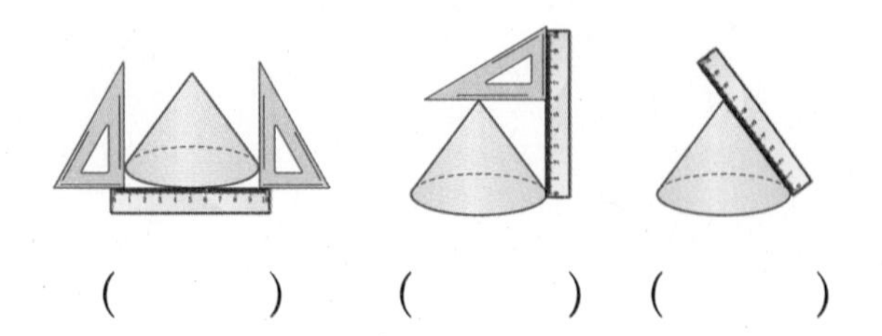

( ) ( ) ( )

5 구의 반지름은 몇 cm일까요?

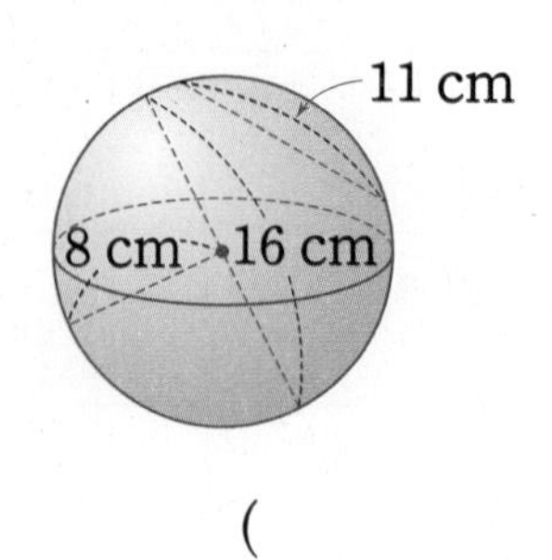

( )

6 원기둥의 전개도를 보고 원기둥의 각 부분의 길이를 □ 안에 알맞게 써넣으세요.

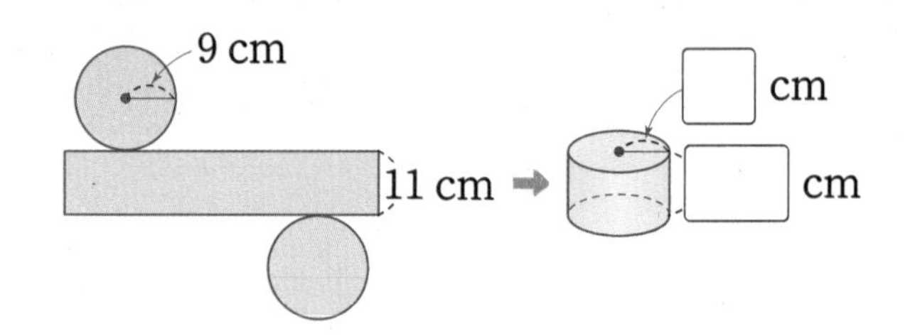

7 직각삼각형 모양의 종이를 한 변을 기준으로 돌려 만든 입체도형의 이름을 써 보세요.

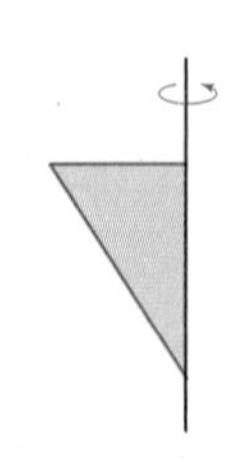

( )

8 입체도형을 보고 알맞은 말이나 수를 써넣으세요.

입체도형	밑면의 모양	밑면의 수(개)
(원뿔 그림)		
(원기둥 그림)		

9 직사각형 모양의 종이를 한 변을 기준으로 돌려 입체도형을 만들었습니다. □ 안에 알맞은 수를 써넣으세요.

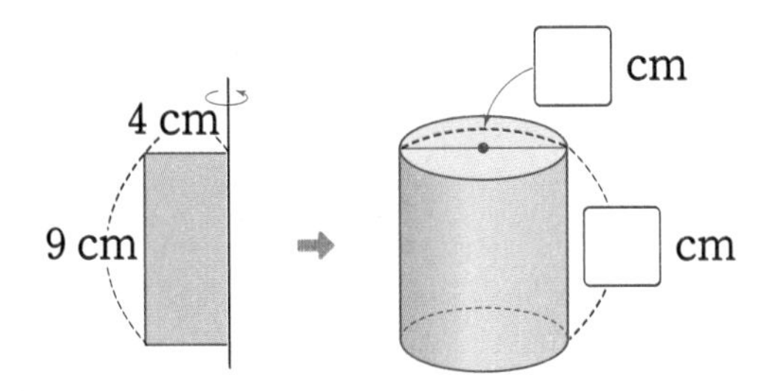

10 직각삼각형의 종이를 한 변을 기준으로 돌려 만든 입체도형의 높이는 몇 cm일까요?

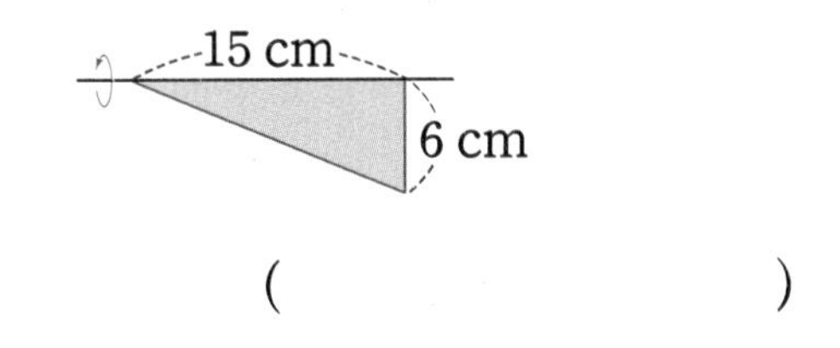

(   )

11 원기둥과 각기둥에 대한 설명으로 옳지 않은 것은 어느 것일까요? (   )

① 밑면이 2개입니다.

② 원기둥은 꼭짓점이 없지만 각기둥은 꼭짓점이 있습니다.

③ 원기둥은 옆면이 1개이고 삼각기둥은 옆면이 3개입니다.

④ 밑면이 다각형입니다.

⑤ 두 밑면이 서로 평행합니다.

12 오른쪽 원뿔에서 모선의 길이와 높이의 차는 몇 cm일까요?

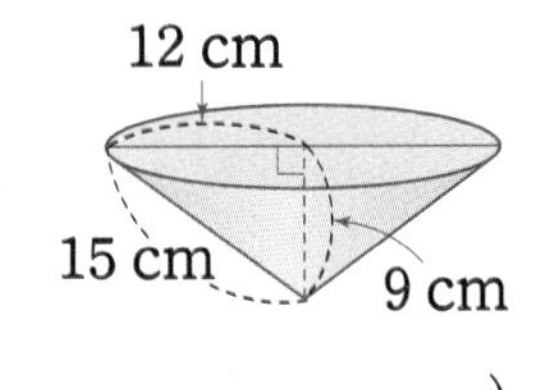

(   )

13 원뿔을 위, 앞, 옆에서 본 모양을 보기 에서 골라 그려 보세요.

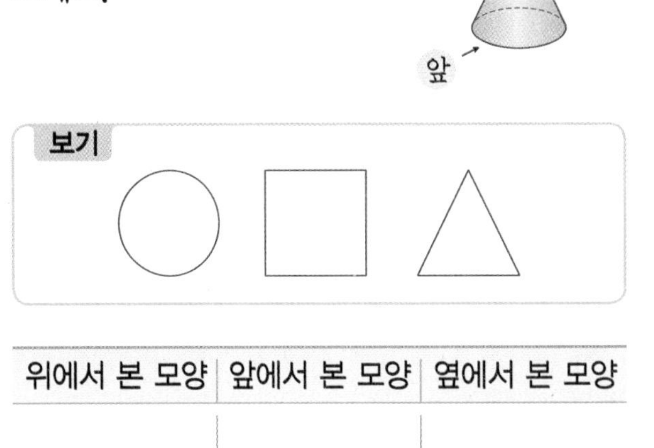

위에서 본 모양	앞에서 본 모양	옆에서 본 모양

14 원기둥과 원기둥의 전개도를 보고 □ 안에 알맞은 수를 써넣으세요. (원주율: 3.1)

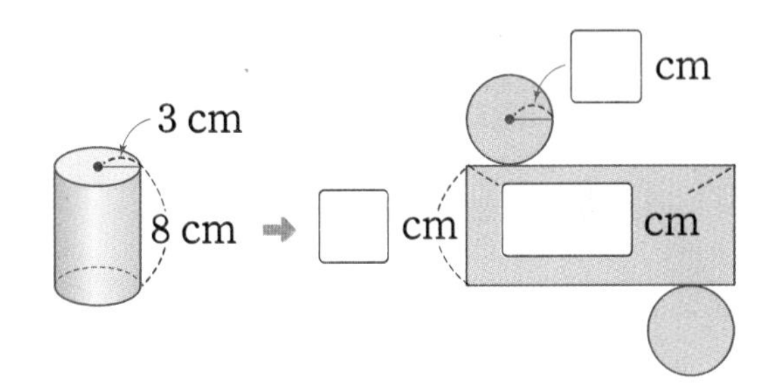

15 구를 앞에서 본 모양의 둘레를 구해 보세요. (원주율: 3.14)

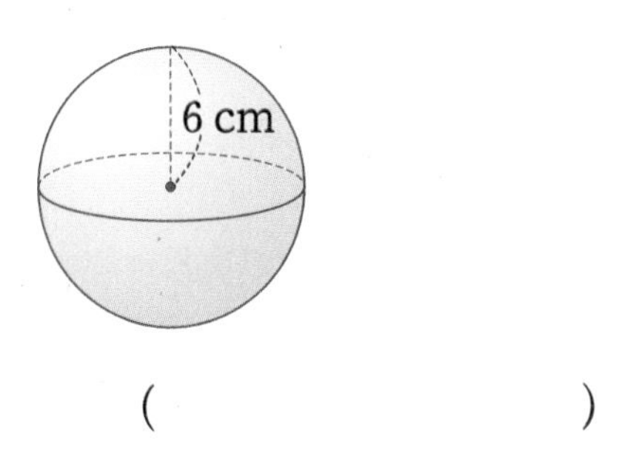

(   )

16 원기둥을 앞에서 본 모양의 넓이는 몇 cm^2일까요?

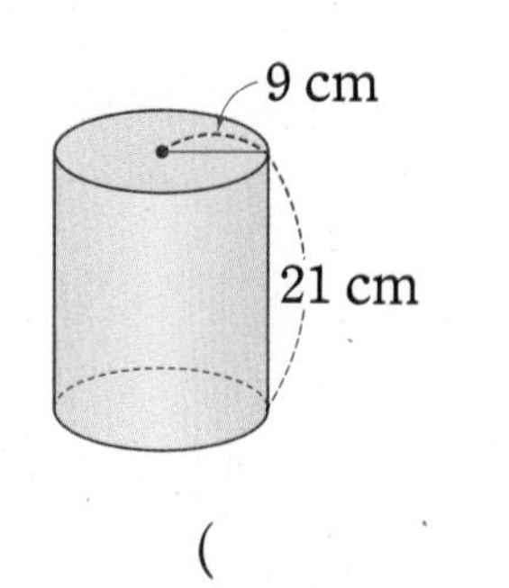

(　　　　　　　　　　)

17 원기둥의 전개도에서 옆면의 넓이를 구해 보세요. (원주율: 3.1)

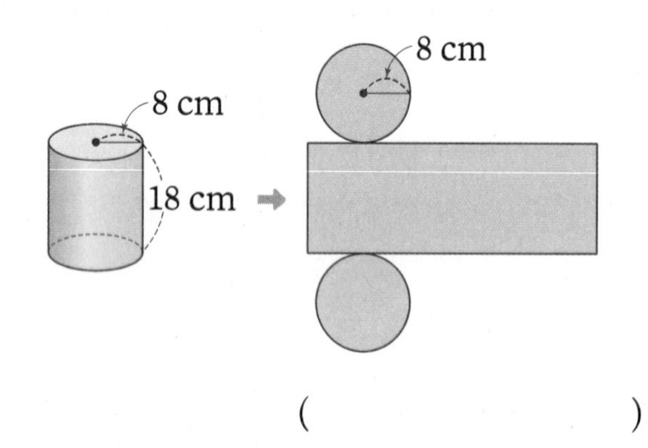

(　　　　　　　　　　)

18 직사각형 모양의 종이를 한 변을 기준으로 돌려 만든 입체도형입니다. 직사각형 모양 종이의 넓이는 몇 cm^2일까요?

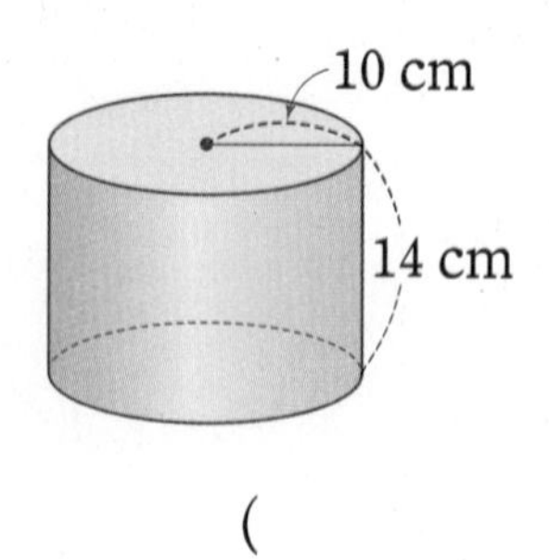

(　　　　　　　　　　)

서술형 문제

정답과 풀이 75쪽

19 원기둥의 전개도가 아닌 이유를 써 보세요.

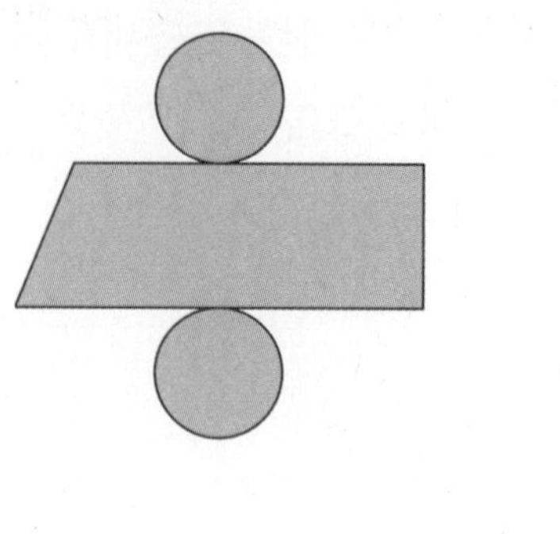

이유 ....

....

20 오른쪽 원기둥의 전개도를 그렸을 때 전개도의 옆면의 둘레는 몇 cm인지 풀이 과정을 쓰고 답을 구해 보세요. (원주율: 3)

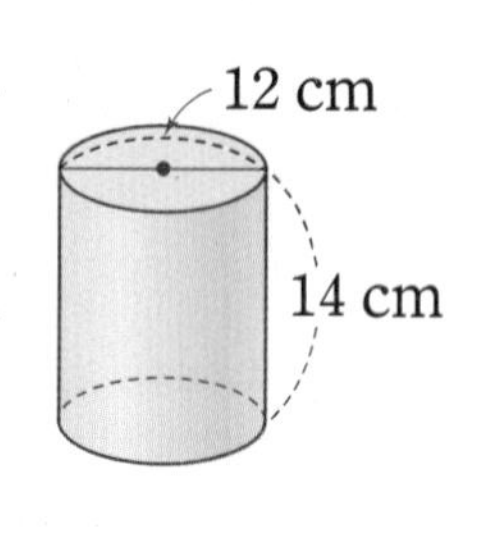

풀이 ....

....

....

....

답 ....

다시 점검하는 수시 평가 대비 Level 2

점수

확인

6. 원기둥, 원뿔, 구

1 모양이 같은 입체도형끼리 모았습니다. 모은 입체도형의 이름을 써 보세요.

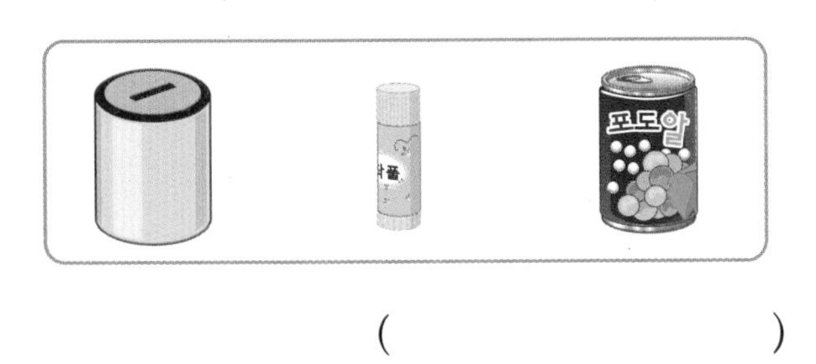

( )

2 원기둥, 원뿔, 구를 분류하여 빈칸에 알맞은 기호를 써넣으세요.

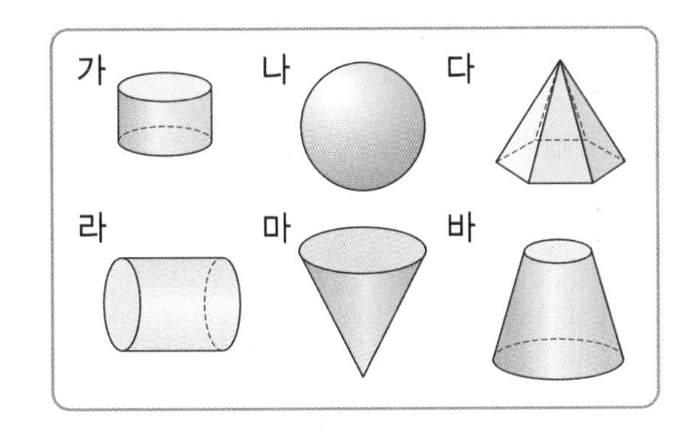

도형	원기둥	원뿔	구
기호			

3 원기둥과 원뿔의 각 부분의 이름이 잘못된 것은 어느 것일까요? ( )

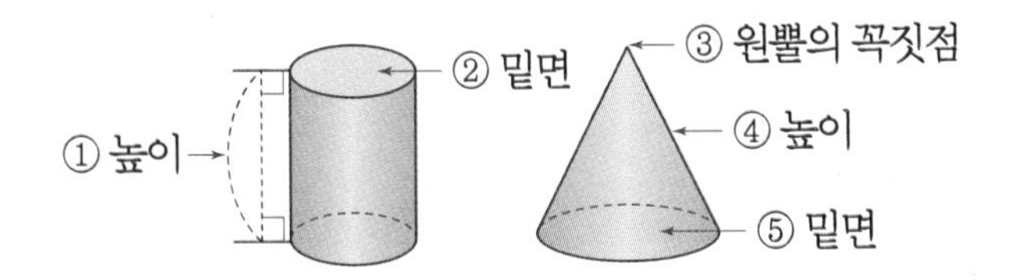

4 원뿔의 무엇을 재는 것인지 써 보세요.

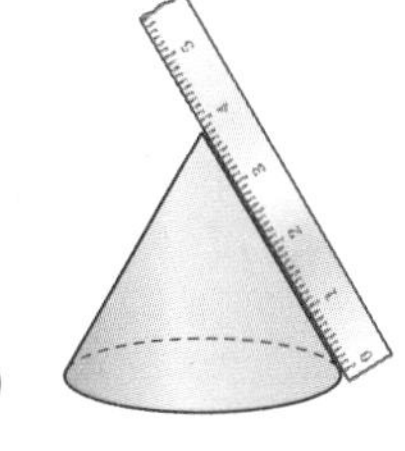

( )

5 원기둥의 전개도를 모두 찾아 기호를 써 보세요.

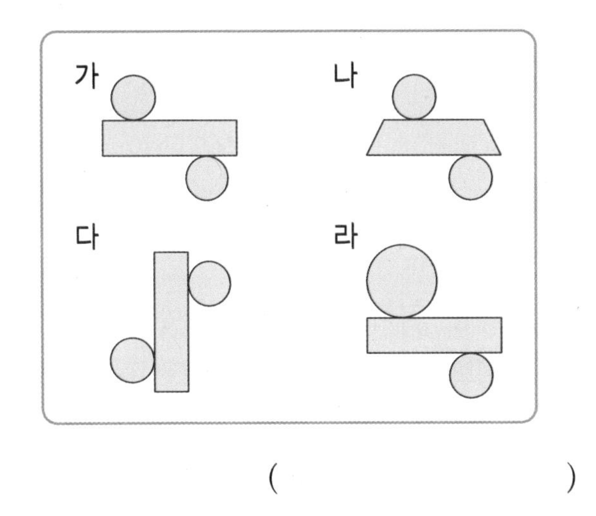

( )

6 반원을 지름을 기준으로 돌려 구를 만들었습니다. □ 안에 알맞은 수를 써넣으세요.

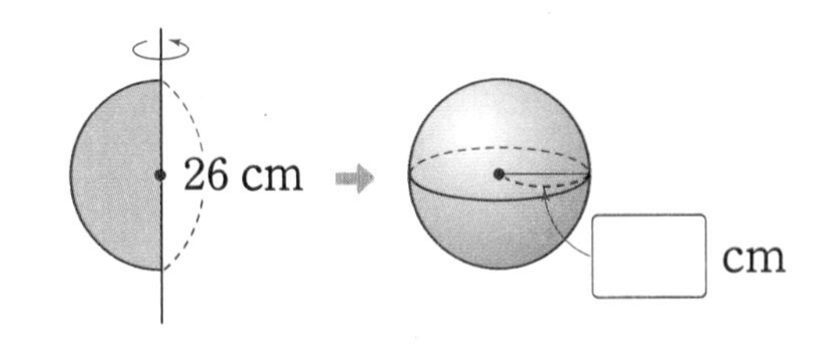

7 직사각형 모양의 종이를 한 변을 기준으로 돌려 만든 입체도형의 높이는 몇 cm일까요?

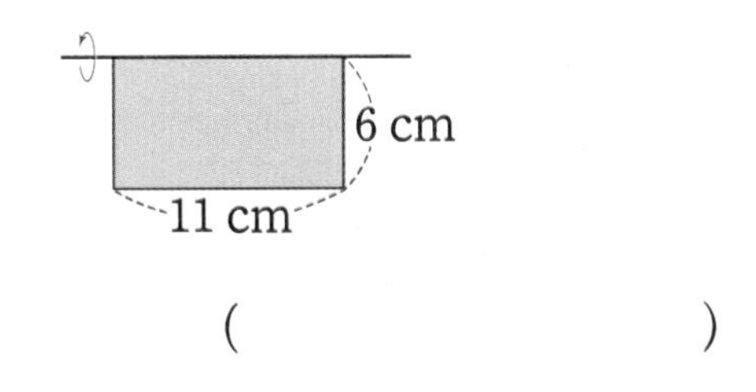

( )

8 각기둥에는 있지만 원기둥에는 없는 것을 모두 고르세요. ( )

① 옆면 ② 밑면
③ 모서리 ④ 꼭짓점
⑤ 높이

9 원기둥과 원뿔의 높이의 차를 구해 보세요.

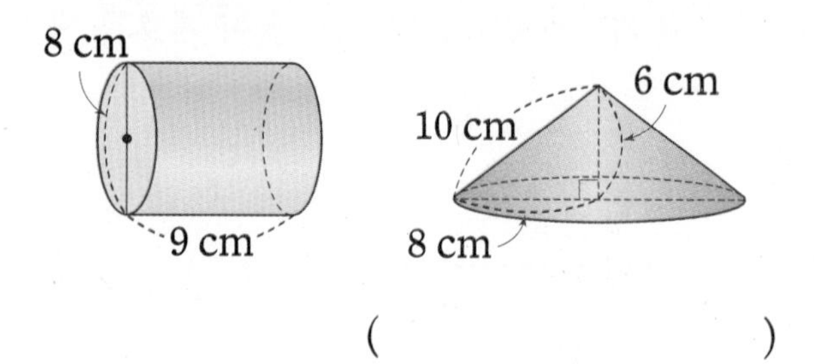

( )

10 다음 중 어느 방향에서 보아도 모양이 같은 입체도형은 어느 것인지 기호를 써 보세요.

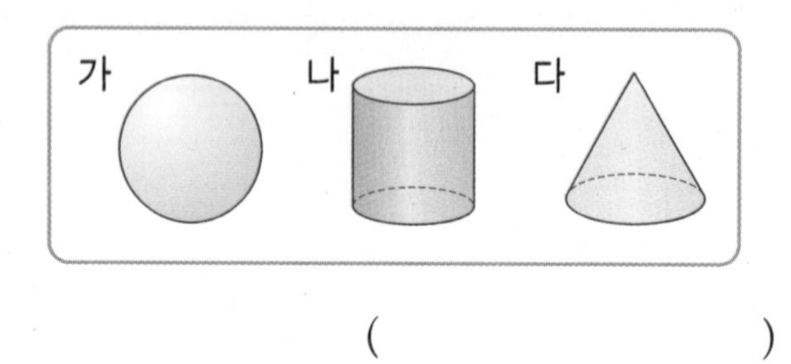

( )

11 오른쪽 원기둥 모형을 관찰하며 나눈 대화를 보고 높이를 구해 보세요.

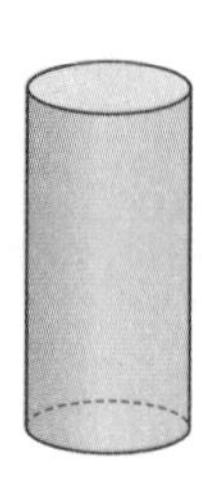

진성: 위에서 본 모양은 지름이 14 cm인 원이야.

우현: 앞에서 본 모양은 세로가 가로의 2배인 직사각형이야.

( )

12 원기둥의 전개도에서 직사각형의 가로와 세로의 차는 몇 cm일까요? (원주율: 3.1)

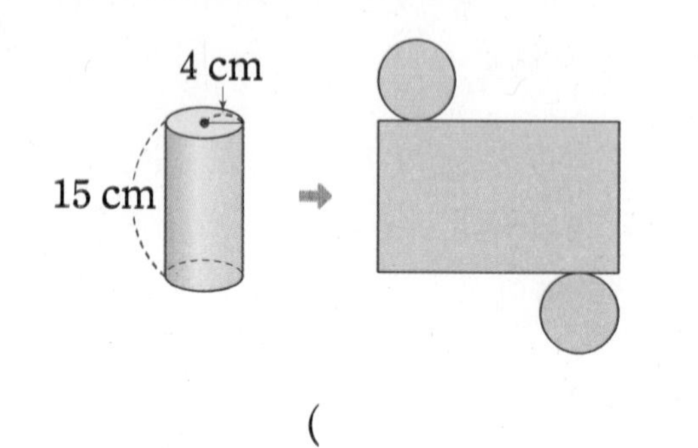

( )

13 원기둥과 원뿔, 구에 대해 <u>잘못</u> 설명한 것을 찾아 기호를 써 보세요.

㉠ 원뿔은 뾰족한 부분이 있지만 원기둥과 구는 없습니다.

㉡ 원기둥, 원뿔, 구는 곡면으로 둘러싸여 있습니다.

㉢ 원기둥에는 모서리가 있지만 원뿔과 구에는 모서리가 없습니다.

( )

14 원기둥의 전개도에서 옆면의 가로가 62.8 cm, 세로가 23 cm일 때 원기둥의 밑면의 반지름은 몇 cm인지 구해 보세요. (원주율: 3.14)

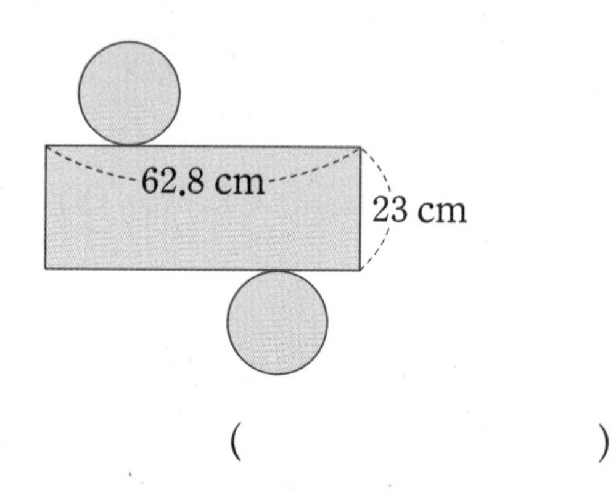

( )

15 원뿔을 위에서 본 모양의 넓이는 몇 cm^2일까요? (원주율: 3.14)

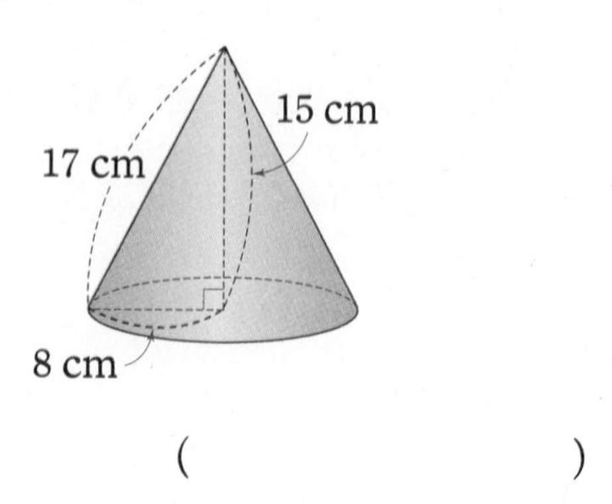

( )

서술형 문제

정답과 풀이 76쪽

16 직사각형 모양의 종이를 한 변을 기준으로 돌려 입체도형을 만들었습니다. 이 입체도형의 전개도를 그리고 밑면의 반지름과 옆면의 가로, 세로의 길이를 나타내어 보세요. (원주율: 3)

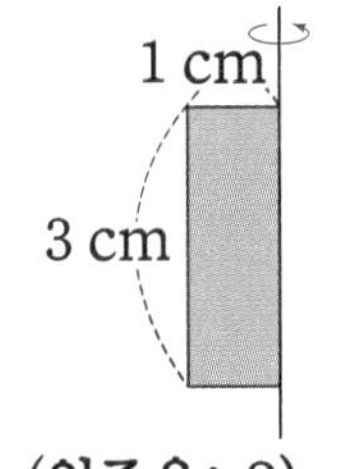

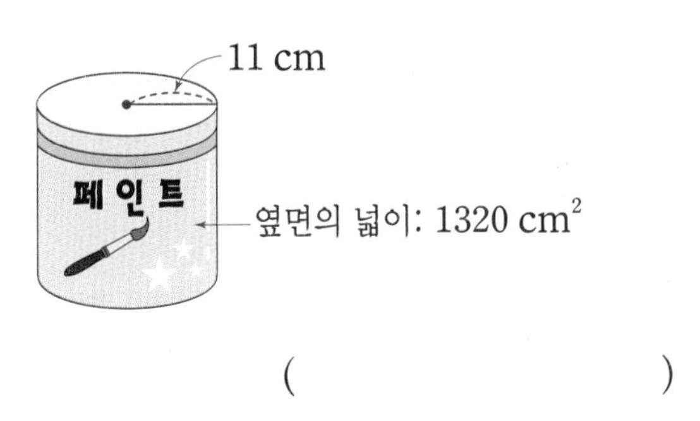

17 페인트 통의 옆면의 넓이가 다음과 같을 때 페인트 통의 높이는 몇 cm일까요? (원주율: 3)

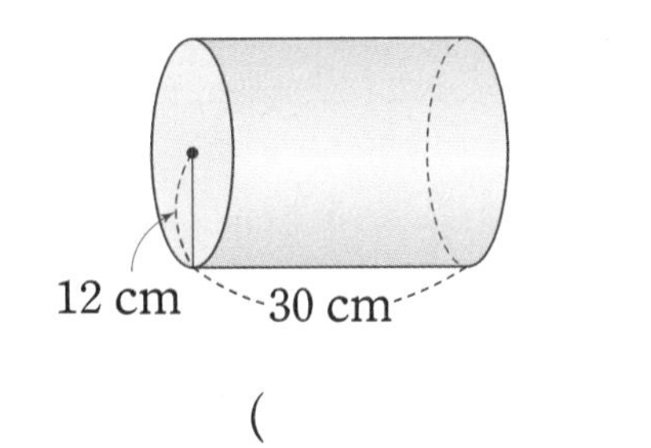

(　　　　　　　　)

18 원기둥 모형의 옆면에 물감을 묻혀 바닥에 일직선으로 2바퀴 굴렸습니다. 물감이 묻은 바닥의 넓이는 몇 cm^2일까요? (원주율: 3.1)

(　　　　　　　　)

19 원기둥과 원뿔의 공통점과 차이점을 써 보세요.

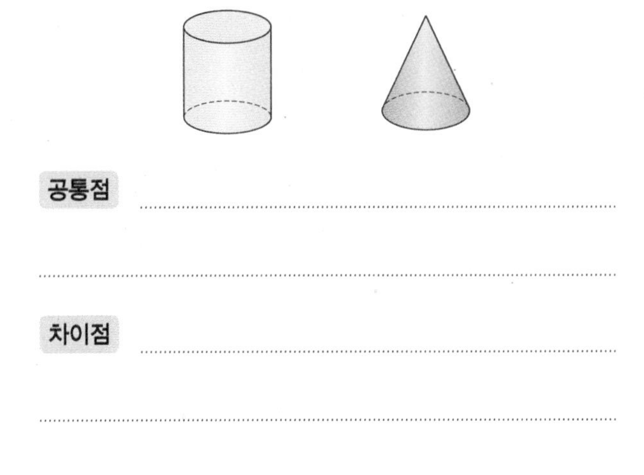

공통점 ....

차이점 ....

20 원기둥의 전개도의 넓이는 몇 cm^2인지 풀이 과정을 쓰고 답을 구해 보세요. (원주율: 3)

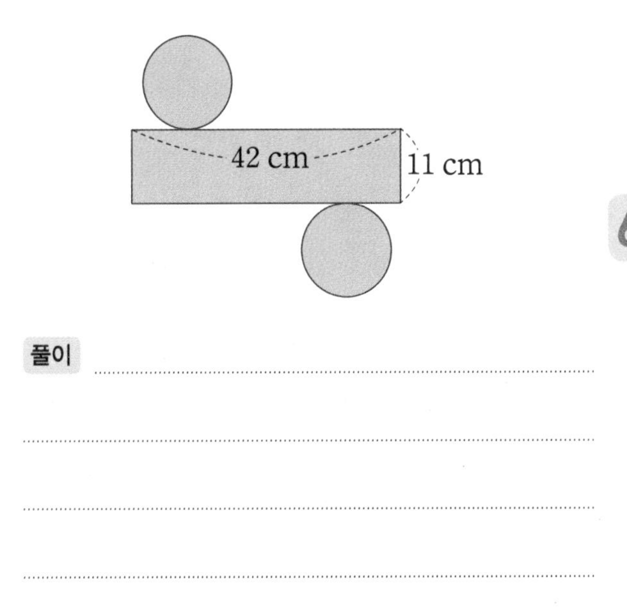

풀이 ....

답 ....

6

서술형 50% 기말 단원 평가

4. 비례식과 비례배분 ~ 6. 원기둥, 원뿔, 구

점수

확인

1 □ 안에 알맞은 수를 써넣으세요.

전항 □, 후항 □

2 원주를 구해 보세요. (원주율: 3.1)

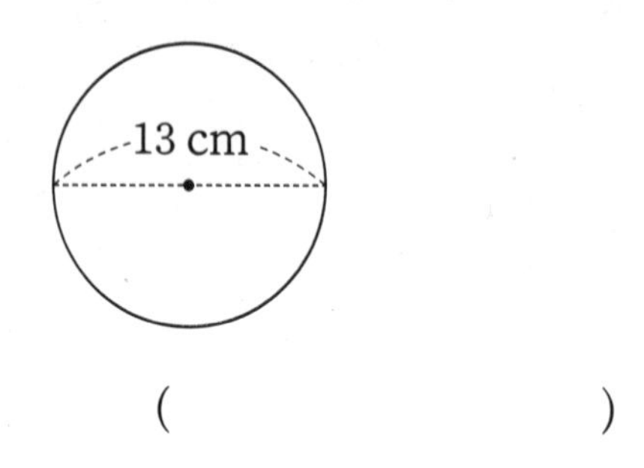

(　　　　　　)

3 입체도형을 보고 물음에 답하세요.

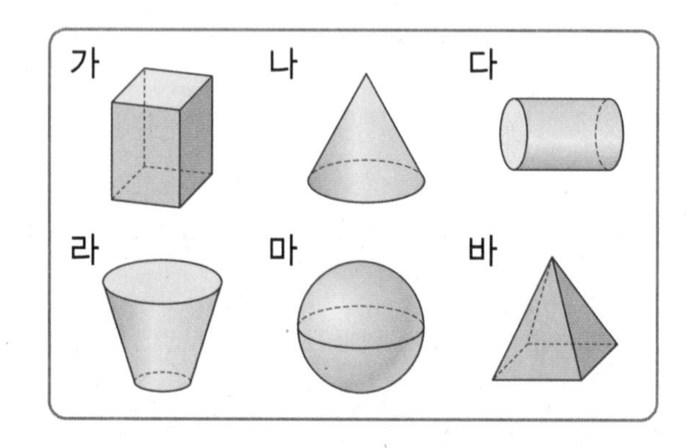

(1) 원기둥을 찾아 기호를 써 보세요.

(　　　　　　)

(2) 원뿔을 찾아 기호를 써 보세요.

(　　　　　　)

(3) 구를 찾아 기호를 써 보세요.

(　　　　　　)

4 비례식을 찾아 기호를 써 보세요.

㉠ $11+9=5\times4$

㉡ $7:11=14:22$

㉢ $\frac{1}{6}:\frac{1}{3}=2:1$

(　　　　　　)

5 원 안과 밖에 있는 정사각형의 넓이를 이용하여 반지름이 10 cm인 원의 넓이를 어림해 보려고 합니다. □ 안에 알맞은 수를 써넣으세요.

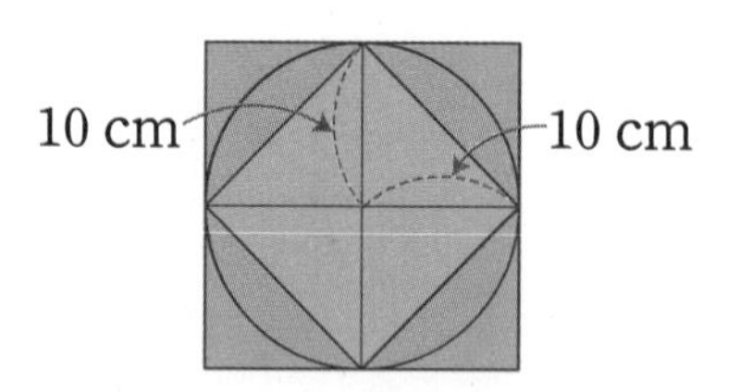

□ cm^2 < (원의 넓이)

(원의 넓이) < □ cm^2

6 원뿔의 밑면의 지름, 높이, 모선의 길이는 각각 몇 cm일까요?

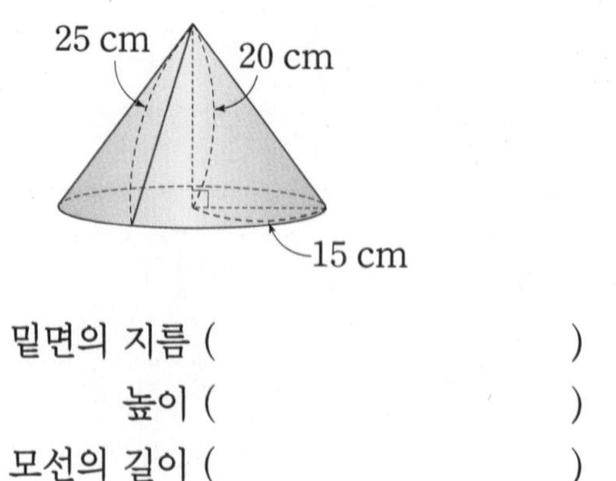

밑면의 지름 (　　　　　　)

높이 (　　　　　　)

모선의 길이 (　　　　　　)

정답과 풀이 78쪽

7 원기둥과 원기둥의 전개도를 보고 □ 안에 알맞은 수를 써넣으세요. (원주율: 3.1)

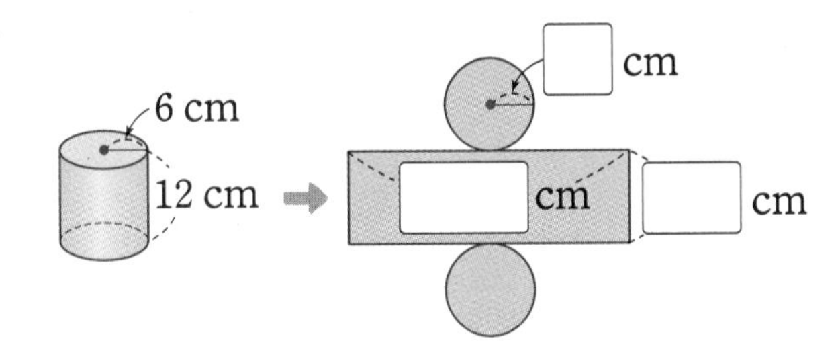

8 구를 위에서 본 모양의 둘레는 몇 cm인지 풀이 과정을 쓰고 답을 구해 보세요. (원주율: 3)

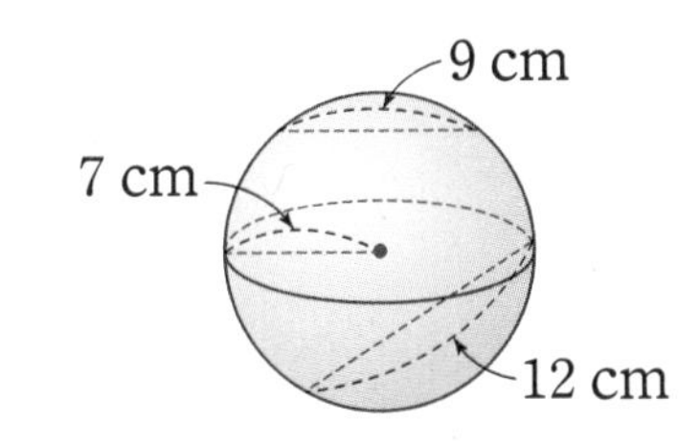

풀이

답

9 넓이가 588 cm^2인 원이 있습니다. 이 원의 반지름은 몇 cm인지 풀이 과정을 쓰고 답을 구해 보세요. (원주율: 3)

풀이

답

10 은비와 진서는 같은 일을 한 시간 동안 하였는데 은비는 전체의 $\frac{1}{6}$, 진서는 전체의 $\frac{1}{4}$을 하였습니다. 은비와 진서가 각각 한 시간 동안 한 일의 양의 비를 간단한 자연수의 비로 나타내려고 합니다. 풀이 과정을 쓰고 답을 구해 보세요.
(단, 한 시간 동안 일한 양은 각각 같습니다.)

풀이

답

11 비례식의 성질을 이용하여 ㉠과 ㉡에 알맞은 수의 합은 얼마인지 풀이 과정을 쓰고 답을 구해 보세요.

4 : ㉠=10 : 7.5

$1\frac{1}{2}$: 3=㉡ : 20

풀이

답

12 원기둥과 원뿔에 대한 설명으로 옳지 않은 것을 찾아 기호를 써 보세요.

> ㉠ 원기둥에는 뾰족한 부분이 없지만 원뿔에는 뾰족한 부분이 있습니다.
> ㉡ 원기둥과 원뿔은 밑면의 모양이 모두 원입니다.
> ㉢ 원기둥과 원뿔의 옆면은 모두 굽은 면입니다.
> ㉣ 원기둥과 원뿔을 옆에서 본 모양은 같습니다.

( )

13 철사 5 m를 수민이와 다현이가 9 : 11로 나누어 가지려고 합니다. 다현이가 수민이보다 철사를 더 많이 가질 때 몇 cm 더 가지게 되는지 풀이 과정을 쓰고 답을 구해 보세요.

풀이

답

14 길이가 94.2 cm인 실을 남기거나 겹치는 부분 없이 모두 사용하여 원을 한 개 만들었습니다. 만든 원의 넓이는 몇 cm^2인지 풀이 과정을 쓰고 답을 구해 보세요. (원주율: 3.14)

풀이

답

15 운동장의 둘레는 몇 m일까요? (원주율: 3.1)

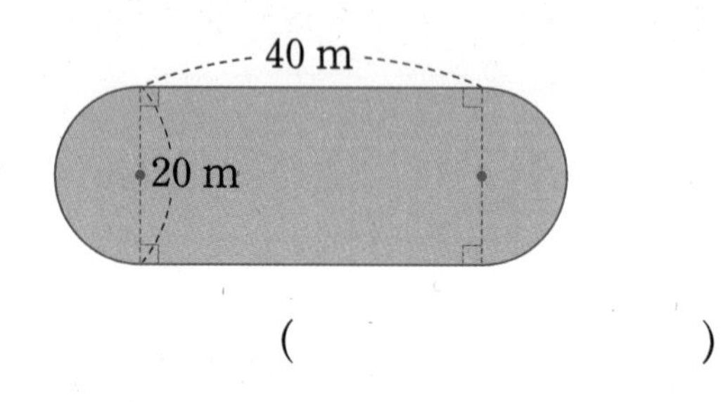

( )

16 일정한 빠르기로 5분에 1.4 km를 달리는 선수가 있습니다. 이 선수가 같은 빠르기로 7 km를 달리려면 몇 분 동안 달려야 할까요?

( )

정답과 풀이 78쪽

17 정호와 나영이가 각각 48만 원, 72만 원을 투자하여 얻은 이익금이 총 55만 원이라고 합니다. 투자한 금액의 비에 따라 이익금을 나누어 받는다면 정호와 나영이가 받게 되는 이익금의 차는 얼마인지 풀이 과정을 쓰고 답을 구해 보세요.

풀이

답

18 직사각형 모양의 종이를 잘라 원 모양으로 만들려고 합니다. 만들 수 있는 가장 큰 원의 넓이는 몇 cm^2인지 풀이 과정을 쓰고 답을 구해 보세요. (원주율: 3)

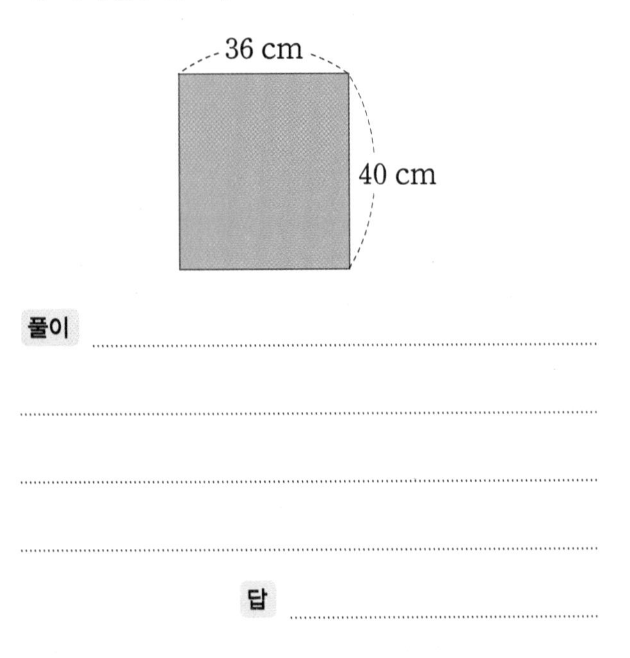

풀이

답

19 색칠한 부분의 넓이는 몇 cm^2인지 풀이 과정을 쓰고 답을 구해 보세요. (원주율: 3.14)

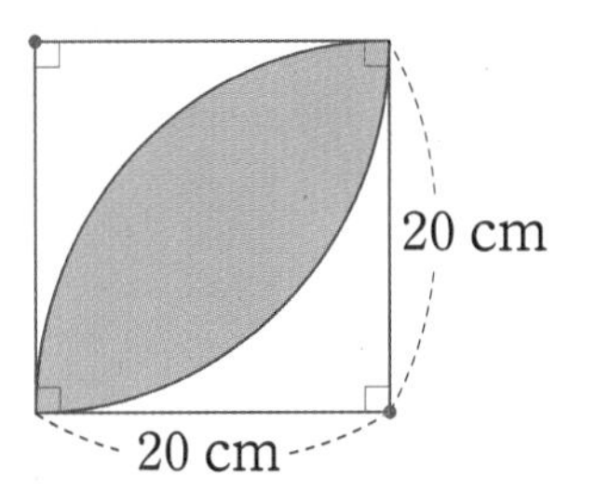

풀이

답

20 원기둥의 전개도의 둘레가 116 cm일 때 원기둥의 밑면의 반지름은 몇 cm인지 풀이 과정을 쓰고 답을 구해 보세요. (원주율: 3)

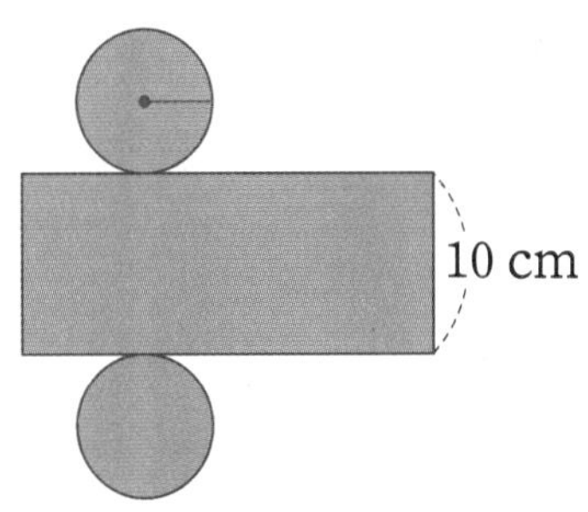

풀이

답

한걸음 한걸음 디딤돌을 걷다 보면
수학이 완성됩니다.

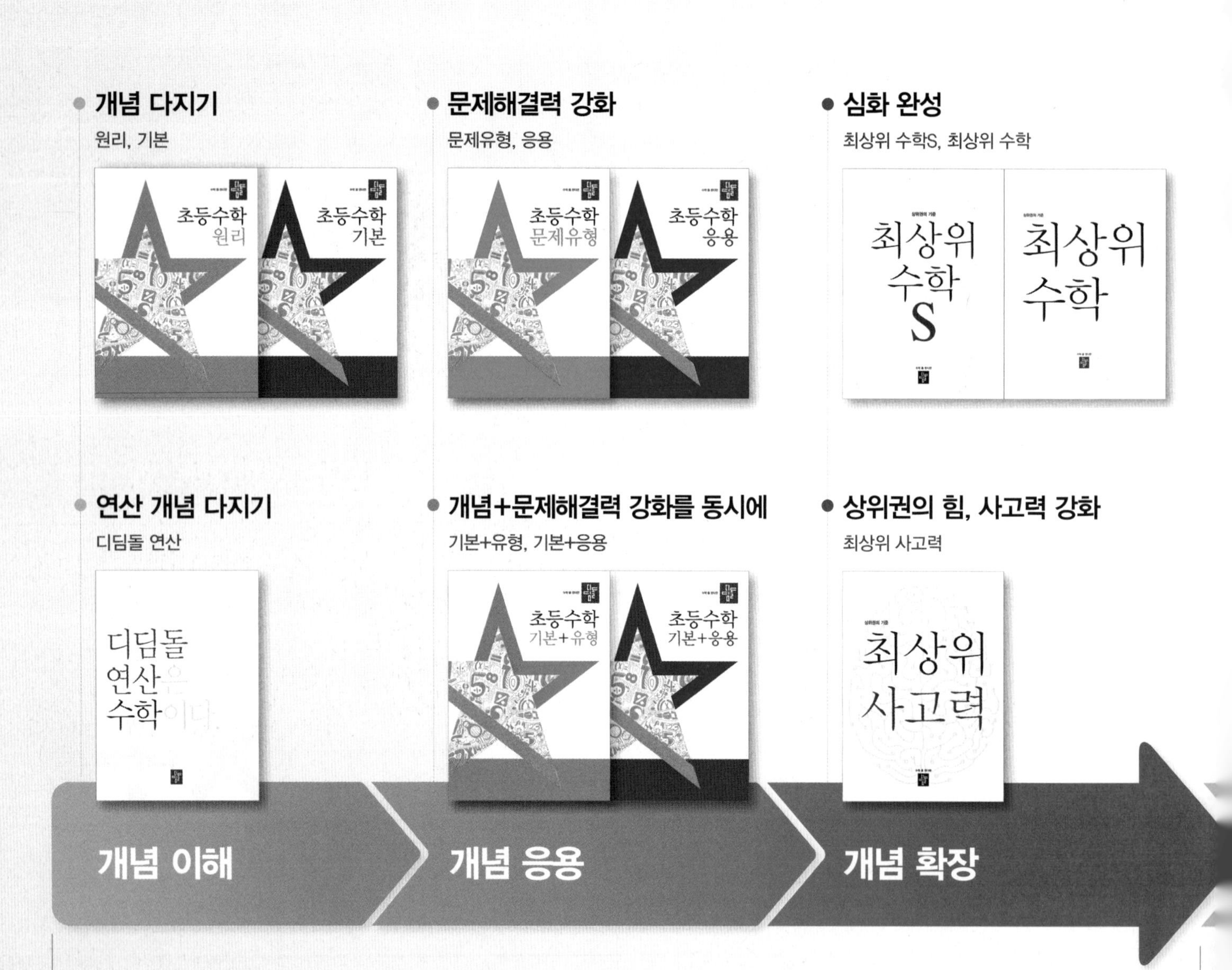

학습 능력과 목표에 따라
맞춤형이 가능한 디딤돌 초등 수학

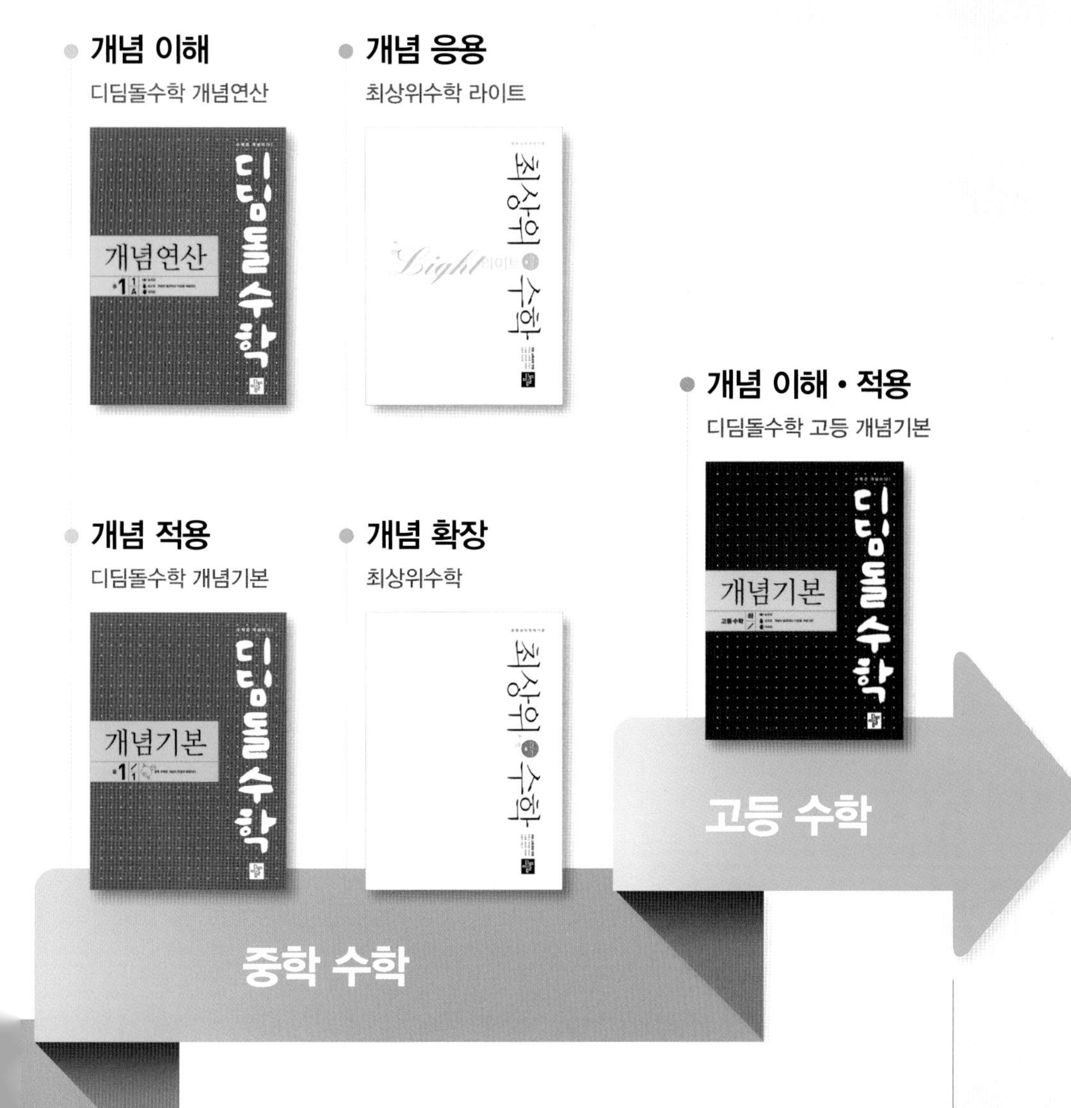

초등부터 고등까지

수학 좀 한다면 

개념을 이해하고, 깨우치고, 꺼내 쓰는
올바른 중고등 개념 학습서

수능까지 연결되는 독해 로드맵

디딤돌 독해력은 수능까지 연결되는 체계적인 라인업을 통하여
수능에서 요구하는 핵심 독해 원리에 대한 이해는 물론,
단계 별로 심화되며 연결되는 학습의 과정을 통해
깊이 있고 종합적인 독해 사고의 능력까지 기를 수 있도록 도와줍니다.

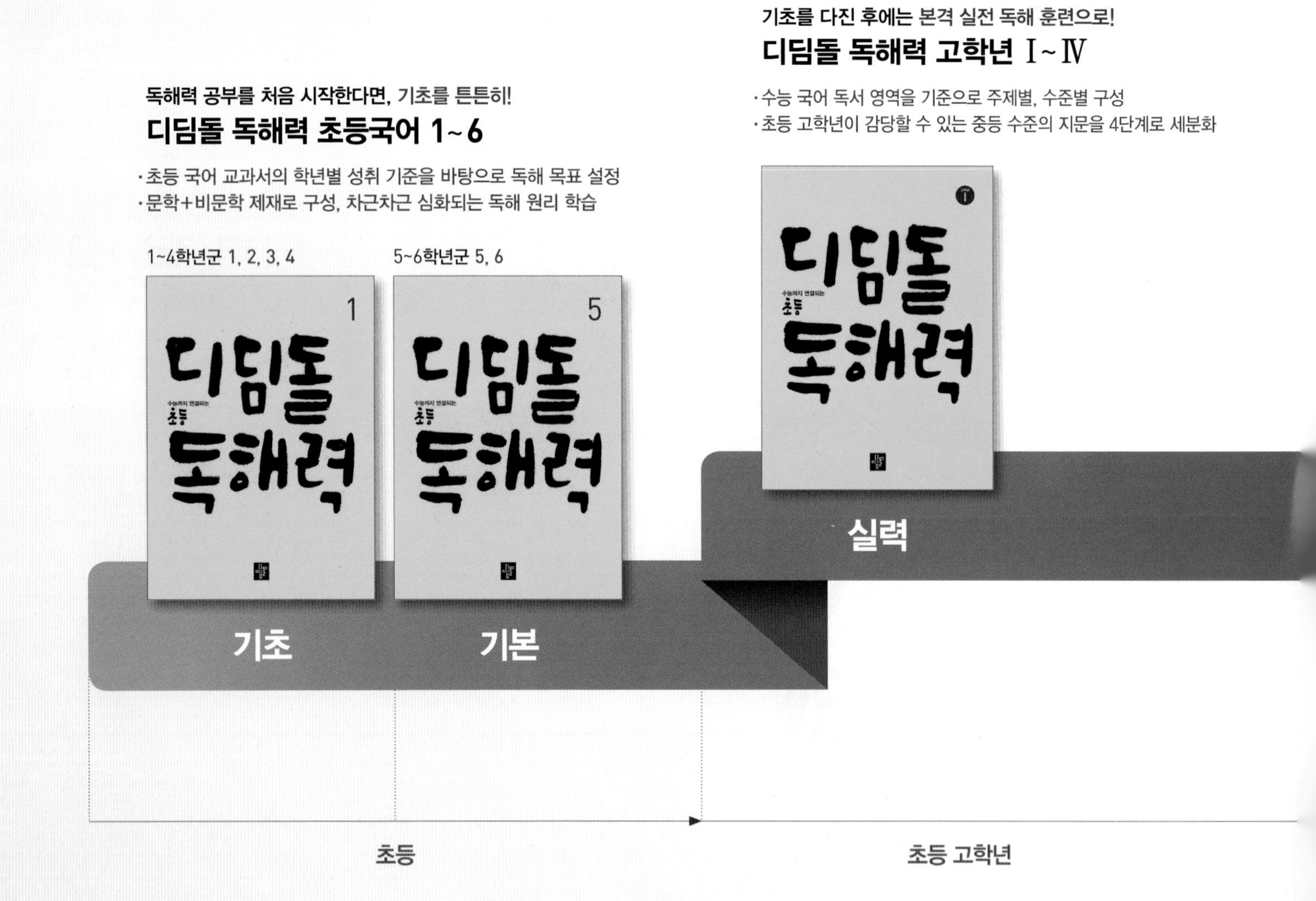

기본+유형 | 정답과 풀이

진도책 정답과 풀이

1 분수의 나눗셈

일상생활에서 분수의 나눗셈이 필요한 경우가 흔하지 않지만, 분수의 나눗셈은 초등학교에서 학습하는 소수의 나눗셈과 중학교 이후에 학습하는 유리수, 유리수의 계산, 문자와 식 등을 학습하는 데 토대가 되는 매우 중요한 내용입니다. 이 단원에서는 동분모 분수의 나눗셈을 먼저 다룹니다. 분모가 같을 때에는 분자의 나눗셈으로 생각할 수 있고, 이는 두 자연수의 나눗셈이 되기 때문입니다. 다음에 이분모 분수의 나눗셈을 단위 비율 결정 상황에서 도입하고, 이를 통해 분수의 나눗셈을 분수의 곱셈으로 나타낼 수 있는 원리를 지도하고 있습니다. 분수의 나눗셈은 분수의 곱셈만큼 간단한 방법으로 해결하기 위해서는 분수의 나눗셈 지도의 각 단계에서 나눗셈의 의미와 분수의 개념, 그리고 자연수 나눗셈의 의미를 바탕으로 충분히 비형식적으로 계산하는 과정이 필요합니다. 이런 비형식적인 계산 방법이 수학화된 것이 분수의 나눗셈 방법이기 때문입니다.

STEP 1 교과개념 1. (분수)÷(분수) (1) 7쪽

1 6, 6

2 ① 4, 4 ② 2, 2, 4

3 ① 4, 2 ② 10, 2

4 ① 3 ② 11 ③ 5 ④ 3

3 분모가 같은 분수의 나눗셈은 분자끼리 나누어 계산합니다.

4 ③ $\frac{10}{11}\div\frac{2}{11}=10\div2=5$

④ $\frac{9}{16}\div\frac{3}{16}=9\div3=3$

STEP 1 교과개념 2. (분수)÷(분수) (2) 9쪽

1 ① (그림) 0 1

② $2\frac{1}{2}$

2 ① 5, 4, $\frac{5}{4}$, $1\frac{1}{4}$ ② 11, 4, $\frac{11}{4}$, $2\frac{3}{4}$

3 (그림)

4 ① $\frac{11}{12}\div\frac{5}{12}=11\div5=\frac{11}{5}=2\frac{1}{5}$

② $\frac{4}{7}\div\frac{5}{7}=4\div5=\frac{4}{5}$

1 ② $\frac{5}{9}$에는 $\frac{2}{9}$가 2번과 $\frac{1}{2}$번이 들어갑니다.

따라서 $\frac{5}{9}\div\frac{2}{9}=2\frac{1}{2}$입니다.

2 분모가 같은 분수의 나눗셈은 분자끼리 나누어 계산합니다. 분자끼리 나누어떨어지지 않을 때에는 몫이 분수로 나옵니다.

3 $\frac{13}{15}\div\frac{6}{15}=13\div6=\frac{13}{6}=2\frac{1}{6}$,

$\frac{7}{8}\div\frac{3}{8}=7\div3=\frac{7}{3}=2\frac{1}{3}$, $\frac{5}{17}\div\frac{14}{17}=5\div14=\frac{5}{14}$

STEP 1 교과개념 3. (분수)÷(분수) (3) 11쪽

1 ① 10번 ② 10

2 ① 24, 24, 3 ② 9, 20, 9, 20, $\frac{9}{20}$

3 ① $\frac{5}{12}\div\frac{1}{6}=\frac{5}{12}\div\frac{2}{12}=5\div2=\frac{5}{2}=2\frac{1}{2}$

② $\frac{5}{6}\div\frac{7}{8}=\frac{20}{24}\div\frac{21}{24}=20\div21=\frac{20}{21}$

4 3

1 ② $\frac{5}{7}$에는 $\frac{1}{14}$이 10번 들어갑니다.

따라서 $\frac{5}{7}\div\frac{1}{14}=10$입니다.

4 분자가 같은 분수는 분모가 작을수록 더 크므로

$\frac{2}{15}<\frac{2}{5}$입니다.

➡ $\frac{2}{5}\div\frac{2}{15}=\frac{6}{15}\div\frac{2}{15}=6\div2=3$

STEP 1 교과개념 4. (자연수)÷(분수) 13쪽

1 ① (위에서부터) 2 / 3, 2 / 2, 10 / 2, 5, 10
② 3, 5, 10

2 ① 3, 4, 12 ② 6, 7, 21

3 ① $15\div\frac{5}{9}=(15\div5)\times9=27$

② $24\div\frac{3}{8}=(24\div3)\times8=64$

1 ① 멜론 $\frac{3}{5}$통의 무게가 6 kg이므로 멜론 $\frac{1}{5}$통의 무게는 $6\div3=2$ (kg)입니다.
멜론 1통의 무게는 $(6\div3)\times5=10$ (kg)입니다.

STEP 1 교과개념 5. (분수)÷(분수)를 (분수)×(분수)로 나타내기 15쪽

1 ① (위에서부터) $\frac{3}{8}$, $1\frac{1}{8}$ / 2, $\frac{3}{8}$ / 2, 3, $\frac{9}{8}$, $1\frac{1}{8}$
② 2, 3, $\frac{3}{2}$, $\frac{9}{8}$, $1\frac{1}{8}$

2 ① $\frac{6}{5}$, $\frac{12}{35}$ ② 2, 1, 2, $\frac{7}{4}$, $1\frac{3}{4}$

3 ① $\frac{1}{7}\div\frac{2}{5}=\frac{1}{7}\times\frac{5}{2}=\frac{5}{14}$

② $\frac{7}{8}\div\frac{4}{5}=\frac{7}{8}\times\frac{5}{4}=\frac{35}{32}=1\frac{3}{32}$

③ $\frac{5}{6}\div\frac{5}{8}=\frac{\overset{1}{\cancel{5}}}{\underset{3}{\cancel{6}}}\times\frac{\overset{4}{\cancel{8}}}{\underset{1}{\cancel{5}}}=\frac{4}{3}=1\frac{1}{3}$

④ $\frac{5}{9}\div\frac{7}{12}=\frac{5}{\underset{3}{\cancel{9}}}\times\frac{\overset{4}{\cancel{12}}}{7}=\frac{20}{21}$

1 ① 철근 $\frac{2}{3}$ m의 무게가 $\frac{3}{4}$ kg이므로 철근 $\frac{1}{3}$ m의 무게는 $\frac{3}{4}\div2=\frac{3}{4}\times\frac{1}{2}=\frac{3}{8}$ (kg)입니다.
따라서 철근 1 m의 무게는
$\frac{3}{4}\times\frac{1}{2}\times3=\frac{9}{8}=1\frac{1}{8}$ (kg)입니다.

2 나눗셈을 곱셈으로 나타내고 나누는 수의 분모와 분자를 바꾸어 줍니다.

STEP 1 교과개념 6. (분수)÷(분수) 계산하기 17쪽

1 ① 28, 15, 28, 15, $\frac{28}{15}$, $1\frac{13}{15}$
② $\frac{4}{3}$, $\frac{28}{15}$, $1\frac{13}{15}$

2 8, 8, 8, $1\frac{3}{5}$ / 1, 2, 5, $\frac{8}{5}$, $1\frac{3}{5}$

3 ① $9\div\frac{2}{3}=9\times\frac{3}{2}=\frac{27}{2}=13\frac{1}{2}$

② $8\div\frac{6}{7}=\overset{4}{\cancel{8}}\times\frac{7}{\underset{3}{\cancel{6}}}=\frac{28}{3}=9\frac{1}{3}$

4 ① $3\frac{3}{14}$ ② $2\frac{4}{5}$ ③ $2\frac{23}{27}$ ④ $7\frac{1}{2}$

2 방법 1 은 분모를 통분하여 분자끼리 나누는 방법이고, 방법 2 는 분수의 곱셈으로 나타내어 계산하는 방법입니다.

4 ① $\frac{9}{7}\div\frac{2}{5}=\frac{9}{7}\times\frac{5}{2}=\frac{45}{14}=3\frac{3}{14}$

② $\frac{7}{3}\div\frac{5}{6}=\frac{7}{\underset{1}{\cancel{3}}}\times\frac{\overset{2}{\cancel{6}}}{5}=\frac{14}{5}=2\frac{4}{5}$

③ $1\frac{2}{9}\div\frac{3}{7}=\frac{11}{9}\div\frac{3}{7}=\frac{11}{9}\times\frac{7}{3}=\frac{77}{27}=2\frac{23}{27}$

④ $4\frac{1}{2}\div\frac{3}{5}=\frac{9}{2}\div\frac{3}{5}=\frac{\overset{3}{\cancel{9}}}{2}\times\frac{5}{\underset{1}{\cancel{3}}}=\frac{15}{2}=7\frac{1}{2}$

STEP 2 꼭 나오는 유형 18~23쪽

1 (1) 5 (2) 5
준비 (1) 3 (2) $\frac{5}{9}$

2 14, 2, 7

3 (1) 7 (2) 2 (3) 8

4 2

5 4

6 >

7 예 4배

8 (1) $1\frac{1}{4}$ (2) $2\frac{3}{4}$ (3) $1\frac{1}{2}$

9 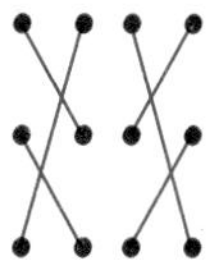

10 =

11 $\frac{10}{11}\div\frac{3}{11}=10\div3=\frac{10}{3}=3\frac{1}{3}$

12 4

13 3, 3, $1\frac{5}{7}$, $1\frac{5}{7}$

14 6

준비 (1) 4, 7 (2) 4, 1

15 18, 13, 18, 13, $\frac{18}{13}$, $1\frac{5}{13}$

16 (1) $1\frac{2}{3}$ (2) $1\frac{1}{6}$ (3) $1\frac{11}{24}$

17 이유 예 분모가 다른 분수의 나눗셈은 통분한 후 분자끼리 계산해야 하는데 통분하지 않고 분자끼리 계산하였으므로 잘못되었습니다.

바른 계산 $\frac{14}{15}\div\frac{7}{30}=\frac{28}{30}\div\frac{7}{30}=28\div7=4$

18 ㉡

19 예 $\frac{5}{8}$, $\frac{9}{10}$, $\frac{25}{36}$

20 $1\frac{1}{20}$ km

21 (○)( )

22 (1) $6\div\frac{3}{8}=(6\div3)\times8=16$

(2) $12\div\frac{6}{11}=(12\div6)\times11=22$

23 (위에서부터) 16, 14

24 27배

25 ㉠, ㉢, ㉡

26 예 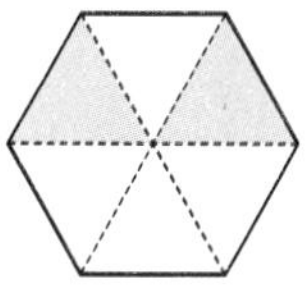 / $60\div\frac{1}{3}=180$ / 180 cm^2

27 75분

28 3 / $\frac{4}{21}$ / 3, 4, $\frac{16}{21}$

29 6, 7, $\frac{7}{6}$, $\frac{35}{48}$

30 (1) $\frac{2}{7}\div\frac{4}{5}=\frac{\cancel{2}^{1}}{7}\times\frac{5}{\cancel{4}_{2}}=\frac{5}{14}$

(2) $\frac{7}{16}\div\frac{3}{4}=\frac{7}{\cancel{16}_{4}}\times\frac{\cancel{4}^{1}}{3}=\frac{7}{12}$

31 예 $\frac{15}{28}$

32 ㉢

33 $1\frac{17}{28}$배

34 $\frac{5}{13}\div\frac{3}{8}=1\frac{1}{39}$ / $1\frac{1}{39}$ kg

35 ㉠

36 방법 1 $1\frac{3}{4}\div\frac{5}{9}=\frac{7}{4}\div\frac{5}{9}=\frac{63}{36}\div\frac{20}{36}$

$=63\div20=\frac{63}{20}=3\frac{3}{20}$

방법 2 $1\frac{3}{4}\div\frac{5}{9}=\frac{7}{4}\div\frac{5}{9}=\frac{7}{4}\times\frac{9}{5}$

$=\frac{63}{20}=3\frac{3}{20}$

37 $6\frac{3}{4}$ km

38 (1) $5\frac{3}{4}$ (2) $6\frac{1}{4}$

39 $1\frac{2}{5}\div\frac{7}{9}=\frac{7}{5}\div\frac{7}{9}=\frac{\cancel{7}^{1}}{5}\times\frac{9}{\cancel{7}_{1}}=\frac{9}{5}=1\frac{4}{5}$

40 $\frac{1}{5}$, 12

41 $4\frac{1}{3}$배

3 분모가 같은 분수의 나눗셈은 분자끼리 나누어 계산합니다.

4 $\frac{12}{17}\div\frac{6}{17}=12\div6=2$

5 $\frac{20}{23}\div\frac{\square}{23}=20\div\square=5$, $\square=20\div5=4$

6 $\frac{8}{13}\div\frac{2}{13}=8\div2=4$, $\frac{8}{13}\div\frac{4}{13}=8\div4=2$

➡ $4>2$

내가 만드는 문제

7 예 $\frac{8}{9}$ L 주스와 $\frac{2}{9}$ L 주스를 고른다면

$\left(\frac{8}{9}\text{ L 주스}\right)\div\left(\frac{2}{9}\text{ L 주스}\right)$

$=\frac{8}{9}\div\frac{2}{9}=8\div2=4$(배)입니다.

8 분모가 같은 분수의 나눗셈은 분자끼리 나누어 계산합니다.

(1) $\frac{10}{17}\div\frac{8}{17}=10\div8=\frac{10}{8}=\frac{5}{4}=1\frac{1}{4}$

(2) $\frac{11}{7}\div\frac{4}{7}=11\div4=\frac{11}{4}=2\frac{3}{4}$

(3) $\frac{15}{19}\div\frac{10}{19}=15\div10=\frac{15}{10}=\frac{3}{2}=1\frac{1}{2}$

9 $\frac{3}{8}\div\frac{2}{8}=3\div2=\frac{3}{2}=1\frac{1}{2}$

$\frac{9}{13}\div\frac{11}{13}=9\div11=\frac{9}{11}$

$\frac{8}{15}\div\frac{7}{15}=8\div7=\frac{8}{7}=1\frac{1}{7}$

10 $\frac{9}{14}\div\frac{5}{14}=9\div5=\frac{9}{5}=1\frac{4}{5}$

$\frac{9}{17}\div\frac{5}{17}=9\div5=\frac{9}{5}=1\frac{4}{5}$ ➡ $1\frac{4}{5}=1\frac{4}{5}$

12 예 $\frac{17}{18}\div\frac{5}{18}=17\div5=\frac{17}{5}=3\frac{2}{5}$

$3\frac{2}{5}<$□이므로 □ 안에 들어갈 수 있는 자연수는 4, 5, 6, ...입니다. 따라서 □ 안에 들어갈 수 있는 자연수 중에서 가장 작은 자연수는 4입니다.

평가 기준
$\frac{17}{18}\div\frac{5}{18}$를 계산했나요?
□ 안에 들어갈 수 있는 가장 작은 자연수를 구했나요?

14 $\frac{2}{3}$에는 $\frac{1}{9}$이 6번 들어갑니다.

따라서 $\frac{2}{3}\div\frac{1}{9}=6$입니다.

16 (1) $\frac{5}{12}\div\frac{1}{4}=\frac{5}{12}\div\frac{3}{12}=5\div3=\frac{5}{3}=1\frac{2}{3}$

(2) $\frac{7}{16}\div\frac{3}{8}=\frac{7}{16}\div\frac{6}{16}=7\div6=\frac{7}{6}=1\frac{1}{6}$

(3) $\frac{5}{6}\div\frac{4}{7}=\frac{35}{42}\div\frac{24}{42}=35\div24=\frac{35}{24}=1\frac{11}{24}$

17

평가 기준
계산이 잘못된 곳을 찾아 이유를 썼나요?
바르게 고쳐 계산했나요?

18 나누는 수가 $\frac{3}{4}$으로 같으므로 나누어지는 수가 가장 큰 수일 때 계산 결과가 가장 큽니다. $\frac{2}{3}<\frac{5}{6}<\frac{7}{8}$이므로 계산 결과가 가장 큰 것은 ㉢입니다.

내가 만드는 문제

19 예 수 카드를 9와 10, 5와 8을 골랐다면 만들 수 있는 진분수는 $\frac{9}{10}$, $\frac{5}{8}$입니다. 작은 수를 큰 수로 나누면

$\frac{5}{8}\div\frac{9}{10}=\frac{25}{40}\div\frac{36}{40}=25\div36=\frac{25}{36}$입니다.

20 (1분 동안 갈 수 있는 거리)

$=$(간 거리)$\div$(걸린 시간)

$=\frac{3}{4}\div\frac{5}{7}=\frac{21}{28}\div\frac{20}{28}=21\div20$

$=\frac{21}{20}=1\frac{1}{20}$ (km)

21 (자연수)÷(분수)는 자연수를 분수의 분자로 나눈 다음 분모를 곱하여 계산합니다. ➡ $10\div\frac{2}{5}=(10\div2)\times5$

22 ●÷$\frac{▲}{■}$=(●÷▲)×■

23 $12\div\frac{3}{4}=(12\div3)\times4=16$

$12\div\frac{6}{7}=(12\div6)\times7=14$

24 $21\div\frac{7}{9}=(21\div7)\times9=27$(배)

25 ㉠ $8\div\frac{2}{9}=(8\div2)\times9=36$

㉡ $9\div\frac{3}{5}=(9\div3)\times5=15$

㉢ $12\div\frac{2}{3}=(12\div2)\times3=18$

따라서 계산 결과가 큰 것부터 차례로 기호를 쓰면 ㉠, ㉢, ㉡입니다.

내가 만드는 문제

26 예 색칠한 부분은 전체의 $\frac{2}{6}=\frac{1}{3}$입니다.

(도형 전체의 넓이)$=60\div\frac{1}{3}=60\times3=180$ (cm²)

27 (배터리를 완전히 충전하는 데 걸리는 시간)

$=$(충전한 시간)$\div$(충전된 양)

$=45\div\frac{3}{5}=(45\div3)\times5=75$(분)

내가 만드는 문제

31 예 $\frac{5}{12}$와 $\frac{7}{9}$을 고른다면 $\frac{5}{12}\div\frac{7}{9}=\frac{5}{\cancel{12}_{4}}\times\frac{\cancel{9}^{3}}{7}=\frac{15}{28}$입니다.

32 ㉠ $\frac{5}{9}\div\frac{4}{11}=\frac{5}{9}\times\frac{11}{4}=\frac{55}{36}=1\frac{19}{36}$

㉡ $\frac{5}{6}\div\frac{2}{9}=\frac{5}{\cancel{6}_{2}}\times\frac{\cancel{9}^{3}}{2}=\frac{15}{4}=3\frac{3}{4}$

㉢ $\frac{3}{5}\div\frac{5}{7}=\frac{3}{5}\times\frac{7}{5}=\frac{21}{25}$

33 ㉾ (밀가루의 무게)÷(쌀가루의 무게)

$=\frac{5}{14}\div\frac{2}{9}=\frac{5}{14}\times\frac{9}{2}=\frac{45}{28}=1\frac{17}{28}$(배)

평가 기준
알맞은 나눗셈식을 세웠나요?
밀가루의 무게는 쌀가루의 무게의 몇 배인지 구했나요?

34 (우유 1 L의 무게)

$=\frac{5}{13}\div\frac{3}{8}=\frac{5}{13}\times\frac{8}{3}=\frac{40}{39}=1\frac{1}{39}$ (kg)

35 ㉡ $\frac{10}{3}\div\frac{5}{9}=\frac{30}{9}\div\frac{5}{9}=30\div5=6$

37 ㉾ (휘발유 1 L로 갈 수 있는 거리)

=(자동차가 이동한 거리)÷(휘발유의 양)

$=5\frac{1}{4}\div\frac{7}{9}=\frac{21}{4}\div\frac{7}{9}=\frac{\overset{3}{\cancel{21}}}{4}\times\frac{9}{\underset{1}{\cancel{7}}}$

$=\frac{27}{4}=6\frac{3}{4}$ (km)

평가 기준
알맞은 나눗셈식을 세웠나요?
휘발유 1 L로 몇 km를 갈 수 있는지 구했나요?

38 (1) $3\frac{5}{6}\div\frac{2}{3}=\frac{23}{6}\div\frac{2}{3}=\frac{23}{\underset{2}{\cancel{6}}}\times\frac{\overset{1}{\cancel{3}}}{2}=\frac{23}{4}=5\frac{3}{4}$

(2) $1\frac{7}{8}\div\frac{3}{10}=\frac{15}{8}\div\frac{3}{10}=\frac{\overset{5}{\cancel{15}}}{\underset{4}{\cancel{8}}}\times\frac{\overset{5}{\cancel{10}}}{\underset{1}{\cancel{3}}}=\frac{25}{4}=6\frac{1}{4}$

40 나누어지는 수가 같을 때 몫이 가장 크려면 나누는 수가 가장 작아야 합니다. $\frac{1}{5}<\frac{3}{14}<\frac{3}{10}$이므로 □ 안에는 $\frac{1}{5}$이 들어가야 합니다.

➡ $2\frac{2}{5}\div\frac{1}{5}=\frac{12}{5}\div\frac{1}{5}=12\div1=12$

41 (해왕성의 반지름)÷(금성의 반지름)

$=3\frac{9}{10}\div\frac{9}{10}=\frac{39}{10}\div\frac{9}{10}=\frac{\overset{13}{\cancel{39}}}{\underset{1}{\cancel{10}}}\times\frac{\overset{1}{\cancel{10}}}{\underset{3}{\cancel{9}}}$

$=\frac{13}{3}=4\frac{1}{3}$(배)

STEP 3 자주 틀리는 유형 24~26쪽

1 $\frac{7}{8}$ **2** $4\frac{2}{9}$ **3** $11\frac{1}{5}$

4 이유 ㉾ 분모가 같은 (분수)÷(분수)인데 분자끼리 나누어 계산하지 않았습니다.

바른 계산 $\frac{11}{16}\div\frac{3}{16}=11\div3=\frac{11}{3}=3\frac{2}{3}$

5 $\frac{4}{7}\div\frac{3}{4}=\frac{16}{28}\div\frac{21}{28}=16\div21=\frac{16}{21}$

6 이유 ㉾ 자연수를 나누는 분수의 분자로 나누고 분모를 곱해야 하는데 분모로 나누고 분자를 곱했습니다.

바른 계산 $12\div\frac{2}{3}=(12\div2)\times3=18$

7 ㉡ **8** $<$ **9** ㉠

10 ㉡ **11** ㉣ **12** 2개

13 $10\frac{15}{16}$ **14** $\frac{6}{25}$ **15** $4\frac{1}{2}$

16 $\frac{5}{6}$ kg **17** $\frac{2}{9}$ m **18** 9 kg

1 $\square\times\frac{5}{7}=\frac{5}{8}$, $\square=\frac{5}{8}\div\frac{5}{7}=\frac{\overset{1}{\cancel{5}}}{8}\times\frac{7}{\underset{1}{\cancel{5}}}=\frac{7}{8}$

2 $\square\times\frac{3}{10}=1\frac{4}{15}$

$\square=1\frac{4}{15}\div\frac{3}{10}=\frac{19}{15}\div\frac{3}{10}=\frac{19}{\underset{3}{\cancel{15}}}\times\frac{\overset{2}{\cancel{10}}}{3}$

$=\frac{38}{9}=4\frac{2}{9}$

3 $1\frac{1}{6}\div\frac{1}{4}=\frac{7}{6}\div\frac{1}{4}=\frac{7}{\underset{3}{\cancel{6}}}\times\overset{2}{\cancel{4}}=\frac{14}{3}=4\frac{2}{3}$

$\square\times\frac{5}{12}=4\frac{2}{3}$

$\square=4\frac{2}{3}\div\frac{5}{12}=\frac{14}{3}\div\frac{5}{12}=\frac{14}{\underset{1}{\cancel{3}}}\times\frac{\overset{4}{\cancel{12}}}{5}$

$=\frac{56}{5}=11\frac{1}{5}$

7 ㉠ $\frac{5}{12}\div\frac{7}{18}=\frac{5}{12}\times\frac{18}{7}=\frac{15}{14}=1\frac{1}{14}$

㉡ $\frac{9}{11}\div\frac{3}{5}=\frac{9}{11}\times\frac{5}{3}=\frac{15}{11}=1\frac{4}{11}$

➡ $1\frac{1}{14}<1\frac{4}{11}$이므로 계산 결과가 더 큰 것은 ㉡입니다.

8 $2\frac{2}{9}\div\frac{2}{3}=\frac{20}{9}\div\frac{2}{3}=\frac{20}{9}\times\frac{3}{2}=\frac{10}{3}=3\frac{1}{3}$

$2\frac{4}{5}\div\frac{7}{9}=\frac{14}{5}\div\frac{7}{9}=\frac{14}{5}\times\frac{9}{7}=\frac{18}{5}=3\frac{3}{5}$

➡ $3\frac{1}{3}<3\frac{3}{5}$이므로 $2\frac{4}{5}\div\frac{7}{9}$이 더 큽니다.

9 ㉠ $\frac{5}{8}\div\frac{3}{8}=5\div3=\frac{5}{3}=1\frac{2}{3}$

㉡ $3\div\frac{9}{10}=3\times\frac{10}{9}=\frac{10}{3}=3\frac{1}{3}$

㉢ $1\frac{3}{4}\div\frac{11}{12}=\frac{7}{4}\div\frac{11}{12}=\frac{7}{4}\times\frac{12}{11}=\frac{21}{11}=1\frac{10}{11}$

㉣ $3\frac{1}{8}\div\frac{5}{6}=\frac{25}{8}\div\frac{5}{6}=\frac{25}{8}\times\frac{6}{5}=\frac{15}{4}=3\frac{3}{4}$

➡ $1\frac{2}{3}<1\frac{10}{11}<3\frac{1}{3}<3\frac{3}{4}$이므로 가장 작은 것은 ㉠입니다.

10 ㉠ $4>\frac{5}{12}$ ㉡ $\frac{2}{5}<\frac{7}{8}$ ㉢ $1\frac{3}{4}>\frac{1}{4}$ ㉣ $3\frac{1}{3}>\frac{8}{9}$
따라서 몫이 1보다 작은 것은 (나누어지는 수)$<$(나누는 수)인 ㉡입니다.

11 (나누어지는 수)$>$(나누는 수)이면 몫이 1보다 큽니다.
㉠ $\frac{3}{7}<\frac{5}{7}$ ㉡ $\frac{2}{9}<\frac{5}{8}$ ㉢ $\frac{11}{14}<\frac{4}{5}$ ㉣ $\frac{9}{10}>\frac{5}{7}$
따라서 몫이 1보다 큰 것은 ㉣입니다.

12 (나누어지는 수)$<$(나누는 수)이면 몫이 1보다 작습니다.
$\frac{3}{10}<\frac{2}{3}$, $4\frac{2}{5}>\frac{2}{3}$, $\frac{17}{6}>\frac{2}{3}$, $\frac{5}{11}<\frac{2}{3}$이므로 몫이 1보다 작은 것은 $\frac{3}{10}\div\frac{2}{3}$, $\frac{5}{11}\div\frac{2}{3}$로 모두 2개입니다.

13 $4\frac{3}{8}>2\frac{1}{4}>\frac{7}{12}>\frac{2}{5}$이므로 가장 큰 수는 $4\frac{3}{8}$, 가장 작은 수는 $\frac{2}{5}$입니다.

➡ $4\frac{3}{8}\div\frac{2}{5}=\frac{35}{8}\div\frac{2}{5}=\frac{35}{8}\times\frac{5}{2}=\frac{175}{16}=10\frac{15}{16}$

14 $\frac{1}{5}<\frac{1}{3}<\frac{1}{2}<\frac{2}{3}<\frac{5}{6}$이므로 가장 작은 수는 $\frac{1}{5}$, 가장 큰 수는 $\frac{5}{6}$입니다.

➡ $\frac{1}{5}\div\frac{5}{6}=\frac{1}{5}\times\frac{6}{5}=\frac{6}{25}$

15 가장 큰 수를 가장 작은 수로 나눌 때 나눗셈의 몫이 가장 큽니다. $2\frac{1}{2}>2\frac{1}{6}>\frac{2}{3}>\frac{5}{9}$이므로 가장 큰 수는 $2\frac{1}{2}$, 가장 작은 수는 $\frac{5}{9}$입니다.

➡ $2\frac{1}{2}\div\frac{5}{9}=\frac{5}{2}\div\frac{5}{9}=\frac{5}{2}\times\frac{9}{5}=\frac{9}{2}=4\frac{1}{2}$

16 (고무관 1 m의 무게)
$=$(고무관의 무게)$\div$(고무관의 길이)
$=\frac{5}{8}\div\frac{3}{4}=\frac{5}{8}\div\frac{6}{8}=5\div6=\frac{5}{6}$ (kg)

17 (철근 1 kg의 길이)
$=$(철근의 길이)$\div$(철근의 무게)
$=\frac{1}{5}\div\frac{9}{10}=\frac{2}{10}\div\frac{9}{10}=2\div9=\frac{2}{9}$ (m)

18 (통나무 1 m의 무게)
$=$(통나무의 무게)$\div$(통나무의 길이)
$=\frac{9}{11}\div\frac{3}{11}=9\div3=3$ (kg)
(통나무 3 m의 무게)$=3\times3=9$ (kg)

STEP 4 최상위 도전 유형 27~30쪽

1 1, 2, 3

2 3개

3 5개

4 $\frac{9}{10}\div\frac{7}{10}$, $\frac{9}{11}\div\frac{7}{11}$

5 $\frac{7}{8}\div\frac{3}{8}$

6 $\frac{5}{12}\div\frac{11}{12}$, $\frac{5}{13}\div\frac{11}{13}$

7 25	**8** $\frac{9}{10}$
9 $5\frac{11}{14}$	**10** $1\frac{7}{8}$ m
11 $1\frac{1}{3}$ m	**12** $2\frac{1}{3}$
13 $2\frac{1}{4}$배	**14** $23\frac{2}{5}$ km
15 1시간 10분	**16** 7 km
17 80 mL	**18** $60\frac{2}{3}$ km
19 $3\frac{1}{3}$	**20** $9\frac{4}{5}$
21 $4\frac{2}{25}$	**22** $\frac{4}{7}$
23 $\frac{9}{19}$	**24** 3

1 $\square \div \frac{1}{6} = \square \times 6$이므로 $\square \times 6 < 20$입니다.
$1 \times 6 = 6$, $2 \times 6 = 12$, $3 \times 6 = 18$, $4 \times 6 = 24$, ...이므로 $\square$ 안에 들어갈 수 있는 자연수는 1, 2, 3입니다.

2 $3 \div \frac{1}{\square} = 3 \times \square$이므로 $9 < 3 \times \square < 19$입니다.
따라서 $\square$ 안에 들어갈 수 있는 자연수는 4, 5, 6으로 모두 3개입니다.

3 $\square \div \frac{1}{5} = \square \times 5$
$5 < \square \times 5 < 34$이므로 $\square$ 안에 들어갈 수 있는 자연수는 2, 3, 4, 5, 6으로 모두 5개입니다.

4 분모가 12보다 작고 분자가 9인 진분수는 $\frac{9}{10}$, $\frac{9}{11}$입니다.
따라서 조건을 만족하는 분수의 나눗셈식은
$\frac{9}{10} \div \frac{7}{10}$, $\frac{9}{11} \div \frac{7}{11}$입니다.

5 분모가 9보다 작고 분자가 7인 진분수는 $\frac{7}{8}$입니다.
따라서 조건을 만족하는 분수의 나눗셈식은 $\frac{7}{8} \div \frac{3}{8}$입니다.

6 분모가 14보다 작고 분자가 11인 진분수는 $\frac{11}{12}$, $\frac{11}{13}$입니다.
따라서 조건을 만족하는 분수의 나눗셈식은
$\frac{5}{12} \div \frac{11}{12}$, $\frac{5}{13} \div \frac{11}{13}$입니다.

7 어떤 수를 $\square$라고 하면 $\square \div 5 = 4$에서
$\square = 4 \times 5 = 20$입니다.
따라서 바르게 계산하면 $20 \div \frac{4}{5} = \overset{5}{\cancel{20}} \times \frac{5}{\underset{1}{\cancel{4}}} = 25$입니다.

8 어떤 수를 $\square$라고 하면 $\square \times \frac{2}{3} = \frac{2}{5}$이므로
$\square = \frac{2}{5} \div \frac{2}{3} = \frac{\overset{1}{\cancel{2}}}{5} \times \frac{3}{\underset{1}{\cancel{2}}} = \frac{3}{5}$입니다.
따라서 바르게 계산하면 $\frac{3}{5} \div \frac{2}{3} = \frac{3}{5} \times \frac{3}{2} = \frac{9}{10}$입니다.

9 어떤 수를 $\square$라고 하면 $\square \times \frac{4}{9} = 1\frac{1}{7}$이므로
$\square = 1\frac{1}{7} \div \frac{4}{9} = \frac{8}{7} \div \frac{4}{9} = \frac{\overset{2}{\cancel{8}}}{7} \times \frac{9}{\underset{1}{\cancel{4}}} = \frac{18}{7} = 2\frac{4}{7}$입니다.
따라서 바르게 계산하면
$2\frac{4}{7} \div \frac{4}{9} = \frac{18}{7} \div \frac{4}{9} = \frac{\overset{9}{\cancel{18}}}{7} \times \frac{9}{\underset{2}{\cancel{4}}} = \frac{81}{14} = 5\frac{11}{14}$입니다.

10 (평행사변형의 넓이)＝(밑변의 길이)×(높이)
➡ (밑변의 길이)＝(평행사변형의 넓이)÷(높이)
$= 1\frac{1}{8} \div \frac{3}{5} = \frac{9}{8} \div \frac{3}{5} = \frac{\overset{3}{\cancel{9}}}{8} \times \frac{5}{\underset{1}{\cancel{3}}}$
$= \frac{15}{8} = 1\frac{7}{8}$ (m)

11 $\frac{15}{32} \times$(높이)$\div 2 = \frac{5}{16}$, $\frac{15}{32} \times$(높이)$= \frac{5}{\underset{8}{\cancel{16}}} \times \overset{1}{\cancel{2}} = \frac{5}{8}$
(높이)$= \frac{5}{8} \div \frac{15}{32} = \frac{\overset{1}{\cancel{5}}}{\underset{1}{\cancel{8}}} \times \frac{\overset{4}{\cancel{32}}}{\underset{3}{\cancel{15}}} = \frac{4}{3} = 1\frac{1}{3}$ (m)

12 $\square \times \frac{4}{7} \div 2 = \frac{2}{3}$, $\square \times \frac{4}{7} = \frac{2}{3} \times 2 = \frac{4}{3}$
$\square = \frac{4}{3} \div \frac{4}{7} = \frac{\overset{1}{\cancel{4}}}{3} \times \frac{7}{\underset{1}{\cancel{4}}} = \frac{7}{3} = 2\frac{1}{3}$

13 40분$=\frac{40}{60}$시간$=\frac{2}{3}$시간

(피아노 연습을 한 시간)$\div$(수학 공부를 한 시간)

$=1\frac{1}{2}\div\frac{2}{3}=\frac{3}{2}\div\frac{2}{3}=\frac{3}{2}\times\frac{3}{2}=\frac{9}{4}=2\frac{1}{4}$(배)

14 5분$=\frac{5}{60}$시간$=\frac{1}{12}$시간

(1시간 동안 가는 거리)

$=$(자전거를 타고 간 거리)$\div$(걸린 시간)

$=1\frac{19}{20}\div\frac{1}{12}=\frac{39}{20}\div\frac{1}{12}=\frac{39}{\underset{5}{\cancel{20}}}\times\overset{3}{\cancel{12}}$

$=\frac{117}{5}=23\frac{2}{5}$ (km)

15 40분$=\frac{40}{60}$시간$=\frac{2}{3}$시간

(1 L를 채취하는 데 걸리는 시간)

$=\frac{2}{3}\div\frac{4}{7}=\frac{\overset{1}{\cancel{2}}}{3}\times\frac{7}{\underset{2}{\cancel{4}}}=\frac{7}{6}=1\frac{1}{6}$(시간)

➡ $1\frac{1}{6}$시간$=1\frac{10}{60}$시간이므로 1시간 10분입니다.

16 집에서 출발하여 은행까지 갔다가 돌아온 전체 거리는 $2+2=4$ (km)이고, 걸린 시간은 $\frac{4}{7}$시간입니다.

➡ (한 시간 동안 갈 수 있는 거리)

$=$(움직인 거리)$\div$(걸린 시간)

$=4\div\frac{4}{7}=\overset{1}{\cancel{4}}\times\frac{7}{\underset{1}{\cancel{4}}}=7$ (km)

17 병의 들이를 □mL라고 하면

□$\times\frac{5}{6}=400$이므로

□$=400\div\frac{5}{6}=\overset{80}{\cancel{400}}\times\frac{6}{\underset{1}{\cancel{5}}}=480$입니다.

따라서 물을 $480-400=80$ (mL) 더 부어야 합니다.

18 (1 L의 휘발유로 갈 수 있는 거리)

$=8\frac{2}{3}\div\frac{4}{5}=\frac{\overset{13}{\cancel{26}}}{3}\times\frac{5}{\underset{2}{\cancel{4}}}=\frac{65}{6}=10\frac{5}{6}$ (km)

($5\frac{3}{5}$ L의 휘발유로 갈 수 있는 거리)

$=10\frac{5}{6}\times5\frac{3}{5}=\frac{\overset{13}{\cancel{65}}}{\underset{3}{\cancel{6}}}\times\frac{\overset{14}{\cancel{28}}}{\underset{1}{\cancel{5}}}=\frac{182}{3}=60\frac{2}{3}$ (km)

19 가장 큰 대분수: $5\frac{1}{3}$, 가장 작은 대분수: $1\frac{3}{5}$

➡ $5\frac{1}{3}\div1\frac{3}{5}=\frac{16}{3}\div\frac{8}{5}=\frac{\overset{2}{\cancel{16}}}{3}\times\frac{5}{\underset{1}{\cancel{8}}}=\frac{10}{3}=3\frac{1}{3}$

20 나누는 수가 같을 때 몫이 가장 작으려면 나누어지는 수가 가장 작아야 하므로 수 카드로 가장 작은 대분수를 만들어 나눗셈을 합니다.

➡ $2\frac{4}{5}\div\frac{2}{7}=\frac{14}{5}\div\frac{2}{7}=\frac{\overset{7}{\cancel{14}}}{5}\times\frac{7}{\underset{1}{\cancel{2}}}=\frac{49}{5}=9\frac{4}{5}$

21 태호의 수가 은하의 수보다 크므로 태호는 가장 큰 대분수를, 은하는 가장 작은 대분수를 만들어 나눗셈을 합니다.

(태호가 만든 대분수)$\div$(은하가 만든 대분수)

$=6\frac{4}{5}\div1\frac{2}{3}=\frac{34}{5}\div\frac{5}{3}=\frac{34}{5}\times\frac{3}{5}=\frac{102}{25}=4\frac{2}{25}$

22 $5\frac{1}{4}\odot\frac{2}{3}=4\frac{1}{2}\div\left(5\frac{1}{4}\div\frac{2}{3}\right)$

$=4\frac{1}{2}\div\left(\frac{21}{4}\div\frac{2}{3}\right)=4\frac{1}{2}\div\left(\frac{21}{4}\times\frac{3}{2}\right)$

$=4\frac{1}{2}\div\frac{63}{8}=\frac{9}{2}\div\frac{63}{8}=\frac{\overset{1}{\cancel{9}}}{\underset{1}{\cancel{2}}}\times\frac{\overset{4}{\cancel{8}}}{\underset{7}{\cancel{63}}}=\frac{4}{7}$

23 $\frac{3}{8}\circledcirc\frac{5}{12}=\frac{3}{8}\div\left(\frac{3}{8}+\frac{5}{12}\right)=\frac{3}{8}\div\frac{19}{24}$

$=\frac{3}{\underset{1}{\cancel{8}}}\times\frac{\overset{3}{\cancel{24}}}{19}=\frac{9}{19}$

24 $2\frac{1}{4}\odot\frac{2}{3}=\frac{9}{4}\div\left(\frac{9}{4}\div\frac{2}{3}\right)=\frac{9}{4}\div\left(\frac{9}{4}\times\frac{3}{2}\right)$

$=\frac{9}{4}\div\frac{27}{8}=\frac{\overset{1}{\cancel{9}}}{\underset{1}{\cancel{4}}}\times\frac{\overset{2}{\cancel{8}}}{\underset{3}{\cancel{27}}}=\frac{2}{3}$

□$\times\frac{2}{3}=2$에서 □$=2\div\frac{2}{3}=\overset{1}{\cancel{2}}\times\frac{3}{\underset{1}{\cancel{2}}}=3$입니다.

수시 평가 대비 Level ❶

31~33쪽

1 ④

2 (선 잇기)

3 $\frac{3}{8}\div\frac{5}{6}=\frac{9}{24}\div\frac{20}{24}=9\div20=\frac{9}{20}$

4 3, 4, $\frac{4}{3}$	**5** ㉡
6 3	**7** 45, 36, $25\frac{5}{7}$
8 (1) 1 (2) 3	**9** 3개
10 $1\frac{11}{24}$배	**11** ㉣
12 15, 18	**13** ①, ③
14 3	**15** $1\frac{5}{16}$
16 81쪽	**17** $2\frac{1}{10}$ cm
18 $13\frac{1}{3}$ km	**19** 3번
20 $6\frac{3}{10}$	

1 $\frac{2}{7}$는 $\frac{1}{7}$이 2개입니다.
$\frac{2}{7}\div\frac{1}{7}=2\div1$

2 분모가 같은 분수의 나눗셈은 분자끼리의 나눗셈과 같습니다.
$\frac{3}{5}\div\frac{4}{5}=3\div4$, $\frac{5}{8}\div\frac{3}{8}=5\div3$, $\frac{4}{7}\div\frac{5}{7}=4\div5$

3 분모의 최소공배수를 공통분모로 하여 통분한 후 분자끼리 나누어 계산합니다.

4 나눗셈을 곱셈으로 나타내고 나누는 분수의 분모와 분자를 바꾸어 계산합니다.

5 ㉠ $6\div\frac{3}{8}=(6\div3)\times8=16$
㉡ $15\div\frac{5}{7}=(15\div5)\times7=21$
㉢ $12\div\frac{3}{4}=(12\div3)\times4=16$
㉣ $8\div\frac{1}{2}=8\times2=16$

6 대분수는 $1\frac{2}{3}$, 진분수는 $\frac{5}{9}$입니다.
➡ $1\frac{2}{3}\div\frac{5}{9}=\frac{5}{3}\div\frac{5}{9}=\frac{15}{9}\div\frac{5}{9}=15\div5=3$

7 • $20\div\frac{4}{9}=(20\div4)\times9=45$
• $20\div\frac{5}{9}=(20\div5)\times9=36$
• $20\div\frac{7}{9}=20\times\frac{9}{7}=\frac{180}{7}=25\frac{5}{7}$

8 (1) $\frac{4}{7}\div\frac{\square}{7}=4\div\square=4$, $\square=4\div4=1$
(2) $8\div\frac{2}{\square}=(8\div2)\times\square=4\times\square=12$,
$\square=12\div4=3$

9 $\frac{9}{11}\div\frac{3}{11}=9\div3=3$(개)

10 $\frac{5}{8}\div\frac{3}{7}=\frac{5}{8}\times\frac{7}{3}=\frac{35}{24}=1\frac{11}{24}$(배)

11 나누어지는 수가 $2\frac{1}{4}$로 모두 같으므로 나누는 수가 클수록 몫이 작습니다.
$\frac{8}{9}>\frac{4}{5}>\frac{3}{5}>\frac{1}{4}$이므로 몫이 가장 작은 것은 ㉣입니다.

12 • $3\div\frac{1}{5}=3\times5=15$, ㉠$=15$
• ㉠$\div\frac{5}{6}=15\div\frac{5}{6}=(15\div5)\times6=18$, ㉡$=18$

13 (나누어지는 수)$<$(나누는 수)이면 몫이 1보다 작습니다.
① $\frac{5}{8}<\frac{3}{4}$ ② $\frac{7}{5}>\frac{4}{5}$ ③ $\frac{9}{14}<\frac{5}{6}$ ④ $\frac{7}{10}>\frac{1}{3}$
⑤ $\frac{8}{9}>\frac{3}{8}$
따라서 계산 결과가 1보다 작은 것은 ①, ③입니다.

14 $\frac{17}{19}\div\frac{6}{19}=17\div6=\frac{17}{6}=2\frac{5}{6}$
$2\frac{5}{6}<\square$이므로 □ 안에 들어갈 수 있는 자연수는 3, 4, 5, …입니다.
따라서 □ 안에 들어갈 수 있는 가장 작은 자연수는 3입니다.

15 어떤 수를 □라 하면 $\frac{8}{15}\times\square=\frac{7}{10}$입니다.
$\square=\frac{7}{10}\div\frac{8}{15}=\frac{7}{\cancel{10}_2}\times\frac{\cancel{15}^3}{8}=\frac{21}{16}=1\frac{5}{16}$

16 동화책의 전체 쪽수를 □쪽이라 하면

$\square\times\frac{5}{9}=45$입니다.

$\square=45\div\frac{5}{9}=(45\div5)\times9=81$

17 마름모의 다른 대각선의 길이를 □cm라 하면

$\frac{6}{7}\times\square\div2=\frac{9}{10}$입니다.

$\square=\frac{9}{\cancel{10}_{5}}\times\cancel{2}^{1}\div\frac{6}{7}=\frac{9}{5}\div\frac{6}{7}=\frac{\cancel{9}^{3}}{5}\times\frac{7}{\cancel{6}_{2}}=\frac{21}{10}=2\frac{1}{10}$

18 휘발유 1 L로 갈 수 있는 거리는

$3\frac{1}{3}\div\frac{3}{4}=\frac{10}{3}\div\frac{3}{4}=\frac{10}{3}\times\frac{4}{3}=\frac{40}{9}=4\frac{4}{9}$ (km)

입니다.

따라서 휘발유 3 L로 갈 수 있는 거리는

$4\frac{4}{9}\times3=\frac{40}{\cancel{9}_{3}}\times\cancel{3}^{1}=\frac{40}{3}=13\frac{1}{3}$ (km)입니다.

19 예 물통의 들이를 그릇의 들이로 나누면

$\frac{15}{16}\div\frac{3}{8}=\frac{15}{16}\div\frac{6}{16}=\frac{\cancel{15}^{5}}{\cancel{6}_{2}}=\frac{5}{2}=2\frac{1}{2}$입니다.

따라서 물통을 가득 채우려면 물을 적어도 3번 부어야 합니다.

평가 기준	배점
나눗셈식을 세워 계산했나요?	3점
물을 적어도 몇 번 부어야 하는지 구했나요?	2점

20 예 $\frac{14}{5}>2\frac{2}{3}>\frac{6}{7}>\frac{4}{9}$

몫이 가장 큰 나눗셈식은 가장 큰 수를 가장 작은 수로 나눈 $\frac{14}{5}\div\frac{4}{9}$입니다.

$\frac{14}{5}\div\frac{4}{9}=\frac{\cancel{14}^{7}}{5}\times\frac{9}{\cancel{4}_{2}}=\frac{63}{10}=6\frac{3}{10}$

평가 기준	배점
몫이 가장 큰 나눗셈식을 만들었나요?	3점
이때 만든 나눗셈식의 몫을 구했나요?	2점

수시 평가 대비 Level ❷

34~36쪽

1 2, 1

2 $\frac{7}{8}\div\frac{2}{3}=\frac{21}{24}\div\frac{16}{24}=21\div16=\frac{21}{16}=1\frac{5}{16}$

3 ㉢

4 10

5 

6 $9\div\frac{12}{13}$에 ○표

7 소율

8 (1) $\frac{20}{21}$ (2) $2\frac{10}{13}$

9 ㉢

10 $5\frac{5}{8}$

11 =

12 36일

13 $4\frac{2}{7}$

14 $4\frac{8}{9}$ cm

15 (위에서부터) $12\frac{1}{2}$, $14\frac{2}{7}$

16 25쪽

17 8개

18 $1\frac{1}{2}$시간

19 14

20 42개

3 $4\frac{1}{5}\div\frac{3}{4}=\frac{21}{5}\div\frac{3}{4}=\frac{21}{5}\times\frac{4}{3}$

4 • $\frac{3}{4}\div\frac{1}{4}=3\div1=3\div㉠\rightarrow㉠=1$

• $\frac{㉡}{13}\div\frac{8}{13}=㉡\div8=9\div8\rightarrow㉡=9$

➡ ㉠+㉡=1+9=10

5 $6\div\frac{1}{3}=6\times3=18$, $8\div\frac{4}{7}=(8\div4)\times7=14$

6 $16\div\frac{8}{17}=(16\div8)\times17=34$

$9\div\frac{12}{13}=\cancel{9}^{3}\times\frac{13}{\cancel{12}_{4}}=\frac{39}{4}=9\frac{3}{4}$

$8\div\frac{2}{3}=(8\div2)\times3=12$

7 대분수의 나눗셈은 대분수를 가분수로 고친 다음 분수를 통분하여 분자끼리 나누어 계산합니다.

8 (1) $\frac{8}{9}\div\frac{14}{15}=\frac{8}{9}\times\frac{15}{14}=\frac{20}{21}$

(2) $2\frac{6}{13}\div\frac{8}{9}=\frac{32}{13}\div\frac{8}{9}=\frac{32}{13}\times\frac{9}{8}=\frac{36}{13}=2\frac{10}{13}$

9 ㉠ $\square\times5=20$, $\square=4$
㉡ $4\times\square=16$, $\square=4$
㉢ $\square\times7=49$, $\square=7$
㉣ $9\times\square=36$, $\square=4$

10 $3\frac{3}{8}\div\frac{3}{5}=\frac{27}{8}\div\frac{3}{5}=\frac{27}{8}\times\frac{5}{3}=\frac{45}{8}=5\frac{5}{8}$

11 $2\frac{1}{10}\div\frac{4}{5}=\frac{21}{10}\div\frac{4}{5}=\frac{21}{10}\times\frac{5}{4}=\frac{21}{8}=2\frac{5}{8}$

$\frac{7}{12}\div\frac{2}{9}=\frac{7}{12}\times\frac{9}{2}=\frac{21}{8}=2\frac{5}{8}$

12 (설탕 20 kg을 사용할 수 있는 날수)

$=20\div\frac{5}{9}=20\times\frac{9}{5}=36$(일)

13 $\frac{3}{5}\times\square=2\frac{4}{7}$

$\square=2\frac{4}{7}\div\frac{3}{5}=\frac{18}{7}\div\frac{3}{5}=\frac{18}{7}\times\frac{5}{3}=\frac{30}{7}=4\frac{2}{7}$

14 (높이)=(평행사변형의 넓이)÷(밑변의 길이)

$=8\frac{8}{9}\div1\frac{9}{11}=\frac{80}{9}\div\frac{20}{11}=\frac{80}{9}\times\frac{11}{20}$

$=\frac{44}{9}=4\frac{8}{9}$ (cm)

15 빈칸을 위에서부터 각각 ㉠, ㉡이라 하면

㉠ $\times1\frac{1}{5}=15$, ㉠ $\times\frac{6}{5}=15$

➡ ㉠ $=15\div\frac{6}{5}=15\times\frac{5}{6}=\frac{25}{2}=12\frac{1}{2}$

$12\frac{1}{2}\div$ ㉡ $=\frac{7}{8}$

➡ ㉡ $=12\frac{1}{2}\div\frac{7}{8}=\frac{25}{2}\div\frac{7}{8}=\frac{25}{2}\times\frac{8}{7}$

$=\frac{100}{7}=14\frac{2}{7}$

16 동화책의 전체 쪽수를 □쪽이라 하면

남은 쪽수는 전체의 $1-\frac{3}{5}=\frac{2}{5}$이므로

$\square\times\frac{2}{5}=10$, $\square=10\div\frac{2}{5}=10\times\frac{5}{2}=25$입니다.

17 $6\div\frac{2}{\square}=6\times\frac{\square}{2}=3\times\square$이므로 $3\times\square<40$입니다.

$3\times1=3$, $3\times2=6$, ..., $3\times13=39$, $3\times14=42$이므로 □ 안에 들어갈 수 있는 자연수는 1, 2, 3, ..., 13이고 이 중에서 5보다 큰 수는 6, 7, 8, 9, 10, 11, 12, 13으로 모두 8개입니다.

18 (1시간 동안 탄 양초의 길이)$=14\frac{1}{4}-4\frac{3}{4}=9\frac{1}{2}$ (cm)

$\left(14\frac{1}{4}\text{ cm인 양초가 다 타는 데 걸리는 시간}\right)$

$=14\frac{1}{4}\div9\frac{1}{2}=\frac{57}{4}\div\frac{19}{2}=\frac{57}{4}\times\frac{2}{19}$

$=\frac{3}{2}=1\frac{1}{2}$(시간)

19 예 나눗셈의 몫이 가장 큰 경우는 가장 큰 수를 가장 작은 수로 나눌 때이므로 ㉠에는 가장 큰 수인 6을, ㉡에는 가장 작은 수인 3을 써넣어야 합니다.

➡ $6\div\frac{3}{7}=(6\div3)\times7=14$

평가 기준	배점
㉠, ㉡에 들어갈 수를 각각 구했나요?	3점
몫이 가장 큰 나눗셈의 몫을 구했나요?	2점

20 예 0.13 km=130 m이므로 도로 한쪽에 놓은 화분 사이의 간격 수는

$130\div6\frac{1}{2}=130\div\frac{13}{2}=(130\div13)\times2=20$(군데)

입니다.

도로 한쪽에 놓은 화분 수는 $20+1=21$(개)이므로 도로 양쪽에 놓은 화분 수는 $21\times2=42$(개)입니다.

평가 기준	배점
도로 한쪽에 놓은 화분 사이의 간격 수를 구했나요?	2점
도로 한쪽에 놓은 화분 수를 구했나요?	2점
도로 양쪽에 놓은 화분 수를 구했나요?	1점

2 소수의 나눗셈

소수의 나눗셈의 계산 방법의 핵심은 나누는 수와 나누어지는 수의 소수점 위치를 적절히 이동하여 자연수의 나눗셈의 계산 원리를 적용하는 것입니다. 소수의 표현은 십진법에 따른 위치적 기수법이 확장된 결과이므로 소수의 나눗셈은 자연수의 나눗셈 방법을 이용하여 접근하는 것이 최종 학습 목표이지만 계산 원리의 이해를 위하여 소수를 분수로 바꾸어 분수의 나눗셈을 이용하는 것도 좋은 방법입니다. 이 단원에서는 자연수를 이용하여 소수의 나눗셈의 원리를 터득하고 소수의 나눗셈의 계산 방법은 물론 기본적인 계산 원리를 학습하도록 하였습니다.

STEP 1 교과 개념 1. (소수)÷(소수)(1) 39쪽

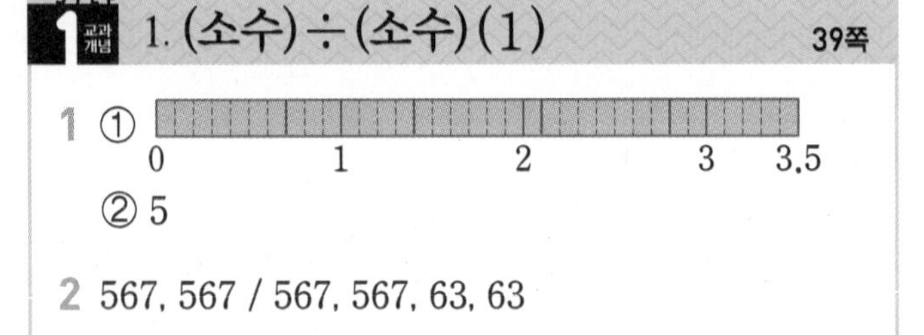

1 ①

② 5

2 567, 567 / 567, 567, 63, 63

3 ① (위에서부터) 488, 8, 61 / 61

② (위에서부터) 175, 5, 35 / 35

1 ② 3.5에서 0.7씩 5번을 덜어 낼 수 있으므로 $3.5 \div 0.7 = 5$입니다.

2 1 cm는 10 mm이므로 56.7 cm=567 mm, 0.9 cm=9 mm입니다.
56.7 cm를 0.9 cm씩 자르는 것과 567 mm를 9 mm씩 자르는 것은 같으므로
$56.7 \div 0.9 = 567 \div 9 = 63$입니다.

3 ① 나누어지는 수와 나누는 수를 똑같이 10배 하여 (자연수)÷(자연수)로 계산합니다.
② 나누어지는 수와 나누는 수를 똑같이 100배 하여 (자연수)÷(자연수)로 계산합니다.

STEP 1 교과 개념 2. (소수)÷(소수)(2) 41쪽

1 ① 72, 9, 72, 9, 8 ② 384, 32, 384, 32, 12

2 (위에서부터) 100, 25, 100

3 ① (위에서부터) 14, 7, 28, 28

② (위에서부터) 33, 87, 87, 87

4 ① 7 ② 9 ③ 13 ④ 32

1 나누어지는 수와 나누는 수가 모두 소수 한 자리 수이면 분모가 10인 분수로 바꾸고, 소수 두 자리 수이면 분모가 100인 분수로 바꾸어 계산합니다.

2 나누어지는 수와 나누는 수를 똑같이 100배 하여 (자연수)÷(자연수)로 계산합니다.

3 자연수의 나눗셈과 같은 방법으로 계산하고, 몫의 소수점은 옮긴 위치에 찍습니다.

4 ① 0.6)4.2 → 몫 7, 42, 0

② 0.13)1.17 → 몫 9, 117, 0

③ 0.4)5.2 → 몫 13, 4, 12, 12, 0

④ 0.74)23.68 → 몫 32, 222, 148, 148, 0

STEP 1 교과 개념 3. (소수)÷(소수)(3) 43쪽

1 864, 540, 1.6

2 57.5, 25, 2.3

3 방법 1 (위에서부터) 2.4, 640, 1280, 1280

방법 2 (위에서부터) 2.4, 64, 128, 128

4 ① 1.3 ② 3.4 ③ 2.6 ④ 1.7

1 나누어지는 수와 나누는 수에 똑같이 100을 곱하여 계산할 수 있습니다.

2 나누어지는 수와 나누는 수에 똑같이 10을 곱하여 계산할 수 있습니다.

4 ① 1.5)1.95 → 몫 1.3, 15, 45, 45, 0 또는 1.50)1.950 → 몫 1.3, 150, 450, 450, 0

② 3.4 또는 3.4

```
        3.4              3.4
0.7)2.3 8      0.70)2.3 8 0
    2 1              2 1 0
      2 8              2 8 0
      2 8              2 8 0
        0                  0
```

③ 2.6 또는 2.6

```
        2.6              2.6
3.6)9.3 6      3.60)9.3 6 0
    7 2              7 2 0
    2 1 6            2 1 6 0
    2 1 6            2 1 6 0
        0                  0
```

④ 1.7 또는 1.7

```
        1.7              1.7
1.3)2.2 1      1.30)2.2 1 0
    1 3              1 3 0
      9 1              9 1 0
      9 1              9 1 0
        0                  0
```

STEP 1 교과개념 4. (자연수)÷(소수) 45쪽

1 ① 25, 25, 26 ② 106, 5300, 106, 50

2 (위에서부터) 10, 6, 10

3 ① (위에서부터) 6, 90, 0
② (위에서부터) 25, 120, 120, 0

4 ① 8 ② 65 ③ 36

1 ① 나누는 수가 소수 한 자리 수이므로 분모가 10인 분수로 바꾸어 계산합니다.
② 나누는 수가 소수 두 자리 수이므로 분모가 100인 분수로 바꾸어 계산합니다.

2 나누어지는 수와 나누는 수에 같은 수를 곱하여도 몫은 변하지 않습니다.

4 ①

```
          8
6.5)5 2.0
    5 2 0
        0
```

②

```
          6 5
1.2)7 8.0
    7 2
      6 0
      6 0
        0
```

③

```
           3 6
1.25)4 5.0 0
     3 7 5
       7 5 0
       7 5 0
           0
```

STEP 1 교과개념 5. 몫을 반올림하여 나타내기 47쪽

1 ① 2 ② 2.2 ③ 2.17

2 ① 3 ② 2.6 ③ 2.57

3 ① 0.7 ② 1.7

1 ① 13÷6=2.1…, 몫의 소수 첫째 자리 숫자가 1이므로 버림합니다. ➡ 2
② 13÷6=2.16…, 몫의 소수 둘째 자리 숫자가 6이므로 올림합니다. ➡ 2.2
③ 13÷6=2.166…, 몫의 소수 셋째 자리 숫자가 6이므로 올림합니다. ➡ 2.17

2 ① 1.8÷0.7=2.5…, 몫의 소수 첫째 자리 숫자가 5이므로 올림합니다. ➡ 3
② 1.8÷0.7=2.57…, 몫의 소수 둘째 자리 숫자가 7이므로 올림합니다. ➡ 2.6
③ 1.8÷0.7=2.571…, 몫의 소수 셋째 자리 숫자가 1이므로 버림합니다. ➡ 2.57

3 ①

```
     0.6 5
9)5.9 0
  5 4
    5 0
    4 5
      5
```

5.9÷9=0.65…, 몫의 소수 둘째 자리 숫자가 5이므로 올림합니다.
➡ 0.7

②

```
        1.7 1
0.7)1.2 0 0
      7
      5 0
      4 9
        1 0
          7
          3
```

1.2÷0.7=1.71…, 몫의 소수 둘째 자리 숫자가 1이므로 버림합니다. ➡ 1.7

STEP 1 교과 개념 6. 나누어 주고 남는 양 알아보기 49쪽

1 ① 1.4 ② 7, 1.4

2 1.8

3 6명, 1.8 m

4 6, 1.8 / 6, 1.8

3 $31.8\underbrace{-5-5-5-5-5-5}_{6번}=1.8$

31.8에서 5를 6번 뺄 수 있으므로 6명에게 나누어 줄 수 있고, 31.8에서 5를 6번 빼면 1.8이 남으므로 남는 철사의 길이는 1.8 m입니다.

4

```
      6    ← 나누어 줄 수 있는 사람 수
 5 ) 3 1.8
     3 0
       1.8 ← 남는 철사의 길이
```

STEP 2 꼭 나오는 유형 50~55쪽

1 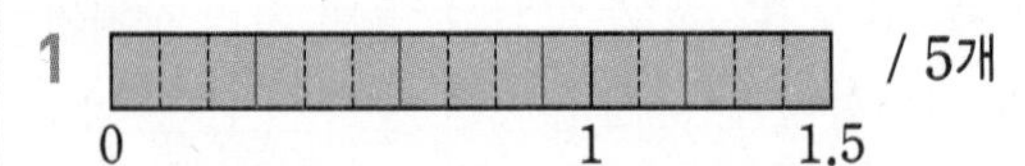

/ 5개

준비 (왼쪽에서부터) 500, 50, 5, $\frac{1}{10}$, $\frac{1}{100}$

2 (1) (위에서부터) 10, 10, 258, 43, 43
(2) (위에서부터) 100, 100, 765, 85, 85

3 312

4 312, 8, 312, 8, 39

5 ㉡, ㉣

6 식 $8.46\div0.02=423$

이유 예 846과 2를 각각 $\frac{1}{100}$배 하면 8.46과 0.02가 됩니다.

7 

8 $5.88\div0.42=\frac{588}{100}\div\frac{42}{100}=588\div42=14$

9 10, 29, 28, 28

10 예 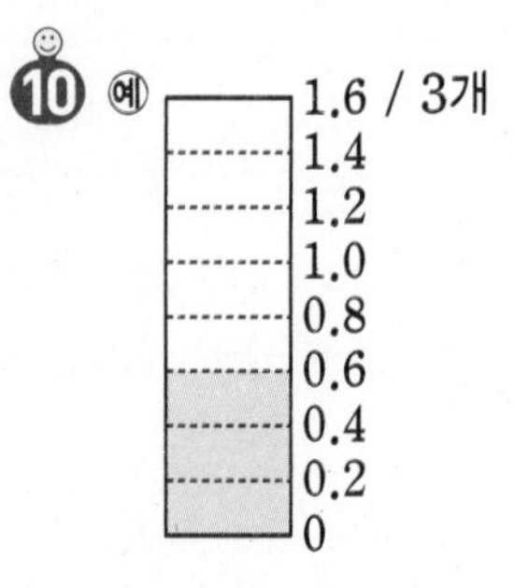

11 >

12 (1) 56 (2) 23

13

```
           1 8
 0.48 ) 8.6 4
        4 8
        3 8 4
        3 8 4
            0
```

14 3배

15 예 3

16

```
              3.2
 1.80 ) 5.7 6 0
        5 4 0
          3 6 0
          3 6 0
              0
```

17 ㉡

18 5.6

19 2.7

20 3.1배

21 280

22 $25\div1.25=\frac{2500}{100}\div\frac{125}{100}=2500\div125=20$

23 (위에서부터) 100, 25, 25, 100

24 (1) 14 (2) 15 (3) 50 (4) 350

25 18, 180, 1800

26 2.5

27 예 18, 14.4

28 방법 1 예 $15\div2.5$
$=\frac{150}{10}\div\frac{25}{10}$
$=150\div25=6$ / 6개

방법 2 예

```
          6
 2.5 ) 1 5.0
       1 5 0
           0  / 6개
```

준비 0.6, 0.65

29 6.3

30 1, 1.4, 1.43

31 <

32 예 6.39배

33 9.4배

34 0.03

35 2.6 / 2.6, 3, 2.6

36 3.6 **37** 5상자, 3.6 kg

38 5, 3.6 / 5, 3.6 **39** 준호

40 8송이, 2.2 m

41 방법 1 예 $14.9-3-3-3-3=2.9$ / 4, 2.9

방법 2 예

$$\begin{array}{r} 4 \\ 3\overline{)\,14.9} \\ \underline{12} \\ 2.9 \end{array}$$

/ 4, 2.9

1 1.5에서 0.3을 5번 덜어 낼 수 있습니다.

2 (1) $25.8\div0.6$을 자연수의 나눗셈으로 바꾸려면 나누어지는 수와 나누는 수에 똑같이 10배 하면 됩니다.
(2) $7.65\div0.09$를 자연수의 나눗셈으로 바꾸려면 나누어지는 수와 나누는 수에 똑같이 100배 하면 됩니다.

3 나눗셈에서 나누어지는 수와 나누는 수에 같은 수를 곱하여도 몫은 변하지 않습니다.
9.36과 0.03에 각각 100을 곱하면 936과 3이므로
$9.36\div0.03=312$입니다.

4 31.2 cm=312 mm, 0.8 cm=8 mm이므로
$31.2\div0.8=312\div8$로 계산할 수 있습니다.

5 $3.55\div0.05=35.5\div0.5=355\div5=71$

6

평가 기준
조건을 만족하는 나눗셈식을 찾아 계산했나요?
그 이유를 썼나요?

7 $1.2\div0.6=\frac{12}{10}\div\frac{6}{10}=12\div6=2$
$7.5\div0.5=\frac{75}{10}\div\frac{5}{10}=75\div5=15$

8 소수 두 자리 수는 분모가 100인 분수로 바꾸어 계산할 수 있습니다.

내가 만드는 문제

10 예 음료수의 양이 0.6 L라고 하면 $0.6\div0.2=3$이므로 컵 3개가 필요합니다.

11 $3.84\div0.12=384\div12=32$
$6.88\div0.43=688\div43=16$ ➡ $32>16$

12 (1)

$$\begin{array}{r} 56 \\ 0.7\overline{)\,39.2} \\ \underline{35} \\ 42 \\ \underline{42} \\ 0 \end{array}$$

(2)

$$\begin{array}{r} 23 \\ 1.4\overline{)\,32.2} \\ \underline{28} \\ 42 \\ \underline{42} \\ 0 \end{array}$$

13 소수 두 자리 수이므로 나누어지는 수와 나누는 수의 소수점을 각각 오른쪽으로 두 자리씩 옮겨서 계산하고, 몫의 소수점은 옮긴 소수점의 위치에 찍습니다.

14 코끼리는 5.76 t, 흰코뿔소는 1.92 t이므로 코끼리의 무게는 흰코뿔소의 무게의 $5.76\div1.92=3$(배)입니다.

15 5.76을 6, 1.8을 2로 생각하여 $6\div2$로 계산하면 결과는 3에 가깝습니다.

16 나눗셈에서 나누어지는 수와 나누는 수에 같은 수를 곱하여도 몫은 변하지 않습니다.

17 자릿수가 다른 두 소수의 나눗셈을 할 때는 나누어지는 수와 나누는 수의 소수점을 각각 오른쪽으로 같은 자릿수만큼 옮겨서 계산해야 합니다.

18 나누어지는 수와 나누는 수에 똑같이 10배 하여 (소수)÷(자연수)로 계산합니다.
$3.92\div0.7=39.2\div7=5.6$

19 $3.78>3.46>2.1>1.4$이므로 가장 큰 수는 3.78이고 가장 작은 수는 1.4입니다.
➡ $3.78\div1.4=2.7$

20 (집~놀이공원)÷(집~백화점)
$=2.48\div0.8=3.1$(배)

21 예 가: 1.96을 10배 한 수는 19.6입니다.
나: 0.01이 7개인 수는 0.07입니다.
따라서 가÷나$=19.6\div0.07=280$입니다.

평가 기준
가와 나가 나타내는 수를 각각 구했나요?
가÷나의 몫을 구했나요?

22 소수 한 자리 수는 분모가 10인 분수로, 소수 두 자리 수는 분모가 100인 분수로 바꾸어 계산할 수 있습니다.

23 나눗셈에서 나누어지는 수와 나누는 수에 같은 수를 곱하여도 몫은 변하지 않습니다.

24 (1)

$$\begin{array}{r} 14 \\ 1.5\overline{)\,21.0} \\ \underline{15} \\ 60 \\ \underline{60} \\ 0 \end{array}$$

(2)

$$\begin{array}{r} 15 \\ 6.4\overline{)\,96.0} \\ \underline{64} \\ 320 \\ \underline{320} \\ 0 \end{array}$$

(3)

$$\begin{array}{r} 50 \\ 0.32\overline{)\,16.00} \\ \underline{160} \\ 0 \end{array}$$

(4)

$$\begin{array}{r} 350 \\ 0.54\overline{)\,189.00} \\ \underline{162} \\ 270 \\ \underline{270} \\ 0 \end{array}$$

25 나누어지는 수가 같고 나누는 수가 $\frac{1}{10}$배, $\frac{1}{100}$배가 되면 몫은 10배, 100배가 됩니다.

26 $31 \div \square = 12.4$ ➡ $\square = 31 \div 12.4 = 2.5$

내가 만드는 문제

27 예 $18 \div 1.25 = 14.4$

28

평가 기준
한 가지 방법으로 필요한 통은 몇 개인지 구했나요?
다른 한 가지 방법으로 필요한 통은 몇 개인지 구했나요?

29

```
     6.3 2
7)4 4.3 0
  4 2
    2 3
    2 1
      2 0
      1 4
        6
```

$44.3 \div 7 = 6.3\underline{2}\cdots$이고, 몫의 소수 둘째 자리 숫자가 2이므로 몫을 반올림하여 소수 첫째 자리까지 나타내면 6.3입니다.

30 $10 \div 7 = 1.428\cdots$
몫을 반올림하여 일의 자리까지 나타내면
$1.\underline{4}$ ➡ 1입니다.
몫을 반올림하여 소수 첫째 자리까지 나타내면
$1.4\underline{2}$ ➡ 1.4입니다.
몫을 반올림하여 소수 둘째 자리까지 나타내면
$1.42\underline{8}$ ➡ 1.43입니다.

31 $35.9 \div 7 = 5.1\underline{2}\cdots$ ➡ 5.1이므로 $5.1 < 5.12\cdots$입니다.

내가 만드는 문제

32 예 노란색 구슬과 분홍색 구슬을 고른다면
$32.8 \div 5.13 = 6.39\underline{3}\cdots$ ➡ 6.39입니다.
따라서 노란색 구슬의 무게는 분홍색 구슬의 무게의 6.39배입니다.

33 $79.2 \div 8.4 = 9.4\underline{2}\cdots$ ➡ 9.4배

34 예 $1.6 \div 7 = 0.228\cdots$이므로 몫을 반올림하여 소수 첫째 자리까지 나타내면 0.2이고, 몫을 반올림하여 소수 둘째 자리까지 나타내면 0.23입니다.
따라서 나타낸 두 수의 차는 $0.23 - 0.2 = 0.03$입니다.

평가 기준
몫을 반올림하여 소수 첫째 자리까지 나타냈나요?
몫을 반올림하여 소수 둘째 자리까지 나타냈나요?
나타낸 두 수의 차를 구했나요?

37 $33.6 - \underbrace{6 - 6 - 6 - 6 - 6}_{5번} = 3.6$
33.6에서 6을 5번 뺄 수 있으므로 5상자에 나누어 담을 수 있고, 33.6에서 6을 5번 빼면 3.6이 남으므로 남는 사과의 무게는 3.6 kg입니다.

39 나누어 주는 물의 양과 나누어 주고 남는 물의 양의 합은 처음 물의 양과 같아야 합니다.
윤서: $4 \times 6 + 0.2 = 24.2$ (L)
준호: $4 \times 6 + 0.8 = 24.8$ (L)
따라서 계산 방법이 옳은 사람은 준호입니다.

40

```
    8      ← 수놓을 수 있는 꽃의 수
3)2 6.2
  2 4
    2.2    ← 남는 실의 길이
```

41

평가 기준
한 가지 방법으로 봉지 수와 남는 귤의 무게를 구했나요?
다른 한 가지 방법으로 봉지 수와 남는 귤의 무게를 구했나요?

STEP 3 자주 틀리는 유형 56~58쪽

1 ㉡	**2** (1) $>$ (2) $<$
3 ㉣, ㉡, ㉢, ㉠	**4** 7개
5 3면, 1.7 L	**6** 6개, 30.8 cm
7 7 cm	**8** 5 cm
9 5.8 cm	**10** 24
11 14	**12** 4
13 32.7	**14** 30.07
15 13.7	**16** 6
17 2	**18** 8

1 나누어지는 수가 3.92로 모두 같으므로 나누는 수가 작을수록 몫이 큽니다.
나누는 수의 크기를 비교하면 $0.8 < 1.12 < 1.4 < 2.8$로 0.8이 가장 작으므로 몫이 가장 큰 것은 ㉡입니다.

2 (1) 나누는 수가 0.3으로 같으므로 나누어지는 수가 클수록 몫이 큽니다.
$5.4 > 2.7$ ➡ $5.4 \div 0.3 > 2.7 \div 0.3$

(2) 나누어지는 수가 6으로 같으므로 나누는 수가 작을수록 몫이 큽니다.
$1.5>0.75$ ➡ $6\div1.5<6\div0.75$

3 나누어지는 수가 3.36으로 모두 같으므로 나누는 수가 작을수록 몫이 큽니다.
나누는 수의 크기를 비교하면 $0.14<0.4<1.2<1.68$이므로 몫의 크기를 비교하면 ㉣>㉡>㉢>㉠입니다.

4 $29.6\div4$의 몫을 자연수까지만 구하면 7이고 1.6이 남습니다.
따라서 상자를 7개까지 포장할 수 있습니다.

5 $16.7\div5$의 몫을 자연수까지만 구하면 3이고, 1.7이 남습니다.
따라서 벽을 3면까지 칠할 수 있고, 남는 페인트의 양은 1.7 L입니다.

6 $330.8\div50$의 몫을 자연수까지만 구하면 6이고, 30.8이 남습니다.
따라서 단소를 6개까지 만들 수 있고, 남는 대나무의 길이는 30.8 cm입니다.

7 (평행사변형의 넓이)=(밑변의 길이)×(높이)이므로
높이를 □cm라고 하면 $7.8\times□=54.6$입니다.
➡ $□=54.6\div7.8=7$

8 (세로)=(직사각형의 넓이)÷(가로)
$=17.5\div3.5=5$ (cm)

9 (삼각형의 넓이)=(밑변의 길이)×(높이)÷2이므로
밑변의 길이를 □cm라고 하면
$□\times5.4\div2=15.66$입니다.
➡ $□=15.66\times2\div5.4=5.8$

10 $3.75\times□=90$
➡ $□=90\div3.75=24$

11 $□\times0.52=7.28$
➡ $□=7.28\div0.52=14$

12 어떤 수를 □라고 하면 $44.64\div□=3.6$이므로
$□=44.64\div3.6=12.4$입니다.
따라서 어떤 수를 3.1로 나눈 몫은 $12.4\div3.1=4$입니다.

13 어떤 수를 □라고 하면 $□\div6=3\cdots1.6$이므로
$□=6\times3+1.6=19.6$입니다.
따라서 바르게 계산하면
$19.6\div0.6=32.6\underline{6}\cdots$ ➡ 32.7입니다.

14 어떤 수를 □라고 하면 $□\div28=3\cdots0.2$이므로
$□=28\times3+0.2=84.2$입니다.
따라서 바르게 계산하면
$84.2\div2.8=30.07\underline{1}\cdots$ ➡ 30.07입니다.

15 어떤 수를 □라고 하면 $□\times0.5=2.05$이므로
$□=2.05\div0.5=4.1$입니다.
따라서 바르게 계산하면
$4.1\div0.3=13.6\underline{6}\cdots$ ➡ 13.7입니다.

16 $12.3\div9=1.3666\cdots$이므로 몫의 소수 둘째 자리부터 숫자 6이 반복됩니다.
따라서 소수 12째 자리 숫자는 6입니다.

17 $50\div22=2.2727\cdots$로 몫의 소수점 아래 자릿수가 홀수인 자리의 숫자는 2이고, 짝수인 자리의 숫자는 7인 규칙입니다.
29는 홀수이므로 몫의 소수 29째 자리 숫자는 2입니다.

18 $3.58\div9=0.39777777777\cdots$
소수 10째 자리
소수 11째 자리
몫의 소수 11째 자리 숫자가 7이므로 올림합니다.
➡ 0.3977777778
└소수 10째 자리

STEP 4 최상위 도전 유형

59~62쪽

1 5, 3, 2 / 133	**2** 0, 4, 8 / 2.4
3 8, 7, 5, 3 / 29.2	**4** 1, 2, 3, 4, 5
5 9개	**6** 3개
7 2.08 cm	**8** 1.6 cm
9 8개	**10** 25개
11 66개	**12** 28 cm
13 1.4배	**14** 16.2 km
15 37.1 kg	**16** 51.33 kg
17 10 kg	**18** 나 가게
19 가 가게	**20** 다
21 1시간 32분	**22** 8시간 20분
23 오후 4시 30분	

1 몫이 가장 크려면 나누어지는 수가 가장 커야 합니다.
$5>3>2$ ➡ $53.2\div0.4=133$

2 몫이 가장 작은 나눗셈식을 만들려면 나누어지는 수를 가장 작은 수로 만들면 됩니다.
$0<4<8$ ➡ $0.48\div0.2=2.4$

3 몫이 가장 크려면 나누어지는 수는 가장 크고 나누는 수는 가장 작아야 합니다.
$8>7>5>3$이므로
$87.5\div3=29.1\underline{6}\cdots$ ➡ 29.2입니다.

4 $8.4\div1.4=6$이므로 $6>\square$입니다.
따라서 □ 안에 들어갈 수 있는 수는 1, 2, 3, 4, 5입니다.

5 $144\div3.6=40$, $24\div0.48=50$이므로 $40<\square<50$입니다.
따라서 □ 안에 들어갈 수 있는 자연수는 41, 42, ..., 49로 모두 9개입니다.

6 $44.2\div26=1.7$이므로 $1.7<1.\square5$입니다.
따라서 □ 안에는 7과 같거나 큰 수가 들어갈 수 있으므로 □ 안에 들어갈 수 있는 수는 7, 8, 9로 모두 3개입니다.

7 (처음 직사각형의 넓이)$=6.24\times4=24.96\,(cm^2)$
(새로 만든 직사각형의 세로)$=4+2=6\,(cm)$
(새로 만든 직사각형의 가로)$=24.96\div6=4.16\,(cm)$
➡ $6.24-4.16=2.08\,(cm)$

8 (처음 마름모의 넓이)$=3\times2.4\div2=3.6\,(cm^2)$
(새로 만든 마름모의 한 대각선의 길이)
$=3-1.2=1.8\,(cm)$
(새로 만든 마름모의 다른 대각선의 길이)
$=3.6\times2\div1.8=4\,(cm)$
➡ $4-2.4=1.6\,(cm)$

9 (기둥의 수)$=11.2\div1.4=8$(개)

10 (의자와 간격의 길이의 합)$=1.5+8.1=9.6\,(m)$
➡ (필요한 의자의 수)$=240\div9.6=25$(개)

11 (깃발 사이의 간격의 수)$=40\div1.25=32$(군데)
(도로 한쪽에 세우는 깃발의 수)$=32+1=33$(개)
➡ (도로 양쪽에 세우는 깃발의 수)$=33\times2=66$(개)

12 1시간 15분$=1\frac{15}{60}$시간$=1\frac{1}{4}$시간$=1.25$시간
(달팽이가 한 시간 동안 기어가는 거리)
=(전체 움직인 거리)÷(움직인 시간)
$=35\div1.25=28\,(cm)$

13 1시간 12분$=1\frac{12}{60}$시간$=1\frac{1}{5}$시간$=1.2$시간
(혜진이가 줄넘기를 한 시간)÷(성호가 줄넘기를 한 시간)
$=1.68\div1.2=1.4$(배)

14 2시간 36분$=2\frac{36}{60}$시간$=2\frac{3}{5}$시간$=2.6$시간
(1시간 동안 달린 거리)
$=42.2\div2.6=16.2\underline{3}\cdots$ ➡ 16.2 km

15 2 m 10 cm$=2.1$ m
(통나무 1 m의 무게)
=(통나무의 무게)÷(통나무의 길이)
$=78\div2.1=37.1\underline{4}\cdots$ ➡ 37.1 kg

16 90 cm$=0.9$ m
(파이프 1 m의 무게)
=(파이프의 무게)÷(파이프의 길이)
$=46.2\div0.9=51.33\underline{3}\cdots$ ➡ 51.33 kg

17 (잘라 낸 철근 1.8 m의 무게)
$=31.6-14.4=17.2\,(kg)$
(철근 1 m의 무게)$=17.2\div1.8=9.\underline{5}\cdots$ ➡ 10 kg

18 (가 가게에서 파는 딸기 음료 1 L의 가격)
$=1110\div0.6=1850$(원)
(나 가게에서 파는 딸기 음료 1 L의 가격)
$=2340\div1.3=1800$(원)
따라서 같은 양의 딸기 음료를 산다면 나 가게가 더 저렴합니다.

19 (가 가게에서 파는 소금 1 kg의 가격)
$=9000\div2.5=3600$(원)
(나 가게에서 파는 소금 1 kg의 가격)
$=5700\div1.5=3800$(원)
따라서 같은 양의 소금을 산다면 가 가게가 더 저렴합니다.

20 (가 아이스크림 1 kg의 가격)
$=3600\div0.4=9000$(원)
(나 아이스크림 1 kg의 가격)
$=4600\div0.5=9200$(원)
(다 아이스크림 1 kg의 가격)
$=7200\div0.75=9600$(원)
따라서 다 아이스크림이 가장 비쌉니다.

21 (탄 양초의 길이)$=22-3.6=18.4\,(cm)$
(18.4 cm를 태우는 데 걸린 시간)
$=18.4\div0.2=92$(분)
➡ 92분$=60$분$+32$분$=1$시간 32분

22 (탄 양초의 길이)$=18.4-6.4=12$ (cm)
10분에 0.24 cm씩 타므로 1분에 0.024 cm씩 탑니다.
(12 cm를 태우는 데 걸린 시간)
$=12\div0.024=500$(분)
➡ 500분$=$480분$+$20분$=$8시간 20분

23 (탄 양초의 길이)$=40-4=36$ (cm)
(36 cm를 태우는 데 걸린 시간)$=36\div0.4=90$(분)
➡ 90분$=$60분$+$30분$=$1시간 30분이므로 양초의 불을 끈 시각은 오후 3시$+$1시간 30분$=$오후 4시 30분

수시 평가 대비 Level 1

63~65쪽

1	(위에서부터) 100, 100, 848, 212, 212		
2	㉡		
3	$6\div0.75=\frac{600}{100}\div\frac{75}{100}=600\div75=8$		
4	$7.25\div0.05=145$	**5**	6, 60, 600
6	$>$	**7**	3.9
8	27도막	**9**	$>$
10	2.1배	**11**	5.8
12	17병, 1.2 L	**13**	1
14	6.3	**15**	0.38
16	88 km	**17**	8, 4, 2 / 4
18	15개		

19
$$\begin{array}{r} 7 \\ 6\,\overline{)\,45.6} \\ \underline{42} \\ 3.6 \end{array}$$
/ 7, 3.6

이유 예 상자 수는 소수가 아닌 자연수이므로 몫을 자연수까지만 구해야 합니다.

20 9.8 kg

1 $8.48\div0.04$를 자연수의 나눗셈으로 바꾸려면 나누어지는 수와 나누는 수에 똑같이 100을 곱하면 됩니다.

2 $22.4\div0.7=224\div7=32$

4 725와 5를 각각 $\frac{1}{100}$배 하면 7.25와 0.05가 됩니다.

5 나누어지는 수가 같고 나누는 수가 $\frac{1}{10}$배, $\frac{1}{100}$배가 되면 몫은 10배, 100배가 됩니다.

6 $1.36\div0.04=136\div4=34$
$83.7\div2.7=837\div27=31$

7 $5.6<21.84$
➡ $21.84\div5.6=3.9$

8 $8.1\div0.3=27$(도막)

9 $9.5\div7=1.35\cdots$ ➡ 1.4

10 $32.76\div15.6=2.1$(배)

11 $7.2\times\square=41.76$ ➡ $\square=41.76\div7.2=5.8$

12 $35.2\div2$의 몫을 자연수까지만 구하면 17이고, 1.2가 남습니다.
따라서 17병까지 담을 수 있고, 남는 물의 양은 1.2 L입니다.

13 $4.2\div1.1=3.8181\cdots$이므로 몫의 소수점 아래 숫자는 8, 1이 반복됩니다.
$30\div2=15$이므로 몫의 소수 30째 자리 숫자는 반복되는 숫자 중 두 번째 숫자와 같은 1입니다.

14 가: 0.567을 10배 한 수는 5.67입니다.
나: 0.1이 9개인 수는 0.9입니다.
➡ 가$\div$나$=5.67\div0.9=6.3$

15 $9.7\div3.7=2.621\cdots$
몫을 반올림하여 일의 자리까지 나타내면 $2.6\cdots$ ➡ 3
몫을 반올림하여 소수 둘째 자리까지 나타내면
$2.621\cdots$ ➡ 2.62
따라서 나타낸 두 수의 차는 $3-2.62=0.38$입니다.

16 1시간 30분$=1\frac{30}{60}$시간$=1\frac{5}{10}$시간$=1.5$시간
(한 시간 동안 달리는 거리)$=$(달린 거리)$\div$(달린 시간)
$=132\div1.5=88$ (km)

17 몫이 가장 작으려면 나누는 수가 가장 커야 합니다.
2, 4, 8로 만들 수 있는 가장 큰 소수 두 자리 수는 8.42입니다.
➡ $33.68\div8.42=4$

18 (안내판의 가로 길이와 간격의 길이의 합)
$=0.8+18.6=19.4$ (m)
➡ (필요한 안내판의 수)$=291\div19.4=15$(개)

19

평가 기준	배점
잘못 계산한 곳을 찾아 바르게 계산했나요?	3점
잘못 계산한 이유를 썼나요?	2점

20 예 (철근 1 m의 무게)$=25.97\div5.3=4.9$ (kg)
(철근 2 m의 무게)$=4.9\times2=9.8$ (kg)

평가 기준	배점
철근 1 m의 무게를 구했나요?	3점
철근 2 m의 무게를 구했나요?	2점

수시 평가 대비 Level ❷

66~68쪽

1 (위에서부터) 10, 10, 152, 38, 38

2 225, 45 / 5

3 $8.82\div0.09=\frac{882}{100}\div\frac{9}{100}=882\div9=98$

4 (1) 33 (2) 650

5 77, 770, 7700

6
```
        1 8
6.5)1 1 7.0
      6 5
    -----
      5 2 0
      5 2 0
    -------
          0
```

7 >

8 28

9 20

10 33번

11 식 $47.6\div1.4=34$
이유 예 476과 14를 각각 $\frac{1}{10}$배 하면 47.6과 1.4가 됩니다.

12 0.2

13 7병, 1.6 L

14 7

15 12.35 cm

16 0.21 kg

17 8, 6, 4, 1, 2 / 7.2

18 나 가게, 440원

19 3.48 km

20 7분

2 (필통의 길이)÷(지우개의 길이)
$=22.5\div4.5=225\div45=5$(배)

4 (1)
```
          3 3
2.45)8 0.8 5
     7 3 5
     -------
       7 3 5
       7 3 5
     -------
           0
```
(2)
```
          6 5 0
0.08)5 2.0 0
     4 8
     -------
       4 0
       4 0
     -------
           0
```

5 나누는 수가 같을 때 나누어지는 수가 10배, 100배가 되면 몫도 10배, 100배가 됩니다.
$2.31\div0.03=77$
$23.1\div0.03=770$
$231\div0.03=7700$
(100배)

6 몫의 소수점의 위치는 나누어지는 수의 옮긴 소수점의 위치와 같아야 합니다.

7 $34.5\div1.5=23$, $10.2\div0.68=15$
➡ $23>15$이므로 $34.5\div1.5>10.2\div0.68$입니다.

8 $\square\times1.25=35$ ➡ $\square=35\div1.25=28$

9 $31.25◎1.25=(31.25\div1.25)\div1.25$
$=25\div1.25=20$

10 (자른 도막의 수)
=(전체 통나무의 길이)÷(한 도막의 길이)
$=10.54\div0.31=34$(도막)
(자른 횟수)=(도막의 수)$-1=34-1=33$(번)

12 $6.3\div1.3=4.84\cdots$이므로 몫을 반올림하여 일의 자리까지 나타내면 5이고, 몫을 반올림하여 소수 첫째 자리까지 나타내면 4.8입니다. ➡ $5-4.8=0.2$

13 $15.6\div2$의 몫을 자연수까지만 구하면 7이고, 1.6이 남습니다. 따라서 우유를 7병까지 담을 수 있고, 남는 우유의 양은 1.6 L입니다.

14 $37\div2.7=13.703703\cdots$이므로 몫의 소수점 아래 숫자는 7, 0, 3이 반복됩니다.
$25\div3=8\cdots1$이므로 몫의 소수 25째 자리 숫자는 반복되는 숫자 중 첫 번째 숫자와 같은 7입니다.

15 (사다리꼴의 넓이)
=((윗변의 길이)+(아랫변의 길이))×(높이)÷2
((윗변의 길이)+(아랫변의 길이))를 □cm라고 하면
$\square\times4.8\div2=29.64$입니다.
➡ $\square=29.64\times2\div4.8=12.35$

16 (잘라 낸 철사 11.7 m의 무게)$=7.2-4.7=2.5$ (kg)
(철사 1 m의 무게)
$=2.5\div11.7=0.21\underline{3}\cdots$ ➡ 0.21 kg

17 몫이 가장 크려면 나누어지는 수는 가장 크고, 나누는 수는 가장 작아야 합니다.
만들 수 있는 가장 큰 소수 두 자리 수: 8.64
만들 수 있는 가장 작은 소수 한 자리 수: 1.2
➡ $8.64 \div 1.2 = 7.2$

18 (가 가게에서 파는 수정과 1 L의 가격)
$= 1800 \div 0.6 = 3000$(원)
(나 가게에서 파는 수정과 1 L의 가격)
$= 1920 \div 0.75 = 2560$(원)
따라서 1 L의 수정과를 산다면 나 가게가
$3000 - 2560 = 440$(원) 더 저렴합니다.

19 예 1시 30분부터 2시 45분까지는 1시간 15분입니다.
1시간 15분$=1\frac{15}{60}$시간$=1\frac{1}{4}$시간$=1.25$시간
➡ (한 시간 동안 걸은 거리)$= 4.35 \div 1.25$
$= 3.48$ (km)

평가 기준	배점
걸은 시간을 시간 단위의 소수로 나타냈나요?	2점
한 시간 동안 걸은 거리를 구했나요?	3점

20 예 160 m$=$0.16 km
(터널을 완전히 지나가는 데 달리는 거리)
$=$(터널의 길이)$+$(기차의 길이)
$= 8.52 + 0.16 = 8.68$ (km)
➡ (터널을 완전히 지나가는 데 걸리는 시간)
$= 8.68 \div 1.24 = 7$(분)

평가 기준	배점
터널을 완전히 지나가는 데 달리는 거리를 구했나요?	2점
터널을 완전히 지나가는 데 걸리는 시간을 구했나요?	3점

3 공간과 입체

공간 감각은 실생활에 필요한 기본적인 능력일 뿐 아니라 도형과 도형의 성질을 학습하는 것과 매우 밀접한 관련을 가집니다. 이에 본단원은 학생에게 친숙한 공간 상황과 입체를 탐색하는 것을 통해 공간 감각을 기를 수 있도록 구성하였습니다. 이 단원에서는 공간에 있는 대상들을 여러 위치와 방향에서 바라 본 모양과 쌓은 모양에 대해 알아보고, 쌓기나무로 쌓은 모양들을 평면에 나타내는 다양한 표현들을 알아보고, 이 표현들을 보고 쌓은 모양과 쌓기나무의 개수를 추측하는 데 초점을 둡니다. 먼저 공간에 있는 건물들과 조각들을 여러 위치와 방향에서 본 모양을 알아보고, 쌓은 모양에 대해 탐색해 보게 합니다. 이후 공간의 다양한 대상들을 나타내는 쌓기나무로 쌓은 모양들을 투영도, 투영도와 위에서 본 모양, 위, 앞, 옆에서 본 모양, 위에서 본 모양에 수를 쓰는 방법, 층별로 나타낸 모양으로 쌓은 모양과 쌓기나무의 개수를 추측하면서 여러 가지 방법들 사이의 장단점을 인식할 수 있도록 지도하고, 쌓기나무로 조건에 맞게 모양을 만들어 보고 조건을 바꾸어 새로운 모양을 만드는 문제를 해결합니다.

STEP 1 교과 개념 1. 어느 방향에서 보았는지 알아보기 / 쌓은 모양과 쌓기나무의 개수 알아보기(1)

71쪽

1 ⑤, ①, ③

2 나

3 

1 첫 번째 사진은 노란색 직육면체 모양 건물이 오른쪽에 있으므로 ⑤에서 찍은 사진입니다.
두 번째 사진은 노란색 직육면체 모양 건물이 왼쪽에 있으므로 ①에서 찍은 사진입니다.
세 번째 사진은 노란색 직육면체 모양 건물이 초록색 지붕이 있는 집에 가려져 있으므로 ③에서 찍은 사진입니다.

2 나를 앞에서 보면 ○표 한 부분이 보입니다.

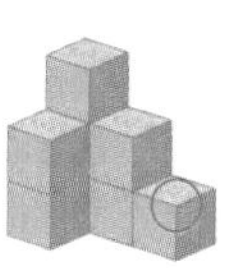

3 첫 번째 모양은 1층이 위에서부터 2개, 2개, 2개가 연결되어 있는 모양이고, 두 번째 모양은 1층이 위에서부터 3개, 3개, 1개가 연결되어 있는 모양이고, 마지막 모양은 1층이 위에서부터 3개, 2개가 연결되어 있는 모양입니다.

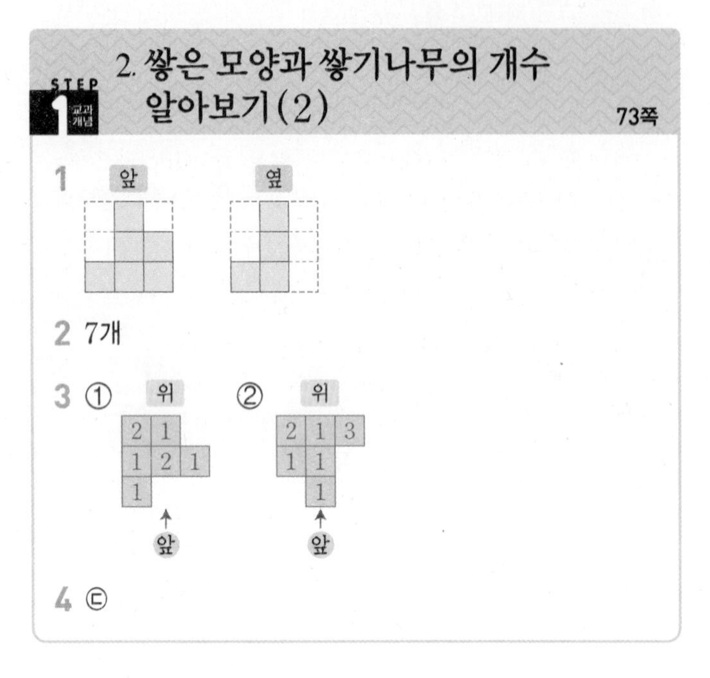

STEP 1 교과 개념 2. 쌓은 모양과 쌓기나무의 개수 알아보기(2) 73쪽

1 앞 / 옆

2 7개

3 ① 위 ② 위

4 ㉢

1 위에서 본 모양을 보면 보이지 않는 쌓기나무가 없다는 것을 알 수 있습니다.

2 위에서 본 모양을 보면 1층의 쌓기나무는 5개입니다. 앞에서 본 모양을 보면 ○ 부분은 쌓기나무가 각각 1개이고, △ 부분은 3개 이하입니다. 옆에서 본 모양을 보면 △ 부분 중 ● 부분은 쌓기나무가 3개이고 나머지는 1개입니다. 따라서 1층에 5개, 2층에 1개, 3층에 1개로 똑같은 모양으로 쌓는 데 필요한 쌓기나무는 7개입니다.

4 앞에서 보면 왼쪽부터 차례로 3층, 1층으로 보입니다.

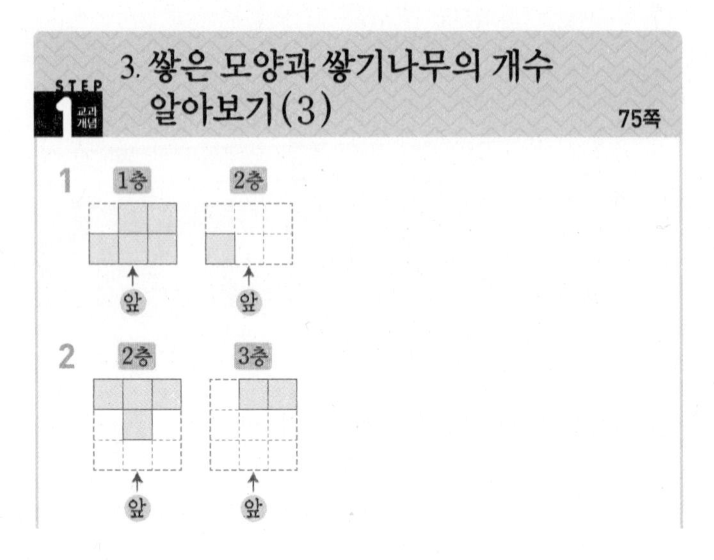

STEP 1 교과 개념 3. 쌓은 모양과 쌓기나무의 개수 알아보기(3) 75쪽

1 1층 / 2층

2 2층 / 3층

3 ③, ⑤

4 다

2 1층 모양을 보고 쌓기나무로 쌓은 모양의 뒤에 보이지 않는 쌓기나무가 없다는 것을 알 수 있습니다. 2층에는 쌓기나무 4개, 3층에는 쌓기나무 2개가 있습니다.

3 ③ ⑤

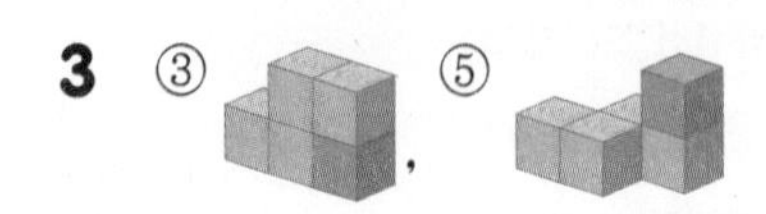

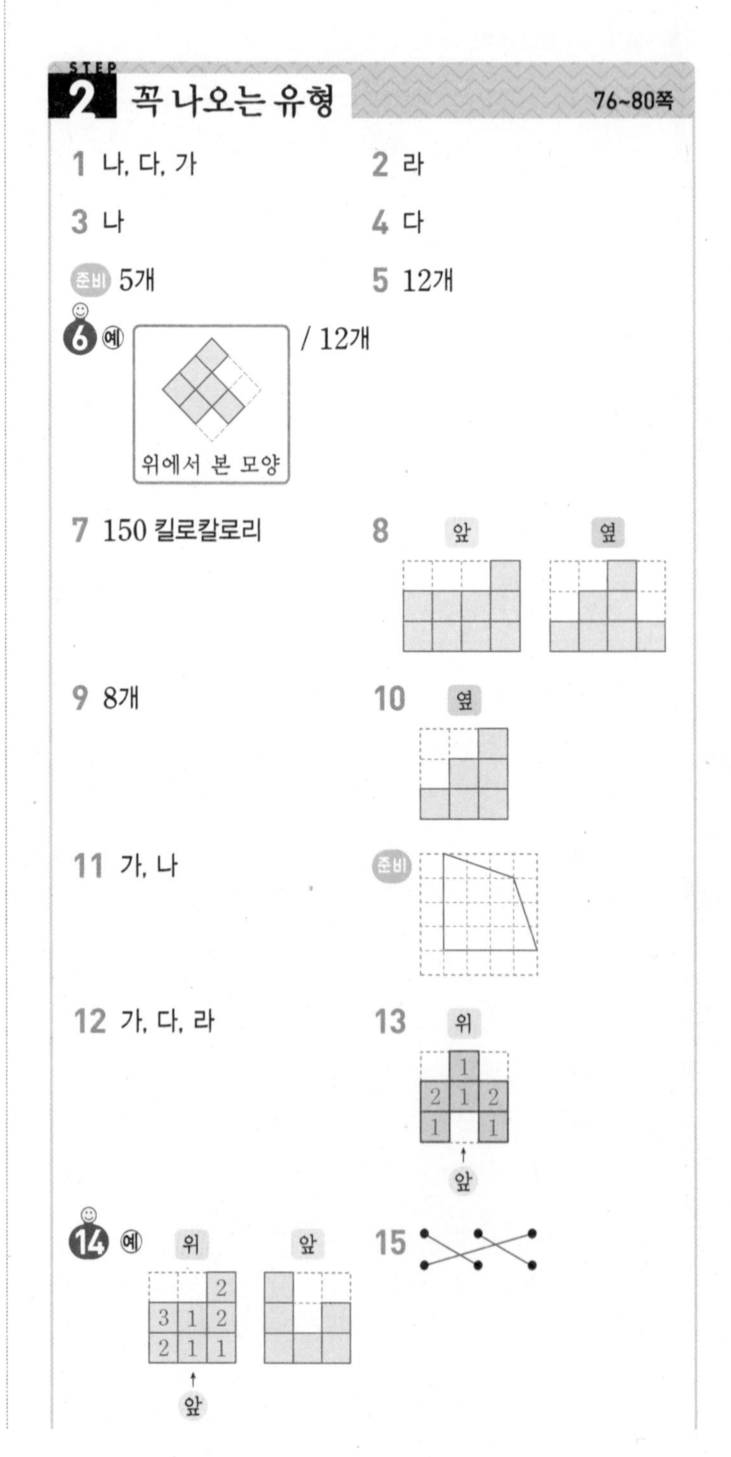

STEP 2 꼭 나오는 유형 76~80쪽

1 나, 다, 가

2 라

3 나

4 다

준비 5개

5 12개

6 예 / 12개

7 150 킬로칼로리

8 앞 / 옆

9 8개

10 옆

11 가, 나

준비

12 가, 다, 라

13 위

14 예 위 / 앞

15

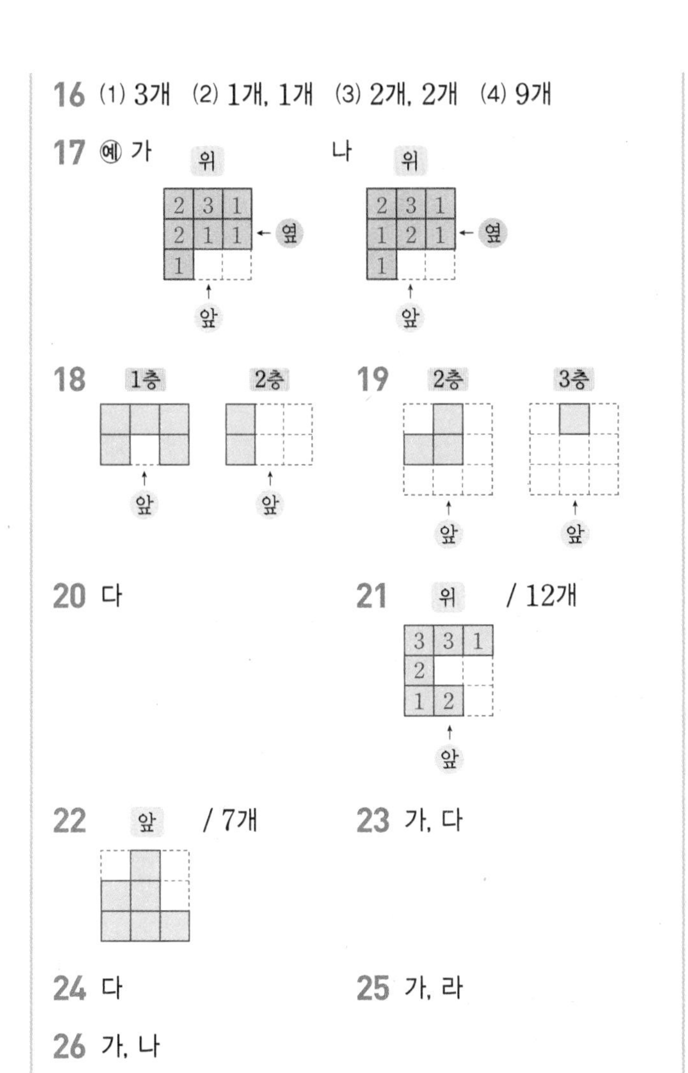

2 라: 손잡이 있는 컵이 가운데에 오려면 컵의 손잡이 위치가 바뀌어야 합니다.

3 나를 앞에서 보면 ○표 한 쌓기나무가 보이게 됩니다.

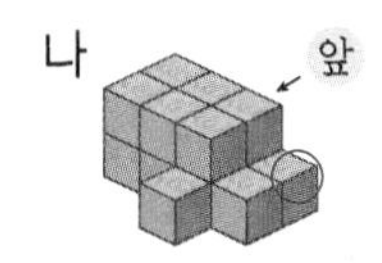

4 가, 나, 라는 뒤에 숨겨진 쌓기나무가 있을 수 있으므로 쌓은 모양이 여러 가지일 수 있습니다.

준비 1층에 4개, 2층에 1개가 있습니다. ➡ $4+1=5$(개)

5 쌓기나무가 1층에 8개, 2층에 3개, 3층에 1개이므로 주어진 모양과 똑같이 쌓는 데 필요한 쌓기나무는 12개입니다.

내가 만드는 문제

6 앞의 쌓기나무에 가려져 보이지 않는 쌓기나무가 있는지 추측하여 위에서 본 모양을 그려 보고 개수를 세어 쌓기나무의 개수를 구해 봅니다.
예 보이는 쌓기나무의 개수가 10개, 보이지 않는 쌓기나무가 2개라고 하면 쌓기나무의 개수는 12개입니다.

7 예 각설탕은 1층에 9개, 2층에 5개, 3층에 1개이므로 모두 15개 사용되었습니다.
따라서 쌓은 각설탕의 칼로리는 모두
$10 \times 15 = 150$ (킬로칼로리)입니다.

평가 기준
쌓은 각설탕의 개수를 모두 구했나요?
쌓은 각설탕의 칼로리는 모두 몇 킬로칼로리인지 구했나요?

8 위에서 본 모양을 보면 보이지 않는 쌓기나무가 있다는 것을 알 수 있습니다. 이를 이용하여 쌓기나무로 쌓아 보고 앞과 옆에서 본 모양을 그립니다.

9 위에서 본 모양을 보면 1층의 쌓기나무는 5개입니다. 앞에서 본 모양을 보면 ○ 부분은 쌓기나무가 2개이고, ☆ 부분은 쌓기나무가 각각 1개이고, △ 부분은 3개 이하입니다. 옆에서 본 모양을 보면 △ 부분 중 □는 3개이고, 나머지는 1개입니다. 따라서 1층에 5개, 2층에 2개, 3층에 1개이므로 똑같은 모양으로 쌓는 데 필요한 쌓기나무는 8개입니다.

10 앞에서 본 모양을 보면 ○ 부분은 쌓기나무가 각각 1개, △ 부분은 쌓기나무가 2개 이하, ☆ 부분은 쌓기나무가 3개입니다. 쌓기나무 9개로 쌓은 모양이므로 △ 부분은 쌓기나무가 각각 2개입니다. 쌓기나무 9개로 쌓은 후 옆에서 본 모양을 보고 그립니다.

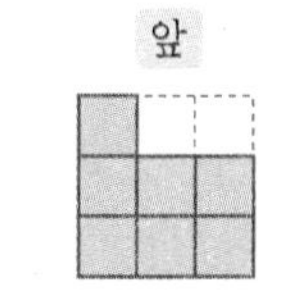

11 다는 앞에서 본 모양이 오른쪽과 같습니다.

12 쌓기나무 7개를 붙여서 만든 모양을 돌려 보면서 주어진 구멍이 있는 상자에 넣을 수 있는지 살펴봅니다.

13 위에서 본 모양의 각 자리에 쌓인 쌓기나무의 개수를 세어 위에서 본 모양에 수를 씁니다.

내가 만드는 문제

14 예 앞에서 보았을 때 줄별로 가장 큰 수는 왼쪽부터 차례로 3, 1, 2입니다.

15 위에서 본 모양이 서로 같은 쌓기나무입니다. 위에서 본 모양의 각 자리에 쌓인 쌓기나무의 개수를 세어서 비교합니다.

16 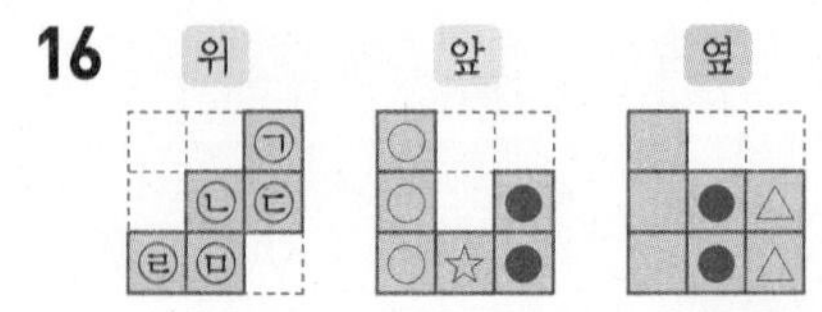

(1) 앞에서 본 모양의 ○ 부분에 의해서 ㉣에 쌓인 쌓기나무는 3개입니다.
(2) 앞에서 본 모양의 ☆ 부분에 의해서 ㉡과 ㉤에 쌓인 쌓기나무는 1개씩입니다.
(3) 옆에서 본 모양의 △ 부분에 의해서 ㉠에 쌓인 쌓기나무는 2개입니다. 앞과 옆에서 본 모양의 ● 부분에 의해서 ㉢에 쌓인 쌓기나무는 2개입니다.
(4) 똑같은 모양으로 쌓는 데 필요한 쌓기나무는 9개입니다.

17 쌓기나무 11개를 사용해야 하는 조건과 위에서 본 모양을 보면 2층 이상에 쌓인 쌓기나무는 4개입니다. 1층에 7개의 쌓기나무를 위에서 본 모양과 같이 놓고 나머지 4개의 위치를 이동하면서 위, 앞, 옆에서 본 모양이 서로 같은 두 모양을 만들어 봅니다.
예 가 나

18 1층에는 쌓기나무 5개가 와 같은 모양으로 있습니다. 그리고 쌓은 모양을 보고 2층에 쌓기나무 2개를 위치에 맞게 그립니다.

19 1층 모양을 보고 쌓기나무로 쌓은 모양의 뒤에 보이지 않는 쌓기나무가 없다는 것을 알 수 있습니다. 2층에는 쌓기나무 3개, 3층에는 쌓기나무 1개가 있습니다.

20 1층 모양으로 가능한 모양을 찾아보면 가와 다입니다.
가는 2층 모양이 이므로 쌓은 모양은 다입니다.

21 쌓기나무를 층별로 나타낸 모양에서 1층 모양의 ○ 부분은 쌓기나무가 3층까지 있습니다. △ 부분은 쌓기나무가 2층까지 있고, 나머지 부분은 1층만 있습니다. 따라서 똑같은 모양으로 쌓는 데 필요한 쌓기나무는 12개입니다.

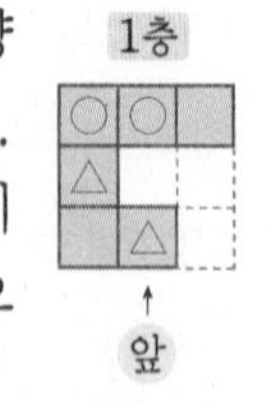

22 쌓기나무를 층별로 나타낸 모양에서 ○ 부분은 2층까지, △ 부분은 3층까지 쌓여 있고 나머지 부분은 1층만 있습니다.
앞에서 보았을 때 가장 큰 수는 왼쪽부터 차례로 2, 3, 1입니다.
➡ (필요한 쌓기나무의 개수)$=4+2+1=7$(개)

1층
앞

23 2층으로 가능한 모양은 가, 다입니다. 2층에 가를 놓으면 3층에 다를 놓을 수 있습니다.
2층에 다를 놓으면 3층에 가를 놓을 수 없습니다.
따라서 2층에 가, 3층에 다를 놓습니다.

25 뒤집거나 돌려서 같은 모양을 찾습니다.

26 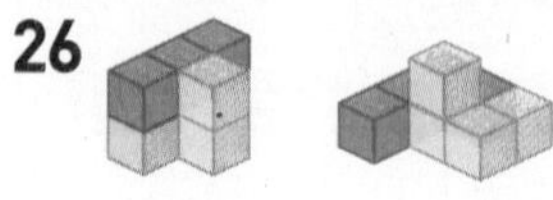

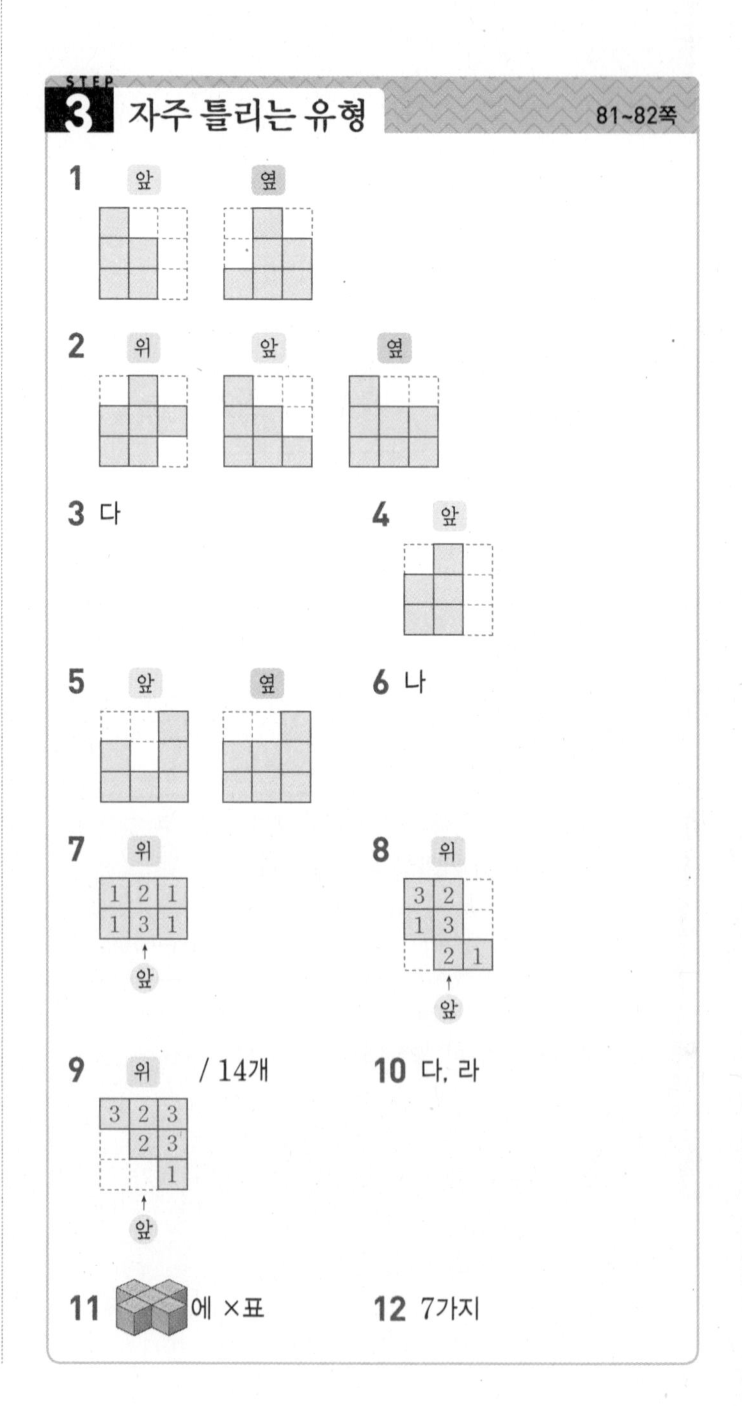

1 앞과 옆에서 본 모양은 각 줄별로 가장 높은 층만큼 그립니다.

2 위에서 본 모양은 1층에 쌓은 모양과 같게 그리고 앞, 옆에서 본 모양은 각 줄별로 가장 높은 층만큼 그립니다.

3 쌓기나무로 쌓은 모양을 각각 옆에서 본 모양은 다음과 같습니다.

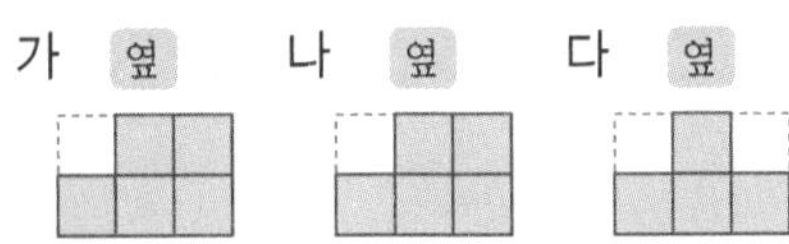

따라서 옆에서 본 모양이 다른 하나는 다입니다.

4 앞에서 보았을 때 줄별로 가장 큰 수는 왼쪽부터 차례로 2, 3입니다.

5 쌓기나무로 쌓은 모양은 오른쪽과 같습니다. 앞에서 보았을 때 줄별로 가장 큰 수는 왼쪽부터 차례로 2, 1, 3이고, 옆에서 보았을 때 줄별로 가장 큰 수는 왼쪽부터 차례로 2, 2, 3입니다.

6 쌓기나무로 쌓은 모양을 각각 옆에서 본 모양은 다음과 같습니다.

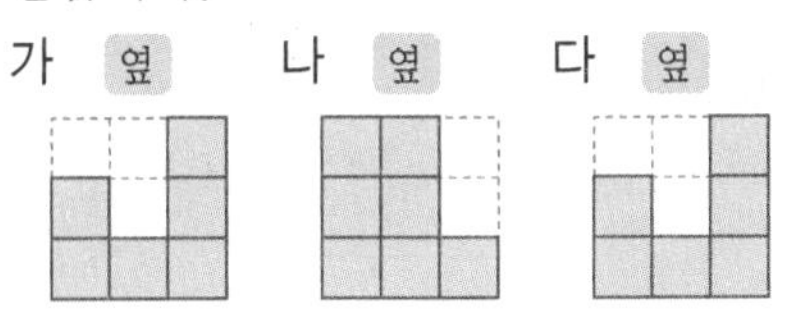

따라서 옆에서 본 모양이 다른 하나는 나입니다.

7 쌓기나무를 층별로 나타낸 모양에서 1층 모양의 ○ 부분은 쌓기나무가 3층까지 있고, △ 부분은 쌓기나무가 2층까지 있습니다. 나머지 부분은 1층만 있습니다.

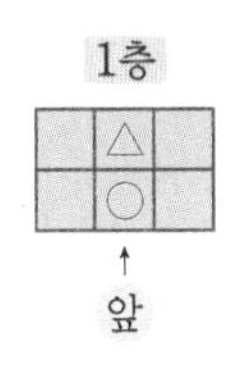

8 쌓기나무를 층별로 나타낸 모양에서 1층 모양의 ○ 부분은 쌓기나무가 3층까지 있고, △ 부분은 쌓기나무가 2층까지 있습니다. 나머지 부분은 1층만 있습니다.

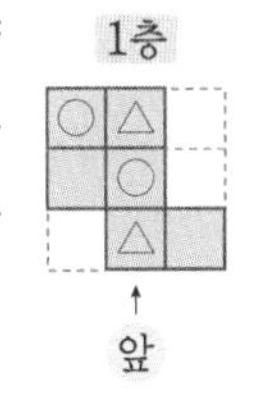

9 쌓기나무를 층별로 나타낸 모양에서 1층 모양의 ○ 부분은 쌓기나무가 3층까지 있고, △ 부분은 쌓기나무가 2층까지 있습니다. 나머지 부분은 1층만 있습니다. 따라서 똑같은 모양으로 쌓는 데 필요한 쌓기나무는 14개입니다.

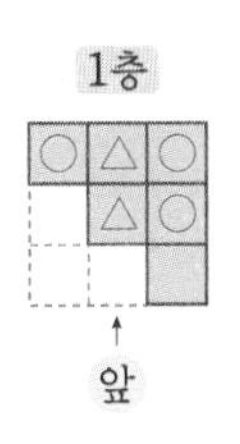

10 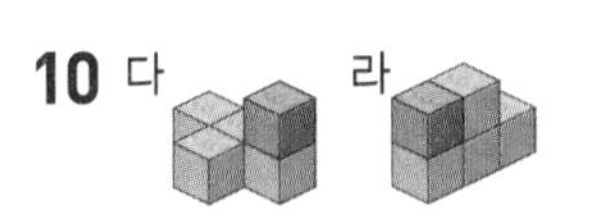

11 는 모양에 쌓기나무 1개를 더 붙여 만들 수 없습니다.

12 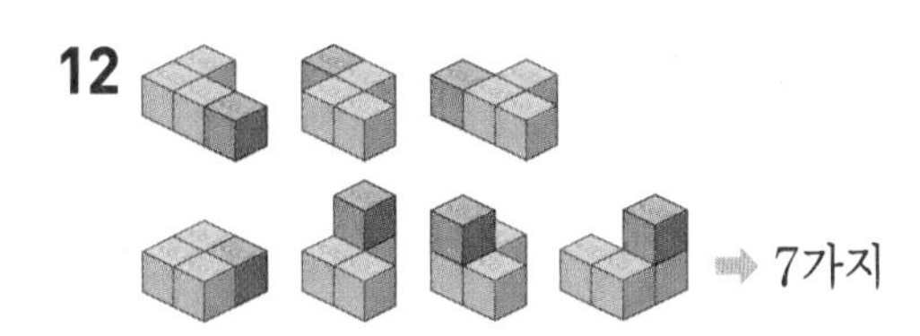

➡ 7가지

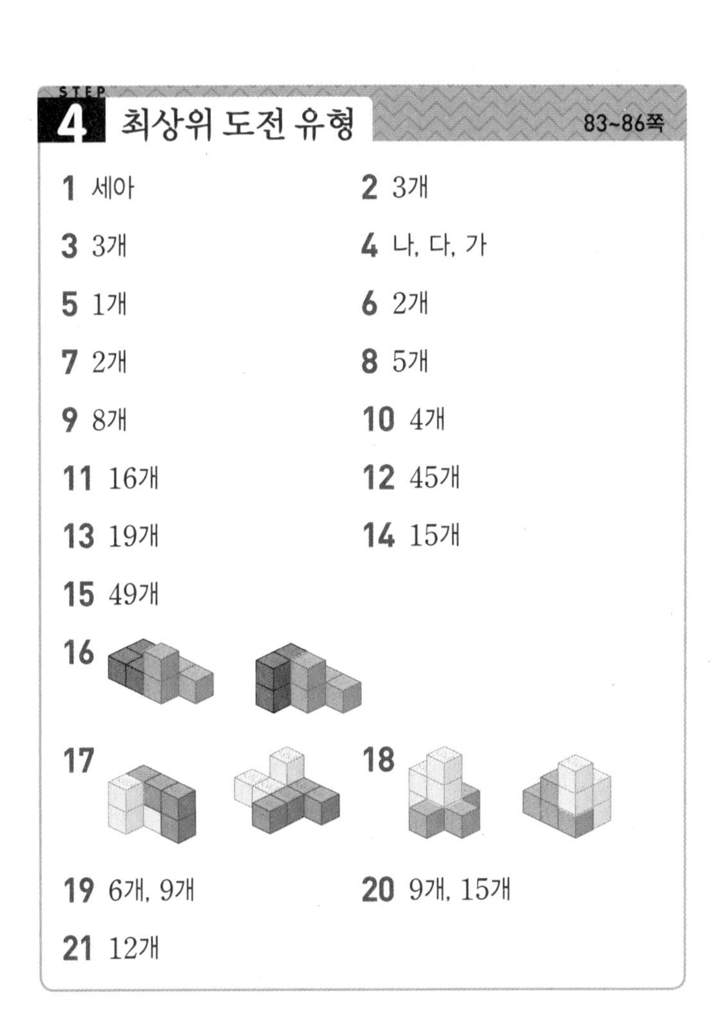

STEP **4** 최상위 도전 유형 83~86쪽

1 세아 **2** 3개

3 3개 **4** 나, 다, 가

5 1개 **6** 2개

7 2개 **8** 5개

9 8개 **10** 4개

11 16개 **12** 45개

13 19개 **14** 15개

15 49개

16

17 **18**

19 6개, 9개 **20** 9개, 15개

21 12개

1 (세아의 쌓기나무의 개수)
$=2+3+1+1+1+1=9$(개)

위에서 본 모양

(지유의 쌓기나무의 개수)
$=2+1+3+1+1=8$(개)
따라서 쌓기나무를 더 많이 사용한 사람은 세아입니다.

위에서 본 모양

2 (똑같은 모양으로 쌓는 데 필요한 쌓기나무의 개수)$=3+2+1+1+1=8$(개)
➡ (더 필요한 쌓기나무의 개수)
$=8-5=3$(개)

위에서 본 모양

3 위에서 본 모양에 수를 쓰면 오른쪽과 같습니다.

(똑같은 모양으로 쌓는 데 필요한 쌓기나무의 개수)
$=2+3+1+2+2+1=11$(개)
따라서 남는 쌓기나무는 $14-11=3$(개)입니다.

4 가

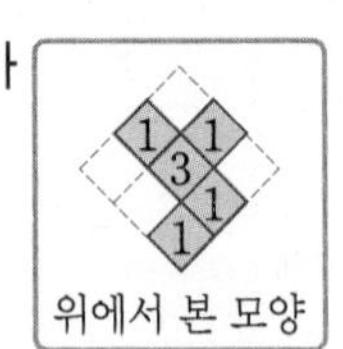

나 다

똑같은 모양으로 쌓는 데 필요한 쌓기나무의 개수는 다음과 같습니다.
가: $1+1+3+1+1=7$(개)
나: $3+3+1+2=9$(개)
다: $2+3+2+1=8$(개)
➡ 나>다>가

5 (㉠을 뺀 나머지 부분에 쌓은 쌓기나무의 개수)
$=4+3+3+2+2+1=15$(개)
➡ (㉠에 쌓은 쌓기나무의 개수)
$=16-15=1$(개)

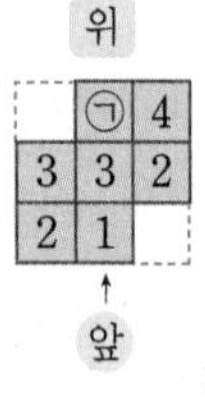

6 (㉠을 뺀 나머지 부분에 쌓은 쌓기나무의 개수)
$=1+2+2+1+3+4+1=14$(개)
➡ (㉠에 쌓은 쌓기나무의 개수)
$=16-14=2$(개)

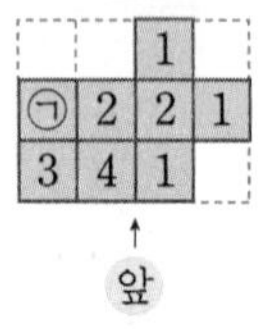

7 ㉡에 쌓은 쌓기나무는 1개입니다.
(㉠을 뺀 나머지 부분에 쌓은 쌓기나무의 개수)
$=1+4+2+3+1=11$(개)
➡ (㉠에 쌓은 쌓기나무의 개수)
$=13-11=2$(개)

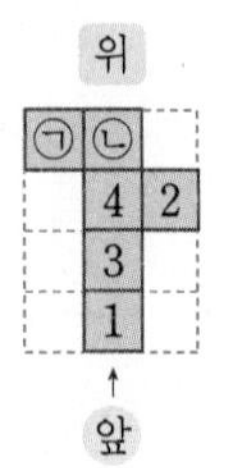

8 위

2	1
1	1

➡ $2+1+1+1=5$(개)

9 위

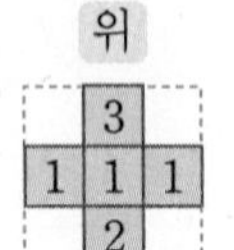

➡ $3+1+1+1+2=8$(개)

10 위에서 본 모양에 수를 쓰면 오른쪽과 같습니다. 따라서 2층에 쌓은 쌓기나무의 개수는 2 이상인 수가 쓰인 칸 수와 같으므로 4개입니다.

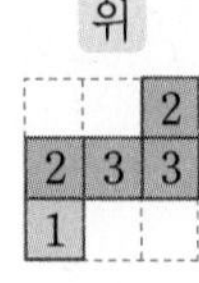

11

(빼낸 쌓기나무의 개수)
=(처음 쌓기나무의 개수)−(남은 쌓기나무의 개수)
$=(3\times3\times3)-(2+3+2+1+2+1)$
$=27-11=16$(개)

12

(처음 쌓기나무의 개수)$=4\times4\times4=64$(개)
(남은 쌓기나무의 개수)
$=4+2+2+1+3+1+2+2+1+1=19$(개)
따라서 빼낸 쌓기나무는 $64-19=45$(개)입니다.

13

(주어진 모양의 쌓기나무의 개수)
$=3+2+1+2=8$(개)
쌓기나무가 3층으로 쌓여 있으므로 한 모서리에 놓이는 쌓기나무가 3개인 정육면체를 만들어야 합니다.
➡ (적어도 더 필요한 쌓기나무의 개수)
$=(3\times3\times3)-8=19$(개)

14

(주어진 모양의 쌓기나무의 개수)
$=1+2+3+3+1+2=12$(개)
쌓기나무가 밑면에 3줄로 놓여 있으므로 한 모서리에 놓이는 쌓기나무가 3개인 정육면체를 만들어야 합니다.
➡ (적어도 더 필요한 쌓기나무의 개수)
$=(3\times3\times3)-12=15$(개)

15

(주어진 모양의 쌓기나무의 개수)
$=2+3+2+3+2+1+1+1=15$(개)

쌓기나무가 밑면에 4줄로 놓여 있으므로 한 모서리에 놓이는 쌓기나무가 4개인 정육면체를 만들어야 합니다.

➡ (적어도 더 필요한 쌓기나무의 개수)
$=(4\times4\times4)-15=49$(개)

19 • 가장 적게 사용한 경우: ➡ 6개

[위에서 본 모양]

• 가장 많이 사용한 경우: ➡ 9개

[위에서 본 모양]

20 • 가장 적게 사용한 경우:

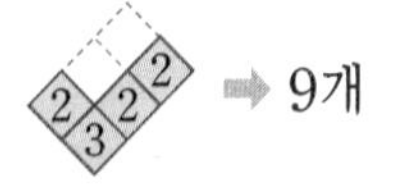

➡ 9개

[위에서 본 모양]

• 가장 많이 사용한 경우:

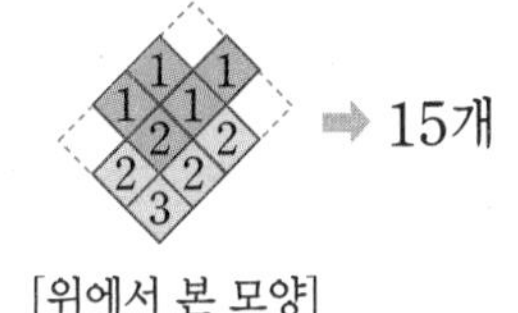

➡ 15개

[위에서 본 모양]

21

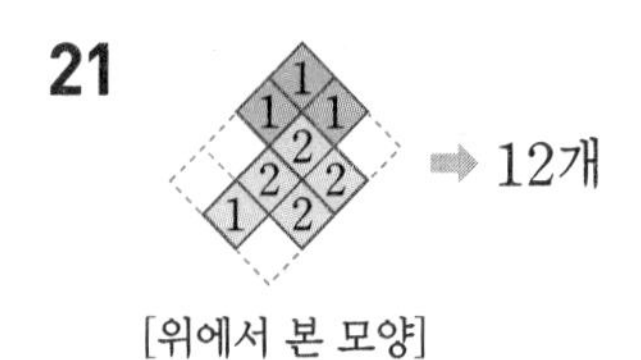

➡ 12개

[위에서 본 모양]

수시 평가 대비 Level 1

87~89쪽

1 ㉢ **2** ㉡

3 8개 **4** 9개

5 2층 3층

앞 앞

6 9개

7 옆, 앞 **8** 2가지

9 앞 옆

10 2개

11 가

12 위 앞 옆

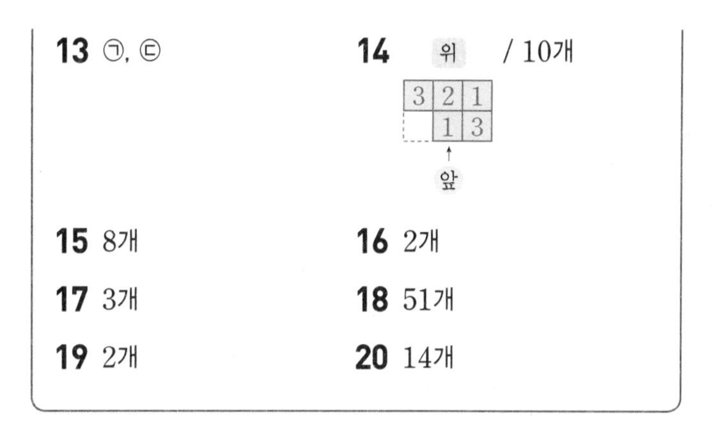

13 ㉠, ㉢ **14** 위 / 10개

3	2	1
	1	3

앞

15 8개 **16** 2개

17 3개 **18** 51개

19 2개 **20** 14개

1 나무의 윗부분이 집의 뒤로 보이고 꽃이 집의 오른쪽에 보이므로 ㉢입니다.

2 집의 왼쪽에 나무가 보이고 집의 오른쪽에 꽃이 보이므로 ㉡입니다.

3 (쌓기나무의 개수)$=3+1+2+1+1=8$(개)

4 1층에 5개, 2층에 3개, 3층에 1개이므로 주어진 모양과 똑같이 쌓는 데 쌓기나무가 9개 필요합니다.

5 1층 모양을 보고 쌓기나무로 쌓은 모양의 뒤에 보이지 않는 쌓기나무가 없다는 것을 알 수 있습니다.
2층에는 쌓기나무 3개, 3층에는 쌓기나무 1개가 있습니다.

6 쌓기나무가 1층에 5개, 2층에 3개, 3층에 1개 있습니다.
➡ $5+3+1=9$(개)

7 앞, 옆에서 본 모양은 각 줄별로 가장 높은 층을 기준으로 그립니다.

8 ➡ 2가지

9 • 앞에서 보았을 때 줄별로 가장 큰 수는 왼쪽부터 차례로 2, 2, 3입니다.
• 옆에서 보았을 때 줄별로 가장 큰 수는 왼쪽부터 차례로 3, 2입니다.

10 3층에 쌓인 쌓기나무는 3 이상의 수가 쓰여진 칸의 수와 같으므로 2개입니다.

11 각각의 모양을 앞에서 본 모양은 다음과 같습니다.

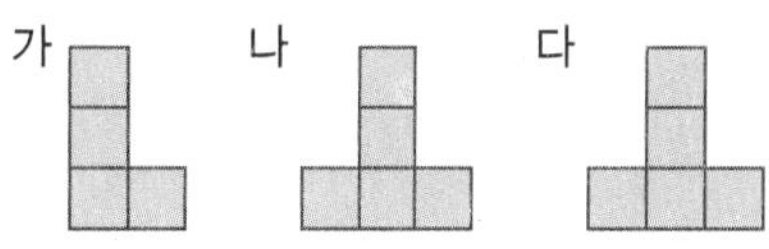

12 위에서 본 모양은 1층에 쌓인 쌓기나무의 모양과 같게 그리고 앞, 옆에서 본 모양은 각 줄별로 가장 높은 층을 기준으로 그립니다.

13 ㉠ ㉢

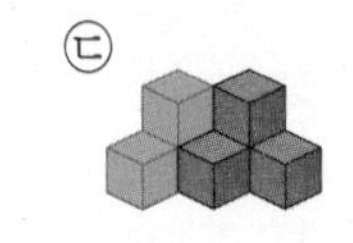

14 위에서 본 모양은 1층의 모양과 같습니다. 1층 모양에서 ○ 부분은 쌓기나무가 3개씩, △ 부분은 쌓기나무가 2개, 나머지는 쌓기나무가 1개 있습니다.
따라서 똑같은 모양으로 쌓는 데 필요한 쌓기나무는 $3+2+1+1+3=10$(개)입니다.

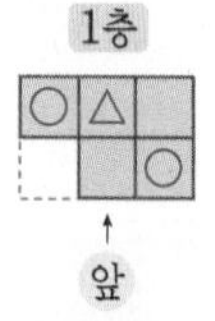

위

3	2	1
	1	3

앞

15 빨간색 쌓기나무 3개를 빼낸 모양을 옆에서 보았을 때 줄별로 가장 높은 층수는 왼쪽부터 차례로 1층, 2층, 3층, 2층입니다.
➡ $1+2+3+2=8$(개)

16 ㉠과 ㉡을 뺀 나머지 부분에 쌓인 쌓기나무는 $2+1+3+1+3=10$(개)입니다.
㉠과 ㉡에 쌓인 쌓기나무는 $14-10=4$(개)입니다.
따라서 ㉠과 ㉡에 쌓인 쌓기나무는 각각 2개입니다.

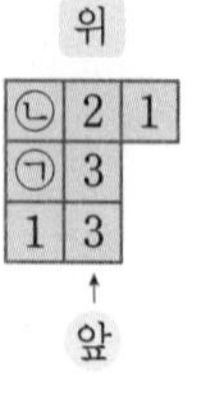

17 위에서 본 모양에 수를 쓰면 오른쪽과 같습니다. 따라서 2층에 쌓인 쌓기나무는 2 이상의 수가 쓰여진 칸의 수와 같으므로 3개입니다.

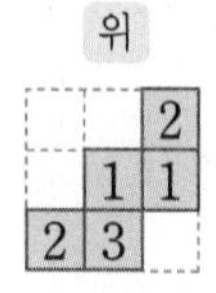

18 쌓기나무가 1층에 6개, 2층에 4개, 3층에 2개, 4층에 1개이므로 $6+4+2+1=13$(개)입니다.
4층까지 쌓여 있으므로 한 모서리에 쌓이는 쌓기나무가 4개인 정육면체를 만들 수 있습니다.
➡ (더 필요한 쌓기나무의 개수)
$=4\times4\times4-13=51$(개)

19 예 쌓기나무가 1층에 6개, 2층에 3개, 3층에 1개이므로 $6+3+1=10$(개)입니다.
따라서 더 필요한 쌓기나무는 $10-8=2$(개)입니다.

평가 기준	배점
주어진 모양의 쌓기나무의 개수를 구했나요?	3점
똑같은 모양으로 쌓을 때 더 필요한 쌓기나무의 개수를 구했나요?	2점

20 예 쌓기나무의 개수가 최소일 때 위에서 본 모양에 수를 써 보면 오른쪽과 같습니다.
따라서 필요한 쌓기나무는 적어도 $1+2+1+3+2+3+1+1=14$(개)입니다.

위

1	2	
1	3	2
3	1	1

평가 기준	배점
쌓기나무의 개수가 최소일 때 위에서 본 모양에 수를 써서 나타냈나요?	3점
필요한 쌓기나무는 적어도 몇 개인지 구했나요?	2점

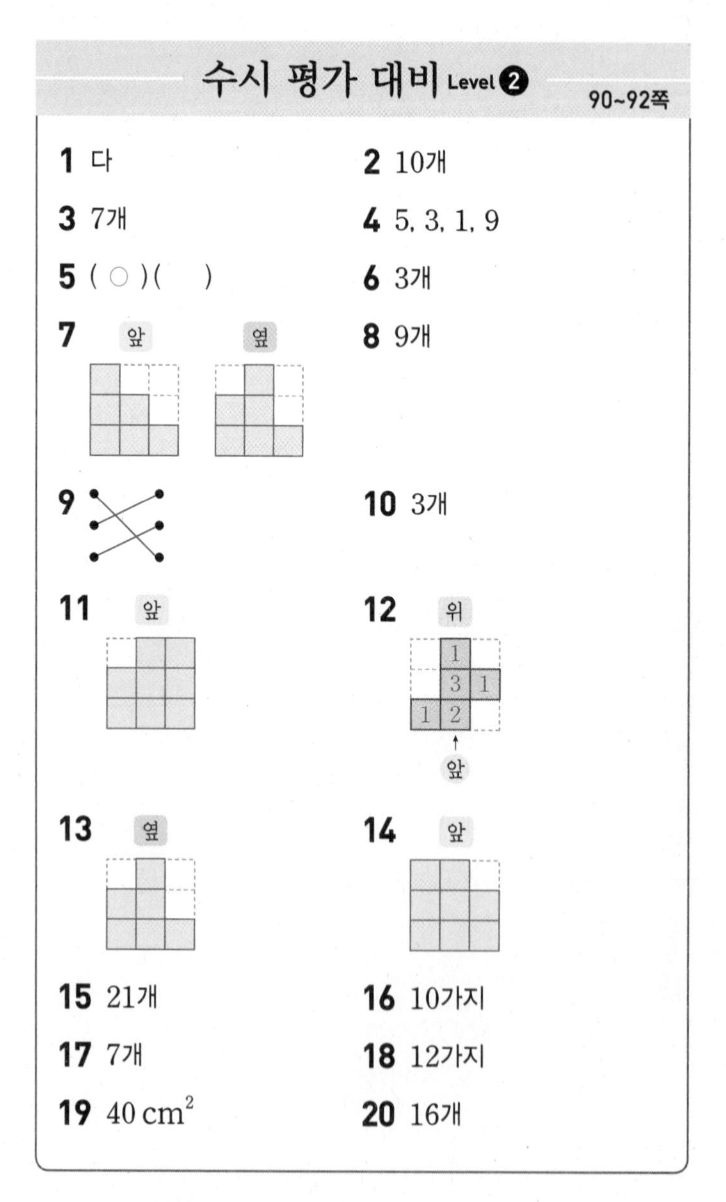

수시 평가 대비 Level 2

90~92쪽

1 다
2 10개
3 7개
4 5, 3, 1, 9
5 (○)(   )
6 3개
7 앞 옆
8 9개
9
10 3개
11 앞
12 위 1 / 3 1 / 1 2 앞
13 옆
14 앞
15 21개
16 10가지
17 7개
18 12가지
19 40 cm^2
20 16개

1 다는 빨간색 컵의 손잡이의 위치가 가능하지 않은 방향입니다.

2 (쌓기나무의 개수)$=1+4+2+3=10$(개)

3 1층에 3개, 2층에 3개, 3층에 1개이므로 주어진 모양과 똑같이 쌓는 데 필요한 쌓기나무는 7개입니다.

5

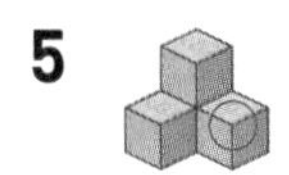

6

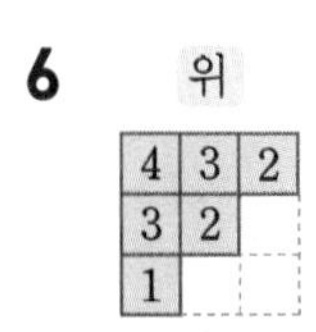

7 위에서 본 모양을 보면 보이지 않는 쌓기나무가 있다는 것을 알 수 있습니다. 이를 이용하여 쌓기나무로 쌓아 보고 앞과 옆에서 본 모양을 그립니다.

8 위에서 본 모양을 보면 1층의 쌓기나무는 6개입니다. 앞에서 본 모양을 보면 ★ 부분은 쌓기나무가 1개씩이고, △ 부분은 3개 이하입니다. 옆에서 본 모양을 보면 △ 부분 중 □는 3개이고, ○는 2개, 나머지는 1개입니다.

위

△		★
△	★	★
△		

따라서 1층에 6개, 2층에 2개, 3층에 1개이므로 똑같은 모양으로 쌓는 데 필요한 쌓기나무는 9개입니다.

10 2층에 쌓은 쌓기나무의 개수는 2 이상인 수가 쓰여 있는 칸 수와 같습니다.

11 앞에서 본 모양은 각 줄별로 가장 높은 층만큼 그립니다.

12 각 자리에 놓여진 쌓기나무의 개수를 세어 써넣습니다.

13 옆에서 보았을 때 줄별로 가장 큰 수는 왼쪽부터 차례로 2, 3, 1입니다.

14 1층에 쌓은 모양이 위에서 본 모양과 같으므로 위에서 본 모양의 각 자리 위에 쌓아 올린 쌓기나무의 개수를 쓰면 오른쪽과 같습니다.

1층

3		
1	2	2
2	3	

↑ 앞

따라서 앞에서 보았을 때 줄별로 가장 큰 수는 왼쪽부터 차례로 3, 3, 2입니다.

15 가

위에서 본 모양

나

위에서 본 모양

가: $2+2+3+2+2=11$(개)
나: $3+1+1+1+2+1+1=10$(개)
➡ $11+10=21$(개)

16 1층에 5개를 쌓고 남는 2개를 2층에 놓으면 다음과 같습니다.

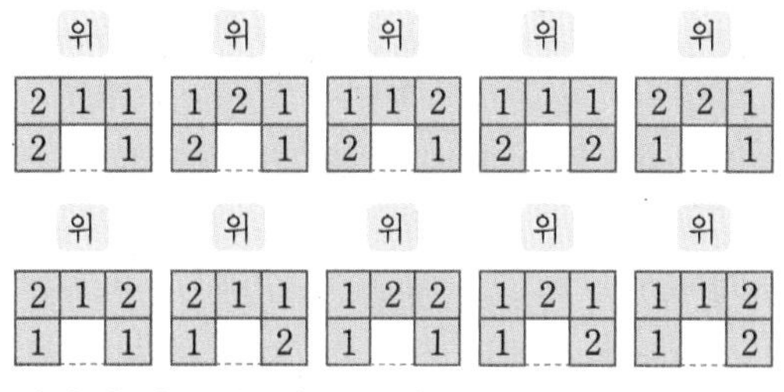

따라서 만들 수 있는 모양은 모두 10가지입니다.

17

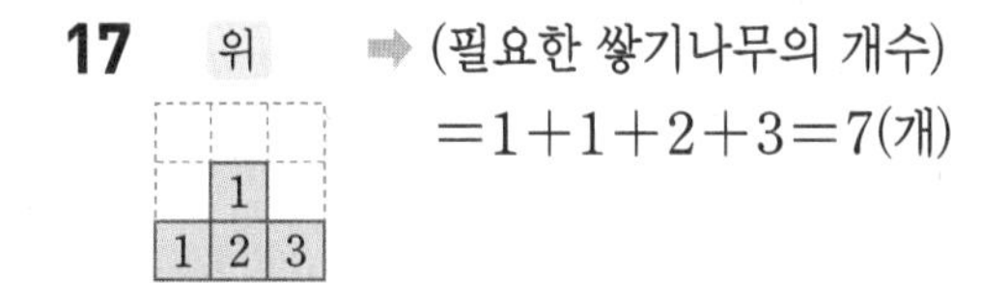

➡ (필요한 쌓기나무의 개수)
$=1+1+2+3=7$(개)

18 4층인 자리를 제외한 나머지 자리의 쌓기나무는 $10-4=6$(개)이고, 각 자리의 쌓기나무의 개수는 모두 다르므로 1개, 2개, 3개입니다. 따라서 위에서 본 모양이 정사각형이 아닌 직사각형이 되도록 만들면

4 1 2 3, 4 1 3 2, 4 2 1 3, 4 2 3 1,
4 3 1 2, 4 3 2 1, 1 4 2 3, 1 4 3 2이므로
2 4 1 3, 2 4 3 1, 3 4 1 2, 3 4 2 1

모두 12가지입니다.

19 예 ((위에서 보이는 면의 넓이)+(앞에서 보이는 면의 넓이)+(옆에서 보이는 면의 넓이))$\times 2$
$=(8+6+6)\times 2=40\ (cm^2)$

평가 기준	배점
쌓은 모양의 겉넓이 구하는 식을 세웠나요?	3점
쌓은 모양의 겉넓이를 구했나요?	2점

20 예 주어진 모양에 사용한 쌓기나무는 $3+2+1+3+2=11$(개)입니다.
한 모서리에 놓이는 쌓기나무가 3개인 정육면체를 만들어야 하므로 더 필요한 쌓기나무는 적어도 $(3\times 3\times 3)-11=16$(개)입니다.

위에서 본 모양

평가 기준	배점
주어진 모양에 사용한 쌓기나무의 개수를 구했나요?	2점
적어도 더 필요한 쌓기나무의 개수를 구했나요?	3점

비례식과 비례배분

비례식과 비례배분 관련 내용은 수학 내적으로 초등 수학의 결정이며 이후 수학 학습의 중요한 기초가 될 뿐 아니라, 수학 외적으로도 타 학문 영역과 일상생활에 밀접하게 연결됩니다. 실제로 우리는 생활 속에서 두 양의 비를 직관적으로 이해해야 하거나 비의 성질, 비례식의 성질 및 비례배분을 이용하여 여러 가지 문제를 해결해야 하는 경험을 하게 됩니다. 비의 성질, 비례식의 성질을 이용하여 속도나 거리를 측정하고 축척을 이용하여 지도를 만들기도 합니다. 이 단원에서는 비율이 같은 두 비를 통해 비례식에 0이 아닌 같은 수로 곱하거나 나누어도 비율이 같다는 비의 성질을 발견하고 이를 이용하여 비를 간단한 자연수의 비로 나타내 보는 활동을 전개합니다. 또한 비례식에서 외항의 곱과 내항의 곱이 같다는 비례식의 성질을 발견하여 실생활 문제를 해결합니다. 나아가 전체를 주어진 비로 배분하는 비례배분을 이해하여 생활 속에서 비례배분이 적용되는 문제를 해결해 봄으로써 수학의 유용성을 경험하고 문제 해결, 추론, 창의 · 융합, 의사소통 등의 능력을 키울 수 있습니다.

STEP 1 교과 개념 1. 비의 성질 알아보기 95쪽

1 ① 4:5 ② 9:2

2 ① 곱하여도 ② 나누어도

3

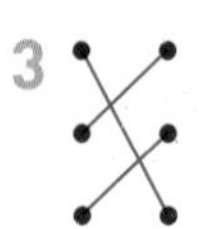

4 ① (위에서부터) 4, 4 ② (위에서부터) 3, 2

1 ① 비 4 : 5에서 기호 ':' 앞에 있는 4를 전항, 뒤에 있는 5를 후항이라고 합니다.
② 비 9 : 2에서 기호 ':' 앞에 있는 9를 전항, 뒤에 있는 2를 후항이라고 합니다.

3 20 : 15는 전항과 후항을 5로 나눈 4 : 3과 비율이 같습니다.
2 : 7은 전항과 후항에 3을 곱한 6 : 21과 비율이 같습니다.
1 : 9는 전항과 후항에 2를 곱한 2 : 18과 비율이 같습니다.

4 ① 비의 전항과 후항에 4를 곱합니다.
② 비의 전항과 후항을 2로 나눕니다.

STEP 1 교과 개념 2. 간단한 자연수의 비로 나타내기 97쪽

1 ① 10 ② (위에서부터) 14, 5 / 10

2 ① 예 8 ② 예 (위에서부터) 8 / 6, 5 / 8

3 ① 예 12 ② 예 (위에서부터) 12 / 4, 3 / 12

4 (위에서부터) 3 / 80, 27 / 90

1 소수 한 자리 수이므로 전항과 후항에 10을 곱하여 간단한 자연수의 비로 나타냅니다.

2 비의 전항과 후항에 4와 8의 공배수인 8을 곱하여 간단한 자연수의 비로 나타냅니다.

3 비의 전항과 후항을 48과 36의 공약수인 12로 나누어 간단한 자연수의 비로 나타냅니다.

4 후항 0.3을 분수로 바꾸면 $\frac{3}{10}$입니다. $\frac{8}{9}:\frac{3}{10}$의 전항과 후항에 90을 곱하면 80 : 27이 됩니다.

STEP 1 교과 개념 3. 비례식 알아보기 99쪽

1 ① $\frac{1}{2}$ ② 3, 1 ③ 같습니다 ④ 비례식

2 ① (위에서부터) 12 / 3, 16
② (위에서부터) 3, 15 / 5, 9

3 (　　)(　　)(○)

4 ㉢

2 ① 비례식 4 : 3=16 : 12에서 바깥쪽에 있는 4와 12를 외항, 안쪽에 있는 3과 16을 내항이라고 합니다.
② 비례식 3 : 5=9 : 15에서 바깥쪽에 있는 3과 15를 외항, 안쪽에 있는 5와 9를 내항이라고 합니다.

3 비율이 같은 두 비를 기호 '='를 사용하여 나타낸 식을 찾아봅니다.

4 비의 비율을 알아보면 2 : 3 ➡ $\frac{2}{3}$

㉠ 6 : 8 ➡ $\frac{6}{8}=\frac{3}{4}$

㉡ 8 : 10 ➡ $\frac{8}{10}=\frac{4}{5}$

㉢ 10 : 15 ➡ $\frac{10}{15}=\frac{2}{3}$입니다.

따라서 2 : 3과 비율이 같은 비는 ㉢ 10 : 15입니다.

STEP 1 교과 개념 4. 비례식의 성질 알아보기, 비례식의 활용 101쪽

1 9, 18 / 3, 18 / ○

2 0.9 : 0.5=18 : 10, 50 : 16=25 : 8에 ○표

3 25 / 25, 75, 75, 15

4 ① 깃발의 세로 ② 예 3 : 2=90 : □ ③ 60 cm

1 $\overbrace{2 : \underbrace{3=6}_{3\times6=18} : 9}^{2\times9=18}$

➡ 외항의 곱과 내항의 곱이 같으므로 비례식입니다.

2 $3:5=35:21$, $4:7=\frac{1}{4}:\frac{1}{7}$은 외항의 곱과 내항의 곱이 다르기 때문에 옳은 비례식이 아닙니다.

3 비례식에서 외항의 곱과 내항의 곱은 같다는 비례식의 성질을 이용하여 ■의 값을 구합니다.

4 ③ 3 : 2=90 : □,
3×□=2×90, 3×□=180, □=60
따라서 깃발의 세로는 60 cm로 해야 합니다.

STEP 1 교과 개념 5. 비례배분 103쪽

1 ① 3, 2, $\frac{3}{5}$ / 2, 3, $\frac{2}{5}$ ② $\frac{3}{5}$, 18 / $\frac{2}{5}$, 12

2 ① $\frac{5}{12}$ ② $\frac{7}{12}$ ③ 30장, 42장

3 5, $\frac{8}{13}$, 32 / 5, $\frac{5}{13}$, 20

2 ① 가 모둠: $\frac{5}{5+7}=\frac{5}{12}$

② 나 모둠: $\frac{7}{5+7}=\frac{7}{12}$

③ 가 모둠: $72\times\frac{5}{12}=30$(장),

나 모둠: $72\times\frac{7}{12}=42$(장)

3 52를 8 : 5로 나누므로 52를 8+5로 나누어야 합니다.

STEP 2 꼭 나오는 유형 104~110쪽

1 11 : 8

2 (1) 5, 35 (2) 8, 3

준비 $\frac{3}{7}$

3 2

4 0

5 수진

6 나, 다

7 (1) 18, 15 (2) 10, 9, 10 (3) 4, 3, 4

8 (1) 예 3 : 11 (2) 예 2 : 1 (3) 예 9 : 20 (4) 예 21 : 20

9 예 4 : 3

10 13

11 수정

12 예 3 : 8, 예 3 : 8 /
비교 예 두 사람이 사용한 포도 원액의 양과 물의 양의 비가 같으므로 두 포도주스의 진하기는 같습니다.

13 (1) 2, 21에 △표, 7, 6에 ○표
(2) 9, 1에 △표, 3, 3에 ○표

14 ㉡ / 바르게 고치기 예 내항은 7과 6입니다.

준비 (1) $\frac{1}{2}$ (2) $\frac{1}{3}$

15 ㉠, ㉢

16 ㉢, ㉣

17 예 5 : 8, 15 : 24

18 예 6 : 7=24 : 28, 6 : 24=7 : 28

19 (1) 4, 18, 72 (2) 9, 8, 72 (3) 같습니다

20 2 : 3=8 : 12, $\frac{1}{3}:\frac{5}{8}$=8 : 15에 ○표

21 15, 30, 6

22 54

23 (1) 35 (2) 54

24 32

25 (1) 예 2 : 5=6 : □ (2) 15 cm

26 예 3 : 2=15 : □ / 10컵

27 예 8 : 28=□ : 105 / 30분

28 예 6 : 3000=18 : □ / 9000원

29 문제 예 요구르트가 5개에 3000원일 때 요구르트 20개는 얼마일까요? / 12000원

30 240000원

31 5시간

32 480 g

33 60분

34 5, $\frac{1}{6}$, 3 / 5, $\frac{5}{6}$, 15

35 $\frac{3}{4}$, 72 / $\frac{1}{4}$, 24

36 21자루

37 예 $720\times\frac{5}{5+4}=720\times\frac{5}{9}=400$(명)

38 35개, 25개

39 162

40 54개, 46개

41 방법 1 예 둘레가 84 cm이므로
(가로)+(세로)$=84\div2=42$ (cm)입니다.
42 cm를 가로와 세로의 비 4 : 3으로 나누면 직사각형의 가로는 $42\times\frac{4}{4+3}=42\times\frac{4}{7}=24$ (cm)입니다.
방법 2 예 직사각형의 가로를 □cm라 하고 비례식을 세우면 4 : 7=□ : 42입니다. 비의 성질을 이용하면 42는 7의 6배이므로 □$=4\times6=24$입니다.
따라서 직사각형의 가로는 24 cm입니다.

42 16 cm^2

2 (1) 비의 전항과 후항에 0이 아닌 같은 수를 곱하여도 비율은 같습니다.
(2) 비의 전항과 후항을 0이 아닌 같은 수로 나누어도 비율은 같습니다.

3 비의 전항과 후항을 0이 아닌 같은 수로 나누어도 비율은 같습니다.
63 : 42 ➡ 3 : □ (÷21)
따라서 □ 안에 알맞은 수는 $42\div21=2$입니다.

4 비의 전항과 후항에 0이 아닌 같은 수를 곱해야 비율이 같은 비를 만들 수 있습니다.
따라서 □ 안에 공통으로 들어갈 수 없는 수는 0입니다.

5 가 상자와 나 상자의 높이의 비는 64 : 48입니다.
64 : 48 ➡ (64÷16) : (48÷16)
➡ 4 : 3
따라서 잘못 말한 사람은 수진입니다.

6 가 ➡ 4 : 6 ➡ (4÷2) : (6÷2) ➡ 2 : 3
나 ➡ 9 : 6 ➡ (9÷3) : (6÷3) ➡ 3 : 2
다 ➡ 6 : 4 ➡ (6÷2) : (4÷2) ➡ 3 : 2
라 ➡ 8 : 5

8 (1) 전항과 후항에 10을 곱하면 3 : 11이 됩니다.
(2) 전항과 후항을 16으로 나누면 2 : 1이 됩니다.
(3) 전항과 후항에 36을 곱하면 9 : 20이 됩니다.
(4) 전항과 후항에 30을 곱하면 21 : 20이 됩니다.

9 $\frac{1}{3}:\frac{1}{4}$ ➡ $\left(\frac{1}{3}\times12\right):\left(\frac{1}{4}\times12\right)$ ➡ 4 : 3

10 48 : 52 ➡ 12 : □
$48\div4=12$이므로 48 : 52의 전항과 후항을 4로 나누면 12 : 13입니다. 따라서 후항은 13입니다.

11 민호: 전항을 소수로 바꾸면 1.6입니다.

12 [민서] 0.3 : 0.8의 전항과 후항에 10을 곱하면 3 : 8이 됩니다.
[주혁] $\frac{3}{10}:\frac{4}{5}$의 전항과 후항에 10을 곱하면 3 : 8이 됩니다.

평가 기준
민서와 주혁이가 사용한 포도 원액의 양과 물의 양의 비를 간단한 자연수의 비로 각각 나타냈나요?
두 포도주스의 진하기를 비교했나요?

13 (1) 비례식 2 : 7=6 : 21에서 바깥쪽에 있는 2와 21을 외항, 안쪽에 있는 7과 6을 내항이라고 합니다.
(2) 비례식 9 : 3=3 : 1에서 바깥쪽에 있는 9와 1을 외항, 안쪽에 있는 3과 3을 내항이라고 합니다.

14 ㉠ 3 : 7의 비율은 $\frac{3}{7}$이고, 6 : 14의 비율은 $\frac{6}{14}\left(=\frac{3}{7}\right)$입니다.
㉡ 비례식에서 안쪽에 있는 7과 6을 내항이라고 합니다.
㉢ 비례식에서 바깥쪽에 있는 3과 14를 외항이라고 합니다.

15 두 비의 비율이 같은지 비교해 봅니다.
㉠ 6 : 8 ➡ $\frac{6}{8}\left(=\frac{3}{4}\right)$, 3 : 4 ➡ $\frac{3}{4}$
㉡ 2 : 7 ➡ $\frac{2}{7}$, 8 : 14 ➡ $\frac{8}{14}\left(=\frac{4}{7}\right)$
㉢ 10 : 25 ➡ $\frac{10}{25}\left(=\frac{2}{5}\right)$, 2 : 5 ➡ $\frac{2}{5}$
㉣ 24 : 30 ➡ $\frac{24}{30}\left(=\frac{4}{5}\right)$, 4 : 3 ➡ $\frac{4}{3}$
따라서 두 비의 비율이 같은 비례식은 ㉠, ㉢입니다.

16 3 : 8의 비율은 $\frac{3}{8}$이므로 비율이 $\frac{3}{8}$인 비를 찾아봅니다.
비율이 ㉠ $\frac{8}{3}$, ㉡ $\frac{6}{10}\left(=\frac{3}{5}\right)$, ㉢ $\frac{9}{24}\left(=\frac{3}{8}\right)$, ㉣ $\frac{15}{40}\left(=\frac{3}{8}\right)$이므로 □ 안에 알맞은 비는 ㉢, ㉣입니다.

내가 만드는 문제

17 예 $5:8$ ➡ (비율)$=\frac{5}{8}$

비율이 $\frac{5}{8}$인 비는 $10:16$, $15:24$, ...입니다.

참고 | 보기 에서 고른 비와 비율이 같은 비를 '='를 사용하여 나타냅니다.

18 $6:㉠=㉡:28$ 또는 $28:㉠=㉡:6$으로 놓고 내항에 7과 24를 넣어 비례식을 세우면 $6:7=24:28$, $6:24=7:28$, $28:7=24:6$, $28:24=7:6$입니다.

20
- $7:8=4:3$에서 외항의 곱은 $7\times3=21$, 내항의 곱은 $8\times4=32$이므로 비례식이 아닙니다.
- $2:3=8:12$에서 외항의 곱은 $2\times12=24$, 내항의 곱은 $3\times8=24$이므로 비례식입니다.
- $\frac{1}{3}:\frac{5}{8}=8:15$에서 외항의 곱은 $\frac{1}{3}\times15=5$, 내항의 곱은 $\frac{5}{8}\times8=5$이므로 비례식입니다.
- $0.5:0.6=10:14$에서 외항의 곱은 $0.5\times14=7$, 내항의 곱은 $0.6\times10=6$이므로 비례식이 아닙니다.

21 비례식을 풀 때에는 외항의 곱과 내항의 곱이 같다는 비례식의 성질을 이용합니다.

22 비례식에서 외항의 곱과 내항의 곱은 같으므로 $9\times\square=2\times27$, $9\times\square=54$입니다.

23 (1) $3\times\square=7\times15$, $3\times\square=105$, $\square=35$
(2) $9\times24=4\times\square$, $4\times\square=216$, $\square=54$

24 예 비례식에서 외항의 곱과 내항의 곱은 같습니다.
$9\times32=㉠\times36$, $㉠\times36=288$, $㉠=8$
$\frac{3}{5}\times10=\frac{1}{4}\times㉡$, $\frac{1}{4}\times㉡=6$, $㉡=24$
➡ $㉠+㉡=8+24=32$

평가 기준
㉠과 ㉡에 알맞은 수를 각각 구했나요?
㉠과 ㉡에 알맞은 수의 합을 구했나요?

25 (1) 세로를 $\square$cm라 하고 비례식을 세우면 $2:5=6:\square$입니다.
(2) $2:5=6:\square$ ➡ $2\times\square=5\times6$, $2\times\square=30$, $\square=30\div2=15$

26 넣어야 하는 현미의 양을 $\square$컵이라 하고 비례식을 세우면 $3:2=15:\square$입니다.
➡ $3\times\square=2\times15$, $3\times\square=30$, $\square=10$

27 들이가 105 L인 빈 욕조를 가득 채우는 데 걸린 시간을 $\square$분이라 하고 비례식을 세우면 $8:28=\square:105$입니다.
➡ $8\times105=28\times\square$, $28\times\square=840$, $\square=30$

28 요구르트 18개의 가격을 $\square$원이라 하고 비례식을 세우면 $6:3000=18:\square$입니다.
➡ $6\times\square=3000\times18$, $6\times\square=54000$, $\square=9000$

내가 만드는 문제

29 예 요구르트 20개의 가격을 $\square$원이라 하고 비례식을 세우면 $5:3000=20:\square$입니다.
➡ $5\times\square=3000\times20$, $5\times\square=60000$, $\square=12000$

30 3일 동안 일하고 받는 돈을 $\square$원이라 하고 비례식을 세우면 $4:320000=3:\square$입니다.
➡ $4\times\square=320000\times3$, $4\times\square=960000$, $\square=240000$

31 425 km를 가는 데 걸린 시간을 $\square$시간이라 하고 비례식을 세우면 $4:340=\square:425$입니다.
➡ $4\times425=340\times\square$, $340\times\square=1700$, $\square=5$

32 바닷물 15 L를 증발시켜 얻은 소금의 양을 $\square$g이라 하고 비례식을 세우면 $2:64=15:\square$입니다.
➡ $2\times\square=64\times15$, $2\times\square=960$, $\square=480$

33 예 서진이가 배드민턴을 친 시간을 $\square$분이라 하고 비례식을 세우면 $10:84=\square:504$입니다.
➡ $10\times504=84\times\square$, $84\times\square=5040$, $\square=60$
따라서 서진이가 배드민턴을 친 시간은 60분입니다.

평가 기준
알맞은 비례식을 세웠나요?
서진이가 배드민턴을 친 시간을 구했나요?

35 소윤: $96\times\frac{3}{3+1}=96\times\frac{3}{4}=72$ (cm)
형준: $96\times\frac{1}{3+1}=96\times\frac{1}{4}=24$ (cm)

36 $77\times\frac{3}{3+8}=77\times\frac{3}{11}=21$(자루)

38 나영: $60\times\frac{7}{7+5}=60\times\frac{7}{12}=35$(개)
은표: $60\times\frac{5}{7+5}=60\times\frac{5}{12}=25$(개)

39 전체를 $\square$라 하면 $\square\times\frac{7}{7+2}=126$, $\square\times\frac{7}{9}=126$,
$\square=126\div\frac{7}{9}=162$

40 1반: $100\times\frac{27}{27+23}=100\times\frac{27}{50}=54$(개)

2반: $100\times\frac{23}{27+23}=100\times\frac{23}{50}=46$(개)

41

평가 기준
주어진 방법 1 로 가로를 구했나요?
주어진 방법 2 로 가로를 구했나요?

42 평행사변형 ㉮와 ㉯는 높이가 같으므로 ㉮와 ㉯의 넓이의 비는 밑변의 길이의 비와 같습니다.

(㉮의 넓이) : (㉯의 넓이)$=9:7$

(㉮의 넓이)$=128\times\frac{9}{9+7}=128\times\frac{9}{16}=72\,(cm^2)$

(㉯의 넓이)$=128\times\frac{7}{9+7}=128\times\frac{7}{16}=56\,(cm^2)$

➡ $72-56=16\,(cm^2)$

STEP 3 자주 틀리는 유형 111~113쪽

1 $5.1:2\frac{4}{5}$ ➡ $\frac{51}{10}:\frac{14}{5}$ ➡ $51:28$

2 재영 **3** 3

4 (1) × (2) ○ **5** ㉠

6 예 ㉡ 비례식 $2:9=6:27$에서 내항은 9와 6이고, 외항은 2와 27입니다.

7 ②, ③ **8** ③, ④

9 수현 **10** 8, 44

11 45 **12** 21, 105

13 예 $20:8000=9:\square$ / 3600원

14 $2.8\,L\left(=2\frac{4}{5}\,L\right)$ **15** $126\,cm^2$

16 11시간 **17** 12일

18 $80°$, $100°$

1 $5.1:2\frac{4}{5}$의 전항 5.1을 분수로 바꾸면 $\frac{51}{10}$입니다.

$\frac{51}{10}:\frac{14}{5}$ ➡ $\left(\frac{51}{10}\times10\right):\left(\frac{14}{5}\times10\right)$ ➡ $51:28$

2 [성현] $3\frac{1}{2}:4\frac{2}{3}$ ➡ $\frac{7}{2}:\frac{14}{3}$이므로 전항과 후항에 6을 곱하면 $21:28$이 됩니다. $21:28$의 전항과 후항을 7로 나누면 $3:4$가 됩니다.

[재영] $1.8:1.6$의 전항과 후항에 10을 곱하면 $18:16$이 됩니다. $18:16$의 전항과 후항을 2로 나누면 $9:8$이 됩니다.

3 $1\frac{1}{4}:\frac{\square}{5}$ ➡ $\frac{5}{4}:\frac{\square}{5}$이므로 전항과 후항에 20을 곱하면 $25:(\square\times4)$가 됩니다.

따라서 $\square\times4=12$이므로 $\square=3$입니다.

4

외항
내항
$4:5=12:15$
전항 후항 전항 후항

5 ㉠ 외항은 3과 16입니다.

㉢ $3:8$ ➡ $\frac{3}{8}$, $6:16$ ➡ $\frac{6}{16}\left(=\frac{3}{8}\right)$으로 비율이 같습니다.

6 ㉡ 비례식에서 바깥쪽에 있는 2와 27을 외항, 안쪽에 있는 9와 6을 내항이라고 합니다.

7 ① $6:7$ ➡ $\frac{6}{7}$, $12:21$ ➡ $\frac{12}{21}\left(=\frac{4}{7}\right)$ (×)

② $4:5$ ➡ $\frac{4}{5}$, $12:15$ ➡ $\frac{12}{15}\left(=\frac{4}{5}\right)$ (○)

③ $70:20$ ➡ $\frac{70}{20}\left(=\frac{7}{2}\right)$, $7:2$ ➡ $\frac{7}{2}$ (○)

④ $4:9$ ➡ $\frac{4}{9}$, $16:27$ ➡ $\frac{16}{27}$ (×)

⑤ $15:8$ ➡ $\frac{15}{8}$, $5:3$ ➡ $\frac{5}{3}$ (×)

8 ① $3:7$ ➡ $\frac{3}{7}$, $7:3$ ➡ $\frac{7}{3}$ (×)

② $5:13$ ➡ $\frac{5}{13}$, $15:26$ ➡ $\frac{15}{26}$ (×)

③ $4:30$ ➡ $\frac{4}{30}\left(=\frac{2}{15}\right)$, $2:15$ ➡ $\frac{2}{15}$ (○)

④ $30:45$ ➡ $\frac{30}{45}\left(=\frac{2}{3}\right)$, $10:15$ ➡ $\frac{10}{15}\left(=\frac{2}{3}\right)$ (○)

⑤ $6:18$ ➡ $\frac{6}{18}\left(=\frac{1}{3}\right)$, $2:9$ ➡ $\frac{2}{9}$ (×)

9 [아영] $8:20 \Rightarrow \frac{8}{20}\left(=\frac{2}{5}\right)$,

$40:80 \Rightarrow \frac{40}{80}\left(=\frac{1}{2}\right)$ (×)

[수현] $72:30 \Rightarrow \frac{72}{30}\left(=\frac{12}{5}\right)$, $12:5 \Rightarrow \frac{12}{5}$ (○)

[윤하] $32:24 \Rightarrow \frac{32}{24}\left(=\frac{4}{3}\right)$, $3:4 \Rightarrow \frac{3}{4}$ (×)

10 내항의 곱 $11\times㉠=88$, $㉠=88\div11=8$입니다.
비례식에서 외항의 곱과 내항의 곱은 같으므로
$2\times㉡=88$, $㉡=88\div2=44$입니다.

11 외항의 곱 $8\times㉡=168$, $㉡=168\div8=21$입니다.
비례식에서 외항의 곱과 내항의 곱은 같으므로
$7\times㉠=168$, $㉠=168\div7=24$입니다.
$\Rightarrow ㉠+㉡=24+21=45$

12 $12:㉠=60:㉡$이라 하면 비율이 $\frac{4}{7}$이므로
$\frac{12}{㉠}=\frac{4}{7}$, $㉠=21$이고, $\frac{60}{㉡}=\frac{4}{7}$, $㉡=105$입니다.

13 연필 9자루의 가격을 □원이라 하고 비례식을 세우면
$20:8000=9:□$입니다.
$\Rightarrow 20\times□=8000\times9$, $20\times□=72000$, $□=3600$

14 벽 $16\,m^2$를 칠하는 데 필요한 페인트의 양을 □L라 하고 비례식을 세우면 $4:0.7=16:□$입니다.
$\Rightarrow 4\times□=0.7\times16$, $4\times□=11.2$, $□=2.8$

15 삼각형의 높이를 □cm라 하고 비례식을 세우면
$4:7=12:□$입니다.
$\Rightarrow 4\times□=7\times12$, $4\times□=84$, $□=21$
따라서 삼각형의 넓이는 $12\times21\div2=126\,(cm^2)$입니다.

16 하루는 24시간이므로
(낮의 길이)$=24\times\frac{11}{11+13}=24\times\frac{11}{24}=11$(시간)
입니다.

17 6월은 30일까지 있으므로
(비 온 날의 날수)$=30\times\frac{2}{3+2}=30\times\frac{2}{5}=12$(일)입니다.

18 일직선은 180°이므로
$㉠=180°\times\frac{4}{4+5}=180°\times\frac{4}{9}=80°$,
$㉡=180°\times\frac{5}{4+5}=180°\times\frac{5}{9}=100°$입니다.

STEP 4 최상위 도전 유형 114~118쪽

1	예 3:2	2	예 4:3
3	예 5:4	4	18
5	6	6	22
7	예 7:12	8	예 2:3
9	예 5:7	10	$1200\,m^2$
11	9600원, 5400원	12	84개
13	1시간 40분		
14	$25.6\,km\left(=25\frac{3}{5}\,km\right)$		
15	2시간 30분	16	$315\,cm^2$
17	$54\,cm^2$	18	15
19	40명	20	75개
21	6 kg	22	25번
23	56번	24	144개
25	60만 원, 84만 원	26	승현, 36만 원
27	2100원	28	28개
29	$60\,cm^2$	30	25만 원

1 한 시간 동안 하는 숙제의 양이 지훈이는 전체의 $\frac{1}{2}$이고, 연미는 전체의 $\frac{1}{3}$입니다. $\Rightarrow$ (지훈) : (연미)$=\frac{1}{2}:\frac{1}{3}$
$\frac{1}{2}:\frac{1}{3}$의 전항과 후항에 6을 곱하면 $3:2$가 됩니다.

2 하루에 하는 일의 양이 정수는 전체의 $\frac{1}{15}$, 윤아는 전체의 $\frac{1}{20}$입니다. $\Rightarrow$ (정수) : (윤아)$=\frac{1}{15}:\frac{1}{20}$
$\frac{1}{15}:\frac{1}{20}$의 전항과 후항에 60을 곱하면 $4:3$이 됩니다.

3 1분 동안 나오는 물의 양이 A는 전체의 $\frac{1}{8}$, B는 전체의 $\frac{1}{10}$입니다. $\Rightarrow A:B=\frac{1}{8}:\frac{1}{10}$
$\frac{1}{8}:\frac{1}{10}$의 전항과 후항에 40을 곱하면 $5:4$가 됩니다.

4 $□-8=△$라 하면 $6:15=△:25$입니다.
$\Rightarrow 6\times25=15\times△$, $15\times△=150$, $△=10$
따라서 $□-8=10$, $□=18$입니다.

5 6+㉠=△라 하면 144 : 96=△ : 8입니다.
➡ $144\times8=96\times\triangle$, $96\times\triangle=1152$, $\triangle=12$
따라서 6+㉠=12, ㉠=6입니다.

6 • ■−7=▲라 하면 ▲ : 5=40 : 50입니다.
➡ ▲×50=5×40, ▲×50=200, ▲=4
따라서 ■−7=4이므로 ■=11입니다.
• ●+1=★이라 하면 3 : 4=9 : ★입니다.
➡ 3×★=4×9, 3×★=36, ★=12
따라서 ●+1=12이므로 ●=11입니다.
➡ ■+●=11+11=22

7 ㉮$\times\frac{4}{7}$=㉯$\times\frac{1}{3}$에서 ㉮$\times\frac{4}{7}$를 외항의 곱, ㉯$\times\frac{1}{3}$을 내항의 곱으로 생각하여 비례식을 세우면
㉮ : ㉯=$\frac{1}{3}:\frac{4}{7}$입니다. $\frac{1}{3}:\frac{4}{7}$의 전항과 후항에 21을 곱하면 7 : 12가 됩니다.

8 ㉮×0.3=㉯×0.2 ➡ ㉮ : ㉯=0.2 : 0.3
0.2 : 0.3의 전항과 후항에 10을 곱하면 2 : 3이 됩니다.

9 ㉮×0.6=㉯$\times\frac{3}{7}$ ➡ ㉮ : ㉯=$\frac{3}{7}$: 0.6
후항 0.6을 분수로 바꾸면 $\frac{3}{5}$입니다.
$\frac{3}{7}:\frac{3}{5}$의 전항과 후항에 35를 곱하면 15 : 21이 됩니다.
15 : 21의 전항과 후항을 3으로 나누면 5 : 7이 됩니다.

10 (오이밭) : (가지밭)=$\frac{2}{3}:\frac{1}{2}$
$\frac{2}{3}:\frac{1}{2}$의 전항과 후항에 6을 곱하면 4 : 3이 됩니다.
(가지밭의 넓이)$=2800\times\frac{3}{4+3}=2800\times\frac{3}{7}$
$=1200\ (m^2)$

11 $1\frac{3}{5}$: 0.9의 전항 $1\frac{3}{5}$을 소수로 바꾸면 1.6입니다.
1.6 : 0.9의 전항과 후항에 10을 곱하면 16 : 9가 됩니다.
현태: $15000\times\frac{16}{16+9}=15000\times\frac{16}{25}=9600$(원)
민영: $15000\times\frac{9}{16+9}=15000\times\frac{9}{25}=5400$(원)

12 (우주) : (지후)=0.2 : 0.5
0.2 : 0.5의 전항과 후항에 10을 곱하면 2 : 5가 됩니다.
처음에 있던 사탕 수를 □개라 하면
$\square\times\frac{2}{2+5}=24$, $\square\times\frac{2}{7}=24$, $\square=24\div\frac{2}{7}=84$입니다.

13 걸리는 시간을 □분이라 하고 비례식을 세우면
6 : 9=□ : 150입니다.
➡ 6×150=9×□, 9×□=900, □=100
100분은 1시간 40분입니다.

14 1시간 20분 동안 갈 수 있는 거리를 □km라 하고 비례식을 세우면 1시간 20분은 80분이므로
25 : 8=80 : □입니다.
➡ 25×□=8×80, 25×□=640, □=25.6

15 할아버지 댁에 가는 데 걸리는 시간을 □분이라 하고 비례식을 세우면 12 : 17=□ : 212.5입니다.
➡ 12×212.5=17×□, 17×□=2550, □=150
150분은 2시간 30분입니다.

16 세로를 □cm라 하고 비례식을 세우면 7 : 5=21 : □입니다.
➡ 7×□=5×21, 7×□=105, □=15
따라서 직사각형의 넓이는 $21\times15=315\ (cm^2)$입니다.

17 높이를 □cm라 하고 비례식을 세우면
4 : 3=12 : □입니다.
➡ 4×□=3×12, 4×□=36, □=9
따라서 삼각형의 넓이는 $12\times9\div2=54\ (cm^2)$입니다.

18 평행사변형의 높이를 □cm라 하면 평행사변형과 직사각형의 넓이의 비는 (12×□) : (㉠×□)입니다.
(12×□) : (㉠×□)의 전항과 후항을 □로 나누면
12 : ㉠이므로 12 : ㉠=4 : 5입니다.
➡ 12×5=㉠×4, ㉠×4=60, ㉠=15

19 안경을 쓴 학생 수와 반 전체 학생 수의 비는 25 : 100입니다. 반 전체 학생 수를 □명이라 하고 비례식을 세우면
25 : 100=10 : □입니다.
➡ 25×□=100×10, 25×□=1000, □=40

20 포도 맛 사탕 수와 전체 사탕 수의 비는 48 : 100입니다.
전체 사탕 수를 □개라 하고 비례식을 세우면
48 : 100=36 : □입니다.
➡ 48×□=100×36, 48×□=3600, □=75

21 혈액의 무게와 몸무게 전체의 비는 8 : 100이므로 혈액의 무게를 □kg이라 하고 비례식을 세우면
8 : 100=□ : 75입니다.
➡ 8×75=100×□, 100×□=600, □=6

22 (㉮의 톱니 수) : (㉯의 톱니 수)=15 : 6이므로
(㉮의 회전수) : (㉯의 회전수)=6 : 15입니다.
㉮가 10번 도는 동안 ㉯가 도는 횟수를 □번이라 하고 비례식을 세우면 6 : 15=10 : □입니다.
➡ 6×□=15×10, 6×□=150, □=25

다른 풀이

(㉮의 톱니 수)×(㉮의 회전수)
=(㉯의 톱니 수)×(㉯의 회전수)이므로
㉮가 10번 도는 동안 ㉯가 도는 횟수를 □번이라 하면
15×10=6×□, □=25입니다.

23 톱니 수의 비가 A : B=36 : 28=9 : 7이므로 회전수의 비는 A : B=7 : 9입니다.
B 톱니바퀴가 72번 도는 동안 A 톱니바퀴가 도는 횟수를 □번이라 하고 비례식을 세우면 7 : 9=□ : 72입니다.
➡ 7×72=9×□, 9×□=504, □=56

24 회전수의 비가 ㉮ : ㉯=4 : 3이므로 톱니 수의 비는 ㉮ : ㉯=3 : 4입니다.
㉮의 톱니 수가 108개일 때 ㉯의 톱니 수를 □개라 하고 비례식을 세우면 3 : 4=108 : □입니다.
➡ 3×□=4×108, 3×□=432, □=144

25 50만 : 70만의 전항과 후항을 10만으로 나누면 5 : 7이 됩니다.
윤호: 144만$\times\frac{5}{5+7}$=144만$\times\frac{5}{12}$=60만 (원)
성희: 144만$\times\frac{7}{5+7}$=144만$\times\frac{7}{12}$=84만 (원)

26 (수빈) : (승현)=5 : 3으로 돈을 나누어 가지므로 돈을 적게 가지는 사람은 승현이고,
96만$\times\frac{3}{5+3}$=96만$\times\frac{3}{8}$=36만 (원)을 가집니다.

27 1시간 30분=$1\frac{30}{60}$시간=$1\frac{1}{2}$시간
(민호) : (은지)=$1\frac{1}{2} : 1\frac{7}{20}=\frac{3}{2} : \frac{27}{20}$
=30 : 27=10 : 9
민호: $39900\times\frac{10}{10+9}=39900\times\frac{10}{19}=21000$(원)
은지: $39900\times\frac{9}{10+9}=39900\times\frac{9}{19}=18900$(원)
➡ 21000−18900=2100(원)

28 처음 배의 수를 □개라 하면
$\square\times\frac{3}{3+4}=12$, $\square\times\frac{3}{7}=12$, $\square=12\div\frac{3}{7}=28$
입니다.

29 직사각형 ㄱㄴㄹㅁ의 넓이를 □cm^2라 하면
직사각형 ㄱㄴㄷㅂ과 직사각형 ㅂㄷㄹㅁ의 넓이의 비는
5 : 7이므로 $\square\times\frac{5}{5+7}=25$, $\square\times\frac{5}{12}=25$,
$\square=25\div\frac{5}{12}=60$입니다.

30 (세민) : (시원)=40만 : 60만
40만 : 60만의 전항과 후항을 20만으로 나누면 2 : 3이 됩니다.
총 이익금을 □원이라 하면
□$\times\frac{2}{2+3}$=10만, □$\times\frac{2}{5}$=10만,
□=10만$\div\frac{2}{5}$=25만입니다.

수시 평가 대비 Level ❶

119~121쪽

1	5, 9	**2**	(위에서부터) 3, 6
3	28, 28	**4**	예 10 : 15, 4 : 6
5	㉢	**6**	예 3 : 5
7	15	**8**	㉡, ㉢
9	예 4 : 5	**10**	㉠, ㉢
11	15	**12**	16개
13	7개	**14**	12 cm, 9 cm
15	6일		
16	예 6 : 5=18 : 15, 15 : 5=18 : 6		
17	2시간 15분	**18**	24 cm
19	40	**20**	72개

1 비 5 : 9에서 ':' 앞에 있는 5를 전항, 뒤에 있는 9를 후항이라고 합니다.

2 24 : 18의 전항과 후항을 6으로 나누면 4 : 3이 됩니다.

3 외항의 곱: 2×14=28
내항의 곱: 7×4=28

4 20 : 30 ➡ (20÷2) : (30÷2) ➡ 10 : 15
20 : 30 ➡ (20÷5) : (30÷5) ➡ 4 : 6
20 : 30 ➡ (20÷10) : (30÷10) ➡ 2 : 3

5 ㉢ 외항은 7과 27이고, 내항은 9와 21입니다.

6 $\frac{1}{5}:\frac{1}{3}$ ➡ $\left(\frac{1}{5}\times 15\right):\left(\frac{1}{3}\times 15\right)$ ➡ $3:5$

7 전항을 □라 하면 □ : 18의 비율이 $\frac{5}{6}$이므로
$\frac{□}{18}=\frac{5}{6}$ ➡ □$=5\times 3=15$입니다.

8 $3:7$의 비율은 $\frac{3}{7}$이므로 비율이 $\frac{3}{7}$인 비를 찾아봅니다.
비율이 ㉠ $\frac{7}{3}$, ㉡ $\frac{12}{28}\left(=\frac{3}{7}\right)$, ㉢ $\frac{6}{14}\left(=\frac{3}{7}\right)$,
㉣ $\frac{15}{21}\left(=\frac{5}{7}\right)$이므로 □ 안에 들어갈 수 있는 비는
㉡, ㉢입니다.

9 $0.8:1$의 전항과 후항에 10을 곱하면 $8:10$입니다.
$8:10$의 전항과 후항을 2로 나누면 $4:5$입니다.

10 ㉠ $4:5=16:20$에서 외항의 곱은 $4\times 20=80$, 내항의 곱은 $5\times 16=80$이므로 비례식입니다.
㉡ $\frac{1}{2}:\frac{3}{5}=2:3$에서 외항의 곱은 $\frac{1}{2}\times 3=\frac{3}{2}$, 내항의 곱은 $\frac{3}{5}\times 2=\frac{6}{5}$이므로 비례식이 아닙니다.
㉢ $1.5:0.3=5:1$에서 외항의 곱은 $1.5\times 1=1.5$, 내항의 곱은 $0.3\times 5=1.5$이므로 비례식입니다.
㉣ $12:18=3:4$에서 외항의 곱은 $12\times 4=48$, 내항의 곱은 $18\times 3=54$이므로 비례식이 아닙니다.

11 비례식에서 외항의 곱과 내항의 곱은 같으므로
$5\times 24=8\times$□, $8\times$□$=120$, □$=120\div 8=15$입니다.

12 배구공 수를 □개라 하고 비례식을 세우면
$3:2=24:$□입니다.
➡ $3\times$□$=2\times 24$, $3\times$□$=48$, □$=16$

13 1120원으로 살 수 있는 구슬 수를 □개라 하고 비례식을 세우면 $4:640=$□$:1120$입니다.
➡ $4\times 1120=640\times$□, $640\times$□$=4480$,
□$=4480\div 640=7$

14 아리: $21\times\frac{4}{4+3}=21\times\frac{4}{7}=12$ (cm)
주승: $21\times\frac{3}{4+3}=21\times\frac{3}{7}=9$ (cm)

15 9월은 30일까지 있습니다.
책을 읽지 않은 날수: $30\times\frac{1}{4+1}=30\times\frac{1}{5}=6$(일)

16 $6:$㉠$=$㉡$:15$ 또는 $15:$㉠$=$㉡$:6$으로 놓고 내항에 5와 18을 넣어 비례식을 세우면 $6:5=18:15$,
$6:18=5:15$, $15:5=18:6$, $15:18=5:6$입니다.

17 180 km를 가는 데 걸리는 시간을 □분이라 하고 비례식을 세우면 $6:8=$□$:180$입니다.
$6\times 180=8\times$□, $8\times$□$=1080$,
□$=1080\div 8=135$
따라서 180 km를 가는 데 걸리는 시간은
135분$=$2시간 15분입니다.

18 (가로) : (세로)$=\frac{3}{4}:\frac{5}{8}$
$\frac{3}{4}:\frac{5}{8}$의 전항과 후항에 8을 곱하면 $6:5$가 됩니다.
직사각형의 둘레가 88 cm이므로
(가로)$+$(세로)$=44$ cm입니다.
가로: $44\times\frac{6}{6+5}=44\times\frac{6}{11}=24$ (cm)

19 예 비례식에서 외항의 곱과 내항의 곱은 같습니다.
내항의 곱이 200이므로 외항의 곱도 200입니다.
$5\times$㉡$=200$, ㉡$=200\div 5=40$입니다.

평가 기준	배점
외항의 곱이 얼마인지 구했나요?	2점
㉡에 알맞은 수를 구했나요?	3점

20 예 전체 밤의 수를 □개라 하면
□$\times\frac{5}{4+5}=40$, □$\times\frac{5}{9}=40$,
□$=40\div\frac{5}{9}=40\times\frac{9}{5}=72$입니다.
따라서 두 사람이 나누어 가진 밤은 모두 72개입니다.

평가 기준	배점
전체 밤의 수를 □개라 하여 비례배분하는 식을 세웠나요?	2점
두 사람이 나누어 가진 밤은 모두 몇 개인지 구했나요?	3점

수시 평가 대비 Level 2

122~124쪽

1 4, 20 / 5, 16
2 (1) 7, 28 (2) 6, 6
3 (1) 36, 28 (2) 66, 84
4 ①
5 $10:8=5:4$ (또는 $5:4=10:8$)
6 예 $25:29$
7 4
8 20 cm, 25 cm
9 ㉠

10 90 g **11** 405 cm^2
12 예 13 : 17 **13** 15개, 48개
14 12자루, 18자루 **15** 9, 3, 7
16 오후 1시 42분 **17** 예 4 : 3
18 19분 30초 **19** 24 km
20 396 cm^2

1 외항: 4와 20, 내항: 5와 16

$4:5=16:20$

2 (1) 비의 후항에 7을 곱했으므로 전항에도 7을 곱해야 합니다.
(2) 비의 후항을 6으로 나누었으므로 전항도 6으로 나누어야 합니다.

3 (1) $64\times\frac{9}{9+7}=64\times\frac{9}{16}=36$
$64\times\frac{7}{9+7}=64\times\frac{7}{16}=28$
(2) $150\times\frac{11}{11+14}=150\times\frac{11}{25}=66$
$150\times\frac{14}{11+14}=150\times\frac{14}{25}=84$

4 비의 전항과 후항을 0이 아닌 같은 수로 나누어도 비율은 같습니다.

5 비율을 알아보면 $10:8 \Rightarrow \frac{10}{8}\left(=\frac{5}{4}\right)$,
$4:6 \Rightarrow \frac{4}{6}\left(=\frac{2}{3}\right)$, $4:5 \Rightarrow \frac{4}{5}$, $5:4 \Rightarrow \frac{5}{4}$이므로
비율이 같은 두 비로 비례식을 세우면 $10:8=5:4$ 또는 $5:4=10:8$입니다.

6 (밑변의 길이) : (높이) $=3\frac{3}{4}:4.35 \Rightarrow 3.75:4.35$
$3.75:4.35 \Rightarrow (3.75\times100):(4.35\times100)$
$\Rightarrow 375:435$
$\Rightarrow (375\div15):(435\div15)$
$\Rightarrow 25:29$

7 $\frac{2}{3}\times30=5\times\square$, $5\times\square=20$, $\square=4$

8 채은: $45\times\frac{4}{4+5}=45\times\frac{4}{9}=20$ (cm)
범용: $45\times\frac{5}{4+5}=45\times\frac{5}{9}=25$ (cm)

9 ㉠ $6\times\square=7\times42$, $6\times\square=294$, $\square=49$
㉡ $\frac{1}{5}\times10=0.4\times\square$, $0.4\times\square=2$, $\square=5$
㉢ $\square\times4=2.8\times7$, $\square\times4=19.6$, $\square=4.9$

10 설탕의 양을 □g이라 하고 비례식을 세우면 $5:3=150:\square$입니다.
$\Rightarrow 5\times\square=3\times150$, $5\times\square=450$, $\square=90$

11 (밑변의 길이) : (높이) $=5:9$
밑변의 길이: $42\times\frac{5}{5+9}=42\times\frac{5}{14}=15$ (cm)
높이: $42\times\frac{9}{5+9}=42\times\frac{9}{14}=27$ (cm)
$\Rightarrow$ (평행사변형의 넓이) $=15\times27=405$ (cm^2)

12 영란이가 □개 가졌다면 지환이는 (□−20)개 가졌으므로 $\square+\square-20=150$, $\square+\square=170$, $\square=85$입니다.
따라서 영란이는 85개, 지환이는 65개 가졌습니다.
$\Rightarrow$ (지환) : (영란) $=65:85$
$65:85$의 전항과 후항을 5로 나누면 $13:17$이 됩니다.

13 $\frac{1}{4}:\frac{4}{5}$의 전항과 후항에 20을 곱하면 $5:16$이 됩니다.
영진: $63\times\frac{5}{5+16}=63\times\frac{5}{21}=15$(개)
용태: $63\times\frac{16}{5+16}=63\times\frac{16}{21}=48$(개)

14 가 : 나 $=4:6$
$4:6$의 전항과 후항을 2로 나누면 $2:3$이 됩니다.
가: $30\times\frac{2}{2+3}=30\times\frac{2}{5}=12$(자루)
나: $30\times\frac{3}{2+3}=30\times\frac{3}{5}=18$(자루)

15 ㉠ : 21 = ㉡ : ㉢이라 하면 내항의 곱이 63이므로
21 × ㉡ = 63, ㉡ = 3입니다.
비율이 $\frac{3}{7}$이므로 $\frac{㉠}{21}=\frac{3}{7}$에서 ㉠ = 9이고,
$\frac{3}{㉢}=\frac{3}{7}$에서 ㉢ = 7입니다.

16 한 시간에 3분씩 늦어지고, 오전 8시부터 오후 2시까지는 6시간입니다. 오후 2시까지 늦어지는 시간을 □분이라 하고 비례식을 세우면 $1:3=6:\square$입니다.
$\Rightarrow 1\times\square=3\times6$, $\square=18$
오후 2시에는 18분 늦어지므로 시계가 가리키는 시각은 오후 1시 42분입니다.

17 ㉮ $\times \frac{3}{8}=$ ㉯ $\times 0.5$ ➡ ㉮ : ㉯ $=0.5:\frac{3}{8}$

전항 0.5를 분수로 바꾸면 $\frac{1}{2}$입니다.

$\frac{1}{2}:\frac{3}{8}$의 전항과 후항에 8을 곱하면 4 : 3이 됩니다.

18 물통에 물을 가득 채우는 데 걸리는 시간을 □분이라 하고 비례식을 세우면 물통의 높이가 65 cm이므로 6 : 20=□ : 65입니다.

➡ $6\times65=20\times\square$, $20\times\square=390$, $\square=19\frac{1}{2}$

$19\frac{1}{2}$분$=19\frac{30}{60}$분이므로 19분 30초입니다.

19 예 1시간 30분=90분이므로 1시간 30분 동안 갈 수 있는 거리를 □km라 하고 비례식을 세우면 3 : 0.8=90 : □입니다.
따라서 $3\times\square=0.8\times90$, $3\times\square=72$, $\square=24$이므로 24 km를 갈 수 있습니다.

평가 기준	배점
알맞은 비례식을 세웠나요?	2점
갈 수 있는 거리를 구했나요?	3점

20 예 (가로)+(세로)$=90\div2=45$ (cm)

가로: $45\times\frac{11}{11+4}=45\times\frac{11}{15}=33$ (cm)

세로: $45\times\frac{4}{11+4}=45\times\frac{4}{15}=12$ (cm)

➡ (직사각형의 넓이)$=33\times12=396$ (cm^2)

평가 기준	배점
가로와 세로를 각각 구했나요?	3점
직사각형의 넓이를 구했나요?	2점

5 원의 넓이

이 단원에서는 여러 원들의 지름과 둘레를 직접 비교해 보며 원의 지름과 둘레가 '일정한 비율'을 가지고 있음을 생각해 보고, 원 모양이 들어 있는 물체의 지름과 둘레를 재어서 원주율이 일정한 비율을 가지고 있다는 것을 발견하도록 합니다. 이를 통해 원주율을 알고, 원주율을 이용하여 원주, 지름, 반지름을 구해 보도록 합니다. 원의 넓이에서는 먼저 원 안에 있는 정사각형과 원 밖에 있는 정사각형의 넓이 및 단위넓이를 세기 활동을 통해 어림해 봅니다. 그리고 원을 분할하여 넓이를 구하는 방법을 다른 도형(직사각형, 삼각형)으로 만들어 원의 넓이를 구하는 방법으로 유도해 봄으로써 수학적 개념이 확장되는 과정을 이해하도록 합니다.

STEP 1 교과 개념 1. 원주와 지름의 관계, 원주율 127쪽

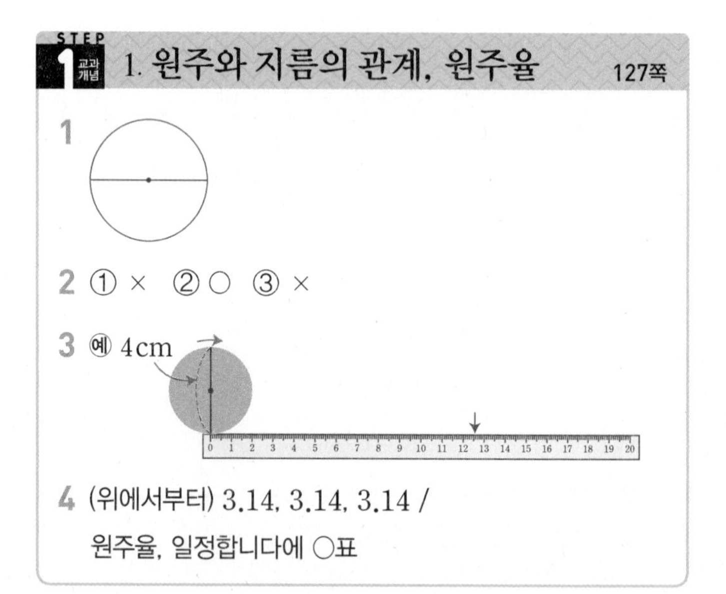

4 (위에서부터) 3.14, 3.14, 3.14 / 원주율, 일정합니다에 ○표

1 지름은 원 위의 두 점을 지나면서 원의 중심을 지나는 선분을 그립니다. 원주는 원의 둘레이므로 원의 둘레를 따라 그립니다.

2 ① 원의 중심 ㅇ을 지나는 선분 ㄱㄴ은 원의 지름입니다.
③ 원주는 원의 지름의 3배보다 크고 원의 지름의 4배보다 작습니다.

3 원주는 지름의 약 3.14배이므로 지름이 4 cm인 원의 원주는 약 $4\times3.14=12.56$ (cm)입니다. 따라서 자의 12.56 cm 위치와 가까운 곳에 표시하면 됩니다.

4 접시: $53.38 \div 17 = 3.14$
시계: $78.5 \div 25 = 3.14$
탬버린: $62.8 \div 20 = 3.14$

STEP 1 교과개념 2. 원주와 지름 구하기 129쪽

1 ① 15, 47.1 ② 8, 50.24

2 ① 7 ② 2

3 108.5 m

4 45 cm

2 ① (지름)=(원주)÷(원주율)=$21.98 \div 3.14 = 7$ (cm)
② (지름)=(원주)÷(원주율)=$12.56 \div 3.14 = 4$ (cm)
➡ (반지름)=(지름)÷2=$4 \div 2 = 2$ (cm)

3 (원주)=(지름)×(원주율)이므로
(호수의 둘레)=$35 \times 3.1 = 108.5$ (m)입니다.

4 (피자의 지름)=(원주)÷(원주율)
=$141.3 \div 3.14 = 45$ (cm)

STEP 1 교과개념 3. 원의 넓이 어림하기 131쪽

1 ① 40, 800 / 40, 1600 ② 800, 1600

2 ① 32 ② 60 ③ 32, 60

3 ① 72 ② 54 ③ 예 63

1 ② (원 안의 정사각형의 넓이)<(원의 넓이),
(원의 넓이)<(원 밖의 정사각형의 넓이)
➡ 800 cm^2<(원의 넓이),
(원의 넓이)<1600 cm^2

2 ③ (초록색 모눈의 넓이)<(원의 넓이),
(원의 넓이)<(빨간색 선 안쪽 모눈의 넓이)
➡ 32 cm^2<(원의 넓이), (원의 넓이)<60 cm^2

3 ① 원 밖의 정육각형에는 삼각형 ㄱㅇㄷ이 6개 있으므로
$12 \times 6 = 72$ (cm^2)입니다.
② 원 안의 정육각형에는 삼각형 ㄴㅇㄹ이 6개 있으므로
$9 \times 6 = 54$ (cm^2)입니다.
③ 54 cm^2<(원의 넓이)<72 cm^2이므로 원의 넓이는
63 cm^2로 어림할 수 있습니다.

STEP 1 교과개념 4. 원의 넓이 구하는 방법 알아보기, 여러 가지 원의 넓이 구하기 133쪽

1 (위에서부터) 원주, 원의 반지름 / 원주, 반지름

2 (위에서부터) 10, $10 \times 10 \times 3$, 300 / 9, $9 \times 9 \times 3$, 243

3 ① 49.6 cm^2 ② 151.9 cm^2

4 10, 5, 5, 100, 78.5, 21.5

1 원을 한없이 잘게 잘라 이어 붙이면 점점 직사각형에 가까워지는 도형이 됩니다. 이때 이 도형의 가로는
(원주)×$\frac{1}{2}$과 같고, 세로는 원의 반지름과 같습니다.

2 (반지름)=$20 \div 2 = 10$ (cm)
➡ (원의 넓이)=$10 \times 10 \times 3 = 300$ (cm^2)
(반지름)=$18 \div 2 = 9$ (cm)
➡ (원의 넓이)=$9 \times 9 \times 3 = 243$ (cm^2)

3 ① $4 \times 4 \times 3.1 = 49.6$ (cm^2)
② (반지름)=$14 \div 2 = 7$ (cm)
➡ (원의 넓이)=$7 \times 7 \times 3.1 = 151.9$ (cm^2)

4 한 변의 길이가 10 cm인 정사각형의 넓이에서 반지름이 $10 \div 2 = 5$ (cm)인 원의 넓이를 뺍니다.

STEP 2 꼭 나오는 유형 134~140쪽

1 원주

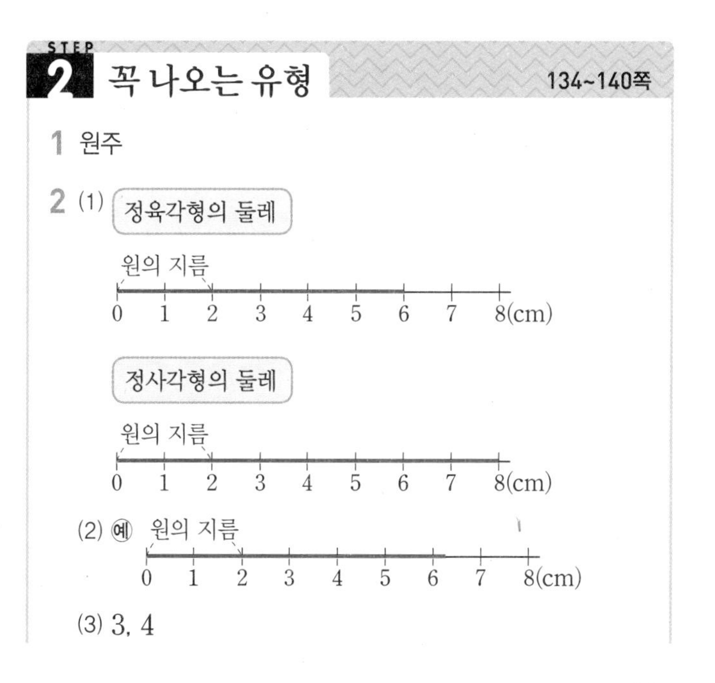

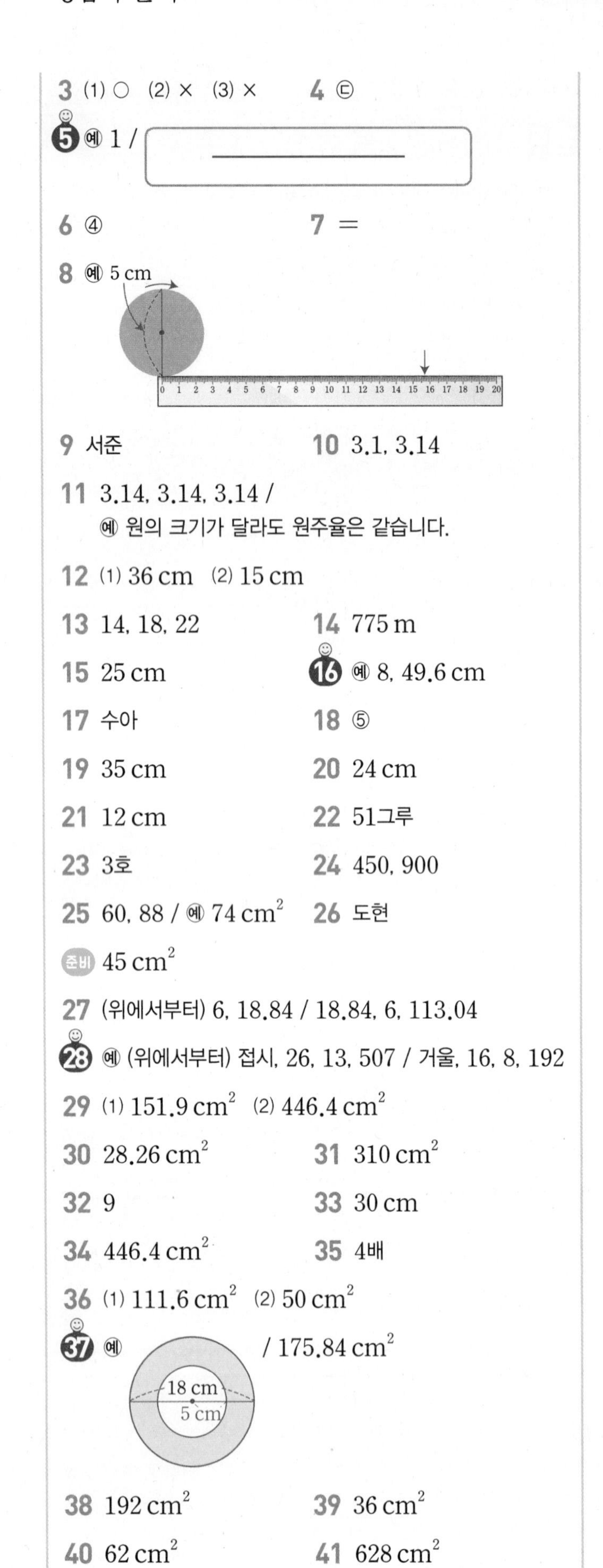

3 (1) ○ (2) × (3) ×

4 ㉢

5 예 1 /

6 ④

7 =

8 예 5 cm

9 서준

10 3.1, 3.14

11 3.14, 3.14, 3.14 /
예 원의 크기가 달라도 원주율은 같습니다.

12 (1) 36 cm (2) 15 cm

13 14, 18, 22

14 775 m

15 25 cm

16 예 8, 49.6 cm

17 수아

18 ⑤

19 35 cm

20 24 cm

21 12 cm

22 51그루

23 3호

24 450, 900

25 60, 88 / 예 74 cm^2

26 도현

준비 45 cm^2

27 (위에서부터) 6, 18.84 / 18.84, 6, 113.04

28 예 (위에서부터) 접시, 26, 13, 507 / 거울, 16, 8, 192

29 (1) 151.9 cm^2 (2) 446.4 cm^2

30 28.26 cm^2

31 310 cm^2

32 9

33 30 cm

34 446.4 cm^2

35 4배

36 (1) 111.6 cm^2 (2) 50 cm^2

37 예 / 175.84 cm^2

38 192 cm^2

39 36 cm^2

40 62 cm^2

41 628 cm^2

1 원의 둘레를 원주라고 합니다.

2 (1) 정육각형의 한 변의 길이는 1 cm이므로 정육각형의 둘레는 $1\times6=6$ (cm)입니다.
정사각형의 한 변의 길이는 2 cm이므로 정사각형의 둘레는 $2\times4=8$ (cm)입니다.
(2) 한 변의 길이가 1 cm인 정육각형의 둘레보다 길고, 한 변의 길이가 2 cm인 정사각형의 둘레보다 짧으므로 6 cm보다 길고, 8 cm보다 짧게 그립니다.
(3) 원주는 지름의 3배보다 길고, 지름의 4배보다 짧으므로 (원의 지름)$\times3<$(원주),
(원주)$<$(원의 지름)$\times4$입니다.

3 (2) 원의 지름이 길어지면 원주도 길어집니다.
(3) 원주는 지름의 3배보다 길고 4배보다 짧습니다.

4 지름이 3 cm인 원의 원주는 지름의 3배인 9 cm보다 길고, 지름의 4배인 12 cm보다 짧으므로 원주와 가장 비슷한 길이는 ㉢입니다.

내가 만드는 문제

5 예 원의 지름을 1 cm로 정한다면 원의 원주는 지름의 3배인 3 cm보다 길고, 지름의 4배인 4 cm보다 짧은 선분으로 그립니다.

6 원의 지름에 대한 원주의 비율을 원주율이라고 합니다.
➡ (원주율)=(원주)÷(지름)

7 (가의 원주율)$=12.56\div4=3.14$
(나의 원주율)$=18.84\div6=3.14$
➡ (가의 원주율)=(나의 원주율)

8 원주는 지름의 약 3.14배이므로 지름이 5 cm인 원의 원주는 $5\times3.14=15.7$ (cm)입니다.
따라서 자의 15.7 cm 위치와 가까운 곳에 표시하면 됩니다.

9 지은: 원의 크기와 관계없이 지름에 대한 원주의 비율인 원주율은 일정합니다.

10 원주가 109.96 cm, 지름이 35 cm일 때 (원주)÷(지름)을 계산하면 $109.96\div35=3.141\cdots$입니다.
$3.141\cdots$을 반올림하여 소수 첫째 자리까지 나타내면 3.1이고, 반올림하여 소수 둘째 자리까지 나타내면 3.14입니다.

11 한국 100원짜리 동전의 원주율: $75.36\div24=3.14$
호주 1달러짜리 동전의 원주율: $78.5\div25=3.14$
캐나다 2달러짜리 동전의 원주율: $87.92\div28=3.14$
세 동전의 원주율은 모두 3.14로 같습니다. 이를 통하여 원의 크기가 달라도 원주율은 같다는 것을 알 수 있습니다.

평가 기준
세 동전의 (원주)÷(지름)을 각각 계산하여 표를 완성했나요?
원주율에 대해 알 수 있는 것을 썼나요?

12 (1) (원주)=(지름)×(원주율)=$12 \times 3 = 36$ (cm)
(2) (원주)=(반지름)×2×(원주율)
$= 2.5 \times 2 \times 3 = 15$ (cm)

13 (지름)=(원주)÷(원주율)이므로 $42 \div 3 = 14$ (cm), $55.8 \div 3.1 = 18$ (cm), $69.08 \div 3.14 = 22$ (cm)입니다.

14 예 대관람차를 타고 한 바퀴 움직인 거리는 지름이 250 m인 원의 원주와 같습니다.
따라서 대관람차를 타고 한 바퀴 움직인 거리는 $250 \times 3.1 = 775$ (m)입니다.

평가 기준
대관람차를 타고 한 바퀴 움직인 거리와 원주가 같음을 알고 있나요?
대관람차를 타고 한 바퀴 움직인 거리를 구했나요?

15 (반지름)=(원주)÷(원주율)÷2
$= 157 \div 3.14 \div 2 = 25$ (cm)

내가 만드는 문제
16 예 실의 길이를 8 cm로 정한다면 실의 길이는 반지름이므로 그릴 수 있는 가장 큰 원의 원주는 $8 \times 2 \times 3.1 = 49.6$ (cm)입니다.

17 지름이 20 cm인 은지의 접시 원주는 $20 \times 3.1 = 62$ (cm)입니다. 수아의 접시 원주는 74.4 cm이므로 수아의 접시가 더 큽니다.

18 각 원의 지름을 비교해 봅니다.
① 6 cm ② 8 cm ③ $28.26 \div 3.14 = 9$ (cm)
④ 10 cm ⑤ $37.68 \div 3.14 = 12$ (cm)
지름이 길수록 큰 원이므로 가장 큰 원은 ⑤입니다.

19 예 상자 밑면의 한 변의 길이는 호두파이의 지름과 같거나 길어야 합니다.
(호두파이의 지름)=$108.5 \div 3.1 = 35$ (cm)이므로 상자 밑면의 한 변의 길이는 35 cm 이상이어야 합니다.

평가 기준
상자 밑면의 한 변의 길이가 지름과 같거나 길어야 함을 알고 있나요?
상자 밑면의 한 변의 길이는 몇 cm 이상이어야 하는지 구했나요?

20 (가 부분의 원주)=$38 \times 3 = 114$ (cm)
(나 부분의 원주)=$30 \times 3 = 90$ (cm)
따라서 원주의 차는 $114 - 90 = 24$ (cm)입니다.

21 (오른쪽 시계의 원주)=$50.24 \times 1.5 = 75.36$ (cm)
(오른쪽 시계의 반지름)=$75.36 \div 3.14 \div 2$
$= 24 \div 2 = 12$ (cm)

22 (호수의 둘레)=$34 \times 3 = 102$ (m)이고 원 모양 호수의 둘레에 2 m 간격으로 나무를 심으므로
(심을 수 있는 나무의 수)=(간격의 수)
$= 102 \div 2 = 51$(그루)입니다.

23 예 (케이크 윗면의 지름)=$65.1 \div 3.1 = 21$ (cm)
(1호 케이크 윗면의 지름)=15 cm
(2호 케이크 윗면의 지름)=$15 + 3 = 18$ (cm)
(3호 케이크 윗면의 지름)=$18 + 3 = 21$ (cm)
따라서 윗면의 둘레가 65.1 cm인 케이크는 3호입니다.

평가 기준
케이크 윗면의 지름이 몇 cm인지 구했나요?
윗면의 둘레가 65.1 cm인 케이크가 몇 호인지 구했나요?

24 (원 안의 정사각형의 넓이)=$30 \times 30 \div 2 = 450$ (cm^2)
(원 밖의 정사각형의 넓이)=$30 \times 30 = 900$ (cm^2)
➡ 450 cm^2 < (원의 넓이), (원의 넓이) < 900 cm^2

25 원 안에 있는 빨간색 모눈의 수: 60개
원 밖에 있는 초록색 선 안쪽 모눈의 수: 88개
➡ 60 cm^2 < (원의 넓이), (원의 넓이) < 88 cm^2
따라서 원의 넓이는 74 cm^2쯤 될 것 같습니다.

26 원 안에 있는 정육각형의 넓이보다 원의 넓이가 더 넓고, 원 밖에 있는 정육각형의 넓이보다 원의 넓이가 더 좁습니다.
(원 밖의 정육각형의 넓이)=$44 \times 6 = 264$ (cm^2)
(원 안의 정육각형의 넓이)=$33 \times 6 = 198$ (cm^2)
➡ 198 cm^2 < (원의 넓이), (원의 넓이) < 264 cm^2
따라서 원의 넓이를 바르게 어림한 사람은 도현입니다.

준비 (직사각형의 넓이)=(가로)×(세로)
$= 9 \times 5 = 45$ (cm^2)

27 원을 한없이 잘게 잘라 이어 붙여서 만든 직사각형의 가로는 (원주)×$\frac{1}{2}$과 같고, 세로는 원의 반지름과 같습니다.
(가로)=$6 \times 2 \times 3.14 \times \frac{1}{2} = 18.84$ (cm)
(세로)=6 cm
➡ (원의 넓이)=(직사각형의 넓이)
$= 18.84 \times 6 = 113.04$ (cm^2)

내가 만드는 문제
28 (반지름)=(지름)×$\frac{1}{2}$이고,
(원의 넓이)=(반지름)×(반지름)×(원주율)임을 이용하여 표를 완성합니다.
예 접시의 지름이 26 cm라면 반지름은 13 cm이고
(넓이)=$13 \times 13 \times 3 = 507$ (cm^2)입니다.
거울의 지름이 16 cm라면 반지름은 8 cm이고
(넓이)=$8 \times 8 \times 3 = 192$ (cm^2)입니다.

29 (1) (원의 넓이)=$7 \times 7 \times 3.1 = 151.9$ (cm^2)
(2) 반지름이 12 cm입니다.
(원의 넓이)=$12 \times 12 \times 3.1 = 446.4$ (cm^2)

30 예 컴퍼스의 침과 연필심 사이의 거리인 3 cm는 원의 반지름과 같습니다.
(그린 원의 넓이)$=3\times3\times3.14=28.26$ (cm^2)

평가 기준
컴퍼스를 벌려 그린 원의 반지름을 구했나요?
컴퍼스를 벌려 그린 원의 넓이를 구했나요?

31 정사각형 안에 들어갈 수 있는 가장 큰 원의 지름은 20 cm입니다. 따라서 가장 큰 원의 반지름은 10 cm이므로 원의 넓이는 $10\times10\times3.1=310$ (cm^2)입니다.

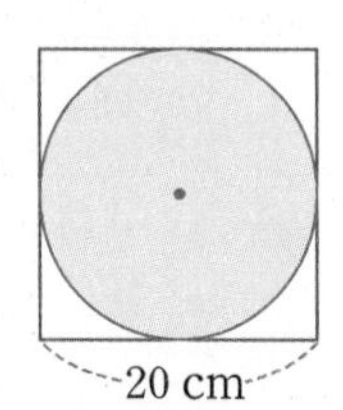

32 (원의 넓이)$=$(반지름)$\times$(반지름)$\times3.14$
$=254.34$ (cm^2)
➡ (반지름)$\times$(반지름)$=254.34\div3.14=81$
$9\times9=81$이므로 (반지름)$=9$ cm입니다.

33 (원의 넓이)$=$(반지름)$\times$(반지름)$\times3.1$
$=697.5$ (cm^2)
➡ (반지름)$\times$(반지름)$=697.5\div3.1=225$
$15\times15=225$이므로 (반지름)$=15$ cm입니다.
따라서 원의 지름은 $15\times2=30$ (cm)입니다.

34 원을 한없이 잘게 잘라 이어 붙여서 만든 직사각형의 가로는 (원주)$\times\frac{1}{2}$과 같으므로
(반지름)$\times2\times3.1\times\frac{1}{2}=37.2$ (cm),
(반지름)$\times3.1=37.2$ (cm)
➡ (반지름)$=37.2\div3.1=12$ (cm)
따라서 원의 넓이는 $12\times12\times3.1=446.4$ (cm^2)입니다.

35 예 (음료수 캔 바닥의 넓이)$=4\times4\times3=48$ (cm^2)
(통조림 캔 바닥의 넓이)$=8\times8\times3=192$ (cm^2)
따라서 통조림 캔 바닥의 넓이는 음료수 캔 바닥의 넓이의 $192\div48=4$(배)입니다.

평가 기준
음료수 캔과 통조림 캔 바닥의 넓이를 각각 구했나요?
통조림 캔 바닥의 넓이는 음료수 캔 바닥의 넓이의 몇 배인지 구했나요?

36 (1) 색칠한 부분의 넓이는 지름이 12 cm, 즉 반지름이 6 cm인 원의 넓이와 같습니다.
➡ (색칠한 부분의 넓이)$=6\times6\times3.1$
$=111.6$ (cm^2)
(2) 색칠한 부분의 넓이는 직사각형의 넓이와 같습니다.
➡ (색칠한 부분의 넓이)$=10\times5=50$ (cm^2)

내가 만드는 문제
37 지름을 18 cm보다 짧게 정해 주어진 원 안에 작은 원을 그리고 지름이 18 cm인 원의 넓이에서 그린 원의 넓이를 빼서 남는 부분의 넓이를 구합니다.
예 잘라 낸 원의 반지름을 5 cm라 하면
(남는 부분의 넓이)$=9\times9\times3.14-5\times5\times3.14$
$=254.34-78.5=175.84$ (cm^2)
입니다.

38 (오린 화선지의 넓이)
$=12\times12\times3\times\frac{1}{2}-4\times4\times3\times\frac{1}{2}$
$=216-24=192$ (cm^2)

39 (색칠한 부분의 넓이)
$=5\times5\times3-2\times2\times3-3\times3\times3$
$=75-12-27=36$ (cm^2)

40 가장 작은 원의 지름이 8 cm이므로 반지름은 4 cm이고 둘째로 큰 원의 반지름은 $4+2=6$ (cm)입니다.
(8점을 얻을 수 있는 부분의 넓이)
$=6\times6\times3.1-4\times4\times3.1$
$=111.6-49.6=62$ (cm^2)

41 예 오른쪽 그림과 같이 작은 반원을 옮기면 파란색으로 색칠한 부분은 반지름이 20 cm인 반원과 같습니다.

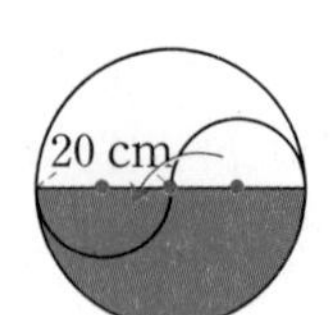

➡ (파란색으로 색칠한 부분의 넓이)
$=20\times20\times3.14\div2=628$ (cm^2)

평가 기준
작은 반원을 아래쪽으로 이동하였나요?
색칠한 부분의 넓이를 구했나요?

STEP 3 자주 틀리는 유형

141~142쪽

1 28.26 cm	**2** 120.9 cm^2
3 40.3 cm	**4** 768 cm^2
5 111.6 cm^2	**6** 235.5 cm^2
7 72 cm	**8** 69.08 cm
9 130.2 cm	**10** ㉡
11 ㉡, ㉠, ㉢	**12** ㉣, ㉡, ㉠, ㉢

1 (두 원의 원주의 합)$=3\times3.14+3\times2\times3.14$
$=9.42+18.84=28.26$ (cm)

2 (두 원의 넓이의 차)$=8\times8\times3.1-5\times5\times3.1$
$=198.4-77.5=120.9\ (cm^2)$

3 (가의 원주)$=5\times3.1=15.5\ (cm)$
(나의 원주)$=4\times2\times3.1=24.8\ (cm)$
➡ (사용한 철사의 길이)$=15.5+24.8=40.3\ (cm)$

4 반지름을 □cm라고 하면
□$\times2\times3=96$, □$=96\div3\div2=16$입니다.
➡ (원의 넓이)$=16\times16\times3=768\ (cm^2)$

5 (굴렁쇠의 반지름)$=37.2\div3.1\div2=6\ (cm)$
➡ (크기가 같은 원의 넓이)$=6\times6\times3.1$
$=111.6\ (cm^2)$

6 (원주가 31.4 cm인 원의 반지름)
$=31.4\div3.14\div2=5\ (cm)$
(원주가 62.8 cm인 원의 반지름)
$=62.8\div3.14\div2=10\ (cm)$
➡ (두 원의 넓이의 차)
$=10\times10\times3.14-5\times5\times3.14$
$=314-78.5=235.5\ (cm^2)$

7 (원의 넓이)$=$(반지름)$\times$(반지름)$\times3=432\ (cm^2)$
➡ (반지름)$\times$(반지름)$=432\div3=144$
$12\times12=144$이므로 (반지름)$=12$ cm입니다.
(원주)$=12\times2\times3=72\ (cm)$

8 (원의 넓이)$=$(반지름)$\times$(반지름)$\times3.14$
$=379.94\ (cm^2)$
➡ (반지름)$\times$(반지름)$=379.94\div3.14=121$
$11\times11=121$이므로 (반지름)$=11$ cm입니다.
(원주)$=11\times2\times3.14=69.08\ (cm)$

9 (원의 넓이)$=$(반지름)$\times$(반지름)$\times3.1$
$=151.9\ (cm^2)$
➡ (반지름)$\times$(반지름)$=151.9\div3.1=49$
$7\times7=49$이므로 (반지름)$=7$ cm입니다.
(시계가 굴러간 거리)$=$(시계의 원주)$\times3$
$=7\times2\times3.1\times3=130.2\ (cm)$

10 두 원의 넓이를 비교해 봅니다.
(원 ㉡의 반지름)$=72\div3\div2=12\ (cm)$
(원 ㉡의 넓이)$=12\times12\times3=432\ (cm^2)$
$507>432$이므로 넓이가 더 좁은 원은 ㉡입니다.

11 각 원의 넓이를 비교해 봅니다.
㉠ $10\times10\times3.14=314\ (cm^2)$
㉢ $9\times9\times3.14=254.34\ (cm^2)$
따라서 넓이가 넓은 원부터 차례로 기호를 쓰면 ㉡, ㉠, ㉢입니다.

12 각 접시의 넓이를 비교해 봅니다.
㉠ $7\times7\times3.14=153.86\ (cm^2)$
㉡ $8\times8\times3.14=200.96\ (cm^2)$
㉢ (반지름)$=31.4\div3.14\div2=5\ (cm)$
(넓이)$=5\times5\times3.14=78.5\ (cm^2)$
따라서 넓이가 넓은 접시부터 차례로 기호를 쓰면 ㉣, ㉡, ㉠, ㉢입니다.

STEP 4 최상위 도전 유형 143~146쪽

1 4바퀴	**2** 12바퀴
3 15바퀴	**4** 원 모양 피자
5 정사각형 모양 케이크	**6** 가 와플
7 99.2 cm	**8** 173.6 cm
9 16 cm	**10** 113.6 cm
11 102 cm	**12** 84 cm
13 $44.1\ cm^2$	**14** $37.5\ cm^2$
15 $72\ cm^2$	**16** $128\ cm^2$
17 $82.26\ cm^2$	**18** $288\ cm^2$
19 168 cm	**20** 73 cm
21 123 cm	**22** 107.1 m
23 $3200\ m^2$	**24** 64 m

1 (훌라후프의 둘레)$=50\times3.14=157\ (cm)$
(굴린 횟수)$=628\div157=4$(바퀴)

2 (굴렁쇠의 둘레)$=35\times3=105\ (cm)$
(굴린 횟수)$=1260\div105=12$(바퀴)

3 (자전거 바퀴의 둘레)$=38\times3.1=117.8\ (cm)$
17 m 67 cm$=$1767 cm
(굴린 횟수)$=1767\div117.8=15$(바퀴)

4 두 피자 중 넓이가 더 넓은 피자를 선택하는 것이 더 이득입니다.
(정사각형 모양 피자의 넓이)$=16\times16=256\ (cm^2)$
(원 모양 피자의 넓이)$=10\times10\times3=300\ (cm^2)$
$256<300$으로 원 모양 피자가 더 넓으므로 원 모양 피자를 선택해야 더 이득입니다.

5 두 케이크 중 넓이가 더 넓은 케이크를 선택하는 것이 더 이득입니다.

(정사각형 모양 케이크의 넓이) $=32\times32\div2$
$=512\,(\text{cm}^2)$

(원 모양 케이크의 넓이) $=13\times13\times3$
$=507\,(\text{cm}^2)$

$512>507$로 정사각형 모양 케이크가 더 넓으므로 정사각형 모양 케이크를 선택해야 더 이득입니다.

6 (가 와플의 넓이) $=15\times15\times3.14=706.5\,(\text{cm}^2)$

➡ ($1\,\text{cm}^2$의 가격) $=5000\div706.5$
$=7.0\cdots\rightarrow$ 약 7원

(나 와플의 넓이) $=10\times10\times3.14=314\,(\text{cm}^2)$

➡ ($1\,\text{cm}^2$의 가격) $=4000\div314$
$=12.7\cdots\rightarrow$ 약 13원

따라서 $1\,\text{cm}^2$의 가격이 더 싼 가 와플을 사는 것이 더 이득입니다.

7

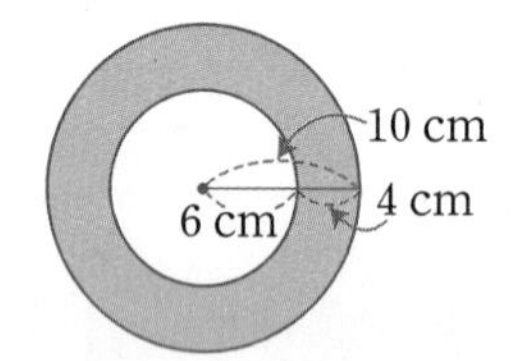

(색칠한 부분의 둘레)
$=$(큰 원의 원주)$+$(작은 원의 원주)
$=20\times3.1+12\times3.1$
$=62+37.2=99.2\,(\text{cm})$

8

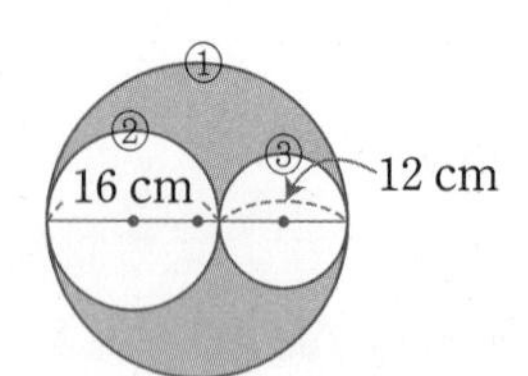

(색칠한 부분의 둘레)
$=$①$+$②$+$③
$=28\times3.1+16\times3.1+12\times3.1$
$=86.8+49.6+37.2=173.6\,(\text{cm})$

9

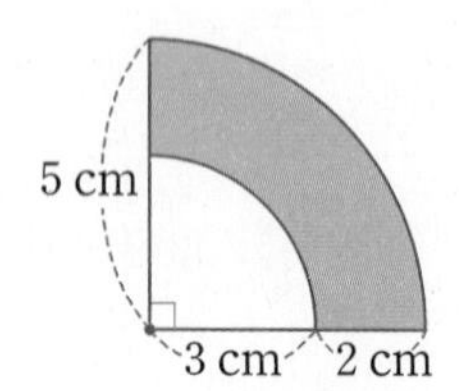

(색칠한 부분의 둘레)
$=5\times2\times3\times\frac{1}{4}+3\times2\times3\times\frac{1}{4}+(5-3)\times2$
$=7.5+4.5+4=16\,(\text{cm})$

10 4개의 곡선 부분의 길이의 합은 지름이 16 cm인 원의 원주와 같습니다.

(색칠한 부분의 둘레)
$=$(지름이 16 cm인 원의 원주)$+$(정사각형의 둘레)
$=16\times3.1+16\times4=49.6+64=113.6\,(\text{cm})$

11 (색칠한 부분의 둘레)
$=20\times2+$(지름이 20 cm인 원의 원주)$\times\frac{1}{2}\times2$
$=20\times2+20\times3.1\times\frac{1}{2}\times2$
$=40+62=102\,(\text{cm})$

12 (색칠한 부분의 둘레)
$=$(지름이 30 cm인 원의 원주)$\times\frac{1}{2}+12$
$+$(지름이 18 cm인 원의 원주)$\times\frac{1}{2}$
$=30\times3\times\frac{1}{2}+12+18\times3\times\frac{1}{2}$
$=45+12+27=84\,(\text{cm})$

13 (색칠한 부분의 넓이) $=14\times14-7\times7\times3.1$
$=196-151.9=44.1\,(\text{cm}^2)$

14 (색칠한 부분의 넓이) $=$ 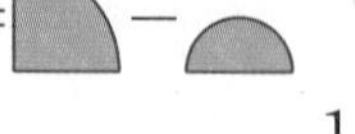
$=10\times10\times3\times\frac{1}{4}-5\times5\times3\times\frac{1}{2}$
$=75-37.5=37.5\,(\text{cm}^2)$

15 (색칠한 부분의 넓이) $=$ (▢ $-$ ◣) $\times2$
$=\left(12\times12-12\times12\times3\times\frac{1}{4}\right)\times2$
$=(144-108)\times2=36\times2=72\,(\text{cm}^2)$

16

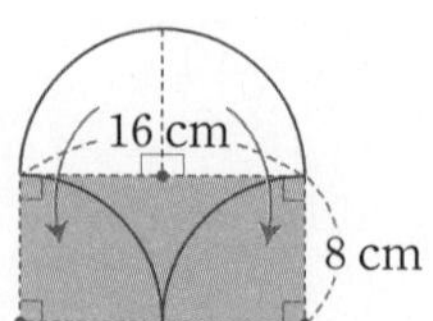

위와 같이 반원을 두 부분으로 나누어 옮기면 그린 은행잎의 넓이는 가로 16 cm, 세로 8 cm인 직사각형의 넓이와 같습니다.

➡ (그린 은행잎의 넓이) $=16\times8=128\,(\text{cm}^2)$

17

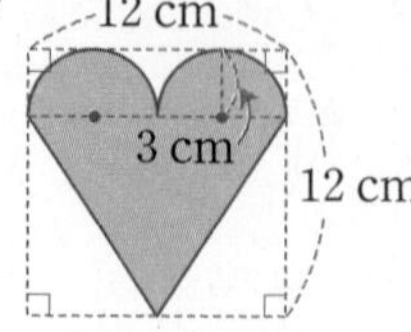

(반원의 반지름) $=12\div2\div2=3\,(\text{cm})$

이등변삼각형의 밑변은 12 cm이고 높이는 $12-3=9$ (cm)입니다.

➡ (하트 모양의 넓이)

$=3\times3\times3.14\times\frac{1}{2}\times2+12\times9\div2$

$=28.26+54=82.26$ (cm^2)

18 (색칠한 반원의 반지름)

$=$(가장 큰 반원의 지름)$\times\frac{1}{3}$이므로

(색칠한 반원의 지름)$=$(가장 큰 반원의 지름)$\times\frac{2}{3}$,

(가장 작은 반원의 지름)

$=$(가장 큰 반원의 지름)$\times\frac{1}{3}=8$ (cm)이므로

(가장 큰 반원의 지름)$=24$ cm,

(색칠한 반원의 반지름)$=8$ cm입니다.

➡ (색칠한 부분의 넓이)

$=12\times12\times3\times\frac{1}{2}+8\times8\times3\times\frac{1}{2}$

$-4\times4\times3\times\frac{1}{2}$

$=216+96-24=288$ (cm^2)

19 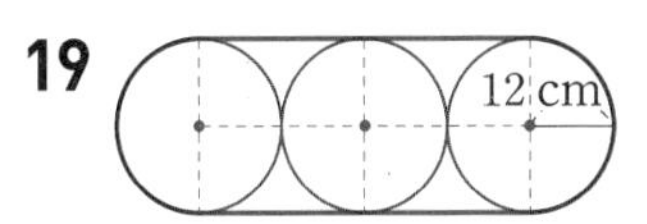

(끈의 길이)$=$(곡선 부분의 길이)$+$(직선 부분의 길이)

$=12\times2\times3+12\times4\times2$

$=72+96=168$ (cm)

20 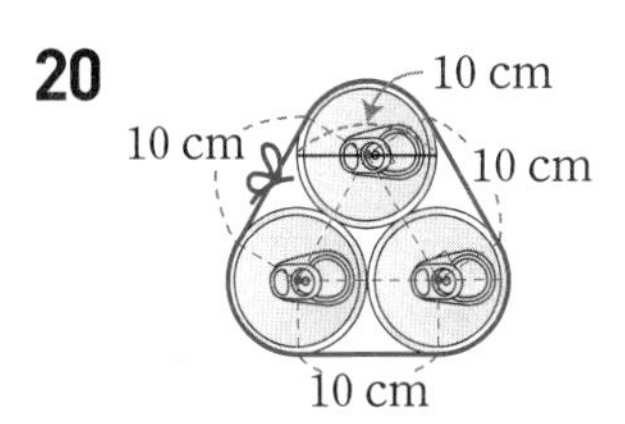

(끈의 길이)$=10\times3.1+10\times3+12$

$=31+30+12=73$ (cm)

21 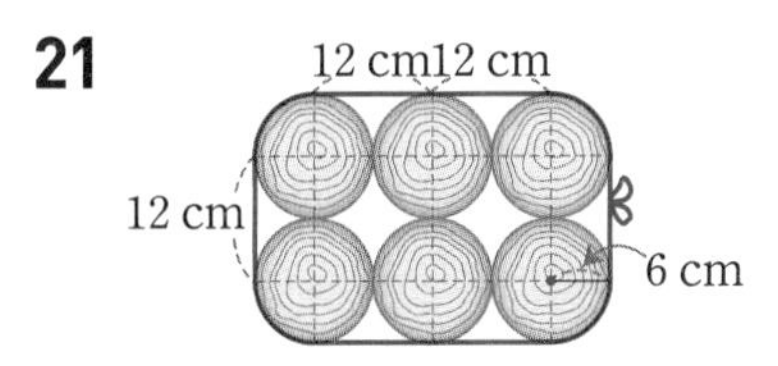

(끈의 길이)$=6\times2\times3+12\times6+15$

$=36+72+15=123$ (cm)

22 곡선 부분의 길이는 지름이 15 m인 원의 원주와 같으므로 $15\times3.14=47.1$ (m)입니다.

(운동장의 둘레)$=$(곡선 부분)$+$(직선 부분)

$=47.1+30\times2=107.1$ (m)

23 (트랙의 넓이)

$=$(가로 100 m, 세로 10 m인 직사각형의 넓이)$\times2$

$+$(지름이 50 m인 원의 넓이)

$-$(지름이 30 m인 원의 넓이)

$=100\times10\times2+25\times25\times3-15\times15\times3$

$=2000+1875-675=3200$ (m^2)

24 선분 ㄴㄷ의 길이를 □m라고 하면

$24\times3+\square\times2=200$, $\square\times2=200-72=128$,

$\square=128\div2=64$입니다.

수시 평가 대비 Level ❶

147~149쪽

1	3.14배	**2**	3, 3, 3.1, 27.9
3	㉠, ㉢	**4**	원주율에 ○표
5	144, 192	**6**	12.4 cm, 4 cm
7	45 cm	**8**	78.5 cm^2
9	376.8 m	**10**	22 cm
11	54 cm	**12**	8
13	251.1 cm^2	**14**	㉢, ㉠, ㉡, ㉣
15	510 m	**16**	30.6 cm
17	628 cm^2	**18**	87.92 cm
19	165 cm	**20**	79.2 cm^2

1 $31.4\div10=3.14$(배)

2 (원의 넓이)$=$(반지름)$\times$(반지름)$\times$(원주율)

3 ㉡ 원의 지름이 길어져도 원주율은 변하지 않습니다.

㉣ 원주율을 반올림하여 소수 첫째 자리까지 나타내면 3.1입니다.

4 원의 크기와 상관없이 원주율은 일정합니다.

5 원의 넓이는 원 안에 있는 정육각형의 넓이보다 넓고, 원 밖에 있는 정육각형의 넓이보다 좁습니다.

(원 안의 정육각형의 넓이)$=24\times6=144$ (cm^2)

(원 밖의 정육각형의 넓이)$=32\times6=192$ (cm^2)

6 ㉠$=$(원주)$\times\frac{1}{2}=4\times2\times3.1\times\frac{1}{2}=12.4$ (cm)
㉡$=$(원의 반지름)$=4$ cm

7 $15\times3=45$ (cm)

8 (원의 반지름)$=10\div2=5$ (cm)
(원의 넓이)$=5\times5\times3.14=78.5$ (cm^2)

9 (호수의 둘레)$=30\times2\times3.14=188.4$ (m)
(세영이가 걸은 거리)$=188.4\times2=376.8$ (m)

10 (원주)$=$(지름)$\times$(원주율)
➡ (지름)$=68.2\div3.1=22$ (cm)

11 (큰 원의 원주)$=16\times2\times3=96$ (cm)
(작은 원의 원주)$=7\times2\times3=42$ (cm)
➡ (원주의 차)$=96-42=54$ (cm)

12 $\square\times\square\times3=192$, $\square\times\square=64$, $8\times8=64$이므로 $\square=8$입니다.

13 한 변이 18 cm인 정사각형 안에 들어갈 수 있는 가장 큰 원의 지름은 18 cm이고, 반지름은 $18\div2=9$ (cm)입니다.
(원의 넓이)$=9\times9\times3.1=251.1$ (cm^2)

14 지름이 길수록 원의 넓이가 넓으므로 지름을 구하여 비교합니다.
㉠ (지름)$=6$ cm
㉡ (지름)$=15.7\div3.14=5$ (cm)
㉢ (지름)$=4\times2=8$ (cm)
㉣ (반지름)$\times$(반지름)$=12.56\div3.14=4$ (cm), $2\times2=4$이므로 (반지름)$=2$ cm입니다.
➡ (지름)$=2\times2=4$ (cm)

15 양쪽 반원 부분을 붙이면 지름이 70 m인 원과 같습니다.
(운동장의 둘레)$=70\times3+150\times2$
$=210+300=510$ (m)

16 색칠하지 않은 부분을 붙이면 반지름이 6 cm인 반원과 같습니다.
(색칠한 부분의 둘레)$=6\times2\times3.1\times\frac{1}{2}+6\times2$
$=18.6+12=30.6$ (cm)

17 색칠하지 않은 부분을 붙이면 지름이 20 cm인 원 2개와 같습니다.
(색칠한 부분의 넓이)
$=20\times20\times3.14-10\times10\times3.14\times2$
$=1256-628=628$ (cm^2)

18 원의 반지름을 $\square$cm라 하면
$\square\times\square\times3.14=615.44$, $\square\times\square=196$, $14\times14=196$이므로 $\square=14$입니다.
(반지름이 14 cm인 원의 원주)$=14\times2\times3.14$
$=87.92$ (cm)

19 예 (가 굴렁쇠가 5바퀴 굴러간 거리)
$=33\times3\times5=495$ (cm)
(나 굴렁쇠가 5바퀴 굴러간 거리)
$=44\times3\times5=660$ (cm)
따라서 나 굴렁쇠는 가 굴렁쇠보다
$660-495=165$ (cm) 더 갔습니다.

평가 기준	배점
가 굴렁쇠가 5바퀴 굴러간 거리를 구했나요?	2점
나 굴렁쇠가 5바퀴 굴러간 거리를 구했나요?	2점
나 굴렁쇠가 가 굴렁쇠보다 몇 cm 더 갔는지 구했나요?	1점

20
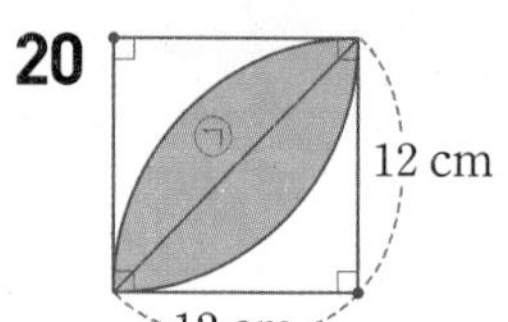

예 색칠한 부분을 반으로 나누어 구합니다.
(색칠한 부분의 넓이)
$=$(㉠의 넓이)$\times2$
$=\left(12\times12\times3.1\times\frac{1}{4}-12\times12\div2\right)\times2$
$=(111.6-72)\times2=39.6\times2=79.2$ (cm^2)

평가 기준	배점
색칠한 부분의 넓이를 구하는 식을 알맞게 세웠나요?	3점
색칠한 부분의 넓이를 구했나요?	2점

수시 평가 대비 Level ❷

150~152쪽

1 ②
2 3, 4
3 7, 3.1 / 21.7
4 50, 100
5 (위에서부터) 17, 53.38
6 192 cm^2
7 87.92 cm
8 60 cm
9 3140 cm
10 123 cm^2

11 22 cm	**12** ㉠, ㉢, ㉡
13 314 cm^2	**14** 697.5 cm^2
15 25.7 cm	**16** 진수, 3.1 cm
17 44.56 cm	**18** 148.8 cm^2
19 18 cm	**20** 6040 m^2

1 ② 원의 지름에 대한 원주의 비율을 원주율이라고 합니다.

3 (원주)=(지름)×(원주율)=7×3.1=21.7 (cm)

4 (원 안의 정사각형의 넓이)=10×10÷2=50 (cm^2)
(원 밖의 정사각형의 넓이)=10×10=100 (cm^2)
➡ 50 cm^2<(원의 넓이), (원의 넓이)<100 cm^2

5 원을 한없이 잘게 잘라 이어 붙여서 만든 직사각형의 가로는 (원주)×$\frac{1}{2}$과 같고, 세로는 원의 반지름과 같습니다.
(가로)=17×2×3.14×$\frac{1}{2}$=53.38 (cm)
(세로)=17 cm

6 (반지름)=16÷2=8 (cm)
(원의 넓이)=(반지름)×(반지름)×(원주율)
=8×8×3=192 (cm^2)

7 한쪽 날개의 길이가 14 cm이므로 날개가 돌 때 생기는 원의 반지름은 14 cm입니다.
따라서 원주는 14×2×3.14=87.92 (cm)입니다.

8 (지름)=(원주)÷(원주율)=186÷3.1=60 (cm)

9 (지름)=20×2=40 (cm)
(움직인 거리)=40×3.14×25=3140 (cm)

10 (가의 넓이)=4×4×3=48 (cm^2)
(나의 넓이)=5×5×3=75 (cm^2)
➡ 48+75=123 (cm^2)

11 (원의 넓이)=(반지름)×(반지름)×3=363 (cm^2)
➡ (반지름)×(반지름)=363÷3=121
11×11=121이므로 (반지름)=11 cm입니다.
따라서 원의 지름은 11×2=22 (cm)입니다.

12 원의 지름이 짧을수록 원의 크기가 작으므로 각 원의 지름을 비교해 봅니다.
㉠ 62÷3.1=20 (cm)
㉡ 14×2=28 (cm)
㉢ 74.4÷3.1=24 (cm)
따라서 원의 크기가 작은 것부터 차례로 기호를 쓰면 ㉠, ㉢, ㉡입니다.

13 지름을 □cm라고 하면
□×3.14=62.8, □=20입니다.
(반지름)=20÷2=10 (cm)
(넓이)=10×10×3.14=314 (cm^2)

14 만들 수 있는 가장 큰 원의 지름은 30 cm입니다.
(만들 수 있는 가장 큰 원의 반지름)
=30÷2=15 (cm)
(만들 수 있는 가장 큰 원의 넓이)
=15×15×3.1=697.5 (cm^2)

15 (색칠한 부분의 둘레)
=5×2+(지름이 10 cm인 원의 원주)×$\frac{1}{2}$
=10+10×3.14×$\frac{1}{2}$
=10+15.7=25.7 (cm)

16 (상미가 그린 원의 원주)
=5×3.1=15.5 (cm)
진수가 그린 원의 반지름을 □cm라고 하면
□×□×3.1=27.9, □×□=9, □=3이므로
(진수가 그린 원의 원주)=3×2×3.1=18.6 (cm)입니다.
따라서 진수가 그린 원의 원주가
18.6−15.5=3.1 (cm) 더 깁니다.

17 (빈대떡의 둘레)=16×2×3.14=100.48 (cm)
빈대떡을 8조각으로 나누었으므로
(빈대떡 한 조각의 둘레)
=(빈대떡의 둘레)÷8+(빈대떡의 반지름)×2
=100.48÷8+16×2
=12.56+32=44.56 (cm)입니다.

18 (가장 큰 원의 반지름)=(12+8)÷2=10 (cm)
(색칠한 부분의 넓이)
=(가장 큰 원의 넓이)−(중간 원의 넓이)
−(가장 작은 원의 넓이)
=10×10×3.1−6×6×3.1−4×4×3.1
=310−111.6−49.6=148.8 (cm^2)

19 예 (큰 원의 반지름)$=75.36\div3.14\div2=12$ (cm)

작은 원의 반지름은 큰 원의 반지름의 $\frac{1}{2}$과 같으므로

$12\times\frac{1}{2}=6$ (cm)입니다.

따라서 큰 원과 작은 원의 반지름의 합은

$12+6=18$ (cm)입니다.

평가 기준	배점
큰 원과 작은 원의 반지름을 각각 구했나요?	3점
큰 원과 작은 원의 반지름의 합을 구했나요?	2점

20 예 (공원의 넓이)

$=$(가로 120 m, 세로 40 m인 직사각형의 넓이)

$+$(지름이 40 m인 원의 넓이)

$=120\times40+20\times20\times3.1$

$=4800+1240=6040$ (m^2)

평가 기준	배점
공원의 넓이를 구하는 식을 세웠나요?	2점
공원의 넓이는 몇 m^2인지 구했나요?	3점

6 원기둥, 원뿔, 구

이 단원에서는 원기둥의 구성 요소와 성질을 알아보며 조작 활동을 통해 원기둥의 전개도를 이해하고 그려 보는 활동을 전개합니다. 또한 앞서 학습한 입체도형 구체물과 원뿔, 구 모양의 구체물을 분류하는 활동을 통해 원뿔과 구를 이해하고 원뿔과 구 모형을 관찰하고 조작하는 활동을 통해 구성 요소와 성질을 탐색합니다. 이후 원기둥, 원뿔, 구 모형을 이용하여 건축물을 만들어 보는 활동을 통해 공간 감각을 형성합니다. 이 단원에서 학습하는 원기둥, 원뿔, 구에 대한 개념은 이후 중학교의 입체도형의 성질에서 회전체와 입체도형의 겉넓이와 부피 학습과 직접적으로 연계되므로 원기둥, 원뿔, 구의 개념 및 성질과 원기둥의 전개도에 대한 정확한 이해를 바탕으로 원기둥, 원뿔, 구의 공통점과 차이점을 파악할 수 있어야 합니다.

STEP 1 교과 개념 1. 원기둥 알아보기 155쪽

1 원기둥은 위와 아래에 있는 면이 서로 평행하고 합동인 기둥 모양의 입체도형입니다.

3 서로 평행하고 합동인 두 면을 찾습니다.

STEP 1 교과 개념 2. 원기둥의 전개도 알아보기 157쪽

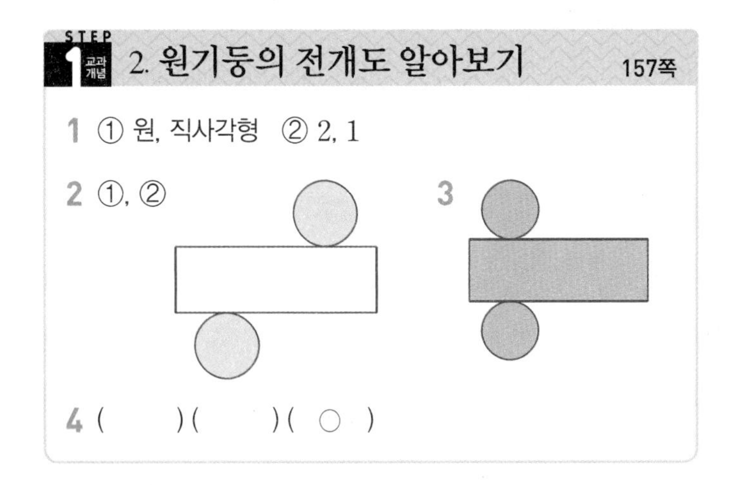

1 ① 원, 직사각형 ② 2, 1

2 ①, ②

3

4 ( ) ( ) (○)

2 원기둥의 두 밑면의 모양은 원이고, 원기둥의 높이와 같은 것은 옆면의 세로입니다.

3 원기둥의 전개도에서 옆면인 직사각형의 가로는 밑면의 둘레와 같습니다.

4 • 첫 번째: 두 밑면이 합동이 아닙니다.
• 두 번째: 옆면의 모양이 직사각형이 아닙니다.

STEP 1 교과 개념 3. 원뿔 알아보기 159쪽

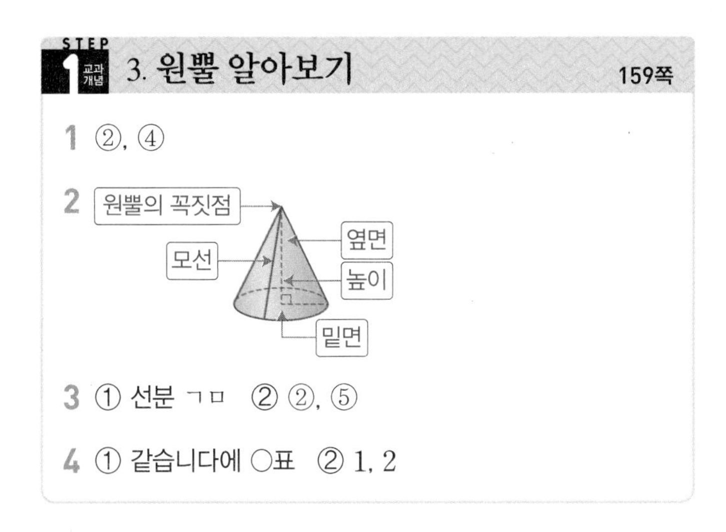

1 ②, ④

2

3 ① 선분 ㄱㅁ ② ②, ⑤

4 ① 같습니다에 ○표 ② 1, 2

1 원뿔은 평평한 면이 원이고 옆면이 굽은 면인 뿔 모양의 입체도형입니다.

2 • 옆면: 옆을 둘러싼 굽은 면
• 원뿔의 꼭짓점: 뾰족한 부분의 점
• 밑면: 평평한 면
• 모선: 원뿔의 꼭짓점과 밑면인 원의 둘레의 한 점을 이은 선분
• 높이: 원뿔의 꼭짓점에서 밑면에 수직인 선분의 길이

3 ① 원뿔의 꼭짓점에서 밑면에 수직인 선분은 선분 ㄱㅁ입니다.
② 원뿔의 꼭짓점과 밑면인 원의 둘레의 한 점을 이은 선분은 선분 ㄱㄴ, 선분 ㄱㄷ, 선분 ㄱㄹ입니다.

4 원뿔과 원기둥은 밑면의 모양이 원으로 같지만 밑면의 수가 다릅니다.

STEP 1 교과 개념 4. 구 알아보기 161쪽

1 (앞에서부터) 구의 중심, 구의 반지름

2 ( ) ( ) (○)

3 ① × ② ○

4 풀이 참조

2 반원 모양의 종이를 지름을 기준으로 돌리면 구가 만들어집니다.

3 ① 구의 반지름은 무수히 많습니다.

4

입체도형	위에서 본 모양	앞에서 본 모양	옆에서 본 모양

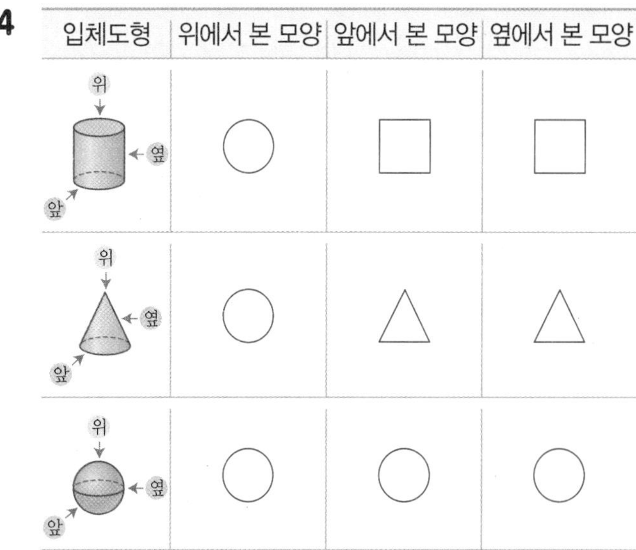
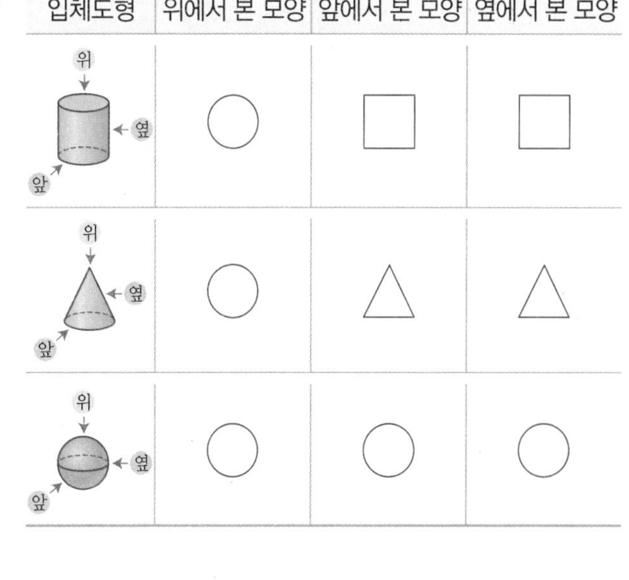

STEP 2 꼭 나오는 유형 162~169쪽

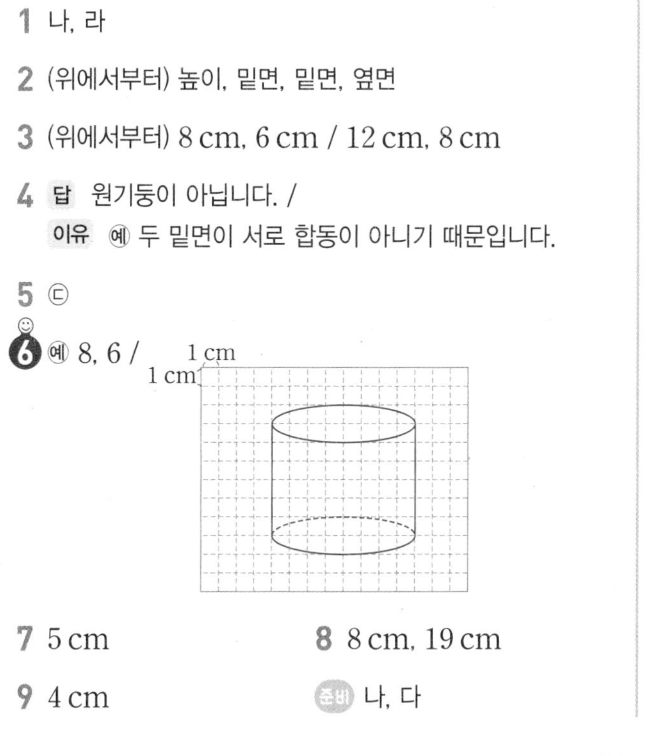

1 나, 라

2 (위에서부터) 높이, 밑면, 밑면, 옆면

3 (위에서부터) 8 cm, 6 cm / 12 cm, 8 cm

4 답 원기둥이 아닙니다. /
이유 예 두 밑면이 서로 합동이 아니기 때문입니다.

5 ㉢

6 예 8, 6 /

7 5 cm

8 8 cm, 19 cm

9 4 cm

준비 나, 다

10 (위에서부터) 원, 사각형, 2, 2

11 준호

12 ㉠, ㉢

13

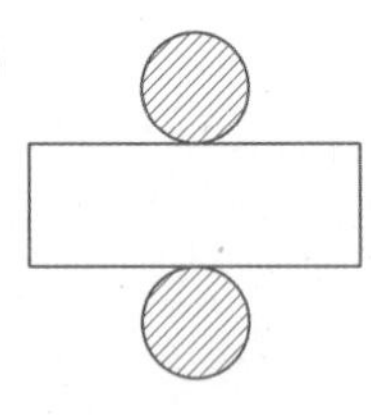

14 (위에서부터) 밑면, 높이, 옆면

15 가, 다

준비

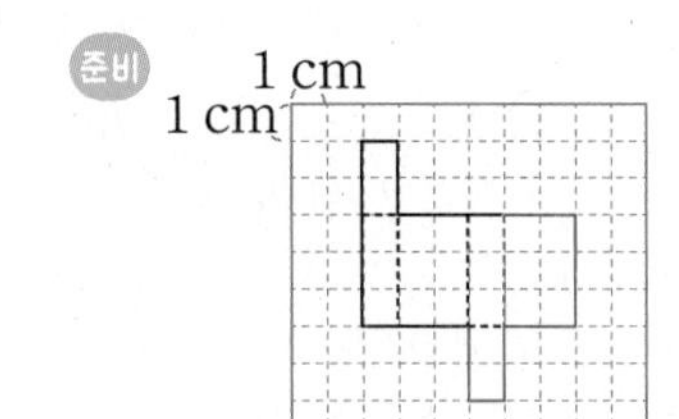

16 예

17 이유 예 원기둥의 전개도에서 밑면의 모양은 원이고, 옆면의 모양은 직사각형입니다. 주어진 그림은 옆면이 직사각형이 아니기 때문에 원기둥의 전개도가 아닙니다.

18 (1) (2)

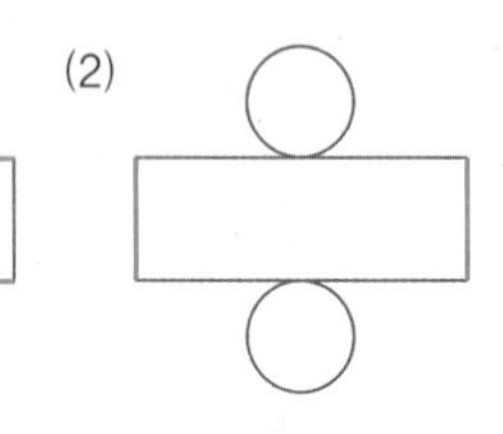

19 62.8 cm, 26 cm

20 (위에서부터) 14, 42, 18

21 예

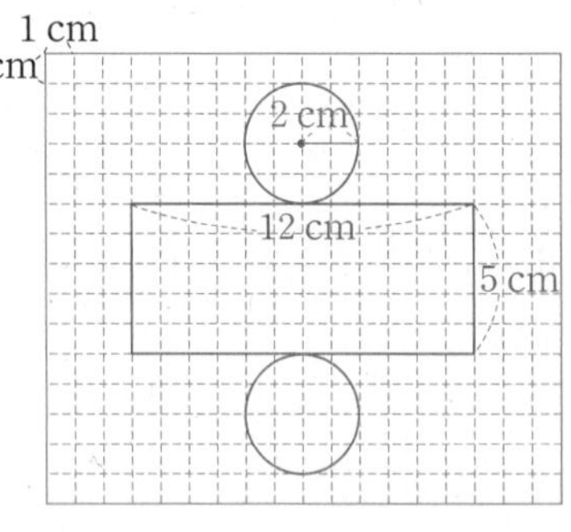

22 14 cm

23 240.96 cm

24 ⑤

25 답 원뿔이 아닙니다. / 이유 예 원뿔은 밑면이 원이고 옆면이 굽은 면이어야 하는데 주어진 입체도형은 밑면이 다각형이고 옆면이 삼각형이기 때문입니다.

26 ㉢, ㉡, ㉠

27 12 cm, 13 cm, 10 cm

28 (1) 원뿔 (2) 8 cm (3) 10 cm

29 예 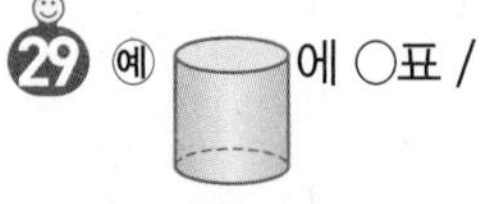 에 ○표 /

예 원기둥은 밑면이 2개, 원뿔은 밑면이 1개입니다.

30 ㉤

31 48 cm

준비 (1) 사각뿔 (2) 오각뿔

32 (위에서부터) 육각형 / 1, 1 / 원 / 삼각형

33 선재

34 ㉣

35 7 cm

36 다

37 5 cm

38 ㉢

39 243 cm^2

40 공통점 예 위에서 본 모양이 원입니다. 굽은 면이 있습니다. 등

차이점 예 원뿔은 꼭짓점이 있지만 구와 원기둥은 꼭짓점이 없습니다. 원기둥은 밑면이 2개이고, 원뿔은 밑면이 1개이고, 구는 밑면이 없습니다. 등

41 지윤

42 ㉠, ㉢

43 ㉡

44 예

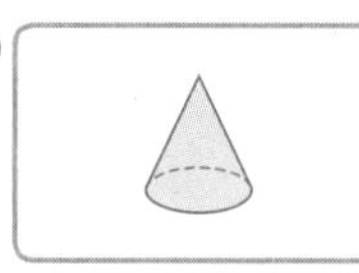

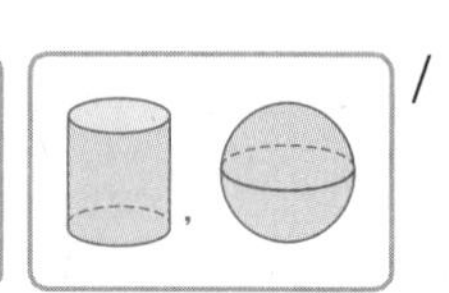

/

예 꼭짓점이 있는 것과 없는 것

1 서로 평행하고 합동인 두 원을 면으로 하는 입체도형은 나, 라입니다.

2 원기둥에서 서로 평행하고 합동인 두 면은 밑면이고, 두 밑면과 만나는 면은 옆면입니다.

3 • 왼쪽: 밑면의 지름은 8 cm이고 높이는 12 cm입니다.
• 오른쪽: 밑면의 지름은 반지름의 2배이므로 $3\times2=6$ (cm)이고 높이는 두 밑면에 수직인 선분의 길이이므로 8 cm입니다.

4

평가 기준
블록이 원기둥인지 아닌지 썼나요?
그렇게 생각한 이유를 썼나요?

5 ㉠ 두 밑면은 서로 평행합니다.
㉡ 원기둥에는 꼭짓점이 없습니다.

내가 만드는 문제

6 원기둥의 겨냥도는 보이는 부분은 실선으로, 보이지 않는 부분은 점선으로 그립니다.

7 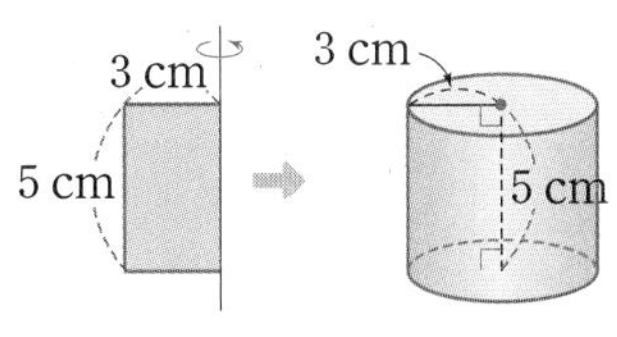

직사각형 모양의 종이를 한 변을 기준으로 돌려 만들 수 있는 입체도형은 원기둥입니다.
원기둥의 높이는 돌리기 전의 직사각형의 세로와 같으므로 5 cm입니다.

8 원기둥의 밑면의 지름은 앞에서 본 모양인 직사각형의 가로와 같으므로 16 cm이고, 밑면의 반지름은 $16 \div 2 = 8$ (cm)입니다.
원기둥의 높이는 앞에서 본 모양인 직사각형의 세로와 같으므로 19 cm입니다.

9 예 직사각형 모양의 종이를 한 변을 기준으로 돌리면 원기둥이 만들어집니다.
진우가 만든 원기둥의 밑면의 반지름은 7 cm이므로 밑면의 지름은 $7 \times 2 = 14$ (cm)입니다.
서윤이가 만든 원기둥의 밑면의 반지름은 5 cm이므로 밑면의 지름은 $5 \times 2 = 10$ (cm)입니다.
따라서 밑면의 지름의 차는 $14 - 10 = 4$ (cm)입니다.

평가 기준
진우와 서윤이가 만든 입체도형의 밑면의 지름을 각각 구했나요?
진우와 서윤이가 만든 입체도형의 밑면의 지름의 차를 구했나요?

준비 모든 면이 다각형이고 서로 평행한 두 면이 합동인 입체도형을 찾으면 나, 다입니다.

11 준호: 원기둥의 옆면은 굽은 면이지만 각기둥의 옆면은 직사각형입니다.

12 ㉡ 원기둥의 밑면은 합동인 원입니다.
㉣ 원기둥에는 꼭짓점이 없습니다.

13 원기둥에 색칠된 부분은 두 밑면이므로 전개도의 원 2개를 빗금으로 표시합니다.

14 원기둥의 전개도에서 밑면의 모양은 원이고, 옆면의 모양은 직사각형입니다.

15 나는 두 밑면이 합동이 아니므로 원기둥을 만들 수 없고, 라는 두 밑면이 겹쳐지므로 원기둥을 만들 수 없습니다.

준비 밑면이 2개, 옆면이 4개가 되도록 그립니다.

16 두 밑면은 합동인 원으로 그리고, 옆면은 직사각형이 되도록 그립니다.

17

평가 기준
원기둥의 전개도는 어떤 모양인지 알고 있나요?
주어진 그림이 원기둥의 전개도가 아닌 이유를 썼나요?

18 (1) 원기둥에 빨간색으로 표시된 부분은 밑면의 둘레이므로 전개도에서 밑면의 둘레와 옆면의 가로에 파란색 선으로 표시합니다.
(2) 원기둥에 빨간색으로 표시된 부분은 원기둥의 높이이므로 전개도에서 옆면의 세로에 파란색 선으로 표시합니다.

19 옆면의 가로는 밑면의 둘레와 같으므로
(옆면의 가로)$= 10 \times 2 \times 3.14 = 62.8$ (cm)입니다.
(옆면의 세로)$=$(원기둥의 높이)$= 26$ cm

20 (밑면의 지름)$=$(밑면의 반지름)$\times 2$
$= 7 \times 2 = 14$ (cm)
(옆면의 가로)$=$(밑면의 둘레)$= 14 \times 3 = 42$ (cm)
(옆면의 세로)$=$(원기둥의 높이)$= 18$ cm

21 (옆면의 가로)$=$(밑면의 둘레)
$= 2 \times 2 \times 3 = 12$ (cm)
(옆면의 세로)$=$(원기둥의 높이)$= 5$ cm

22 예 밑면의 둘레는 옆면의 가로와 같으므로
(밑면의 지름)$\times 3 = 42$,
(밑면의 지름)$= 42 \div 3 = 14$ (cm)입니다.

평가 기준
밑면의 둘레는 옆면의 가로와 같음을 알고 있나요?
밑면의 지름은 몇 cm인지 구했나요?

23 (원기둥의 전개도의 둘레)
$=$(두 밑면의 둘레의 합)$+$(옆면의 둘레)
$= (8 \times 2 \times 3.14) \times 2 + (8 \times 2 \times 3.14 + 20) \times 2$
$= 50.24 \times 2 + 70.24 \times 2$
$= 100.48 + 140.48 = 240.96$ (cm)

24 평평한 면이 원이고 옆을 둘러싼 면이 굽은 면인 뿔 모양의 입체도형을 찾아봅니다.

25

평가 기준
입체도형이 원뿔인지 아닌지 썼나요?
그렇게 생각한 이유를 썼나요?

26
- 원뿔의 꼭짓점과 밑면인 원의 둘레의 한 점을 이은 선분의 길이이므로 모선의 길이를 재는 것입니다.
- 원뿔의 꼭짓점에서 밑면에 수직인 선분의 길이이므로 높이를 재는 것입니다.

- 원뿔의 밑면인 원의 둘레의 두 점을 이은 가장 긴 선분의 길이이므로 밑면의 지름을 재는 것입니다.

27 • 원뿔에서 높이는 원뿔의 꼭짓점에서 밑면에 수직인 선분의 길이이므로 12 cm입니다.
- 모선의 길이는 원뿔의 꼭짓점과 밑면인 원의 둘레의 한 점을 이은 선분의 길이이므로 13 cm입니다.
- 밑면의 반지름이 5 cm이므로 밑면의 지름은 $5\times2=10$ (cm)입니다.

28 (1) 직각삼각형 모양의 종이를 한 변을 기준으로 돌려 만들 수 있는 입체도형은 원뿔입니다.
(2) 원뿔의 높이는 직각삼각형의 높이와 같으므로 원뿔의 높이는 8 cm입니다.
(3) 원뿔의 밑면의 반지름은 직각삼각형의 밑변의 길이와 같으므로 밑면의 반지름은 5 cm입니다. 따라서 밑면의 지름은 $5\times2=10$ (cm)입니다.

30 ㉤ 모선의 길이는 항상 높이보다 깁니다.

31 예 원뿔에서 모선의 길이는 모두 같으므로
(선분 ㄱㄴ)=(선분 ㄱㄷ)=15 cm입니다.
(선분 ㄴㄷ)$=9\times2=18$ (cm)
➡ (삼각형 ㄱㄴㄷ의 둘레)$=15+18+15=48$ (cm)

평가 기준
선분 ㄱㄴ과 선분 ㄴㄷ의 길이를 각각 구했나요?
삼각형 ㄱㄴㄷ의 둘레는 몇 cm인지 구했나요?

준비 (1) 각뿔의 밑면의 모양이 사각형이므로 각뿔의 이름은 사각뿔입니다.
(2) 각뿔의 밑면의 모양이 오각형이므로 각뿔의 이름은 오각뿔입니다.

32 • 육각뿔은 밑면의 모양이 육각형이고 옆면의 모양이 삼각형인 뿔 모양의 입체도형입니다.
- 원뿔은 밑면의 모양이 원이고 옆면이 굽은 면인 뿔 모양의 입체도형입니다.

33 선재: 원뿔의 옆면은 1개이지만 각뿔의 옆면은 3개 이상입니다.

34 구 모양의 물건은 ㉣ 수박입니다.

35 구의 반지름은 구의 중심에서 구의 겉면의 한 점을 이은 선분이므로 7 cm입니다.

36 반원 모양의 종이를 지름을 기준으로 돌려 만들 수 있는 입체도형은 구입니다.

37 반원 모양의 종이를 지름을 기준으로 돌리면 구가 만들어지며 반원의 지름의 반이 구의 반지름이 되므로 $10\div2=5$ (cm)입니다.

38 ㉠ 구의 중심은 1개입니다.
㉡ 구의 반지름은 셀 수 없이 많이 그릴 수 있습니다.

39 예 빵을 평면으로 잘랐을 때 가장 큰 단면이 생기려면 구의 중심을 지나는 평면으로 잘라야 합니다.
가장 큰 단면은 반지름이 9 cm인 원이므로 넓이는
$9\times9\times3=243$ (cm^2)입니다.

평가 기준
빵을 평면으로 잘랐을 때 가장 큰 단면이 생기는 방법을 알고 있나요?
가장 큰 단면의 넓이는 몇 cm^{2}인지 구했나요?

41 지윤: 구는 어느 방향에서 보아도 원이지만 원기둥과 원뿔은 위에서 본 모양과 앞과 옆에서 본 모양이 다릅니다.

42 ㉡ 원뿔에만 있습니다.
㉣ 원기둥, 원뿔, 구 어느 것에도 없습니다.

43 ㉠ 원기둥을 앞에서 본 모양은 직사각형이고, 구를 앞에서 본 모양은 원입니다.
㉡ 원기둥과 구 모두 위에서 본 모양은 원입니다.
㉢ 원기둥의 옆면은 1개이고, 구는 옆면이 없습니다.
㉣ 원기둥의 밑면은 2개이고, 구는 밑면이 없습니다.
따라서 원기둥과 구의 공통점은 ㉡입니다.

내가 만드는 문제
44 예 원뿔에만 있고 원기둥과 구에는 없는 것은 꼭짓점입니다. 따라서 분류한 기준은 꼭짓점이 있는 것과 없는 것입니다.

STEP 3 자주 틀리는 유형 170~171쪽

1 6 cm	**2** 4
3 108 cm^2	**4** 694.4 cm^2
5 720 cm^2	**6** 150.72 cm^2
7 ㉠, ㉣	**8** ㉡, ㉢
9 ㉡, ㉠, ㉢	**10** 10 cm
11 44 cm	**12** 9 cm

1 (옆면의 가로)=(밑면의 지름)×(원주율)이므로
(밑면의 지름)=(옆면의 가로)÷(원주율)
$=37.68\div3.14=12$ (cm)입니다.
➡ (밑면의 반지름)$=12\div2=6$ (cm)

2 (옆면의 가로)=(밑면의 지름)×(원주율)이므로
(밑면의 지름)=(옆면의 가로)÷(원주율)
=25.12÷3.14=8 (cm)입니다.
➡ (밑면의 반지름)=8÷2=4 (cm)

3 (옆면의 가로)=(밑면의 지름)×(원주율)이므로
(밑면의 지름)=(옆면의 가로)÷(원주율)
=36÷3=12 (cm)입니다.
➡ (밑면의 반지름)=12÷2=6 (cm)
따라서 한 밑면의 넓이는 6×6×3=108 (cm^2)입니다.

4 (옆면의 가로)=(밑면의 둘레)
=7×2×3.1=43.4 (cm)
(옆면의 세로)=(원기둥의 높이)=16 cm
(옆면의 넓이)=43.4×16=694.4 (cm^2)

5 (옆면의 가로)=(밑면의 둘레)=10×3=30 (cm)
(옆면의 세로)=(원기둥의 높이)=24 cm
(옆면의 넓이)=30×24=720 (cm^2)

6 (한 밑면의 넓이)=3×3×3.14=28.26 (cm^2)
(옆면의 넓이)=3×2×3.14×5=94.2 (cm^2)
(전개도의 넓이)=28.26×2+94.2=150.72 (cm^2)

7 ㉠ 밑면의 수는 원기둥은 2개, 원뿔은 1개입니다.
㉣ 옆에서 본 모양은 원기둥은 직사각형, 원뿔은 삼각형 입니다.

8 ㉠ 원기둥은 밑면이 2개이고, 원뿔은 밑면이 1개입니다.
㉣ 원기둥은 꼭짓점이 없지만 원뿔은 꼭짓점이 있습니다.

9 ㉠ 원기둥의 밑면은 2개입니다.
㉡ 원뿔의 모선은 무수히 많습니다.
㉢ 원뿔의 꼭짓점은 1개입니다.

10 (밑면의 지름)=5×2=10 (cm)
앞에서 본 모양이 정사각형이므로 원기둥의 높이와 밑면의 지름은 같습니다. 따라서 원기둥의 높이는 10 cm입니다.

11 원뿔의 밑면의 반지름이 11 cm이므로
(밑면의 지름)=11×2=22 (cm),
옆에서 본 모양이 정삼각형이므로
(모선의 길이)=(밑면의 지름)=22 cm입니다.
➡ 22+22=44 (cm)

12 밑면의 지름을 □cm라고 하면
(옆면의 가로)=(□×3) cm,
(옆면의 세로)=(높이)=□cm입니다.
□×3+□=72÷2, □×4=36, □=9이므로
원기둥의 높이는 9 cm입니다.

STEP **4** 최상위 도전 유형 172~174쪽

1 76 cm	**2** 120 cm^2
3 168 cm^2	**4** 6
5 7 cm	**6** 5 cm
7 12 cm^2	**8** 310 cm^2
9 120 cm^2	**10** 24 cm^2
11 60 cm^2	**12** 99.2 cm^2
13 12 cm	**14** 18.7 cm
15 3 cm	**16** 8 cm
17 760 cm^2	

1 원기둥을 앞에서 본 모양은 가로가 9×2=18 (cm), 세로가 20 cm인 직사각형입니다.
따라서 원기둥을 앞에서 본 모양의 둘레는
(18+20)×2=76 (cm)입니다.

2 직사각형 모양의 종이를 한 변을 기준으로 돌려 만들 수 있는 입체도형은 밑면의 지름이 6×2=12 (cm)이고, 높이가 10 cm인 원기둥입니다.
따라서 원기둥을 앞에서 본 모양은 가로가 12 cm이고 세로가 10 cm인 직사각형이므로 넓이는
12×10=120 (cm^2)입니다.

3 원기둥을 위에서 본 모양은 원이므로 밑면의 반지름을 □cm라고 하면 □×□×3=108, □×□=36,
6×6=36이므로 □=6입니다.
원기둥을 옆에서 본 모양은 가로가 6×2=12 (cm)이고 세로가 14 cm인 직사각형이므로 넓이는
12×14=168 (cm^2)입니다.

4 원기둥의 높이를 □cm라고 하면
(옆면의 넓이)=(밑면의 둘레)×(높이)
=9×2×3×□=324,
54×□=324, □=324÷54=6입니다.

5 원기둥의 밑면의 반지름을 □cm라고 하면
(옆면의 넓이)=(밑면의 둘레)×(높이)
=□×2×3.1×10=434,
□×62=434, □=434÷62=7입니다.

6 (옆면의 가로)=(밑면의 둘레)
=3×2×3.14=18.84 (cm)
(원기둥의 높이)=(옆면의 세로)
=(옆면의 넓이)÷(옆면의 가로)
=94.2÷18.84=5 (cm)

7 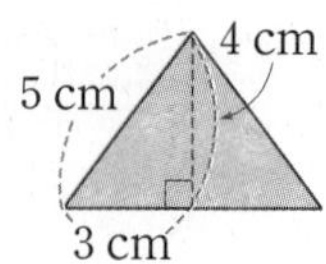

원뿔을 앞에서 본 모양은 높이가 4 cm, 밑변의 길이가 $3\times2=6$ (cm)인 삼각형입니다.
따라서 원뿔을 앞에서 본 모양의 넓이는
$6\times4\div2=12$ (cm^2)입니다.

8 원뿔을 앞에서 본 모양은 두 변이 26 cm인 삼각형이므로 원뿔의 밑면의 반지름을 □cm라고 하면
$26+26+\square\times2=72$, $52+\square\times2=72$,
$\square\times2=20$, $\square=10$입니다.
원뿔을 위에서 본 모양은 반지름이 10 cm인 원이므로 넓이는 $10\times10\times3.1=310$ (cm^2)입니다.

9 밑면의 반지름을 □cm라고 하면 $\square\times\square\times3=192$,
$\square\times\square=64$, $8\times8=64$이므로 $\square=8$입니다.
원뿔을 앞에서 본 모양은 높이가 15 cm,
밑변의 길이가 $8\times2=16$ (cm)인 삼각형이므로
넓이는 $16\times15\div2=120$ (cm^2)입니다.

10 (평면도형의 넓이)
$=6\times8\div2=24$ (cm^2)

11 (직사각형 모양 종이의 넓이)
$=12\times5=60$ (cm^2)

12 (평면도형의 넓이)
$=8\times8\times3.1\div2=99.2$ (cm^2)

13 (옆면의 가로)=(밑면의 반지름)×2×(원주율)
$=7\times2\times3=42$ (cm)
(원기둥의 높이)=(옆면의 세로)
=(종이의 가로)−(밑면의 지름)×2
$=40-14\times2=12$ (cm)

14 (옆면의 가로)=(밑면의 지름)×(원주율)이므로
(밑면의 지름)=(옆면의 가로)÷(원주율)
$=52.7\div3.1=17$ (cm)입니다.
(원기둥의 높이)
=(옆면의 세로)
=(종이의 한 변의 길이)−(밑면의 지름)×2
$=52.7-17\times2=18.7$ (cm)

15 (옆면의 넓이)=(지나간 부분의 넓이)÷5
$=558\div5=111.6$ (cm^2)
풀의 밑면의 지름을 □cm라고 하면
(옆면의 넓이)=(밑면의 둘레)×(높이)
$=\square\times3.1\times12=111.6$,
$\square\times37.2=111.6$, $\square=111.6\div37.2=3$입니다.

16 (옆면의 넓이)=(색칠된 부분의 넓이)÷7
$=8792\div7=1256$ (cm^2)
롤러의 밑면의 반지름을 □cm라고 하면
(옆면의 넓이)=(밑면의 둘레)×(높이)
$=\square\times2\times3.14\times25=1256$,
$\square\times157=1256$, $\square=1256\div157=8$입니다.

17 (필요한 포장지의 가로)$=4\times4+4\times2\times3$
$=16+24=40$ (cm)
(필요한 포장지의 세로)=19 cm
(필요한 포장지의 넓이)$=40\times19=760$ (cm^2)

수시 평가 대비 Level ❶

175~177쪽

1 가, 마
2 나, 라
3 ( )( )(○)
4 5 cm
5 나, 라
6 6 cm
7 7 cm, 12 cm
8 ㉠
9 (위에서부터) 2, 12, 7
10 10 cm
11 구
12 ㉢
13 54 cm
14 113.04 cm^2
15 30 cm
16 10 cm
17 8 cm
18 357.6 cm
19 공통점 예 • 밑면의 모양이 원입니다.
• 위에서 본 모양이 원입니다.
차이점 예 • 원기둥은 밑면이 2개이고, 원뿔은 밑면이 1개입니다.
• 앞과 옆에서 본 모양이 원기둥은 직사각형이고, 원뿔은 삼각형입니다.
20 148.8 cm^2

1 두 면이 서로 평행하고 합동인 원으로 된 기둥 모양의 입체도형은 가, 마입니다.

2 밑면이 원이고 옆면이 굽은 면인 뿔 모양의 입체도형은 나, 라입니다.

3 원뿔의 꼭짓점과 밑면인 원의 둘레의 한 점을 이은 선분의 길이를 재는 그림을 찾습니다.

4 구의 중심에서 구의 겉면의 한 점을 이은 선분을 구의 반지름이라고 합니다.

5 가는 두 밑면이 합동이 아니므로 원기둥을 만들 수 없습니다.
다는 옆면이 직사각형이 아니므로 원기둥을 만들 수 없습니다.

6 직각삼각형 모양의 종이를 한 변을 기준으로 돌리면 높이가 6 cm인 원뿔이 만들어집니다.

7 원기둥의 밑면의 지름은 앞에서 본 모양인 직사각형의 가로와 같으므로 14 cm이고, 밑면의 반지름은
$14 \div 2 = 7$ (cm)입니다.
원기둥의 높이는 앞에서 본 모양인 직사각형의 세로와 같으므로 12 cm입니다.

8 ㉠ 각기둥과 원기둥은 모두 밑면이 2개입니다.

9 (직사각형의 가로)=(밑면의 둘레)
$= 2 \times 2 \times 3 = 12$ (cm)

10 원기둥의 높이는 6 cm이고, 원뿔의 높이는 4 cm입니다.
➡ $6 + 4 = 10$ (cm)

11 구는 어느 방향에서 보아도 모양이 원입니다.

12 ㉠ 원기둥, 원뿔에는 밑면이 있지만 구에는 밑면이 없습니다.
㉡ 원기둥, 원뿔, 구에는 모두 모서리가 없습니다.

13 원뿔에서 모선의 길이는 모두 같으므로
(선분 ㄱㄷ)=(선분 ㄱㄴ)=15 cm
(선분 ㄴㄷ)$=12 \times 2 = 24$ (cm)
(삼각형 ㄱㄴㄷ의 둘레)$=15+24+15=54$ (cm)

14 구를 평면으로 잘랐을 때 가장 큰 단면으로 자르려면 구의 중심을 지나야 합니다.
가장 큰 단면은 반지름이 6 cm인 원이므로 넓이는
$6 \times 6 \times 3.14 = 113.04$ (cm^2)입니다.

15

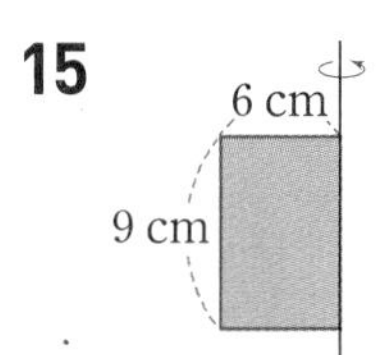

돌리기 전의 직사각형 모양의 종이는 가로가 6 cm, 세로가 9 cm입니다.
➡ (직사각형 모양 종이의 둘레)
$=(6+9) \times 2 = 30$ (cm)

16 페인트 통의 높이를 □cm라 하면
$5 \times 2 \times 3.14 \times \square = 314$, $31.4 \times \square = 314$, $\square = 10$ 입니다.

17 원기둥을 위에서 본 모양은 원입니다.
원의 반지름을 □cm라 하면
$\square \times \square \times 3 = 48$, $\square \times \square = 16$, $\square = 4$입니다.
앞에서 본 모양이 정사각형이므로 원기둥의 높이와 밑면의 지름은 같고 밑면의 지름은 $4 \times 2 = 8$ (cm)입니다.
따라서 원기둥의 높이는 8 cm입니다.

18 (한 밑면의 둘레)$=12 \times 2 \times 3.1 = 74.4$ (cm)
(옆면의 둘레)$=(74.4+30) \times 2 = 208.8$ (cm)
➡ (전개도의 둘레)$=74.4 \times 2 + 208.8 = 357.6$ (cm)

19

평가 기준	배점
원기둥과 원뿔의 공통점을 썼나요?	2점
원기둥의 원뿔의 차이점을 썼나요?	3점

20 예 밑면의 반지름을 □cm라 하면
$\square \times 2 \times 3.1 = 18.6$, $\square \times 6.2 = 18.6$, $\square = 3$입니다.
따라서 원기둥의 전개도의 넓이는
$(3 \times 3 \times 3.1) \times 2 + 18.6 \times 5$
$= 55.8 + 93 = 148.8$ (cm^2)
입니다.

평가 기준	배점
밑면의 반지름을 구했나요?	2점
원기둥의 전개도의 넓이를 구했나요?	3점

수시 평가 대비 Level ❷

178~180쪽

1 다, 원기둥 **2** 정민
3 원뿔 **4** 높이
5 ㉢ **6** 4
7 (왼쪽에서부터) 5, 30, 11 **8** 주하
9 8 cm, 9 cm **10** ④, ⑤
11 3 cm **12** ㉠, ㉣
13 36 cm **14** ㉢
15 13 cm **16** 240 cm^2
17 528 cm^2 **18** 82 cm

19 공통점 예 원기둥, 원뿔, 구를 위에서 본 모양은 모두 원입니다.
차이점 예 원뿔은 뾰족한 부분이 있지만 구와 원기둥은 뾰족한 부분이 없습니다.

20 4 cm

1 서로 평행하고 합동인 두 원을 면으로 하는 입체도형을 원기둥이라고 합니다.

2 주연: 옆면이 직사각형이 아니므로 원기둥을 만들 수 없습니다.
성원: 두 밑면이 겹쳐지므로 원기둥을 만들 수 없습니다.

3 직각삼각형 모양의 종이를 한 변을 기준으로 돌려 만들 수 있는 입체도형은 원뿔입니다.

4 원뿔의 꼭짓점에서 밑면에 수직인 선분의 길이를 재는 그림이므로 원뿔의 높이를 재는 것입니다.

5 어떤 방향에서 보아도 모양이 모두 원인 입체도형은 구입니다.

6 반원 모양의 종이를 지름을 기준으로 돌리면 구가 만들어지며 반원의 지름의 반이 구의 반지름이 되므로 $8\div2=4$ (cm)입니다.

7 (밑면의 반지름)$=5$ cm
(옆면의 세로)$=$(원기둥의 높이)$=11$ cm
(옆면의 가로)$=$(밑면의 둘레)$=5\times2\times3=30$ (cm)

8 예지: 구의 지름은 $6\times2=12$ (cm)입니다.
연우: 구의 중심은 1개입니다.
따라서 바르게 설명한 사람은 주하입니다.

9 원뿔의 밑면의 반지름은 4 cm이므로 밑면의 지름은 $4\times2=8$ (cm)이고, 높이는 직각삼각형의 높이와 같으므로 9 cm입니다.

10 ④ 원기둥에는 꼭짓점이 없습니다.
⑤ 원기둥에는 모서리가 없습니다.

11 원뿔의 높이는 8 cm이고, 원기둥의 높이는 11 cm이므로 차는 $11-8=3$ (cm)입니다.

12 ㉡ 원뿔은 꼭짓점이 1개이지만 각뿔은 꼭짓점의 수가 밑면의 모양에 따라 다릅니다.
㉢ 원뿔의 밑면은 원이고, 각뿔의 밑면은 다각형입니다.

13 원뿔을 앞에서 본 모양은 세 변의 길이가 13 cm, 13 cm, $5\times2=10$ (cm)인 삼각형입니다.
따라서 원뿔을 앞에서 본 모양의 둘레는 $13+10+13=36$ (cm)입니다.

14 ㉠ 앞에서 본 모양이 직사각형인 것은 원기둥이고, 직사각형이 아닌 것은 원뿔과 구이므로 분류한 기준으로 알맞지 않습니다.
㉡ 꼭짓점이 있는 것은 원뿔이고, 꼭짓점이 없는 것은 원기둥과 구이므로 분류한 기준으로 알맞지 않습니다.

15 (밑면의 둘레)$=$(옆면의 가로)
$=$(옆면의 세로)$=80.6$ cm
밑면의 반지름을 □cm라고 하면
$\square\times2\times3.1=80.6$, $\square\times6.2=80.6$,
$\square=80.6\div6.2=13$입니다.

16

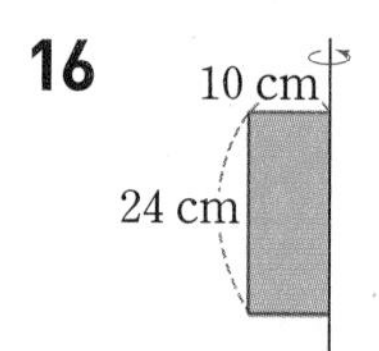

(직사각형 모양 종이의 넓이)
$=10\times24=240$ (cm^2)

17 (옆면의 넓이)$=2\times2\times3\times11=132$ (cm^2)
(페인트가 묻은 벽의 넓이)$=132\times4=528$ (cm^2)

18 (전개도의 옆면의 둘레)
$=$(밑면의 둘레)$\times2+$(원기둥의 높이)$\times2$
$=10\times3.1\times2+10\times2$
$=62+20=82$ (cm)

19

평가 기준	배점
원기둥, 원뿔, 구의 공통점을 썼나요?	2점
원기둥, 원뿔, 구의 차이점을 썼나요?	3점

20 예 원기둥의 밑면의 반지름을 □cm라고 하면
(옆면의 넓이)$=$(밑면의 둘레)$\times$(높이)
$=\square\times2\times3.14\times7=175.84$,
$\square\times43.96=175.84$, $\square=175.84\div43.96=4$입니다.
따라서 원기둥의 밑면의 반지름은 4 cm입니다.

평가 기준	배점
밑면의 반지름을 □cm라고 하여 옆면의 넓이를 구하는 식을 세웠나요?	2점
원기둥의 밑면의 반지름은 몇 cm인지 구했나요?	3점

수시평가 자료집 정답과 풀이

1 분수의 나눗셈

다시 점검하는 **수시 평가 대비** Level ❶ 2~4쪽

1 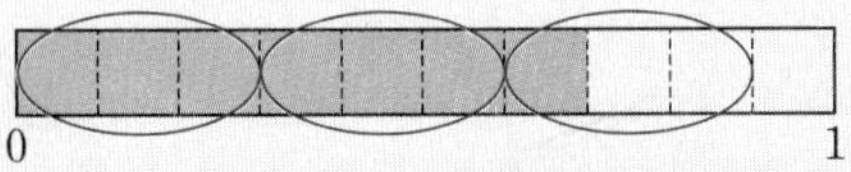 / $2\frac{1}{3}$

2 $\frac{2}{3}\div\frac{4}{5}=\frac{10}{15}\div\frac{12}{15}=10\div12=\frac{\overset{5}{\cancel{10}}}{\underset{6}{\cancel{12}}}=\frac{5}{6}$

3 18 4 2, 7, $\frac{7}{2}$ 5 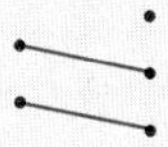

6 $2\frac{2}{3}$ 7 $26\frac{1}{4}$, 21 8 $8\frac{3}{4}$

9 ⑤ 10 $14\frac{2}{5}$배 11 $11\frac{2}{3}$

12 ㉠, ㉢, ㉣, ㉡ 13 12도막

14 6개 15 $2\frac{1}{4}$ 16 $14\frac{2}{3}$ km

17 $2\frac{2}{3}$ m 18 $1\frac{4}{5}$ kg 19 $1\frac{1}{6}$ m

20 5개

1 $\frac{7}{10}$에는 $\frac{3}{10}$이 2번과 $\frac{1}{3}$번이 들어갑니다.
따라서 $\frac{7}{10}\div\frac{3}{10}=2\frac{1}{3}$입니다.

3 $4\div\frac{2}{9}=(4\div2)\times9=2\times9=18$

5 $4\frac{1}{5}\div\frac{7}{10}=\frac{21}{5}\div\frac{7}{10}=\frac{\overset{3}{\cancel{21}}}{\underset{1}{\cancel{5}}}\times\frac{\overset{2}{\cancel{10}}}{\underset{1}{\cancel{7}}}=6$
$4\div\frac{4}{7}=\overset{1}{\cancel{4}}\times\frac{7}{\underset{1}{\cancel{4}}}=7$

6 대분수는 $2\frac{2}{9}$, 진분수는 $\frac{5}{6}$입니다.
➡ $2\frac{2}{9}\div\frac{5}{6}=\frac{20}{9}\div\frac{5}{6}=\frac{\overset{4}{\cancel{20}}}{\underset{3}{\cancel{9}}}\times\frac{\overset{2}{\cancel{6}}}{\underset{1}{\cancel{5}}}=\frac{8}{3}=2\frac{2}{3}$

7 $15\div\frac{4}{7}=15\times\frac{7}{4}=\frac{105}{4}=26\frac{1}{4}$
$15\div\frac{5}{7}=\overset{3}{\cancel{15}}\times\frac{7}{\underset{1}{\cancel{5}}}=21$

8 $\square=3\frac{3}{4}\div\frac{3}{7}=\frac{15}{4}\div\frac{3}{7}=\frac{\overset{5}{\cancel{15}}}{4}\times\frac{7}{\underset{1}{\cancel{3}}}=\frac{35}{4}=8\frac{3}{4}$

9 (나누어지는 수)<(나누는 수)이면 나눗셈의 몫이 1보다 작습니다.
① $\frac{2}{3}>\frac{1}{2}$ ② $\frac{7}{12}>\frac{3}{10}$ ③ $2\frac{1}{4}>1\frac{3}{4}$
④ $2\frac{1}{8}>1\frac{1}{4}$ ⑤ $1\frac{5}{6}<3\frac{2}{3}$
따라서 계산 결과가 1보다 작은 것은 ⑤입니다.

10 (수박의 무게)÷(배의 무게)
$=8\frac{2}{5}\div\frac{7}{12}=\frac{42}{5}\div\frac{7}{12}=\frac{\overset{6}{\cancel{42}}}{5}\times\frac{12}{\underset{1}{\cancel{7}}}$
$=\frac{72}{5}=14\frac{2}{5}$(배)

11 $3\frac{1}{3}>2\frac{4}{5}>2\frac{2}{3}>\frac{3}{4}>\frac{2}{7}$이므로 가장 큰 수는 $3\frac{1}{3}$,
가장 작은 수는 $\frac{2}{7}$입니다.
➡ $3\frac{1}{3}\div\frac{2}{7}=\frac{10}{3}\div\frac{2}{7}=\frac{\overset{5}{\cancel{10}}}{3}\times\frac{7}{\underset{1}{\cancel{2}}}=\frac{35}{3}=11\frac{2}{3}$

12 ㉠ $5\div\frac{1}{3}=5\times3=15$
㉡ $\frac{5}{7}\div\frac{3}{8}=\frac{5}{7}\times\frac{8}{3}=\frac{40}{21}=1\frac{19}{21}$
㉢ $2\div\frac{4}{5}=\overset{1}{\cancel{2}}\times\frac{5}{\underset{2}{\cancel{4}}}=\frac{5}{2}=2\frac{1}{2}$
㉣ $1\frac{1}{6}\div\frac{7}{13}=\frac{\overset{1}{\cancel{7}}}{6}\times\frac{13}{\underset{1}{\cancel{7}}}=\frac{13}{6}=2\frac{1}{6}$

13 (도막의 수)=(전체 길이)÷(한 도막의 길이)
$=\frac{6}{13}\div\frac{1}{26}=\frac{6}{\underset{1}{\cancel{13}}}\times\overset{2}{\cancel{26}}=12$(도막)

14 (묶을 수 있는 상자의 수)

$=$(전체 색 테이프의 길이)

$\div$(상자 한 개를 묶는 데 필요한 색 테이프의 길이)

$$=5\frac{1}{3}\div\frac{8}{9}=\frac{16}{3}\div\frac{8}{9}=\frac{\overset{2}{\cancel{16}}}{\underset{1}{\cancel{3}}}\times\frac{\overset{3}{\cancel{9}}}{\underset{1}{\cancel{8}}}=6(\text{개})$$

15 어떤 수를 □라고 하면 $\frac{5}{12}\times\square=\frac{15}{16}$입니다.

$$\square=\frac{15}{16}\div\frac{5}{12}=\frac{\overset{3}{\cancel{15}}}{\underset{4}{\cancel{16}}}\times\frac{\overset{3}{\cancel{12}}}{\underset{1}{\cancel{5}}}=\frac{9}{4}=2\frac{1}{4}$$

16 (한 시간 동안 갈 수 있는 거리)

$=$(이동한 거리)$\div$(걸린 시간)

$$=8\div\frac{6}{11}=\overset{4}{\cancel{8}}\times\frac{11}{\underset{3}{\cancel{6}}}=\frac{44}{3}=14\frac{2}{3}\ (\text{km})$$

17 밭의 밑변의 길이를 □m라고 하면

$\square\times\frac{9}{10}\div2=1\frac{1}{5}$입니다.

$$\square=1\frac{1}{5}\times2\div\frac{9}{10}=\frac{6}{5}\times2\div\frac{9}{10}=\frac{12}{5}\div\frac{9}{10}$$

$$=\frac{\overset{4}{\cancel{12}}}{\underset{1}{\cancel{5}}}\times\frac{\overset{2}{\cancel{10}}}{\underset{3}{\cancel{9}}}=\frac{8}{3}=2\frac{2}{3}$$

따라서 삼각형 모양 밭의 밑변의 길이는 $2\frac{2}{3}$ m입니다.

18 (철근 1 m의 무게)$=$(철근의 무게)$\div$(철근의 길이)

$$=\frac{12}{25}\div\frac{4}{5}=\frac{\overset{3}{\cancel{12}}}{\underset{5}{\cancel{25}}}\times\frac{\overset{1}{\cancel{5}}}{\underset{1}{\cancel{4}}}=\frac{3}{5}\ (\text{kg})$$

➡ (철근 3 m의 무게)$=$(철근 1 m의 무게)$\times3$

$$=\frac{3}{5}\times3=\frac{9}{5}=1\frac{4}{5}\ (\text{kg})$$

서술형

19 예 평행사변형의 높이를 □m라고 하면

$\frac{4}{5}\times\square=\frac{14}{15}$입니다.

$$\square=\frac{14}{15}\div\frac{4}{5}=\frac{\overset{7}{\cancel{14}}}{\underset{3}{\cancel{15}}}\times\frac{\overset{1}{\cancel{5}}}{\underset{2}{\cancel{4}}}=\frac{7}{6}=1\frac{1}{6}$$

따라서 평행사변형의 높이는 $1\frac{1}{6}$ m입니다.

평가 기준	배점(5점)
평행사변형의 높이를 구하는 식을 세웠나요?	2점
평행사변형의 높이를 구했나요?	3점

서술형

20 예 (한 봉지에 담은 쌀의 무게)

$$=21\frac{2}{3}\div5=\frac{65}{3}\div5=\frac{\overset{13}{\cancel{65}}}{3}\times\frac{1}{\underset{1}{\cancel{5}}}=\frac{13}{3}=4\frac{1}{3}(\text{kg})$$

(한 봉지에 담긴 쌀을 나누어 담은 그릇의 수)

$$=4\frac{1}{3}\div\frac{13}{15}=\frac{13}{3}\div\frac{13}{15}=\frac{\overset{1}{\cancel{13}}}{\underset{1}{\cancel{3}}}\times\frac{\overset{5}{\cancel{15}}}{\underset{1}{\cancel{13}}}=5(\text{개})$$

평가 기준	배점(5점)
한 봉지에 담은 쌀의 무게를 구했나요?	2점
한 봉지에 담긴 쌀을 나누어 담은 그릇의 수를 구했나요?	3점

다시 점검하는 수시 평가 대비 Level ❷

5~7쪽

1 ②	**2** ㉣	**3** (1) $\frac{7}{8}$ (2) $1\frac{1}{7}$
4 (1) 1 (2) 7	**5** ㉢	**6** ㉡
7 (1) $6\frac{2}{7}$ (2) $3\frac{1}{3}$		**8** $7\frac{6}{7}$
9 ①, ④	**10** ㉡	**11** 8, 10
12 8개	**13** 21도막	**14** $2\frac{1}{10}$ 배
15 3	**16** 126쪽	**17** $3\frac{1}{5}$ m
18 $23\frac{1}{3}$ km	**19** 3도막, $\frac{1}{9}$ m	**20** 9번

1 분모가 같은 진분수끼리의 나눗셈은 분자끼리의 나눗셈과 같으므로 $\frac{8}{9}\div\frac{4}{9}=8\div4$입니다.

2 나누는 수의 분모와 분자를 서로 바꾸어 곱합니다.

➡ $\frac{5}{7}\div\frac{3}{4}=\frac{5}{7}\times\frac{4}{3}$

3 (1) $\frac{3}{4}\div\frac{6}{7}=\frac{21}{28}\div\frac{24}{28}=21\div24=\frac{\overset{7}{\cancel{21}}}{\underset{8}{\cancel{24}}}=\frac{7}{8}$

(2) $\frac{6}{7}\div\frac{3}{4}=\frac{24}{28}\div\frac{21}{28}=24\div21$

$$=\frac{\overset{8}{\cancel{24}}}{\underset{7}{\cancel{21}}}=\frac{8}{7}=1\frac{1}{7}$$

다른 풀이

(1) $\frac{3}{4} \div \frac{6}{7} = \frac{\overset{1}{\cancel{3}}}{4} \times \frac{7}{\underset{2}{\cancel{6}}} = \frac{7}{8}$

(2) $\frac{6}{7} \div \frac{3}{4} = \frac{\overset{2}{\cancel{6}}}{7} \times \frac{4}{\underset{1}{\cancel{3}}} = \frac{8}{7} = 1\frac{1}{7}$

4 (1) $\frac{5}{8} \div \frac{\square}{8} = 5 \div \square$ ➡ $5 \div \square = 5$, $\square = 1$

(2) $4 \div \frac{2}{\square} = (4 \div 2) \times \square = 2 \times \square$

➡ $2 \times \square = 14$, $\square = 7$

5 ㉠ $6 \div \frac{1}{4} = 6 \times 4 = 24$ ㉡ $3 \div \frac{1}{8} = 3 \times 8 = 24$

㉢ $9 \div \frac{1}{2} = 9 \times 2 = 18$ ㉣ $4 \div \frac{1}{6} = 4 \times 6 = 24$

6 ㉡ $6 \div \frac{5}{9} = 6 \times \frac{9}{5} = \frac{54}{5} = 10\frac{4}{5}$

7 (1) $3\frac{3}{7} \div \frac{6}{11} = \frac{24}{7} \div \frac{6}{11} = \frac{\overset{4}{\cancel{24}}}{7} \times \frac{11}{\underset{1}{\cancel{6}}}$

$= \frac{44}{7} = 6\frac{2}{7}$

(2) $2\frac{2}{9} \div \frac{2}{3} = \frac{20}{9} \div \frac{2}{3} = \frac{\overset{10}{\cancel{20}}}{\underset{3}{\cancel{9}}} \times \frac{\overset{1}{\cancel{3}}}{\underset{1}{\cancel{2}}} = \frac{10}{3} = 3\frac{1}{3}$

8 $\square = 3\frac{1}{7} \div \frac{2}{5} = \frac{22}{7} \div \frac{2}{5} = \frac{\overset{11}{\cancel{22}}}{7} \times \frac{5}{\underset{1}{\cancel{2}}} = \frac{55}{7} = 7\frac{6}{7}$

9 ① $4 \div \frac{1}{8} = 4 \times 8 = 32$

② $\frac{8}{9} \div \frac{2}{3} = \frac{\overset{4}{\cancel{8}}}{\underset{3}{\cancel{9}}} \times \frac{\overset{1}{\cancel{3}}}{\underset{1}{\cancel{2}}} = \frac{4}{3} = 1\frac{1}{3}$

③ $1\frac{4}{15} \div 1\frac{3}{10} = \frac{19}{15} \div \frac{13}{10} = \frac{19}{\underset{3}{\cancel{15}}} \times \frac{\overset{2}{\cancel{10}}}{13} = \frac{38}{39}$

④ $2\frac{4}{5} \div \frac{7}{15} = \frac{14}{5} \div \frac{7}{15} = \frac{\overset{2}{\cancel{14}}}{\underset{1}{\cancel{5}}} \times \frac{\overset{3}{\cancel{15}}}{\underset{1}{\cancel{7}}} = 6$

⑤ $5 \div \frac{2}{5} = 5 \times \frac{5}{2} = \frac{25}{2} = 12\frac{1}{2}$

10 나누어지는 수가 $1\frac{5}{6}$로 모두 같으므로 나누는 수가 클수록 몫이 작습니다. $3\frac{1}{3} > 2\frac{3}{4} > \frac{5}{6} > \frac{1}{2}$이므로 몫이 가장 작은 것은 ㉡입니다.

11 $2 \div \frac{1}{4} = 2 \times 4 = 8$ ➡ ㉠$=8$

㉠$\div \frac{4}{5} = 8 \div \frac{4}{5} = \overset{2}{\cancel{8}} \times \frac{5}{\underset{1}{\cancel{4}}} = 10$ ➡ ㉡$=10$

12 (필요한 컵의 수)

=(전체 주스의 양)÷(컵 한 개에 담는 주스의 양)

$= \frac{16}{17} \div \frac{2}{17} = 16 \div 2 = 8$(개)

13 (도막 수)=(전체 길이)÷(한 도막의 길이)

$= 15 \div \frac{5}{7} = \overset{3}{\cancel{15}} \times \frac{7}{\underset{1}{\cancel{5}}} = 21$(도막)

14 1시간 45분$=1\frac{45}{60}$시간$=1\frac{3}{4}$시간

(윤지가 공부한 시간)÷(성철이가 공부한 시간)

$= 1\frac{3}{4} \div \frac{5}{6} = \frac{7}{4} \div \frac{5}{6} = \frac{7}{\underset{2}{\cancel{4}}} \times \frac{\overset{3}{\cancel{6}}}{5} = \frac{21}{10} = 2\frac{1}{10}$(배)

15 $3 \div \frac{1}{\square} = 3 \times \square$이므로 $3 \times \square < 10$입니다.

$3 \times 1 = 3$, $3 \times 2 = 6$, $3 \times 3 = 9$, $3 \times 4 = 12$, ...이므로 $\square$ 안에 들어갈 수 있는 자연수는 1, 2, 3이고 이 중에서 가장 큰 수는 3입니다.

16 동화책의 전체 쪽수를 $\square$쪽이라고 하면

$\square \times \frac{4}{9} = 56$이므로 $\square = 56 \div \frac{4}{9} = \overset{14}{\cancel{56}} \times \frac{9}{\underset{1}{\cancel{4}}} = 126$입니다. 따라서 동화책의 전체 쪽수는 126쪽입니다.

17 마름모의 다른 대각선의 길이를 $\square$m라고 하면

$\frac{3}{4} \times \square \div 2 = \frac{6}{5}$입니다.

➡ $\square = \frac{6}{5} \times 2 \div \frac{3}{4} = \frac{12}{5} \div \frac{3}{4} = \frac{\overset{4}{\cancel{12}}}{5} \times \frac{4}{\underset{1}{\cancel{3}}}$

$= \frac{16}{5} = 3\frac{1}{5}$

따라서 다른 대각선의 길이는 $3\frac{1}{5}$ m입니다.

18 (휘발유 1 L로 갈 수 있는 거리)
=(이동한 거리)÷(사용한 휘발유의 양)

$=4\frac{2}{3}\div\frac{4}{5}=\frac{\overset{7}{\cancel{14}}}{3}\times\frac{5}{\underset{2}{\cancel{4}}}=\frac{35}{6}=5\frac{5}{6}$ (km)

➡ (휘발유 4 L로 갈 수 있는 거리)
=(휘발유 1 L로 갈 수 있는 거리)×4

$=5\frac{5}{6}\times4=\frac{35}{\underset{3}{\cancel{6}}}\times\overset{2}{\cancel{4}}=\frac{70}{3}=23\frac{1}{3}$ (km)

서술형

19 예 $\frac{7}{9}\div\frac{2}{9}=7\div2=\frac{7}{2}=3\frac{1}{2}$이므로 3도막이 되고,

$\frac{2}{9}$ m의 $\frac{1}{2}$인 $\frac{\overset{1}{\cancel{2}}}{9}\times\frac{1}{\underset{1}{\cancel{2}}}=\frac{1}{9}$ (m)가 남습니다.

평가 기준	배점(5점)
알맞은 식을 세웠나요?	2점
색 테이프를 자른 도막 수와 남는 길이를 구했나요?	3점

서술형

20 예 (물통의 들이)÷(그릇의 들이)

$=6\frac{2}{3}\div\frac{4}{5}=\frac{20}{3}\div\frac{4}{5}=\frac{\overset{5}{\cancel{20}}}{3}\times\frac{5}{\underset{1}{\cancel{4}}}=\frac{25}{3}=8\frac{1}{3}$

따라서 물통을 가득 채우려면 물을 적어도 9번 부어야 합니다.

평가 기준	배점(5점)
알맞은 식을 세웠나요?	2점
적어도 몇 번 부어야 하는지 구했나요?	3점

2 소수의 나눗셈

다시 점검하는 수시 평가 대비 Level ❶

8~10쪽

1 (위에서부터) 100, 100 / 875, 125 / 125
2 225, 225, 45, 5
3 ③
4 ④, ⑤
5 (선 잇기)
6 (1) 12 (2) 4
7 15, 1.5, 0.15
8 2.8
9 <
10 (1) 11.8 (2) 5.79
11 9개
12 식 $33\div16.5=2$ 답 2배
13 17개, 2.3 m
14 1.8
15 6
16 6.2 cm
17 80 km
18 35개
19 $135.0\div7.5=18$ (7.5)135.0 → 75, 600, 600, 0) / 이유 예 소수점을 옮겨서 계산한 경우, 몫의 소수점은 옮긴 위치에 찍어야 합니다.
20 37.5 kg

1 8.75÷0.07을 자연수의 나눗셈으로 바꾸려면 나누어지는 수와 나누는 수에 똑같이 100을 곱하면 됩니다.

3 나누는 수와 나누어지는 수의 소수점을 같은 자리만큼 옮겨야 합니다.

4 ④ 19.32÷8.4=193.2÷84
⑤ 19.32÷8.4 =1932÷840

5 2.52÷0.28=9, 39÷2.6=15

6 (1) 1.82)21.84 = 12 (182, 364, 364, 0)
(2) 1.5)6.0 = 4 (60, 0)

7 나누는 수가 10배, 100배가 되면 몫은 $\frac{1}{10}$배, $\frac{1}{100}$배가 됩니다.

8 $12.88>4.6$ ➡ $12.88\div4.6=2.8$

9 $55.2\div2.4=23$, $45.18\div1.8=25.1$
➡ $23<25.1$

10 (1) $7.1\div0.6=11.83\cdots$이고, 몫의 소수 둘째 자리 숫자가 3이므로 반올림하여 나타내면 11.8입니다.
(2) $11\div1.9=5.789\cdots$이고, 몫의 소수 셋째 자리 숫자가 9이므로 반올림하여 나타내면 5.79입니다.

11 (필요한 병의 수)
=(주스의 양)÷(한 병에 담는 주스의 양)
$=7.2\div0.8=9$(개)

12 (예은이의 몸무게)÷(동생의 몸무게)
$=33\div16.5=2$(배)

13 $104.3\div6$의 몫을 자연수까지만 구하면 17이고, 2.3이 남습니다. 따라서 삼각형을 17개까지 만들 수 있고, 남는 철사는 2.3 m입니다.

14 어떤 수를 □라고 하면 $□\times4.5=8.1$이므로
$□=8.1\div4.5=1.8$입니다.
따라서 어떤 수는 1.8입니다.

15 $5.2\div2.4=2.1666\cdots$
몫의 소수 둘째 자리부터 숫자 6이 반복되므로 소수 19째 자리 숫자는 6입니다.

16 (삼각형의 넓이)=(밑변의 길이)×(높이)÷2이므로
밑변의 길이를 □cm라고 하면 $□\times5.2\div2=16.12$입니다.
➡ $□=16.12\times2\div5.2=6.2$
따라서 밑변의 길이는 6.2 cm입니다.

17 1시간 30분$=1\frac{30}{60}$시간$=1\frac{1}{2}$시간$=1.5$시간
(한 시간 동안 달리는 거리)=(달린 거리)÷(달린 시간)
$=120\div1.5=80$ (km)

18 (안내판과 간격의 길이의 합)$=2.1+24.3=26.4$ (m)
➡ (필요한 안내판의 수)$=924\div26.4=35$(개)

19 서술형

평가 기준	배점(5점)
잘못 계산한 곳을 찾아 바르게 계산했나요?	2점
잘못 계산한 이유를 썼나요?	3점

20 서술형
예 (철근 1 m의 무게)$=63.75\div8.5=7.5$ (kg)
(철근 5 m의 무게)$=7.5\times5=37.5$ (kg)

평가 기준	배점(5점)
철근 1 m의 무게를 구했나요?	3점
철근 5 m의 무게를 구했나요?	2점

다시 점검하는 수시 평가 대비 Level ❷ 11~13쪽

1 261, 9 / 261, 261, 29, 29

2 (위에서부터) 10, 6, 6, 10

3 $12\div0.75=\frac{1200}{100}\div\frac{75}{100}=1200\div75=16$

4 1.8

5 5

6
$$\begin{array}{r} 7 \\ 3.42\overline{)23.94} \\ 2394 \\ \hline 0 \end{array}$$

7 10배

8 0.02

9 80

10 29배

11 ②

12 (위에서부터) 6, 4, 24, 144

13 3개, 1.35 L

14 5.3 cm

15 3배

16 1.6배

17 6, 4, 3 / 5

18 4

19
$$\begin{array}{r} 8 \\ 3\overline{)26.7} \\ 24 \\ \hline 2.7 \end{array}$$
/ 8, 2.7

이유 예 상자 수는 소수가 아닌 자연수이므로 몫은 자연수까지만 구합니다.

20 61.6

1 1 m는 100 cm이므로 2.61 m=261 cm, 0.09 m=9 cm입니다. 2.61 m를 0.09 m씩 자르는 것과 261 cm를 9 cm씩 자르는 것은 같으므로 $2.61\div0.09=261\div9=29$입니다.

2 나눗셈에서 나누는 수와 나누어지는 수에 같은 수를 곱하여도 몫은 변하지 않습니다.

4

$$\begin{array}{r} 1.8 \\ 1.4\overline{)2.52} \\ 14 \\ \hline 112 \\ 112 \\ \hline 0 \end{array}$$

또는

$$\begin{array}{r} 1.8 \\ 1.40\overline{)2.520} \\ 140 \\ \hline 1120 \\ 1120 \\ \hline 0 \end{array}$$

5 $10.5>8.4>2.1$ ➡ $10.5\div2.1=5$

6 몫의 소수점은 나누어지는 수의 옮긴 소수점의 위치와 같아야 합니다.

7 나누는 수가 같고 ㉠의 나누어지는 수 20.8은 ㉡의 나누어지는 수 2.08의 10배이므로 ㉠의 몫은 ㉡의 몫의 10배입니다.

다른 풀이

㉠ $20.8\div0.8=26$ ㉡ $2.08\div0.8=2.6$

➡ $26\div2.6=10$(배)

8 몫을 반올림하여 소수 첫째 자리까지 나타내면 6.5이고, 몫을 반올림하여 소수 둘째 자리까지 나타내면 6.48입니다.

➡ 차: $6.5-6.48=0.02$

9 $0.15\times\square=12$ ➡ $\square=12\div0.15=80$

10 (필통의 무게)÷(연필의 무게)

$=414.7\div14.3=29$(배)

11 나누어지는 수가 모두 같으므로 나누는 수가 작을수록 몫이 큽니다.

나누는 수의 크기를 비교하면

$0.13<0.2<1.3<1.69<2.6$으로 0.13이 가장 작으므로 계산 결과가 가장 큰 것은 ②입니다.

12

$$\begin{array}{r} 1㉡ \\ 2.㉠\overline{)38.4} \\ ㉢ \\ \hline 144 \\ ㉣ \\ \hline 0 \end{array}$$

38−㉢=14 ➡ ㉢=24

2㉠×1=24 ➡ ㉠=4

144−㉣=0 ➡ ㉣=144

24×㉡=144 ➡ ㉡=6

13 $7.35\div2$의 몫을 자연수까지만 구하면 3이고, 1.35가 남습니다. 따라서 물을 병에 3개까지 담을 수 있고, 남는 물의 양은 1.35 L입니다.

14 다른 대각선의 길이를 □cm라고 하면 $3.6\times\square\div2=9.54$입니다.

➡ $\square=9.54\times2\div3.6=5.3$

15 (집~우체국~도서관)

$=2.14+4.28=6.42$ (km)

(집~우체국~도서관)÷(집~우체국)

$=6.42\div2.14=3$(배)

16 (직사각형의 세로)=(넓이)÷(가로)

$=19.04\div3.4$

$=5.6$ (cm)

➡ (세로)÷(가로)$=5.6\div3.4=1.64\cdots$ ➡ 1.6배

따라서 직사각형의 세로는 가로의 1.6배입니다.

17 몫이 가장 작으려면 나누는 수가 가장 커야 합니다.

$6>4>3$ ➡ $32.15\div6.43=5$

18 $20.4\div3.7=5.513513\cdots$

몫의 소수 첫째 자리부터 숫자 5, 1, 3이 반복됩니다.

$5.5135135135\cdots$ ➡ 5.513513514

소수 9째 자리 / 소수 10째 자리 / 소수 9째 자리

서술형

19

평가 기준	배점(5점)
잘못 계산한 곳을 찾아 바르게 계산했나요?	3점
잘못 계산한 이유를 썼나요?	2점

서술형

20 예 어떤 수를 □라고 하면 $\square\times3=554.7$이므로 $\square=554.7\div3=184.9$입니다.

따라서 어떤 수는 184.9이므로 바르게 계산하면 $184.9\div3=61.63\cdots$ ➡ 61.6입니다.

평가 기준	배점(5점)
어떤 수를 구했나요?	3점
바르게 계산했을 때의 몫을 소수 첫째 자리까지 나타냈나요?	2점

3 공간과 입체

다시 점검하는 수시 평가 대비 Level ①

14~16쪽

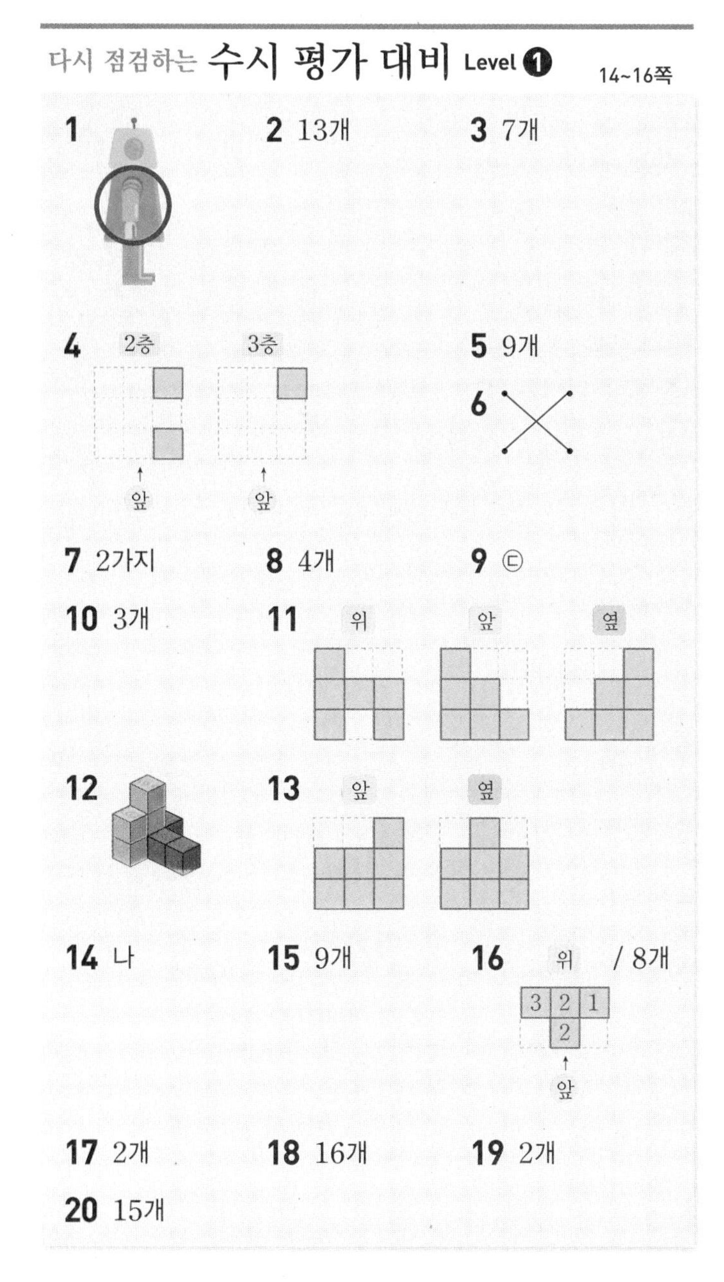

1 (그림)　**2** 13개　**3** 7개

4 2층 / 3층 (그림)　**5** 9개　**6** (그림)

7 2가지　**8** 4개　**9** ©

10 3개　**11** 위 / 앞 / 옆 (그림)

12 (그림)　**13** 앞 / 옆 (그림)

14 나　**15** 9개　**16** 위 / 8개

3	2	1
	2	

17 2개　**18** 16개　**19** 2개

20 15개

2 (쌓기나무의 개수)$=4+1+3+2+1+2=13$(개)

3 1층에 4개, 2층에 2개, 3층에 1개이므로 주어진 모양과 똑같이 쌓는 데 쌓기나무가 7개 필요합니다.

4 1층 모양을 보고 쌓기나무로 쌓은 모양의 뒤에 보이지 않는 쌓기나무가 없다는 것을 알 수 있습니다. 2층에는 쌓기나무 2개, 3층에는 쌓기나무 1개가 있습니다.

5 쌓기나무가 1층에 6개, 2층에 2개, 3층에 1개 있습니다.
➡ $6+2+1=9$(개)

6 앞에서 볼 때 왼쪽 줄과 오른쪽 줄의 가장 높은 층을 각각 살펴봅니다.

7 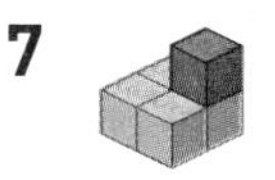 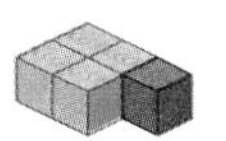

8 위에서 본 모양의 ○ 부분에 보이지 않는 쌓기나무가 있습니다.
➡ $1+2+1=4$(개)

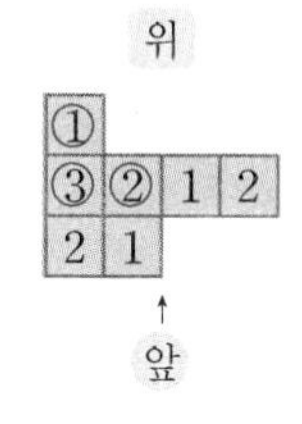

9 ㉠ 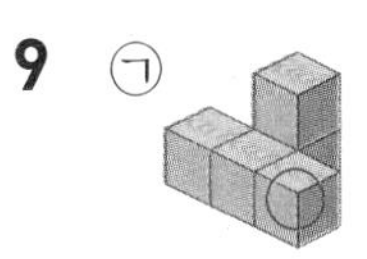 ㉡ 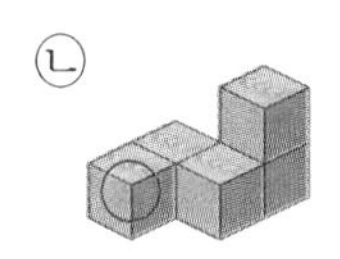 ㉣ 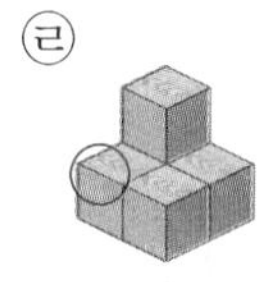

10 3층에 쌓인 쌓기나무는 3 이상의 수가 쓰여진 칸의 수와 같으므로 3개입니다.

11 위에서 본 모양은 1층에 쌓인 쌓기나무의 모양과 같게 그리고 앞, 옆에서 본 모양은 각 줄별로 가장 높은 층을 기준으로 그립니다.

13 • 앞에서 보았을 때 줄별로 가장 큰 수는 왼쪽부터 차례로 2, 2, 3입니다.
• 옆에서 보았을 때 줄별로 가장 큰 수는 왼쪽부터 차례로 2, 3, 2입니다.

14 위에서 본 모양에 수를 쓰면 다음과 같습니다.

가 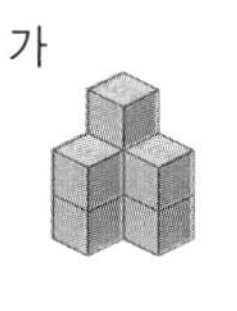 

위에서 본 모양

나  

위에서 본 모양

다 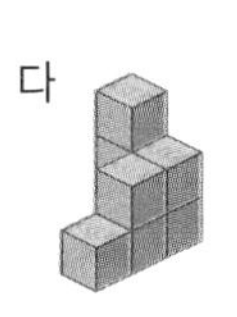 

위에서 본 모양

가: $3+2+2=7$(개)
나: $1+1+2+1+1=6$(개)
다: $3+2+2+1=8$(개)
따라서 쌓기나무가 가장 적은 것은 나입니다.

15 빨간색 쌓기나무를 빼내기 전 모양에서 쌓기나무는 1층에 7개, 2층에 4개, 3층에 1개로 모두 $7+4+1=12$(개)입니다.
➡ (빨간색 쌓기나무를 빼낸 후 남는 쌓기나무의 개수)
$=12-3=9$(개)

16 위에서 본 모양은 1층의 모양과 같습니다.
1층 모양에서 ○ 부분은 쌓기나무가 3개, △ 부분은 쌓기나무가 2개씩, 나머지는 쌓기나무가 1개 있습니다. 따라서 똑같은 모양으로 쌓는 데 필요한 쌓기나무는
$3+2+1+2=8$(개)입니다.

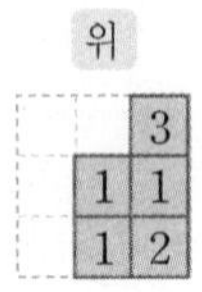

17 위에서 본 모양에 수를 쓰면 오른쪽과 같습니다. 따라서 2층에 쌓인 쌓기나무는 2 이상인 수가 쓰여진 칸의 수와 같으므로 2개입니다.

위

	3
1	1
1	2

18 (주어진 모양에 쌓인 쌓기나무의 개수)
$=3+2+1+3+2=11$(개)
3층까지 쌓여 있으므로 한 모서리에 쌓이는 쌓기나무가 3개인 정육면체를 만들 수 있습니다.
➡ (더 필요한 쌓기나무의 개수)
$=3\times3\times3-11=16$(개)

위에서 본 모양

서술형

19 예 (㉠을 뺀 나머지 부분에 쌓인 쌓기나무의 개수)
$=2+1+3+3+1+2+1=13$(개)
➡ (㉠에 쌓인 쌓기나무의 개수)
$=15-13=2$(개)

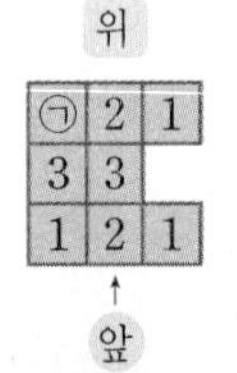

평가 기준	배점(5점)
㉠을 뺀 나머지 부분에 쌓인 쌓기나무의 개수를 구했나요?	3점
㉠에 쌓인 쌓기나무의 개수를 구했나요?	2점

서술형

20 예 쌓기나무의 개수가 최소일 때 위에서 본 모양에 수를 써 보면 오른쪽과 같습니다.
따라서 필요한 쌓기나무는 적어도
$3+1+1+1+3+1+1+1+3=15$(개)
입니다.

위

3	1	1
1	3	1
1	1	3

평가 기준	배점(5점)
쌓기나무의 개수가 최소일 때 위에서 본 모양에 수를 써서 나타냈나요?	3점
필요한 쌓기나무는 적어도 몇 개인지 구했나요?	2점

다시 점검하는 수시 평가 대비 Level ❷ 17~19쪽

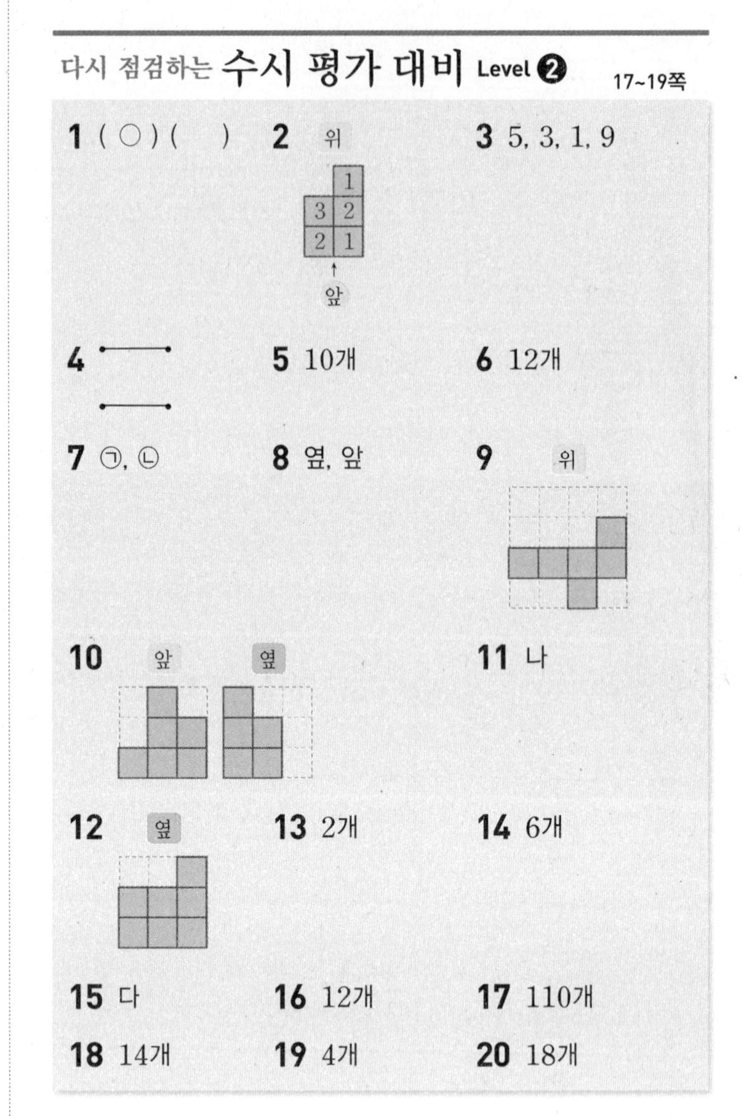

2 위에서 본 모양의 각 칸에 쌓인 쌓기나무의 개수를 세어 봅니다.

3 $5+3+1=9$(개)

5 위에서 본 모양에 수를 쓰면 오른쪽과 같습니다.
(쌓기나무의 개수)$=4+2+3+1$
$=10$(개)

위에서 본 모양

6 위에서 본 모양에 수를 쓰면 오른쪽과 같습니다.
(쌓기나무의 개수)
$=1+2+3+2+1+2+1$
$=12$(개)

위에서 본 모양

7 ㉠ ㉡

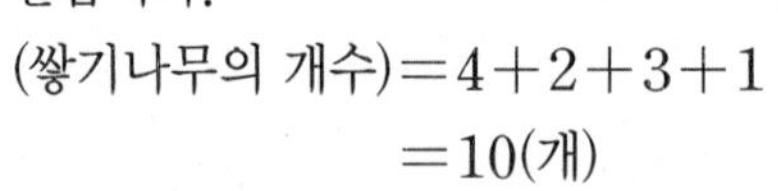

8 앞, 옆에서 본 모양은 각 줄별로 가장 높은 층을 기준으로 그립니다.

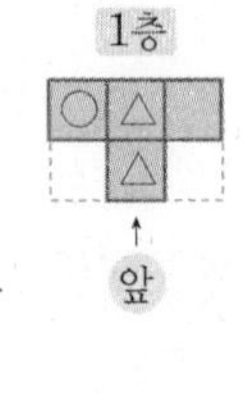

9 위에서 본 모양은 1층에 쌓인 쌓기나무의 모양과 같게 그립니다.

10 • 앞에서 보았을 때 줄별로 가장 큰 수는 왼쪽부터 차례로 1, 3, 2입니다.
• 옆에서 보았을 때 줄별로 가장 큰 수는 왼쪽부터 차례로 3, 2입니다.

11 각 모양을 앞에서 본 모양은 다음과 같습니다.

가  나 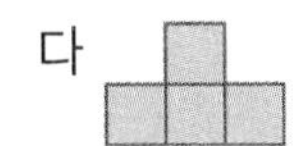 다

12 빨간색 쌓기나무 2개를 빼낸 모양을 옆에서 보았을 때 줄별로 가장 높은 층수는 왼쪽부터 차례로 2층, 2층, 3층입니다.

13 위에서 본 모양에서 ㉠을 뺀 부분에 수를 쓰면 오른쪽과 같습니다.

위

2	2	2
㉠	2	1
1	3	1

앞

(㉠을 뺀 나머지 부분에 쌓인 쌓기나무의 개수)
$=2+2+2+2+1+1+3+1=14$(개)
➡ (㉠에 쌓인 쌓기나무의 개수)
$=16-14=2$(개)

14 위에서 본 모양에서 앞에서 본 모양을 보면 ○ 부분에는 쌓기나무가 1개씩, △ 부분에는 쌓기나무가 2개 이하입니다. 옆에서 본 모양을 보면 △ 부분은 2개씩입니다.
➡ (필요한 쌓기나무의 개수)$=2+1+2+1=6$(개)

15 1층 모양으로 가능한 모양을 찾아보면 가와 다입니다. 가는 2층 모양이 이므로 쌓은 모양은 다입니다.

16 쌓기나무를 가장 적게 사용하여 똑같은 모양으로 쌓을 때 위에서 본 모양에 수를 쓰면 다음과 같습니다.

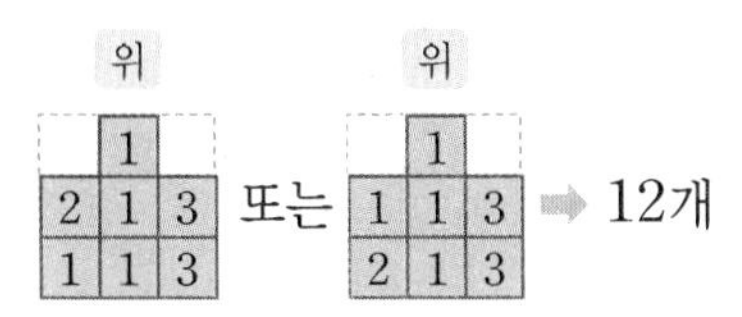
➡ 12개

17 쌓기나무 몇 개를 빼낸 모양을 위에서 본 모양에 수를 쓰면 오른쪽과 같습니다.

위에서 본 모양

(빼낸 쌓기나무의 개수)
=(처음 쌓기나무의 개수)
−(남은 쌓기나무의 개수)
$=(5\times5\times5)-(1+2+1+2+3+2+1+2+1)$
$=125-15=110$(개)

18 똑같은 모양으로 쌓을 때 쌓기나무가 가장 많이 사용되는 경우, 위에서 본 모양과 그 모양에 수를 쓰면 다음과 같습니다.

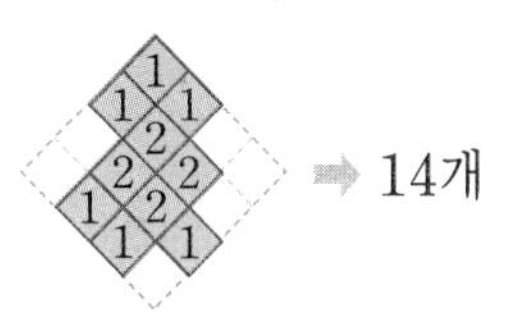
➡ 14개

[위에서 본 모양]

서술형

19 예 (주어진 모양과 똑같이 쌓는 데 필요한 쌓기나무의 개수)
$=3+3+2+2+1=11$(개)
➡ (민정이에게 더 필요한 쌓기나무의 개수)
$=11-7=4$(개)

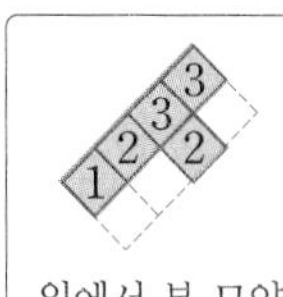
위에서 본 모양

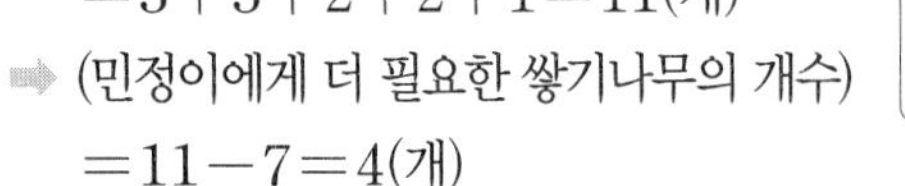

평가 기준	배점(5점)
주어진 모양과 똑같이 쌓는 데 필요한 쌓기나무의 개수를 구했나요?	3점
민정이에게 더 필요한 쌓기나무의 개수를 구했나요?	2점

서술형

20 예 (주어진 모양에 쌓인 쌓기나무의 개수)
$=1+2+3+1+1+1=9$(개)
한 모서리에 쌓이는 쌓기나무가 3개인 정육면체를 만들 수 있으므로 적어도 더 필요한 쌓기나무는
$(3\times3\times3)-9=18$(개)입니다.

위에서 본 모양

평가 기준	배점(5점)
주어진 모양에 쌓인 쌓기나무의 개수를 구했나요?	3점
더 필요한 쌓기나무의 개수를 구했나요?	2점

서술형 50% 중간 단원 평가 20~23쪽

1 5 **2** 2016, 48 **3** ㉣

4 15, 18 **5** 9개 **6** 2, 1.9, 1.88

7 이유 예 분모가 다른 분수의 나눗셈은 통분한 후 분자끼리의 나눗셈으로 계산해야 하는데 통분하지 않고 분자끼리의 나눗셈으로 계산하였으므로 잘못되었습니다. /

$\frac{7}{8} \div \frac{2}{5} = \frac{35}{40} \div \frac{16}{40} = 35 \div 16 = \frac{35}{16} = 2\frac{3}{16}$

8 6개, 1.8 g **9** 나 **10** 15개

11 7개 **12** $13\frac{3}{5}$ kg **13** 9

14 앞 옆 **15** 82 km

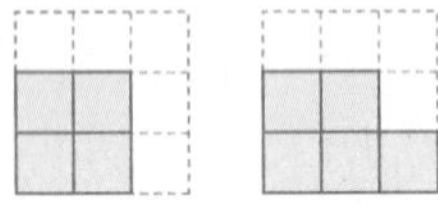

16 $1\frac{12}{13}$ cm **17** 9분 20초 **18** 9개

19 38.8 **20** 32그루

1 $\frac{10}{11}$에서 $\frac{2}{11}$를 5번 덜어 낼 수 있습니다.

➡ $\frac{10}{11} \div \frac{2}{11} = 5$

2 $20.16 \div 0.42 = 2016 \div 42 = 48$

3 주황색 컵이 가장 왼쪽, 파란색 컵이 가장 오른쪽에 있고 손잡이 위치를 생각하면 ㉣에서 찍은 사진입니다.

4 $12\frac{1}{2} \div \frac{5}{6} = \frac{25}{2} \div \frac{5}{6} = \frac{75}{6} \div \frac{5}{6} = 75 \div 5 = 15$

$15 \div \frac{5}{6} = (15 \div 5) \times 6 = 3 \times 6 = 18$

5 1층에 4개, 2층에 4개, 3층에 1개이므로 필요한 쌓기나무는 $4+4+1=9$(개)입니다.

6 $5.63 \div 3 = 1.876\cdots$이므로 몫을 반올림하여

일의 자리까지 나타내면 1.8 ➡ 2

소수 첫째 자리까지 나타내면 1.87 ➡ 1.9

소수 둘째 자리까지 나타내면 1.876 ➡ 1.88

7

평가 기준	배점
계산이 잘못된 이유를 썼나요?	3점
바르게 계산했나요?	2점

8

$$\begin{array}{r} 6 \\ 7\,\overline{)\,43.8} \\ 42 \\ \hline 1.8 \end{array}$$

따라서 만들 수 있는 빵은 6개이고, 남는 버터는 1.8 g입니다.

9 가 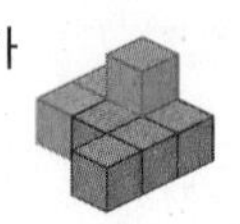 다 

따라서 만들 수 없는 모양은 나입니다.

10 예 1층에 쌓은 쌓기나무는 7개,
2층에 쌓은 쌓기나무는 5개,
3층에 쌓은 쌓기나무는 3개입니다.
따라서 필요한 쌓기나무는 $7+5+3=15$(개)입니다.

평가 기준	배점
1층, 2층, 3층에 쌓은 쌓기나무의 개수를 각각 구했나요?	3점
필요한 쌓기나무의 개수를 구했나요?	2점

11 예 ㉮ $15.6 \div 1.3 = 12$
㉯ $56.26 \div 2.9 = 19.4$
따라서 12보다 크고 19.4보다 작은 자연수는 13, 14, 15, 16, 17, 18, 19로 모두 7개입니다.

평가 기준	배점
㉮와 ㉯의 몫을 각각 구했나요?	3점
㉮의 몫보다 크고 ㉯의 몫보다 작은 자연수의 개수를 구했나요?	2점

12 (나무 막대 1 m의 무게)
=(나무 막대의 무게)÷(나무 막대의 길이)

$= 5\frac{2}{3} \div \frac{5}{12} = \frac{17}{3} \div \frac{5}{12} = \frac{17}{\cancel{3}_{1}} \times \frac{\cancel{12}^{4}}{5}$

$= \frac{68}{5} = 13\frac{3}{5}$ (kg)

13 예 $7 \div 2.7 = 2.592592\cdots$이므로 몫의 소수점 아래 숫자는 5, 9, 2가 반복되는 규칙입니다.
$14 \div 3 = 4\cdots2$이므로 몫의 소수 14째 자리 숫자는 반복되는 숫자 중 두 번째 숫자인 9입니다.

평가 기준	배점
몫의 소수점 아래 숫자가 반복되는 규칙을 찾았나요?	2점
몫의 소수 14째 자리 숫자를 구했나요?	3점

14

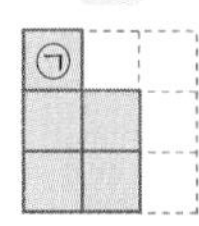

㉠ 부분에 쌓을 수 있는 쌓기나무는 1개입니다.

15 예 2시간 24분$=2\frac{24}{60}$시간$=2.4$시간

(한 시간 동안 달린 거리)$=197.2\div2.4=82.1\cdots$

몫을 반올림하여 일의 자리까지 나타내면 82이므로 한 시간 동안 달린 거리는 82 km입니다.

평가 기준	배점
한 시간 동안 달린 거리를 소수 첫째 자리까지 구했나요?	3점
한 시간 동안 달린 거리를 반올림하여 일의 자리까지 나타냈나요?	2점

16 예 삼각형의 높이를 □cm라고 하면

(삼각형의 넓이)$=5\frac{4}{7}\times\square\div2=5\frac{5}{14}$

➡ $\square=5\frac{5}{14}\times2\div5\frac{4}{7}=\frac{75}{14}\times2\div\frac{39}{7}$

$=\frac{75}{7}\times\frac{7}{39}=\frac{25}{13}=1\frac{12}{13}$

따라서 삼각형의 높이는 $1\frac{12}{13}$ cm입니다.

평가 기준	배점
삼각형의 넓이를 구하는 식을 세웠나요?	2점
삼각형의 높이를 구했나요?	3점

17 예 (물 $6\frac{2}{3}$ L를 받는 데 걸리는 시간)

$=6\frac{2}{3}\div\frac{5}{7}=\frac{20}{3}\div\frac{5}{7}$

$=\frac{20}{3}\times\frac{7}{5}=\frac{28}{3}=9\frac{1}{3}$(분)

$9\frac{1}{3}$분$=9\frac{20}{60}$분$=9$분 20초이므로

물 $6\frac{2}{3}$ L를 받는 데 9분 20초가 걸립니다.

평가 기준	배점
물을 받는 데 걸리는 시간이 몇 분인지 분수로 나타냈나요?	3점
물을 받는 데 걸리는 시간이 몇 분 몇 초인지 구했나요?	2점

18 예 옆에서 본 모양에서 쌓기나무가 ♡ 부분은 1개씩, ☆과 ○ 부분은 최대 2개씩, △ 부분은 3개입니다. 앞에서 본 모양에서 쌓기나무가 ☆ 부분은 2개이고, ○ 부분에는 1개 또는 2개를 쌓을 수 있으므로 가장 많이 사용할 때의 쌓기나무의 개수는 $3+2+2+1+1=9$(개)입니다.

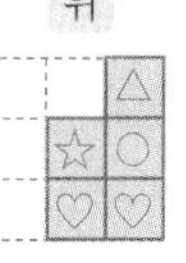

평가 기준	배점
각 자리에 쌓을 수 있는 쌓기나무의 개수를 구했나요?	3점
쌓기나무를 가장 많이 사용할 때 쌓기나무는 몇 개인지 구했나요?	2점

19 예 몫이 가장 크려면 나누어지는 수는 가장 크고, 나누는 수는 가장 작아야 합니다.

만들 수 있는 가장 큰 □□: 97

만들 수 있는 가장 작은 □.□: 2.5

➡ $97\div2.5=38.8$

평가 기준	배점
몫이 가장 크게 되는 식을 만들었나요?	3점
몫이 가장 크게 될 때의 몫을 구했나요?	2점

20 예 (나무 사이의 간격 수)

$=\frac{6}{7}\div\frac{2}{35}=\frac{30}{35}\div\frac{2}{35}=30\div2=15$(군데)

(도로 한쪽에 필요한 나무의 수)

$=$(나무 사이의 간격 수)$+1=15+1=16$(그루)

따라서 나무는 모두 $16\times2=32$(그루)가 필요합니다.

평가 기준	배점
나무 사이의 간격 수를 구했나요?	2점
필요한 나무는 모두 몇 그루인지 구했나요?	3점

4 비례식과 비례배분

다시 점검하는 수시 평가 대비 Level ❶

24~26쪽

1 11, 15	**2** 168, 168	
3 (위에서부터) 6, 4	**4** 예 8 : 14, 12 : 21	
5 ④	**6** 9, 72, 24	**7** 12
8 (1) 30, 24 (2) 45, 25		**9** ④
10 1750원	**11** 18 cm, 30 cm	
12 36개	**13** 72개	**14** 9일
15 35번	**16** 16 cm	**17** 32번
18 예 4 : 5	**19** 81개	**20** 30개

1 비 11 : 15에서 기호 ' : ' 앞에 있는 11을 전항, 뒤에 있는 15를 후항이라고 합니다.

2 $7 : 12 = 14 : 24$ (외항: 7, 24 / 내항: 12, 14)

(외항의 곱)$=7\times24=168$

(내항의 곱)$=12\times14=168$

3 32 : 24의 전항과 후항을 4로 나누면 8 : 6이 됩니다.

4 $4:7 \Rightarrow 8:14$ (×2), $4:7 \Rightarrow 12:21$ (×3), …

5 외항의 곱과 내항의 곱이 같은 것을 찾습니다.

① (외항의 곱)$=7\times14=98$
(내항의 곱)$=8\times16=128$

② (외항의 곱)$=3\times\frac{1}{4}=\frac{3}{4}$
(내항의 곱)$=4\times\frac{1}{3}=\frac{4}{3}$

③ (외항의 곱)$=0.5\times5=2.5$
(내항의 곱)$=0.6\times2=1.2$

④ (외항의 곱)$=2\times12=24$
(내항의 곱)$=6\times4=24$

⑤ (외항의 곱)$=45\times5=225$
(내항의 곱)$=36\times4=144$

6 비례식 3 : 8=9 : ■에서 외항의 곱과 내항의 곱은 같으므로 $3\times■=8\times9$입니다.

7 비례식에서 외항의 곱과 내항의 곱은 같습니다.
$6\times14=7\times□$, $7\times□=84$, $□=84\div7=12$

8 (1) $54\times\frac{5}{5+4}=30$, $54\times\frac{4}{5+4}=24$

(2) $70\times\frac{9}{9+5}=45$, $70\times\frac{5}{9+5}=25$

9 전항을 □라고 하면 □ : 15의 비율이 $\frac{3}{5}$이므로
$\frac{□}{15}=\frac{3}{5}$ ➡ $□=3\times3=9$입니다.

10 연필 5자루의 값을 □원이라 하고 비례식을 세우면 3 : 1050=5 : □입니다.
➡ $3\times□=1050\times5$, $3\times□=5250$,
$□=5250\div3=1750$

11 동수: $48\times\frac{3}{3+5}=48\times\frac{3}{8}=18$ (cm)

명희: $48\times\frac{5}{3+5}=48\times\frac{5}{8}=30$ (cm)

12 (희철) : (희주)$=\frac{1}{4}:\frac{1}{3}$

$\frac{1}{4}:\frac{1}{3}$의 전항과 후항에 12를 곱하면 3 : 4가 됩니다.

희철: $84\times\frac{3}{3+4}=84\times\frac{3}{7}=36$(개)

13 (남규네) : (주찬이네)=4 : 6
4 : 6의 전항과 후항을 2로 나누면 2 : 3이 됩니다.
주찬이네: $120\times\frac{3}{2+3}=120\times\frac{3}{5}=72$(개)

14 6월은 30일입니다.
운동을 하지 않은 날수: $30\times\frac{3}{7+3}$
$=30\times\frac{3}{10}=9$(일)

15 ㉯가 42번 돌 때 ㉮가 도는 횟수를 □번이라 하고 비례식을 세우면 5 : 6=□ : 42입니다.
➡ $5\times42=6\times□$, $6\times□=210$, $□=35$

16 (가로) : (세로) $= \frac{2}{5} : \frac{3}{4}$

$\frac{2}{5} : \frac{3}{4}$의 전항과 후항에 20을 곱하면 8 : 15가 됩니다.

둘레가 92 cm이므로 (가로)+(세로)=46 cm입니다.

가로: $46 \times \frac{8}{8+15} = 46 \times \frac{8}{23} = 16$ (cm)

17 56번 던질 때 공이 들어간 횟수를 □번이라 하고 비례식을 세우면 7 : 4=56 : □입니다.

➡ 7×□=4×56, 7×□=224, □=32

18 ㉮ $\times \frac{1}{2} =$ ㉯ $\times \frac{2}{5}$ ➡ ㉮ : ㉯ $= \frac{2}{5} : \frac{1}{2}$

$\frac{2}{5} : \frac{1}{2}$의 전항과 후항에 10을 곱하면 4 : 5가 됩니다.

서술형

19 예 명재가 빚은 만두 수를 □개라고 하면

7 : 9=63 : □입니다.

7 : 9=63 : □ ➡ 7×□=9×63, 7×□=567,

□=81

따라서 명재가 빚은 만두는 81개입니다.

평가 기준	배점(5점)
알맞은 비례식을 세웠나요?	2점
명재가 빚은 만두 수를 구했나요?	3점

서술형

20 예 전체 구슬을 □개라고 하면

$□ \times \frac{3}{3+2} = 18$, $□ \times \frac{3}{5} = 18$,

$□ = 18 \div \frac{3}{5} = 18 \times \frac{5}{3} = 30$입니다.

따라서 전체 구슬은 30개입니다.

다른 풀이

예 (수영) : (진호)=3 : 2이므로 진호가 가진 구슬 수를 △개라 하고 비례식을 세우면 3 : 2=18 : △입니다.

➡ 3×△=2×18, 3×△=36, △=12

따라서 전체 구슬은 18+12=30(개)입니다.

평가 기준	배점(5점)
전체 구슬을 □개라고 하여 비례배분하는 식을 세웠나요?	2점
전체 구슬 수를 구했나요?	3점

다시 점검하는 수시 평가 대비 Level ❷

27~29쪽

1 440 **2** ㉢

3 4, 16, 12, 48 (또는 12, 48, 4, 16)

4 예 3 : 10 **5** 5 **6** ②

7 $1\frac{1}{2}$ **8** 48개, 36개 **9** 예 3 : 2

10 35개 **11** 640 mL **12** 24개

13 10, $2.4\left(=2\frac{2}{5}\right)$ **14** 12권, 20권

15 14시간, 10시간 **16** 예 4 : 5

17 32명 **18** 3시간 30분

19 120 cm **20** 1200 t

1 외항은 8과 55입니다. ➡ 8×55=440

2 ㉢ 4 : 6=16 : 24에서 외항은 4와 24입니다.

3 비율을 알아보면 4 : 16 ➡ $\frac{1}{4}$, 12 : 48 ➡ $\frac{1}{4}$,

5 : 17 ➡ $\frac{5}{17}$, 2 : 9 ➡ $\frac{2}{9}$이므로 비율이 같은 두 비는 4 : 16과 12 : 48입니다.

➡ 4 : 16=12 : 48 또는 12 : 48=4 : 16

4 0.6 : 2의 전항과 후항에 10을 곱하면 6 : 20이 됩니다.
6 : 20의 전항과 후항을 2로 나누면 3 : 10이 됩니다.

5 $1\frac{1}{2}$: 2.5의 전항 $1\frac{1}{2}$을 소수로 바꾸면 1.5입니다.
1.5 : 2.5의 전항과 후항에 2를 곱하면 3 : 5가 됩니다.
따라서 □ 안에 알맞은 수는 5입니다.

6 이모의 나이를 □살이라 하고 비례식을 세우면
3 : 7=12 : □입니다.

7 $20 \times □ = 18 \times 1\frac{2}{3}$, $20 \times □ = 18 \times \frac{5}{3} = 30$,

$□ = 30 \div 20$, $□ = \frac{3}{2} = 1\frac{1}{2}$

8 다람쥐: $84 \times \frac{4}{4+3} = 84 \times \frac{4}{7} = 48$(개)

청설모: $84 \times \frac{3}{4+3} = 84 \times \frac{3}{7} = 36$(개)

9 ㉮$\times 12$를 외항의 곱, ㉯$\times 18$을 내항의 곱으로 생각하여 비례식을 세우면 ㉮ : ㉯$=18:12$입니다. $18:12$의 전항과 후항을 6으로 나누면 $3:2$입니다.

10 축구공을 □개라 하고 비례식을 세우면 $7:4=\square:20$입니다. ➡ $7\times 20=4\times\square$, $4\times\square=140$, $\square=35$

11 사용해야 할 물을 □mL라 하고 비례식을 세우면 $4:3=\square:480$입니다.
➡ $4\times 480=3\times\square$, $3\times\square=1920$, $\square=640$

12 (은하) : (정남)$=1.5:1\frac{3}{4}$
$1.5:1\frac{3}{4}$의 후항 $1\frac{3}{4}$을 소수로 바꾸면 1.75입니다.
$1.5:1.75$의 전항과 후항에 100을 곱하면 $150:175$가 됩니다. $150:175$의 전항과 후항을 25로 나누면 $6:7$이 됩니다.
은하 : $52\times\frac{6}{6+7}=52\times\frac{6}{13}=24$(개)

13 내항의 곱이 60이므로 $6\times$㉠$=60$, ㉠$=10$이고 외항의 곱과 내항의 곱은 같으므로
$25\times$㉡$=60$, ㉡$=60\div 25=2.4$입니다.

14 (정국이네) : (예리네)$=3:5$
정국이네: $32\times\frac{3}{3+5}=32\times\frac{3}{8}=12$(권)
예리네: $32\times\frac{5}{3+5}=32\times\frac{5}{8}=20$(권)

15 (낮) : (밤)$=\frac{1}{5}:\frac{1}{7}$
$\frac{1}{5}:\frac{1}{7}$의 전항과 후항에 35를 곱하면 $7:5$가 됩니다.
낮: $24\times\frac{7}{7+5}=24\times\frac{7}{12}=14$(시간)
밤: $24\times\frac{5}{7+5}=24\times\frac{5}{12}=10$(시간)

16 직선 가와 나가 서로 평행하므로
(사다리꼴 ㅁㅂㅅㅇ의 높이)
=(평행사변형 ㄱㄴㄷㄹ의 높이)=5 cm
(평행사변형 ㄱㄴㄷㄹ의 넓이)$=4\times 5=20$ (cm^2)
(사다리꼴 ㅁㅂㅅㅇ의 넓이)
$=(3+7)\times 5\div 2=25$ (cm^2)
➡ (평행사변형) : (사다리꼴)$=20:25$
$20:25$의 전항과 후항을 5로 나누면 $4:5$가 됩니다.

17 서현이네 반 학생 중 동생이 있는 학생 수와 전체 학생 수의 비는 $25:100$이므로 전체 학생 수를 □명이라 하고 비례식을 세우면 $25:100=8:\square$입니다.
➡ $25\times\square=100\times 8$, $25\times\square=800$, $\square=32$

18 315 km를 가는 데 걸리는 시간을 □분이라 하고 비례식을 세우면 $8:12=\square:315$입니다.
➡ $8\times 315=12\times\square$, $12\times\square=2520$, $\square=210$
210분=3시간 30분

서술형
19 예 직사각형의 세로를 □cm라 하고 비례식을 세우면 $7:5=35:\square$입니다.
➡ $7\times\square=5\times 35$, $7\times\square=175$, $\square=25$
(직사각형의 둘레)$=(35+25)\times 2$
$=60\times 2=120$ (cm)

평가 기준	배점(5점)
알맞은 비례식을 세웠나요?	2점
직사각형의 세로를 구했나요?	2점
직사각형의 둘레를 구했나요?	1점

서술형
20 예 가 : 나$=0.7:1.1$
$0.7:1.1$의 전항과 후항에 10을 곱하면 $7:11$이 됩니다.
가 마을: $5400\times\frac{7}{7+11}=5400\times\frac{7}{18}=2100$ (t)
나 마을: $5400\times\frac{11}{7+11}=5400\times\frac{11}{18}=3300$ (t)
➡ (차)$=3300-2100=1200$ (t)

평가 기준	배점(5점)
가 : 나를 간단한 자연수의 비로 나타냈나요?	1점
두 마을에 나누어 주는 밀가루의 양을 비례배분했나요?	3점
두 마을이 받는 밀가루 양의 차를 구했나요?	1점

5 원의 넓이

다시 점검하는 수시 평가 대비 Level ❶ 30~32쪽

1 3.14배 **2** 8, 8, 3.14, 200.96
3 $5\times2\times3.1=31$ / 31 cm **4** 18 cm, 6 cm
5 55.8 cm **6** 72, 144 **7** 66 cm
8 314 cm^2 **9** 24 cm **10** 9
11 10바퀴 **12** 49.6 cm^2 **13** 2790 m^2
14 ㉠, ㉢, ㉣, ㉡ **15** 480 cm^2 **16** 87.1 cm
17 334.8 cm^2 **18** 유천 **19** 37.2 cm
20 145.92 cm^2

1 (둘레)÷(지름)$=62.8\div20=3.14$(배)

3 (원주)=(지름)×(원주율)
=(반지름)×2×(원주율)

4 ㉠=(원주)$\times\frac{1}{2}=6\times2\times3\times\frac{1}{2}=18$ (cm)
㉡=(원의 반지름)=6 cm

5 $18\times3.1=55.8$ (cm)

6 (원 안의 정사각형의 넓이)$=12\times12\div2=72$ (cm^2)
(원 밖의 정사각형의 넓이)$=12\times12=144$ (cm^2)

7 (접시의 둘레)$=11\times2\times3=66$ (cm)

8 지름이 20 cm이므로 반지름은 10 cm입니다.
(원의 넓이)$=10\times10\times3.14=314$ (cm^2)

9 원의 지름을 □cm라고 하면 □$\times3.1=74.4$,
□$=74.4\div3.1=24$입니다.

10 □×□$\times3=243$, □×□$=81$, $9\times9=81$이므로
□=9입니다.

11 (동전의 둘레)$=4\times3=12$ (cm)
➡ $120\div12=10$(바퀴)

12 한 변이 8 cm인 정사각형 안에 들어갈 수 있는 가장 큰 원의 지름은 8 cm입니다.

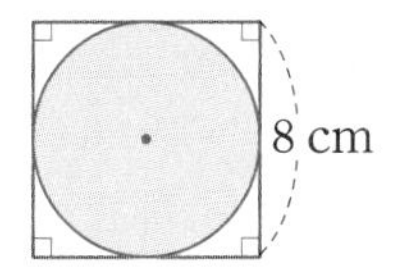

➡ (원의 넓이)$=4\times4\times3.1$
$=49.6$ (cm^2)

13 연못의 지름을 □m라고 하면 □$\times3.1=186$,
□$=186\div3.1=60$입니다.
(연못의 반지름)$=60\div2=30$ (m)
(연못의 넓이)$=30\times30\times3.1=2790$ (m^2)

14 지름이 길수록 원의 넓이가 넓으므로 지름을 구하여 비교합니다.
㉠ 16 cm ㉡ 12 cm ㉢ (지름)$=45\div3=15$ (cm)
㉣ 원의 반지름을 □cm라고 하면 □×□$\times3=147$,
□×□$=49$, $7\times7=49$이므로 □=7입니다.
반지름이 7 cm이므로 지름은 14 cm입니다.
따라서 지름이 긴 순서대로 기호를 쓰면 ㉠, ㉢, ㉣, ㉡입니다.

15 (남은 피자의 넓이)$=16\times16\times3\times\frac{5}{8}=480$ (cm^2)

16

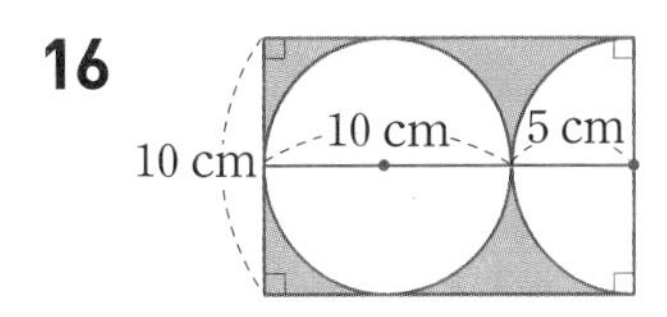

직사각형의 가로는 $10+5=15$ (cm)입니다.
(색칠한 부분의 둘레)
$=15\times2+10+10\times3.14+10\times3.14\times\frac{1}{2}$
$=30+10+31.4+15.7=87.1$ (cm)

17 (색칠한 부분의 넓이)
$=12\times12\times3.1-6\times6\times3.1$
$=446.4-111.6$
$=334.8$ (cm^2)

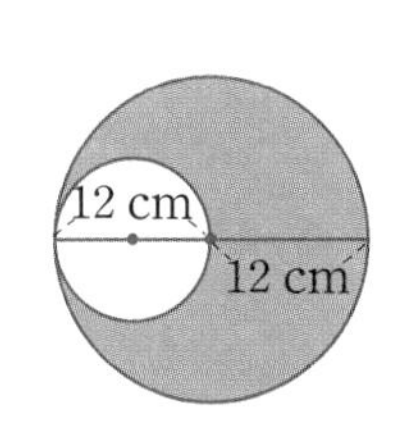

18 반지름이 길수록 더 큰 원이므로 반지름을 구하여 비교합니다. 지윤이가 그린 원의 반지름을 □cm라고 하면
□$\times2\times3=48$, □=8입니다.
유천이가 그린 원의 반지름을 △ cm라고 하면
△×△$\times3=243$, △×△$=81$, $9\times9=81$이므로
△=9입니다.
따라서 유천이가 더 큰 원을 그렸습니다.

서술형

19 만든 해의 반지름을 □cm라고 하면
□×□×3.1=111.6, □×□=36,
6×6=36이므로 □=6입니다.
➡ (해의 둘레)=6×2×3.1=37.2 (cm)

평가 기준	배점(5점)
해의 반지름을 구했나요?	2점
해의 둘레를 구했나요?	3점

서술형

20 예

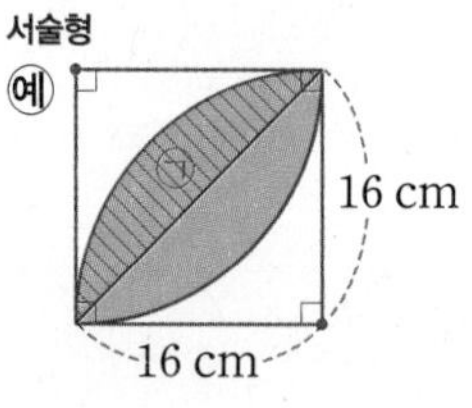

(색칠한 부분의 넓이)
=(㉠의 넓이)×2
$=(16\times16\times3.14\times\frac{1}{4}-16\times16\div2)\times2$
$=(200.96-128)\times2=145.92$ (cm²)

평가 기준	배점(5점)
알맞은 식을 세웠나요?	2점
색칠한 부분의 넓이를 구했나요?	3점

다시 점검하는 수시 평가 대비 Level ❷ 33~35쪽

1 ⑤ **2** (위에서부터) 12.4, 12
3 (위에서부터) 원의 반지름, 원주
4 43.96 cm **5** (1) 12 cm² (2) 48 cm²
6 126, 168 **7** 155 m **8** 16
9 ② **10** 7바퀴 **11** 375.1 cm²
12 7 cm **13** 37.2 cm **14** ©
15 나, 2.4 cm **16** 300 m **17** 51 cm
18 55.8 cm² **19** 628 cm **20** 12.5 cm²

1 ①, ④ (원주)=(지름)×(원주율)
②, ③ 원주율은 원의 크기와 관계없이 일정합니다.

2 • (지름이 4 cm인 원의 원주)=4×3.1=12.4 (cm)
• (원주가 3.72 cm인 원의 지름)=37.2÷3.1
=12 (cm)

4 (원주)=7×2×3.14=43.96 (cm)

5 (1) 2×2×3=12 (cm²)
(2) 4×4×3=48 (cm²)

6 (원 안의 정육각형의 넓이)=21×6=126 (cm²)
(원 밖의 정육각형의 넓이)=28×6=168 (cm²)
원의 넓이는 원 안의 정육각형의 넓이 126 cm²보다 크므로 126 cm² < (원의 넓이)입니다.
원의 넓이는 원 밖의 정육각형의 넓이 168 cm²보다 작으므로 (원의 넓이) < 168 cm²입니다.

7 25×3.1×2=155 (m)

8 원의 반지름을 △ cm라고 하면 △×△×3=192,
△×△=64, 8×8=64이므로 △=8입니다.
따라서 원의 지름은 8×2=16 (cm)입니다.

9 (지름)=(원주)÷(원주율)=45÷3=15 (cm)
(반지름)=15÷2=7.5 (cm)

10 (훌라후프의 둘레)=60×3.1=186 (cm)
➡ 1302÷186=7(바퀴)

11 (지름)=68.2÷3.1=22 (cm)
➡ (원의 넓이)=11×11×3.1=375.1 (cm²)

12 (CD의 둘레)=210÷5=42 (cm)
CD의 반지름을 □cm라고 하면 □×2×3=42,
□=7입니다.

13 (큰 원의 원주)=11×2×3.1=68.2 (cm)
(작은 원의 원주)=5×2×3.1=31 (cm)
➡ (원주의 차)=68.2−31=37.2 (cm)

14 ㉠ (원의 넓이)=8×8×3=192 (cm²)
㉡ (원의 넓이)=6×6×3=108 (cm²)

15 (가의 둘레)=18×4=72 (cm)
(나의 둘레)=12×2×3.1=74.4 (cm)
➡ 나 도형의 둘레가 74.4−72=2.4 (cm) 더 깁니다.

16 (운동장의 둘레)$=40\times3\times\frac{1}{2}\times2+90\times2$
=120+180=300 (m)

17 (색칠한 부분의 둘레)$=10\times2\times3.1\times\frac{1}{4}\times2+20$

$=31+20=51$ (cm)

18 (색칠한 부분의 넓이)

$=6\times6\times3.1-3\times3\times3.1\times\frac{1}{2}\times4$

$=111.6-55.8=55.8$ (cm^2)

서술형

19 예 (가 굴렁쇠가 20바퀴 굴러간 거리)

$=30\times3.14\times20=1884$ (cm)

(나 굴렁쇠가 20바퀴 굴러간 거리)

$=40\times3.14\times20=2512$ (cm)

따라서 나 굴렁쇠는 가 굴렁쇠보다

$2512-1884=628$ (cm) 더 갔습니다.

평가 기준	배점(5점)
가 굴렁쇠가 20바퀴 굴러간 거리를 구했나요?	2점
나 굴렁쇠가 20바퀴 굴러간 거리를 구했나요?	2점
두 굴렁쇠가 굴러간 거리의 차를 구했나요?	1점

서술형

20 예 (색칠한 부분의 넓이)

$=10\times10\div2-5\times5\times3\times\frac{1}{2}$

$=50-37.5=12.5$ (cm^2)

평가 기준	배점(5점)
알맞은 식을 세웠나요?	2점
색칠한 부분의 넓이를 구했나요?	3점

6 원기둥, 원뿔, 구

다시 점검하는 수시 평가 대비 Level ❶

36~38쪽

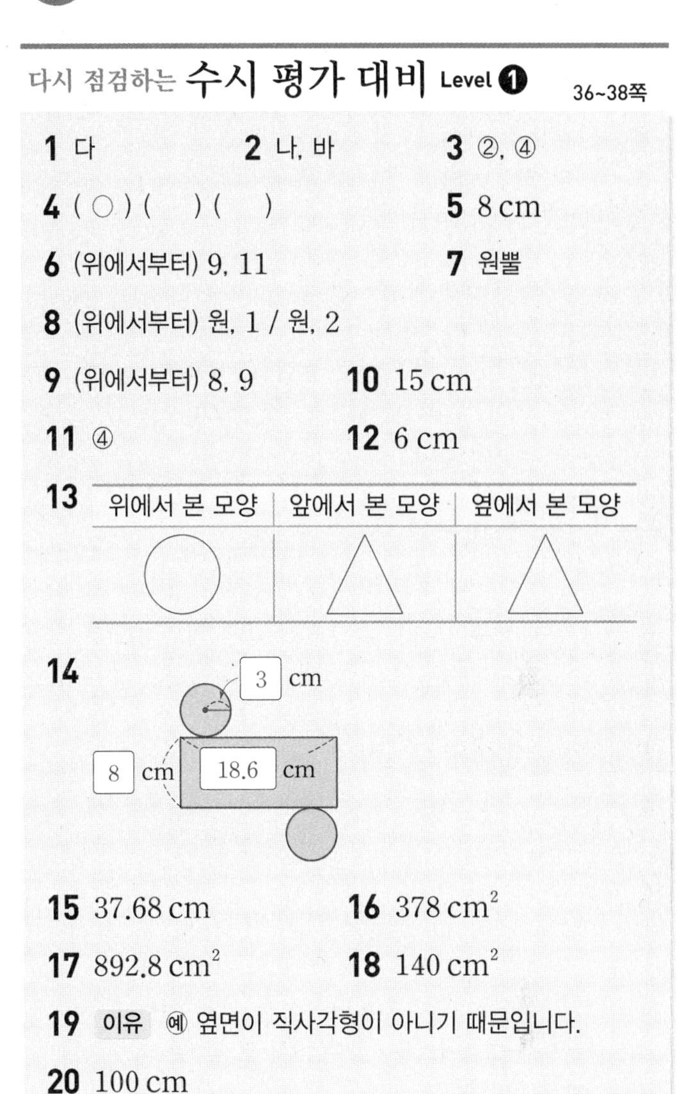

1 다　**2** 나, 바　**3** ②, ④

4 (○) (　) (　)　**5** 8 cm

6 (위에서부터) 9, 11　**7** 원뿔

8 (위에서부터) 원, 1 / 원, 2

9 (위에서부터) 8, 9　**10** 15 cm

11 ④　**12** 6 cm

13

위에서 본 모양	앞에서 본 모양	옆에서 본 모양
(원)	(삼각형)	(삼각형)

14

15 37.68 cm　**16** 378 cm^2

17 892.8 cm^2　**18** 140 cm^2

19 이유 예 옆면이 직사각형이 아니기 때문입니다.

20 100 cm

1 두 면이 서로 평행하고 합동인 원으로 된 기둥 모양의 입체도형은 다입니다.

2 밑면이 원이고 옆면이 굽은 면인 뿔 모양의 입체도형은 나, 바입니다.

3 두 밑면에 수직인 선분의 길이를 높이라고 합니다.

4 원뿔의 밑면의 지름을 잴 때에는 자와 삼각자를 사용합니다.

5 구의 중심에서 구의 겉면의 한 점을 이은 선분을 구의 반지름이라고 합니다.

7 직각삼각형 모양의 종이를 한 변을 기준으로 돌리면 원뿔이 만들어집니다.

9 (원기둥의 밑면의 지름)=(원기둥의 밑면의 반지름)×2
$=$(직사각형의 가로)×2
$=4\times2=8$ (cm)
(원기둥의 높이)=(직사각형의 세로)=9 cm

10 직각삼각형 모양의 종이를 돌리면 원뿔이 만들어집니다. 원뿔의 높이는 돌릴 때 기준이 되는 변의 길이와 같으므로 높이는 15 cm입니다.

11 ④ 원기둥의 밑면은 원이고 각기둥의 밑면은 다각형입니다.

12 모선의 길이는 15 cm이고 높이는 9 cm입니다.
➡ $15-9=6$ (cm)

14 (직사각형의 가로)=(밑면의 둘레)
$=3\times2\times3.1=18.6$ (cm)

15 구를 앞에서 본 모양은 반지름이 6 cm인 원이므로 앞에서 본 모양의 둘레는 $6\times2\times3.14=37.68$ (cm)입니다.

16 원기둥을 앞에서 본 모양은 가로가 $9\times2=18$ (cm)이고 세로가 21 cm인 직사각형입니다. 따라서 앞에서 본 모양의 넓이는 $18\times21=378$ (cm^2)입니다.

17 (옆면의 가로)=(밑면의 둘레)
$=8\times2\times3.1=49.6$ (cm)
(옆면의 세로)=(높이)=18 cm
(옆면의 넓이)$=49.6\times18=892.8$ (cm^2)

18 돌리기 전의 직사각형 모양의 종이는 가로가 10 cm, 세로가 14 cm입니다.
(직사각형 모양 종이의 넓이)
$=10\times14=140$ (cm^2)

서술형
19 밑면의 둘레와 옆면의 가로가 다르기 때문에 원기둥을 만들 수 없습니다.

평가 기준	배점(5점)
원기둥의 전개도에 대해 알고 있나요?	2점
원기둥의 전개도가 아닌 이유를 썼나요?	3점

서술형
20 예 (전개도의 옆면의 가로)$=12\times3=36$ (cm)
(전개도의 옆면의 세로)=14 cm
(전개도의 옆면의 둘레)$=(36+14)\times2=100$ (cm)

평가 기준	배점(5점)
전개도의 옆면의 가로와 세로를 각각 구했나요?	2점
전개도의 옆면의 둘레를 구했나요?	3점

다시 점검하는 수시 평가 대비 Level ❷ 39~41쪽

1 원기둥 **2** (왼쪽에서부터) 가, 라 / 마 / 나
3 ④ **4** 모선의 길이 **5** 가, 다
6 13 **7** 11 cm **8** ③, ④
9 3 cm **10** 가 **11** 28 cm
12 9.8 cm **13** ㉢ **14** 10 cm
15 200.96 cm^2
16 예

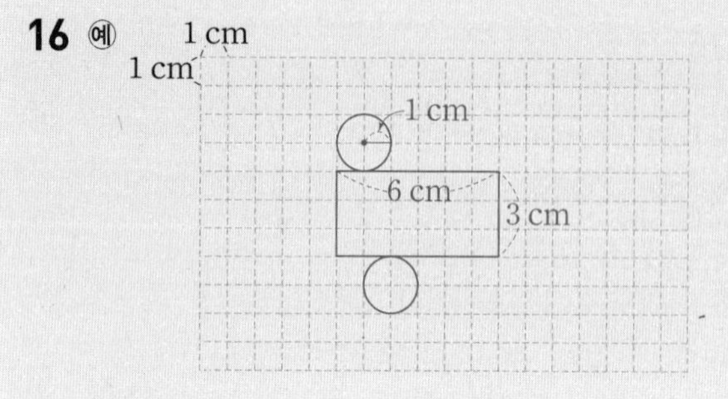

17 20 cm **18** 4464 cm^2
19 공통점 예 밑면의 모양이 원입니다.
차이점 예 원기둥의 밑면은 2개이고, 원뿔의 밑면은 1개입니다.
20 756 cm^2

1 저금통, 풀, 캔은 모두 위와 아래에 있는 면이 서로 평행하고 합동인 원으로 이루어진 입체도형이므로 원기둥입니다.

4 원뿔의 꼭짓점과 밑면인 원 둘레의 한 점을 이은 선분의 길이를 재는 것이므로 모선의 길이를 재는 것입니다.

5 나는 옆면이 직사각형이 아니므로 원기둥을 만들 수 없습니다.
라는 두 밑면이 합동이 아니므로 원기둥을 만들 수 없습니다.

6 (구의 반지름)=(반원의 반지름)
$=26\div2=13$ (cm)

7

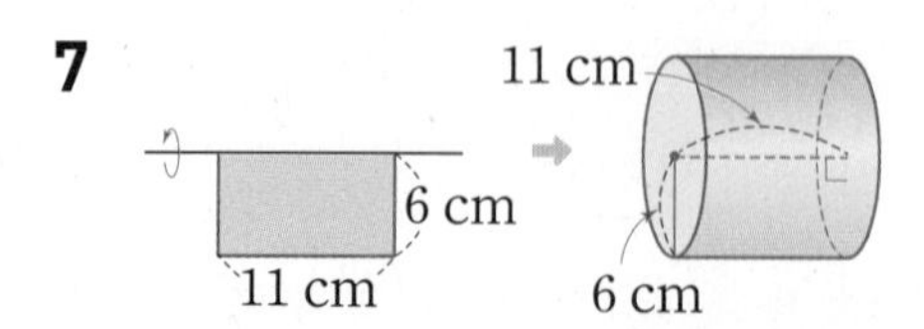

직사각형 모양의 종이를 돌려 만든 원기둥의 높이는 직사각형의 가로와 같습니다. 따라서 높이는 11 cm입니다.

8 각기둥에는 모서리, 꼭짓점이 있지만 원기둥에는 없습니다.

9 원기둥의 높이는 9 cm이고, 원뿔의 높이는 6 cm입니다. ➡ 차: $9-6=3$ (cm)

10 구를 여러 방향에서 본 모양은 모두 원입니다.

11 앞에서 본 모양이 직사각형이고 세로는 가로의 2배이므로 원기둥의 높이는 밑면의 지름의 2배입니다.
따라서 높이는 $14\times2=28$ (cm)입니다.

12 (직사각형의 가로)$=4\times2\times3.1=24.8$ (cm)
(직사각형의 세로)$=15$ cm
➡ $24.8-15=9.8$ (cm)

13 ㉢ 원기둥, 원뿔, 구는 모두 모서리가 없습니다.

14 밑면의 반지름을 □cm라고 하면
$\square\times2\times3.14=62.8$, $\square\times6.28=62.8$, $\square=10$입니다.

15 원뿔을 위에서 본 모양은 반지름이 8 cm인 원입니다.
따라서 원뿔을 위에서 본 모양의 넓이는
$8\times8\times3.14=200.96$ (cm^2)입니다.

16 직사각형 모양의 종이를 한 변을 기준으로 돌리면 밑면의 지름이 $1\times2=2$ (cm)이고 높이가 3 cm인 원기둥이 만들어집니다.
(전개도의 옆면의 가로)$=$(원기둥의 밑면의 둘레)
$=2\times3=6$ (cm)
(전개도의 옆면의 세로)$=$(원기둥의 높이)$=3$ cm

17 페인트 통의 높이를 □cm라고 하면
$11\times2\times3\times\square=1320$, $66\times\square=1320$, $\square=20$입니다.

18 (옆면의 가로)$=12\times2\times3.1=74.4$ (cm)
(옆면의 세로)$=30$ cm
(옆면의 넓이)$=74.4\times30=2232$ (cm^2)
(물감이 묻은 바닥의 넓이)$=2232\times2=4464$ (cm^2)

서술형
19

평가 기준	배점(5점)
원기둥과 원뿔의 공통점을 썼나요?	2점
원기둥과 원뿔의 차이점을 썼나요?	3점

서술형
20 예 밑면의 반지름을 □cm라고 하면
$\square\times2\times3=42$, $\square\times6=42$, $\square=7$입니다.
(원기둥의 전개도의 넓이)$=(7\times7\times3)\times2+42\times11$
$=294+462=756$ (cm^2)

평가 기준	배점(5점)
밑면의 반지름을 구했나요?	2점
원기둥의 전개도의 넓이를 구했나요?	3점

서술형 50% 기말 단원 평가

42~45쪽

1 5, 9　2 40.3 cm
3 (1) 다 (2) 나 (3) 마　4 ㉡
5 200, 400　6 30 cm, 20 cm, 25 cm
7 (위에서부터) 6, 37.2, 12　8 42 cm
9 14 cm　10 예 2 : 3　11 13
12 ㉣　13 50 cm　14 706.5 cm^2
15 142 m　16 25분　17 11만 원
18 972 cm^2　19 228 cm^2　20 4 cm

1 비 5 : 9에서 기호 ':' 앞에 있는 5를 전항, 뒤에 있는 9를 후항이라고 합니다.

2 (원주)=(지름)×(원주율)=13×3.1=40.3 (cm)

4 비율이 같은 두 비를 기호 '='를 사용하여 나타낸 식을 찾습니다.

5 원의 넓이는 원 안의 정사각형의 넓이보다 크고, 원 밖의 정사각형의 넓이보다 작습니다.
(원 안의 정사각형의 넓이)=20×20÷2=200 (cm^2)
(원 밖의 정사각형의 넓이)=20×20=400 (cm^2)

6 (밑면의 지름)=15×2=30 (cm)

7 (밑면의 반지름)=6 cm
(옆면의 가로)=(밑면의 둘레)
=6×2×3.1=37.2 (cm)
(옆면의 세로)=(높이)=12 cm

8 예 구를 위에서 본 모양은 반지름이 7 cm인 원입니다. 따라서 구를 위에서 본 모양의 둘레는 반지름이 7 cm인 원의 원주이므로 7×2×3=42 (cm)입니다.

평가 기준	배점
구를 위에서 본 모양은 어떤 모양인지 알았나요?	2점
구를 위에서 본 모양의 둘레를 구했나요?	3점

9 예 원의 반지름을 □cm라고 하면
□×□×3=588, □×□=588÷3=196
14×14=196이므로 □=14
따라서 원의 반지름은 14 cm입니다.

평가 기준	배점
원의 넓이를 구하는 식을 세웠나요?	2점
원의 반지름은 몇 cm인지 구했나요?	3점

10 예 은비와 진서가 각각 한 시간 동안 한 일의 양의 비는 $\frac{1}{6} : \frac{1}{4}$입니다.
$\frac{1}{6} : \frac{1}{4}$의 전항과 후항에 12를 곱하면 2 : 3이 됩니다.

평가 기준	배점
은비와 진서가 각각 한 시간 동안 한 일의 양의 비를 구했나요?	2점
은비와 진서가 각각 한 시간 동안 한 일의 양의 비를 간단한 자연수의 비로 나타냈나요?	3점

11 예 4 : ㉠=10 : 7.5에서 ㉠×10=4×7.5,
㉠×10=30, ㉠=30÷10=3
$1\frac{1}{2}$: 3=㉡ : 20에서 3×㉡=$1\frac{1}{2}$×20,
3×㉡=$\frac{3}{\cancel{2}_{1}}\times\cancel{20}^{10}$=30, ㉡=30÷3=10
따라서 ㉠과 ㉡에 알맞은 수의 합은 3+10=13입니다.

평가 기준	배점
㉠과 ㉡에 알맞은 수를 각각 구했나요?	3점
㉠과 ㉡에 알맞은 수의 합을 구했나요?	2점

12 ㉣ 원기둥을 옆에서 본 모양은 직사각형이지만 원뿔을 옆에서 본 모양은 삼각형입니다.

13 예 5 m=500 cm입니다.
(수민)=$500\times\frac{9}{9+11}=500\times\frac{9}{20}$=225 (cm)
(다현)=$500\times\frac{11}{9+11}=500\times\frac{11}{20}$=275 (cm)
따라서 다현이가 철사를 275−225=50 (cm) 더 가지게 됩니다.

평가 기준	배점
수민이와 다현이가 각각 갖게 되는 철사의 길이를 구했나요?	3점
다현이가 수민이보다 철사를 몇 cm 더 가지게 되는지 구했나요?	2점

14 예 길이가 94.2 cm인 실을 남기거나 겹치는 부분 없이 모두 사용하여 만든 원의 원주는 94.2 cm이므로
(반지름)=94.2÷3.14÷2=15 (cm)입니다.
➡ (만든 원의 넓이)=15×15×3.14=706.5 (cm^2)

평가 기준	배점
만든 원의 반지름을 구했나요?	3점
만든 원의 넓이를 구했나요?	2점

15 양쪽의 반원을 합하면 원 한 개가 만들어집니다.
(운동장의 둘레)=20×3.1+40×2
=62+80=142 (m)

16 7 km를 □분 동안 달린다고 하면
5 : 1.4 = □ : 7
➡ 5 × 7 = 1.4 × □, 1.4 × □ = 35,
□ = 35 ÷ 1.4 = 25
따라서 25분 동안 달려야 합니다.

17 예 (정호) : (나영) = 48만 : 72만 = 2 : 3

$(정호) = 55만 \times \frac{2}{2+3} = 22만\ (원)$

$(나영) = 55만 \times \frac{3}{2+3} = 33만\ (원)$

➡ 33만 − 22만 = 11만 (원)

평가 기준	배점
정호와 나영이가 받게 되는 이익금을 각각 구했나요?	3점
정호와 나영이가 받게 되는 이익금의 차를 구했나요?	2점

18 예 만들 수 있는 가장 큰 원의 지름은 36 cm입니다.
(만들 수 있는 가장 큰 원의 반지름)
= 36 ÷ 2 = 18 (cm)
(만들 수 있는 가장 큰 원의 넓이)
$= 18 \times 18 \times 3 = 972\ (cm^2)$

평가 기준	배점
만들 수 있는 가장 큰 원의 지름을 구했나요?	2점
만들 수 있는 가장 큰 원의 넓이를 구했나요?	3점

19 예 (색칠한 부분의 넓이)

$= ((원의\ 넓이) \times \frac{1}{4} - (삼각형의\ 넓이)) \times 2$

$= (20 \times 20 \times 3.14 \times \frac{1}{4} - 20 \times 20 \div 2) \times 2$

$= (314 - 200) \times 2 = 228\ (cm^2)$

평가 기준	배점
색칠한 부분의 넓이를 구하는 식을 알맞게 세웠나요?	2점
색칠한 부분의 넓이를 구했나요?	3점

20 예 원기둥의 밑면의 반지름을 □ cm라고 하면
(전개도의 둘레)
= (밑면의 둘레) × 4 + (원기둥의 높이) × 2
= □ × 2 × 3 × 4 + 10 × 2
= □ × 24 + 20 = 116
□ × 24 = 116 − 20 = 96, □ = 96 ÷ 24 = 4
따라서 원기둥의 밑면의 반지름은 4 cm입니다.

평가 기준	배점
원기둥의 전개도의 둘레를 구하는 식을 세웠나요?	3점
원기둥의 밑면의 반지름을 구했나요?	2점

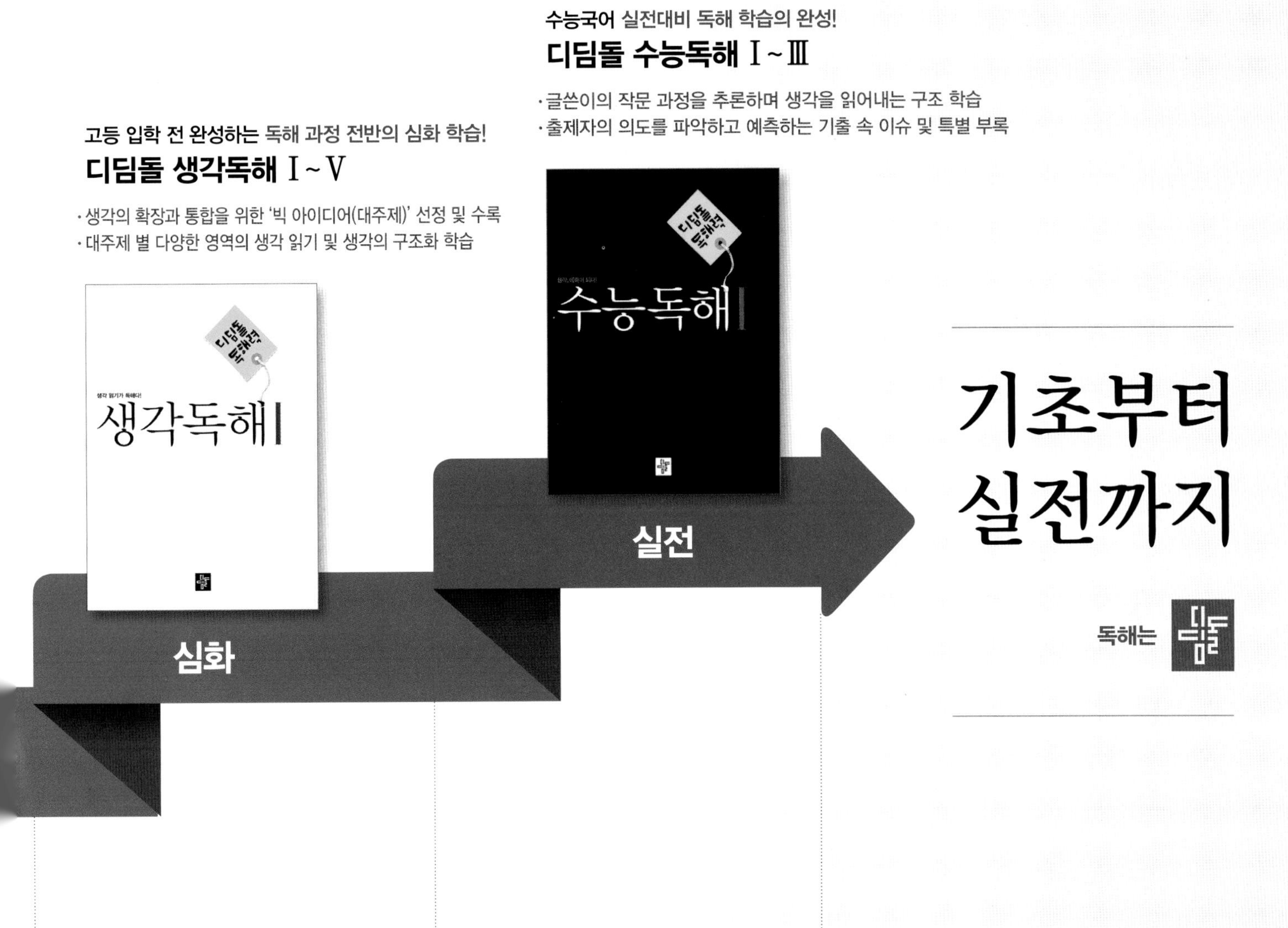
수능국어 실전대비 독해 학습의 완성!
디딤돌 수능독해 Ⅰ~Ⅲ
·글쓴이의 작문 과정을 추론하며 생각을 읽어내는 구조 학습
·출제자의 의도를 파악하고 예측하는 기출 속 이슈 및 특별 부록
고등 입학 전 완성하는 독해 과정 전반의 심화 학습!
디딤돌 생각독해 Ⅰ~Ⅴ
·생각의 확장과 통합을 위한 '빅 아이디어(대주제)' 선정 및 수록
·대주제 별 다양한 영역의 생각 읽기 및 생각의 구조화 학습
수능독해
생각독해
실전
심화
기초부터
실전까지
독해는

중등

고등(예비고~고2)

다음에는 뭐 풀지?

다음에 공부할 책을 고르기 어려우시다면, 현재 성취도를 먼저 체크해 보세요.
최상위로 가는 맞춤 학습 플랜만 있다면 내 실력에 꼭 맞는 교재를 선택할 수 있어요!
단계에 따라 내 실력을 진단해 보고, 다음 학습도 야무지게 준비해 봐요!

첫 번째, 단원평가의 맞힌 문제 수 또는 점수를 모두 더해 보세요.

단원		맞힌 문제 수	OR	점수 (문항당 5점)
1단원	1회			
	2회			
2단원	1회			
	2회			
3단원	1회			
	2회			
4단원	1회			
	2회			
5단원	1회			
	2회			
6단원	1회			
	2회			
합계				

※ 단원평가는 각 단원의 마지막 코너에 있는 20문항 문제지입니다.